DUDEN

**Wann schreibt man groß,
wann schreibt man
klein?**

DUDEN-TASCHENBÜCHER
Praxisnahe Helfer zu vielen Themen

DUDEN

Wann schreibt man groß, wann schreibt man klein?

Regeln und ausführliches Wörterverzeichnis

von Wolfgang Mentrup

2., neu bearbeitete
und erweiterte Auflage

DUDENVERLAG
Mannheim/Wien/Zürich

CIP-Kurztitelaufnahme der Deutschen Bibliothek

Mentrup, Wolfgang:
Duden „Wann schreibt man groß, wann schreibt
man klein?": Regeln u. ausführl. Wörterverz./
von Wolfgang Mentrup. – 2., neu bearb. u. erw.
Aufl. – Mannheim; Wien; Zürich: Bibliographisches
Institut, 1981.
   (Duden-Taschenbücher; Bd. 6)
   ISBN 3-411-01916-6

NE: GT

Das Wort DUDEN ist für Bücher aller Art für den Verlag
Bibliographisches Institut & F. A. Brockhaus AG
als Warenzeichen geschützt

Vorwort

Die Groß- und Kleinschreibung ist eines der schwierigsten Kapitel der deutschen Rechtschreibung.

Jeder weiß, wieviel Mühe es kostet, sich in der Schule mit den Regeln vertraut zu machen; jeder erfährt täglich immer wieder von neuem, wie schwierig es ist, im Einzelfall die Frage „groß oder klein?" zu entscheiden, und jeder kennt den Ärger, den Fehler auf diesem Gebiet verursachen.

Dieses Taschenbuch hat deshalb ausschließlich die Probleme der Groß- und Kleinschreibung zum Thema. Es gliedert sich in drei Teile:

○ Die Regeln der Groß- und Kleinschreibung

○ Wörterverzeichnis

○ Skizze der Entwicklung der Großschreibung im Deutschen

1. Der erste Teil enthält die heute für die Groß- und Kleinschreibung geltenden Regeln. Er ist nach den Funktionen der Großbuchstaben gegliedert. Wer sich über die richtige Schreibung eines Wortes Klarheit verschaffen will, kann hier die einschlägige Regel suchen und den Zweifelsfall, der Regel entsprechend, klären.

2. Weil dies aber eine genaue Kenntnis des gesamten Regelwerks voraussetzt, weil es im Einzelfall oft schwer ist zu entscheiden, welche Regel nun auch zutrifft, und weil dies Verfahren für den schnell zu lösenden Zweifelsfall zu zeitraubend ist, folgt für den praktischen Gebrauch als Kernstück des Buches den Regeln ein umfangreiches Wörterverzeichnis. Es enthält alphabetisch geordnet etwa 8200 Stichwörter mit zahlreichen Beispielen. Hier kann man sich rasch über die richtige Schreibung im Einzelfall informieren, man erfährt z. B., daß man *radfahren* und *ich fahre Rad*, aber *eislaufen* und *ich laufe eis* schreibt, daß *der erste Weltkrieg* neben *der Erste Weltkrieg* zulässig ist, daß man aber zwischen *ins reine bringen* und *ins Lächerliche ziehen* unterscheiden muß.

Auch fremdsprachige Wortgruppen, bei denen die Regeln der deutschen Rechtschreibung nicht immer eindeutig anwendbar sind und die deshalb in oft sehr uneinheitlichen Schreibungen festgelegt sind, werden im Wörterverzeichnis berücksichtigt (z. B. *High-Fidelity,* aber: *High-riser,* aber: *Highlight; Hot dog,* aber: *Cherry Brandy,* aber: *Clair-obscur,* aber: *Irish-Stew*).

Von jedem Einzelartikel des Wörterverzeichnisses wird auf den entsprechenden Abschnitt im Regelteil verwiesen.

3. Der dritte Teil des Buches gibt einen kurzen Überblick über die Entwicklung der Großschreibung im Deutschen, d. h. über die Entwicklung der Regelsysteme vom 16. Jh. an bis zur Gegenwart mit einem eingefügten Rückblick auf die Entwicklung der Großbuchstaben seit dem Althochdeutschen.

Mannheim, Herbst 1981   Wolfgang Mentrup

Inhaltsverzeichnis

Besondere Zeichen

() Die runden Klammern schließen Angaben, Erläuterungen und Zusätze sowie Verweise ein, z.B. die Warme Moldau (Quellfluß der Moldau); (Jägerspr.) eine warme Fährte.

[] Die eckigen Klammern schließen Buchstaben und Wörter ein, die ausgelassen werden können, sowie Zusätze innerhalb von runden Klammern, z.B. Zür[i]cher, dein [ständiges] Wenn und Aber, (er lernt Deutsch [Frage: was?]).

/ Der Schrägstrich steht zwischen verschiedenen Formen eines Wortes sowie zwischen Wörtern, die innerhalb des jeweiligen Beispiels oder Bereichs ausgewechselt werden können, z.B. dein/deine/dein, der gestrige/heutige/morgige Abend.

↑ Der senkrechte Pfeil bedeutet soviel wie ‚vergleiche'. Die Verweise mit Zahlen beziehen sich auf die Zahlen im Regeltext.

● Der schwarze Punkt markiert Ergänzungen.

○ Der offene Kreis ist ein Gliederungszeichen.

Abkürzungen

Abk.	Abkürzung
allg.	allgemein
Archäol.	Archäologie
Astron.	Astronomie
Bankw.	Bankwesen
Bauw.	Bauwesen
Bergmannsspr.	Bergmannssprache
Bez.	Bezeichnung
bild. Kunst	bildende Kunst
Biol.	Biologie
Bot.	Botanik
Buchw.	Buchwesen
Druckw.	Druckwesen
dt.	deutsch
ev.	evangelisch
f.	folgende [Seite]
fachspr.	fachsprachlich
ff.	folgende [Seiten]
Finanzw.	Finanzwesen
Fliegerspr.	Fliegersprache
Forstw.	Forstwesen
franz.	französisch
Geogr.	Geographie
Geol.	Geologie
hist.	historisch
Jägerspr.	Jägersprache
jmdm.	jemandem
jmdn.	jemanden
jmds.	jemandes
kath.	katholisch
Kaufmannsspr.	Kaufmannssprache
Landw.	Landwirtschaft
Literaturw.	Literaturwissenschaft
Luftf.	Luftfahrt
Math.	Mathematik
Med.	Medizin
Meteor.	Meteorologie
milit.	militärisch
nationalsoz.	nationalsozialistisch
Päd.	Pädagogik
Philos.	Philosophie
Photogr.	Photographie
Psych.	Psychologie
Rechtsspr.	Rechtssprache
Rechtsw.	Rechtswissenschaft
Rel.	Religion
Schulw.	Schulwesen
Seemannsspr.	Seemannssprache
Seew.	Seewesen
Sportspr.	Sportsprache
Sprachw.	Sprachwissenschaft
Theol.	Theologie
u.a.	und andere
u.ä.	und ähnliche
usw.	und so weiter
vgl.	vergleiche
Wirtsch.	Wirtschaft
z.B.	zum Beispiel
Zool.	Zoologie

Die Regeln der Groß- und Kleinschreibung

Mit dem großen Anfangsbuchstaben hebt der Schreiber des Deutschen folgendes hervor:
das erste Wort eines Satzes (↑1)
das erste Wort einer Überschrift, eines Werktitels u. ä. (↑2 ff.)
Anredepronomen wie *Du, Sie* in Briefen, Aufrufen, Widmungen u. ä. (↑5 ff.)
Substantive wie *Haus, Geist, Gedanke* und substantivisch gebrauchte Wörter anderer Wortarten wie *der Alte, das Singen, die Zahl Drei, es ist ein Er, das Ja und Nein, ohne Wenn und Aber* (↑8 ff.)
nichtsubstantivische Bestandteile in Namen wie *Holbein der Jüngere, Breite Straße, Schwarzes Meer, Heinrich der Achte, Am Warmen Damm, Die Welt, Zur Alten Post* (↑39 ff.)

● Im Regelteil wird die einzelne Regel an einer nur kleinen Auswahl von Beispielen deutlich gemacht. Im Einzelfall ist es deshalb sinnvoll, das Wörterverzeichnis (↑27 ff.) zu benutzen.

1 Das erste Wort eines Satzes

①   Das erste Wort eines Satzes schreibt man groß.

Im folgenden Beispiel sind die betreffenden Wörter *kursiv* gesetzt:

Das Auto fuhr mit höchster Geschwindigkeit durch das Tor. *Vor* dem Haus bremste es scharf. *Ein* Mann, der einen schwarzen Filzhut in der Hand hielt, stieg aus. *Keiner* der Bewohner hatte ihn je zuvor gesehen. *Niemand* kannte ihn.

„*Von* Gruber", stellte er sich vor, ohne sich zu verbeugen. „*Wie* bitte?" „*Von* Gruber ist mein Name. *Melden* Sie mich bitte an! *Schnell* bitte! – *Oder* sind die Herrschaften nicht da?"
Sein Name sei von Gruber. *Ich* solle ihn anmelden. *Ob* die Herrschaften zu Hause seien, läßt er fragen.

● Entsprechend der Grundregel 1 schreibt man in folgenden Fällen groß:

○ das erste Wort einer direkten Rede und eines angeführten selbständigen Satzes:

Er rief mir zu: „*Es* ist alles in Ordnung!"
Seine Frage, „*Kommst* du morgen?", konnte ich nicht beantworten.
Beide Verhandlungspartner hatten sich auf die Formulierung „*Die* Unterredung fand in freundschaftlicher Atmosphäre statt" geeinigt.

○ nach einem Doppelpunkt das erste Wort eines selbständigen Satzes:

Gebrauchsanweisung: *Man* nehme jede zweite Stunde eine Tablette.

○ nach Gliederungszahlen, -zeichen u. ä.:

1 *In* diesem Abschnitt behandeln wir folgende Fälle ...
c) *Wie* oben schon gesagt, geht es hier um folgendes ...

○ einfache Abkürzungen wie etwa *vgl.* oder *ebd.* am Satzanfang:

Vgl. hierzu die Seiten 338–342.

Die Abkürzung *v.* für die den Adel bezeichnende Präposition *von* schreibt man auch am Satzanfang klein, weil das große *V.* als Abkürzung eines Vornamens mißverstanden werden könnte:
v. Gruber ist sein Name. Nicht: *V.* Gruber ist sein Name (*V.* könnte als Abkürzung etwa für *Viktor* oder *Volkmar* mißverstanden werden.). (Aber ausgeschrieben:) *Von* Gruber ist sein Name. (Wie *von:*) *De* Gaulle besuchte Bonn.
Mehrteilige Abkürzungen, wie etwa *d. i.* oder *m. a. W.*, schreibt man am Satzanfang besser aus, so etwa: *Das ist ..., Mit anderen Worten ...*

● Klein schreibt man, sofern das betreffende Wort nicht von sich aus groß geschrieben wird:

○ nach einem Doppelpunkt, der vor einem angekündigten Einzelwort oder Satzstück, vor einer Zusammenfassung oder Folgerung steht:

Latein: *befriedigend.* Er hat alles verloren: *seine* Frau, seine Kinder und sein ganzes Vermögen. Haus und Hof, Geld und Gut: *alles* ist verloren. Er ist umsichtig und entschlossen: *man* kann ihm also vertrauen.

○ nach einem Frage- oder Ausrufezeichen im Innern eines Satzes:

„Weshalb darf ich das nicht?" *fragte* er. „Kommt sofort zu mir!" *befahl* er.

○ nach einem Semikolon oder Komma:

Du kannst mitgehen; *doch* besser wäre es, *du* bliebst zu Hause.

○ am Satzanfang nach Apostroph und sonstigen Auslassungszeichen:

's ist unglaublich! *'raus* aus dem Zimmer! ... *getan* hat er es.

2 Das erste Wort einer Überschrift, eines Werktitels u. ä.

(2) Das erste Wort einer Überschrift, eines Werktitels, des Titels von Veranstaltungen u. ä. schreibt man groß.
Diese Regel gilt u. a. für

○ Überschriften:

Dreister Einbruch in die Sparkasse, *Schwere* Niederlage der deutschen Boxer, *Plötzlicher* Schneefall – Verkehrschaos

○ Titel von Büchern, Gedichten, Theaterstücken, Filmen, Rundfunk- und Fernsehsendungen u. ä.:

Mein Name sei Gantenbein, *Amtliches* Fernsprechbuch 19 für den Bereich der Oberpostdirektion Karlsruhe, *Das* Lied von der Glocke, *Unsere* kleine Stadt, *Die* Wüste lebt, *Der* goldene Schuß, *An* einem Tag wie jeder andere, *Auch* Statuen sterben

○ Titel von Veranstaltungen u. ä.:

Internationaler Medizinerkongreß, *Zweite* Arbeitstagung der ...

● Zur Verdeutlichung setzt man Überschriften, Werktitel u. ä. vor allem im laufenden Text oft in Anführungsstrichen:

Der Artikel „*Dreister* Einbruch in die Sparkasse" war mir zu reißerisch. Sie lasen das Buch „*Die* Blechtrommel" von Grass. Sie spielten „*Siebzehn* und vier".

Änderung oder Wegfall des Artikels

(3) Steht ein Adjektiv (auch Zahladjektiv), Pronomen, eine Präposition u. ä. [nach einem Artikel] im Innern etwa eines Film-, Buchtitels usw., dann schreibt man diese im allgemeinen klein.
Wird der Artikel zu Beginn durch Deklination geändert oder weggelassen und rückt das Adjektiv usw. an den Anfang des Titels, dann schreibt man dies groß (↑ 42):

Hagelstanges neuer Roman „*Der* schielende Löwe". (Oder:) Ich habe den neuen Roman „*Der* schielende Löwe" gelesen. (Oder:) Ich habe den „*Schielenden* Löwen" gelesen. (Oder:) Ich habe den *Schielenden* Löwen gelesen.
Der Film „*Der* große Diktator". (Oder:) Ich habe den Film „*Der* große Diktator" gesehen. (Oder:) Ich habe den „*Großen* Diktator" gesehen. (Oder:) Ich habe den *Großen* Diktator gesehen.
(Entsprechend:) das Buch „*Die* drei Musketiere"; „*Der* Lobgesang der Jünglinge im Feuerofen". (Oder:) „*Drei* Jünglinge im Feuerofen". (Oder:) *Drei* Jünglinge im Feuerofen.

Name in Überschriften, Werktiteln u. ä.

(4) Enthält eine Überschrift, ein Werktitel u. ä. bereits einen Namen, der als solcher groß geschrieben wird (*Neue Welt;* ↑ 39 ff.), dann bleibt diese Großschreibung natürlich erhalten:

„Aus der Neuen Welt" (Sinfonie), Im Weißen Rössel (Operette) usw.

3 Anredepronomen in Briefen u. ä.

Du – Dein/Ihr – Euer

(5) Das Anredepronomen schreibt man in bestimmten Fällen groß, und zwar in Briefen, feierlichen Aufrufen und Erlassen, Grabinschriften, Widmungen, Mitteilungen des Lehrers an einen Schüler unter Schularbeiten, auf Fragebogen, bei schriftlichen Prüfungsaufgaben usw. In Lehrbüchern, Katalogen usw. schreibt man klein.
Betroffen von dieser Regel sind die Personalpronomen der 2. Person Singular und Plural, die entsprechenden Formen des Possessivpronomens und entsprechende Zusammensetzungen mit *-halben, -wegen, -willen* u. ä.:

Du, Deiner, Dir, Dich; Dein Mann, Deine Frau, Dein Buch; Deine Kinder; Ihr, Euer, Euch; Euer Sohn, Eu[e]re Tochter, Euer Kind; Eu[e]re Kinder; Deinethalben, Euretwegen, Deinetwillen usw.
Liebes Kind! Ich habe mir *Deinetwegen* viel Sorgen gemacht und war glücklich, als ich in *Deinem* ersten Brief las, daß *Du* gut in *Deinem* Ferienort eingetroffen bist. Hast *Du Dich* schon gut erholt?
Liebe Eltern! Ich danke *Euch* für das Päckchen, das *Ihr* mir geschickt habt. Lieber Karl! Ich danke *Dir* für *Deinen* Brief. Wie geht es *Eu[e]rem* Söhnchen? *Ihr* lieben zwei! Herzliche Grüße *Euch* beiden.

(Widmung:) Dieses Buch sei *Dir* als Dank für treue Freundschaft gewidmet.
(Aufruf:) Reihe auch *Du Dich* ein!
(Mitteilung des Lehrers unter einem Aufsatz:) *Du* hast auf *Deine* Arbeit viel Mühe verwendet.
(Aufsatzthema:) Wie verbrachtest *Du Deinen* letzten Sonntag?

● Bei der Wiedergabe von Ansprachen, in Katalogen, in Lehrbüchern u. ä. schreibt man jedoch klein:

Merke *dir* den zweifachen Gebrauch von „seit". Achte darauf, daß *du* es mit t schreibst (aus einem Lehrbuch).

● Mundartlich wird gelegentlich noch die Anrede *Ihr* gegenüber einer [älteren] Person gebraucht:

Kommt *Ihr* auch, Großvater? Kann ich *Ihnen* helfen, Hofbauer?

Veraltet ist die Anrede in der 3. Person Einzahl:

Schweig' *Er*! Höre *Sie*!

Sie – Ihr

(6) Die Höflichkeitsanrede *Sie*, das entsprechende Possessivpronomen *Ihr* sowie entsprechende Zusammensetzungen mit *-halben, -wegen, -willen* u. ä. schreibt man immer groß, und zwar unabhängig davon, ob die Anrede einer Person oder mehreren Personen gilt. Das Reflexivpronomen *sich* schreibt man immer klein:

Haben *Sie* alles besorgen können? Er fragte sofort: „Kann ich *Ihnen* behilflich sein?" Wie geht es *Ihren* Kindern? Haben *Sie* sich gut erholt? Wir haben uns *Ihretwegen* große Sorgen gemacht. Ein gutes neues Jahr wünscht *Ihnen Ihre* Sparkasse.

Festgelegte Höflichkeitsanreden u. ä.

(7) In festgelegten Höflichkeitsanreden und Titeln schreibt man die Pronomen (und die Adjektive) groß:

Seine Heiligkeit (der Papst), *Eu[e]re* Heiligkeit, *Seine* Magnifizenz, *Eu[e]re* Magnifizenz, *Ihre* Königliche Hoheit, *Eu[e]re* Königliche Hoheit, *Ihre* Exzellenz. (Auch:) *Unsere* Liebe Frau (Maria)

4 Substantive und substantivisch gebrauchte Wörter

8 Substantive (Hauptwörter) wie *das Haus, der Geist, der Gedanke* schreibt man groß; die Wörter der anderen Wortarten schreibt man klein.
Dies sind:

Verben (Zeitwörter) wie *singen, laufen*
Adjektive (Eigenschaftswörter) und Zahladjektive (Zahlwörter) wie *alt, schön, drei, erste*
Pronomen (Fürwörter) wie *er, dieser, alle*
Adverbien (Umstandswörter) wie *bald, abends, flugs, aber*
Präpositionen (Verhältniswörter) wie *für, gegen, über*
Konjunktionen (Bindewörter) wie *wenn, daß, ob*
Interjektionen (Empfindungswörter) wie *ach, hm, o je, au*

Die Schwierigkeiten, die trotz dieser scheinbar einfachen Grundregel bestehen, beruhen darauf,

○ daß die Schreibung etwa der Verbindungen aus Substantiv und Verb *(Angst haben,* aber: *angst sein, mir ist angst)* oder Präposition *(mit Hilfe,* aber: *auf seiten)* sehr unterschiedlich festgelegt ist (↑ 10 ff.)

○ daß Wörter der anderen Wortarten substantivisch gebraucht werden können, d. h. für ein Substantiv stehen können, und dann groß geschrieben werden müssen *(das Singen, der Alte, es ist ein Er, die Zahl Drei, das Diesseits, das Für und Wider, das Wenn und Aber, ein lautes Au;* ↑ 15 ff.)

○ daß für Buchtitel u. ä. (↑ 2 ff.), für Anredepronomen *(ich habe Deinen Brief erhalten;* ↑ 5 ff.), für Namen *(Otto der Große;* ↑ 39 ff.) sowie für bestimmte Ableitungen *(Platonische Schriften, Frankfurter Würstchen;* ↑ 27, 28) Sonderregeln gelten.

Oft wird als wichtiges Kennzeichen der Substantive und substantivisch gebrauchten Wörter angegeben, daß sie mit dem Artikel *der, die, das,* mit einem Adjektiv *(schnelles Auto)* oder einer Präposition *(an Bord)* verbunden werden können. Diese Beobachtung ist richtig, doch kann man daraus nicht die mechanische Regel ableiten, daß man jedes Wort etwa nach einem Artikel groß schreibt, da im Text auch Nichtsubstantive einem Artikel folgen können *(das schnelle Auto, ich wollte das auch sagen, das auf der vierten Seite Gesagte* usw.).

● Generell gilt die Zusatzregel: In Zweifelsfällen schreibt man mit kleinem Anfangsbuchstaben.

4.1 Substantive und ihr nichtsubstantivischer Gebrauch

9 Substantive (Hauptwörter) schreibt man groß:

der Himmel, die Erde, das Wasser; der Vater, die Mutter, das Kind; der Kurfürstendamm, der Europäer, der Wald, das Gold, die Würde.

● In fremdsprachigen Wortgruppen, die für einen substantivischen Begriff stehen, schreibt man in deutschen Texten das erste Wort häufig groß. Doch gibt es insgesamt sehr uneinheitliche Schreibungen, zumal bestimmte Verbindungen etwa wie Adverben gebraucht werden:

Corned beef, Irish coffee, Conditio sine qua non
Beachte: Cherry Brandy, Bodybuilder, Irish-Stew, Clair-obscur, Rock and Roll; ab ovo, ante mortem

● Wenn mehrere Wörter (z. B. *do it yourself*) als Bestimmung vor einem Grundwort stehen (z. B. *Bewegung*), dann wird die ganze Fügung durchgekoppelt *(Do-it-yourself-Bewegung)*. Dabei wird neben den Substantiven das erste Wort groß geschrieben, wenn das Grundwort ein Substantiv ist:

Alla-breve-Takt, Als-ob-Philosophie, De-facto-Anerkennung, Hab-acht-Stellung, De-Gaulle-Besuch, aber: de-Gaulle-freundlich usw.

Ist das Grundwort in solchen Fügungen ein Adjektiv, dann bleibt die Großschreibung von Substantiven oder Namen erhalten, auch wenn diese den ersten Bestandteil bilden:

Vitamin-C-haltig, Fidel-Castro-freundlich, Mao-Tse-tung-hörig, aber (ohne Bindestrich): maohörig

Substantiv + Verb

In vielen Verbindungen aus Substantiv und Verb ist neben der Frage nach der Groß- und Kleinschreibung des Substantivs die Frage nach der Zusammen- oder Getrenntschreibung von Substantiv und Verb wichtig. So stehen nebeneinander:

[keine] Angst haben, aber: mir ist angst, angst sein
Auto fahren, ich fahre Auto, ich fahre Rad, aber: radfahren, eislaufen, ich laufe eis

[keine] Angst haben – mir ist angst

(10) Eine bestimmte Gruppe ursprünglicher Substantive treten in Verbindung mit Verben auf und werden dabei nicht mehr als Substantive angesehen, sondern in der Regel wie ein beim Verb stehendes Adjektiv gebraucht. In diesen Verbindungen werden sie klein und vom folgenden Verb getrennt geschrieben:

mir ist angst, angst [und bange] machen/sein/werden, aber: in Angst sein, [keine] Angst haben; jmdm. feind (feindlich gesinnt) bleiben/sein/werden, aber: jmds. Feind bleiben/sein/werden; er ist schuld daran, schuld geben/haben/sein, aber: [die] Schuld tragen/haben, es ist meine Schuld usw.

● Klein schreibt man *bang[e], gram, leid, weh* in festen Verbindungen mit Verben. In diesen Fällen handelt es sich nicht um die Substantive *die Bange, der Gram, das Leid, das Weh*, sondern um alte Adjektive oder Adverbien, die im heutigen Sprachgebrauch jedoch gewöhnlich nicht mehr als solche verstanden werden:

er macht ihm bange, aber: er hat keine Bange; er ist mir gram, aber: sein Gram war groß; es tut mir leid, aber: ihm soll kein Leid geschehen; es ist mir weh ums Herz, aber: es ist sein ständiges Weh und Ach

Unterscheide auch:

bankrott gehen/sein/werden, aber: Bankrott machen; eine Sache[für] ernst nehmen, ernst sein/werden/nehmen, die Lage wird ernst, es wurde ernst und gar nicht lustig, aber: Ernst machen, für Ernst nehmen, es ist mir [vollkommener] Ernst damit, es wurde Ernst aus dem Spiel

Auto fahren – ich laufe eis

Für die Verbindungen von Substantiv und Verb von der Art *Auto fahren, eislaufen* gibt es verschiedene Möglichkeiten der Schreibung, die die folgende Tabelle zusammenfaßt:

Infinitiv	Präsens
Auto fahren	ich fahre Auto
kegelschieben	ich schiebe Kegel
radfahren	ich fahre Rad
eislaufen	ich laufe eis

Perfekt	Infinitiv + *zu*
bin Auto gefahren	um Auto zu fahren
habe Kegel geschoben	um Kegel zu schieben
bin radgefahren	um radzufahren
bin eisgelaufen	um eiszulaufen

Auto fahren – ich fahre Auto

11 Wie in der Verbindung *Auto fahren* wird in vielen Fällen das Substantiv immer groß und dann natürlich vom folgenden Verb getrennt geschrieben:

Auto fahren, ich fahre/fuhr Auto, bin Auto gefahren, um Auto zu fahren, weil er Auto fährt/fuhr; (entsprechend:) Abbruch tun, Abstand nehmen, Alt singen, Anlaß geben/nehmen usw.

● Die Verbindung *kegelschieben* wird nur im reinen Infinitiv zusammen- und entsprechend klein geschrieben; sonst wird das Substantiv groß und vom Verb getrennt geschrieben:

kegelschieben, ich schiebe/schob Kegel, habe Kegel geschoben, um Kegel zu schieben, weil er Kegel schiebt/schob

Zusammenschreibung findet sich bei *radfahren* im Infinitiv [mit *zu*] sowie im zweiten Partizip. Im Präsens und Imperfekt wird im Hauptsatz getrennt und *Rad* groß geschrieben *(ich fahre Rad)*, im Nebensatz jedoch zusammengeschrieben *(weil er radfährt/radfuhr)*. Entsprechendes gilt für *radschlagen* und *maschineschreiben*:

radfahren, ich fahre/fuhr Rad, bin radgefahren, um radzufahren, weil er radfährt/radfuhr; (entsprechend:) radschlagen, maschineschreiben

eislaufen – ich laufe eis

12 Eine größere Gruppe von Verbindungen wird wie *eislaufen* behandelt: Zusammenschreibung findet sich im Infinitiv [mit *zu*] sowie im zweiten Partizip. Im Präsens und Imperfekt wird im Hauptsatz getrennt und der erste Teil klein geschrieben *(ich laufe eis)*, im Nebensatz jedoch zusammengeschrieben *(weil er eisläuft)*:

eislaufen, ich laufe/lief eis, bin eisgelaufen, um eiszulaufen, weil er eisläuft/eislief; (entsprechend:) achtgeben, achthaben, haltmachen, haushalten usw.

● In Verbindung mit einem Attribut (Beifügung) liegt ein Substantiv vor. Es wird groß und vom Verb getrennt geschrieben:

radfahren, aber: mit meinem Rad fahren
eislaufen, aber: auf dem Eis laufen
maßhalten, aber: das rechte Maß halten
usw.
Zur Schreibung bei substantivischem Gebrauch *(das Autofahren)* ↑ 16.

Präposition + Substantiv

Für die Verbindung von einem Substantiv und einer vorangestellten Präposition gibt es verschiedene Möglichkeiten der Schreibung, die die folgende Tabelle zusammenfaßt. Dabei ist neben der Frage nach der Groß- oder Kleinschreibung die Frage nach der Zusammen- oder Getrenntschreibung wichtig, die hier mitbehandelt wird:

groß und getrennt	klein und getrennt
mit Bezug	in bezug
zusammen	Doppelschreibung
zugunsten	auf Grund/aufgrund

in Frage/in bezug

(13) In sehr vielen Fällen wird das Substantiv groß und dann natürlich von der Präposition getrennt geschrieben:

zu Abend essen, in Abrede stellen, auf Abruf, auf Abschlag, von Amts wegen, von Anbeginn, in Anbetracht, von Anfang an/zu Anfang, in Angriff nehmen, vor Anker gehen/liegen, aus Anlaß usw.

● In einigen Fällen wird das ursprünglich vorliegende Substantiv bereits klein, die ganze Fügung aber noch getrennt geschrieben:

außer acht lassen, aber (↑ auch 12): aus der/aller Acht lassen, in acht nehmen; in betreff, aber: in dem Betreff; in bezug auf, aber: mit/unter Bezug auf; auf/von/zu seiten, aber: auf der Seite

bei uns zulande – zu Wasser und zu Lande

(14) In bestimmten Fällen wird die Präposition mit dem ursprünglich vorliegenden Substantiv zusammengeschrieben. Aus der ursprünglich vorliegenden Fügung ist ein neues Adverb oder eine neue Präposition geworden, die klein zu schreiben sind:

anstatt, aber: an Zahlungs/Kindes Statt; imstande sein, aber: er ist gut im Stande (bei guter Gesundheit); zugunsten, aber: zu seinen Gunsten usw.

● Die auf diese Weise entstandenen Adverbien werden ihrerseits nicht mit einem folgenden Verb, auch nicht in den gebeugten Formen, zusammengeschrieben:

instand halten, ich halte/hielt instand, habe instand gehalten, um instand zu halten, weil er instand hält/hielt

Achte jedoch auf die Zusammenschreibung von *überhandnehmen* und von *zurechtkommen, zurechtstellen*:

überhandnehmen, es nahm überhand, hat überhandgenommen, um überhandzunehmen, weil es überhandnahm; (entsprechend:) zurechtkommen, zurechtstellen, aber: zu Recht bestehen/verurteilt werden, mit Recht
Zur Schreibung bei substantivischem Gebrauch *(das Überhandnehmen, das Instandsetzen, das Infragestellen)* ↑ 16.

Beachte die Doppelformen:

anhand – an Hand, anstelle – an Stelle, aufgrund – auf Grund
Unterscheide bei Zeitangaben Substantive *(des Abends, des Morgens)* von Adverbien *(abends, morgens; ↑ 34)*.

4.2 Verben und ihr substantivischer Gebrauch

(15) Verben (Zeitwörter) schreibt man klein:

laufen; ich laufe, werde laufen, lief, bin gelaufen, um zu laufen; ich muß laufen; ich laufe diese Strecke, ich laufe morgen, lauf schnell!

Substantivisch gebrauchter Infinitiv

(16) Infinitive (Grundformen), die substantivisch gebraucht werden, schreibt man groß *(das Lesen)*. Eine vorangehende Bestimmung wird mit ihnen zusammengeschrieben *(das Zustandebringen)*.

● Stehen mehrere Wörter vor einem substantivisch gebrauchten Infinitiv, dann wird, abgesehen von geläufig gewordenen Zusammensetzungen wie z. B. *das Inkraftsetzen*, die ganze Fügung durchgekoppelt, d. h. mit Bindestrichen geschrieben. Dabei werden neben den Substantiven das erste Wort der Gruppe und der Infinitiv groß geschrieben *(das In-den-Tag-hinein-Leben, das Sich-verstanden-Fühlen)*.

● Beachte folgende Verbindungen mit einem substantivisch gebrauchten Infinitiv:

○ Artikel oder Pronomen + Infinitiv:

das Lesen/Schreiben, das Großschreiben; das Anrufen, das Radfahren, das Eislaufen, das Maßhalten, das Maßregeln; das Autofahren, das Ratholen; das Zustandebringen, das Ausweinen/Sichausweinen, das In-den-Tag-hinein-Leben; alles Arbeiten war umsonst, allerhand Üben wird es schon erfordern, das war ein Singen, ein Kreischen erfüllte das Vogelhaus; immer dieses Schimpfen, unser Musizieren, dein Singen geht mir auf die Nerven, ihr Schluchzen, kein Singen war zu hören

○ Präposition [+ verschmolzenem Artikel] + Infinitiv:

er ist am Lesen, auf Biegen oder Brechen, außer Abonnieren kommt nichts in Frage, beim Backen, für Hobeln und Einsetzen [der Türen], ich danke fürs (für das) Kommen, im Fahren, er ist im Kommen, mit Zittern und Zagen, mit Heulen und Zähneklappern, nach Nichteinhalten der Termine, es geht ums Gewinnen, vom Laufen erhitzt, vor [lauter] Lachen, sie kommt nicht zum Backen
Unterscheide zwischen dem Infinitiv mit *zu* und dem substantivisch gebrauchten Infinitiv mit *zum*:
sie hat viel zu trinken, aber: sie ist bei der Arbeit zum Trinken gekommen; er hat nichts zu lachen, aber: das ist zum Lachen, zum Verwechseln ähnlich

○ Attributives Adjektiv + Infinitiv:

schnelles Reden, langsames Anfahren, lautes Kreischen, leises Flüstern

○ Attributives Substantiv + Infinitiv:

[das] Anwärmen und Schmieden einer Spitze, [das] Verlegen von Rohren, [das] Betreten der Wiese

Zweifelsfälle

● Stehen Infinitive allein, dann ist oft nicht klar, ob substantivischer Gebrauch vorliegt oder nicht. In solchen Fällen ist Groß- und Kleinschreibung möglich:

außer Abonnieren kommt nichts in Frage, aber: außer zu abonnieren habe ich kein Interesse; ... weil [das] Geben seliger ist als [das] Nehmen, aber: ... weil [zu] geben seliger ist[,] als [zu] nehmen (In diesem Beispiel werden beide Grundformen entweder klein oder groß geschrieben.); das schnelle/schnelles Laufen, [das] Schnellaufen ist lustig, aber: schnell [zu] laufen ist lustig; [das] viel[e] Essen macht dick, aber: viel [zu] essen macht dick; er übte mit den Kindern das Rechnen, aber: [das] Rechnen; sie lernt schwimmen, aber: [das] Schwimmen; sie lernt [das] Autofahren, aber: sie lernt Auto fahren, sie lernt, [das] Auto zu fahren; ohne Zögern kaufen, aber: ohne zu zögern kaufen; sein Hobby ist [zu] lesen, aber: sein Hobby ist [das] Lesen; wir lieben [zu] rudern, aber: [das] Rudern; ich höre [sie] singen, aber: [das] Singen; denn führen bedeutet Ziele setzen, aber: denn Führen bedeutet Zielesetzen
Verstecken spielen, Verkleiden spielen; singen können, schwimmen dürfen
(Beachte die Schreibung im folgenden Beispiel:) ... denn Reagieren ist eine wichtige Voraussetzung für sicheres Autofahren. (In diesem Beispiel muß auch *reagieren* groß geschrieben werden, weil *sicheres Autofahren* ein substantivisch gebrauchter Infinitiv ist. Entsprechend:) ... weil Probieren über Studieren geht

Andere substantivisch gebrauchte Verbformen

17 Andere Formen von Verben, die gelegentlich substantivisch gebraucht werden, schreibt man ebenfalls groß *(das Soll)*. Dazugehörende Bestimmungen werden mit ihnen zusammengeschrieben:

die atomaren Habenichtse, der Kannitverstan; das Lebehoch, er rief ein herzliches Lebehoch, aber: er rief: „Lebe hoch!"; der Möchtegern, aber: er möchte gern; das Muß, das Vergißmeinnicht usw.
Zum substantivischen Gebrauch der Partizipien ↑ 19ff.

4.3 Adjektive und Partizipien und ihr substantivischer Gebrauch

(18) Adjektive (Eigenschaftswörter) und Partizipien (Mittelwörter) schreibt man klein:

der alte Mann, die schönen Frauen, das klein zu schreibende Wort, das zu klein geschriebene Wort, das dem Schüler bekannte Buch, das in Frage gestellte Unternehmen, er ist faul, sie singt schön; vom hauswirtschaftlich-technischen Gesichtspunkt her

(19) Adjektive und Partizipien, die substantivisch gebraucht werden, schreibt man groß. Nähere Bestimmungen dazu schreibt man getrennt:

Neues lieben, der Alte (der alte Mann), die Alten [und die Jungen], die Schönen (die schönen Frauen) der Stadt, das klein zu Schreibende, das zu klein Geschriebene, das dem Schüler Bekannte, ein Gesunder, das in ihrer Macht Stehende, das oben/zuletzt Gesagte, das in Frage Gestellte, dieses Gesagte, jenes Wahre, wir Alten, sein/mein/dein Bestes tun; aus Altem Neues machen, auf Neues stoßen, es fehlt das Nötigste/am (= an dem) Nötigsten, an das Alte denken, zum (= zu dem) Alten (Chef) gehen; in diesem Sommer ist Gestreift Trumpf
(Beachte auch:) vom Hauswirtschaftlich-Technischen her
Zur Schreibung der Adjektive und Partizipien in Namen ↑ 39 ff. Zur Schreibung der Sprach- und Farbbezeichnungen sowie der Zahladjektive ↑ 25 f., 29.

Einzelne Gruppen

Häufig ist es bei Adjektiven (selbst mit einem Artikel, Pronomen oder einer Präposition) zweifelhaft, ob sie substantivisch gebraucht sind oder nicht. Die wichtigsten dieser Fälle werden in den folgenden Abschnitten abgehandelt.

alles Gute/etwas Wichtiges

(20) Adjektive und Partizipien nach Wörtern wie *alles, etwas, viel* usw. schreibt man groß, weil sie hier für ein Substantiv stehen:

allerart Neues (aber: allerart neue Nachrichten), allerhand Neues (aber: allerhand neue Bücher), allerlei Wichtiges, alles Ekelhafte/Gute, mit anderem Neuen, mit einigem Neuen, mit einigen Neuen, etliches Schönes, etwas Auffälliges/Entsprechendes/Neues/Passendes, genug Dummes/Dummes genug, irgend etwas Neues, irgendwas Schönes, irgendwelches Schöne, mancherlei Blödsinniges, manch Neues/manches Neue, mehrere Reisende, nichts Genaues, sämtliches Schöne, solch Schönes/solches Schöne, solcherart Dummes, solcherlei Blödes, viel Seltsames/vieles Seltsame, vielerart Blödsinniges, vielerlei Unerquickliches, was Neues, was für Schlechtes bringst du?, welches Neue, welcherart Neues, welcherlei Schönes, wenig Gutes/weniges Gutes
(Beachte auch:) Über ihn wird nur Gutes berichtet.

das schnellste aller Autos

(21) Ein alleinstehendes Adjektiv oder Partizip schreibt man auch bei vorangehendem Artikel oder Pronomen klein, wenn es sich auf ein vorangehendes oder nachstehendes Substantiv bezieht und eine Opposition oder einen Vergleich ausdrückt. Es steht hier nicht für ein Substantiv:

Alle Kinder fanden seine Zuneigung. Besonders liebte er die fröhlichen und die fleißigen [Kinder]. – Im Saal waren viele alte Männer. Der älteste von allen/unter ihnen war 100 Jahre alt. – das älteste und das jüngste Kind – Er war der aufmerksamste und klügste meiner Zuhörer/von meinen Zuhörern/unter meinen Zuhörern. – Dies war das schnellste aller Autos. – Sie ist die schönste aller Frauen, die schönste der Schönen, (auch hauptwörtlich gebraucht:) die Schönste der Schönen; das beste/Beste vom Besten. – Kennzeichnend für den Karst sind die Tropfsteinhöhlen. Eine der eindrucksvollsten liegt bei Adelsberg. – Barbara war das/die hübscheste der Mädchen. – Vier Enkel, deren jüngster ... – In dem Aquarium schwammen die verschiedensten Fische: viele silbrige, einige bunte und ein paar schwarze.

● Unterscheide davon Appositionen *(Goethe, der Reiselustige)* und üblich gewordene Substantivierungen *(der Angestellte):*

Er war ihr Bruder. Sie hatte den früh Verstorbenen sehr geliebt.

alt und jung – die Alten und die Jungen

22 Adjektive und Partizipien schreibt man auch dann klein, wenn sie in unveränderlichen, nicht gebeugten Wortpaaren vorkommen und diese für ein Pronomen oder Adverb stehen, z. B. *alt und jung (= jedermann).* Davon zu unterscheiden sind [gebeugte] Wortpaare wie *die Alten und die Jungen,* die für Substantive stehen *(die alten und die jungen Leute):*

alt und jung (jedermann), aber: die Alten und die Jungen, (beachte auch:) der Konflikt zwischen Alt und Jung (zwischen der alten Generation und der jungen Generation); arm und reich (jedermann), aber: die Armen und die Reichen, (beachte auch:) die Kluft zwischen Arm und Reich; durch dick und dünn (überall durch) usw.

das ist das beste, es ist am besten, es steht zum besten – das Beste, was ...

23 Adjektive und Partizipien, selbst mit einem vorangehenden Artikel oder Pronomen, schreibt man klein, wenn sie nicht durch ein Substantiv ersetzt werden können, sondern

○ durch ein einfaches Adjektiv, Partizip oder Adverb:

es ist das gegebene (= gegeben), aber: er nahm das Gegebene gern; das ist bei weitem das bessere (= besser), wenn du dich entschuldigst, aber: das Bessere von dem, was du tun kannst; es ist das richtige (= richtig) usw.; des weiteren (= weiterhin), aufs neue (= wiederum), aber: etwas Neues usw.

○ durch ein Pronomen:

er tut alles mögliche (= viel, vielerlei), aber: alles Mögliche (alle Möglichkeiten) bedenken; alle folgenden (= ander[e]n) usw.

● Auch den Superlativ (die 2. Steigerungsstufe) des Adjektivs *(es ist das beste),* schreibt man klein, wenn dafür die entsprechende Form mit *am,* die einfache Form des Adjektivs mit *sehr* oder ein entsprechendes Adverb gesetzt werden kann:

es ist das beste (= am besten), wenn du dich entschuldigst, aber: es ist das Beste, was ich je gegessen habe; das ärgerlichste (= sehr ärgerlich) ist, daß er mich nicht kommt, aber: das Ärgerlichste, was er je gehört hat; er war auf das äußerste (= sehr) erschrocken, aber: er mußte das Äußerste befürchten usw.

Klein schreibt man auch den Superlativ (die 2. Steigerungsstufe) des Adjektivs mit *am* oder *zum,* wenn sie durch die einfache Form des Adjektivs mit *sehr* ersetzt werden kann:

es ist am nötigsten (= sehr nötig), den Motor wieder in Gang zu bringen, aber: es fehlt am Nötigsten; nicht zum besten (nicht sehr gut) stehen, aber: eine Spende zum Besten der Betroffenen usw.

ins reine bringen – ins Lächerliche ziehen

24 Adjektive und Partizipien schreibt man in der Regel klein, wenn sie in festen Verbindungen [mit Verben] stehen (z. B. *im finstern tappen = nicht Bescheid wis-*

sen). Bei einigen dieser Verbindungen wird das Adjektiv jedoch groß geschrieben (z. B. *im Finstern [= in der Dunkelheit] tappten wir nach Hause*), weil die substantivische Vorstellung überwiegt:

am alten hängen/beim alten bleiben/es beim alten lassen/aus alt neu machen, aber: an das Alte denken, aus Altem Neues machen usw.

Sprachbezeichnungen

25 Bei den Sprachbezeichnungen ist darauf zu achten, ob man sie als attributive Adjektive *(die deutsche Sprache)* oder adverbial *(ein Wort deutsch* [Frage: *wie?*] *aussprechen)* gebraucht und entsprechend klein schreiben muß, oder ob sie für ein Substantiv, etwa für die Sprache, stehen *(er lernt Deutsch* [Frage: *was?*]) und entsprechend groß zu schreiben sind:

○ Kleinschreibung:

die russische Sprache, eine deutsche Übersetzung, ein Wort französisch aussprechen (wie aussprechen?), der Brief ist [in] englisch (wie?) geschrieben, sich [auf] deutsch unterhalten, er sagt es auf französisch, lateinisch mensa heißt zu deutsch Tisch, auf gut deutsch

○ Großschreibung:

das Deutsch Goethes, mein Deutsch (was? meine Sprache Deutsch) ist schlecht, das ist gutes Englisch, wir haben Englisch (das Fach Englisch) in der Schule, er kann kein Wort Russisch, er hat einen Lehrstuhl für Chinesisch, sie hat eine Eins in Französisch, er lernt/kann/versteht [kein] Russisch, der Prospekt erscheint in zwei Sprachen: in Englisch und Deutsch, eine Zusammenfassung in Deutsch, im heutigen/im heutigen Deutsch. (Entsprechend:) der oder die Deutsche, alle Deutschen, uns Deutschen, wir Deutsche[n] Sprachbezeichnungen wie *Esperanto, Hindi* u. a. sind Substantive und werden als solche immer groß geschrieben.

Beachte die folgenden Zweifelsfälle:

er spricht deutsch (wie spricht er im Augenblick? in deutscher Sprache), aber: er spricht Deutsch (was spricht er? die Sprache Deutsch); er unterrichtet/lehrt deutsch (wie? in deutscher Sprache), aber: er unterrichtet/lehrt Deutsch (was? das Fach Deutsch); der Brief ist in englisch/in Englisch

● Die Form mit *-e,* z. B. *das Deutsche, das Englische,* als Bezeichnung für die jeweilige Sprache ganz allgemein wird groß geschrieben. Diese Bezeichnungen werden immer in Verbindung mit dem bestimmten Artikel gebraucht:

das Deutsche (im Gegensatz zum Französischen), die Aussprache des Englischen, im Russischen, aus dem Chinesischen ins Deutsche übersetzen
Zur Schreibung in Namen ↑ 39 ff.

Farbbezeichnungen

26 Bei den Farbbezeichnungen ist darauf zu achten, ob man sie als attributive Adjektive *(das blaue Kleid)* oder adverbial *(blau färben)* gebraucht und entsprechend klein schreiben muß, oder ob sie für ein Substantiv, etwa für die Farbe, stehen *(die Farbe Blau)* und entsprechend groß zu schreiben sind:

○ Kleinschreibung:

ein blaues/grünes/rotes Kleid, blau/rot/grün färben/machen/streichen/werden, jmdm. blauen Dunst vormachen, grau in grau, er ist mir nicht grün (gewogen), der Stoff ist rot gestreift, der Stoff ist rot/blau/grün, schwarz auf weiß, aus schwarz weiß machen wollen

○ Großschreibung:

bis ins Aschgraue (bis zum Überdruß), Berliner Blau, ins Blaue reden, Fahrt ins Blaue, die Farbe Blau, mit Blau bemalt, Stoffe in Blau, das Blau des Himmels, die oder der Blonde (blonde Frau, blonder Mann), die oder das Blonde (Glas Weißbier, helles Bier), die Farben Gelb und Rot, bei Gelb ist die Kreuzung zu räumen, dasselbe in Grün, ins Grüne fahren, bei Grün darf man die Straße überqueren, die Ampel steht auf/zeigt Grün/Gelb/Rot, das erste Grün, er spielt Rot aus, bei Rot ist das Überqueren der Straße verboten, Rot auflegen, ins Schwarze treffen, beim Anschluß Farbe beachten (Rot an Rot, Gelb an Gelb), Farbumschlag von Rot auf Gelb

Zur Schreibung in Namen ↑39ff.

goethische Klarheit – Goethisches Gedicht

27 Für die Schreibung der Adjektive auf *-[i]sch,* die von Familien-, Personen- oder Vornamen abgeleitet sind, gelten folgende Regeln:

Man schreibt sie groß, wenn man die persönliche Leistung oder Zugehörigkeit ausdrücken will, z. B. *der ,,Erlkönig" ist ein Goethisches Gedicht.* Dieses Gedicht hat Goethe verfaßt, es ist sein Gedicht. In diesen Fällen kann man deshalb auch sagen: *Der ,,Erlkönig" ist ein Gedicht Goethes oder ein Gedicht von Goethe.*

Man schreibt sie klein, wenn man ausdrücken will, daß etwas der Art, dem Vorbild, dem Geiste der genannten Person entspricht oder nach ihr benannt ist, z. B. *ihm gelangen Verse von goethischer Klarheit.* In diesen Fällen kann man auch sagen: *Ihm gelangen Verse von einer Klarheit, die der Art oder dem Vorbild Goethes entspricht, eine Klarheit im Stile Goethes:*

Drakonische Gesetzgebung (die Gesetze Drakons, von Drakon), aber: drakonische Gesetzgebung (nach Drakons Art, im Geiste Drakons); die Einsteinsche Relativitätstheorie (von Einstein); die Heinischen Reisebilder (von Heine), aber: eine heinische Ironie (nach der Art Heines) usw.

Aus dem fachsprachlichen Bereich sind von Fügungen dieser Art nur die gebräuchlichsten (z. B. *die Einsteinsche Relativitätstheorie*) aufgenommen worden, weil gerade hier die Schreibung recht unterschiedlich ist und eine einheitliche Regelung noch nicht getroffen ist.

Zu dem ersten Versuch einer Neuregelung (z. B. *Basedow-Krankheit*) vgl. Duden, Wörterbuch medizinischer Fachausdrücke, Mannheim 1979, S. 33ff.

● Immer klein schreibt man die von Personennamen abgeleiteten Adjektive auf *-istisch, -esk* und *-haft* und die Zusammensetzung mit *vor-, nach-* usw.:

darwinistische Auffassungen, kafkaeske Gestalten, eulenspiegelhaftes Treiben; vorlutherische Bibelübersetzungen

Frankfurter Würstchen

28 Die von erdkundlichen Namen abgeleiteten Wörter auf *-er* schreibt man immer groß:

der/ein Frankfurter (Bewohner Frankfurts), Frankfurter Schwarz, ein Paar Frankfurter [Würstchen], die Frankfurter Allgemeine [Zeitung] (Abk.: FAZ), die Frankfurter Bevölkerung; Holländer Käse, Kölner Dom, die Mannheimer Verkehrsbetriebe, die Wiener Kirchen usw.

(Unterscheide:) ein deutscher, österreichischer und Schweizer Vertreter

Zahladjektive

29 Zahladjektive (Numeralia) wie *zwei, zweiter, achtel* usw. schreibt man klein:

er zählte eins, zwei, drei; als dritter ins Ziel kommen; hundert Zigaretten, tausend Soldaten; 200,— DM, in Worten: zweihundert usw.

● Dies gilt auch

○ wenn man die Zahladjektive in Verbindung mit einem Artikel, Pronomen, einer Präposition gebraucht:

die vier, ein achtel Liter; zum ersten, zum zweiten, zum dritten usw., wir sechs
(In Briefen:) Ihr lieben zwei!

○ entsprechend nach Wörtern wie *alle, einige* usw.:

alle sieben, einige tausend Flaschen (↑31) usw.

30 Erst dann (meist nach einem Artikel oder Pronomen) schreibt man groß, wenn nicht mehr die Anzahl gemeint ist, sondern wenn das Zahlwort für ein Substantiv steht, wenn es einen Begriff, ein „Ding", eine „Person" meint, z. B. *er fährt mit der Acht (=mit der [Straßenbahn]linie 8)*:

die Eins, die Zahl Zwei, die Ziffer Drei, in Latein eine Vier (Note) schreiben, eine Vier/drei Einsen würfeln usw.
er ist der Erste in der Klasse (der Leistung nach), aber: der, die, das erste (der Zählung, der Reihe nach); die Ersten unter gleichen usw.

hundert/Hundert – achtel/Achtel

31 Klein schreibt man das reine Zahladjektiv *hundert, tausend*, das immer ungebeugt ist und zumeist als Attribut gebraucht wird; groß schreibt man das Zahlwort als Maßangabe für hundert bzw. tausend Einheiten oder – im Plural – als Bezeichnung für eine unbestimmte Zahl von Hunderten bzw. Tausenden:

hundert Zigaretten, ein paar tausend Zuschauer, aber: vier vom Hundert, das zweite Tausend, wir haben einige Hundert Büroklammern (Packungen von je hundert Stück) geliefert, die Summe geht in die Tausende, viele Hunderte; (auch:) das Brüllen Hunderter von verdurstenden Rindern, die Anstrengung Tausender [von] Menschen usw.

● Klein schreibt man *achtel,* wenn es als Attribut vor Maß- und Gewichtsangaben steht; als Substantiv schreibt man es groß:

ein achtel Zentner, drei viertel Liter Milch, aber: ein Achtel des Weges haben wir zurückgelegt, er hat zwei Drittel des Betrages zurückgezahlt, ein Viertel Mehl, ein Achtel Rotwein, ein Achtel vom Zentner usw.

Zur Schreibung in Namen vgl. 39 ff.

4.4 Pronomen und ihr substantivischer Gebrauch

32 Pronomen (Fürwörter) wie *er, dieser, alle, viele* usw. wie auch den Artikel schreibt man klein:

ich, du, er, sie, es, wir, ihr, sie, dieser, solcher, welcher, wer, was, beide, einige Menschen, etwas Brot, jeder[mann], jemand, man, manches, nichts, niemand, sämtliches, viel, wenig, von uns, über jmdn., einer für alle und alle für einen, allerhand, allerlei usw.

● Dies gilt auch

○ wenn man die Pronomen in Verbindung mit einem Artikel oder Pronomen gebraucht oder wenn sie sich auf ein vorangehendes Substantiv beziehen:

die beiden, der eine, der andere, das meiste, nicht das mindeste, das wenigste, ein anderer, ein jeder, wir grüßen beide/alle, wir beide, uns beiden, am wenigsten, am meisten, zum mindesten usw.
Wem gehört der Garten? Es ist der meinige/meine, der deinige/deine, der eurige/eure. – Diese Männer sind schon gestern dort gewesen, und ich habe dieselben heute noch einmal gesehen.

○ entsprechend nach Wörtern wie *allerlei, alles, etwas, genug, viel* usw.:

allerlei anderes, alles andere, nichts anderes [Neues], etwas anderes, alle beide usw.

● Beachte die Schreibung:

ein bißchen (= ein wenig) Brot, das bißchen Geld, ein klein bißchen, sie tanzten
ein bißchen, aber: ein kleiner Bissen
Brot, ein Bißchen/Bißlein (kleiner Bissen); ein paar (= einige) Schuhe, aber:
ein Paar (= zwei zusammengehörende)
Schuhe
Zur Schreibung in Titeln ↑ 3, in der Anrede ↑ 5 ff.

(33) Pronomen mit vorangehendem Artikel oder Pronomen
schreibt man groß, wenn sie für ein
Substantiv stehen, wenn sie einen
substantivischen Begriff meinen,
z. B. *es ist ein Er (= es ist ein
Mann):*

die Dein[ig]en (deine Angehörigen), du
mußt das Dein[ig]e (das, was dir zu-
kommt) tun; das traute Du, ein gewisses
Etwas, die Euer[e]n/Euren/Eurigen; das
Mein und das Dein, aber: mein und dein
verwechseln; ein Nichts, jedem das Seine, alles/das/dieses Mehr an Kosten ist
von Übel, das Allerlei, Leipziger Allerlei
usw.
Der Einfachheit der praktischen Be-
schreibung wegen habe ich Wörter wie
viel, wenig, andere u.a. zu den Pronomen gerechnet, obwohl theoretische
Gründe dafür sprechen, sie als Adjektive
(indefinite Zahladjektive) anzusehen.

4.5 Partikeln und Interjek-
tionen und ihr substanti-
vischer Gebrauch

(34) Partikeln, d. h.

○ Adverbien (Umstandswörter)
wie *bald,* Präpositionen (Verhältniswörter) wie *für,* Konjunktionen
(Bindewörter) wie *wenn*

○ sowie Interjektionen (Empfin-
dungs-/Ausrufewörter) wie *ach*
schreibt man klein, selbst wenn sie
aus Substantiven entstanden sind.
Adverbien:

anfangs, flugs, gestern, heute, kreuz und
quer, mitten, morgen, morgens, rings, sofort, spornstreichs, vielleicht; die Mode
von morgen, zwischen gestern und morgen, tags darauf; Farbe für innen

● Dies gilt auch dann, wenn man
die Adverbien in Verbindung mit
einem Artikel oder Pronomen gebraucht und sie durch ein einfaches
Adverb ersetzt werden können:

des öfteren (häufig), am ehesten (frühe-
stens), im voraus (vorher) usw.

Präpositionen und Konjunktionen:

außer, in, wegen, vor der Tür; weil, da,
als; angesichts, [an]statt, ausgangs, behufs, betreffs, dank, eingangs, falls,
kraft, laut, mangels, mittels[t], namens,
seitens, teils-teils, trotz, vermöge,
zwecks

Interjektionen:

bim bam!, bim, bam, bum!, ha!, muh,
trara usw.

(35) Partikeln und Interjektionen
– meist nach einem Artikel
oder Pronomen – schreibt man
groß, wenn sie für ein Substantiv
stehen, wenn sie einen substantivischen Begriff meinen, z. B. *das Jetzt
(= die Gegenwart, der jetzige Zeitraum):*

das Ja und Nein, das Drum und Dran,
das Auf und Nieder, das Jetzt, zwischen
[dem] Gestern und [dem] Morgen liegt
das Heute, das Aus, das Diesseits, das
Warum und Weshalb einer Sache ergründen; das Für und/oder [das] Wider,
alles/ohne Wenn und Aber, es gab allerhand Auf und Ab; dein Weh und Ach,
das Bimbam, das Ticktack, das Töfftöff,
das Trara, der Wauwau, das Hottehü
usw.

● Werden mehrteilige Konjunktionen substantivisch gebraucht, dann
ist darauf zu achten, ob zwischen
die Teile weitere Wörter treten können. Ist dies der Fall (*entweder* er
kommt, *oder* er braucht nie mehr zu
kommen), dann werden bei sub-

stantivischem Gebrauch beide Teile groß geschrieben: *das Entweder-Oder.*

● Bilden zwei Bestandteile eine durch andere Wörter nicht trennbare Einheit, dann wird der zweite Bestandteil klein geschrieben: *das Als-ob.*

Die Verbindung beider Regeln führt zu der Schreibung: *das Sowohl-Als-auch.*

4.6 Sonstiges

Einzelbuchstaben

36 Substantivisch gebrauchte Einzelbuchstaben schreibt man im allgemeinen groß:

das A, das B usw., des A, die A; von A bis Z, das A und [das] O, jmdm. ein X für ein U vormachen

● Dies gilt auch dann, wenn die Form des Großbuchstabens gemeint ist:

der Ausschnitt hat die Form eines V; (in Zusammensetzungen mit Bindestrich:) I-förmig, O-Beine, O-beinig, S-förmig, S-Kuchen, S-Kurve, T-förmig, T-Träger, U-förmig, V-Ausschnitt, X-Beine, X-beinig, X-Haken

● Ist der Kleinbuchstabe gemeint, wie er im Schriftbild vorkommt, dann schreibt man klein:

das a in Land, das b in blau usw.; der Punkt auf dem i; (in Zusammensetzungen mit Bindestrich:) das Schluß-e, Dehnungs-h, Fugen-s, Endungs-t; (aber bei der Lautbezeichnung:) Zungen-R; (zur Kennzeichnung einer hauptwörtlichen Zusammensetzung:) der A-Laut, B-Laut usw.; I-Punkt

Beachte die Schreibung der Buchstaben, wenn sie – zumeist fachsprachlich – als Zeichen verwendet werden:

ein Klavierkonzert in a[-Moll], in A[-Dur], ein eingestrichenes f; Blutgruppe A; der Laut langes a; R (Formelzeichen für den elektr. Widerstand), $n-1$, n-Eck, n-fach, π (Ludolfsche Zahl), 2π-fach, γ-Strahlen, X-Chromosom, Y-Chromosom, die gesuchte Größe sei x, x-Achse, y-Achse, x-beliebig, x-mal, x-te, x-fach; (allgemein zur Kennzeichnung des hauptwörtlichen Gebrauches:) das X-fache, (aber in der Mathematik:) das n-fache

Reine Anführung von Wörtern

37 Wird ein nichtsubstantivisches Wort nur angeführt, nur genannt, so wird es immer, auch etwa am Satzanfang oder in Verbindung mit einem Artikel, klein geschrieben:

Es ist umstritten, ob „trotzdem" unterordnend gebraucht werden darf. Sie hat mit einem knappen „ausreichend" bestanden. Das Barometer steht auf schön. Er hat das „und" in diesem Satz übersehen. [Das Wort] aber hat verschiedene Bedeutungen

Abkürzungen und Zusammensetzungen

38 Die Groß- und Kleinschreibung von Abkürzungen bleibt auch dann erhalten, wenn diese Bestandteil einer Zusammensetzung sind. Zusammensetzungen dieser Art werden mit Bindestrich geschrieben:

Tbc-krank, Lungen-Tbc, US-amerikanisch, km-Zahl, a.-c.-i.-Verben

● Dies gilt auch für bestimmte Zusammensetzungen mit Wörtern oder Wortteilen:

daß-Satz, ung-Bildung

5 Namen

Mit Namen bezeichnet man in der Regel einzelne Dinge oder Lebewesen, die so, wie sie sind, nur einmal vorkommen. Es gibt Namen von Personen, erdkundliche Namen (Straßennamen), Namen von Gebäuden, von Institutionen, von Zeitschriften und Zeitungen, Namen von Gestirnen, von Schiffen, Flugzeugen usw.

(39) Namen schreibt man groß.

Da einteilige Namen und der Kern mehrteiliger Namen Substantive sind und als solche bereits groß geschrieben werden, betrifft bei der geltenden Rechtschreibung diese Regel die mehrteiligen Namen.

● Adjektive (auch Zahladjektive) und Partizipien schreibt man groß, wenn sie zu einem mehrteiligen Namen gehören:

Friedrich der Große, die Breite Straße, das Schwarze Meer, Gasthaus „Zum Armen Ritter", der Schiefe Turm (von Pisa), der Fliegende Holländer, Heinrich der Achte, die Sieben Schwaben, Wirkendes Wort usw.

Adjektive, die nicht am Anfang eines Namens stehen, werden mitunter klein geschrieben:

Institut für deutsche Sprache, aber: Verein Deutscher Ingenieure
Zu platonisch/Platonisch ↑ 27.

Feste Begriffe u. a.

(40) Von den Namen im strengen Sinne sind Tier- und Pflanzenbezeichnungen wie etwa *der deutsche Schäferhund, schwarze Johannisbeeren* sowie Fügungen, feste Begriffe wie *italienischer Salat, angewandte Physik* usw. streng zu unterscheiden. In ihnen schreibt man die Adjektive und Partizipien klein.

● Im Fachschrifttum vor allem der Botanik und der Zoologie werden bestimmte deutsche Bezeichnungen für Pflanzen und Tiere groß geschrieben, um sie als Benennungen

für typisierte Gattungen von allgemeinen Bezeichnungen abzuheben. Diese Schreibung sollte auf den Bereich der Fachsprache beschränkt bleiben:

das ist ein roter Milan (ein Milan mit roter Farbe), aber (fachspr.): das ist ein Roter Milan (ein Vertreter der Gattung Milvus milvus); (entsprechend:) die Weiße Lilie u. a.

Name oder allgemeine Bezeichnung?

(41) In bestimmten Fällen muß der Schreiber darauf achten, ob Adjektive usw. Bestandteile von allgemeinen Bezeichnungen oder von Namen sind. Im ersten Fall muß er sie klein, im zweiten Falle groß schreiben.

höhere/Höhere Schule

Schwierigkeiten entstehen vor allem dort, wo allgemeine Bezeichnungen, z. B. *höhere Schule,* auch in Namen von Schulen, Instituten, Universitäten u. ä. vorkommen. Die Bezeichnung *höhere Schule* etwa in dem Beispiel *ich besuche eine höhere Schule* ist kein Name; *höhere* wird deshalb klein geschrieben. Die Bezeichnung *höhere Schule* kann aber auch im Namen einer bestimmten Schule auftreten; dieser wird groß geschrieben: die *Höhere Handelsschule II Mannheim:*

Institut für Angewandte Physik, aber: die Institute für angewandte Physik; Chirurgische Universitätsklinik Heidelberg, aber: jede Universität hat eine chirurgische Universitätsklinik; Englischer Garten in Berlin, aber: nur wenige Städte haben einen englischen Garten usw.

graue/Graue Eminenz

Die *Graue Eminenz* wird der 1909 gestorbene deutsche Diplomat Friedrich von Holstein genannt, der selbst noch nach der Versetzung in den Ruhestand großen politischen Einfluß hatte. Dieser Name, der als solcher groß geschrieben wird, entwickelte sich zu einer allgemeinen Bezeichnung für eine nach außen kaum in Erscheinung tretende, aber einflußreiche [politische] Persönlichkeit; in dieser allgemeinen Bezeichnung wird *grau* klein geschrieben:

die Graue Eminenz (F. v. Holstein), aber: eine graue Eminenz; entsprechend: der Schwarze Freitag (Name eines Freitags mit großen Börsenstürzen in Amerika), aber: ein schwarzer Freitag (allg. Bezeichnung für: Unglückstag [an der Börse])

technischer/Technischer Zeichner

Schwierigkeiten entstehen auch dort, wo allgemeine Bezeichnungen, z. B. *technischer Zeichner,* auch als Titel in Verbindung mit Namen von Personen vorkommen. Die Bezeichnung *technischer Zeichner* etwa in dem Beispiel *er will technischer Zeichner werden* ist kein Name, sondern soll nur den entsprechenden Beruf bezeichnen; *technischer* wird deshalb klein geschrieben. Die Bezeichnung *technischer Zeichner* kann aber auch als Titel in Verbindung mit dem Namen etwa im Briefkopf, auf Visitenkarten usw. vorkommen und wird groß geschrieben: *Hans Meier, Technischer Zeichner:*

Fritz Schulz, Erster Bürgermeister, aber: er wurde zum ersten Bürgermeister gewählt; Schütz, Regierender Bürgermeister, aber: der damals regierende Bürgermeister hieß Brandt usw.

Artikel, Präpositionen, Konjunktionen

42 Artikel, Präpositionen und Konjunktionen im Innern mehrteiliger Namen schreibt man klein. Am Anfang eines Namens schreibt man sie groß:

Friedrich *der* Große, Holbein *der* Jüngere, Gasthaus *zum* Löwen, Gasthaus *an den* Drei Kastanien, Frankfurt *am* Main, Frankenstein *in* Schlesien, Freie *und* Hansestadt Hamburg, Unterwalden *nid/ ob dem* Wald
Der Gewerkschafter (Zeitschrift), *Am* Warmen Damm, *An* den Drei Kastanien (Kiosk), *Im* Krummen Felde, *Im* Treppchen, *In* der Mittleren Holdergasse, *Unter* den Linden, *Zur* Alten Post, *Zur* Linde

● Wird der Artikel zu Beginn durch Deklination geändert, dann gilt er nicht als Teil des Namens und wird entsprechend klein geschrieben (↑3):

Ich habe in *dem* Spiegel gelesen, daß ... In *der* Welt stand. Aber: In der Zeitung „*Die* Welt“ ... (Oder:) In der Zeitung *Die* Welt ... Der Umfang des Magazins „*Der* Spiegel“. (Oder:) Der Umfang des Magazins *Der* Spiegel (↑3)
Die Wörter *von, van, de* und *ten* in Personennamen schreibt man auch am Anfang des Namens klein:
von Gruber, *de* Gaulle, *ten* Humberg
Zur Schreibung am Satzanfang ↑1.

Zur Anlage des Wörterverzeichnisses

Die Anlage des Wörterverzeichnisses und der Aufbau der einzelnen Artikel ergeben sich wie die Auswahl der Wörter aus dem Thema des Buches.

● Die Stichwörter sind in der üblichen Weise alphabetisch angeordnet. Mitgenannte Formen desselben Wortes (z. B. die, das im Stichwort *der/die/das*) haben dabei auf die alphabetische Einordnung keinen Einfluß, während Fügungen (z. B. *Bahn fahren*) als Ganzes eingeordnet werden:

deprimierend	Bahn
der/die/das	bahnamtlich
derartig	Bahn fahren
derb	Bahnhof
deren	bahnlagernd

Wenn das gleiche Wort mehr als einmal im Alphabet vorkommt, erhalten die Stichwörter eine hochgestellte Zahl. Dies gilt auch für verschiedene Wörter, die gleich geschrieben werden, z. B. [1]*dichten* (Verse schreiben), [2]*dichten* (dicht machen).

● Viele der Artikel sind untergliedert, und zwar durch Kleinbuchstaben und/oder durch arabische Zahlen. Kursiv gesetzte Überschriften sowie gelegentliche Einschübe sollen die Suche nach einem Einzelfall erleichtern. Diesen Zweck hat auch die alphabetische Anordnung der Beispiele innerhalb vieler Artikel, z. B. in den Artikeln der Adjektive:

alt
1 *Als Attribut beim Substantiv* (↑ 39 ff.):
den alten **Adam** (seine Schwächen) ablegen, (bibl.) der Alte Bund; eine alte Dame saß auf der Bank, aber: meine Alte Dame (für: meine Mutter); der Alte Dessauer, das alte Deutschland, sie ist ein alter Drache, zum alten Eisen gehören, jmdn. zum alten Eisen werfen, der Alte **Fritz** usw.

2 *Alleinstehend oder nach Artikel, Pronomen, Präposition usw.* (↑ 18 ff.): **alt** und jung (jedermann), aber: Alte und Junge, Altes und Neues, Altes verehren; **alle** Älteren, er lehnt alles Alte ab; er ist am ältesten, am alten hängen, aber: an das/ans Alte denken; ein anderer Alter, auf das/aufs Alte achten; aus alt neu machen usw.

Die Beispiele für das als Attribut bei einem Substantiv gebrauchte Adjektiv (↑ alt, 1) sind nach der alphabetischen Folge der Substantive angeordnet. Steht ein Adjektiv allein nach Artikel, Pronomen, Präposition usw. (↑ alt, 2), dann ist die alphabetische Folge der vorausgehenden Wörter maßgebend. In längeren Artikeln wird die Alphabetisierung durch den halbfetten Druck der folgenden oder vorausgehenden Wörter zusätzlich deutlich gemacht (↑ alt).

● Weitgehend ist darauf verzichtet worden, Stilschicht und landschaftliche Zugehörigkeit eines Wortes oder eines Beispiels anzugeben. Die gelegentlich eingefügten Bedeutungsangaben sind nur als verdeutlichende Hinweise zu verstehen. Demgegenüber ist in vielen Fällen, besonders bei Fügungen aus Substantiv und Adjektiv, die jeweilige Sondersprache (z. B. Seemannsspr.) oder der jeweilige Fachbereich (z. B. Medizin) angegeben.

● Verweise wie (↑ 30) beziehen sich auf die Zahlen im Regelteil. Verweise wie „abartig ↑ abseitig" sagen aus, daß *abartig* sich im Hinblick auf die Groß- und Kleinschreibung wie *abseitig* verhält und daß dort nachzusehen ist, Verweise wie „(↑ aber 2 b)" oder „aber (↑ 2):" beziehen sich auf den Gliederungspunkt 2 b oder 2 desselben Artikels.

A

a/A (↑ 36): das a in Land, das kleine a schreiben, das A ist der erste Buchstabe des Alphabets, des A, die A, das große A, der Buchstabe klein a/groß A, ein verschnörkeltes A, A wie Anton/Amsterdam (Buchstabiertafel); wer A sagt, muß auch B sagen; das A und [das] O, von A bis Z; der Kammerton a, ein eingestrichenes a, das A anschlagen, das A war unsauber gesungen, das hohe/tiefe A, ein Stück in a/in a-Moll, ein Stück in A/in A-Dur; Blutgruppe A oder AB; dieser Rock hat die Form eines A, A-förmige Röcke, der A-Laut
ä/Ä (↑ 36): das ä in lächeln, das Ä ist das Zeichen für einen Umlaut. ↑ a/A
Aachener/Aargauer (*immer groß*, ↑ 28)
ab (↑ 34)
1 *Substantivisch* (↑ 35): das/dieses/ein Auf und Ab
2 *Schreibung des folgenden Wortes:* **a)** *Substantive* (↑ 13 f.): ab Bord usw. ↑ Bord usw., ↑ abhanden. **b)** *Zahladjektive* (↑ 29 ff.): ab drei [Uhr], ab dreißig [Jahren]; ab erstem/ersten März, aber: ab Erstem/Ersten (erster Tag des Monats). **c)** *Adverbien* (↑ 34): frei ab hier, ab morgen usw., ab sofort
AB (↑ 36): Blutgruppe AB
abartig ↑ abseitig
abbauen: wir müssen das Gerüst abbauen, aber: das/beim Abbauen des Gerüstes. *Weiteres* ↑ 15 f.
abbiegen: du darfst nicht links abbiegen, aber: das Abbiegen nach rechts ist verboten, beim Abbiegen achtgeben. *Weiteres* ↑ 15 f.
abbinden: du mußt den Arm abbinden, aber: das Abbinden des Armes. *Weiteres* ↑ 15 f.
abblenden: du mußt abblenden, aber: das Abblenden ist Vorschrift. *Weiteres* ↑ 15 f.
A-Bombe (Atombombe, ↑ 36)
ab Bord ↑ Bord
abbremsen: er muß den Wagen abbremsen, aber: das/beim Abbremsen des Wagens. *Weiteres* ↑ 15 f.
abbröckeln: der Verputz wird langsam abbröckeln, aber: das Abbröckeln des Verputzes. *Weiteres* ↑ 15 f.
Abbruch (↑ 13): ein Haus auf Abbruch
Abbruch tun (↑ 11): jmdm. Abbruch tun; das tut/tat keinen Abbruch, weil es keinen Abbruch tut/tat, es wird keinen Abbruch tun, es hat keinen Abbruch getan, um keinen Abbruch zu tun
abbüßen: du kannst deine Sünde abbüßen, aber: das Abbüßen der Sünde. *Weiteres* ↑ 15 f.
abchecken: er muß die Liste abchecken, aber: das/beim Abchecken der Liste. *Weiteres* ↑ 15 f.
abdanken: der König mußte abdanken, aber: das Abdanken des Königs erzwingen. *Weiteres* ↑ 15 f.

abdichten: du mußt das Fenster abdichten, aber: das/zum Abdichten des Fensters. *Weiteres* ↑ 15 f.
ab Diskont ↑ Diskont
abdrehen: du kannst das Wasser abdrehen, aber: das/beim Abdrehen des Wassers. *Weiteres* ↑ 15 f.
Abdruck (↑ 13): zum Abdruck bringen
abdrucken: wir wollen den Bericht abdrucken, aber: das/beim Abdrucken des Berichtes. *Weiteres* ↑ 15 f.
abend (↑ 34): gestern/heute/morgen abend, aber (↑ Abend): der gestrige/heutige/morgige Abend; [am] Dienstag abend treffen wir uns, aber (↑ abends): Dienstag/dienstags abends spielen wir immer Skat, (↑ Dienstag) am Dienstagabend, an diesem/einem Dienstagabend
Abend (↑ 9 und 13): Abend für Abend, es ist Abend, es ist noch nicht aller Tage Abend, es wird Abend, [spät] am Abend des 20. Juli, alle Abende, den Abend über, der Abend [des Dienstag]; der gestrige/heutige/morgige Abend, aber (↑ abend): gestern/heute/morgen abend; im Laufe des Abends, des Abends [um] acht Uhr, ↑ aber abends; dieser Abend, diesen Abend; eines späten Abends, aber (↑ abends): abends spät, spätabends; gegen Abend, guten Abend sagen, guten Abend! (Gruß), bis in den Abend hinein, er kommt jeden Abend, keinen Abend hat er Zeit, meine Abende, schöner Abend, vom heutigen Abend an, vom Abend bis zum/gegen Morgen, zu Abend essen, vom Morgen bis zum Abend; ↑ Dienstagabend
abendländisch: a) (↑ 39 f.) die abendländische Kultur, das Abendländische Schisma. **b)** (↑ 18 ff.) alles/das Abendländische verehren
abends (↑ 34): abends spät, spätabends, aber (↑ Abend): eines späten Abends; er kommt abends [um] acht Uhr, [um] acht Uhr abends, aber (↑ Abend): des Abends [um] acht Uhr; von morgens bis abends, von früh bis abends, von abends bis früh; Dienstag/dienstags, abends [um acht Uhr], Dienstag/dienstags abends spielen wir immer Skat, aber (↑ abend): [am] Dienstag abend treffen wir uns, (↑ Dienstagabend) am Dienstagabend/an diesem/einem Dienstagabend
abenteuerlich (↑ 18 ff.): seine Reise war am abenteuerlichsten, alles/das Abenteuerliche; das Abenteuerlichste, was er erlebt hatte, aber (↑ 21): die abenteuerlichste der Reisen; etwas/nichts Abenteuerliches unternehmen
aber: a) (↑ 34) er sah sie, aber er hörte sie nicht; Hunderte und aber Hunderte, aber und abermals. **b)** (↑ 35) alles/einiges Wenn und Aber, es ist ein Aber dabei, die/viele Wenn und Aber
abergläubisch (↑ 18 ff.): Abergläubisches belächeln, er ist am abergläubischsten, alles/das

Abergläubische verachten; der Abergläubischste im Dorf, aber (↑21): der abergläubischste der Bauern

aberhundert ↑hundert

abernten: du kannst den Baum abernten, aber: das/beim Abernten des Baumes. *Weiteres* ↑15f.

abertausend ↑hundert

abessinisch: a) (↑39f.) der abbessinische Brunnen (Saugpumpe), der Abessinische Graben (Senkungsfeld in Nordostafrika), das Abessinische Hochland. **b)** (↑18ff.) alles/das Abessinische, etwas/nichts Abessinisches

abfällig (↑18ff.): Abfälliges überhören, diese Bemerkung war am abfälligsten; alles/das Abfällige überhören, aber (↑21): das ist die abfälligste seiner Bemerkungen; diese Bemerkung hatte etwas/nichts Abfälliges

abfassen: wir müssen den Brief anders abfassen, aber: das/beim Abfassen des Briefes. *Weiteres* ↑15f.

abfertigen: du kannst den Boten abfertigen, aber: das/beim Abfertigen des Boten. *Weiteres* ↑15f.

Abfolge (↑13): in Abfolge

Abgang (↑13): bei[m] Abgang des Schauspielers/von der Schule

abgebrüht ↑abgefeimt

abgedroschen (↑40): abgedroschene Redensarten

abgefeimt (↑18ff.): der abgefeimteste der Soldaten

abgehen: wann wird der Zug abgehen?, aber: das/vor Abgehen des Zuges. *Weiteres* ↑15f.

abgeleitet (↑40): (Wirtsch.) eine abgeleitete Firma, (Sprachw.) ein abgeleitetes Wort

abgeschlossen (↑40): (Math.) abgeschlossenes Intervall, abgeschlossene Menge; (Physik) abgeschlossene Schale; abgeschlossenes Studium

abgrenzen: sie sollten ihre Befugnisse genau abgrenzen, aber: das Abgrenzen der Befugnisse. *Weiteres* ↑15f.

abgründig: a) (↑40) abgründiger Humor. **b)** (↑18ff.) er liebt alles/das Abgründige, aber (↑21): das war die abgründigste seiner Bemerkungen; etwas/nichts Abgründiges

abhalten: sie wollen den Kongreß abhalten, aber: das Abhalten des Kongresses. *Weiteres* ↑15f.

abhanden (↑34): abhanden kommen

abhängig (↑40): (Sprachw.) ein abhängiger Fall/Satz, die abhängige Rede; (Math.) abhängige Funktionen, (Wirtsch.) abhängige Gesellschaften

abhärten: wir wollen unsere Jungen abhärten, aber: das/durch Abhärten des Jungen. *Weiteres* ↑15f.

ab Haus ↑Haus

abheften: du kannst das Schreiben abheften, aber: das/beim Abheften des Schreibens. *Weiteres* ↑15f.

abhören: wir wollen jetzt Nachrichten abhören, aber: das/beim Abhören der Nachrichten. *Weiteres* ↑15f.

abkürzen: du kannst den Weg abkürzen, aber: das/durch Abkürzen des Weges. *Weiteres* ↑15f.

abladen ↑aufladen

ab Lager ↑Lager

ablehnen: er mußte den Vorschlag ablehnen, aber: das/durch Ablehnen des Vorschlags. *Weiteres* ↑15f.

ablenken: du darfst ihn nicht von der Arbeit ablenken, aber: das/durch Ablenken von der Arbeit. *Weiteres* ↑15f.

ablesen: du kannst die Zahl ablesen, aber: das/beim Ablesen der Zahl. *Weiteres* ↑15f.

ablichten: du mußt dieses Schriftstück ablichten, aber: das/zum Ablichten des Schriftstückes. *Weiteres* ↑15f.

abliefern: wir müssen heute die Waren abliefern, aber: das/zum Abliefern der Waren. *Weiteres* ↑15f.

abmontieren ↑anmontieren

abnorm: a) (↑40) abnorme Reaktionen, abnormes Verhalten. **b)** (↑18ff.) das Abnorme seines Zustandes, etwas/nichts Abnormes

abnormal ↑abnorm

abonnieren: er will die Zeitung abonnieren, aber: das Abonnieren der Zeitung. *Weiteres* ↑15f.

ab Ostern/Pfingsten/Weihnachten ↑Ostern

ab ovo (von Anfang an, ↑9)

abparken: die Viertelstunde des Vorgängers abparken, aber: das Abparken. *Weiteres* ↑15f.

Abrede (↑13): etwas in Abrede stellen

Abruf (↑13): auf Abruf kaufen, sich auf Abruf bereit halten

abrüsten: die beiden Länder werden abrüsten, aber: das/durch Abrüsten der beiden Länder. *Weiteres* ↑15f.

abruzzisch (↑39): der Abruzzische Apennin

abschaffen: sie wollen dieses Gesetz abschaffen, aber: das/durch Abschaffen des Gesetzes. *Weiteres* ↑15f.

abschalten: du kannst das Radio abschalten, aber: das/durch Abschalten des Radios. *Weiteres* ↑15f.

abschätzig (↑18ff.): Abschätziges überhören, diese Bemerkung war am abschätzigsten; alles/das Abschätzige dieser Bemerkung, aber (↑21): das war die abschätzigste seiner Bemerkungen; diese Bemerkung hatte etwas/nichts Abschätziges

abscheulich (↑18ff.): das ist am abscheulichsten, alles/das Abscheuliche dieser Tat; das Abscheulichste, was er je gesehen hat, aber (↑21): das abscheulichste seiner Verbrechen; etwas/nichts Abscheuliches

abschicken: du sollst den Brief abschicken, aber: das Abschicken des Briefes. *Weiteres* ↑15f.

Abschlag (↑13): auf Abschlag kaufen, ohne Zuschlag und Abschlag

Abschlagen spielen ↑Versteck spielen

abschlägig (↑40): abschläger Bescheid

abschleppen: wir mußten den Wagen abschleppen, aber: das/beim Abschleppen des Wagens. *Weiteres* ↑15f.

abschmirgeln: er will die Platte abschmirgeln, aber: das/zum Abschmirgeln der Platte. *Weiteres* ↑15f.

abschrauben: du kannst den Bolzen ab

schrauben, aber: das/beim Abschrauben des Bolzens. *Weiteres* ↑ 15 f.

abschreiben: er wollte den Aufsatz abschreiben, aber: das Abschreiben des Aufsatzes. *Weiteres* ↑ 15 f.

abseitig: a) (↑ 40) abseitige Ideen. **b)** (↑ 18 ff.) seine Ideen waren am abseitigsten, alles/das Abseitige meiden; das Abseitigste, was man sich denken kann, aber (↑ 21): das abseitigste der Themen; etwas/nichts Abseitiges

abseits: a) (↑ 34) abseits stehen/sein. **b)** (↑ 35) er pfiff Abseits, der Schiedsrichter hatte das Abseits nicht gesehen, der Stürmer stand im Abseits

Absicht (↑ 13): mit/ohne Absicht

absichtlich (↑ 18 ff.): alles/das Absichtliche seiner Handlungen, es lag etwas/nichts Absichtliches in seinem Tun

absolut: a) (↑ 40) (Sprachw.) absoluter Ablativ/Nominativ/Superlativ, absoluter Alkohol, absolute Atmosphäre (Zeichen: ata); (Physik) absolute Bewegung, absolute Feuchtigkeit; absolutes Gehör, (Philos.) absoluter Geist, absolute Geometrie, absoluter Herrscher, absolute Kunst, (Physik) absolutes Maßsystem, absolute Mehrheit, (Wirtsch.) absoluter Mehrwert, absolute Musik, (Philos.) das absolute Nichts, (Physik) absoluter Nullpunkt, (Rechtsw.) absolute Rechte, (Physik) absolute Temperatur, (Sprachw.) absolute Tempora, (Luftf.) absolute Zeichnung. **b)** (↑ 18 ff.) das Absolute, etwas/nichts Absolutes

absolvieren: er wird den Kurs absolvieren, aber: das Absolvieren dreier Kurse. *Weiteres* ↑ 15 f.

absonderlich (↑ 18 ff.): seine Gewohnheiten waren am absonderlichsten, alles/das Absonderliche; das Absonderlichste, was er je gesehen hatte, aber (↑ 21): das absonderlichste der Gespräche; die Sache hatte etwas/nichts Absonderliches

abspielen: wir wollen diese Platte abspielen, aber: das/beim Abspielen dieser Platte. *Weiteres* ↑ 15 f.

Abstand (↑ 13): auf Abstand halten, im/mit/ohne Abstand fahren/folgen

Abstand halten: a) (↑ 11) er hält/hielt Abstand, weil er Abstand hält/hielt, er muß Abstand halten, er hat Abstand gehalten, um Abstand zu halten. **b)** (↑ 16) das Abstandhalten ist wichtig, Aufforderung zum Abstandhalten

abständig (↑ 40): (Forstw.) abständiger Baum

Abstand nehmen: a) (↑ 11) er nimmt/nahm Abstand, weil er Abstand nimmt/nahm, er wird Abstand nehmen, er hat Abstand genommen, um Abstand zu nehmen. **b)** (↑ 16) das Abstandnehmen fällt ihm schwer, die Fähigkeit zum Abstandnehmen

abstecken: wir müssen unsere Ziele abstecken, aber: das/nach Abstecken unserer Ziele. *Weiteres* ↑ 15 f.

absteigend (↑ 40): der absteigende Ast einer Geschoßbahn, Verwandte absteigender Linie, absteigende Tonleiter, absteigende Zeichen des Tierkreises

abstoßend (↑ 18 ff.): das ist am abstoßendsten, alles/das Abstoßende hassen; das Absto-

ßendste, was er je gesehen hatte, aber (↑ 21): das abstoßendste seiner Verbrechen; er hatte etwas/nichts Abstoßendes in seinem Benehmen

abstrakt: a) (↑ 40) abstraktes Ballett, abstrakte Begriffe, abstrakte Kunst/Malerei, (Rechtsw.) abstrakte Rechtsgeschäfte, (Sprachw.) abstraktes Substantiv, abstrakte Wissenschaft, abstrakte Zahl. **b)** (↑ 18 ff.) alles/das Abstrakte ablehnen; das Abstrakteste, was er je gesehen hat, aber (↑ 21): das abstrakteste seiner Bilder; keinen Sinn für Abstraktes haben, in diesen Darlegungen ist etwas/nichts Abstraktes

abstrus ↑ abseitig

abstützen: man muß die Mauer abstützen, aber: das/durch Abstützen der Mauer. *Weiteres* ↑ 15 f.

absurd: a) (↑ 40) absurdes Drama/Theater. **b)** (↑ 18 ff.) das ist am absurdesten, er liebt alles/das Absurde; das Absurdeste, was ich je gesehen habe, aber (↑ 21): das absurdeste aller Theaterstücke; er hat keinen Sinn für das/fürs Absurde, etwas/nichts Absurdes

abtasten: dieses Radargerät kann den Meeresboden abtasten, aber: das/durch Abtasten des Meeresbodens. *Weiteres* ↑ 15 f.

abtransportieren: er soll die Möbel abtransportieren, aber: das/zum Abtransportieren der Möbel. *Weiteres* ↑ 15 f.

abtrocknen: würdest du das Geschirr abtrocknen?, aber: das/zum Abtrocknen des Geschirrs. *Weiteres* ↑ 15 f.

abwägen: er will seine Chancen abwägen, aber: das/nach Abwägen seiner Chancen. *Weiteres* ↑ 15 f.

ab Waggon ↑ Waggon

abwälzen: du kannst die Schuld nicht abwälzen, aber: das Abwälzen der Schuld. *Weiteres* ↑ 15 f.

abwandern: der Spieler will abwandern, aber: das Abwandern des Spielers. *Weiteres* ↑ 15 f.

abwegig ↑ abseitig

abweichen: er wollte von der Parteilinie abweichen, aber: das/durch Abweichen von der Parteilinie. *Weiteres* ↑ 15 f.

abwerben: wir wollen ihn abwerben, aber: das/durch Abwerben von Fachkräften. *Weiteres* ↑ 15 f.

ab Werk ↑ Werk

abwerten: er wird den Franc abwerten, aber: das/durch Abwerten des Franc. *Weiteres* ↑ 15 f.

abzählbar (↑ 40): (Math.) abzählbare Menge

abzählen: ihr müßt die Kinder abzählen, aber: das/durch Abzählen der Kinder. *Weiteres* ↑ 15 f.

abziehen: sie können den Rabatt abziehen, aber: das/nach Abziehen des Rabatts. *Weiteres* ↑ 15 f.

abziehend (↑ 40): (Med.) abziehender Muskel.

abzugsfähig (↑ 40): (Finanzw.) abzugsfähige Ausgaben

Accent (↑ 9): Accent aigu (z. B. é)/circonflexe (z. B. â)/grave (z. B. è)

ach: a) (↑ 34) ach so, ach je, ach und weh

schreien. **b)** (↑35) alles Weh und Ach war vergebens, mit Ach und Krach, mit/nach einigem Weh und Ach

acht

1 *Als einfaches Zahladjektiv klein* (↑29): **a)** im Jahre acht; es waren acht [Mann], und acht kehrten zurück; acht zu vier (8:4); alle acht sind verschwunden, sie hat an acht/achten genug, die anderen acht, bei acht/achten von ihnen ist etwas gefunden worden, die Zahlen von vier bis acht, das sind deine/eure/ihre usw.

acht [Kinder], keiner der acht äußerte sich, die acht anderen, die acht ersten, das Schicksal dieser acht ist unbekannt, die ersten acht, gegen acht [Personen] waren dort versammelt; ihr acht, kommt einmal her; es sind [ihrer] acht, heute in acht Tagen, die letzten acht, mit achten fahren, es waren über acht [Gäste], es kostet über acht [Mark], herzliche Grüße von uns acht/achten/herzliche Grüße Euch achten, wir sind [unser] acht, die Zahlen von acht bis zwölf, eine Familie von acht/achten, heute vor acht Tagen, wir sind zu acht/achten, vier zu acht (4:8). **b)** *Altersangaben:* er wird acht [Jahre alt]; ab acht [Jahren], er schätzt sie so auf acht [Jahre], er wird so bei acht [Jahre alt] sein, ein Kind von sieben bis acht [Jahren], mit acht [Jahren alt], mit acht [Jahren], Kinder über acht [Jahre], Kinder unter acht [Jahren], ein Kind von acht [Jahren], bis zu acht [Jahren]. **c)** *Uhrzeitangaben:* es ist/wird acht [Uhr]/achte, es schlägt acht [Uhr]/achte; ab acht [Uhr], ein Viertel [auf] acht [Uhr], wir hatten uns auf acht [Uhr] verabredet, es wird so bei acht [Uhr] sein, von sieben bis acht [Uhr], gegen acht [Uhr] bin ich dort, es ist halb acht [Uhr], ein Viertel nach acht [Uhr], Punkt acht [Uhr], Schlag acht [Uhr], seit acht [Uhr]/achte warte ich schon auf dich, um acht [Uhr]/achte aufstehen, von acht bis um neun [Uhr], ein Viertel vor acht [Uhr]. **d)** *Rechnen:* acht abziehen/subtrahieren, acht addieren/hinzuzählen, acht geteilt/dividiert durch zwei ist vier (8:2=4), acht mal zwei ist sechzehn (8×2 oder 8·2=16), acht und/plus eins ist neun (8+1=9), acht weniger/minus vier ist vier (8−4=4), bis acht zählen, durch acht teilen/dividieren, fünf hoch acht (5⁸), mit acht malnehmen/multiplizieren

2 *Substantivisch gebraucht groß* (↑30): die [Zahl/Ziffer] Acht, eine Acht schießen, eine Acht schreiben, eine arabische/römische Acht, (Eislauf) eine Acht fahren, eine Acht im Kartenspiel, er hatte eine Acht im Rad, mit der Acht ([Straßenbahn]linie 8) fahren

Acht (↑13f.): in Acht und Bann tun; aus aller Acht lassen, aus der Acht lassen, aber: [ganz] außer acht lassen, in acht nehmen. ↑achtgeben, ↑achthaben

achte

1 *Als einfaches Zahladjektiv klein* (↑29): als achter/achtes, er kam am achten Januar (↑aber 2); am sechsten Januar kann ich nicht, wohl aber am achten; beim achten von ihnen blieb er stehen, das achte habe ich gestern erst bekommen; er war der achte, der das erzählte; der/die/das achte (der Zählung, der Reihe nach), aber (↑2): der/die Achte (dem Range, der Leistung nach); der achte, den ich treffe;

der achte Januar, aber (↑2): der Achte [des Monats]; die achte von links, er reihte sich hinterm achten ein, jeder achte, ich habe keinen achten gesehen, zu acht/achten über die Straße gehen, zum achten [Januar] war er bestellt (↑aber 2)

2 *Substantivisch gebraucht groß* (↑30): am Achten [dieses Monats] hat er mich besucht (↑aber 1); der Achte (dem Range, der Leistung nach), der Achte in der Klasse, aber (↑1): der achte [Läufer], der durchs Ziel ging (der Zählung, der Reihe nach); der Achte [des Monats], aber (↑1): der achte Januar; ein Achtes ist zu sagen, vom nächsten Achten an, ich habe ihn zum Achten [dieses Monats] bestellt (↑aber 1)

3 *In Namen und festen Begriffen* (↑39f.): der achte Geburtstag, im achten Lebensjahr stehen, sie ist im achten Monat, der achte Rang, der achte Stock eines Hauses; Heinrich der Achte, das Leben Pius' des Achten

4 *In Filmtiteln u.ä.* (↑2f.): „Der achte Schöpfungstag" (Buch), aber *(als erstes Wort):* die Thematik des „Achten Schöpfungstages"

achteinhalb (↑31): achteinhalb Punkte, aber (↑2): „Achteinhalb" (Film)

achtel ↑viertel

achten: er muß auf den Verkehr achten, aber: bei dem/beim Achten auf den Verkehr. *Weiteres* ↑15f.

Achter (↑9): im Toto hat er nur einen Achter (acht richtig getippte Spiele), er fährt mit dem Achter (Wagen der Buslinie 8), er hat einen Achter im Vorderrad (eine Achter, die Eiskunstläuferin zog einen Achter auf dem Eis, die Ausscheidungskämpfe für Achter (für Boote mit acht Ruderern), wir tranken einen Achter (einen Wein aus dem Jahre acht [eines Jahrhunderts])

achtfach/Achtfache ↑dreifach

achtgeben: a) (↑12) er gibt/gab acht, weil er achtgibt/achtgab, er wird achtgeben, er hat achtgegeben, um achtzugeben. **b)** (↑16) das Achtgeben auf Kinder ist schwierig, beim Achtgeben auf Kinder Schwierigkeiten haben. ↑Acht

achthaben ↑achtgeben

achthundert ↑hundert

achtjährig (↑18ff.): ein achtjähriges Kind, aber: ein Achtjähriger, alle Achtjährigen, die [über/unter] Achtjährigen

achtlos (↑18ff.): das Achtlose ihrer Bewegungen; das Achtloseste, was er je gesagt hatte, aber (↑21): das achtloseste seiner Worte

achttausend vgl. hundert

achtunddreißigste: a) (↑achte). **b)** (↑40) am achtunddreißigsten Breitengrad (in Korea)

achtzehn: a) (↑acht). **b)** (↑29) achtzehn [an]sagen (Skat)

achtzehnfach/Achtzehnfache ↑dreifach

achtzehnjährig ↑achtjährig

achtzehnte ↑achte

achtzig

1 *Als einfaches Zahladjektiv klein* (↑29): **a)** im Jahre achtzig, wir waren achtzig [Mann], wir fahren achtzig [Kilometer pro Stunde], achtzig zu neunzig (80:90); alle achtzig sind verschwunden, an achtzig [Personen] waren versammelt, die anderen achtzig, auf achtzig (wütend) sein, bei achtzig von ihnen ist etwas gefunden worden, die Zahlen von siebzig bis achtzig, die achtzig von ihnen kenne ich, die achtzig anderen, das Schicksal dieser achtzig ist unbekannt, einige achtzig [Personen], gegen achtzig [Personen] standen dort, es sind [ihrer] achtzig, mit achtzig [Kilometern pro Stunde] fahren, Tempo achtzig, es waren über achtzig [Gäste], es kostet über achtzig [Mark], wir sind [unser] achtzig, die Zahlen von achtzig bis neunzig, neunzig zu achtzig (90:80). **b)** *Altersangaben* (↑ aber 2 b): er wird achtzig [Jahre alt]; ab achtzig [Jahren], er schätzt sie auf achtzig [Jahre], er wird so bei achtzig [Jahre alt] sein, von siebzig bis achtzig [Jahren], er ist gegen achtzig [Jahre alt], mit achtzig [Jahren], der Mensch über achtzig [Jahre], unter achtzig [Jahren], ein Mann von achtzig [Jahren], bis zu achtzig [Jahren]. **c)** *Rechnen:* ↑ acht (1 d) **2** *Substantivisch gebraucht groß* (↑ 30): **a)** die [Zahl] Achtzig, eine Achtzig schreiben, eine arabische/römische Achtzig, mit der Achtzig ([Straßenbahn]linie 80) fahren. **b)** *Altersangaben* (↑ aber 1 b): Anfang [der] Achtzig, die Achtzig erreichen, in die Achtzig kommen, Ende [der] Achtzig, mit Achtzig kannst du das nicht mehr, Mitte [der] Achtzig, der Mensch über Achtzig, über die Achtzig, der Mensch um die Achtzig, der Mensch unter Achtzig **3** *In Buchtiteln u. ä.* (↑ 2 ff.): „In achtzig Tagen um die Welt"

achtziger: a) (↑ 29) er kaufte eine achtziger Birne (Glühbirne von 80 Watt), eine achtziger Briefmarke (im Wert von 80 Pfennigen), ein achtziger Eis; in den achtziger Jahren [des vorigen Jahrhunderts], aber: in den Achtzigerjahren (über 80 Jahre alt) war er noch rüstig; achtziger Jahrgang (aus dem Jahre achtzig eines Jahrhunderts), ein achtziger Wein (aus dem Jahre achtzig [des vorigen Jahrhunderts]). **b)** (↑ 30) er schraubte eine Achtziger (eine Glühbirne von 80 Watt) ein, er kaufte eine Achtziger (Briefmarke im Wert von 80 Pfennigen), Anfang/Mitte/Ende der Achtziger, mit dem Achtziger (Wagen der Buslinie 80) fahren, in den Achtzigern sein, er ist ein noch rüstiger Achtziger, wir haben einen milden Achtziger getrunken (einen Wein aus dem Jahre achtzig [des vorigen Jahrhunderts])
Achtzigerjahre ↑ achtziger (a)
achtzigfach/Achtzigfache ↑ dreifach
achtzigjährig: a) (↑ achtjährig). **b)** (↑ 39) der Achtzigjährige Krieg (1568–1648)
achtzigste ↑ achte
achtzigstel ↑ viertel
a conto (auf Rechnung von ..., a c., ↑ 9)
ad absurdum (ad absurdum führen, ↑ 9)
ad acta (ad acta legen, ↑ 9)
a dato (vom Tage der Ausstellung an, a d., ↑ 9)
addieren ↑ dividieren
additiv (↑ 40): (Photogr.) additive Dreifarbenmethode, additive Farbmischung, additives Verfahren; (Math.) additive Funktion, (Med.) additive Wirkung
ade: a) (↑ 34) nun ade, jmdm. ade sagen, wir sagten uns ade. **b)** (↑ 35) ein freundliches Ade
Adel (↑ 13): von Adel sein
Adelsberger (*immer groß,* ↑ 28)

adieu ↑ ade
ad infinitum (unaufhörlich, ↑ 9)
ad libitum (nach Belieben, ad l., ad lib., a. l., ↑ 9)
ad notam (zur Kenntnis [nehmen], ↑ 9)
adonisch (↑ 27): adonischer Vers
adoptieren: sie wollen ein Kind adoptieren, aber: das Adoptieren des Kindes. *Weiteres* ↑ 15 f.
ad rem (zur Sache [gehörend], ↑ 9)
adressieren: er muß den Brief noch adressieren, aber: beim Adressieren des Briefes die Postleitzahl angeben. *Weiteres* ↑ 15 f.
adrett ↑ apart
adriatisch (↑ 39): das Adriatische Meer
A-Dur (↑ 36): ein Stück in A-Dur/in A; A-Dur-Arie
ad usum (zum Gebrauch, ad us., ↑ 9)
adverbial/adverbiell (↑ 40): (Sprachw.) adverbialer Akkusativ/Genitiv, adverbiale Bestimmung
adversativ (↑ 40): (Sprachw.) adversative Konjunktion
Advocatus Dei/Diaboli (↑ 9)
affektiert (↑ 18 ff.): alles/das Affektierte an ihr; das Affektierteste, was er je gesehen hatte, aber: das affektierteste der Mädchen; ihr Benehmen hat etwas/nichts Affektiertes
affig ↑ affektiert
affin (↑ 40): (Math.) affine Geometrie, affiner Raum
afghanisch: a) (↑ 40) ein afghanischer Teppich, der afghanische Windhund. **b)** (↑ 18 ff.) alles/das Afghanische lieben, etwas/nichts Afghanisches
A-förmig (↑ 36): A-förmige Röcke
afrikaans/Afrikaans
1 *Als Attribut beim Substantiv* (↑ 40): die afrikaanse Literatur, die afrikaanse Sprache (Sprache der Buren)
2 (↑ 25) **a)** *Alleinstehend beim Verb:* können Sie Afrikaans?, sie kann kein/gut/[nur] schlecht Afrikaans; er schreibt ebensogut afrikaans wie deutsch (wie schreibt er?), aber: er schreibt ebensogut Afrikaans wie Deutsch (was schreibt er?); der Redner spricht afrikaans (wie spricht er?) er hält seine Rede in afrikaanser Sprache, aber: mein Freund spricht [gut] Afrikaans (was spricht er? er kann die afrikaanse Sprache); verstehen Sie [kein] Afrikaans? **b)** *Nach Artikel, Pronomen, Präposition usw.:* auf afrikaans (in afrikaanser Sprache, afrikaansem Wortlaut), er hat aus dem Afrikaans ins Deutsche übersetzt, das Afrikaans (die Sprache der Buren allgemein), das Afrikaans des Schriftstellers Marais (Marais' besondere Ausprägung der afrikaansen Sprache), dein Afrikaans ist schlecht, er kann/spricht/versteht etwas Afrikaans, ein Lektorat für Afrikaans, er hat für Afrikaans nichts übrig; in afrikaans (in afrikaanser Sprache, afrikaansem Wortlaut), Prospekte in afrikaans, eine Zusammenfassung in afrikaans, aber: in Afrikaans (in der Sprache Afrikaans), Prospekte in Afrikaans, eine Zusammenfassung in Afrikaans, *(nur groß:)* er hat eine Zwei in Afrikaans (im Schulfach Afrikaans), er übersetzt ins/in das Afrikaans. *Zu weiteren Verwendungen* ↑ deutsch/Deutsch/Deutsche

afrikanisch: a) (↑39f.) Afrikanisch Birnbaum (Holzart), die afrikanische Kunst, afrikanisches Mahagoni, die afrikanische Schweinepest, die afrikanischen Sprachen, die Afrikanisch-Madagassische Union (UAM), die Afrikanisch-Asiatische Wirtschaftskonferenz (↑2). **b)** (↑18ff.) alles/das Afrikanische lieben, etwas/nichts Afrikanisches

Afro-Look (Frisur, ↑9)

After-shave-Lotion (Rasierwasser, ↑9)

ägadisch (↑39): die Ägadischen Inseln

ägäisch (↑39f.): die ägäische Kultur, das Ägäische Meer

Agent provocateur (Lockspitzel, ↑9)

aggressiv: a) (↑40) aggressive Kohlensäure, eine aggressive Politik, (Geol.) aggressives Wasser. **b)** (↑18ff.) das war am aggressivsten, alles/das Aggressive fiel von ihm ab; das Aggressivste, was ich je gelesen habe, aber (↑21): das aggressivste seiner Bücher; etwas/nichts Aggressives

agil ↑aktiv (b)

Agramer (immer groß, ↑28)

agrotechnisch (↑40): agrotechnischer Termin (DDR)

ägyptisch/Ägyptisch/Ägyptische (↑40): die ägyptische Augenkrankheit, eine ägyptische Finsternis, die ägyptische Geschichte, der ägyptische Klee (Futterpflanze), die ägyptische Kunst, ägyptisch Pfund (Währung), ägyptische Plagen, die ägyptische Sprache (Sprache der alten Ägypter). Zu weiteren Verwendungen ↑deutsch/Deutsch/Deutsche

ah/aha: a) (↑34) ah so, ah was; ah, wie herrlich; aha, so ist das! **b)** (↑35) ein lautes Ah/Aha ertönte

ähnlich: a) (↑40) ähnliche Dreiecke (Math.). **b)** (↑18ff.) ähnliches (solches), und ähnliches (u. ä.), und dem ähnliche[s] (u. d. ä.), oder ähnliches (o. ä.), aber: Ähnliches und Verschiedenes, Ähnliche und Unähnliche, Ähnliches erkennen; alles Ähnliche, er ist ihm am ähnlichsten, sich an Ähnlichem orientieren, sich an das/ans Ähnliche halten, auf das/aufs Ähnliche achten, das Ähnliche/Ähnlichere/Ähnlichste; die Ähnlichsten in diesem Bereich, aber (↑21): viele ähnliche Fälle wurden untersucht, und die ähnlichsten von allen/unter ihnen wurden zusammengefaßt; etwas Ähnliches, etwas Ähnliches, nichts Ähnliches, viel/wenig Ähnliches

ahnungslos (↑18ff.): er war am ahnungslosesten von allen, die Ahnungslosen warnen; der Ahnungsloseste, den man sich denken kann, aber (↑21): der ahnungsloseste der Politiker

ahoi: a) (↑34) Schiff ahoi! **b)** (↑35) ein lautes Ahoi tönte herüber

Ahrensburger (immer groß, ↑28)

Air-conditioner/Air-conditioning (Klimaanlage, ↑9)

akademisch: a) (↑40f.) akademische Bildung, akademischer Bürger, akademische Freiheit, akademische Jugend, akademischer Grad; er ist ein akademischer Rat, aber: Peter Müller, Akademischer Rat; akademische Selbstverwaltung, das akademische Viertel. **b)** (↑18ff.) er lehnt alles/das Akademische ab,

seine Redeweise hat etwas/nichts Akademisches

akkadisch/Akkadisch/Akkadische ↑deutsch/Deutsch/Deutsche

akklimatisieren, sich: er wird sich schnell akklimatisieren, aber: das Sichakklimatisieren/Akklimatisieren braucht seine Zeit. Weiteres ↑15f.

akkurat ↑sorgfältig

aktiv: a) (↑40) aktive Bestechung, aktive Bilanz, die aktive Dienstzeit, (Med.) aktive Immunisierung, ein aktives Mitglied, ein aktiver Offizier, ein aktiver Student, (Chemie) aktiver Sauerstoff, aktiver Sportler, (Sprachw.) aktive Verbformen, aktives Wahlrecht, (Chemie) aktiver Wasserstoff, aktiver Wortschatz. **b)** (↑18ff.) alles/das Aktive liegt ihm, aber (↑21): er war der aktivste der Teilnehmer; die Aktiven, ein Aktiver, alle Aktiven, eine Aktive

Aktiv (↑9): das Aktiv, des Aktivs

aktivieren: er will neue Kräfte aktivieren, aber: das Aktivieren neuer Kräfte. Weiteres ↑15f.

aktualisieren: er will dies Thema aktualisieren, aber: das Aktualisieren eines Themas. Weiteres ↑15f.

aktuell: a) (↑40) aktuelle Fragestunde im Bundestag. **b)** (↑18ff.) das Aktuellste, was er je gelesen hatte, aber (↑21): das aktuellste von allen Büchern; etwas/nichts Aktuelles

akustisch (↑40): ein akustischer Typ

akut: a) (↑40) (Med.) akute Experimente, eine akute Gefahr, (Med.) akute Krankheiten. **b)** (↑18ff.) das Akuteste, aber (↑21): die akuteste von allen Gefahren

akzeptieren: er will die andere Meinung nicht akzeptieren, aber: das Akzeptieren anderer Meinungen. Weiteres ↑15f.

alaaf: a) (↑34) Kölle alaaf! **b)** (↑35) ein lautes Alaaf ertönte

à la carte (nach der Speisekarte, ↑9)

à la mode (nach der neuesten Mode, ↑9)

alarmieren: er wird die Feuerwehr alarmieren, aber: das Alarmieren der Feuerwehr. Weiteres ↑15f.

A-Laut (↑36)

Albaner (immer groß, ↑28)

albanisch/Albanisch/Albanische ↑deutsch/Deutsch/Deutsche

albertinisch (↑39): die Albertinische Linie

aleatorisch (↑40): aleatorische Verträge

alemannisch/Alemannisch/Alemannische

1 Als Attribut beim Substantiv (↑40): ein alemannisches Gedicht, aber: Hebels „Alemannische Gedichte" (↑2); alemannische Mundart, die alemannische Volksfasnacht, das alemannische Volksrecht

2 (↑25) **a)** Alleinstehend beim Verb: er dichtet alemannisch; können Sie Alemannisch?, sie kann kein/gut/[nur] schlecht Alemannisch; diese Leute sprechen alemannisch (wie sprechen sie?, sie gebrauchen die alemannische Mundart), aber: mein Freund spricht [gut] Alemannisch (was spricht er?, er kann die alemannische Mundart); verstehen Sie [kein] Alemannisch? **b)** Nach Artikel, Pronomen, Präposition usw.: auf alemannisch (in alemannischer

Mundart), das Gedicht ist aus dem Alemannischen ins Hochdeutsche übersetzt, das Alemannisch Johann Peter Hebels (Hebels besondere Ausprägung der alemannischen Mundart), das [typisch] Alemannische im Werk Dürrenmatts; *(immer mit dem bestimmten Artikel:)* das Alemannische (die alemannische Mundart allgemein); dein Alemannisch ist unecht, er kann/spricht/versteht etwas Alemannisch, er hat etwas Alemannisches in seinem Wesen, sie hat für Alemannisch/für das Alemannische nichts übrig, er antwortete im reinsten/in reinstem Alemannisch/in unverfälschtem Alemannisch. *Zu weiteren Verwendungen* ↑ deutsch/Deutsch/Deutsche

alexandrinisch (↑ 39 f.): Alexandrinische Bibliothek, alexandrinische Kunst, alexandrinischer Vers

algarvisch (↑ 39): das Algarvische Gebirge

algebraisch (↑ 40): (Math.) algebraische Funktion/Gleichung, algebraisches Komplement, algebraische Zahlen

algerisch: a) (↑ 40) algerischer Dinar (Währung), die algerische Regierung, das algerische Volk. **b)** (↑ 18 ff.) alles/das Algerische lieben, etwas/nichts Algerisches

alkäisch (↑ 27): alkäische Strophe, alkäischer Vers

alkalisch (↑ 40): (Chemie) alkalische Erden/Reaktion

alkmanisch (↑ 27): alkmanischer Vers

alkoholisch: a) (↑ 40) (Chemie) alkoholische Gärung, alkoholische Getränke. **b)** (↑ 18 ff.) er lehnt alles Alkoholische ab, etwas/nichts Alkoholisches

alkyonisch (↑ 40): alkyonische Tage

all

1 *Als einfaches Pronomen klein* (↑ 32): vierzig Gäste waren eingeladen, und alle kamen; alle/alles auf einmal, da hört alles auf, vor den Augen aller, alles aussteigen!, alle beisammenhaben, und alles flüchtete, alles in allem, alles oder nichts (↑ aber 2), all/alles und jedes; wir andern alle, bei allem, das alles, dem allen/allem, die/diese alle, dieses/dieses alles, diesem allen/allem, euch alle; einer für alle und alle für einen; Mädchen für alles, gegen alles, ihr alle, in allem, er fügt sich in alles, letztere alle, mein ein und [mein] alles, mit allem, nach allem, im Namen aller, sie alle, trotz allem, das geht ihm über alles, um alles, uns alle, von allem, vor allem, vor aller [Leute] Augen, was alles, welche alle, wer alles, wir alle, zu allem. *(In Briefen:)* ich grüße Euch/Sie alle

2 *In Filmtiteln u. ä.* (↑ 2 ff.): „Alles in allem" (Film), aber *(als erstes Wort):* „Alle Jungen heißen Patrik" (Film), „Alles oder nichts" (Fernsehsendung)

3 *Schreibung des folgenden Wortes:* **a)** *Zahladjektive* (↑ 29 ff.) *und Pronomen* (↑ 32 f.): alles andere, alle beide, all/alles das, all/alles dies/dieses, all/alle diese, alle drei, mit allen dreien, all/alle jene, alles Mehr an Kosten ist von Übel, (Kegeln) alle neun/neune, alle viere von sich strecken, auf allen vieren. **b)** *Infinitive* (↑ 16): alles Arbeiten nutzt nichts, trotz allen Fahrens, alles Reden war umsonst. **c)** *Adjektive und Partizipien* (↑ 20 f.): der Lohn aller Arbei-

tenden, alles zu klein Geschriebene, alles in Frage Gestellte, alles Gute, unter allem Neuen, alle Neugierigen, mit allem Schönen, alles klein zu Schreibende, alles in ihrer Macht Stehende, alles Wichtige, allem Widerlichen. (↑ 23) alles beliebige (irgend etwas), alle beliebigen; alles unten Folgende (alles später Erwähnte, Geschehende, alle folgenden Ausführungen), aber: alle folgenden (anderen), alles folgende (andere); alles Mögliche (alle Möglichkeiten), aber: alles mögliche (viel, allerlei). (↑ 21) In dem Aquarium schwammen viele Fische. Alle roten gehörten Markus, alle silbrigen Barbara. **d)** *Partikeln und Interjektionen* (↑ 35): alles Für und Wider, alles Hin und Her, alles Weh und Ach war vergebens, alles Wenn und Aber; alle nase[n]lang, naslang, aber: aller Nasen lang

All (↑ 9): das All (Weltall), des Alls

allegorisch: a) (↑ 40) allegorische Auslegung, allegorisches Bild. **b)** (↑ 18 ff.) das Allegorische, was er je gesehen hatte, aber (↑ 21): das allegorischste seiner Bilder; das ist doch etwas/nichts Allegorisches

alleinseligmachend (↑ 40): die alleinseligmachende Kirche

alleluja[h] ↑ halleluja[h]

allerart: a) (↑ 32) allerart anderes. **b)** (↑ 20) allerart Geschriebenes, allerart Neues, allerart Schönes

allerbeste ↑ beste

allerchristlichste (↑ 7): Allerchristlichste Majestät (hist. franz. Titel)

allerhand: a) (↑ 32) allerhand wissen, das ist allerhand, auf allerhand vorbereitet sein; allerhand anderes. **b)** (↑ 16) allerhand Üben wird es schon erfordern. **c)** (↑ 20) allerhand Geschriebenes, allerhand Neues, allerhand Schaulustige, allerhand Wichtiges. **d)** (↑ 35) es gab allerhand Auf und Ab

allerheiligst (↑ 39): das Allerheiligste Sakrament

allerhöchste ↑ hoch

allerlei: a) (↑ 32) allerlei sehen, sich über allerlei unterhalten; allerlei anderes. **b)** (↑ 33) das Allerlei (kunterbuntes Gemisch), des Allerleis, Leipziger Allerlei. **c)** (↑ 16) allerlei Üben wird schon erforderlich sein. **d)** (↑ 20) allerlei Böses, allerlei Gutes, allerlei Wichtiges. **e)** (↑ 35) es gab allerlei Auf und Ab

allernächste ↑ nah[e]

allerneueste ↑ neu

allerwenigste ↑ wenig

Allgäuer (*immer groß*, ↑ 28)

allgemein

1 *Als Attribut beim Substantiv* (↑ 39 ff.): Allgemeiner Deutscher Automobil-Club (ADAC), allgemeine Betriebswirtschaftslehre, Allgemeine Deutsche Biographie (ADB), die allgemeine Dienstpflicht, Allgemeine Elektricitäts-Gesellschaft (AEG), die allgemeine Geschichte (Weltgeschichte), das Allgemeine Bürgerliche Gesetzbuch (Österreich; ABGB), allgemeine Geschäftsbedingungen, allgemeine Gesetze, Allgemeiner Deutscher Hochschulsportverband, die Allgemeine evangelisch-lutherische Konferenz (Lutherisches Einigungswerk), die allgemeine Literaturgeschichte, (DDR) der All-

gemeine Deutsche Nachrichtendienst (ADN), die Allgemeine Ortskrankenkasse (AOK), allgemeine Schulpflicht, Allgemeiner Studentenausschuß (ASTA), das allgemeine Wahlrecht, die allgemeine Wehrpflicht, die Frankfurter Allgemeine [Zeitung] (FAZ)
2 *Alleinstehend oder nach Artikel, Pronomen, Präposition usw.* (↑18 ff.): Allgemeines mitteilen; alles Allgemeine; er hat sich von allen am allgemeinsten ausgedrückt, aber: sich am Allgemeinen/Allgemeineren/Allgemeinsten orientieren; nur auf Allgemeines/auf das Allgemeine eingehen, sich aufs Allgemeinste beschränken, sich bei Allgemeinem aufhalten, das Allgemeine und das Besondere, das Allgemeinste, etwas Allgemeines sagen, genug Allgemeines; das macht er im allgemeinen (gewöhnlich, meistens; i. allg.), aber: er denkt/bewegt sich stets im Allgemeinen (geht nicht auf Besonderes ein); manches Allgemeine, neben Allgemeinem auch das Besondere berücksichtigen, ohne Allgemeines/das Allgemeine zu berühren, vom Allgemeinen auf das Besondere schließen. (↑21) Das Buch enthält viele Regeln. Die allgemeinen [Regeln] sind bekannt, die speziellen [Regeln] muß man sich aneignen. - Welches ist die allgemeinste und welches die speziellste Regel? - Das ist die allgemeinere/allgemeinste der Aussagen/von den Aussagen/unter den Aussagen
allgemeinbildend (↑40): die allgemeinbildenden Schulen, (DDR) allgemeinbildende polytechnische Oberschule (APOS)
allmächtig (↑18 ff.): beim Allmächtigen (bei Gott), der Allmächtige (Gott), Allmächtiger!
Alltag (↑9): der graue Alltag; die Mühe des Alltags, ↑ aber alltags
alltags (↑34): alltags wie feiertags, alltags hat er Zeit, aber (↑Alltag): des Alltags
allwissend (↑39): Doktor Allwissend (Märchengestalt)
α-Strahlen (Alphastrahlen, ↑36)
alpin (↑40): (Schisport) alpine Kombination, alpine Pflanzen, alpine Rasse
als ob: a) (↑34) war ihm, als ob er etwas gehört hätte. **b)** (↑35) die Philosophie des Als-ob, Als-ob-Philosophie
alt
1 *Als Attribut beim Substantiv* (↑39 ff.): den alten **Adam** (seine Schwächen) ablegen, (bibl.) der Alte Bund; eine alte Dame saß auf der Bank, aber: meine Alte Dame (für: meine Mutter); der Alte Dessauer, das alte Deutschland, sie ist ein alter Drache, zum alten Eisen gehören, jmdn. zum alten Eisen werfen, der Alte **Fritz**, die alte Garde, die alte/ältere Generation, ein alter Genosse, die alten Germanen; es ist immer die alte Geschichte, alte Geschichten erzählen, aber: die Alte Geschichte (Geschichte des Altertums); ein altes Gewerbe, es geht alles im alten Gleis, der alte Goethe, die alten Griechen, er ist ein alter **Hase**; ein alter Herr saß auf der Bank, aber: mein Alter Herr (für: mein Vater), Alter Herr (ehemaliges aktives Mitglied eines Sportvereins oder einer studentischen Verbindung; A. H.); die Alte Hever (Fahrwasser in der Nordsee), das alte Holland, das ist ja ein alter Hut, ein alter **Kämpfer**, eine

alte Kiste (Auto); dies ist ein altes Land, aber: das Alte Land (Teil der Elbmarschen); eine alte Liebe, aber: die Alte Liebe (Anlegebrücke in Cuxhaven); die Alte **Maas** (Flußarm in Holland); ein alter Mann saß auf der Bank, alter Mann (Bergbau: abgebaute Teile eines Bergwerks); „Der alte Mann und das Meer" (von Hemingway), aber: wir lesen den „Alten Mann und das Meer" (↑2 ff.); das ist seine alte Masche, alte Meister, alte Münzen, die Alte **Nogat** (Unterlauf der Liebe, Nebenfluß der Nogat [Ostpreußen]), das alte Polen; „Gasthaus zur Alten Post", Gasthaus „Zur Alten Post", Gasthaus „Alte Post"; der Alte **Rhein** (Rheinarm bei Utrecht), im alten Rom, die alten Römer, Alt Ruppin (dt. Stadt), das alte Rußland, (Geologie) Alter **Scheitel**, ein Kavalier der alten Schule, Alt Schwerin/Alt Schweriner See (in Mecklenburg), er ist ein altes Semester, eine alte Sitte, nach alter deutscher Sitte, bei der alten Sorte bleiben, alte Sprachen studieren, zum alten Stamm gehören, alte Stiche, im alten Stil, alte **Teppiche**, das Alte Testament (A.T.; ↑2 ff.), meine ältere/älteste Tochter, eine alte Tradition, die alten Völker, ein alter Wein, eine alte Weisheit; das war für ihn eine alte Welt, aber: die Alte Welt (Europa); die Alte Weser (Fahrwasser in der Nordsee), die Alte Westerems (Fahrwasser im Mündungsgebiet der Ems), in/von alten Zeiten, ein alter Zopf. (↑39) Alexandre Dumas **der Ältere**, die Bilder Holbeins des Älteren (d. Ä.).
2 *Alleinstehend oder nach Artikel, Pronomen, Präposition usw.* (↑18 ff.): **alt** und jung (jedermann), aber: Alte und Junge, Altes und Neues, der Konflikt zwischen Alt und Jung; **alle** Älteren; er ist am ältesten, am alten hängen, aber: an das/ans Alte denken; ein anderer Alter, auf das/aufs Alte achten; aus alt neu machen, aber: aus Altem Neues machen; beide Alten; es beim alten lassen, es bleibt alles beim alten, aber: das Mädchen blieb bei dem/beim Alten (alten Mann); **das** Alte verehren, das Älteste kaufen, dein Alter (Vater, Ehemann, Chef); er ist immer/wieder ganz der alte (derselbe), der alte (derselbe) bleiben, aber: der Alte (Chef, Meister, alter Mann, [Skat] Kreuzbube); der oder die Älteste/die Ältesten (in einer Kirchengemeinde u. a.), der Älteste im Saal; wir bleiben die alten (dieselben), aber: die Alte (alte Frau), die Alten (alte Leute, alte Völker), die Alten und [die] Jungen; **ein** Alter (alter Mann), eine Alte (alte Frau), einige/ein paar/etliche Alte, etwas Älteres/Altes, euch Alten, euer Alter (Chef); neu für alt, aber: Neues für Altes, fürs Alte schwärmen, für/gegen den Alten (Chef); genug Altes, ihr Alten, ihr Alter (Vater, Ehemann, Chef), irgend etwas Altes, jener Alte, **manches** Alte, mein Alter (Vater, Chef, Ehemann), mein Ältester (ältester Sohn), meine Alte (Mutter, Ehefrau), meine Älteste (älteste Tochter), neben dem Alten, nichts Älteres/Altes, er liest nur Altes, sämtliches Alte, uns Alten/Älteren, unsere Alten (Eltern), viel/wenig Altes, wir Alten/Älteren, zum Alten gehören, zur alten gehen. (↑21) Auf dem Platz hatten sich viele Menschen versammelt. Die alten [Menschen] saßen, viele junge [Menschen]

standen. – Im Saal waren viele alte Männer. Der älteste von allen/unter ihnen war 100 Jahre alt. – Das älteste und das jüngste Kind waren zu Hause. – Er ist der ältere/älteste meiner Söhne/von den Söhnen/unter den Söhnen

Alt (↑9): sie hat einen guten Alt. ↑ Alt singen

altaisch (↑40): altaische Sprachen

altbacken (↑40): altbackenes Brot

altchristlich (↑40): altchristliche Dichtung, altchristliche Kirche, altchristliche Literatur, altchristliche Musik

altdeutsch: a) (↑40) altdeutsche Bierstube/Möbel/Strophe. **b)** (↑18ff.) er liebt alles/das Altdeutsche, haben Sie etwas/nichts Altdeutsches?

Altenaer/Altenburger (*immer groß,* ↑28)

altenglisch/Altenglisch/Altenglische ↑ althochdeutsch/Althochdeutsch/Althochdeutsche

Alter (↑13): im Alter von achtzig Jahren

älter ↑ alt

Alter ego („das andere Ich", ↑9)

alternierend (↑40): (Bot.) alternierende Blattstellung, alternierende Dichtung, (Math.) alternierende Reihe, (Rechtsw.) alternierendes Urteil, alternierender Vers

alters (↑34): seit/vor alters, von alters her

älteste ↑ alt

altfranzösisch/Altfranzösisch/Altfranzösische ↑ althochdeutsch/Althochdeutsch/Althochdeutsche

altgolden/Altgold/Altgoldene (↑26): Möbel in Altgold, die Farbe spielt ins Altgold/ins Altgoldene [hinein]. *Zu weiteren Verwendungen* ↑ blau/Blau/Blaue

althochdeutsch/Althochdeutsch/Althochdeutsche

1 *Als Attribut beim Substantiv* (↑40): ein althochdeutscher Dichter, die althochdeutsche Literatur, die althochdeutsche Sprache; ein althochdeutsches Wörterbuch, aber: „Althochdeutsches Wörterbuch" (der Berliner Akademie; ↑2ff.)

2 (↑25) **a)** *Alleinstehend beim Verb:* können Sie Althochdeutsch?, er lehrt Althochdeutsch, ich lerne Althochdeutsch, der Professor liest Althochdeutsch (hält Vorlesungen darüber). **b)** *Nach Artikel, Pronomen, Präposition usw.:* auf althochdeutsch (in althochdeutscher Sprache, althochdeutschem Wortlaut), er hat aus dem Althochdeutschen ins Französische übersetzt, das Althochdeutsch Notkers (Notkers besondere Ausprägung der althochdeutschen Sprache); *(immer mit dem bestimmten Artikel:)* das Althochdeutsche (die althochdeutsche Sprache allgemein); dein Althochdeutsch ist schlecht, er konnte/sprach/verstand etwas Althochdeutsch, ein Lehrstuhl für Althochdeutsch, er hat für Althochdeutsch/für das Althochdeutsche nichts übrig. *Zu weiteren Verwendungen* ↑ deutsch/Deutsch/Deutsche

altindisch/Altindisch/Altindische ↑ althochdeutsch/Althochdeutsch/Althochdeutsche

altmodisch (↑18ff.): ihm mißfällt alles/das Altmodische, das Altmodischste, was er je gesehen hat, aber (↑21): das altmodischste ihrer Kleider; etwas/nichts Altmodisches

altnordisch/Altnordisch/Altnordische

↑ althochdeutsch/Althochdeutsch/Althochdeutsche

altpreußisch/Altpreußisch/Altpreußische (↑39f.): die altpreußische Sprache (eine baltische Sprache), Evangelische Kirche der Altpreußischen Union (in dem alten Landesteilen Preußens, 1830–1945). *Zu weiteren Verwendungen* ↑ althochdeutsch/Althochdeutsch/Althochdeutsche

altreformiert (↑39): Altreformierte Kirchen in Niedersachsen

altsächsisch/Altsächsisch/Altsächsische ↑ althochdeutsch/Althochdeutsch/Althochdeutsche

Alt singen (↑11): sie singt/sang Alt, während sie Alt singt/sang, sie wird Alt singen, sie hat Alt gesungen, nur Alt zu singen

altslawisch/Altslawisch/Altslawische ↑ althochdeutsch/Althochdeutsch/Althochdeutsche

altsprachlich (↑40): (Schulw.) altsprachlicher Zweig

am /aus *an* + *dem*/ ↑ an

am Abend usw. ↑ Abend usw.

ambrakisch (↑39): der Ambrakische Golf

ambrosianisch (↑27): Ambrosianische Liturgie, Ambrosianischer [Lob]gesang

ambulant (↑40): (Med.) ambulante Behandlung, ambulantes Gewerbe, ambulanter Handel

ambulatorisch (↑40): (Med.) ambulatorische Behandlung

Amelander (*immer groß,* ↑28)

amen: a) (↑34) [zu allem] ja und amen sagen; amen! (so sei es!), amen sagen (etwas bekräftigen). **b)** (↑35) der Pfarrer sprach/die Gemeinde sang das Amen, das ist so sicher wie das Amen in der Kirche, sein Amen zu dem Vorschlag geben

am Ende ↑ Ende

Amerikaner (*immer groß,* ↑28)

amerikanisch/Amerikanisch/Amerikanische (↑39ff.): (Bot.) Amerikanische Agave, amerikanische Buchführung, amerikanisches Duell, das amerikanische Englisch, das Amerikanische Mittelmeer (Nebenmeer des Atlantiks), die amerikanischen Sprachen (Indianersprachen), der amerikanische Temperguß, „Eine amerikanische Tragödie" (Roman), aber: ein Kapitel aus der „Amerikanischen Tragödie" (↑2ff.); die amerikanische Versteigerung, amerikanischer Zobel (Pelzart). *Zu weiteren Verwendungen* ↑ deutsch/Deutsch/Deutsche

am Fuße ↑ Fuß

amharisch/Amharisch/Amharische ↑ deutsch/Deutsch/Deutsche

am Hofe/Lager usw. ↑ Hof/Lager usw.

Amok laufen ↑ Spießruten laufen

a-Moll (↑36): ein Stück in a-Moll/in a; a-Moll-Arie

amoralisch (↑18ff.): er verfolgt alles/das Amoralische; das Amoralischste, was er je gelesen hatte, aber (↑21): das amoralischste seiner Bücher; etwas/nichts Amoralisches

am Ort ↑ Ort

amortisabel (↑40): amortisable Anleihen

amphibisch **36**

amphibisch (↑40): amphibische Karten, amphibisches Land
am Platze/Rande usw. ↑ Platz/Rand usw.
Amsterdamer (*immer groß*, ↑28)
Amt (↑13): in Amt und Würden, im Amte sein/bleiben, von Amts wegen
am Tage ↑Tag
am Tisch ↑Tisch
amtlich: a) (↑40) das amtliche Kursbuch aber: Amtliches Fernsprechbuch 19 für den Bereich der Oberpostdirektion Karlsruhe (↑2ff.); eine amtliche Verfügung, der amtliche Wetterbericht. **b)** (↑18ff.) alles Amtliche, etwas/nichts Amtliches
amüsieren: die Geschichte wird alle amüsieren, er will sich nur amüsieren, aber: das Amüsieren ist sein einziger Gedanke, von dem/vom Amüsieren/Sichamüsieren hat er jetzt genug. *Weiteres* ↑15f.
amusisch ↑anachronistisch
am Wege/Werk usw. ↑ Weg/Werk usw.
an (↑34)
1 *In Namen* (↑42) *und Titeln* (↑2ff.): Frankfurt am Main, Ludwigshafen a. (= am) Rhein, Götzendorf an der Leitha, Bad Neustadt a. d. (= an der) Saale; „Allee am Damm", „Weg an den Drei Pfählen", „Gasthaus am Heißen Ofen", „Gasthaus an der Heulenden Kurve", „Die Brücke am Kwai" (Film), aber *(als erstes Wort):* die Allee „Am Damm", „Am Warmen Damm", der Weg „An den Drei Pfählen", das Gasthaus „Am Heißen Ofen", das Gasthaus „An der Heulenden Kurve", „An einem Tag wie jeder andere" (Buch u. Film)
2 *Schreibung des folgenden Wortes:* **a)** *Substantive* (↑13f.): an Boden usw. ↑ Boden usw., an Bord usw. ↑ Bord usw., anhand/an Hand ↑ Hand, anstatt ↑ Statt. **b)** *Infinitive* (↑16): er ist am Arbeiten, er denkt nicht ans Arbeiten, Freude am Fahren. **c)** *Adjektive und Partizipien* (↑19 und 23): sich ans/an das Bessere halten; sie singt am besten, das weiß er selbst am besten, aber: es mangelt am Besten; ans/an das Gute im Menschen glauben, sich an Kleinen vergehen; es ist am nötigsten (sehr nötig), den Motor wieder in Gang zu bringen, aber: es fehlt am Nötigsten. (↑24) am alten hängen. **d)** *Zahladjektive* (↑29ff.) *und Pronomen* (↑32f.): an alle, es liegt nicht an dem, sie hat an dreien genug, er ist an [die] dreißig [Jahre], an [die] dreißig [Personen] waren versammelt; am ersten (zuerst), aber: am Ersten (ersten Tag des Monats) gibt es Geld; an etwas denken, es ist an ihm; am letzten (zuletzt), aber: am Letzten des Monats; am meisten; an nichts glauben, aber: ans/an das Nichts glauben; das Ding an sich, an [und für] sich, an uns. **e)** *Adverbien* (↑34): am ehesten
anabol (↑40): (Med.) anabole Medikamente
anachronistisch (↑18ff.): alles/das Anachronistische; das Anachronistischste, was er je sah, aber (↑21): das anachronistischste seiner Werke; etwas/nichts Anachronistisches
anakreontisch (↑27): anakreontischer Vers
analog (↑18ff.): er sucht dazu etwas Analoges, er findet nichts Analoges
analysieren: er wird den Stoff analysieren, aber: das Analysieren von Stoffen. *Weiteres* ↑15f.
analytisch: a) (↑40) analytische Aussage/Chemie, analytisches Drama, analytische Funktion/Geometrie/Psychologie/Statistik, analytisches Urteil. **b)** (↑18ff.) alles/das Analytische/etwas Analytisches liegt ihm nicht; das Analytischste, was er gelesen hatte, aber (↑21): das analytischste seiner Bücher; Sinn für das/fürs Analytische
anaphylaktisch (↑40): (Med.) anaphylaktischer Schock
anarchistisch (↑18ff.): er haßt alles/das Anarchistische; das Anarchistischste, was er gelesen hat, aber (↑21): das anarchistischste seiner Bücher; seine Ansichten haben etwas/nichts Anarchistisches
anatolisch (↑39): die Anatolische Bahn
anbauen: sie wollen anbauen, aber: das Anbauen der Garage ist genehmigt. *Weiteres* ↑15f.
Anbeginn (↑13): seit Anbeginn, von Anbeginn der Welt [an]
Anbetracht (↑13): in Anbetracht dessen
anbieten: ich kann nichts anbieten, aber: das Anbieten der Waren vorbereiten. *Weiteres* ↑15f.
an Bord ↑Bord
anbraten: sie muß das Fleisch anbraten, aber: das/beim Anbraten des Fleisches. *Weiteres* ↑15f.
anbrennen: sie ließ das Gemüse anbrennen, aber: das Anbrennen des Gemüses. *Weiteres* ↑15f.
anbringen: er will das Schild anbringen, aber: das/beim Anbringen des Schildes. *Weiteres* ↑15f.
andalusisch (↑39): das Andalusische Gebirgsland
an Deck ↑Deck
Andenken (↑13): zum Andenken
andere
1 *Als einfaches Pronomen klein* (↑32): ich habe **anderes** gehört, und andere/anderes [mehr] (u. a. [m.]); **allerart**/allerhand/allerlei anderes, alles andere, das Buch ist dicker als andere, von sich auf andere schließen, die beiden anderen, ein Wort gibt das andere, eins tun und das andere nicht lassen, sich wie ein Ei dem anderen gleichen, der eine/der andere, eine Hand wäscht die andere, die drei anderen, **ein** anderer/anderes, eine andere, jmdn. eines anderen belehren, sich eines anderen besinnen, einiges andere, etwas anderes, euch anderen, das ist etwas ganz anderes, genug anderes, ihr anderen, jeder andere, jemand anders, **kein** anderer/keine andere als du, manches andere, einer nach dem anderen, nichts anderes, niemand anders, nur anderes, er macht einen Fehler über den anderen, ein Mal ums/um das andere, uns anderen, unter anderem (u. a.), und vieles andere (u. v. a.), was anders, welches andere, wer anders, wir anderen, zum anderen. *(In Briefen:)* ich grüße Euch anderen herzlich
2 *In Filmtiteln u. ä.* (↑2ff.): „An einem Tag wie jeder andere" (Buch und Film), aber *(als erstes Wort):* „Andere Zeiten" (Film), „Anders als du und ich" (Film)

3 *Schreibung des folgenden Wortes:* **a)** *Zahladjektive* (↑29ff.) *und Pronomen* (↑32f.): die anderen beiden, die anderen drei usw. **b)** *Infinitive* (↑16): anderes Fahren ist hier nicht möglich. **c)** *Adjektive und Partizipien* (↑20): andere Bekannte, anderes zu klein Geschriebene, andere Gute, andere Interessierte, andere Leidtragende, mit anderem Neuen, anderes groß zu Schreibende, anderes Wichtige. (↑21) In dem Aquarium schwammen viele Fische. Bestimmte rote gehörten Markus, andere rote Barbara

anderenteils ↑teils
an der Hand ↑Hand
ändern: er muß die Form ändern, er will sich ändern, aber: das Ändern/Sichändern ist schwer. *Weiteres* ↑15f.
anderthalbfach/Anderthalbfache ↑dreifach
andeuten: du kannst deinen Besuch ja andeuten, aber: das Andeuten des Besuches. *Weiteres* ↑15f.
andorranisch: a) (↑40) die andorranische Regierung, das andorranische Volk. **b)** (↑18ff.) alles/das Andorranische lieben, nichts/viel Andorranisches
androhen: er will ihm Prügel androhen, aber: das Androhen von Prügeln. *Weiteres* ↑15f.
an Eides Statt ↑Statt
anekdotisch (↑18ff.): er liebt das Anekdotische
anerkennen: wir werden den neuen Staat anerkennen, aber: das Anerkennen des neuen Staates. *Weiteres* ↑15f.
anfahren: er soll am Berg anfahren, aber: das/beim Anfahren am Berg. *Weiteres* ↑15f.
anfällig (↑21): er ist der anfälligste von den Schülern
Anfang (↑9): Anfang Januar; (↑13) im Anfang, am/gegen/seit/zu Anfang des Jahres, von Anfang an
anfangs (↑34): anfangs sträubte er sich
anfechtbar (↑18ff.): das Anfechtbarste, was er je gehört hatte, aber (↑21): das anfechtbarste aller Urteile
anfreunden, sich: du darfst dich mit ihr anfreunden, aber: das Anfreunden/Sichanfreunden mit wildfremden Menschen. *Weiteres* ↑15f.
angeben: er soll nicht so angeben, aber: das Angeben dieses Burschen ist zu arg. *Weiteres* ↑15f.
angeboren: a) (↑40) angeborene Eigenschaften/Ideen/Menschenrechte. **b)** (↑18ff.) das ist etwas Angeborenes, (↑21) unsere angeborenen und anerzogenen Schwächen
angelernt (↑40): angelernter Arbeiter
angeln: er geht angeln, aber: das Angeln ist sein Hobby. *Weiteres* ↑15f.
angelsächsisch/Angelsächsisch/Angelsächsische ↑althochdeutsch/Althochdeutsch/Althochdeutsche
angenehm: a) (↑40) eine angenehme Nachricht, eine angenehme Reise/Ruhe. **b)** (↑18ff.) am angenehmsten, alles/das Angenehme mit dem Nützlichen verbinden; das Angenehmste, was ihm je begegnet war, aber (↑21): die ange-

nehmste der Nachrichten; etwas/nichts Angenehmes
angesehen (↑18ff.): er ist am angesehensten, alle/die Angesehenen, (↑21) der angesehenste der Bürger
angewandt (↑40): angewandte Chemie, (Geogr.) angewandte Karte, angewandte Kunst/Mathematik/Wissenschaft; die Institute für angewandte Physik in Deutschland, aber (↑41): Institut für Angewandte Physik der Universität Freiburg
Angina pectoris (Herzkrampf, ↑9)
angliedern: sie wollen den Ort diesem Bezirk angliedern, aber: das/durch Angliedern des Ortes. *Weiteres* ↑15f.
anglikanisch (↑40): anglikanische Kirche
angreifen: der Feind wird bald angreifen, aber: das Angreifen des Feindes. *Weiteres* ↑15f.
Angriff (↑13): in Angriff nehmen, zum Angriff übergehen
an Grippe ↑Grippe
Angst: a) (↑10) [keine] Angst bekommen, haben, kriegen, aber: mir ist/wird angst, angst [und bange] machen/sein/werden. **b)** (↑13) aus Angst, in Angst sein/geraten, in [tausend] Ängsten sein, von Angst ergriffen, vor Angst vergehen
Angst haben: a) (↑10) er hat Angst, weil er Angst hat, er wird Angst haben, er hat Angst gehabt, um nicht Angst zu haben. **b)** (↑16) das Angsthaben
ängstlich (↑18ff.): am ängstlichsten; alles/das Ängstliche fiel von ihm ab, aber (↑21): das ängstlichste von den Kindern
angst machen: a) (↑10) er macht ihm angst [und bange], weil er ihm angst macht, er wird ihm angst machen, er hat ihm angst gemacht, um ihm angst zu machen. **b)** (↑16) das Angstmachen
angst sein: a) (↑10) mir ist/war angst [und bange], weil mir angst ist/war, mir wird angst sein, mir ist/war angst gewesen. **b)** (↑16) das Angstsein
angst werden ↑angst sein
Anhalter (↑13): per Anhalter fahren
anhand/an Hand ↑Hand
anhängig (↑40): (Rechtsspr.) ein anhängiges Verfahren
anhänglich (↑18ff.): am anhänglichsten; sie verlor in den Jahren alles/das Anhängliche, aber (↑21): das anhänglichste von allen Kindern; sie hat etwas/nichts Anhängliches an sich
anheben: der Verband will die Tarife anheben, aber: das/durch Anheben der Tarife. *Weiteres* ↑15f.
Anhieb (↑13): auf Anhieb
animalisch (↑18ff.): er hat etwas Animalisches an sich
Anker (↑13): klar bei Anker, vor Anker gehen/liegen
ankern: das Schiff muß ankern, aber: bei dem/beim Ankern auf Grund laufen. *Weiteres* ↑15f.
Anker werfen: a) (↑11) das Schiff wirft/warf Anker, während es Anker wirft/warf, es wird

Anker werfen, es hat Anker geworfen, um Anker zu werfen. **b)** (↑16) das Ankerwerfen
anketten: du darfst den Hund anketten, aber: das/beim Anketten des Hundes. *Weiteres* ↑15f.
an Kindes Statt ↑Statt
anklagen: du kannst ihn ja anklagen, aber: das/durch Anklagen des Diebes. *Weiteres* ↑15f.
Anklang finden ↑Gehör finden
ankleben: ich will einen Zettel ankleben, aber: das/beim Ankleben eines Zettels. *Weiteres* ↑15f.
anklopfen: du mußt vorher anklopfen, aber: das/durch Anklopfen an der Tür. *Weiteres* ↑15f.
an Kummer ↑Kummer
ankündigen: sie sollen ihren Besuch ankündigen, aber: das/durch Ankündigen des Besuches. *Weiteres* ↑15f.
an Land ↑Land
Anlaß (↑13): aus Anlaß, zum Anlaß nehmen
Anlaß geben ↑Bescheid geben
Anlaß nehmen ↑Abstand nehmen
anlernen: er will den Lehrling anlernen, aber: das/durch Anlernen des Lehrlings. *Weiteres* ↑15f.
anliefern ↑abliefern
anmontieren: du kannst das Rad anmontieren, aber: das/zum Anmontieren des Rades. *Weiteres* ↑15f.
annehmen: das kann ich nicht annehmen, aber: das Annehmen des Angebots. *Weiteres* ↑15f.
anno/Anno (im Jahre, a./A., ↑9): anno/Anno elf/dazumal; anno/Anno Tobak (in alter Zeit)
annoncieren: er will in der Zeitung annoncieren, aber: das/durch Annoncieren in der Zeitung. *Weiteres* ↑15f.
annuell (↑40): (Bot.) annuelle (einjährige) Pflanzen
annullieren: sie wollen den Vertrag annullieren, aber: das/durch Annullieren des Vertrages. *Weiteres* ↑15f.
anomal (↑18ff.): das Anomale seines Zustandes, etwas/nichts Anomales
anomalistisch (↑40): anomalistisches Jahr, anomalistischer Monat
anonym: a) (↑40) ein anonymer Brief, anonyme Sparkonten. **b)** (↑18ff.) alles/das Anonyme ist verdächtig
anordnen: er will die Bücher anders anordnen, aber: das/durch Anordnen der Bücher. *Weiteres* ↑15f.
anorganisch: a) (↑40) anorganische Chemie, anorganische Natur. **b)** (↑18ff.) alles/das Anorganische, etwas/nichts Anorganisches
anormal ↑anomal
an Ort und Stelle ↑Ort
an Ostern/Pfingsten/Weihnachten
↑Ostern
anpassen: du mußt dich anpassen, aber: das Anpassen/Sichanpassen an die Begebenheiten. *Weiteres* ↑15f.
anprobieren: sie will die Schuhe anprobieren, aber: das/beim Anprobieren der Schuhe. *Weiteres* ↑15f.
anrechnen: das werde ich dir hoch anrech-

nen, aber: das Anrechnen zum halben Preis. *Weiteres* ↑15f.
Anrechnung (↑13): in Anrechnung bringen
anregend (↑18ff.): am anregendsten, er liebt alles Anregende; das Anregendste, was er je gelesen hatte, aber (↑21): das anregendste der Bücher; etwas Anregendes
anrüchig (↑18ff.): dieses Lokal war am anrüchigsten, alles/das Anrüchige meiden; das Anrüchigste, was er gesehen hatte, aber (↑21): das anrüchigste der Lokale; etwas/nichts Anrüchiges
ans /aus *an* + *das*/↑an (2)
ansagen: du mußt achtzehn ansagen, aber: das Ansagen dieser Zahl. *Weiteres* ↑15f.
ansaugen: der Ventilator muß Luft ansaugen, aber: das/durch Ansaugen von Luft. *Weiteres* ↑15f.
ans Bett ↑Bett
Anschlag (↑13): in Anschlag bringen
anschnallen: wir wollen die Gurte anschnallen, aber: das/beim Anschnallen der Gurte. *Weiteres* ↑15f.
ans Ende ↑Ende
ans Herz ↑Herz
ans Land/Leder usw. ↑Land/Leder usw.
ansprechend (↑18ff.): am ansprechendsten; das Ansprechendste, was ihm je begegnet war, aber (↑21): das ansprechendste der Bücher; etwas/nichts Ansprechendes
Anspruch (↑13): in Anspruch nehmen
Anspruch erheben: a) (↑11) er erhebt/erhob Anspruch, weil er Anspruch erhebt/erhob, er wird Anspruch erheben, er hat Anspruch erhoben, um Anspruch zu erheben. **b)** (↑16) sein dauerndes Anspruch ist widerlich
Anspruch haben ↑Anteil haben
anspruchslos ↑anspruchsvoll
anspruchsvoll (↑18ff.): er war am anspruchsvollsten, alle/die Anspruchsvollen meiden; der Anspruchsvolle, der ihm begegnet war, aber (↑21): der anspruchsvollste der Männer; etwas/nichts Anspruchsvolles
ans Ruder ↑Ruder
anstacheln: wir werden seinen Ehrgeiz anstacheln, aber: das/durch Anstacheln des Ehrgeizes. *Weiteres* ↑15f.
Anstand (↑13): aus Anstand, keinen Sinn für Anstand haben, mit Anstand
anständig (↑18ff.): am anständigsten, alles/das Anständige; das Anständigste, was je erlebt hatte, aber (↑21): das anständigste der Mädchen; etwas/nichts Anständiges
Anstand nehmen ↑Abstand nehmen
anstatt ↑Statt
ansteckend (↑40): ansteckende Krankheiten
anstehend (↑40): (Geol.) anstehendes (zutageliegendes) Gestein
ansteigen: das Wasser wird noch ansteigen, aber: das/durch Ansteigen des Wassers. *Weiteres* ↑15f.
anstelle/an Stelle ↑Stelle
anstiften: er wollte ihn zu dem Verbrechen anstiften, aber: das/durch Anstiften zu dem Verbrechen. *Weiteres* ↑15f.
anstößig (↑18ff.): am anstößigsten, alles/das Anstößige widert ihn an; das Anstößigste, was

ihm je begegnet war, aber (↑21): das anstößigste aller Bücher; etwas/nichts Anstößiges
Anstoß nehmen ↑ Abstand nehmen
anstrahlen: sie wollen das Schloß anstrahlen, aber: das Anstrahlen des Schlosses. *Weiteres* ↑15f.
ans Werk ↑ Werk
antarktisch (↑39f.): antarktisches Florenreich, Antarktis Halbinsel, antarktische Region, Antarktischer Zwischenstrom
Anteil haben: a) (↑11) er hat Anteil, weil er Anteil hat, er wird Anteil haben, er hat Anteil gehabt, um Anteil zu haben. **b)** (↑16) das Anteilhaben
Anteil nehmen ↑ Abstand nehmen
ante mortem (kurz vor dem Tode, a.m., ↑9)
anthropogen (↑40): anthropogene Faktoren
antiautoritär (↑40): antiautoritäre Erziehung
antifaschistisch (↑40): (DDR) antifaschistischer Schutzwall, antifaschistisch-demokratische Ordnung
antik: a) (↑40) antike Teppiche, eine antike Vase, antiker Vers. **b)** (↑18ff.) er liebt alles/das Antike, er sucht etwas/nichts Antikes, er besitzt nur/viel Antikes
antikonzeptionell (↑40): antikonzeptionelle Mittel
antiquarisch: a) (↑40) antiquarische Bücher. **b)** (↑18ff.) alles/das Antiquarische lieben, etwas/nichts/nur Antiquarisches
antreiben: du mußt ihn antreiben, aber: das Antreiben zur Eile. *Weiteres* ↑15f.
Antwort (↑13): ohne Antwort, um/Um Antwort wird gebeten (u./U. A. w. g.)
antworten: du sollst antworten, aber: das/zum Antworten. *Weiteres* ↑15f.
Antwort erhalten ↑ Bescheid erhalten
Antwort erwarten ↑ Bescheid erwarten
anwerben: wir müssen neue Kräfte anwerben, aber: das/durch Anwerben neuer Kräfte. *Weiteres* ↑15f.
an Zahlungs Statt ↑ Statt
anzapfen: wir wollen ein neues Faß anzapfen, aber: das Anzapfen eines neuen Fasses. *Weiteres* ↑15f.
anzeigepflichtig (↑40): anzeigepflichtige Krankheit
anziehend (↑18ff.): am anziehendsten; die Anziehendste, die er kennengelernt hatte, aber (↑21): die anziehendste ihrer Eigenschaften; etwas/nichts Anziehendes
Anzug (↑13): im Anzug [sein]
anzüglich (↑18ff.): am anzüglichsten, alles/das Anzügliche widert ihn an; das Anzüglichste, was er je gehört hat, aber (↑21): der anzüglichste der Witze; etwas/nichts Anzügliches
¹**äolisch** (↑39f.): (Verslehre) äolische Basis/[Vers]maße, äolischer Dialekt, die Äolischen Inseln, äolische Tonart
²**äolisch** (↑40): äolische (durch Windeinwirkung entstandene) Sedimente
apart (↑18ff.): alles/das Aparte an ihr; das Aparteste, was er je gesehen hat, aber (↑21): das aparteste der Mädchen; sie hat etwas/nichts Apartes an sich
apathisch ↑ teilnahmslos

apenninisch (↑39): die Apenninische Halbinsel
Apenrader (*immer groß*, ↑28)
aphoristisch (↑18ff.): alles/das Aphoristische, nichts Aphoristisches
apodiktisch ↑ aphoristisch
apokalyptisch (↑39f.): die Apokalyptischen Reiter, die apokalyptischen Schriften, die Apokalyptische Zahl
apologetisch ↑ aphoristisch
apostolisch (↑39f.): der Apostolische Delegat, die Apostolische Delegation, die apostolische (von den Aposteln gegründete) Gemeinde, das Apostolische Glaubensbekenntnis, die Apostolische Kammer (päpstl. Finanzbehörde), die Apostolische Kanzlei, die Apostolische Kirchenordnung, die Apostolische Majestät (Titel der Könige von Ungarn, ↑7), die apostolische Nachfolge, der Apostolische Nuntius, den apostolischen Segen erteilen, die Apostolische Signatur (päpstl. Gerichtshof), der Apostolische Stuhl, die apostolische Sukzession, die apostolischen Väter, der Apostolische Vikar
apparativ (↑40): apparative Diagnostik
Appenzeller (*immer groß*, ↑28)
appetitlich (↑18ff.): am appetitlichsten, alles/das Appetitliche bevorzugen; das Appetitlichste, was man sich vorstellen kann, aber (↑21): die appetitlichste der Speisen; etwas/nichts Appetitliches
appisch (↑39): die Appische Straße
applaudieren: sie wollten applaudieren, aber: das Applaudieren verwirrte ihn. *Weiteres* ↑15f.
approbiert (↑40): ein approbierter Arzt
Après-Ski[-Kleidung] (↑9)
apuanisch (↑39): Apuanische Alpen
Aqua destillata (↑9)
Aquaplaning (↑9)
äquatorial (↑39f.): Äquatorialer Gegenstrom, äquatoriale Westwinde
aquitanisch (↑39): die Aquitanische Pforte
äquivalent (↑40): (Physik) äquivalente Mengen
arabisch/Arabisch/Arabische (↑39f.): Vereinigte Arabische Emirate, Arabische Legion (1922), die Arabische Liga, das Arabische Meer (im Indischen Ozean), die arabische Musik, Arabische Republik Ägypten, die Vereinigte Arabische Republik (VAR), die arabische Sprache, das arabische Vollblut, die arabische Wissenschaft, die Arabische Wüste (Teil der Sahara), die arabischen Ziffern. *Zu weiteren Verwendungen* ↑ deutsch/Deutsch/Deutsche
aramäisch/Aramäisch/Aramäische ↑ deutsch/Deutsch/Deutsche
Arbeit (↑13): auf Arbeit gehen, in Arbeit stehen, mit Arbeit überladen, zur Arbeit
arbeiten: er soll arbeiten, er hilft arbeiten, aber: das Arbeiten strengt ihn an, von dem/vom Arbeiten erschöpft, durch Arbeiten abnehmen. *Weiteres* ↑15f.
Arbeit haben ↑ Anteil haben
archaisch ↑ anachronistisch
archäologisch (↑40): archäologische Ausgrabungen; jede Universität hat ein archäolo-

gisches Institut, aber (↑41): das Deutsche Archäologische Institut in Rom

archimedisch (↑27): das Archimedische Prinzip, der Archimedische Punkt, aber: archimedisches Axiom, archimedische Körper, archimedische Schraube, archimedische Spirale

arg (↑18ff.): Arges denken; am ärgsten, auf Arges sinnen, auf das/aufs Ärgste gefaßt sein; es wäre das ärgste (am ärgsten, sehr arg), wenn er uns jetzt verließe, (↑21) er hat in seinem Leben schon viele Dummheiten gemacht, doch die ärgste [Dummheit] von allen/unter allen war die von gestern abend, aber: das Ärgste befürchten/verhindern; der Arge (Teufel), ein Arges noch ärger machen, etwas Ärgeres/Arges, im argen liegen (in Unordnung sein), nichts Arges denken/im Sinn haben, nur Arges im Schilde führen, jmdn. vor dem Ärgsten bewahren, es kommt zum Ärgsten

Arg (↑13): ohne Arg

argentinisch: a) (↑39f.) das Argentinische Becken (im Südatlantik), argentinischer Peso (Währung), die argentinische Regierung, die Argentinische Republik (amtl. Bezeichnung), das argentinische Volk. **b)** (↑18ff.) alles/das Argentinische lieben, nichts/viel Argentinisches

ärger ↑arg

ärgerlich (↑18ff.): das ist am ärgerlichsten, alles/das Ärgerliche; das ärgerlichste (sehr ärgerlich) ist, daß er nicht kommt, (↑21) das ärgerlichste der Vorkommnisse, aber: das Ärgerlichste, was er je erlebt hat; etwas/nichts Ärgerliches

ärgern: er will ihn ärgern, du brauchst dich nicht zu ärgern, aber: das Ärgern/Sichärgern macht ihn krank. *Weiteres* ↑15f.

argolisch (↑39): der Argolische Golf

ärgste ↑arg

argumentieren: er kann gut argumentieren, aber: das Argumentieren ist seine Stärke. *Weiteres* ↑15f.

arianisch (↑27): der Arianische Streit, aber: arianische Auffassung

aristokratisch (↑18ff.): alles/das Aristokratische; das Aristokratischste, was er je gesehen hatte, aber (↑21): das aristokratischste der Pferde; nichts Aristokratisches

aristophanisch (↑27): die Aristophanische Komödie, aber: von aristophanischer Laune

aristotelisch (↑27): die Aristotelischen Schriften, aber: eine aristotelische Gelehrsamkeit

arithmetisch (↑40): (Math.) arithmetische Folge/Reihe, arithmetisches Mittel, arithmetisch-geometrisches Mittel

arkadisch (↑40): arkadische Poesie

arktisch (↑39f.): arktische Kälte, Arktisches Kap

arm: a) (↑39ff.) ein armer Boden; „Der arme Heinrich" (von Hartmann von Aue), aber: sie lasen den „Armen Heinrich" (↑2ff.); der arme Konrad (Bauernbund 1514), der arme Lazarus, arme Ritter (eine Speise); „Gasthaus zum Armen Ritter", Gasthaus „Zum Armen Ritter"; (Rel. kath.) arme Seelen. **b)** (↑18ff.) arm und reich (jedermann), aber: Arme und Reiche, die Kluft zwischen Arm und Reich; am ärmsten, beide Armen; der Arme/Ärmste, aber (↑21): der ärmste und der reichste Bürger; die ärmsten/Ärmsten der Armen; die Armen und die Reichen, du Armer, ein Armer, einige/etliche Arme, für/gegen die Armen, wir Armen

armenisch/Armenisch/Armenische (↑39f.): die armenischen Christen, die armenische Kirche, die armenische Kunst, der Armenische SSR (Teilstaat der UdSSR). *Zu weiteren Verwendungen* ↑deutsch/Deutsch/Deutsche

ärmer ↑arm

armorikanisch (↑39): das Armorikanische Gebirge

ärmste ↑arm

Arnsberger (*immer groß*, ↑28)

aromatisch (↑40): (Chemie) aromatische Verbindung

Aroser (*immer groß*, ↑28)

arrogant ↑eingebildet (b)

Art (↑13): nach Art von

artesisch (↑39f.): das Große Artesische Becken (in Australien), artesischer Brunnen, artesisches Wasser

artig (↑18ff.): am artigsten; das artigste (sehr artig) wäre, wenn das Kind alles aufäße, (↑21) das artigste der beiden Kinder, aber: das Artigste, was er bei ihm erlebt hat

artistisch (↑18ff.): er liebt alles/das Artistische, etwas/nichts Artistisches

ärztlich (↑40): ärztliches Attest, ärztliche Behandlung[spflicht], ärztliche Eingriffe, ärztliches Hilfspersonal, die ärztliche Kunst, ärztliche Mission, ärztliche Schweigepflicht, ärztliches Zeugnis

as/As (↑36): ein eingestrichenes as, ein As anschlagen, das As war unsauber gesungen, ein Stück in as/in as-Moll, ein Stück in As/in As-Dur

A-Saite (↑36)

Asche (↑13): in Asche legen, in Staub und Asche versinken, zu Asche verbrennen

aschgrau/Aschgrau/Aschgraue: a) (↑40) aschgraues Mondlicht (Aufhellung der Nachtseite des Mondes). **b)** (↑26) bis ins Aschgraue (bis zum Überdruß). *Zu weiteren Verwendungen* ↑blau/Blau/Blaue.

äschyleisch (↑27): die Äschyleischen Tragödien, aber: von äschyleischer Trauer

As-Dur (↑36): ein Stück in As-Dur/in As; As-Dur-Arie

asiatisch: a) (↑39f.) die asiatische Grippe, ein asiatisches Lächeln, die Afrikanisch-Asiatische Wirtschafskonferenz. **b)** (↑18ff.) alles/das Asiatische, etwas/nichts Asiatisches

as-Moll (↑36): ein Stück in as-Moll/in as; as-Moll-Arie

äsopisch (↑27): die Äsopischen Fabeln, aber: er schrieb Fabeln in äsopischem Stil

asowsch (↑39): das Asowsche Meer

asozial (↑18ff.): alles/das Asoziale; das asozialste (am asozialsten, sehr asozial) wäre, wenn er keinen Lohn auszahlt, (↑21) die asozialste seiner Handlungen, aber: das Asozialste, was ihm je begegnet war; etwas/nichts Asoziales

asphaltieren: sie wollen asphaltieren, aber: das Asphaltieren von Straßen. *Weiteres* ↑15f.

assoziiert (↑40): assoziierte Staaten

asthenisch (↑40): ein asthenischer Typ
ästhetisch (↑40 ff.): dieser Anblick war am ästhetischsten, alles/das Ästhetische lieben; das Ästhetischste, was er gesehen hatte, aber (↑21): das ästhetischste der Bilder; etwas/nichts Ästhetisches
astronomisch (↑39 f.): (Meteor.) astronomische Dämmerung, astronomische Einheit, Astronomische Gesellschaft (in Hamburg), astronomischer Ort; in Deutschland gibt es wenige astronomische Recheninstitute, aber (↑41): das Astronomische Recheninstitut Heidelberg; astronomische Tafeln, eine astronomische Uhr, astronomisches Zeichen
asturisch (↑39): das Asturische Gebirge
asymmetrisch (↑40): asymmetrisches Kohlenstoffatom, (Röntgenologie) asymmetrische Pulvermethode, asymmetrische Täler
Atem (↑13): außer Atem sein/kommen, die Welt in Atem halten, nach Atem ringen, wieder zu Atem kommen
Atem holen ↑Atem schöpfen
Atem schöpfen: a) (↑11) er schöpft Atem, während er Atem schöpft, er muß Atem schöpfen, er hat Atem geschöpft, um Atem zu schöpfen. **b)** (↑16) keine Zeit zum Atemschöpfen
athanasianisch (↑27): das Athanasianische Glaubensbekenntnis
atheistisch (↑18 ff.): alles/das Atheistische in seinem Buch; das Atheistischste, was er je gelesen hatte, aber (↑21): das atheistischste seiner Bücher; etwas/nichts Atheistisches, eine Vorliebe fürs Atheistische
ätherisch (↑40): (Chemie) ätherische Öle
äthiopid (↑40): äthiopide Rasse
athletisch (↑40): ein athletischer Typ
atlantisch (↑39 f.): atlantisches Kabel, das Atlantische [Längs]tal, der Atlantische Ozean, die Atlantische Schwelle
atmen: du mußt tief atmen, aber: bei dem/beim Atmen hat er Schmerzen. *Weiteres* ↑15 f.
atmosphärisch (↑40): atmosphärischer Druck, atmosphärische Strahlungen/Strömungen, atmosphärische Zirkulation
ätolisch (↑39): der Ätolische Bund
atomar (↑40): atomare Ab-/Aufrüstung, das atomare Gleichgewicht, atomare Habenichtse, atomares Lichtbogenschweißen, atomare Waffen
atomistisch (↑40): atomistische Psychologie
atonal (↑40): atonale Musik
attisch (↑40): attisches Salz
attraktiv (↑18 ff.): sie sind am attraktivsten; sie ist die Attraktivste, die er je gesehen hatte, aber (↑21): das attraktivste der Mädchen; etwas/nichts Attraktives
attributiv (↑40): (Sprachw.) attributives Adjektiv
ätzen: du mußt ätzen, aber: sich bei dem/beim Ätzen verbrennen. *Weiteres* ↑15 f.
auch: a) (↑34) wenn auch, auch wenn. **b)** (↑35) es gibt hier kein Auch, sondern nur ein Oder. **c)** (↑2) „Auch Statuen sterben" (Film)
audiovisuell (↑40): audiovisueller Unterricht
auditiv (↑40): auditiver Typ
auf (↑34)

1 *In Namen* (↑42) *und Titeln* (↑2 f.): „Gasthaus auf der Höhe", „Nachts auf den Straßen" (Film), aber *(als erstes Wort):* „Auf dem Akker" (Bergzug im Harz), „Auf der Straße" (Film), wir lasen das Buch „Auf den Marmorklippen"; er wohnt „Auf dem Sande" (Straßenname)
2 *Nach Artikel oder Pronomen* (↑35): das/dieses/ein/einiges Auf und Ab, ein/jedes Auf und Nieder
3 *Schreibung des folgenden Wortes:* **a)** *Substantive* (↑13 f.): auf Abbruch usw. ↑Abbruch usw., aufgrund/auf Grund ↑Grund, auf seiten ↑Seite. **b)** *Infinitive* (↑16): aufs/auf das Arbeiten ist er nicht erpicht, auf Biegen oder Brechen, er achtet auf gutes Fahren, er hat einen Anspruch aufs Lesen. **c)** *Adjektive und Partizipien* (↑19 und 23): aufs/auf das Ärgste gefaßt sein; aufs äußerste (sehr) erregt sein, aber: aufs/auf das Äußerste (Schlimmste) gefaßt sein; alles aufs/auf das beste (sehr gut) herrichten, aber: seine Wahl ist aufs/auf das Beste gefallen; sie sind aufs/auf das engste (sehr eng) befreundet, auf das Ganze ausgehen; auf ein neues, aufs neue (wiederum), aber: auf Neues erpicht sein; bis auf weiteres. (↑24) auf neu waschen, etwas auf neu herrichten. (↑25) auf deutsch/englisch usw. (↑26) schwarz auf weiß. (↑37) das Barometer steht auf „schön". **d)** *Zahladjektive* (↑29 ff.) *und Pronomen* (↑32 f.): auf achtzig sein, wir hatten uns auf drei [Uhr] verabredet, ein Viertel auf drei [Uhr], auf dreißig [Punkte] ist er gekommen, er schätzte sie auf dreißig [Jahre], mit jmdm. auf du und du stehen, bis auf einen, auf etwas hoffen, auf ihn/jmdn. hoffen; seine Hoffnung auf nichts stützen, aber: seine Philosophie ist auf das Nichts gegründet; das Thermometer steht auf Null, etwas auf sich nehmen. **e)** *Adverbien* (↑34): auf bald/morgen
auf Abbruch usw. ↑Abbruch usw.
aufarbeiten: er soll den Stoß Briefe aufarbeiten, aber: das Aufarbeiten der Rückstände dauert lange. *Weiteres* ↑15 f.
aufatmen: wir können aufatmen, aber: ein Aufatmen ging durch die Bevölkerung. *Weiteres* ↑15 f.
aufbahren: sie werden den Toten aufbahren, aber: das Aufbahren des Toten in der Kirche. *Weiteres* ↑15 f.
aufbauschen: er soll die Sache nicht aufbauschen, aber: das Aufbauschen der Sache ist sinnlos. *Weiteres* ↑15 f.
aufbegehren: er will dagegen aufbegehren, aber: das/im Aufbegehren gegen die Gewalt. *Weiteres* ↑15 f.
aufbeißen: er will die Nuß aufbeißen, aber: das Aufbeißen der Nuß. *Weiteres* ↑15 f.
auf Besuch ↑Besuch
aufbewahren: er soll die Akten aufbewahren, aber: das/zum Aufbewahren der Akten. *Weiteres* ↑15 f.
aufblasen: du mußt den Ballon aufblasen, aber: das Aufblasen des Ballons, Plastikhüllen zum Aufblasen. *Weiteres* ↑15 f.
aufblitzen: die Lampe wird aufblitzen, aber: das/beim Aufblitzen der Lampe. *Weiteres* ↑15 f.
aufblühen: die Blumen können nochmals

aufblühen, aber: das Aufblühen der Blumen. *Weiteres* ↑15f.

aufbocken: ich muß den Wagen aufbocken, aber: das Aufbocken des Wagens. *Weiteres* ↑15f.

auf Borg ↑Borg

aufbrauchen: er kann den Vorrat nicht aufbrauchen, aber: das/zum Aufbrauchen des Vorrats. *Weiteres* ↑15f.

aufbrausen: du sollst nicht immer aufbrausen, aber: das Aufbrausen ist eine schlechte Angewohnheit. *Weiteres* ↑15f.

aufbrechen: du kannst die Tür nicht aufbrechen, aber: das/beim Aufbrechen der Tür. *Weiteres* ↑15f.

aufbringen: wir werden die Summe aufbringen, aber: das/zum Aufbringen der Summe. *Weiteres* ↑15f.

aufbrühen: sie will den Tee aufbrühen, aber: das/beim Aufbrühen des Tees. *Weiteres* ↑15f.

aufbügeln: sie will das Hemd aufbügeln, aber: das/beim Aufbügeln des Hemdes. *Weiteres* ↑15f.

auf Deck ↑Deck

aufdecken: er konnte den Diebstahl aufdecken, aber: das Aufdecken des Diebstahls kam überraschend. *Weiteres* ↑15f.

Auf-den-Kopf-Stellen ↑stellen

Auf-die-Finger-Sehen ↑sehen

aufdrehen: du kannst den Wasserhahn aufdrehen, aber: das/beim Aufdrehen des Wasserhahns. *Weiteres* ↑15f.

aufdringlich (↑18ff.): sich am aufdringlichsten benehmen, alles/das Aufdringliche ist ihm zuwider; das war das Aufdringlichste, was ihm je begegnet ist, aber (↑21): das aufdringlichste der Mädchen; etwas/nichts Aufdringliches

auf Ehre/Fahrt usw. ↑Ehre/Fahrt usw.

auffällig (↑18ff.): das war am auffälligsten, alles/das Auffällige liebt er nicht; das auffälligste (am auffälligsten, sehr auffällig) war, daß sein Zylinder violett war, (↑21) das auffälligste der Kleider, aber: das Auffälligste, was ihm je begegnet war; etwas/nichts Auffälliges, ein Hang zum Auffälligen

aufforsten: wir müssen das Ödland aufforsten, aber: das Aufforsten des Ödlandes. *Weiteres* ↑15f.

auffrischen: du mußt deine Kenntnisse auffrischen, aber: das/durch Auffrischen deiner Kenntnisse. *Weiteres* ↑15f.

auf Gedeih und Verderb ↑Gedeih

auf Geheiß ↑Geheiß

aufgeschlossen (↑18ff.): er ist am aufgeschlossensten, alles/das Aufgeschlossene; er ist der Aufgeschlossenste in der Klasse, aber (↑21): der aufgeschlossenste von den Schülern; etwas/nichts Aufgeschlossenes

auf Gnade und Ungnade ↑Gnade

aufgreifen: sie konnten den Flüchtling aufgreifen, aber: das Aufgreifen des Flüchtlings. *Weiteres* ↑15f.

aufgrund/auf Grund ↑Grund

auf Händen ↑Hand

aufhängen: du kannst das Bild aufhängen, aber: das/beim Aufhängen des Bildes. *Weiteres* ↑15f.

aufheben: man wird diese Bestimmung aufheben, aber: das Aufheben dieser Bestimmung. *Weiteres* ↑15f.

auf Hilfe/Jagd usw. ↑Hilfe/Jagd usw.

aufkaufen: er will den Wein aufkaufen, aber: das/durch Aufkaufen des Weins. *Weiteres* ↑15f.

aufkeimen: neue Hoffnungen werden aufkeimen, aber: das/nach Aufkeimen neuer Hoffnungen. *Weiteres* ↑15f.

aufklären: er wird ihn schon aufklären, aber: das Aufklären des Jungen. *Weiteres* ↑15f.

aufkleben: sie wird das Etikett aufkleben, aber: das/nach Aufkleben des Etiketts. *Weiteres* ↑15f.

auf Kosten ↑Kosten

auf Kredit ↑Kredit

aufladen: du mußt den Wagen aufladen, aber: das/zum Aufladen des Wagens. *Weiteres* ↑15f.

auf Lager ↑Lager

auflehnen, sich: wer will sich gegen das Schicksal auflehnen?, aber: das Auflehnen/Sichauflehnen gegen das Schicksal. *Weiteres* ↑15f.

auflesen: ihr könnt das Obst auflesen, aber: das/beim Auflesen des Obstes. *Weiteres* ↑15f.

auflösen: er wird die Partei auflösen, aber: das Auflösen der Partei, im Auflösen [begriffen] sein. *Weiteres* ↑15f.

aufmerksam (↑18ff.): er war am aufmerksamsten; er war der Aufmerksamste in der Klasse, aber (↑21): er war der aufmerksamste von seinen Zuhörern

auf Mitternacht ↑Mitternacht

aufnehmen: er will die Arbeit heute aufnehmen, aber: das Aufnehmen der Arbeit. *Weiteres* ↑15f.

auf   Ostern/Pfingsten/Weihnachten ↑Ostern

auf Platz ↑Platz

aufplatzen: die Naht wird aufplatzen, aber: das/durch Aufplatzen der Naht. *Weiteres* ↑15f.

auf Posten/Raten usw. ↑Posten/Rate usw.

aufräumen: du mußt dein Zimmer aufräumen, aber: das/beim Aufräumen deines Zimmers. *Weiteres* ↑15f.

aufregend (↑18ff.): das war am aufregendsten, alles/das Aufregende meiden; das aufregendste (am aufregendsten, sehr aufregend) war, daß er vom Dach stürzte, (↑21) das aufregendste aller Erlebnisse, aber: das Aufregendste, was ihm je begegnet ist; etwas/nichts/viel Aufregendes, eine Vorliebe für das/fürs Aufregende

aufreibend ↑aufregend

aufreißen: sie wollen die Straße aufreißen, aber: das/durch Aufreißen der Straße. *Weiteres* ↑15f.

aufreizend (↑18ff.): sie war am aufreizendsten; sie war das Aufreizendste, was je gesehen hatte, aber (↑21): das aufreizendste aller Geschöpfe; sie hat etwas/nichts Aufreizendes

auf Rente ↑Rente

aufrichtig (↑18ff.): er war am aufrichtigsten; er war der Aufrichtigste in der Klasse, aber (↑21): der aufrichtigste der Schüler

aufrollen: wir wollen den Fall nochmals auf-

rollen, aber: das/zum Aufrollen des Falles.
Weiteres ↑ 15 f.
Aufruhr (↑ 13): in Aufruhr sein
aufrunden: du kannst die Summe aufrunden,
aber: das/durch Aufrunden der Summe. *Weite-*
res ↑ 15 f.
aufrüsten ↑ abrüsten
aufs /aus *auf* + *das*/ ↑ auf (3)
aufs Auge ↑ Auge
aufschieben: wir müssen die Sitzung aufschieben, aber: das/durch Aufschieben der Sitzung. *Weiteres* ↑ 15 f.
Aufschluß geben ↑ Bescheid geben
auf Schritt und Tritt ↑ Schritt
Aufschub (↑ 13): um Aufschub bitten
Aufschub geben ↑ Bescheid geben
aufschütten: wir müssen hier einen Damm
aufschütten, aber: das/durch Aufschütten eines
Dammes. *Weiteres* ↑ 15 f.
auf See ↑ See
aufs Eis ↑ Eis
auf seiten ↑ Seite
aufs Feld ↑ Feld
aufs Geratewohl ↑ Geratewohl
auf Sicht ↑ Sicht
Aufsicht (↑ 13): ohne Aufsicht sein, unter
Aufsicht stehen
Aufsicht führen ↑ Buch führen
Aufsicht haben ↑ Anteil haben
aufs Kreuz/Land usw. ↑ Kreuz/Land usw.
aufspüren: wir konnten ihn endlich aufspüren, aber: das Aufspüren des Verbrechers. *Wei-*
teres ↑ 15 f.
aufs Rad ↑ Rad
auf Stapel ↑ Stapel
aufs Tapet ↑ Tapet
aufstehen: wir wollen vom Tisch aufstehen,
aber: das Aufstehen vom Tisch. *Weiteres*
↑ 15 f.
aufsteigend (↑ 40): der aufsteigende Ast der
Geschoßbahn, aufsteigendes Grundwasser,
Abstammung in aufsteigender Linie, aufsteigende Tonleiter, (Bergbau) aufsteigende Wet-
terführung, aufsteigende Zeichen des Tierkreises
aufstellen: er will diesen Spieler nicht aufstellen, aber: das Aufstellen dieses Spielers.
Weiteres ↑ 15 f.
aufstocken: die Gesellschaft will ihr Kapital
aufstocken, aber: das/zum Aufstocken des Ka-
pitals. *Weiteres* ↑ 15 f.
aufs Wort ↑ Wort
aufteilen: sie wollten die Beute gerade aufteilen, aber: das/beim Aufteilen der Beute. *Weite-*
res ↑ 15 f.
auf Touren ↑ Tour
Auftrag (↑ 13): im Auftrag[e] (i. A. oder I. A.[1]),
in Auftrag geben
auftreiben: ich konnte das Geld auftreiben,
aber: das/zum Auftreiben des Geldes. *Weiteres*
↑ 15 f.

---

[1] Diese Abkürzung wird klein geschrieben,
wenn sie der Bezeichnung einer Behörde,
Firma u. dgl. folgt. Ihr erster Bestandteil wird
groß geschrieben (I. A.), wenn sie nach einem
abgeschlossenen Text oder allein vor einer Un-
terschrift steht.

auf Treu und Glauben ↑ Treue
auf und ab/nieder ↑ auf (2)
auf Urlaub/Wache usw. ↑ Urlaub/Wache
usw.
auf Wunsch ↑ Wunsch
aufzeichnen: du kannst das Spiel aufzeichnen, aber: das/zum Aufzeichnen des Spiels.
Weiteres ↑ 15 f.
auf Zeit ↑ Zeit
auf Zug ↑ Zug
aufzwingen: du kannst ihm deinen Willen
nicht aufzwingen, aber: das/durch Aufzwingen
des fremden Willens. *Weiteres* ↑ 15 f.
Auge (↑ 13): wie die Faust aufs Auge, etwas
im Auge haben, etwas ins Auge fassen, immer
sein Ziel vor Augen haben
Augsburger (*immer groß*, ↑ 28)
augsburgisch (↑ 39): die Augsburgische
Konfession
augusteisch (↑ 27): das Augusteische Zeitalter, aber: ein augusteisches (der Kunst und Literatur günstiges) Zeitalter
au pair (ohne Bezahlung, ↑ 9): Au-pair-Mäd-
chen
aus (↑ 34)
1 *In Namen* (↑ 42) *und Titeln* (↑ 2 ff.): der „Weg
aus den Drei Feldern", aber *(als erstes Wort):*
der Weg „Aus den Drei Feldern", die Sinfonie
„Aus der Neuen Welt"
2 *Alleinstehend oder nach Artikel oder Prono-*
men (↑ 34): weder aus noch ein wissen, aber
(↑ 35): das Aus, das ist ein Aus, er hat dieses
Aus nicht gesehen, der Ball ist im Aus
3 *Schreibung des folgenden Wortes:* **a)** *Substan-*
tive (↑ 13 f.): aus Anlaß usw. ↑ Anlaß usw. **b)** *In-*
finitive (↑ 16): er macht sich nichts aus Lesen. **c)**
Adjektive und Partizipien (↑ 19 und 23): aus folgendem (diesem), aber: aus dem Folgenden
(dem später Erwähnten, Geschehenden, den
folgenden Ausführungen); aus Gutem macht
er nur Schlechtes. (↑ 24) aus alt neu machen,
aber: aus Altem Neues machen. (↑ 26) aus
schwarz weiß machen wollen. **d)** *Zahladjektive*
(↑ 29 ff.) *und Pronomen* (↑ 32 f.): aus allem/die-
sem lernt man, aus drei macht sie vier [Klei-
der], aus ihm wird nichts, aus jmdm. nichts
herausbringen; aus nichts wird nichts, aber:
die Welt aus dem Nichts schaffen, aus dem
Nichts auftauchen; aus sich heraus
aus Angst/Anlaß usw. ↑ Angst/Anlaß usw.
ausarbeiten: er wird den Entwurf ausarbeiten, aber: das/beim Ausarbeiten des Entwurfs.
Weiteres ↑ 15 f.
ausarten: die Feier darf nicht ausarten, aber:
ein Ausarten der Feier verhindern. *Weiteres*
↑ 15 f.
ausbaggern: wir müssen das Flußbett ausbaggern, aber: das/durch Ausbaggern des
Flußbettes. *Weiteres* ↑ 15 f.
ausbalancieren: wir müssen die Gewichte
ausbalancieren, aber: das Ausbalancieren der
Gewichte. *Weiteres* ↑ 15 f.
ausbauen: sie wollen die Straße jetzt ausbau-
en, aber: das Ausbauen der Straße beschleunigen. *Weiteres* ↑ 15 f.
ausbessern: er will die schadhaften Stellen
ausbessern, aber: das Ausbessern des Hauses.
Weiteres 15 f.

ausbeulen: man kann diese Delle ausbeulen, aber: das/durch Ausbeulen der Delle. *Weiteres* ↑ 15 f.

ausbeuten: wir lassen uns nicht ausbeuten, aber: das Ausbeuten der Gruben. *Weiteres* 15 f.

ausbilden: er will ihn zum Sänger ausbilden, aber: das Ausbilden der Stimme. *Weiteres* ↑ 15 f.

ausbleiben: die Folgen werden nicht ausbleiben, aber: das Ausbleiben des Nachschubs ist gefährlich. *Weiteres* ↑ 15 f.

ausborgen: er will den Apparat ausborgen, aber: das Ausborgen des Apparates vereinbaren. *Weiteres* ↑ 15 f.

ausbrennen: der Arzt will die Wunde ausbrennen, aber: das/beim Ausbrennen der Wunde. *Weiteres* ↑ 15 f.

ausdauernd (↑ 18 ff.): er war am ausdauerndsten; er war der Ausdauerndste in der Klasse, aber: (↑ 21): der ausdauerndste von den Schülern

ausdehnen: er wollte die Sitzung ausdehnen, aber: das Ausdehnen der Sitzung stieß auf Ablehnung. *Weiteres* ↑ 15 f.

ausdenken: wir müssen uns einen Plan ausdenken, das ist nicht auszudenken, aber: das Ausdenken/Sichausdenken einer Lösung ist vordringlich, das ist nicht zum Ausdenken. *Weiteres* ↑ 15 f.

aus der Hand ↑ Hand

Aus-der-Haut-Fahren ↑ fahren

Ausdruck (↑ 13): zum Ausdruck

ausfällig (↑ 18 ff.): er war am ausfälligsten; alles/das Ausfällige überhören, aber (↑ 21): das war die ausfälligste seiner Bemerkungen; seine Bemerkung hat etwas/nichts Ausfälliges

ausfließen: er wird dir das Geld auslegen, die Tinte kann ausfließen, aber: das Ausfließen der Tinte. *Weiteres* ↑ 15 f.

ausfragen: er soll den Täter ausfragen, aber: das/durch Ausfragen des Täters. ↑ 15 f.

ausführen: er darf die Ware nicht ausführen, aber: das Ausführen der Ware. *Weiteres* ↑ 15 f.

ausführlich (↑ 18 ff.): das Buch war am ausführlichsten; das Ausführlichste, was er je gelesen hat, aber (↑ 21): das ausführlichste der Bücher; etwas/nichts Ausführliches

aus Furcht ↑ Furcht

Ausgang (↑ 13): im Ausgang

ausgangs (↑ 34): ausgangs des Tunnels

ausgedient (↑ 40): ein ausgedienter Soldat

ausgefallen (↑ 40): ausgefallene Ideen

ausgeglichen (↑ 18 ff.): er wirkte am ausgeglichensten, alles/das Ausgeglichene seines Wesens; der Ausgeglichenste, den er kannte, aber (↑ 21): der ausgeglichenste seiner Kollegen; etwas/nichts Ausgeglichenes

ausgehen: wir wollen heute abend ausgehen, aber: sich zum Ausgehen in die Stadt anziehen. *Weiteres* ↑ 15 f.

ausgelassen ↑ übermütig

ausgelaugt (↑ 40): ausgelaugte Böden

ausgeprägt (↑ 18 ff.): seine Handschrift ist am ausgeprägtesten; das Ausgeprägte, was er je gesehen hatte, aber (↑ 21): das ausgeprägteste der Gesichter

ausgleichen: wir wollen das Defizit ausglei-

chen, aber: das/durch Ausgleichen des Defizits. *Weiteres* ↑ 15 f.

aus Gnade ↑ Gnade

aus Güte ↑ Güte

aushandeln: er will bessere Bedingungen aushandeln, aber: das/zum Aushandeln besserer Bedingungen. *Weiteres* ↑ 15 f.

aus Haß ↑ Haß

ausheben: du mußt eine Grube ausheben, aber: das/beim Ausheben einer Grube. *Weiteres* ↑ 15 f.

ausheilen: er will seine Krankheit ausheilen, aber: das/zum Ausheilen der Krankheit. *Weiteres* ↑ 15 f.

aushelfen: sie kann bei dir aushelfen, aber: das Aushelfen im Haushalt. *Weiteres* ↑ 15 f.

aus Holz ↑ Holz

aushorchen: er will dich nur aushorchen, aber: das/durch Aushorchen der Gefangenen. *Weiteres* ↑ 15 f.

aushungern: sie wollten die Burg aushungern, aber: das/durch Aushungern der Burg. *Weiteres* ↑ 15 f.

aus Kummer ↑ Kummer

auskundschaften: wir wollen die Stimmung auskundschaften, aber: das/zum Auskundschaften der Stimmung. *Weiteres* ↑ 15 f.

auskurieren ↑ ausheilen

auslachen: laß dich nicht auslachen, aber: das/durch Auslachen des Kindes. *Weiteres* ↑ 15 f.

ausladen ↑ aufladen

auslaufen: das Schiff konnte endlich auslaufen, aber: das/beim Auslaufen des Schiffes. *Weiteres* ↑ 15 f.

aus Leder ↑ Leder

auslegen: er wird dir das Geld auslegen, aber: durch Auslegen des Geldes. *Weiteres* ↑ 15 f.

ausleihen: er will das Werkzeug ausleihen, aber: das Ausleihen des Werkzeugs. *Weiteres* ↑ 15 f.

aus Liebe ↑ Liebe

ausliefern ↑ abliefern

auslosen: sie müssen die Plätze auslosen, aber: das/zum Auslosen der Plätze. *Weiteres* ↑ 15 f.

aus Mangel ↑ Mangel

ausmerzen: du mußt diese Fehler ausmerzen, aber: das/zum Ausmerzen dieser Fehler. *Weiteres* ↑ 15 f.

ausmessen: er will das Zimmer ausmessen, aber: das/beim Ausmessen des Zimmers. *Weiteres* ↑ 15 f.

Ausnahme (↑ 13): mit Ausnahme von, ohne Ausnahme

aus Nord/Norden ↑ Nord/Norden

ausnutzen/ausnützen: du willst seine Gutmütigkeit ausnützen, aber: das/durch Ausnutzen seiner Gutmütigkeit. *Weiteres* ↑ 15 f.

auspressen: du kannst die Früchte auspressen, aber: das/zum Auspressen der Früchte. *Weiteres* ↑ 15 f.

auspumpen: wir müssen den Keller auspumpen, aber: das/beim Auspumpen des Kellers. *Weiteres* ↑ 15 f.

aus Rache ↑ Rache

ausreichend: a) (↑ 37) er hat [die Note] „ausreichend" erhalten, er hat mit [der Note] „ausreichend"/mit einem knappen „ausreichend" bestanden, er hat zwei „ausreichend" in seinem Zeugnis. **b)** (↑18ff.) es ist nichts Ausreichendes vorhanden

ausreisen: wann wollen Sie wieder ausreisen?, aber: das/vor dem Ausreisen. *Weiteres* ↑15f.

ausrufen: er wollte die Republik ausrufen, aber: das/durch Ausrufen der Republik. *Weiteres* ↑15f.

ausrüsten: man wird sie mit Raketen ausrüsten, aber: das/durch Ausrüsten mit Raketen. *Weiteres* ↑15f.

ausrutschen: bei Glatteis kannst du ausrutschen, aber: das/durch Ausrutschen bei Glatteis. *Weiteres* ↑15f.

ausschalten: sie wollen den Politiker ausschalten, aber: das/durch Ausschalten des Politikers. *Weiteres* ↑15f.

ausscheiden: er mußte in der Vorrunde ausscheiden, aber: das/durch Ausscheiden in der Vorrunde. *Weiteres* ↑15f.

aus Scherz ↑Scherz

ausschlagen: er will das Angebot ausschlagen, aber: das/durch Ausschlagen des Angebots. *Weiteres* ↑15f.

Ausschluß (↑13): unter Ausschluß

ausschweifend (↑18ff.): sie war am ausschweifendsten, alles/das Ausschweifende ablehnen; das Ausschweifendste, was er je erlebt hatte, aber (↑21): das ausschweifendste der Feste; etwas/nichts Ausschweifendes

Ausseer (*immer groß*, ↑28)

aus Seide ↑Seide

außen: a) (↑34) von außen her, nach außen hin, eine Farbe für außen; er spielte außen (augenblickliche Position eines Spielers). **b)** (↑35) der Außen, die Außen, er spielt in der Mannschaft Außen (als Außenspieler)

außenpolitisch (↑40): eine außenpolitische Diskussion

außer (↑34): **a)** (↑13f.) außer acht lassen ↑Acht, außer Dienst usw. ↑Dienst usw., außerstand[e] ↑Stand. **b)** (↑16) außer Autofahren hat er nichts im Sinn. **c)** (↑19) außer Gutes weiß er von ihm nichts zu berichten

außer acht ↑Acht

außer Atem usw. ↑Atem usw.

äußere

1 *Als Attribut beim Substantiv* (↑39f.): (Math.) die äußere Ableitung, die äußeren Angelegenheiten eines Staates, das äußerste (höchste) Gebot, die äußeren/äußersten Grenzen, die Äußeren Hebriden (Teil der Hebriden), (Elektrotechnik) äußere Induktivität, die äußere Mission, die Äußere Mongolei, im äußersten Norden, der Äußere Osttaurus (türk. Gebirge), (Math.) ein äußeres Produkt, (Poetik) äußerer Reim, Äußerer Stein (Vorort von Salzburg), äußerer Zwang; Minister des Äußeren

2 *Alleinstehend oder nach Artikel, Pronomen, Präposition usw.* (↑18ff.): Äußeres und Inneres, Äußerstes wagen; alles Äußere verachten, an das/ans Äußere/an Äußeres denken, auf das/aufs Äußere/auf sein Äußeres achten; aufs äußerste (sehr) erregt sein, aber: auf das/aufs Äußerste (Schlimmste) gefaßt sein, es auf

das/aufs Äußerste ankommen lassen; das Äußere mißachten, das Äußerste befürchten/versuchen/wagen, das ist das Äußerste an Entgegenkommen, ein gepflegtes Äußere[s], ihr Äußeres war nicht sehr vorteilhaft, im Äußeren, mein Äußeres, nach Äußerem/nach dem Äußeren urteilen, nichts/nur Äußeres, sein Äußeres pflegen, jmdn. vor dem/vorm Äußersten bewahren; bis zum äußersten (sehr) erregt sein, aber: zum Äußersten fähig sein, bis zum Äußersten gehen, es zum Äußersten kommen lassen. (↑21) Der Mantel kann auf beiden Seiten getragen werden. Die äußere [Seite] ist hellbraun, die innere [Seite] dunkelbraun

außerehelich (↑40): außerehelicher Verkehr

außer Form usw. ↑Form usw.

außergerichtlich (↑40): außergerichtliche Kosten, außergerichtlicher Vergleich

außergewöhnlich: a) (↑40) außergewöhnliche Belastungen. **b)** (↑18ff.) das außergewöhnlichsten, alles/das Außergewöhnliche; das Außergewöhnlichste, was er je erlebt hatte, aber (↑21): das außergewöhnlichste der Ereignisse; etwas/nichts Außergewöhnliches

außer Haus[e] usw. ↑Haus usw.

äußerlich: a) (↑40) Arznei für den äußerlichen Gebrauch. **b)** (↑18ff.) alles/das Äußerliche, etwas/nichts Äußerliches

außer Mode ↑Mode

äußern: ich will meine Bedenken äußern, er kann sich äußern, aber: das Äußern kritischer Bemerkungen. *Weiteres* ↑15f.

außerordentlich: a) (↑40) außerordentliches Gericht, außerordentliche Kündigung, außerordentlicher Parteitag, außerordentlicher Professor (ao./a.o. Prof.), (Optik) außerordentlicher Strahl. **b)** (↑18ff.) alles/das Außerordentliche; das Außerordentlichste, was er je erlebt hatte, aber (↑21): das außerordentlichste aller Ereignisse; etwas/nichts Außerordentliches

außerparlamentarisch (↑40): die außerparlamentarische Opposition (APO, Apo)

außerplanmäßig (↑40): ein außerplanmäßiger Professor (apl. Prof.)

außer Rand und Band ↑Rand

außer Sicht ↑Sicht

außerstand[e] ↑Stand

äußerste ↑äußere

außertariflich (↑40): außertarifliche Zahlungen

außer Tätigkeit ↑Tätigkeit

außer Zweifel ↑Zweifel

aussetzen: er wird ihr eine Rente aussetzen, aber: das/durch Aussetzen einer Rente. *Weiteres* ↑15f.

Aussicht (↑13): in Aussicht haben/nehmen/stellen, Zimmer mit Aussicht

aussichtslos ↑ausweglos

aussichtsreich ↑auswegreich

aussondern ↑aussortieren

aussortieren: er kann den Schrott aussortieren, aber: das/beim Aussortieren des Schrotts. *Weiteres* ↑15f.

aus Spaß ↑Spaß

ausspielen: er sollte das As ausspielen, aber: das Ausspielen des Asses. *Weiteres* ↑15f.

aussprechen: du kannst es ruhig aussprechen, aber: das/beim Aussprechen des Verdachts. *Weiteres* ↑15f.

ausständig (↑40): ausständige Beträge

ausstoßen: ich hörte ihn einen Fluch ausstoßen, aber: das/beim Ausstoßen eines Fluches. *Weiteres* ↑15f.

ausstreuen: ihr sollt keine Gerüchte ausstreuen, aber: das/durch Ausstreuen von Gerüchten. *Weiteres* ↑15f.

aussuchen: sie will einen Hut aussuchen, aber: das/beim Aussuchen eines Hutes. *Weiteres* ↑15f.

aus Ton ↑Ton

australid (↑40): australider Zweig

australisch: a) (↑39f.) die Australischen Alpen, die Große Australische Bucht, der Australische Bund, australischer Dollar (Währung), die australische Literatur, die australischen Sprachen. **b)** (↑18ff.) alles/das Australische lieben, etwas/nichts Australisches

austroasiatisch (↑40): austroasiatische Sprachen

austrocknen: die Flüsse werden austrocknen, aber: das Austrocknen der Flüsse. *Weiteres* ↑15f.

aus Trotz ↑Trotz

ausüben: er wird seinen Beruf nicht mehr ausüben, aber: das/zum Ausüben seines Berufes. *Weiteres* ↑15f.

aus Überzeugung ↑Überzeugung

aus Versehen ↑Versehen

auswählen: du darfst dir ein Buch auswählen, aber: das/zum Auswählen eines Buches. *Weiteres* ↑15f.

auswärtig (↑39f.): das Auswärtige Amt (AA), auswärtiger Dienst, Minister des Auswärtigen

auswechseln: jede Mannschaft darf einen Spieler auswechseln, aber: das/zum Auswechseln eines Spielers. *Weiteres* ↑15f.

ausweglos (↑18ff.): seine Situation war am ausweglosesten; alles/das Ausweglose der Lage, aber: (↑21) die auswegloseste der Situationen; die Lage hatte etwas/nichts Ausallosgloses

ausweiten: der Konflikt könnte sich ausweiten, aber: das Ausweiten/Sichausweiten des Konflikts. *Weiteres* ↑15f.

auswerten: wir können den Test auswerten, aber: das/zum Auswerten des Tests. *Weiteres* ↑15f.

auswuchten: er muß die Räder auswuchten lassen, aber: das/zum Auswuchten der Räder. *Weiteres* ↑15f.

aus Wut ↑Wut

auszahlen: er wird sie auszahlen, aber: das/zum Auszahlen der Rente. *Weiteres* ↑15f.

auszählen: der Ringrichter mußte den Boxer auszählen, aber: das/durch Auszählen des Boxers. *Weiteres* ↑15f.

aus Zorn ↑Zorn

aus Zufall ↑Zufall

autark (↑40): eine autarke Wirtschaft

authentisch (↑40): (Rechtsw.) authentisches Siegel, (Musik) authentische Tonarten

Autobus fahren ↑Auto fahren

Auto-Cross (↑9)

Auto fahren: a) (↑11) er fährt/fuhr Auto, weil er Auto fährt/fuhr, er wird Auto fahren, er ist Auto gefahren, um Auto zu fahren. **b)** (↑16) das Autofahren macht Spaß, vom Autofahren ermüdet

autogen (↑40): autogene Metallbearbeitung, autogenes Training, autogene Schweißung, autogene Selbstentspannung

automatisieren: er will den Betrieb automatisieren, aber: das Automatisieren des Betriebes. *Weiteres* ↑15f.

autonom (↑39f.): (Med.) autonomes Nervensystem; *(In Namen von Republiken in der Sowjetunion groß geschrieben, z.B.:)* Autonome Sozialistische Sowjetrepublik

autoritär (↑40): autoritäre Erziehung, ein autoritärer Lehrer, ein autoritäres Regime, autoritärer Staat

auweh: a) (↑34) auweh, das ist schlecht. **b)** (↑35) ein lautes Auweh ertönte

avantgardistisch ↑fortschrittlich (b)

awestisch/Awestisch/Awestische ↑deutsch/Deutsch/Deutsche

axiologisch (↑40): axiologischer Gottesbeweis

axiomatisch (↑40): axiomatische Metaphysik, axiomatische Methode, ein axiomatisches System

B

b/B (↑36): der Buchstabe klein b/groß B, das b in Abend, ein verschnörkeltes B, B wie Berta/Baltimore (Buchstabiertafel); wer A sagt, muß auch B sagen; ein Stück in b/in b-Moll, ein Stück in B/in B-Dur, Blutgruppe B oder AB; das Brezel hat die Form eines B. ↑a/A

babylonisch (↑39f.): die Babylonische Gefangenschaft, die babylonische Kunst, die babylonische Religion, der Babylonische Turm

bacchantisch: a) (↑40) bacchantische Orgien. **b)** (↑18ff.) das Fest hatte etwas Bacchantisches

Backbord (↑9): (Seemannsspr.) das Backbord, auf Backbord stehen

backbord[s] (↑34): das Boot legte backbord[s] an

backen: sie kann backen, die Tochter backen lassen, aber: das Backen macht Spaß, sie ist beim Backen, sie kommt nicht zum Backen. *Weiteres* ↑15f.

backend (↑40): backende Kohle

Backnanger (*immer groß*, ↑28)

baden: er geht baden, aber: das Baden erfrischt, beim Baden ertrunken. *Weiteres* ↑15f.

Badener (*immer groß,* ↑28)
Baden-Württemberger (*immer groß,* ↑28)
badisch/Badisch/Badisches (↑39f.): die Badische Anilin- & Soda-Fabrik AG (BASF), die badischen Mundarten, Badisches Staatstheater Karlsruhe; ein badisches Wörterbuch, aber: „Badisches Wörterbuch" (von E. Ochs; ↑2ff.). *Zu weiteren Verwendungen* ↑alemannisch/Alemannisch/Alemannische
bagatellisieren: er wird dies bagatellisieren, aber: das Bagatellisieren versteht er. *Weiteres* ↑15f.
bah: a) (↑34) bah, das ist eine Kleinigkeit. **b)** (↑35) ein lautes Bah ertönte
Bahn (↑13): zur Bahn bringen
bahnamtlich (↑40): bahnamtliche Spedition
Bahn fahren ↑Auto fahren
Bahnhof (↑13): zum Bahnhof
bahnlagernd (↑40): bahnlagernde Sendung
Bahrainer (*immer groß,* ↑28)
bairisch ↑bayerisch/Bayerisch/Bayerische
bajuwarisch: a) (↑40) bajuwarisches Temperament. **b)** (↑18ff.) alles/das Bajuwarische ablehnen, nichts Bajuwarisches
bakteriologisch (↑40): eine bakteriologische Fleischuntersuchung
balancieren: er kann balancieren, aber: das Balancieren ist schwer, beim Balancieren abrutschen. *Weiteres* ↑15f.
Bälde (↑13): in Bälde
balgen, sich: sie wollen sich balgen, aber: das Balgen/Sichbalgen macht Spaß, bei dem/beim Balgen/Sichbalgen stürzen. *Weiteres* ↑15f.
balladenhaft ↑balladesk
balladesk (↑18ff.): das Balladeske lieben, etwas/nichts Balladeskes
ballistisch (↑40): ballistisches Galvanometer, ballistische Kurve (Flugbahn), ballistisches Pendel, (Physik) ballistische Theorie, (Meteor.) ballistische Wetterdaten
Ball spielen ↑Fußball spielen
Bal paré (festlicher Ball, ↑9)
baltisch: a) (↑39f.) Baltischer Eisstausee, Baltischer Höhenrücken, Baltischer Schild, Baltisches Meer, baltische Sprachen. **b)** (↑18ff.) alles/das Baltische lieben
Bamberger (*immer groß,* ↑28)
bambergisch (↑39): die Bambergische Halsgerichtsordnung
Bami-goreng (indones. Gericht, ↑9)
banal (↑18ff.): das war am banalsten, alles/das Banale hassen; das Banalste, was er je gesehen hatte, aber (↑21): das banalste seiner Dramen; etwas/nichts Banales
Banater (*immer groß,* ↑28)
banausisch (↑18ff.): alles/das Banausische in seinen Anschauungen, etwas/nichts Banausisches
Band (↑13): außer Rand und Band
bandagieren: er muß das Bein bandagieren, aber: das Bandagieren des Beines, durch Bandagieren Halt geben. *Weiteres* ↑15f.
bändigen: er kann ihn nicht bändigen, aber: das Bändigen wilder Tiere. *Weiteres* ↑15f.
bang[e] (↑10): mir ist/wird angst und bange, bange machen
Bange (↑10): er hat keine Bange
Bange haben: a) (↑10) er hat Bange, weil er

Bange hat, er wird Bange haben, er hat Bange gehabt. **b)** (↑16) das Bangehaben
bange machen: a) (↑10) er macht ihm [angst und] bange, weil er bange macht, er wird bange machen, er hat bange gemacht, um bange zu machen. **b)** (↑16) das Bangemachen, denn Bangemachen/bange machen gilt nicht
bange sein: a) (↑10) ihm ist/war [angst und] bange, weil ihm bange ist/war, ihm wird bange sein, ihm ist bange gewesen, um nicht bange zu sein. **b)** (↑16) das Bangesein
bange werden ↑bange sein
bangsch (↑27): Bangsche Krankheit
bankfähig (↑40): bankfähiger Wechsel
bankrott (↑10): bankrott gehen/sein/werden
Bankrott (↑10): Bankrott machen
bankrott gehen: a) (↑10) er geht/ging bankrott, weil er bankrott geht/ging, er wird bankrott gehen, er ist bankrott gegangen, um nicht bankrott zu gehen. **b)** (↑16) das Bankrottgehen. (Entsprechend:) *bankrott sein/werden*
Bankrott machen: a) (↑10) er macht Bankrott, weil er Bankrott macht, er wird Bankrott machen, er hat Bankrott gemacht, um nicht Bankrott zu machen. **b)** (↑16) das Bankrottmachen
bankrott sein/werden ↑bankrott gehen
Bann (↑13): in/im Bann halten, in Acht und Bann tun
bar: a) (↑40) bare Auslagen, bares Geld, etwas für bare Münze/baren Ernst nehmen, barer Unsinn, aller Ehre[n] bar. **b)** (↑24) in/gegen bar zahlen
barbarisch (↑18ff.): das war am barbarischsten, alles/das Barbarische hassen; das Barbarischste, was er je erlebt hatte, aber (↑21): das barbarischste der Verbrechen; etwas/nichts Barbarisches
bärbeißig (↑18ff.): er ist am bärbeißigsten, etwas/nichts Bärbeißiges an sich haben
barberinisch (↑39): die Barberinische Manufaktur
bardauz: a) (↑34) bardauz, da liegt er. **b)** (↑35) mit einem lauten Bardauz fiel er vom Stuhl
barfuß: a) (↑34) barfuß gehen. **b)** (↑2ff.) „Barfuß durch die Hölle" (Film)
barfüßig (↑2ff.): „Die barfüßige Gräfin" (Film), aber: eine Gestalt aus der „Barfüßigen Gräfin"
bargeldlos (↑40): bargeldloser Zahlungsverkehr
barisch (↑40): (Meteor.) das barische Relief, das barische Windgesetz
Bariton singen ↑Alt singen
Barmer (*immer groß,* ↑28)
barmherzig: a) (↑39f.) die Barmherzigen Brüder/Schwestern (Orden für Krankenpflege), barmherzige Menschen; er ist ein barmherziger Samariter ([freiwilliger] Krankenpfleger), aber: der Barmherzige Samariter (der Bibel). **b)** (↑18ff.) er war am barmherzigsten, der/die Barmherzige, ein Barmherziger
barock: a) (↑40) der barocke Baustil, barocke Formen. **b)** (↑18ff.) alles/das Barocke schätzen, etwas/nichts Barockes, ein Hang zum Barocken
barometrisch (↑40): (Meteor.) barometri-

sche Höhenformel, barometrische Höhenmessung, barometrische Höhenstufe, das barometrische Maximum/Minimum

barsch (↑18ff.): er war am barschesten, alles/das Barsche verabscheuen; das Barscheste, was ihm begegnet war, aber (↑21): die barscheste seiner Bemerkungen; etwas/nichts Barsches

bärtig (↑18ff.): alle Bärtigen, der Bärtige, ein Bärtiger

bartlos ↑bärtig

Barzahlung (↑13): nur gegen Barzahlung

basedowsch (↑27): Basedowsche Krankheit, Basedow-Krankheit

Bas[e]ler (*immer groß*, ↑28)

Basic English (Grundenglisch, ↑9)

basisch (↑40): (Chemie) basische Farbstoffe, basische Salze, basischer Stahl

baskisch/Baskisch/Baskische (↑39f.): das Baskische Bergland, die baskische Sprache. *Zu weiteren Verwendungen* ↑deutsch/Deutsch/Deutsche

baß (↑34): er war baß erstaunt

Baß singen ↑Alt singen

basteln: er will basteln, zu basteln beginnen, aber: das Basteln begeistert ihn, zum Basteln geeignet. *Weiteres* ↑15f.

batavisch (↑39): Batavische Republik

Bau (↑13): sich im/in Bau befinden, er ist nicht vom Bau

bauen: er will bauen, aber: das Bauen ist teuer, mit dem Bauen beginnen. *Weiteres* ↑15f.

bäuerlich (↑18ff.): er ist am bäuerlichsten, alles/das Bäuerliche schätzen, (↑21) der bäuerlichste unter den Brüdern, etwas/nichts Bäuerliches in seiner Art haben

baufällig (↑18ff.): Baufälliges/alles/das Baufällige abreißen, dieses Gebäude ist am baufälligsten; das Baufälligste, was er je gesehen hatte, aber (↑21): das baufälligste und das am besten erhaltene Gebäude; etwas/nichts Baufälliges vorfinden

Bausch (↑13): in Bausch und Bogen

bauz ↑bardauz

bayerisch/Bayerisch/Bayerische (↑39f.): die bayerischen Alpen, bayerisches Bier, Bayerisch Eisenstein (Ort im Bayerischen Wald), der Bayerische Erbfolgekrieg, Bayerisch Gmain (Kurort), Bayerische Hypotheken- und Wechsel-Bank, Bayerische Motorenwerke Aktiengesellschaft (BMW), die bayerischen Mundarten, der Bayerische Rundfunk, die bayerischen Voralpen, der Bayerische Wald, der Vordere/Hintere Bayerische Wald; ein bayerisches Wörterbuch, aber: Schmellers „Bayerisches Wörterbuch" (↑2ff.). *Zu weiteren Verwendungen* ↑alemannisch/Alemannisch/Alemannische

B-Dur (↑36): ein Stück in B-Dur/in B; B-Dur-Arie

beachten: du mußt die Vorschriften beachten, aber: das Beachten der Vorschriften ist unabdingbar, beim Beachten der Vorschriften wäre das nicht passiert. *Weiteres* ↑15f.

beachtlich (↑18ff.): seine Leistung war am beachtlichsten, alles/das Beachtliche hervorheben; das beachtlichste (am beachtlichsten, sehr beachtlich) war, daß er standhielt, (↑21) das

beachtlichste seiner Dramen, aber: das Beachtlichste, was er hervorgebracht hat; etwas/nichts Beachtliches

beackern: er will dieses Gebiet beackern, aber: das Beackern dieses Gebietes. *Weiteres* ↑15f.

beängstigend (↑18ff.): sein Verhalten ist am beängstigendsten, alles/das Beängstigende; das beängstigende (am beängstigendsten) war, daß keiner helfen konnte, aber: das Beängstigendste, was ihm begegnet war; etwas/nichts Beängstigendes erleben

beanspruchen: er kann das gleiche Recht beanspruchen, aber: das/zum Beanspruchen des gleichen Rechtes. *Weiteres* ↑15f.

beantworten: wer kann das beantworten?, aber: das/zum Beantworten dieser Frage. *Weiteres* ↑15f.

bearbeiten: er will das Thema bearbeiten, aber: das Bearbeiten des Bodens ist schwierig, zum Bearbeiten geeignet. *Weiteres* ↑15f.

Beat (ein Tanz, ↑9): Beat tanzen ↑Walzer tanzen

Beat generation (amerikan., ↑9)

beaufsichtigen: er soll die Schüler beaufsichtigen, aber: das Beaufsichtigen der Schüler macht ihm Schwierigkeiten. *Weiteres* ↑15f.

bebauen: er will das Gelände bebauen, aber: das Bebauen des Geländes. *Weiteres* ↑15f.

beben: das Haus wird beben, aber: das dauernde Beben beschädigt das Haus. *Weiteres* ↑15f.

bebildern: er will das Buch bebildern, aber: das Bebildern der Bücher ist teuer. *Weiteres* ↑15f.

Beckumer (*immer groß*, ↑28)

Bedacht (↑13): mit/ohne Bedacht

bedächtig (↑18ff.): er ist am bedächtigsten, alles/das Bedächtige seines Wesens; der Bedächtigste, der ihm begegnet war, aber (↑21): der bedächtigste seiner Kollegen; etwas/nichts Bedächtiges

Bedacht nehmen ↑Abstand nehmen

bedauerlich (↑18ff.): seine Haltung war am bedauerlichsten, das Bedauerliche an der Sache; das bedauerlichste (am bedauerlichsten, sehr bedauerlich) war, daß er gehen mußte, (↑21) das bedauerlichste seiner Handlungen, aber: das Bedauerlichste, was geschehen konnte; etwas/nichts Bedauerliches

bedauern: wir können ihn nur bedauern, aber: das Bedauern hilft in diesem Falle gar nicht. *Weiteres* ↑15f.

bedenken: das solltest du bedenken, aber: das Bedenken der verschiedenen Möglichkeiten. *Weiteres* ↑15f.

bedenklich (↑18ff.): sein Verhalten war am bedenklichsten, alles/das Bedenkliche; das bedenklichste (am bedenklichsten, sehr bedenklich) war, daß er nicht zurückkam, (↑21) das bedenklichste seiner Worte, aber: das Bedenklichste, was er erlebt hatte; etwas/nichts Bedenkliches

bedeutend (↑18ff.): seine Leistung war am bedeutendsten, alles/das Bedeutende; das bedeutendste (am bedeutendsten, sehr bedeutend) war, daß er sich durchsetzte, (↑21) das bedeutendste seiner Werke, aber: das Bedeutendste, was er je gelesen hatte; etwas/nichts Bedeutendes, um ein bedeutendes (sehr) zunehmen

bedeutungslos ↑ bedeutend

bedienen: sie muß diesen Herrn bedienen, aber: das/beim Bedienen dieses Herrn. *Weiteres* ↑ 15 f.

bedingt (↑ 40): ein bedingter Befehl (bei Rechenanlagen), ein bedingter Reflex, (Rechtsw.) eine bedingte Strafaussetzung/Verurteilung

bedrohen: du darfst ihn nicht bedrohen, aber: das Bedrohen harmloser Passanten. *Weiteres* ↑ 15 f.

bedrohlich (↑ 18 ff.): sein Verhalten war am bedrohlichsten, alles/das Bedrohliche; das bedrohlichste (am bedrohlichsten, sehr bedrohlich) war, daß er immer näher kam, (↑ 21) die bedrohlichste der Gefahren, aber: das Bedrohlichste, was er erlebt hatte; etwas/nichts Bedrohliches

bedürftig (↑ 18 ff.): er war am bedürftigsten, alle Bedürftigen, der/die Bedürftige, ein Bedürftiger; die Bedürftigsten, die er je gesehen hatte, aber (↑ 21): die bedürftigsten der Einwohner; etwas/nichts Bedürftiges

beeilen, sich: du mußt dich beeilen, aber: eine Aufforderung zum Beeilen/Sichbeeilen. *Weiteres* ↑ 15 f.

beeindrucken: er will dich nur beeindrucken, aber: das Beeindrucken der Leser. *Weiteres* ↑ 15 f.

beeinflussen: wir wollen dich nicht beeinflussen, aber: das/durch Beeinflussen der Leute. *Weiteres* ↑ 15 f.

beenden: sie wollen den Streit beenden, aber: das Beenden des Streits. *Weiteres* ↑ 15 f.

beerdigen: wir mußten unseren Freund beerdigen, aber: das Beerdigen unseres Freundes. *Weiteres* ↑ 15 f.

beethovensch (↑ 27): die Beethovenschen Sonaten, aber: Sonaten im beethovenschen Stil

befähigt (↑ 18 ff.): er ist am befähigtsten, alle Befähigten, der Befähigtste, der mir je begegnet war, aber (↑ 21): der befähigtste aller Mitarbeiter

¹**befahren:** du kannst die Strecke befahren, aber: das/beim Befahren der Strecke. *Weiteres* ↑ 15 f.

²**befahren** (↑ 40): (Jägerspr.) befahrener Bau, (Seemannsspr.) befahrenes Volk

Befehl (↑ 13): auf/laut/zu Befehl

befehlen: der Chef kann das befehlen, aber: das/zum Befehlen. *Weiteres* ↑ 15 f.

Befehl geben ↑ Bescheid geben

befestigen: wir müssen den Haken befestigen, aber: das/durch Befestigen des Hakens. *Weiteres* ↑ 15 f.

beflaggen: wir wollen das Schiff beflaggen, aber: das/zum Beflaggen des Schiffes. *Weiteres* ↑ 15 f.

befördern: die Post will die Sendung befördern, aber: das/beim Befördern der Sendung. *Weiteres* ↑ 15 f.

befragen: du kannst ihn befragen, aber: auf/das/durch Befragen des Mannes. *Weiteres* ↑ 15 f.

befreien: er wird die Gefangenen befreien, aber: das/durch Befreien der Gefangenen. *Weiteres* ↑ 15 f.

befremdend (↑ 18 ff.): sein Verhalten war am befremdendsten, alles/das Befremdende; das befremdendste (am befremdendsten, sehr befremdend) war, daß er schwieg, aber: das Befremdendste, was er je erlebt hatte; etwas/nichts Befremdendes

befremdlich ↑ befremdend

befreundet (↑ 40): (Math.) befreundete Zahlen

befriedigen: kannst du deine Gläubiger befriedigen?, aber: das Befriedigen der Gläubiger. *Weiteres* ↑ 15 f.

befriedigend: a) (↑ 37) er hat [die Note] „befriedigend" erhalten, er hat mit [der Note] „befriedigend"/mit einem guten „befriedigend" bestanden, er hat [ein] „befriedigend" in seinem Zeugnis. **b)** (↑ 18 ff.) etwas Befriedigendes war nicht vorhanden

Befund (↑ 13): nach/ohne Befund (Med.: o. B.)

befürworten: diesen Wunsch können wir nur befürworten, aber: das Befürworten dieses Wunsches. *Weiteres* ↑ 15 f.

begabt ↑ befähigt

begehen: wir werden diesen Weg begehen, aber: das/beim Begehen dieses Weges. *Weiteres* ↑ 15 f.

begehrenswert (↑ 18 ff.): dieses Mädchen war am begehrenswertesten, alles/das Begehrenswerte erstreben; das begehrenswerteste, was er je gesehen hatte, aber (↑ 21): das begehrenswerteste der Mädchen; etwas/nichts Begehrenswertes finden

begierig (↑ 18 ff.): er war am begierigsten; der Begierigste, den er kannte, aber (↑ 21): der begierigste der Männer; etwas/nichts Begieriges

begießen: du könntest die Blumen begießen, aber: das/nach Begießen der Blumen. *Weiteres* ↑ 15 f.

beglaubigen: er wird das Schriftstück beglaubigen, aber: das Beglaubigen des Schriftstücks. *Weiteres* ↑ 15 f.

begleiten: du kannst ihn begleiten, aber: das Begleiten des Gastes. *Weiteres* ↑ 15 f.

begnadet: a) (↑ 2 ff.) „Die begnadete Angst" (Bernanos), aber: eine Gestalt aus der „Begnadeten Angst". **b)** (↑ 18 ff.) der Begnadete, ein Begnadeter

begraben: du mußt diese Hoffnung begraben, aber: das Begraben dieser Hoffnung. *Weiteres* ↑ 15 f.

begradigen: sie müssen den Flußlauf begradigen, aber: das/nach Begradigen des Flußlaufes. *Weiteres* ↑ 15 f.

begreiflich (↑ 18 ff.): seine Haltung war am begreiflichsten, alles/das Begreifliche gutheißen; das begreiflichste (am begreiflichsten, sehr begreiflich) war, daß er absagte, (↑ 21) die begreiflichste seiner Handlungen, aber: das Begreiflichste, was ihm je begegnet war; etwas/nichts Begreifliches

begrenzen: wir müssen seinen Einfluß begrenzen, aber: das/durch Begrenzen seines Einflusses. *Weiteres* ↑ 15 f.

Begriff (↑ 13): im Begriff[e] sein/stehen, er ist schwer von Begriff

begrifflich (↑40): begriffliches Denken, (Sprachw.) ein begriffliches Hauptwort (Abstraktum)
begründen: er wird den Antrag begründen, aber: das/durch Begründen des Antrags. *Weiteres* ↑15f.
begrüßen: sie will ihn selbst begrüßen, aber: das/beim Begrüßen des Freundes. *Weiteres* ↑15f.
begutachten: er soll die Arbeit begutachten, aber: das Begutachten der Arbeiten. *Weiteres* ↑15f.
behäbig (↑18ff.): er ist am behäbigsten, das Behäbige an ihm, etwas/nichts Behäbiges
behaglich (↑18ff.): dieser Raum wirkt am behaglichsten, alles/das Behagliche schätzen, das Behaglichste, was man sich vorstellen kann, aber (↑21): das behaglichste der Zimmer; etwas/nichts Behagliches
¹**behalten:** du kannst das Buch behalten, aber: das Behalten des Buches. *Weiteres* ↑15f.
²**behalten** /in der Fügung *recht behalten/* ↑recht haben
behängen: er will die Wand damit behängen, aber: das/zum Behängen der Wand. *Weiteres* ↑15f.
beharren: er wird auf seinem Standpunkt beharren, aber: das Beharren auf seinem Standpunkt. *Weiteres* ↑15f.
beharrlich (↑18ff.): er ist am beharrlichsten, alle/die Beharrlichen, (↑21) der beharrlichste seiner Kunden, ein Beharrlicher, etwas/nichts Beharrliches an sich haben
behaucht (↑40): (Sprachw.) behauchte Laute
behaupten: wie kannst du das behaupten?, aber: das/durch Behaupten des Gegenteils. *Weiteres* ↑15f.
beheben: er kann den Fehler beheben, aber: das Beheben des Fehlers. *Weiteres* ↑15f.
Behelf (↑13): ohne Behelf
behelfen, sich: wir müssen uns damit behelfen, aber: das Behelfen/Sichbehelfen. *Weiteres* ↑15f.
behelfsmäßig (↑18ff.): seine Unterkunft war am behelfsmäßigsten, alles/das Behelfsmäßige verabscheuen; das ist das Behelfsmäßigste, was er je gesehen hat, aber (↑21): das behelfsmäßigste seiner Häuser; etwas/nichts Behelfsmäßiges dulden
beherbergen: wir werden die Kinder beherbergen, aber: das Beherbergen der Kinder. *Weiteres* ↑15f.
beherrschen: er will das Land beherrschen, aber: das Beherrschen des Landes. *Weiteres* ↑15f.
beherrscht (↑18ff.): er war am beherrschtesten; der Beherrschteste, den er kannte, aber (↑21): der beherrschteste unter den Männern; etwas/nichts Beherrschtes
beherzigen: du kannst diesen Rat beherzigen, aber: das/durch Beherzigen dieses Rates. *Weiteres* ↑15f.
beherzt (↑18ff.): er zeigte sich am beherztesten, alle/die Beherzten; das beherzteste (am beherztesten, sehr beherzt) wäre, unbeirrt weiterzugehen, aber: das Beherzteste, was er je erlebt hatte; ein Beherzter wagte es

behindern: du darfst den Fahrer nicht behindern, aber: das/beim Behindern des Fahrers. *Weiteres* ↑15f.
Behuf (↑13): zum Behuf[e]
behufs (↑34): behufs des Neubaus
bei (↑34)
1 *In Namen* (↑42) *und Titeln* (↑2ff.): Grafendorf bei Hartberg, Neustadt b. (= bei) Coburg; „Weg bei den Feldern", „Gasthaus beim Singenden Wirt", aber *(als erstes Wort):* der Weg „Bei den Feldern", Gasthaus „Beim Singenden Wirt", „Bei der Kupplerin" (Gemälde), „Bei Anruf Mord" (Film), „Beim Fotografen" (Film)
2 *Schreibung des folgenden Wortes:* **a)** *Substantive* (↑13f.): bei[m] Abgang usw. ↑Abgang usw., bei Einbruch usw. ↑Einbruch usw., beileibe ↑Leib; ↑beiseite, beizeiten. **b)** *Infinitive* (↑16): er ist beim Backen, er hat keine Ausdauer beim Basteln, beim/bei dem Fahren ermüden, beim Singen und Spielen. **c)** *Adjektive und Partizipien* (↑19 und 23): bei einzelnen hat er vorgesprochen, beim Ewigen (bei Gott) schwören, beim Geringsten stehenbleiben, bei weitem. (↑24) beim alten bleiben/es beim alten lassen. (↑26) bei Gelb ist die Kreuzung zu räumen. **d)** *Zahladjektive* (↑29ff.) *und Pronomen* (↑32f.): bei all[e]dem, bei dreien von ihnen ist etwas gefunden worden, er wird so bei dreißig sein, beim dritten von ihnen blieb er stehen, beim Du bleiben, bei einigen nachfragen, bei jmdm. anfragen, bei sich, bei uns
bei Abgang ↑Abgang
bei Anker ↑Anker
beichten: er muß beichten, er geht beichten, aber: das Beichten fällt ihm schwer, zu dem/zum Beichten gehen. *Weiteres* ↑15f.
beidarmig (↑40): beidarmiger Stürmer
beide
1 *Als einfaches Pronomen klein* (↑32): Doktor beider Rechte; zwei Kinder – beide hatten einen Luftballon, beides ist möglich, Hut und Regenschirm – beide/beides hatte er vergessen; alle beide, alles beides, an beidem hatte sie etwas auszusetzen, die anderen beiden, das beides, einer von den beiden, die/diese beiden dort, dies/dieses beides, die ersten beiden, euch beide, für/gegen beide, ihr beiden/beide, in beidem bewandert, die letzten beiden, mit beiden, sie beide, für uns beide, einer/jeder/keiner/welcher von beiden, wir beide/beiden, ihr zwei beiden, zwischen beiden. *(In Briefen:)* ich grüße Euch/Sie beide herzlich
2 *In Titeln von Theaterstücken u. ä.* (↑2ff.): „Uns beiden gehört Paris" (Film), „Die beiden Veroneser" (von Shakespeare), aber *(als erstes Wort):* wir lasen die „Beiden Veroneser"
3 *Schreibung des folgenden Wortes:* **a)** *Zahladjektive* (↑29ff.) *und Pronomen* (↑32f.): die beiden anderen, die beiden ersten, die beiden letzten. **b)** *Adjektive und Partizipien* (↑20): beide Angestellten, beide Gelehrten, beides sehr klein Geschriebene, beide Reisenden, beide Schaulustigen, beides groß zu Schreibende. (↑21) Im Aquarium schwammen zwei rote Fische; beide roten gehörten Barbara
bei der Hand ↑Hand
bei Einbruch usw. ↑Einbruch usw.

Beifall (↑13): in Beifall ausbrechen

beige/Beige: a) (↑40) ein beige Schuh, die beige Schuhe. **b)** (↑26) Schuhe in Beige, die Farbe spielt ins Beige [hinein]. *Zu weiteren Verwendungen* ↑blau/Blau/Blaue

bei Gefahr/Gericht usw. ↑Gefahr/Gericht usw.

beileibe ↑Leib

beiliegend (↑18ff.): Beiliegendes, alles/das Beiliegende

beim /aus *bei* + *dem*/↑bei

beim Abgang usw. ↑Abgang usw.

beimengen: er soll noch Wasser beimengen, aber: das Beimengen von Wasser. *Weiteres* ↑15f.

beim Essen usw. ↑Essen usw.

bei Nacht ↑Nacht

bei Sache ↑Sache

beiseite (↑34): beiseite legen/schaffen

beisetzen ↑beerdigen

bei Sicht ↑Sicht

bei Sinnen ↑Sinn

Beispiel (↑13): zum Beispiel (z. B.)

beißen: er soll nicht beißen, er hat nichts zu beißen und zu brechen, aber: er hat nichts zum Beißen, ihm das Beißen abgewöhnen. *Weiteres* ↑15f.

bei Stimme usw. ↑Stimme usw.

beizeiten (↑34) bei zeiten

beizen: sie wird die Möbel beizen, aber: das Beizen der Möbel. *Weiteres* ↑15f.

bejammernswert (↑18ff.): er war in seiner Lage am bejammernswertesten, alle/die Bejammernswerten; das Bejammernswerteste, was er je gesehen hatte, aber (↑21): ein Bejammernswerteste seiner Brüder; ein Bejammernswerter

bekämpfen: wir müssen solche Umtriebe bekämpfen, aber: das/durch Bekämpfen solcher Umtriebe. *Weiteres* ↑15f.

bekannt (↑18ff.): er war von allen am bekanntesten, alle/die Bekannten; das Bekannteste, was ich dabei gehört habe, war eine Sonate von Mozart (↑21): das bekannteste seiner Theaterstücke; der Bekannte, ein Bekannter, etwas/nichts Bekanntes vorfinden

bekehren: er wollte die Heiden bekehren, aber: das Bekehren der Heiden. *Weiteres* ↑15f.

bekennen: du mußt deine Schuld bekennen, aber: das/durch Bekennen der Schuld. *Weiteres* ↑15f.

bekennend (↑39f.): Bekennende Kirche, bekennende Menschen

bekenntnishaft (↑18ff.): alles/das Bekenntnishafte achten; das war das Bekenntnishafteste, was er je gehört hatte, aber (↑21): das bekenntnishafteste seiner Stücke; etwas/nichts Bekenntnishaftes

beklagen: wir müssen diesen Zustand zutiefst beklagen, aber: das Beklagen dieses Zustandes hilft nicht weiter. *Weiteres* ↑15f.

beklagenswert (↑18ff.): er war am beklagenswertesten von allen, alle/die Beklagenswerten; das beklagenswerteste (am beklagenswertesten, sehr beklagenswert) war, daß er so früh starb, (↑21) das beklagenswerteste aller Schicksale, aber: das Beklagenswerteste, was

ihm je begegnet war; etwas/nichts Beklagenswertes

beklatschen: du darfst nicht jeden Einfall des Regisseurs beklatschen, aber: das Beklatschen eines jeden neuen Einfalls. *Weiteres* ↑15f.

bekleiden: welchen Posten soll er bekleiden?, aber: das Bekleiden eines Postens. *Weiteres* ↑15f.

beklemmend (↑18ff.): dieses Erlebnis war am beklemmendsten, alles/das Beklemmende; das beklemmendste (am beklemmendsten, sehr beklemmend) war, daß er nicht antworten durfte, (↑21): das beklemmendste seiner Stücke, aber: das Beklemmendste, was ich je erlebt habe; etwas/nichts Beklemmendes

bekommen /in der Fügung *recht bekommen*/↑recht haben

bekömmlich (↑18ff.): dies ist am bekömmlichsten, alles/das Bekömmliche; das Bekömmlichste, was er je gegessen hatte, aber (↑21): das bekömmlichste der Gemüse; etwas/nichts Bekömmliches

belächeln ↑belachen

belachen: diesen Mann sollte man nicht belachen, aber: das Belachen dieses Mannes. *Weiteres* ↑15f.

beladen: willst du dich noch mehr beladen?, aber: das Beladen/Sichbeladen. *Weiteres* ↑15f.

belagern: die Menge wollte das Hotel belagern, aber: das/durch Belagern des Hotels. *Weiteres* ↑15f.

Belang (↑13): ohne/von Belang sein

belanglos (↑18ff.): das war am belanglosesten, alles/das Belanglose; das Belangloseste, was ich je gelesen habe, aber (↑21): das belangloseste seiner Stücke; etwas/nichts Belangloses von sich geben

belasten: er will den Angeklagten belasten, aber: das/durch Belasten des Angeklagten. *Weiteres* ↑15f.

belastend (↑18ff.): diese Aussage war am belastendsten, alles/das Belastende sammeln; das belastendste (am belastendsten, sehr belastend) war, daß er am Tatort gesehen worden war, aber: das Belastendste, was bekannt war; etwas/nichts Belastendes

belästigen: du darfst ihn nicht immer belästigen, aber: das Belästigen der Passanten. *Weiteres* ↑15f.

belegen: kannst du das auch belegen?, aber: das/durch Belegen dieser Behauptung. *Weiteres* ↑15f.

belehren: er wollte mich belehren, aber: das/beim Belehren des Angeklagten. *Weiteres* ↑15f.

beleibt (↑18ff.): er war am beleibtesten, alle/die Beleibten; der Beleibteste, den ich je gesehen habe, aber (↑21): der beleibteste seiner Brüder; ein beleibter

beleidigen: du darfst ihn nicht beleidigen, aber: das/durch Beleidigen eines Beamten. *Weiteres* ↑15f.

beleuchten: er will dieses Thema näher beleuchten, aber: das/durch Beleuchten dieses Themas. *Weiteres* ↑15f.

belgisch: a) (↑39f.) belgische Brocken (Ab-

ziehsteine), belgischer Franc (Währung; bfr), Belgisch Granit (Steinart), die belgische Regierung, Belgisch Rot (Marmorart), der belgische Schäferhund, das belgische Volk. **b)** (↑18ff.) alles/das Belgische lieben, nichts/viel Belgisches
belichten: du mußt das Bild länger belichten, aber: das/zum Belichten des Bildes. *Weiteres* ↑15f.
Belieben (↑13): nach Belieben
beliebig: a) (↑20) etwas Beliebiges aussuchen, nichts Beliebiges. **b)** (↑23) alles beliebige (irgend etwas), alle beliebigen, ein beliebiger (irgend jemand), einige beliebige (irgendwelche), jeder beliebige (irgend jemand)
beliebt (↑18ff.): er war am beliebtesten, alle/die Beliebten; das beliebteste (am beliebtesten, sehr beliebt) war, wenn einer einen Kopfstand machte, aber: das Beliebteste, was man kannte; etwas/nichts Beliebtes
bellen: er wird bellen, aber: das/durch Bellen der Hunde. *Weiteres* ↑15f.
belügen: du darfst deine Eltern nicht belügen, aber: das/durch Belügen der Eltern. *Weiteres* ↑15f.
bemalen: du darfst die Wand nicht bemalen, aber: das Bemalen der Wand. *Weiteres* ↑15f.
bemängeln: ich mußte die Ausführung bemängeln, aber: das Bemängeln der Ausführung. *Weiteres* ↑15f.
bemerkenswert (↑18ff.): seine Leistungen waren am bemerkenswertesten, alles/das Bemerkenswerte beachten; das bemerkenswerteste (am bemerkenswertesten, sehr bemerkenswert) war, daß er alle Fragen beantworten konnte, (↑21) das bemerkenswerteste seiner Stücke, aber: das Bemerkenswerteste, was er je gesehen hatte; etwas/nichts Bemerkenswertes feststellen
bemessen: der Zuschuß wird nach dem Einkommen bemessen, aber: das/zum Bemessen des Zuschusses. *Weiteres* ↑15f.
bemitleiden: ihr braucht mich nicht zu bemitleiden, aber: das Bemitleiden des Unglücklichen. *Weiteres* ↑15f.
bemühen: dürfen wir Sie bemühen?, aber: das/im Bemühen um einen gerechten Ausgleich. *Weiteres* ↑15f.
benachrichtigen: wir werden dich benachrichtigen, aber: das/durch Benachrichtigen des Gesuchten. *Weiteres* ↑15f.
benehmen: er kann sich nicht benehmen, aber: Benehmen/benehmen ist Glückssache; (↑13) sich ins Benehmen setzen. *Weiteres* ↑15f.
beneidenswert (↑18ff.): er ist am beneidenswertesten, alle/die Beneidenswerten; das beneidenswerteste (am beneidenswertesten, sehr beneidenswert) ist, daß er mehrere Sprachen beherrscht, (↑21) das beneidenswerteste seiner Kinder, aber: der Beneidenswerte, den ich kennengelernt habe; ein Beneidenswerter, etwas/nichts Beneidenswertes
bengalisch (↑40): bengalische Beleuchtung, bengalische Bracke, bengalisches Feuer
benutzen/benützen: du kannst den Wagen benutzen, aber: das/beim Benützen des Wagens. *Weiteres* ↑15f.

beobachten: wir müssen die weitere Entwicklung beobachten, aber: das Beobachten des Verkehrs. *Weiteres* ↑15f.
bepflanzen: ich will den Garten bepflanzen, aber: das/zum Bepflanzen des Gartens. *Weiteres* ↑15f.
bequem (↑18ff.): diese Schuhe sind am bequemsten, alles/das Bequeme vorziehen; das Bequemste, was man sich vorstellen kann, aber (↑21): das bequemste der Kleidungsstücke; etwas/nichts Bequemes
beraten: laß dich gut beraten, aber: das/beim Beraten des Vorschlags. *Weiteres* ↑15f.
beratend (↑41): beratender Ingenieur
berauschend (↑18ff.): dieser Duft war am berauschendsten, alles/das Berauschende; das berauschendste (am berauschendsten, sehr berauschend) war, daß er alles auswendig spielte, (↑21) das berauschendste ihrer Parfüms, aber: das Berauschendste, was er je erlebt hatte; etwas/nichts Berauschendes
Berchtesgadener (*immer groß,* ↑28)
berechnen: er will es zum Selbstkostenpreis berechnen, aber: das/beim Berechnen zum Selbstkostenpreis. *Weiteres* ↑15f.
beredt (↑23): auf das/aufs beredteste
Bereich (↑13): im Bereich
Berg (↑13): am Berg[e], mit seiner Meinung hinterm Berg halten, übern Berg sein, zu Berg[e] stehen/fahren
bergisch (↑39f.): das Bergische Bergland, Bergisch Gladbach/Neukirchen, das Bergische Land, bergisch-märkisches Rheinland
bergmännisch (↑40): das bergmännische Rißwerk
berichten: du kannst uns berichten, aber: das/beim Berichten des Vorfalls. *Weiteres* ↑15f.
Bericht erstatten: a) (↑11) er erstattet Bericht, während er Bericht erstattet, er wird Bericht erstatten, er hat Bericht erstattet, um Bericht zu erstatten. **b)** (↑16) das Berichterstatten wurde immer schwieriger, keine Möglichkeit zum Berichterstatten
berichtigen: du kannst den Fehler noch berichtigen, aber: das/zum Berichtigen des Fehlers. *Weiteres* ↑15f.
Berliner/Berner (*immer groß,* ↑28)
bersten: er will es bersten lassen, aber: etwas zum Bersten bringen, zum Bersten voll. *Weiteres* ↑15f.
berückend (↑18ff.): dies war am berückendsten, alles/das Berückende; das berückendste (am berückendsten, sehr berückend) wäre, wenn sie ihren Auftritt wiederholte, (↑21) das berückendste des Mädchens, aber: das Berückendste, was er je gesehen hatte; etwas/nichts Berückendes
berücksichtigen: wir werden diesen Einwand berücksichtigen, aber: das/beim Berücksichtigen dieses Einwands. *Weiteres* ↑15f.
berufen: er wird auf den Lehrstuhl für Physik berufen, aber: das Berufen auf den Lehrstuhl für Physik. *Weiteres* ↑15f.
berufsbegleitend (↑40): berufsbegleitende Schule
berufsbildend (↑40): berufsbildende Schulen

berufspädagogisch (↑41): berufspädagogische Institute, aber: das Berufspädagogische Institut Stuttgart
beruhigen: du kannst dein Gewissen beruhigen, aber: das Beruhigen des Gewissens. *Weiteres* ↑15f.
berühmt (↑18ff.): er war am berühmtesten, alle/die Berühmten; das Berühmteste, was er gesehen hatte (↑21): das berühmteste seiner Dramen; ein Berühmter, etwas/nichts Berühmtes entdecken
berühren: er wird diesen Punkt nicht berühren, aber: das/beim Berühren dieses Punktes. *Weiteres* ↑15f.
besänftigen: wir wollen ihn etwas besänftigen, aber: das/durch Besänftigen des Wütenden. *Weiteres* ↑15f.
beschädigen: du darfst die Wand nicht beschädigen, aber: das Beschädigen der Wand. *Weiteres* ↑15f.
beschaffen: er kann dir das Buch beschaffen, aber: das/beim Beschaffen des Buches. *Weiteres* ↑15f.
beschäftigen: er will weniger Leute beschäftigen, aber: das/durch Beschäftigen einer geringeren Zahl an Arbeitern. *Weiteres* ↑15f.
beschämend (↑18ff.): sein Verhalten war am beschämendsten, alles/das Beschämende; das beschämendste (am beschämendsten, sehr beschämend) war, daß er auswich, (↑21) die beschämendste seiner Handlungen, aber: das Beschämende, was er je erlebt hatte; etwas/nichts Beschämendes
beschaulich ↑betulich
bescheiden (↑18ff.): er war am bescheidensten, alle/die Bescheidenen; das Bescheidenste, was er je gesehen hatte, aber (↑21): das bescheidenste seiner Kinder; ein Bescheidener, etwas/nichts Bescheidenes
Bescheid erhalten (↑11): er erhält/erhielt Bescheid, damit er Bescheid erhält/erhielt, er wird/hat Bescheid erhalten, um Bescheid zu erhalten
Bescheid erwarten (↑11): er erwartet Bescheid, weil er Bescheid erwartet, er wird Bescheid erwarten, er hat Bescheid erwartet, um Bescheid zu erwarten
Bescheid finden ↑Gehör finden
Bescheid geben: a) (↑11) er gibt/gab Bescheid, weil er Bescheid gibt/gab, er wird Bescheid geben, er hat Bescheid gegeben, um Bescheid zu geben. **b)** (↑16) das Bescheidgeben war unmöglich, keine Möglichkeit zum Bescheidgeben
Bescheid sagen: a) (↑11) er sagte Bescheid, weil er Bescheid sagte, er wird Bescheid sagen, er hat Bescheid gesagt, um Bescheid zu sagen. **b)** (↑16) das Bescheidsagen, keine Möglichkeit zum Bescheidsagen
Bescheid tun ↑Abbruch tun
Bescheid wissen: a) (↑11) er weiß/wußte Bescheid, weil er Bescheid weiß/wußte, er wird Bescheid wissen, er hat Bescheid gewußt, um Bescheid zu wissen. **b)** (↑16) das Bescheidwissen ist nicht immer wichtig
bescheinigen: laß dir das bescheinigen, aber: das/durch Bescheinigen des Geldempfangs. *Weiteres* ↑15f.

beschildern: diese Straße sollte man besser beschildern, aber: das/beim Beschildern der Straße. *Weiteres* ↑15f.
beschimpfen: du darfst ihn nicht so beschimpfen, aber: das/durch Beschimpfen des Beamten. *Weiteres* ↑15f.
Beschlag (↑13): in Beschlag nehmen/halten, mit Beschlag belegen
beschlagen ↑behaftet
beschlagnahmen: sie werden die Waffen beschlagnahmen, aber: das/durch Beschlagnahmen der Waffen. *Weiteres* ↑15f.
beschleunigen: kannst du die Arbeit beschleunigen?, aber: das/zum Beschleunigen der Arbeit. *Weiteres* ↑15f.
Beschluß (↑13): laut/mit Beschluß, zum Beschluß erheben
beschmutzen: du sollst das Tischtuch nicht beschmutzen, aber: das/durch Beschmutzen des Tischtuchs. *Weiteres* ↑15f.
beschneiden: du kannst seine Rechte nicht beschneiden, aber: das/durch Beschneiden seiner Rechte. *Weiteres* ↑15f.
beschönigen: er wollte seinen Fehler beschönigen, aber: das/durch Beschönigen seines Fehlers. *Weiteres* ↑15f.
beschrankt (↑40): beschrankter Bahnübergang
beschränkt: a) (↑40) Gesellschaft mit beschränkter Haftung (GmbH). **b)** (↑18ff.) sie waren am beschränktesten, alles/das Beschränkte verabscheuen; das Beschränkteste, was ihm begegnet war, aber (↑21): die beschränkteste aller Ansichten; etwas/nichts Beschränktes
beschreiben: kannst du mir das Haus beschreiben?, aber: das/beim Beschreiben des Hauses. *Weiteres* ↑15f.
beschreibend (↑40): die beschreibende Psychologie
Beschwerde führen ↑Buch führen
beschwerlich (↑18ff.): dies war am beschwerlichsten, alles/das Beschwerliche scheuen; das beschwerlichste (am beschwerlichsten, sehr beschwerlich) war, daß er zu Fuß gehen mußte, (↑21) die beschwerlichste seiner Arbeiten, aber: das Beschwerlichste, was er je zu bewältigen hatte; etwas/nichts Beschwerliches auf sich nehmen
beschwert (↑40): beschwerte Papiere
beschwichtigen: du mußt ihn beschwichtigen, aber: das/durch Beschwichtigen des Gewissens. *Weiteres* ↑15f.
beschwingt (↑18ff.): diese Musik ist am beschwingtesten, alles/das Beschwingte lieben; das Beschwingteste, was er je gehört hatte, aber (↑21): das beschwingteste seiner Musikstücke; etwas/nichts Beschwingtes
beschwören: du mußt sie nochmals beschwören, aber: das/durch Beschwören der Vergangenheit. *Weiteres* ↑15f.
beseelt: a) (↑40) die beseelte Natur. **b)** (↑18ff.) seine Augen waren am beseeltesten, alles/das Beseelte lieben; das Beseelteste, was ihm begegnet war, aber (↑21): die beseeltesten aller Augen; etwas/nichts Beseeltes
beseitigen: man muß die alten Vorrechte be-

seitigen, aber: das/durch Beseitigen alter Vorrechte. *Weiteres* ↑ 15 f.
besetzen: man wird die Rolle neu besetzen,
aber: das/durch Besetzen der Rolle. *Weiteres*
↑ 15 f.
besichtigen: wir wollen das Museum besichtigen, aber: das/beim Besichtigen des Muse-
ums. *Weiteres* ↑ 15 f.
besingen: er will eine neue Platte besingen,
aber: das/durch Besingen einer Platte. *Weiteres*
↑ 15 f.
besinnlich (↑ 18 ff.): diese Stunden waren am
besinnlichsten; alles/das Besinnliche schätzen,
aber (↑ 21): die besinnlichsten seiner Tage; et-
was/nichts Besinnliches
Besitz (↑ 13): im Besitz seiner Kräfte sein
besitzanzeigend (↑ 40): besitzanzeigendes
Fürwort (Sprachw.)
besitzen: sie will viel Schmuck besitzen,
aber: das Besitzen von Schmuck. *Weiteres*
↑ 15 f.
besondere: a) (↑ 40) zur besonderen Verwendung (z. b. V.), besondere Vorkommnisse. b)
(↑ 18 ff.) alles/das Besondere schätzen, bis aufs
einzelne und besond[e]re, etwas/nichts Besonderes aufweisen, im besond[e]ren, aber: insbesondere
besonnen (↑ 18 ff.): er war am besonnensten,
alle/die Besonnenen bevorzugen; der Besonnenste, der ihm begegnet war, aber (↑ 21): der
besonnenste der Männer; etwas/nichts Beson-
nenes
besorgen: er wird es dir besorgen, aber:
das/zum Besorgen der Lebensmittel. *Weiteres*
↑ 15 f.
besorgniserregend (↑ 18 ff.): sein Zustand
war am besorgniserregendsten, alles/das Be-
sorgniserregende fürchten; das besorgniserregendste (am besorgniserregendsten, sehr besorgniserregend) war, daß er hohes Fieber hatte, (↑ 21) der besorgniserregendste seiner Be-
funde, aber: das Besorgniserregendste, was er
je gesehen hatte; etwas/nichts Besorgniserre-
gendes
bespannen: ich will die Wand mit Stoff bespannen, aber: das/durch Bespannen mit Stoff.
Weiteres ↑ 15 f.
besprechen: wir wollen die Angelegenheit
besprechen, aber: das/zum Besprechen der Angelegenheit. *Weiteres* ↑ 15 f.
besser
1 *Als Attribut beim Substantiv* (↑ 40): seine bessere Hälfte, das bessere Jenseits
2 *Alleinstehend oder nach Artikel, Pronomen,
Präposition usw.* (↑ 18 ff.): Besseres und
Schlechteres, Besseres erstreben; alles Bessere,
sich an das/ans Bessere halten, auf das/aufs
Bessere achten; es wäre das bessere (besser),
wenn du kämst, aber: sie wählte das Bessere;
in Ermangelung eines Besseren, sich eines Besseren belehren lassen/besinnen, etwas Besseres
sein wollen, irgend etwas Besseres, hast du
nichts Besseres zu tun, eine Wendung zum
Besseren. (↑ 21) Zwei Bewerber stellten sich
vor. Der bessere [Bewerber] hatte bereits Be-
rufserfahrung, der schlechtere [Bewerber] hatte
nichts aufzuweisen. – Er ist der bessere der

Fahrer/von den Fahrern/unter den Fahrern.
↑ beste, ↑ gut
bessern: er will es bessern/sich bessern, aber:
das Bessern/Sichbessern ist Voraussetzung.
Weiteres ↑ 15 f.
Bestand (↑ 13): von Bestand sein, (österreich.)
in Bestand (Pacht) haben
Bestand haben ↑ Anteil haben
beständig (↑ 18 ff.): diese Farbe war am be-
ständigsten, alles/das Beständige vorziehen;
das Barometer steht auf „beständig" (↑ 37); das
Beständigste, was er je erworben hatte, aber
(↑ 21): das beständigste seiner Werke; et-
was/nichts Beständiges finden
bestatten ↑ beerdigen
beste
1 *Als Attribut beim Substantiv* (↑ 40): das
kommt in den besten Familien vor, ein Mann
in den besten Jahren, sich von seiner besten
Seite zeigen; den besten Teil erwählen; „Der
beste Teil" (Film), aber: er hat den „Besten
Teil" gesehen (↑ 2 ff.); auf dem besten Wege
sein, beim besten Willen, mit den besten Wünschen
2 *Alleinstehend oder nach Artikel, Pronomen,
Präposition usw.* (↑ 18 ff.): das Gebot ist, **Bestes**
zu leisten; am besten gehen wir durch das
weiß er selbst am besten, aber: es fehlt ihm am
Besten; alles auf das/aufs beste herrichten,
aber: eine Wahl ist auf das/aufs Beste gefallen; es ist **das** beste (am besten, sehr gut),
gleich aufzubrechen, aber: das Beste, was ich
je gesehen habe; wir wollen das Beste hoffen,
er hätte fast das Beste vergessen, das Beste aus
einer Sache machen, das Beste war ihm gerade
gut genug, das Beste von seiner Art; das Beste
von allem ist, daß er kommt; sich das Beste
aussuchen, wir wünschen Euch das Beste, er
wollte **dein** Bestes, er ist der Beste in der Klasse, einer der Besten, die Besten des Volkes; die
erste beste; er hält es für das/fürs beste (am besten, sehr gut), gleich aufzubrechen, aber: er
hält dies für das/fürs Beste, was zu tun wäre;
sein Bestes geben/tun, zu seinem Besten gereichen, einer unserer Besten, ein Glas vom Besten (vom besten Wein); jmdm. **zum** besten
dienen/gereichen, es gelang nicht zum besten,
jmdn. zum besten haben, etwas zum besten geben, sich zum besten wenden, nicht zum besten
(nicht sehr gut) stehen, aber: eine Spende zum
Besten der Betroffenen. (↑ 21) Viele Bewerber
waren gekommen. Die besten wurden ausgewählt. – Das ist das beste [Buch] seiner Bü-
cher/die beste aller Sorten. – Er ist der beste
der Schüler/unter den Schülern/von den Schülern. – Er will das beste/Beste vom Besten.
↑ besser, ↑ gut
bestechen: er wollte den Beamten bestechen, aber: das/zum Bestechen des Beamten.
Weiteres ↑ 15 f.
bestechlich (↑ 18 ff.): er war am bestechlich-
sten, alle/die Bestechlichen verachten; der Bestechlichste, dem er je begegnet war, aber
(↑ 21): der bestechlichste seiner Kameraden;
ein Bestechlicher
bestehen: darauf kannst du nicht bestehen,
aber: das/durch Bestehen auf dieser Forderung, seit Bestehen der Firma. *Weiteres* ↑ 15 f.

besteigen: er wollte das Pferd besteigen, aber: das/beim Besteigen des Pferdes. *Weiteres* 15f.

bestellen: er will das Buch bestellen, aber: das/beim Bestellen des Buches. *Weiteres* ↑15f.

besternt (↑40): ein besternter Himmel

bestialisch (↑18ff.): er war am bestialischsten, alles/das Bestialische fürchten; das bestialischste (am bestialischsten, sehr bestialisch) war, daß alle ermordet wurden, (↑21) die bestialischste seiner Eigenschaften, aber: das Bestialischste, was er erlebt hatte; etwas/nichts Bestialisches

bestimmt: a) (↑40) der bestimmte Artikel (Sprachw.). b) (↑18ff.) seine Rede war am bestimmtesten, alles/das Bestimmte bevorzugen; das Bestimmteste, was er je gehört hatte, aber (↑21): die bestimmteste seiner Äußerungen; etwas/nichts Bestimmtes äußern

bestirnt (↑40): ein bestirnter Himmel

bestrafen: man muß den Verbrecher bestrafen, aber: das/durch Bestrafen des Verbrechers. *Weiteres* ↑15f.

bestrahlen: er muß den Arm bestrahlen, aber: das/zum Bestrahlen des Armes. *Weiteres* ↑15f.

bestreiken: sie wollen die Fabrik bestreiken, aber: das/zum Bestreiken der Fabrik. *Weiteres* ↑15f.

bestrickend (↑18ff.): seine Liebenswürdigkeit war am bestrickendsten, alles/das Bestrickende; das bestrickendste (am bestrickendsten, sehr bestrickend) war, daß er alle mit Blumen bedachte, (↑21) die bestrickendste seiner Eigenschaften, aber: das Bestrickendste, was mir je begegnete; etwas/nichts Bestrickendes

bestürmen: er soll ihn nicht ständig bestürmen, aber: das/durch Bestürmen mit Fragen. *Weiteres* ↑15f.

bestürzend (↑18ff.): dieses Ereignis war am bestürzendsten, alles/das Bestürzende fürchten; das bestürzendste (am bestürzendsten, sehr bestürzend) war, daß ihn die Sprache verloren hatte, (↑21) das bestürzendste seiner Erlebnisse, aber: das Bestürzendste, was er erlebt hatte; etwas/nichts Bestürzendes

Besuch (↑13): auf/zu Besuch sein

Besuch haben ↑Anteil haben

betagt: a) (↑40) betagte Ansprüche (Rechtsspr.). b) (↑18ff.) er war am betagtesten, alle/die Betagten; der Betagteste, der mir begegnet war, aber (↑21): der betagteste seiner Freunde

β-Strahlen (Betastrahlen, ↑36)

betäuben: er wollte seinen Kummer betäuben, aber: das Betäuben des Kummers. *Weiteres* ↑15f.

betend (↑2): die „Betenden Hände" (von Dürer), der „Betende Knabe" (ein griechisches Bronzebildwerk)

bethlehemitisch (↑39): der Bethlehemitische Kindermord

Betracht (↑13): außer Betracht bleiben, in Betracht kommen/ziehen

betrachten: ich mußte das Bild betrachten, aber: das/beim Betrachten des Bildes. *Weiteres* ↑15f.

beträchtlich (↑23): um ein beträchtliches (bedeutend, sehr) vergrößern

Betreff (↑13): in dem Betreff, aber: in betreff

betreffs (↑34): betreffs des Bahnbaus

betreiben: du mußt deine Studien eifriger betreiben, aber: das/zum Betreiben deiner Studien. *Weiteres* ↑15f.

betreten: er wollte das Zimmer betreten, aber: das/vor Betreten des Zimmers. *Weiteres* ↑15f.

Betrieb (↑13): außer Betrieb, im/in Betrieb sein, in Betrieb setzen

betrieblich (↑40): (Wirtsch.) das betriebliche Gleichgewicht

betriebsam (↑18ff.): er war am betriebsamsten, alle/die Betriebsamen meiden; der Betriebsamste, der ihm begegnete, aber (↑21): der betriebsamste seiner Kollegen; ein Betriebsamer, etwas/nichts Betriebsames haben

betrüblich (↑18ff.): diese Tatsache ist am betrüblichsten, alles/das Betrübliche; das betrüblichste (am betrüblichsten, sehr betrüblich) war, daß er nicht Wort hielt, (↑21) das betrüblichste seiner Erlebnisse, aber: das Betrüblichste, was ihm begegnet war; etwas/nichts Betrübliches erfahren

Bett (↑13): ans Bett gefesselt, im Bett liegen, ins/zu Bett gehen

betteln: er geht betteln, aber: das Betteln und das Hausieren ist verboten. *Weiteres* ↑15f.

betulich (↑18ff.): er war am betulichsten, alle/die Betulichen meiden; der Betulichste, der ihm begegnet war, aber (↑21): der betulichste der Männer; etwas/nichts Betuliches

beugen: er muß das Knie beugen, aber: das/beim Beugen des Knies. *Weiteres* ↑15f.

Beugungs-s (↑36)

beurlauben: er kann dich sicher beurlauben, aber: das Beurlauben des Angestellten. *Weiteres* ↑15f.

bewachen: der Hund soll den Hof bewachen, aber: das/zum Bewachen des Hofes. *Weiteres* ↑15f.

bewaffnet (↑39f.): bewaffnete Truppen, aber: Bewaffnete Organe der DDR (Sammelname)

bewährt (↑18ff.): alles/das Bewährte schätzen; das Bewährteste, was er finden konnte, aber (↑21): das bewährteste Mittel; etwas/nichts Bewährtes

bewältigen: könnt ihr die Vergangenheit bewältigen?, aber: das/durch Bewältigen der Vergangenheit. *Weiteres* ↑15f.

beweglich: a) (↑40) bewegliche Feiertage, bewegliche Funkstellen (Fahrzeugfunkgeräte), bewegliche Sachen (Mobilien). b) (↑18ff.) er war am beweglichsten, alles/das Bewegliche, (↑21) der beweglichste der Schüler

Beweis (↑13): unter Beweis stellen, zum Beweis des Gegenteils

beweisbar (↑18ff.): alles/das Beweisbare beibringen, etwas/nichts Beweisbares vorbringen

Beweis führen ↑Buch führen

bewirten: du sollst ihn gut bewirten, aber: das/zum Bewirten des Gastes. *Weiteres* ↑15f.

bewirtschaften: der Älteste wird den Hof

bewirtschaften, aber: das/zum Bewirtschaften des Hofes. *Weiteres* ↑ 15 f.
bewohnen: du kannst dieses Zimmer bewohnen, aber: das/zum Bewohnen dieses Zimmers. *Weiteres* ↑ 15 f.
bewundernswert (↑ 18 ff.): er war am bewundernswertesten, alles/das Bewundernswerte achten; das bewundernswerteste (am bewundernswertesten, sehr bewundernswert) war, daß er aushielt, (↑ 21) die bewundernswerteste der Verhaltensweisen, aber: das Bewundernswerteste, was er gesehen hatte; etwas/nichts Bewundernswertes finden
bewunderungswürdig ↑ bewundernswert
bezahlen: er soll die Rechnung bezahlen, aber: das/nach Bezahlen der Rechnung. *Weiteres* ↑ 15 f.
Bezahlung (↑ 13): gegen Bezahlung
bezaubern: sie wird alle bezaubern, aber: das/durch Bezaubern der Zuhörer. *Weiteres* ↑ 15 f.
bezaubernd ↑ bestrickend
bezeichnend (↑ 18 ff.): dies war am bezeichnendsten, alles/das Bezeichnende hervorheben; das bezeichnendste (am bezeichnendsten, sehr bezeichnend) war, daß er leugnete, (↑ 21) die bezeichnendste seiner Handlungen, aber: das Bezeichnendste, was er von ihm gehört hatte; etwas/nichts Bezeichnendes
bezeigen /in der Fügung *Dank bezeigen*/ ↑ Dank abstatten
beziehen: wollen Sie die Zeitschrift beziehen?, aber: das/beim Beziehen der Zeitschrift. *Weiteres* ↑ 15 f.
Beziehung (↑ 13): in Beziehung treten, mit Beziehungen geht vieles
Bezug (↑ 13): mit/unter Bezug auf, aber: in bezug auf
Bezug haben ↑ Anteil haben
bezüglich (↑ 40): bezügliches Fürwort (Sprachw.)
Bezug nehmen ↑ Abstand nehmen
bibliographisch (↑ 39): das Bibliographische Institut
bibliophil (↑ 40): eine bibliophile Kostbarkeit
biblisch: a) (↑ 39 f.) das biblische Drama; eine biblische Geschichte (eine Geschichte aus der Bibel), aber: die Biblische Geschichte (Lehrfach). **b)** (↑ 18 ff.) alles/das Biblische, etwas/nichts Biblisches
bieder (↑ 18 ff.): er war am biedersten, alles/das Biedere verachten; das Biederste, was man sich vorstellen konnte, aber (↑ 21): das biederste ihrer Kleider; etwas/nichts Biederes
biedermeierlich ↑ bieder
biegen: du mußt biegen, lieber biegen als brechen, aber: das Biegen des Drahtes, es geht auf Biegen oder Brechen. *Weiteres* ↑ 15 f.
biegsam: a) (↑ 40) eine biegsame Welle (Technik). **b)** (↑ 18 ff.) der Draht war am biegsamsten, alles/das Biegsame bevorzugen; das Biegsamste, was er finden konnte, aber (↑ 21): das biegsamste der Materialien, etwas/nichts Biegsames
Bielefelder/Bieler (*immer groß,* ↑ 28)
bieten /in der Fügung *Schach bieten*/ ↑ Schach spielen; /in Fügungen wie *Paroli bieten*/ ↑ Trotz bieten

Big Business (Geschäftswelt, ↑ 9)
bigott (↑ 18 ff.): er war am bigottesten, alles/das Bigotte verachten; das Bigotteste, was man sich denken kann, aber (↑ 21): das bigotteste seiner Werke
bilateral (↑ 40): (Wirtsch.) das bilaterale Monopol, bilaterale Verträge
Bild (↑ 13): im Bilde sein
bildend: a) (↑ 40) die bildende Kunst. **b)** (↑ 18 ff.) alles/das Bildende erstreben, etwas/nichts Bildendes
bildsynchron (↑ 40): (Technik) bildsynchroner Ton, eine bildsynchrone Tonaufzeichnung
Billard spielen ↑ Fußball spielen
billig: a) (↑ 40) (Seew.) billige Flaggen, (Bankw.) billiges Geld, der billige Jakob. **b)** (↑ 18 ff.) dieses Obst ist am billigsten, alles/das Billige vorziehen; das Billigste, was er finden konnte, aber (↑ 21): das billigste seiner Angebote, das billigste/Billigste vom Billigen; etwas/nichts Billiges finden, um ein billiges
bim: a) (↑ 34) bim bam; bim, bam, bum. **b)** (↑ 35) das/jedes Bimbam einer Glocke entzückte sie, heiliger Bimbam
binden: du mußt binden, etwas binden lassen, aber: das/zum Binden des Kranzes. *Weiteres* ↑ 15 f.
Binde-s (↑ 36)
Binger (*immer groß,* ↑ 28)
binomisch (↑ 40): (Math.) eine binomische Gleichung, binomischer Lehrsatz, binomische Reihe, binomische Verteilung
bioaktiv (↑ 40): ein bioaktives Waschmittel
biochemisch (↑ 40): (Chemie) die biochemische Genetik
biogen (↑ 40): (Biol.) biogene Amine, biogene Entkalkung, (Geol.) biogene Gesteine, (Med.) biogene Stimulatoren
biogenetisch (↑ 40): (Biol.) das biogenetische Grundgesetz
biographisch: a) (↑ 40) die biographische Methode (Psych.). **b)** (↑ 18 ff.) alles/das Biographische bevorzugen, etwas/nichts Biographisches
biologisch: a) (↑ 39 f.) Biologische Anstalt Helgoland, (Med.) die biologische Halbwertszeit, die biologische Medizin, die biologische Schädlingsbekämpfung, biologische Stationen, biologische Waffen. **b)** (↑ 18 ff.) alles/das Biologische beobachten, etwas/nichts Biologisches
biotisch (↑ 40): (Chemie) biotische Reaktionen
bipolar (↑ 40): (Astron.) bipolare Gruppe, (Physik) bipolare Koordinaten
biquadratisch (40): (Math.) eine biquadratische Gleichung
bis (↑ 34)
1 *In Filmtiteln u. ä.* (↑ 2 ff.): „Freunde bis zum letzten" (Film), aber *(als erstes Wort):* „Bis zum letzten Mann" (Film)
2 *Schreibung des folgenden Wortes:* **a)** *Substantive* (↑ 13 f.): bis Mittag usw. ↑ Mittag usw., ↑ bisweilen. **b)** *Zahladjektive* (↑ 29 ff.): nicht bis drei zählen können, zwei bis drei [Stück], von zwei bis drei [Jahre], bis dreißig [Jahre], von ersten bis dritten [Juli]; bis auf einen, bis ins letzte, bis zu dreißig [Jahren]. **c)** *Adverbien* (↑ 34):

bis gleich, bis hierher, bis jetzt, bis morgen usw., von oben bis unten, bis wann
bis Ende ↑ 40
bisexuell (↑ 40): (Biol.) die bisexuelle Potenz
bisherig (↑ 18 ff.): alles/das Bisherige vergessen, wie im bisherigen (weiter oben) geschildert
bismarck[i]sch (↑ 27): die Bismarck[i]schen Sozialgesetze
bis Mittag usw. ↑ Mittag usw.
bis　　　Ostern/Pfingsten/Weihnachten ↑ Ostern
bißchen (↑ 32): ein bißchen (ein wenig) [Brot], das bißchen [Geld], ein klein bißchen, du liebes bißchen
Bißchen (↑ 9): das Bißchen (kleiner Bissen)
bisweilen (↑ 34): bisweilen freute er sich
Bitburger (*immer groß*, ↑ 28)
bitte (↑ 17): bitte schön!, bitte wenden, geben Sie mir bitte das Buch, du mußt bitte[schön] sagen
bitten: du mußt bitten, aber: das Bitten nützt nichts, durch Bitten etwas erreichen. *Weiteres* ↑ 15 f.
bitter: a) (↑ 2 ff.) „Die bittere Liebe" (Film), aber: „Bitterer Reis" (Film). b) (↑ 18 ff.) dieser Stoff war am bittersten, alles/das Bittere verabscheuen; das bitterste (am bittersten, sehr bitter) war, daß er so früh sterben mußte, (↑ 21) das bitterste seiner Worte, aber: das Bitterste, was er je getrunken hatte; der Bittere/ein Bitterer (Schnaps), etwas/nichts Bitteres
Bitterfelder (*immer groß*, ↑ 28)
bitte schön (↑ 17): bitte schön!, du mußt bitte schön sagen; er sagte: „Bitte schön!", aber: das Bitteschön, er rief ein lautes Bitteschön
bituminös (↑ 40): bituminöser Schiefer
bizarr (↑ 18 ff.): diese Plastik war am bizarrsten, alles/das Bizarre verabscheuen; das Bizarrste, was er gesehen hatte, aber (↑ 21): das bizarrste der Kunstwerke; etwas/nichts Bizarres
Black Power (nordamerikan. Bewegung, ↑ 9)
blähend (↑ 40): (Technik) blähende Kohle
blamabel (↑ 18 ff.): sein Versagen war am blamabelsten, alles/das Blamable fürchten; das blamabelste (am blamabelsten, sehr blamabel) war, daß er sich dauernd verspricht, (↑ 21) der blamabelste seiner Fehler, aber: das Blamabelste, was er erlebt hatte; etwas/nichts Blamables erleben
blamieren: er wird die Familie/sich blamieren, aber: das Blamieren/Sichblamieren will er nicht. *Weiteres* ↑ 15 f.
blank: a) (↑ 40) der blanke Hans (die Nordsee). b) (↑ 18 ff.) seine Schuhe waren am blanksten, alles/das Blanke bevorzugen; das Blankste, was er gesehen hatte, aber (↑ 21): die blanksten seiner Schuhe; etwas/nichts Blankes sehen.
¹blasen: du mußt blasen, aber: das Blasen strengt an, von Tuten und Blasen keine Ahnung haben. *Weiteres* ↑ 15 f.
²blasen /in Fügungen wie *Posaune blasen/* ↑ Trompete blasen.
blasiert (↑ 18 ff.): er war am blasiertesten, alles/das Blasierte verabscheuen; der Blasierte-

ste, der ihm begegnet war, aber (↑ 21): der blasierteste der Mitreisenden; etwas/nichts Blasiertes
blasphemisch (↑ 18 ff.): seine Worte waren am blasphemischsten, alles/das Blasphemische verabscheuen; das Blasphemischste, was er gehört hatte, aber (↑ 21): das blasphemischste seiner Worte; etwas/nichts Blasphemisches
blau/Blau/Blaue
1 *Als Attribut beim Substantiv* (↑ 39 ff.): Aal blau; mit einem blauen **Auge** davonkommen; *(in Paß u. ä.:)* Augen: blau; das blaue Band des Ozeans; die blauen Berge (am Horizont), aber: die Blauen Berge (Blue Mountains, in den USA und in Australien); die blaue Blume (Sinnbild der Romantik), blaues Blut haben (adlig sein), blaue Bohnen ([Gewehr]kugeln), der blaue Brief (Mahnschreiben der Schule), eine blaue Brille, die Blaue **Division** (1941 bis 1943), die blauen Dragoner, „An der schönen blauen Donau" (Walzer von J. Strauß; ↑ 2 ff.); „Der blaue Engel" (Film), aber: den „Blauen Engel" sehen (↑ 2 ff.); blaue Erde (bernsteinhaltiger Sand im Samland), jmdm. blauen Dunst vormachen; blaue Farbe, aber (↑ 2): die Farbe Blau; die blaue Ferne, blauer Fleck, Forelle blau, die Blaue **Grotte** (von Capri), der blaue Gürtel (Gradabzeichen beim Judo), der blaue Himmel, die blauen Jungs (Marinesoldaten), Karpfen blau, das Blaue Kreuz (Bund zur Rettung Trunksüchtiger), ein blaues Licht; Grimms Märchen „Das blaue Licht", aber: der Märchenheld im „Blauen Licht" (↑ 2 ff.); blaue Luft, (Bot.) Blaue Lupine (Futterpflanze), die blaue **Mauritius** (Briefmarke), das blaue Meer, blaue Milch (Magermilch), der blaue Montag, der Blaue Nil (Quellfluß des Nils), der Blaue Peter (Signalflagge „P"), „Der Turm der blauen Pferde" (↑ 2 ff.), der blaue Planet (Erde), der Blaue Reiter (Künstlergemeinschaft), die blaue Stunde (Dämmerungszeit), blaue Wiener (Kaninchenrasse), sein blaues Wunder erleben, die blaue Zone (Stadtteil mit begrenzter Parkzeit)
2 *Alleinstehend oder nach Artikel, Pronomen, Präposition usw.* (↑ 26): [die Farbe] **Blau**; Blau ist die Farbe der Treue; das Kleid ist blau, seine Farbe ist blau (wie ist die Farbe?), aber: meine Lieblingsfarbe ist Blau (was ist meine Lieblingsfarbe?); das Kleid blau färben, jmdn. braun und blau schlagen, blau sein (betrunken sein), sie trägt gern Blau, es wird mir grün und blau vor den Augen; **an** Blau gewöhnt sein, weiße Tupfen auf Blau, aus Blau und Gelb entsteht Grün, Berliner Blau, das Blau ihrer Augen, er schwatzt/lügt/verspricht das Blaue vom Himmel herunter, er will für sie das Blaue vom Himmel holen, der Blaue (Schutzmann), **dieses** Blau ist schön, ein schönes/dunkles/lichtes/helles Blau, eine Vorliebe für Blau, ein Widerwille gegen Blau, sie spielen gegen Blau (gegen die blaue Partei), in Blau [gekleidet sein], in hellem Blau, in [den Farben] Blau und Schwarz, in Blau ein goldener Löwe (Wappen), **ins** Blau fahren, eine Fahrt ins Blaue, ins Blaue hinein reden, ins Blaue hinein schießen, einen Stich ins Blaue haben, die Farbe spielt ins Blau/ins Blaue [hinein], Gelb mit Blau und

Violett; weißes, mit Blau abgesetztes Leder; die Farbe des Himmels wechselte von Blau über Rosa zu Gelb

bläuen: sie will den Stoff bläuen, aber: das Bläuen des Stoffes. *Weiteres* ↑ 15 f.

blaugrau/Blaugrau/Blaugraue: a) (↑ 40) blaugraue Dämmerung, (Bot.) der Blaugraue Steinbrech. **b)** (↑ 26) ein [dunkles] Blaugrau, die Farbe spielt ins Blaugraue[e] [hinein]. *Zu weiteren Verwendungen* ↑ blau/Blau/Blaue

blauweiß (↑ 26): eine blauweiße Fahne, aber: eine Fahne in den Farben Blau und Weiß/Blau-Weiß

blauweißrot (↑ 26): eine blauweißrote Fahne, aber: eine Fahne in den Farben Blau, Weiß und Rot/Blau-Weiß-Rot

¹**bleiben:** er will noch bleiben, aber: sein Bleiben erfreute uns, zum Bleiben auffordern. *Weiteres* ↑ 15 f.

²**bleiben** /in der Fügung *freund bleiben*/ ↑ feind bleiben

bleich (↑ 18 ff.): er war am bleichsten, alle/die Bleichen bevorzugen; der Bleichste, der ihm begegnete, aber (↑ 21): der bleichste seiner Söhne; etwas/nichts Bleiches

blenden: er darf nicht blenden, aber: das Blenden ist gefährlich. *Weiteres* ↑ 15 f.

bleu/Bleu (↑ 26): das Kleid ist bleu, ein zartes Bleu, ein Kleid in Bleu, die Farbe spielt ins Bleu [hinein]. *Zu weiteren Verwendungen* ↑ blau/Blau/Blaue (2)

blind: a) (↑ 40) blinder Alarm, (Med.) der blinde Fleck, ein blinder Passagier. **b)** (↑ 18 ff.) alle/die Blinden betreuen

Blindekuh spielen ↑ Versteck spielen

blinken: er muß blinken, aber: jmdn. durch Blinken warnen. *Weiteres* ↑ 15 f.

blitzen: es wird gleich blitzen, aber: das Blitzen macht mich ängstlich. *Weiteres* ↑ 15 f.

blockfrei (↑ 40): die blockfreien Staaten

blockieren: du darfst die Straße nicht blockieren, aber: das/durch Blockieren der Straße. *Weiteres* ↑ 15 f.

Blockschrift schreiben: a) (↑ 11) er schreibt/schrieb Blockschrift, während er Blockschrift schreibt/schrieb, er wird Blockschrift schreiben, er hat Blockschrift geschrieben, um Blockschrift zu schreiben. **b)** (↑ 16) das Blockschriftschreiben fällt ihm schwer, Fähigkeit zum Blockschriftschreiben

blöde (↑ 18 ff.): er war am blödesten, alle/die Blöden verachten; das blödeste (am blödesten, sehr blöde) war, daß sie den Zug versäumt hatten, (↑ 21) die blödeste seiner Bemerkungen, aber: das Blödeste, was ich je gehört habe; etwas/nichts Blödes reden

blödsinnig (↑ 18 ff.): diese Äußerung war am blödsinnigsten, alle/das Blödsinnige verabscheuen; das blödsinnigste (am blödsinnigsten, sehr blödsinnig) war, daß sie davonliefen, (↑ 21) die blödsinnigste der Äußerungen, aber: das Blödsinnigste, was er gehört hatte; etwas/nichts Blödsinniges sagen

blond/Blond/Blonde: a) (↑ 40) blondes Haar, ein blondes Kind/Mädchen, ein blondes Gift (verführerische Blondine). **b)** (↑ 26) der Blonde/ein Blonder (blonder Mann), die/eine Blonde (blonde Frau), ein helles/dunkles Blond (Haarfarbe), ein kühles Blondes (Bier). *Zu weiteren Verwendungen* ↑ blau/Blau/Blaue

bloßlegen: wir werden das Fundament bloßlegen, aber: das/beim Bloßlegen des Fundaments. *Weiteres* ↑ 15 f.

bloßstellen: du kannst ihn nicht so bloßstellen, aber: das Bloßstellen der Dame. *Weiteres* ↑ 15 f.

Bluejeans/Blue jeans (↑ 9)

bluffen: du sollst nicht bluffen, aber: das Bluffen nützt nichts, durch Bluffen weiterkommen. *Weiteres* ↑ 15 f.

bluten: es darf nicht bluten, aber: das Bluten verhindern, vom Bluten geschwächt. *Weiteres* ↑ 15 f.

blütenlos (↑ 40): blütenlose Pflanze

blutig (↑ 18 ff.): diese Kämpfe waren am blutigsten; alles/das Blutige entfernen, aber: (↑ 21) die blutigste der Auseinandersetzungen; etwas/nichts Blutiges

blutstillend (↑ 40): blutstillendes Mittel, blutstillende Watte

b-Moll (↑ 36): ein Stück in b-Moll/in b; b-Moll-Arie

Bob fahren ↑ Auto fahren

Bochumer (*immer groß*, ↑ 28)

bockbeinig/bockig ↑ dickköpfig

Bock springen: a) (↑ 11) er springt/sprang Bock, weil er Bock springt/sprang, er wird Bock springen, er hat Bock gesprungen, um Bock zu springen. **b)** (↑ 16) das Bockspringen steht auf dem Stundenplan, das kommt vom Bockspringen

Boden (↑ 13): am Boden, das Wasser versickerte im Boden, in Grund und Boden, sich vom Boden erheben, zu Boden stürzen

Boden gewinnen: a) (↑ 11) er gewinnt/gewann Boden, weil er Boden gewinnt/gewann, er wird Boden gewinnen, er hat Boden gewonnen, um Boden zu gewinnen. **b)** (↑ 16) das Bodengewinnen

bodenständig (↑ 18 ff.): er ist der bodenständigste, alles/das Bodenständige schätzen; das Bodenständigste, was er kennengelernt hatte, aber (↑ 21): die bodenständigste der Industrien; etwas/nichts Bodenständiges

Bodybuilder/Bodybuilding/Bodycheck (↑ 9)

Bogen (↑ 13): in Bausch und Bogen

böhmisch (↑ 39 f.): der Böhmische Aufstand (1618), das Böhmische Becken, die Böhmischen Brüder (eine Religionsgemeinschaft), das waren ihm böhmische Dörfer, (Math.) die böhmische Kappe, (Geol.) Böhmische Masse, das Böhmische Mittelgebirge, das Böhmische Niederland, die böhmischen Wälder

bohnern: sie will den Fußboden bohnern, aber: das Bohnern des Fußbodens, vom Bohnern glatt. *Weiteres* ↑ 15 f.

bohren: er muß bohren, aber: das Bohren kostet Kraft, durch Bohren beschädigen. *Weiteres* ↑ 15 f.

böig (↑ 40): böiger Wind

Bolivianer (*immer groß*, ↑ 28)

boliv[ian]isch: a) (↑ 40) boliv[ian]ischer Peso (Währung), die boliv[ian]ische Regierung, das boliv[ian]ische Volk. **b)** (↑ 18 ff.) alles/das Boliv[ian]ische lieben, nichts/viel Boliv[ian]isches

Bologneser (*immer groß*, ↑ 28)
bombardieren: sie wollen die Städte bombardieren, aber: das/durch Bombardieren der Städte. *Weiteres* ↑ 15 f.
bombastisch (↑ 18 ff.): dies war am bombastischsten, alles/das Bombastische verachten; das Bombastischste, was ich gesehen habe, aber (↑ 21): das bombastischste der Gemälde; etwas/nichts Bombastisches schätzen
bombensicher (↑ 40): ein bombensicherer Keller
Bonner (*immer groß*, ↑ 28)
Boogie-Woogie (ein Tanz, ↑ 9): Boogie-Woogie tanzen ↑ Walzer tanzen
Boot fahren ↑ Auto fahren
Bord (↑ 13): ab/an/von Bord, über Bord gehen, etwas über Bord werfen
Borg (↑ 13): auf Borg kaufen
borghesisch (↑ 2): der „Borghesische Fechter" (ein Marmorbildwerk)
Bornholmer (*immer groß*, ↑ 28)
borniert (↑ 18 ff.): er war am borniertesten von allen, alles/das Bornierte verabscheuen; das Bornierteste, was man sich denken kann, aber (↑ 21): die bornierteste aller Ansichten; etwas/nichts Borniertes in seinem Wesen haben
borromäisch (↑ 39): die Borromäischen Inseln (im Lago Maggiore)
böse
1 *Als Attribut beim Substantiv* (↑ 40): der böse Blick, die böse Fee, der böse Feind, eine böse (bösartige) Geschwulst, ein böses Gewissen, böse Krankheit (Cholera), die böse Sieben (Unglückszahl, Spielkarte), sie ist eine böse Sieben (ugs. für: zanksüchtige Frau), (Bergmannsspr.) böse Wetter
2 *Alleinstehend oder nach Artikel, Pronomen, Präposition usw.* (↑ 18 ff.): mir schwant Böses, Böses mit Gutem vergelten, Gut und Böse unterscheiden, jmdm. Böses tun/wünschen; alles Böse, das Böse; das Böseste, was mir passiert ist; der Böse (Teufel), er ist der Böseste in der Klasse, ein Böser, einiges Böse, etwas Böses, genug Böses ist geschehen, ihr Böses, im Bösen wie im Guten, manches Böse erleben, Böses mit Bösem vergelten, nichts Böses ahnen, unterm Bösen leiden, vom Bösen ablassen, zum Bösen neigen, sich zum Bösen wenden. (↑ 21) Von den anwesenden Kindern wurden die braven [Kinder] belohnt, die bösen [Kinder] bestraft. – Er war der böseste ihrer Feinde/unter ihren Feinden/von ihren Feinden
boshaft ↑ böswillig
bosnisch (↑ 39): das Bosnische Erzgebirge (in Jugoslawien)
böswillig (↑ 18 ff.): seine Verleumdungen waren am böswilligsten, alles/das Böswillige; das Böswilligste, was er gehört hatte, aber (↑ 21): die böswilligste aller Verleumdungen
botanisch (↑ 41): ein botanischer Garten, aber: der Botanische Garten in München
Bote (↑ 13): durch/per Boten
Botswaner (*immer groß*, ↑ 28)
Bottle-Party (Partyform, ↑ 9)
bottnisch (↑ 39): der Bottnische Meerbusen (Teil der Ostsee)
Boulogner (*immer groß*, ↑ 28)

bourbonisch (↑ 39): der Bourbonische Hausvertrag (1761)
Bourtanger (*immer groß*, ↑ 28)
boxen: er will boxen, boxen lernen, aber: das Boxen verbieten, sich beim Boxen verletzen. *Weiteres* ↑ 15 f.
boykottieren: sie wollen den Großhandel boykottieren, aber: das/durch Boykottieren des Großhandels. *Weiteres* ↑ 15 f.
Bozner/Brabanter (*immer groß*, ↑ 28)
Brain-Drain (Abwanderung von Wissenschaftlern, ↑ 9)
Brainstorming (↑ 19)
Brain-Trust (Beratungsausschuß, ↑ 19)
Brand (↑ 13): in Brand geraten/stecken
Brandenberger/Brandenburger (*immer groß*, ↑ 28)
brandenburgisch (↑ 2): die „Brandenburgischen Konzerte" (von Bach)
Brasilianer (*immer groß*, ↑ 28)
brasilianisch: a) (↑ 40) der brasilianische Fußball/Kaffee, die brasilianische Regierung, das brasilianische Volk. **b)** (↑ 18 ff.) alles/das Brasilianische, nichts/viel Brasilianisches
braten: sie will Fleisch braten, braten lassen, aber: das Braten des Fleisches, beim Braten würzen. *Weiteres* ↑ 15 f.
Bratsche spielen ↑ Geige spielen
brauchbar (↑ 18 ff.): dieses Werkzeug ist am brauchbarsten, alles/das Brauchbare schätzen; das Brauchbarste, was er finden konnte, aber (↑ 21): das brauchbarste seiner Bücher; etwas/nichts Brauchbares
braun/Braun/Braune: a) (↑ 39 f.) braune Augen, braunes Bier, brauner Bruch (Weinfehler), (Bot.) Brauner Enzian (Pflanze), der braune Gürtel (Gradabzeichen beim Judo), braunes Haar, braunes Holz, ein braunes Pferd, brauner Zucker. **b)** (↑ 26) ein dunkles/kräftiges Braun, jmdn. braun und blau schlagen, die kleine Braune dort ist seine Frau, vor die Kutsche sind zwei Braune (braune Pferde) gespannt. *Zu weiteren Verwendungen* ↑ blau/Blau/Blaue
Braunauer (*immer groß*, ↑ 28)
braunsch (↑ 27): (Physik) die Braunsche Röhre
Braunschweiger (*immer groß*, ↑ 28)
braunschweigisch (↑ 39): Braunschweigische evangelisch-lutherische Kirche
Braus (↑ 13): in Saus und Braus leben
brausen: das Wasser beginnt zu brausen, aber: das Brausen des Wassers. (Beachte:) er geht sich brausen, aber: er geht ↑ zum Brausen/Sichbrausen. *Weiteres* ↑ 15 f.
brav: a) (↑ 2 ff.) „Der brave Soldat Schweijk" (Roman), aber: wir sahen den „Braven Soldaten Schweijk". **b)** (↑ 18 ff.) er war am bravsten, alle/die Braven; die Bravsten, die er gefunden hatte, aber (↑ 21): das bravste seiner Kinder; ein Braver
brechen: er wird den Vertrag brechen, aber: das Brechen des Vertrages vermeiden, zum Brechen voll, auf Biegen oder Brechen. *Weiteres* ↑ 15 f.
brechend (↑ 40): (Math.) die brechende Kante, ein brechender Winkel
Bregenzer (*immer groß*, ↑ 28)

breit: a) (↑40) der Breite Barg (Untiefe vor Fehmarn). **b)** (↑18 ff.) dieser Fluß ist am breitesten; das Breiteste, was er finden konnte, aber (↑21): das breiteste der Bänder; des langen und breiten (umständlich), des breiteren darlegen, ein langes und breites (viel), ins Breite fließen

Bremer (*immer groß,* ↑28)

bremisch (↑39): die Bremische Evangelische Kirche

bremsen: er muß bremsen, bremsen lernen, aber: das Bremsen ist gefährlich, beim Bremsen schleudern. *Weiteres* ↑15 f.

brennbar (↑18 ff.): alles/das Brennbare beseitigen, etwas/nichts Brennbares finden

brennen: das Öl wird brennen, aber: das Brennen des Öls, zum Brennen nehmen. *Weiteres* ↑15 f.

brennend (↑40): (Bot.) Brennende Liebe

Brenner/Breslauer/Bretagner/Brienzer (*immer groß,* ↑28)

briggssch (↑27): Briggssche Logarithmen

brillant (↑18 ff.): sein Vortrag war am brillantesten, alles/das Brillante schätzen; das Brillanteste, was er gehört hatte, aber (↑21): das brillanteste seiner Bücher; etwas/nichts Brillantes

brillieren: er kann brillieren, aber: das Brillieren mit Zitaten. *Weiteres* ↑15 f.

brionisch (↑39): die Brionischen Inseln (im Adriatischen Meer)

brisant (↑18 ff.): diese Nachricht war am brisantesten, alles/das Brisante veröffentlichen; das Brisanteste, was er je veröffentlicht hat, aber (↑21): das brisanteste seiner Bücher; etwas/nichts Brisantes enthalten

britisch: a) (↑39 f.) das britische Englisch, die britische Flotte, die Britischen Inseln, eine britische Kolonie, die Britisch-Ostindische Kompanie, das Britische Museum (in London), die britische Regierung, das britische Volk. **b)** (↑18 ff.) alles/das Britische lieben, nichts/viel Britisches

Bromberger (*immer groß,* ↑28)

Bruch (↑13): zu Bruch gehen

brüchig (↑18 ff.): dieser Stoff ist am brüchigsten, alles/das Brüchige aussondern; das Brüchigste, was er in die Hand bekommen hatte, aber (↑21): das brüchigste der Materialien; etwas/nichts Brüchiges

Bruder (↑13): unter Brüdern

Brügger (*immer groß,* ↑28)

brüllen: er kann nur brüllen, brüllen lassen, aber: das Brüllen der Löwen, das ist zum Brüllen. *Weiteres* ↑15 f.

brummen: der Motor darf nicht brummen, aber: das Brummen des Motors. *Weiteres* ↑15 f.

brünett: a) (↑40) eine brünette Frau, ein brünetter Typ. **b)** (↑26) die/eine Brünette, alle Brünetten

Brüsseler/Brüßler (*immer groß,* ↑28)

brutal (↑18 ff.): er war am brutalsten von allen, alles/das Brutale verabscheuen; das brutalste (am brutalsten, sehr brutal) war, daß er sie schlug, (↑21) das brutalste seiner Handlungen, aber: das Brutalste, was man sich vorstellen kann; etwas/nichts Brutales

Buch (↑13): ein Lehrer, wie er im Buche steht; zu Buch[e] schlagen/stehen

Buch führen: a) (↑11) er führt Buch, weil er Buch führt, er wird Buch führen, er hat Buch geführt, um Buch zu führen. **b)** (↑16) das Buchführen ist ihm ein Greuel, keine Neigung zum Buchführen

buchstabieren: du kannst das Wort buchstabieren, aber: das/beim Buchstabieren des Wortes. *Weiteres* ↑15 f.

bücken: er muß sich bücken, aber: das Bükken strengt ihn an. *Weiteres* ↑15 f.

Budapester (*immer groß,* ↑28)

buddhistisch (↑18 ff.): alles/das Buddhistische verehren, etwas/nichts Buddhistisches kennen

bügeln: sie will bügeln, aber: das/beim Bügeln der Hemden. *Weiteres* ↑15 f.

Bühne (↑13): zur Bühne gehen

Bukarester (*immer groß,* ↑28)

bukolisch (↑40): bukolische Dichtung

bulgarisch/Bulgarisch/Bulgarische (↑39 f.): die bulgarische Literatur, die Bulgarische Morava (Fluß), die bulgarische Regierung, die bulgarische Sprache, bulgarische Stickerei, das bulgarische Volk. *Zu weiteren Verwendungen* ↑deutsch/Deutsch/Deutsche

Bulldog fahren ↑Auto fahren

bummeln: er soll nicht bummeln, aber: das Bummeln aufgeben, beim Bummeln treffen. *Weiteres* ↑15 f.

bums: a) (↑34) bums, da lag er. **b)** (↑35) mit einem lauten Bums fiel er vom Stuhl

Bund (↑13): im Bunde mit, sich die Hand zum Bunde reichen

bündisch (↑40): die bündische Jugend

Bündner (*immer groß,* ↑28)

bunt/Bunt/Bunte: a) (↑39 f.) der bunte Abend, ein buntes Bild, bunte Farben, bekannt sein wie ein bunter Hund; eine bunte Kuh, aber: die Bunte Kuh (Felsen im Ahrtal); eine bunte Platte, bunte Reihe machen, den bunten Rock anziehen (Soldat werden), der bunte Teller (Weihnachtsteller). **b)** (↑18 ff.) alles/das Bunte lieben, nichts/viel Buntes, Abzüge/Vergrößerungen in Bunt

bürgen: er will für ihn bürgen, aber: das Bürgen ist Vertrauenssache. *Weiteres* ↑15 f.

bürgerlich: a) (↑40) (Meteor.) die bürgerliche Dämmerung, (Rechtsspr.) die bürgerliche Ehe, (Rechtsspr.) die bürgerlichen Ehrenrechte; das Bürgerliche Gesetzbuch (BGB), das Allgemeine Bürgerliche Gesetzbuch (in Österreich geltend; ABGB) (↑2 f.); das bürgerliche Jahr (am 1. Januar beginnend), das bürgerliche Recht (Privatrecht), das bürgerliche Trauerspiel. **b)** (↑18 ff.) er ist am bürgerlichsten von allen, alles/das Bürgerliche ablegen; der Bürgerlichste, der ihm je begegnet war, aber (↑21): die bürgerlichste der Existenzen; etwas/nichts Bürgerliches

Burgunder (*immer groß,* ↑28)

burgundisch (↑28): der Burgundische Kreis (Landfriedenskreis), die burgundische Mode, die Burgundische Pforte (Landstrich zwischen Vogesen und Jura)

bürokratisch (↑18 ff.): er war am bürokratischsten, alles/das Bürokratische hassen; das

Bürokratischste, was ihm begegnet war, aber (↑21): die bürokratischste aller Verordnungen; etwas/nichts Bürokratisches

burschikos (↑18ff.): sie ist am burschikosesten, alles/das Burschikose nicht mögen; die Burschikoseste, die er kennengelernt hatte, aber (↑21): das burschikoseste der Mädchen; etwas/nichts Burschikoses

bürsten: er soll die Jacke bürsten, aber: das Bürsten der Jacke, durch Bürsten säubern. *Weiteres* ↑15f.

Burundier (*immer groß,* ↑28)

Bus fahren ↑Auto fahren

büßen: er muß büßen, aber: zum Büßen bereit. *Weiteres* ↑15f.

Byzantiner (*immer groß,* ↑28)

byzantinisch: a) (↑39f.) die byzantinische Kunst, die byzantinische Zeitrechnung, das Byzantinische Reich. **b)** (↑18ff.) alles/das Byzantinische lieben, nichts/viel Byzantinisches

C

c/C (↑36): der Buchstabe klein c/groß C, die c in becircen, ein verschnörkeltes C, C wie Cäsar/Casablanca (Buchstabiertafel), ein Stück in c/in c-Moll, ein Stück in C/in C-Dur. ↑a/A

Café (↑9): Café complet/crème (schweiz.)

calvinisch ↑kalvinisch

Calwer (*immer groß,* ↑28)

Camera obscura (Lochkamera, ↑9)

campen: er wird campen, aber: das Campen gefällt ihm, zum Campen fahren. *Weiteres* ↑15f.

Cannstätter (*immer groß,* ↑28)

cansteinsch (↑39): Cansteinsche Bibelanstalt

Carnet de passages (Sammelheft von Kfz-Triptiks, ↑9)

carrarisch (↑40): carrarischer Marmor

cäsarisch (↑27): die Cäsarischen Siege, aber: sein cäsarisches Auftreten

Catch-as-catch-can (Freistilringkampf, ↑9)

C-Dur (↑36): ein Stück in C-Dur/in C; C-Dur-Arie

Celler (*immer groß,* ↑28)

Cello/Cembalo spielen ↑Geige spielen

ces/Ces ↑as/As

Ces-Dur ↑As-Dur

Ces-Moll ↑as-Moll

cetisch (↑39): die Cetischen Alpen

ceylonesisch: a) (↑40) die ceylonesische Regierung, ceylonesischer Tee, das ceylonesische Volk. **b)** (↑18ff.) alles/das Ceylonesische lieben, nichts/viel Ceylonesisches

Cha-Cha-Cha (Tanz, ↑9): Cha-Cha-Cha tanzen ↑Walzer tanzen

chaldäisch (↑40): chaldäische Kirche

chaldisch (↑40): chaldische Kunst

Chambre séparée (Nebenraum, ↑9)

chamois/Chamois (↑26): das Papier ist chamois, eine Vergrößerung in Chamois. *Zu weiteren Verwendungen* ↑blau/Blau/Blaue (2)

changieren: der Stoff soll changieren, aber: das Changieren des Stoffes. *Weiteres* ↑15f.

chaotisch (↑18ff.): die Zustände waren am chaotischsten, alles/das Chaotische; das Chaotischte, was er je gesehen hat, aber (↑21): das chaotischste seiner Werke; etwas/nichts Chaotisches

Charakter (↑13): ein Mann von Charakter

charakterisieren: er soll das Bild charakterisieren, aber: das Charakterisieren eines Bildes. *Weiteres* ↑15f.

charakteristisch: a) (↑40) (Math.) charakteristische Funktion, charakteristisches Polynom. **b)** (↑18ff.) das ist für ihn am charakteristischsten, alles/das Charakteristische; das charakteristischste (am charakteristischsten, sehr charakteristisch) für ihn war, daß er davonlief, (↑21) das charakteristischste seiner Bücher, aber: das Charakteristischste, was er an sich hat; etwas/nichts Charakteristisches

charakterlos (↑18ff.): er war am charakterlosesten, alles/das Charakterlose verabscheuen; das charakterloseste (am charakterlosesten, sehr charakterlos) wäre, wenn er sie verraten würde, (↑21) die charakterloseste seiner Handlungen, aber: das ist das Charakterloseste, was ich je erlebt habe; ein Charakterloser, etwas/nichts Charakterloses

charaktervoll ↑charakterlos

charismatisch (↑18ff.): alles/das Charismatische, etwas/nichts Charismatisches

charmant (↑18ff.): sie war am charmantesten, alles/das Charmante mögen; das charmanteste (am charmantesten, sehr charmant) war, daß er der Wirtin Blumen überreichte, (↑21) das charmanteste seiner Kinder, aber: das Charmanteste, was er je sah; etwas/nichts Charmantes

chartern: er will ein Flugzeug chartern, aber: das Chartern eines Flugzeuges. *Weiteres* ↑15f.

chauvinistisch (↑18ff.): er war von allen am chauvinistischsten, alles/das Chauvinistische verabscheuen; das war das Chauvinistischste, was er gehört hatte, aber (↑21): die chauvinistischste aller Reden; etwas/nichts Chauvinistisches

cheerio: a) (↑34) jmdm. cheerio sagen. **b)** (↑35) jmdm. ein freundliches Cheerio zurufen

chemisch: a) (↑39f.) eine chemische Analyse/Ästung/Bindung, chemische Elemente/Formeln, chemisches Gleichgewicht, chemische Gleichungen, Verband der Chemischen Industrie e.V., chemische Kampfstoffe, chemische Keule, die chemische Nomenklatur, der Chemische Ofen (Sternbild), chemische Reaktionen, chemische Reinheit; etwas in die chemische Reinigung bringen, aber: Chemische Reinigung Phönix; chemische Sinne, eine chemische Verbindung, chemische Verwandtschaft/Waage, chemische Waffen; in der Stadt gibt es mehrere chemische Werke, aber: Chemische Werke Hüls AG; chemische Zeichen. **b)** (↑18ff.) alles/das Chemische, etwas/nichts Chemisches

Cherry Brandy (Likör, ↑9)

cherubinisch (↑2): der „Cherubinische Wandersmann" (von Angelus Silesius)

Chewing-gum (Kaugummi, ↑9)

Chicagoer/Chiemgauer (immer groß, ↑28)

Chikagoer ↑Chicagoer

chilenisch: a) (↑39f.) chilenischer Escudo (Währung), das Chilenische Längstal, die chilenische Regierung, das chilenische Volk. **b)** (↑18ff.) alles/das Chilenische lieben, nichts/viel Chilenisches

chinesisch/Chinesisch/Chinesische

1 Als Attribut beim Substantiv (↑39f.): chinesische Geschichte, chinesische Kunst, die chinesische Küstenzeit, die chinesische Literatur, die Chinesische Mauer, die chinesische Musik; „Die chinesische Nachtigall" (Ballett von Werner Egk), aber: eine Gestalt aus der „Chinesischen Nachtigall" (↑2ff.); (Zool.) Chinesische Nachtigall (Singvogel), das chinesische Papier, die chinesische Philosophie, die chinesische Regierung, die chinesische Schrift, die chinesische Sprache, die chinesische Tusche, das chinesische Volk

2 (↑25) **a)** Alleinstehend beim Verb: können Sie Chinesisch?, sie kann kein/gut/[nur] schlecht Chinesisch; er schreibt ebensogut chinesisch wie deutsch (wie schreibt er?), aber: er schreibt ebensogut Chinesisch wie Deutsch (was schreibt er?); der Redner spricht chinesisch (wie spricht er? er hält seine Rede in chinesischer Sprache), aber: mein Freund spricht [gut] Chinesisch (was spricht er? er kann die chinesische Sprache); verstehen Sie [kein] Chinesisch? **b)** Nach Artikel, Pronomen, Präposition usw.: auf chinesisch (in chinesischer Sprache, chinesischen Wortlaut), er hat aus dem Chinesischen ins Deutsche übersetzt, das Chinesisch Mao Tse-tungs (Maos besondere Ausprägung der chinesischen Sprache), das [typisch] Chinesische in der Philosophie des Konfuzius; (immer mit dem bestimmten Artikel:) das Chinesische (die chinesische Sprache allgemein); dein Chinesisch ist schlecht, er kann/spricht/versteht etwas Chinesisch, er hat etwas Chinesisches in seinem Aussehen, ein Lehrstuhl für Chinesisch, er hat für Chinesisch/für das Chinesische nichts übrig; in chinesisch (in chinesischer Sprache, chinesischem Wortlaut), Prospekte in chinesisch, eine Zusammenfassung in chinesisch, aber: in Chinesisch (in der Sprache Chinesisch), Prospekte in Chinesisch, eine Zusammenfassung in Chinesisch, (nur groß:) er hat eine Zwei in Chinesisch (im Schulfach Chinesisch), er übersetzt ins Chinesische. Zu weiteren Verwendungen↑deutsch/Deutsch/Deutsche

chladnisch (↑27): Chladnische Klangfigur

chlorhaltig (↑18ff.): dieses Wasser ist am chlorhaltigsten, alles/das Chlorhaltige, etwas/nichts Chlorhaltiges

cholerisch: a) (↑40) ein cholerisches Temperament. **b)** (↑18ff.) er ist von allen am cholerischsten, alles/das Cholerische; er ist der Cholerischste, der mir je begegnete, aber (↑21): er ist der cholerischste seiner Söhne; etwas/nichts Cholerisches

Chow-Chow (Spitz, ↑9)

Christi ↑Christus

christkatholisch (↑40): die christkatholische Kirche

christlich

1 Als Attribut beim Substantiv (↑39f.): christliche Archäologie, die christliche Gemeinschaftsschule, der christliche Glaube, die christliche Kirche, die christliche Kultur, die christliche Kunst, die christliche Nächstenliebe, die christlichen Religionen, die christliche Seefahrt, die christliche Taufe, Christlicher Verein Junger Männer (CVJM), die Christliche Wissenschaft (Sekte)

2 Alleinstehend oder nach Attribut beim Substantiv (↑18ff.): Christliches und Heidnisches, Christliches verehren; alles/das Christliche ablehnen; das christlichste (sehr christlich) wäre, wenn er ihm verziehe, aber: das Christlichste, was er je erlebt hatte; für/gegen das Christliche, (↑21) Es gibt zahlreiche Religionen, christliche [Religionen] und nichtchristliche [Religionen]

3 In Zusammensetzungen (↑39): die Christlich-Demokratische Union (CDU), die Christlich-Soziale Union (CSU)

Christo ↑Christus

Christus (↑9): 400 nach Christi Geburt (400 n.Chr.G.), 400 nach Christo/Christus (400 n.Chr.), 400 vor Christi Geburt (400 v.Chr.G.), 400 vor Christo/Christus (400 v.Chr.)

chromatisch (↑40): (Physik) chromatische Aberration, (Musik) die chromatische Tonleiter, (Physik) chromatische Zahl

chronikalisch (↑40): (Literaturw.) eine chronikalische Erzählung

chronisch: a) (↑40) eine chronische Krankheit, ein chronisches Leiden. **b)** (↑18ff.) etwas/nichts Chronisches

ciceronianisch ↑ciceronisch

ciceronisch: a) (↑27) die Ciceronischen Schriften, aber: Schriften im ciceronischen Stil, mit ciceronischer Beredsamkeit. **b)** (↑18ff.) sein Stil hat etwas/nichts Ciceronisches

Circulus vitiosus (Teufelskreis, ↑9)

cis/Cis ↑as/As

Cis-Dur ↑As-Dur

cis-Moll ↑as-Moll

Civitas Dei (Gottesstaat, ↑9)

Clair-obscur (Kunst: Helldunkel, ↑9)

clever (↑21ff.): er ist am cleversten, alles/das Clevere; er ist der Cleverste, der mir je begegnet ist, aber (↑21): er ist der cleverste seiner Kollegen; etwas/nichts Cleveres

c-Moll (↑36): ein Stück in c-Moll/in c; c-Moll-Arie

Coburger (immer groß, ↑28)

Coca-Cola (Getränk, ↑9)

Coesfeld/Colmarer/Comer (immer groß, ↑28)

Common sense (gesunder Menschenverstand, ↑9)

Conditio sine qua non (unerläßliche Bedingung, ↑9)

Cordon bleu (Gericht, ↑9)
Corned beef (gepökeltes Rindfleisch, ↑9)
Corn-flakes (Maisflocken, ↑9)
Corps diplomatique (Diplomatisches Korps, CD, ↑9)
cortisch (↑27): das Cortische Organ
costaricanisch: a) (↑40) die costaricanische Regierung, das costaricanische Volk. **b)** (↑18 ff.) alles/das Costaricanische lieben; nichts/viel Costaricanisches
Cottbusser/Cottbuser (*immer groß*, ↑28)
cottisch (↑39): die Cottischen Alpen (Teil der Westalpen)
Countdown (rückwärts schreitende Zeitzählung, ↑9)

Country-music (Musikart, ↑9)
couragiert ↑beherzt
Covergirl (Mädchen auf der Titelseite, ↑9)
creme/Creme (↑26): dieser neue Stoff ist creme [gefärbt], ein Sonnenschirm in Creme, in blassem Creme. *Zu weiteren Verwendungen* ↑blau/Blau/Blaue (2)
Cross-/Croß-Country (Rennen, ↑9)
Cruise-Missile (Geschoß, ↑9)
Culmer (*immer groß*, ↑28)
curiesch (↑27): (Physik) Curiesches Gesetz
cyclisch (↑40): (Chemie) cyclische Verbindungen

D

d/D (↑36 ff.): der Buchstabe klein d/groß D, das d in Bude, ein verschnörkeltes D, D wie Dora/Dänemark (Buchstabiertafel); ein Stück in d/in d-Moll, ein Stück in D/in D-Dur. ↑a/A
dabeisein: du willst auch immer dabeisein, aber: das Dabeisein ist alles. *Weiteres* ↑15 f.
Dach (↑13): unter Dach und Fach
Dachauer (*immer groß*, ↑28)
daheim: a) (↑34) er bleibt daheim, er fühlt sich dort [wie] daheim, eine Nachricht von daheim, wie geht es daheim?, daheim ist daheim. **b)** (↑35) das Daheim, er hat kein Daheim, das Meer ist sein Daheim, er ist ohne ein Daheim
Dahner (*immer groß*, ↑28)
dakisch (↑39 f.): die Dakischen Kriege
daktylisch (↑40): daktylischer Vers
dalisch (↑40): dalische Rasse
Dalmatiner (*immer groß*, ↑28)
dalmatinisch: a) (↑39 f.) die Dalmatinischen Inseln, die dalmatinischen Städte. **b)** (↑18 ff.) alles/das Dalmatinische lieben, nichts/viel Dalmatinisches
dalmatisch ↑dalmatinisch
Damaszener (*immer groß*, ↑28)
Dame spielen ↑Skat spielen
Dammer (*immer groß*, ↑28)
dämonisch (↑18 ff.): diese Maske wirkte am dämonischsten, alles/das Dämonische; das Dämonischste, was ihm je begegnete, aber (↑21): dies ist die dämonischste der Masken; etwas/nichts Dämonisches
Dampf (↑13): mit Dampf arbeiten, unter Dampf liegen
dampfen: das Wasser muß dampfen, aber: das Dampfen des Wassers, zum Dampfen bringen. *Weiteres* ↑15 f.
dämpfen: sie will dämpfen, aber: das Dämpfen des Geräusches. *Weiteres* ↑15 f.
dänisch/Dänisch/Dänische (↑39 f.): die dänische Dogge, die dänische Geschichte, die dänische Krone (Währung; dkr), die dänische Kunst, die dänische Literatur, die Dänisch-Hallesche Mission, die dänische Regierung,

das dänische Volk, der Dänische Wohld (Halbinsel). *Zu weiteren Verwendungen* ↑deutsch/Deutsch/Deutsche
dank (↑34): dank eures guten Willens, dank seinem Fleiße
Dank (↑13): mit/zu Dank; Gott sei Dank, vielen Dank, tausend Dank
Dank abstatten: a) (↑11) er stattet Dank ab, während er Dank abstattet, er hat Dank abgestattet, um Dank abzustatten. **b)** (↑16) das Dankabstatten ist eine Frage der Höflichkeit, zum Dankabstatten kam er nicht mehr. (Entsprechend:) *Dank bezeigen/ernten/schulden/wissen/zollen*
dankbar (↑18 ff.): er zeigte sich am dankbarsten, alle/die Dankbaren; er war der Dankbarste, den er kennengelernt hatte, aber (↑21): der dankbarste unter den Schülern; ein Dankbarer, etwas/nichts Dankbares
Dank bezeigen ↑Dank abstatten
danken: er wird ihm danken, aber: das Danken fiel ihm schwer. (Beachte:) zu danken vergaß er, aber: das Danken vergaß er. *Weiteres* ↑15 f.
dankenswert (↑18 ff.): alles/das Dankenswerte, etwas/nichts Dankenswertes
Dank ernten ↑Dank abstatten
danke schön ↑bitte schön
Dank sagen (↑11)/**danksagen:** er sagte Dank/er danksagte, weil er Dank sagte/danksagte, er hat Dank gesagt/danksagt, um Dank zu sagen/danszusagen
Dank schulden ↑Dank abstatten
Dank zollen ↑Dank abstatten
dantisch: a) (↑27) die Dantischen Werke, aber: Werke in dantischem Stil. **b)** (↑18 ff.) sein Stil hat etwas/nichts Dantisches
Danziger/Darmstädter (*immer groß*, ↑28)
darstellend (↑40): die darstellende Geometrie
darstellerisch (↑18 ff.): alles/das Darstellerische war weniger gelungen
darum/drum: a) (↑34) eben darum/drum. **b)**

(↑35) jedes Warum hat sein Darum, das ganze Drum und Dran störte ihn

darwin[i]sch (↑27): die Darwinische Lehre, der Darwinsche Ohrhöcker, aber: nach darwinscher Methode

darwinistisch (↑27): darwinistische Methoden

das ↑der/die/das

dasjenige ↑derjenige/diejenige/dasjenige

dasselbe ↑derselbe/dieselbe/dasselbe

datenverarbeitend (↑40): datenverarbeitende Maschinen

datieren: er soll die Briefe datieren, aber: das Datieren der Briefe ist wichtig, beim Datieren aufpassen. *Weiteres* ↑15f.

Daus (↑9): was der Daus!, ei der Daus!

Davis-Cup/Davis-Pokal (Tenniswanderpreis, ↑9)

davonlaufen: er würde am liebsten davonlaufen, aber: das Davonlaufen vor den Schwierigkeiten, es ist zum Davonlaufen. *Weiteres* ↑15f.

Davoser (*immer groß*, ↑28)

dazisch (↑39): die Dazischen Kriege

dazugehörig (↑18ff.): alles/das Dazugehörige, etwas/nichts Dazugehöriges

dazwischenreden: du sollst nicht immer dazwischenreden, aber: das/beim Dazwischenreden eines Zuhörers. *Weiteres* ↑15f.

D-Dur (↑36): ein Stück in D-Dur/in D; D-Dur-Arie

de: de Gaulle. ↑von (2)

Debatte (↑13): zur Debatte stehen

debattieren: du sollst nicht debattieren, aber: das Debattieren ließ er nicht zu. (Beachte:) es gibt nichts zu debattieren, aber: es gibt nichts zum Debattieren. *Weiteres* ↑15f.

debil ↑schwach

Debre[c]ziner (*immer groß*, ↑28)

Deck (↑13): an/auf/über/unter/von Deck

decken: er soll das Dach decken, aber: das/beim Decken des Daches. *Weiteres* ↑15f.

defekt (↑18ff.): alles/das Defekte ausbessern, etwas/nichts Defektes finden können

definit (↑40): (Math.) definite Form, definite Größen

definitiv (↑18ff.): alles/das Definitive, etwas/nichts Definitives sagen können

defizient (↑40): (Math.) eine defiziente Zahl

deftig (↑18ff.): alles/das Deftige mögen, seine Scherze sind immer am deftigsten; das war das Deftigste, was er seit langem gegessen hatte, (↑21): das deftigste der Mittagessen; etwas/nichts Deftiges essen wollen

degenerativ (↑40): (Med.) degeneratives Irresein

degressiv (↑40): (Wirtsch.) degressive Kosten

dehnbar (↑18ff.): dieses Gummi ist am dehnbarsten, alles/das Dehnbare; das ist das Dehnbarste, was man finden kann, aber (↑21): das dehnbarste der Gewebe; etwas/nichts Dehnbares

Dehnungs-h (↑36)

dein/deine/dein

1 *Als einfaches Pronomen klein* (↑32): dein Mann, deine Frau, dein Kind; wessen Garten? deiner, wessen Uhr? deine, wessen Kind?

dein[e]s, das ist nicht mein Problem, sondern dein[e]s; ich habe meine Sachen wiedergefunden, doch deine blieben verloren; alles, was mein ist, ist auch dein; mein und dein verwechseln/nicht unterscheiden können, im Streit über mein und dein. (*In Lehrbüchern, Katalogen usw. klein* ↑5:) Achte darauf, daß deine Schrift deutlich und sauber ist

2 *In Filmtiteln u. ä.* (↑2f.): „Dein Schicksal in meiner Hand" (Film)

3 *In Briefen, feierlichen Anrufen, Widmungen usw. groß* (↑5): Lieber Markus, aus unserem Urlaub senden Dir, Deiner Frau und Deinem Söhnchen herzliche Grüße Dein Markus und Deine Barbara

4 *Nach einem Artikel* (↑33): das Mein und [das] Dein, das Deine/Deinige (deine Habe, das dir Zukommende), du mußt das Deine/Deinige (deinen Teil) beitragen/tun, einer der Deinen/Deinigen, die Deinen/Deinigen (deine Angehörigen). (↑32): wessen Garten? der deine/deinige, wessen Uhr? die deine/deinige, wessen Kind? das deine/deinige; das ist nicht mein Problem, sondern das deine/deinige

5 *Schreibung des folgenden Wortes:* **a)** (↑29ff. und 32f.) er ist doch dein ein und [dein] alles, dein [anderes] Ich, das sind deine vier [Kinder]. **b)** (↑16) beim Singen. **c)** (↑19 und 23) du mußt dein Bestes tun, aber: tue dein möglichstes. (↑25) dein Deutsch. (↑21) In dem Aquarium schwammen deine schwarzen und meine roten Fische. **d)** (↑35) dein [ständiges] Weh und Ach, dein [ewiges] Wenn und Aber

deiner ↑dein/deine/dein, ↑du

deinerseits/deinesgleichen/deinesteils/deinethalben/deinetwegen/deinetwillen: *In Briefen, feierlichen Aufrufen, Widmungen usw. groß* (↑5): Lieber Markus, ich habe mir Deinethalben große Sorgen gemacht

deinige ↑dein/deine/dein (4)

de jure (von Rechts wegen, ↑9)

dekadent (↑18ff.): er ist am dekadentesten, alles/das Dekadente ablehnen; das ist das Dekadenteste, was ich je gesehen habe, aber (↑21): das ist das dekadenteste seiner Werke; etwas/nichts Dekadentes

dekadisch (↑40): (Math.) dekadischer Logarithmus, dekadisches System, (Physik) dekadisches Zählrohr

deklamieren: er kann gut deklamieren, aber: das Deklamieren von Gedichten. (Beachte:) zu deklamieren lernen, aber: das Deklamieren lernen. *Weiteres* ↑15f.

deklaratorisch (↑53): (Rechtsw.) eine deklaratorische Urkunde

deklinabel/deklinierbar (↑40): deklinable/deklinierbare Wörter (Sprachw.)

dekolletiert (↑18ff.): das Dekolletierteste, was sie je trug, aber (↑21): das dekolletierteste der Kleider; etwas/nichts Dekolletiertes anziehen

dekorativ (↑18ff.): dieser Vorhang wirkt am dekorativsten, alles/das Dekorative schätzen; das dekorativste (am dekorativsten, sehr dekorativ) wäre es, den Vorhang seitlich zu drapieren, (↑21) das dekorativste seiner Bilder, aber: das ist das Dekorativste, was er je gesehen hatte; etwas/nichts Dekoratives finden

dekorieren: er will das Fenster dekorieren, aber: das Dekorieren des Fensters. *Weiteres* ↑15f.

Delfter (*immer groß,* ↑28)

delikat (↑18ff.): dieses schmeckt am delikatesten, alles/das Delikate bevorzugen; das delikateste (am delikatesten, sehr delikat) war, daß sie in seiner Wohnung angetroffen wurde, (↑21) das delikateste der Menüs, aber: das das Delikateste, was ich seit langem gegessen habe; etwas/nichts Delikates

Delirium tremens (Säuferwahnsinn, ↑9)

delisch (↑39f.): der Delische Bund, das delische Problem

delphisch (↑39f.): das Delphische Orakel (Orakel in Delphi), aber: ein delphisches (doppelsinniges) Orakel

δ-Strahlen (Deltastrahlen, ↑36)

dem ↑der/die/das

demagogisch (↑18ff.): seine Reden waren am demagogischsten, alles/das Demagogische ablehnen; das ist das Demagogischste, was ich je gehört habe, (↑21) das demagogischste seiner Bücher; etwas/nichts Demagogisches

dementieren: er soll die Nachricht dementieren, aber: das Dementieren der Nachricht nützt nichts mehr. *Weiteres* ↑15f.

demokratisch (↑39f.): (DDR) die Demokratische Bauernpartei Deutschlands (DBD), (DDR) Demokratische Bodenreform (1945–1949), (DDR) Demokratischer Block, (DDR) Demokratische Frauenbund Deutschlands (DFB), die Demokratische Linke (1967 in der BRD gegr. Partei; DL), die Demokratische Partei (in Amerika), Freie Demokratische Partei (FDP), Deutsche Demokratische Republik (DDR), eine demokratische Verfassung, (DDR) demokratischer Zentralismus

demokratisieren: sie wollen das Land demokratisieren, aber: das Demokratisieren des Landes braucht Zeit. *Weiteres* ↑15f.

demonstrieren: sie wollen demonstrieren, aber: das Demonstrieren verbieten. *Weiteres* ↑15f.

demosthenisch (↑27): Demosthenische Reden, aber: demosthenische Beredsamkeit

demotisch/Demotisch/Demotische (↑40): die demotische Schrift. *Zu weiteren Verwendungen* ↑deutsch/Deutsch/Deutsche

demütig (↑18ff.): sie war von allen am demütigsten, alle/die Demütigen; sie war stets die Demütigste, aber (↑21) die demütigste der Schwestern; etwas/nichts Demütiges war in seinem Wesen

demzufolge ↑Folge

den ↑der/die/das

denen ↑der/die/das

denken: er soll denken, aber: das Denken strengt an, im Denken ist er etwas langsam, die Verbindung von Denken und Sprechen. (Beachte:) denken lernen, aber: das Denken lernen; man muß denken und sprechen, aber: das Denken und das Sprechen ist nicht einfach; zu denken lernen, aber: zum Denken erziehen. *Weiteres* ↑15f.

Den-Kopf-in-den-Sand-Stecken ↑stecken

denkwürdig (↑18ff.): dieser Tag ist am denkwürdigsten, alles/das Denkwürdige; das war das Denkwürdigste, was ich je erlebt habe, aber (↑21): das denkwürdigste der Ereignisse; etwas/nichts Denkwürdiges

dental (↑40): (Sprachw.) dentale Laute

denunzieren: er soll ihn nicht denunzieren, aber: das Denunzieren konnte er nicht lassen. *Weiteres* ↑15f.

deplaziert (↑18ff.): deine Bemerkung war am deplaziertesten, alles/das Deplazierte; das war das Deplazierteste, was er je geäußert hat, aber (↑21): die deplazierteste aller Äußerungen; etwas/nichts Deplaziertes

deponieren: er will seine Edelsteine deponieren, aber: das Deponieren der Edelsteine. *Weiteres* ↑15f.

deprimierend (↑18ff.): diese Umstände waren am deprimierendsten, alles/das Deprimierende fernhalten; das deprimierendste (am deprimierendsten, sehr deprimierend) war, daß kein Ende abzusehen war, (↑21) das deprimierendste der Ereignisse, aber: das Deprimierendste, was er je erlebt hat; etwas/nichts Deprimierendes

der/die/das

1 *Als einfacher Artikel oder einfaches Pronomen klein geschrieben* (↑32): all/alles **das**, das sind die Gesuchten; das, was ich gehört habe; ich habe das und das gehört, wenn **dem** so ist, wie dem auch sei, es ist nicht an dem, gebt euch mit dem nicht ab, er sprach von dem und jenem, **den** habe ich auch getroffen; die Männer, **denen** er das Geld gab; ich habe es denen gesagt, **der** da ist gewesen; die Frau, der er das Buch gab; mein Wagen und der meines Bruders, mit der will er nichts zu tun haben, bin der und der, ich sprach mit Barbara und **deren** Kindern, meine Freunde und deren Bräute; die Frau, deren er sich annahm; eine Künstlerin, von deren Spiel er begeistert war; gedenkt **derer**, die euer gedenken; die Freunde derer, die er kannte; das Haus derer von Schniefke, ich sprach mit Klaus und **dessen** Freund; der Autor, dessen Einverständnis vorlag; **die** will ich nicht sehen, meine Kinder und die meines Bruders; die Frau, die er gestern getroffen hatte

2 *In Buchtiteln u. ä.* (↑2ff.): ich kaufe mir die „Welt", ich lese in der „Welt", sie lasen in der „Blechtrommel", aber *(als erstes Wort):* „Die Welt", der Roman „Die Blechtrommel", „Denen man macht nicht vergibt" (Film)

3 *Schreibung des folgenden Wortes:* **a)** *Zahladjektive* (↑29ff.) *und Pronomen* (↑32f.): das **alles**, dem allen/allem, das Buch ist dicker als das andere, ein Wort gibt das andere, eins tun und das andere nicht lassen, sich wie ein Ei dem anderen gleichen, das beides, einer von den beiden, die beiden; wessen Mann? der **deine/deinige**, aber: einer der Deinen/Deinigen; wessen Uhr? die deine/deinige, aber: die Deinen/Deinigen (deine Angehörigen); wessen Haus? das deine/deinige, aber: das Deine/Deinige (deine Habe, das dir Zukommende); die **drei** [Männer] dort, aber: er fährt mit der Drei (mit der [Straßenbahn]linie 3), in die Dreißig kommen, die Dreizehn ist eine Unglückszahl; das [traute] Du; der **eine**, der andere; zwei

Töchter, davon war die eine schön, die andere häßlich; der/die/das erste (der Zählung, der Reihe nach), aber: er ist der Erste in der Klasse (der Leistung nach), die Ersten unter Gleichen; das [gewisse] Etwas, die letzten beiden, das **Mehr** oder Weniger, das Mein und [das] Dein, das meiste, die meisten glauben, das Nichts; die Null, (Skat) der Null; nicht das **Was**, sondern das Wie ist wichtig; die vielen; das wenige, es ist das wenigste, aber: das Weniger an Freundlichkeit machte ihn stutzig. **b)** *Infinitive* (↑16): das Lesen, das Großschreiben, das Anrufen, das Radfahren, das Eislaufen, das Maßhalten, das Maßregeln, das Autofahren, das Zustandebringen, das Sichausweinen, das In-den-Tag-hinein-Leben. **c)** *Adjektive und Partizipien* (↑18ff.): der Alte (der alte Mann), die Schönen der Stadt, das groß zu Schreibende, das zu klein Geschriebene, das dem Schüler Bekannte, das in ihrer Macht Stehende, das in Frage Gestellte. (↑21) Im Saal waren viele alte Männer. Der älteste von allen/unter ihnen war 100 Jahre alt. – Sie ist die schönste der anwesenden Damen. – Er fuhr das schnellste aller Autos. (↑23) er war auf das/aufs äußerste (sehr) erschrocken, aber: er mußte das Äußerste befürchten; es ist das beste (am besten, sehr gut), wenn du dich entschuldigst, aber: das Beste, was er je gegessen hatte; es ist das gegebene (gegeben), aber: er nahm das Gegebene gern; des langen und breiten (umständlich) darlegen, aber: ins (in das) Breite fließen; des weiteren. (↑24) den kürzeren ziehen. (↑25) das Deutsch der Beamten, das Deutsche (die deutsche Sprache allgemein). (↑26) das Blau ihrer Augen, jmdm. das Blaue vom Himmel holen. **d)** *Partikeln und Interjektionen* (↑34f.): das Auf und Nieder, das Heute, das Ja und Nein, das Jetzt, des öfteren (häufig); das Entweder-Oder, das Für und Wider, das Wenn und Aber; das Weh und Ach, das Bimbam, der Wauwau

derartig (↑18ff.): derartiges (solches) habe ich nie erlebt, etwas/nichts Derartiges

derb (↑18ff.): seine Witze sind am derbsten, alles/das Derbe; es war das Derbste, was sie je gehört hatte, aber (↑21): der derbste der Späße; etwas/nichts Derbes

deren ↑der/die/das

derer ↑der/die/das

derivat (↑40): (Rechtsw.) derivater Erwerb

derjenige/diejenige/dasjenige (↑32): derjenige, welcher; diejenigen, die das getan haben, sollen sich melden; er wußte, wer es getan hatte, und er hatte denjenigen heute schon wieder gesehen

Dernier cri (neueste Mode, ↑9)

derselbe/dieselbe/dasselbe (↑32): diese Männer sind gestern hier gewesen, und ich habe dieselben heute noch einmal gesehen; immer dasselbe sagen, es ist alles ein und dasselbe, auf dasselbe hinauslaufen, mit ein[em] und demselben, ein und derselbe/dieselbe

des ↑der/die/das

des/Des ↑as/As

Des-Dur ↑As-Dur

desertieren: er will desertieren, aber: das

Desertieren wird hart bestraft, beim Desertieren entdeckt werden. *Weiteres* ↑15f.

desiderabel (↑40): desiderable (wünschenswerte) Erfolge

deskriptiv (↑40): deskriptive Grammatik, deskriptive Psychologie

despektierlich ↑verächtlich

despotisch (↑18ff.): er war am despotischsten, alles/das Despotische verurteilen; er ist der Despotischste, den man je sah, aber (↑21): der despotischste der Kaiser; etwas/nichts Despotisches

dessaretisch (↑39): die Dessaretischen Seen (Seengruppen an der griech.-alban. Grenze)

dessen ↑der/die/das

destilliert (↑40): (Chemie) destilliertes Wasser

deszendent (↑40): deszendente Lagerstätten, deszendentes Wasser

determinierend (↑40): (Psych.) determinierende Tendenzen

detestabel (↑40): detestable (verabscheuungswürdige) Ansichten

detonieren: die Bombe wird detonieren, aber: das Detonieren der Bombe war weit zu hören. *Weiteres* ↑15f.

Deus ex machina (unerwarteter Helfer, ↑9)

deuten: er soll das Gedicht deuten, aber: das Deuten des Gedichtes. *Weiteres* ↑15f.

deutsch/Deutsch/Deutsche
1 *Als Attribut beim Substantiv* (↑39ff.): Deutsche **Afrika-Gesellschaft** e. v., (DDR) die Deutsche Akademie der Künste (DAK), die Deutsche Akademie für Sprache und Dichtung (in Darmstadt), die Deutsche Akademie der Wissenschaften (in Berlin; DAW), die Deutsche Alpenstraße, Deutscher Alpenverein (DAV), Bad Deutsch Altenburg (in Niederösterreich), die Deutsche Angestellten-Gewerkschaft (DAG), die Deutsche Angestellten-Krankenkasse (DAK), der deutsche **Arbeiter**, (nationalsoz.) Nationalsozialistische Deutsche Arbeiterpartei (NSDAP), (nationalsoz.) Deutsche Arbeitsfront (DAF), Deutsches Arzneibuch (DAB), Deutscher Athletik-Sportverband (DASV), Deutsches Atomforum, Deutsche Atomkommission, die deutsche Außenpolitik, Deutscher Akademischer Austauschdienst (DAAD), Allgemeiner Deutscher Automobil-Club (ADAC), Deutscher Touring Automobil Club, Deutsche **Bank** Aktiengesellschaft, Deutscher Bauernverband (DBV), Deutsche Bau- und Bodenbank Aktiengesellschaft, Deutscher Beamtenbund (DBB), das deutsche Beefsteak, (DDR) der Tag des deutschen Bergmanns, die Deutsche Bibliographie/die Deutsche Bibliothek (in Frankfurt a. M.), Allgemeine Deutsche Biographie (ADB), Neue Deutsche Biographie (NDB), die deutsche Botschaft (kein Titel), die Deutsche **Bücherei** (in Leipzig), die deutsche Buchführung, Friedenspreis des Deutschen Buchhandels, die Deutsche Bucht (in der Nordsee), der Deutsche Bund (1815 bis 1866), Deutsche Bundesbahn (DB), Deutsche Bundesbank (BBk), Deutsches Bundesgebrauchsmuster (DBGM), Deutsches Bundespatent (DBP), Deutsche Bundespost (DBP), die deutsche Bundesrepu-

blik (kein Titel), der Deutsche Bundestag, Deutsche Burschenschaft (DB), (nationalsoz.) die Deutschen **Christen**, das Deutsche Derby (in Hamburg-Horn; ↑2), die deutsche Dogge, das Deutsche Eck (in Koblenz); „Gasthaus zum Deutschen Eck", Gasthaus „Deutsches Eck"; Tag der deutschen Einheit (17. Juni), (Druckw.) deutsche Einheitshöhe, deutsche Einigungsbewegung/-kriege, (DDR) der Tag des deutschen Eisenbahners, Verein Deutscher Eisenhüttenleute (VDEh), Deutscher **Eissportverband** (DEV), Verband Deutscher Elektrotechniker e. V. (VDE), Deutscher Entwicklungsdienst (DED), eine deutsche Erfindung, deutsche Erzeugnisse (Warenkennzeichnung), Deutsch Eylau (Stadt in Ostpreußen), die deutschen Farben, Zweites Deutsches **Fernsehen** (ZDF), (DDR) Deutscher Fernsehfunk (DFF), (DDR) die Deutsche Film-AG (DEFA), Deutsche Forschungsgemeinschaft (DFG), Deutscher Forstwirtschaftsrat e. V. (DFWR), die deutsche Frage, Deutsche Evangelische Freikirche, (DDR) Gesellschaft für Deutsch-Sowjetische Freundschaft, Deutsche Friedensgesellschaft, das deutsche Friedenskorps (kein Titel), Deutsche Friedensunion (DFU), der deutsche Fünfkampf, Deutscher Fußball-Bund (DFB), Deutscher **Gemeindetag**, Deutscher Genossenschaftsverband e. V., deutsche Geschichte, Deutsche Olympische Gesellschaft, Deutsche Physikalische Gesellschaft, Deutsche Gesellschaft für wirtschaftliche Zusammenarbeit mbH; Deutsches Gesundheitsmuseum, e. V.; (DDR) Freier Deutscher Gewerkschaftsbund (FDGB), Deutscher **Gewerkschaftsbund** (DGB), Deutsche Girozentrale – Deutsche Kommunalbank; Deutsche Gold- und Silberscheideanstalt, vorm. Roessler (Degussa); Deutscher Grad (prakt. Einheit der Härte eines Wassers), die deutschen Grenzen, Deutsche Grundkarte; der deutsche [Autofahrer]gruß, aber (nationalsozial.): der Deutsche Gruß; Deutscher **Handballbund** (DHB), die deutsche Handelsflotte, (DDR:) die Deutsche Handelszentrale (DHZ), Deutscher Handlungsgehilfen-Verband (DHV), Deutsche Handwerksmesse, Waren deutscher Herkunft, Allgemeiner Deutscher Hochschulsportverband, Freies Deutsches Hochstift, deutsche Hochmoorkultur, Deutsche Hochschule für Körperkultur (DHfK), (Med.) deutsche Horizontale, deutscher **Idealismus**, Bundesverband der Deutschen Industrie e. V. (BDI), Deutscher Industrie- und Handelstag (DIHT), Verein Deutscher Ingenieure (VDI), Studentenverband Deutscher Ingenieurschulen e. V. (SVI), (DDR) Deutscher Innen- und Außenhandel (staatl. Handelsunternehmen; DIA), Deutsches Institut für Auslandskunde, Deutsches Institut für Normung (DIN), Deutsches Institut für Wirtschaftsforschung, Deutscher **Journalistenverband** e. V. (DJV), (DDR) Freie Deutsche Jugend (FDJ), Deutscher Jugendbuchpreis, Deutsche Jugendherberge (DJH), Deutsches Jugendherbergswerk, Deutsche Jugendkraft (kath. Verband für Sportpflege; DJK), Deutsch-Französisches Jugendwerk, Deutscher

Kaiser und König von Preußen (Titel des Kaisers 1871–1918; ↑7), Deutscher **Kanuverband** (DKV), Zentralkomitee der deutschen Katholiken, Deutscher Evangelischer Kirchentag, Deutsches Kreuz in Gold, Deutsches Grünes Kreuz, Deutsches Rotes Kreuz (DRK); ein deutscher Krieg (irgendeiner), aber: der Deutsche Krieg (1866); es gab viele deutsch-französische Kriege, aber: der Deutsch-Französische Krieg (1870/71); Deutsch Krone (Stadt in der Grenzmark, Pommern), (DDR) Deutscher Kulturbund, die deutsche Kunst, das deutsche **Land**, deutsches Land, die deutschen Länder, Bank deutscher Länder (1948–1957), eine deutsche Landschaft, Deutsche Lebens-Rettungs-Gesellschaft (DLRG), Deutscher Leichtathletikverband (DLV), die deutsche Literatur, Deutsches Literaturarchiv, Deutsche Literaturzeitung, Deutsche Lufthansa, deutsche **Märchen**, Deutsche Mark (DM); deutscher Meister, aber: N. N., Deutscher Meister im Eiskunstlauf; die deutschen Meisterschaften [im Eiskunstlauf], der deutsche Michel, die deutschen Mundarten, das Deutsche Museum (in München), deutsche Musik, (DDR) Allgemeiner Deutscher Nachrichtendienst (ADN), die deutsche Nation, das Heilige Römische Reich Deutscher Nation, Deutsche Nationalbibliographie (Leipzig), deutsche Nationalhymne, Deutsche Nied (Quellfluß der Nied), Deutscher **Normenausschuß** (DNA), (DDR) Deutsche Notenbank (DN), der Deutsche Orden, Deutsches Orient-Institut, Deutsche Orient-Stiftung, Deutsche Partei (1945–1961; DP), Deutsche Demokratische Partei (1918–1930; DDP), Deutsche Kommunistische Partei (DKP), Deutsche Pfandbriefanstalt, die deutsche Politik, (DDR) Deutsche Post (DP), Deutsche Presse-Agentur GmbH (dpa), Deutscher **Presserat**, deutsche Prosa, Deutscher Raiffeisenverband e. V., Deutscher Rat der Europäischen Bewegung, Deutscher Rat für Landespflege, das Deutsche Rechenzentrum, das deutsche Recht, die deutsche Regierung, das Deutsche Reich, Deutsche Reichsbahn (DR), Deutsche Reichspartei (1946–1964, DRP), Deutsches **Reichspatent** (DRP), Deutsches Reisebüro GmbH (DER), (DDR) Deutsches Reisebüro (DER), Deutsche Demokratische Republik (DDR), Deutsche Revolution (1848), deutsche Riesen, Deutscher Ruderverband (DRV), Deutsche Rundschau (Monatsschrift, 1874–1964); deutsche Sagen, aber: Jacob Grimm, Deutsche Sagen (↑2 ff.); Deutsche Sängerschaft (DS), der deutsche **Schäferhund**, deutscher Schaumwein, Deutsche Schlafwagen- und Speisewagen-Gesellschaft mbH (DSG), die deutsche Schrift, Deutscher Schützenbund, die deutsche Schweiz (der deutschsprachige Teil der Schweiz), Deutscher Schwimmverband (DSV), Deutscher Segler-Verband (DSV), Deutscher Siedlerbund e. V., nach alter deutscher **Sitte**, Deutscher Ski-Verband (DSV), deutsche Spielkarten, Deutsches Sportabzeichen, Deutscher Sportbund (DSB), die deutsche Sprache, Gesellschaft für deutsche Sprache (GfdS), Institut

für deutsche Sprache (IdS), Deutscher Sprachatlas (DSA), Deutscher Sprachverein (1885–1945), das Deutsche **Springderby**, er ist deutscher Staatsbürger, Deutscher Städtetag, ein deutscher Stamm, die deutschen Stämme, Deutsche Stiftung für Entwicklungsländer, Verband der Vereine Deutscher Studenten (VDSt), Katholische Deutsche Studenten-Einigung (KDSE), Deutsche Studenten-Krankenversorgung (DSKV), Verband Deutscher Studentenschaften (VDS), Deutsches **Studentenwerk** (DSW), Deutsche Staatspartei (1930–1933); deutscher Tanz, aber: Beethoven, Deutsche Tänze (↑2ff.); Deutscher Tennisbund (DTB), die Deutsche Thaya (Quellfluß der Thaya), Deutscher Tisch-Tennisbund (DTTB), der deutsche Trab, Deutscher **Turnerbund** (DTB), (DDR) Deutscher Turn- und Sportbund (DTSB), in deutscher Übersetzung, Deutscher Verband für Freikörperkultur (DFK), Deutscher Verband technisch-wissenschaftlicher Vereine (DVT), Deutscher Verein für Kunstwissenschaft, Deutsche Vereinigung für gewerblichen Rechtsschutz und Urheberrecht e. V., Deutsche Verkehrs-Kredit-Bank Aktiengesellschaft (DVKB), das deutsche **Volk**, deutsche Volksbräuche, (DDR) Deutscher Volkskongreß (1947–49), Deutsche Volkspartei (1918–1933; DVP), (DDR) Deutsche Volkspolizei (DVP), (DDR) Deutscher Volksrat (1947–1949), deutsche [Volks]trachten; das deutsche Volkstum, aber: F. L. Jahn, Deutsches Volkstum (↑2ff.); die deutsche Volksvertretung, Deutscher Volleyballverband (DVV), Deutsch **Wagram** (Ort im Marchfeld, Niederösterreich), deutsche Waren, deutscher Wein, die Deutsche Welle, Deutsche Werft Aktiengesellschaft, Deutscher Werkbund (DWB), deutsche Wertarbeit, das deutsche Wesen, die deutsche Wiedervereinigung, deutscher Widder; die deutsche Wissenschaft, aber: Stifterverband für die Deutsche Wissenschaft e. V.; ein deutsches Wörterbuch, aber: „Deutsches Wörterbuch" (↑2ff.); deutsche Zeitschriften, Deutsche Zentrale für den Fremdenverkehr e. V. (ZFV), Deutscher Zollverein (19.Jh.); Ludwig **der Deutsche**, die Werke Notkers des Deutschen
2 (↑25) **a)** *Alleinstehend beim Verb:* er antwortete deutsch, ein Fremdwort deutsch aussprechen, er denkt deutsch, das Gedicht ist deutsch empfunden, er fühlt deutsch, wir haben jetzt Deutsch in der Schule; seine Muttersprache ist Deutsch (was ist seine Muttersprache?), aber: seine Muttersprache ist deutsch (wie ist seine Muttersprache?); können Sie Deutsch?; sie kann kein/gut/[nur] schlecht Deutsch, er **lehrt** Deutsch, wir lernen Deutsch, wir redeten deutsch miteinander, mit dem muß man deutsch reden (deutlich, offen, grob); er schreibt seine Briefe deutsch, er schreibt ebensogut deutsch wie englisch (wie schreibt er?), aber: er schreibt ebensogut Deutsch wie Englisch (was schreibt er?); der Chor singt deutsch; der Redner **spricht** gut deutsch (wie spricht er? er hält seine Rede in deutscher Sprache), er spricht nicht deutsch, sondern englisch (wie spricht er?), aber: mein Freund

spricht Deutsch (was spricht er? er kann und versteht die deutsche Sprache), sprechen Sie gut Deutsch?, er spricht [nur] schlecht/gebrochen Deutsch, er spricht nicht Deutsch, aber er versteht es; bitte deutsch traben (in der Reitbahn), wir **unterhielten** uns deutsch miteinander; mein Freund versteht Deutsch (was versteht er?), er versteht kein Deutsch/gut Deutsch/[nur] schlecht Deutsch, du verstehst wohl kein Deutsch? (willst nicht hören). **b)** *Nach Artikel, Pronomen, Präposition usw.:* alle Deutschen, er verachtet alles Deutsche (alles, was deutsch ist); im älteren/in älterem Deutsch; ein anderes Deutsch, die anderen Deutschen, andere Deutsche; auf deutsch (in deutscher Sprache, deutschem Wortlaut), das heißt auf gut deutsch Faulheit; er hat aus dem Deutschen ins Englische übersetzt; **beide** Deutsche[n], die beiden Deutschen; besseres Deutsch, das beste Deutsch; das Deutsch Goethes (Goethes besondere Ausprägung der deutschen Sprache), das Deutsch der Beamten/der Kaufleute, das [typisch] Deutsche in Dürers Kunst; *(immer mit dem bestimmten Artikel:)* das Deutsche (die deutsche Sprache allgemein); **dein** Deutsch ist schlecht; der oder die Deutsche, die Deutschen; diese Deutschen; ein Deutscher, eine Deutsche; einige/ein paar/etliche Deutsche; er kann/spricht/versteht etwas Deutsch, er hat etwas Deutsches an sich/in seinem Wesen; euer Deutsch ist schlecht; ein Lehrstuhl **für** Deutsch, ich hielt das für Deutsch, er hat für Deutsch/für das Deutsche nichts übrig, was ist denn das für [ein] Deutsch?; er kann [nicht] genug Deutsch; er spricht [ein] gutes Deutsch, das ist [kein] gutes Deutsch; im heutigen/in heutigem Deutsch; ihr Deutsch muß besser werden, ihr Deutschen; **in** deutsch (in deutscher Sprache, deutschem Wortlaut), Prospekte in deutsch, eine Zusammenfassung in deutsch, aber: in Deutsch (in der Sprache Deutsch), Prospekte in Deutsch, eine Zusammenfassung in Deutsch, *(nur groß:)* er hat eine Zwei in Deutsch (im Schulfach Deutsch), er übersetzt ins Deutsche; irgend etwas Deutsches; jene Deutschen, jene[r] Deutsche; er kann/spricht/versteht **kein** [Wort] Deutsch; manches Deutsche, manche Deutsche[n]; mein Deutsch ist schlecht, nichts Deutsches, sämtliche Deutschen; er spricht [ein] schlechtes Deutsch, er spricht [nur] schlecht Deutsch; sein Deutsch ist schlecht, die Aussprache seines Deutsch[s] ist schlecht; **uns** Deutschen, unsere Deutschen, unser Deutsch; viel Deutsches, vieles Deutsche, viele Deutsche; **wenig** Deutsches, weniges Deutsche, wenige Deutsche, er spricht nur wenig Deutsch; wir Deutsche[n]; zu deutsch (deutsch gesagt); er geniert sich, das heißt zu deutsch, er hat keinen Mut

deutschnational (↑39f.): die deutschnationale Bewegung (österreich. polit. Bewegung im 19.Jh.), die Deutschnationale Volkspartei (DNVP)

devot ↑untertänig

dezent (↑18ff.): diese Farbe wirkt am dezentesten, alles/das Dezente bevorzugen; sie kaufte das Dezenteste, was sie bekommen konnte, aber (↑21): es war das dezenteste der Muster; etwas/nichts Dezentes

dezidiert (↑40): dezidierte Ansichten

diabolisch: a) (↑40) ein diabolisches Quadrat. **b)** (↑18ff.) von allen Masken wirkte seine am diabolischsten, alles/das Diabolische; es war das Diabolischste, was er je gesehen hatte, aber (↑21): das diabolischste seiner Bilder; etwas/nichts Diabolisches

diakritisch (↑40): (Sprachw.) ein diakritisches Zeichen

dialektal (↑40): dialektale Besonderheiten

dialektisch: a) (↑40) der dialektische Materialismus (DIAMAT, Diamat), (Philos.) die dialektische Methode, die dialektische Theologie, (Psych.) die dialektische Therapie. **b)** (↑18ff.) alles/das Dialektische mochte er nicht, etwas/nichts Dialektisches

Dialekt sprechen: a) (↑11) er spricht/sprach Dialekt, weil er Dialekt spricht/sprach, er wird Dialekt sprechen, er hat Dialekt gesprochen, um Dialekt zu sprechen. **b)** (↑16) das Dialektsprechen ist ihm verhaßt, eine Abscheu vorm Dialektsprechen

diamanten (↑40): diamantene Hochzeit

diastolisch (↑40): (Med.) diastolischer Blutdruck

Diät (↑10): nach der Diät leben, Diät halten, [eine salzlose] Diät kochen, jmdn. auf Diät setzen, aber: diät leben/kochen

diätisch (↑40): diätischer Wert

diät leben: a) (↑10) er lebt diät, weil er diät lebt, er muß diät leben, er hat diät gelebt, um diät zu leben. **b)** (↑16) das Diätleben

diatonisch (↑40): (Musik) die diatonische Tonleiter

dich ↑du

dichroitisch (↑40): dichroitische Spiegel

dichromatisch (↑40): dichromatische Gläser

dicht (↑18ff.): seine Haare sind am dichtesten, alles/das Dichte, (↑21) der dichteste der Wälder, etwas/nichts Dichtes

¹**dichten** (Verse schreiben): er kann dichten, aber: das Dichten gefällt ihm, das Dichten und Trachten der Menschen, keine Freude am Dichten finden. (Beachte:) er pflegt zu dichten, aber: er pflegt das Dichten. *Weiteres* ↑15f.

²**dichten** (dicht machen): du mußt das Rohr dichten, aber: das Dichten des Rohres, ein Mittel zum Dichten. *Weiteres* ↑15f.

dichterisch: a) (↑40) die dichterische Freiheit. **b)** (↑18ff.) alles/das Dichterische des Werkes, etwas/nichts Dichterisches

dick: a) (↑40) dicke Bohnen, ein dickes Fell haben. **b)** (↑18ff.) sie ist am dicksten, alle/die Dicken; sie ist die Dickste in der Klasse, aber (↑21): sie ist die dickste der anwesenden Frauen; durch dick und dünn

dickfellig ↑dickköpfig

dickköpfig (↑18ff.): von allen ist er am dickköpfigsten, alle/die Dickköpfigen; der Dickköpfigste, den man sich denken kann, aber (↑21): der dickköpfigste seiner Söhne

die ↑der/die/das

diebisch (↑2ff.): „Die diebische Elster"

(Oper von Rossini), aber: eine Arie aus der „Diebischen Elster"

Diebstahl (↑13): gegen Diebstahl versichert

diejenige ↑derjenige/diejenige/dasjenige

dienen: er will dienen, aber: das Dienen mißfiel ihm, vom Dienen genug haben. *Weiteres* ↑15f.

Dienst (↑13): außer Dienst (a. D.), im Dienst sein, in Dienst stellen, vom Dienst, zu Diensten stehen

Dienstag (↑9): alle Dienstage, am Dienstag habe ich sie gesehen, an einem Dienstag, bis Dienstag, von Montag bis Dienstag, [den] Dienstag über; im Laufe des Dienstags, der Morgen des Dienstags, ↑aber dienstags; diesen Dienstag treffen wir uns; eines [schönen] Dienstags, ↑aber dienstags; in der Nacht vom Dienstag zum Mittwoch, von Dienstag bis Mittwoch, in der Nacht vom Montag zum Dienstag; Dienstag abend/am nächsten Dienstag abend treffen wir uns, Dienstag abends spielen wir immer Skat, jeden Dienstag, abends [um acht Uhr], spielen wir Skat, aber (↑Dienstagabend): am/an diesem/an jedem Dienstagabend, (↑dienstags:) dienstags abends spielen wir immer Skat

Dienstagabend (↑9): am/an diesem/einem Dienstagabend; am Dienstagabend hat sie Sport, am Donnerstagabend hat sie frei; der/ein Dienstagabend, die Dienstagabende sind bei ihm belegt, jeder Dienstagabend, meine Dienstagabende sind belegt, aber (↑Dienstag): [am] Dienstag abend treffen wir uns, Dienstag abends spielen wir immer Skat, (↑dienstags:) dienstags abends spielen wir immer Skat

Dienstagmittag usw. ↑Dienstagabend

dienstags (↑34): dienstags nie, dienstags hat er keine Zeit, er kommt immer dienstags um acht Uhr, von montags bis dienstags, von dienstags bis mittwochs, aber (↑Dienstag): der Morgen des Dienstags/eines Dienstags; dienstags abends spielen wir Skat, aber (↑Dienstag): [am] Dienstag abend treffen wir uns, Dienstag abends spielen wir Skat, (↑Dienstagabend:) am/an einem/diesem Dienstagabend

dienstbeflissen ↑diensteifrig

dienstbereit ↑diensteifrig

diensteifrig (↑18ff.): er war stets am diensteifrigsten, alle/die Diensteifrigen; der diensteifrigste, den er je sah, aber (↑21): der diensteifrigste seiner Kollegen; er hat etwas/nichts Diensteifriges an sich

Dienst haben ↑Anteil haben

dienstlich (↑18ff.): alles/das Dienstliche hat Vorrang, etwas/nichts Dienstliches

Diepholzer (*immer groß*, ↑28)

Dies academicus (vorlesungsfreier Tag, ↑9)

Dies ater (Unglückstag, ↑9)

dieselbe ↑derselbe/dieselbe/dasselbe

dieser/diese/dieses

1 *Als einfaches Pronomen klein* (↑32): all diese, alle diese, all/alles dies/dieses; die Männer sind gestern eingetroffen, und ich habe diese heute noch einmal gesehen; dieser da ist es gewesen, dies sind die Gesuchten, gebt euch mit diesem/dieser/diesen nicht ab, um dies und jenes zu erleben, er begrüßte diesen und jenen

2 *In Filmtiteln u. ä.* (↑2ff.): „Da oben über diesen Bergen" (Film), aber *(als erstes Wort):* „Diese Gespenster" (Film)
3 *Schreibung des folgenden Wortes:* **a)** *Zahladjektive* (↑29ff.) *und Pronomen* (↑32f.): dies/dieses alles, das Buch ist dicker als diese anderen, die/diese beiden dort; diese drei [Männer] dort, aber: er fährt mit dieser Drei (mit dieser [Straßenbahn]linie 3; dies [traute] Du, dieser eine nur, dies [gewisse] Etwas, diese letzten beiden, dies Mehr oder Weniger, dieses Nichts von einem Menschen, diese vielen, dies wenige. **b)** *Infinitive* (↑16): dieses Autofahren strengt zu sehr an, dieses Lesen gefällt mir nicht, dieses Schimpfen geht mir auf die Nerven. **c)** *Adjektive und Partizipien* (↑18ff.): dieser Alte (dieser alte Mann), dies zu ihm Geschriebene, diese Guten, diese Neugierigen, dieses Schöne, dieses groß zu Schreibende. (↑21) er hat diese roten und diese schwarzen Fische gekauft. (↑25) dieses Deutsch, diese Deutschen. (↑26) dieses Blau. **d)** *Partikeln und Interjektionen* (↑34f.): dieses Auf und Nieder, dieses Ja und Nein, dieses Jetzt; dies Entweder-Oder, dieses Für und Wider, dieses Wenn und Aber; dieses Weh und Ach
diesseits: a) (↑34) diesseits des Flusses, diesseits und jenseits der Grenze. **b)** (↑35) das Diesseits, im Diesseits
diffamieren: er darf den Gegner nicht diffamieren, aber: das Diffamieren des Gegners. *Weiteres* ↑15f.
differentiell (↑40): die differentielle Psychologie
diffizil ↑schwierig
diffus (↑40): (Physik) diffuses Licht, diffuse Reflexion
digestiv (↑40): (Med.) der digestive Typus
Diktat (↑13): nach Diktat schreiben
diktatorisch (↑18ff.): von allen war er am diktatorischsten, alles/das Diktatorische verabscheuen, etwas/nichts Diktatorisches
diktieren: er will den Brief diktieren, aber: das Diktieren des Textes, beim Diktieren essen. *Weiteres* ↑15f.
dilatabel (↑40): dilatable (dehnbare) Buchstaben
dilettantisch (↑18ff.): er spielte am dilettantischsten, alles/das Dilettantische hassen; das war das Dilettantischste, was ich je gehört habe, aber (↑21): das dilettantischste seiner Werke; etwas/nichts Dilettantisches
dinarisch (↑39f.): die Dinarischen Alpen, das Dinarische Gebirge (in Jugoslawien), die dinarische Rasse
dinglich (↑40): (Rechtsw.) dinglicher Anspruch, dingliche Ersetzung, dingliches Recht, dingliche Schuld, dinglicher Vertrag
dinieren: wir wollen dinieren, aber: sie sind beim Dinieren. *Weiteres* ↑15f.
Dining-room (Speisezimmer, ↑9)
Dinnerjackett (Herrenjackett, ↑9)
diokletianisch (↑27): die Diokletianischen (von Diokletian veranlaßten) Christenverfolgungen, aber: eine diokletianische (grausame, blutige) Verfolgung
dionysisch: a) (↑27) dionysische Feste/Or-

gien. **b)** (↑18ff.) alles/das Dionysische war ihm fremd, etwas/nichts Dionysisches
diophantisch (↑27): diophantische Gleichung
dioptrisch (↑40): dioptrisches (lichtbrechendes) Fernrohr
diplomatisch (↑41): das diplomatische Korps, aber: das Diplomatische Korps in Rom
dipodisch (↑40): (Poetik) dipodische Verse
dir ↑du
direkt (↑40): (Biol.) die direkte Anpassung, die direkte Bestäubung, (Technik) die direkte Lenkung, (Päd.) die direkte Methode, (Sprachw.) direkte Rede, (Finanzw.) direkte Steuern, (Biol.) die direkte Vererbung, die direkte Zellteilung
Dirt-Track-Rennen (Rennen auf Schlacken oder Aschenbahn, ↑9)
dis/Dis ↑as/As
disjunktiv (↑40): (Sprachw.) disjunktive Konjunktionen
Diskont (↑13): ab Diskont
diskret: a) (↑40) diskrete Zahlenwerte (Math.). **b)** (↑18ff.) er ist am diskretesten, alles/das Diskrete; laß es ihn machen, er ist der Diskreteste, aber (↑21): der diskreteste der Kellner; etwas/nichts Diskretes
diskriminieren: sie sollen keine Länder diskriminieren, aber: das Diskriminieren mehrerer Länder. *Weiteres* ↑15f.
Diskussion (↑13): zur Diskussion stellen
diskutabel (↑40): diskutable Fragen
diskutieren: wir wollen diskutieren, aber: das Diskutieren ist verboten, sie sind noch am Diskutieren. *Weiteres* ↑15f.
dis-Moll ↑as-Moll
disparat (↑40): (Philos.) ein disparater Begriff, (Med.) disparate Punkte
dispensieren: er soll ihn dispensieren, sich dispensieren lassen, aber: das Dispensieren ist möglich. *Weiteres* ↑15f.
dispers (↑40): (Physik) disperse Phase
Displaced person (D. P., ↑9)
disponibel (↑40): (Finanzw.:) disponible Gelder
disponieren: wir müssen besser disponieren, aber: das Disponieren ist wichtig. *Weiteres* ↑15f.
Disposition (↑13): zur Disposition (z. D.)
dispositiv (↑40): (Rechtsw.) das dispositive Recht, eine dispositive Urkunde
disqualifizieren: wir mußten ihn disqualifizieren, aber: das/durch Disqualifizieren des Läufers. *Weiteres* ↑15f.
dissolubel (↑40): dissoluble (auflösbare) Mischungen
dissoziiert (↑40): (Med.) eine dissoziierte Empfindungsstörung
distinguiert (↑18ff.): er ist am distinguiertesten, alles/das Distinguierte seines Wesens; der Distinguierteste, den man sich vorstellen kann, aber (↑21): der distinguierteste seiner Kollegen; etwas/nichts Distinguiertes
distributiv (↑40): (Psych.) distributive Aufmerksamkeit, (Sprachw.) der distributive Singular
Disziplin (↑13): auf Disziplin halten

Disziplin halten ↑ Abstand halten
diszipliniert ↑ distinguiert
Dithmarscher (*immer groß*, ↑ 28)
diuretisch (↑ 40): diuretische (harntreibende) Arzneimittel
dividieren: er kann schnell dividieren, aber: das Dividieren fällt ihm leicht, beim Dividieren Fehler machen. (Beachte:) zu dividieren lernen, aber: das Dividieren lernen. *Weiteres* ↑ 15 f.
d-Moll (↑ 36): ein Stück in d-Moll/in d; d-Moll-Arie
Dobriner (*immer groß*, ↑ 28)
dochmisch (↑ 40): (Poetik) dochmischer Vers
dogmatisch (↑ 40): (Theol.) dogmatische Gewißheitsgrade, dogmatische Tatsache
Do-it-yourself-Bewegung (↑ 9)
doktrinär (↑ 18 ff.): alles/das Doktrinäre ablehnen, etwas/nichts Doktrinäres
dokumentarisch (↑ 18 ff.): alles/das Dokumentarische sammeln, darüber gibt es etwas/nichts Dokumentarisches
dokumentieren: er will dokumentieren, aber: das Dokumentieren ist notwendig. (Beachte:) Möglichkeiten zu dokumentieren, aber: Möglichkeiten zum Dokumentieren. *Weiteres* ↑ 15 f.
dolce: dolce far niente („süß, nichts zu tun"), aber (↑ 9): das Dolcefarniente (süßes Nichtstun), Dolce vita („süßes Leben")
dolmetschen: er kann dolmetschen, aber: das Dolmetschen gefällt ihm, ihn zum Dolmetschen rufen. *Weiteres* ↑ 15 f.
dolos (↑ 40): (Rechtsw.) dolose Täuschung
dominikanisch: a) (39 f.) dominikanischer Peso (Währung), die dominikanische Regierung, die Dominikanische Republik (amtl. Bezeichnung), das dominikanische Volk. **b)** (↑ 18 ff.) alles/das Dominikanische, nichts/viel Dominikanisches
donauländisch (↑ 40): (Archäol.) der donauländische Kreis
donnern: es wird gleich donnern, aber: das Donnern war weit zu hören, beim Donnern erschrecken. *Weiteres* ↑ 15 f.
Donnersberger (*immer groß*, ↑ 28)
Donnerstag ↑ Dienstag
Donnerstagabend usw. ↑ Dienstagabend
donnerstags ↑ dienstags
doppelchörig (↑ 40): (Bauw.) eine doppelchörige Anlage
doppeldeutig (↑ 18 ff.): alles/das Doppeldeutige vermeiden, etwas/nichts Doppeldeutiges sagen
Doppelkopf spielen ↑ Skat spielen
doppelt: a) (↑ 40) doppelte Befruchtung, doppelte Buchführung. **b)** (↑ 18 ff.) das Doppelte leisten, einen Doppelten (doppelten Cognac, Schnaps) trinken, um das/ums Doppelte größer, das Doppelte spielen
Doppel-T-Eisen (↑ 36)
doppeltkohlensauer (↑ 40): (Chemie) doppeltkohlensaurer Kalk, doppeltkohlensaures Natron
Doppel-T-Meßbrücke (↑ 36)
Dorf (↑ 13): die Kirche im Dorf lassen, er ist vom Dorf, von Dorf zu Dorf

dorisch (↑ 40): (bild. Kunst) dorische Ordnung/Säule, der dorische Stil, (Musik) dorische Tonart, dorische Wanderung
dörperlich (↑ 40): (Literaturw.) die dörperliche Dichtung
Dortmunder (*immer groß*, ↑ 28)
dortzulande ↑ Land
dosieren: er muß die Medizin richtig dosieren, aber: das richtige Dosieren der Medizin. *Weiteres* ↑ 15 f.
dozieren: er will dozieren, aber: das Dozieren ist ihm nicht erlaubt. *Weiteres* ↑ 15 f.
drahtig (↑ 18 ff.): er ist am drahtigsten; er ist der Drahtigste, aber (↑ 21): der drahtigste der Sportler; etwas/nichts Drahtiges
drahtlos (↑ 40): drahtlose Telegraphie
drakonisch (↑ 27): die Drakonische Gesetzbung (die Gesetze Drakons, von Drakon), aber: eine drakonische (sehr strenge) Gesetzgebung
drakonitisch (↑ 40): (Astron.) der drakonitische Monat
dramatisch: a) (↑ 40) dramatische Musik. **b)** (↑ 18 ff.) diese Situation war am dramatischsten, alles/das Dramatische einer Situation; das Dramatischste, was er je erlebt hatte, aber (↑ 21): das dramatischste der Ereignisse; etwas/nichts Dramatisches
dramatisieren: er will alles dramatisieren, aber: das Dramatisieren nützte nichts. *Weiteres* ↑ 15 f.
dran ↑ darum/drum
drängen: er soll nicht drängen, aber: das Drängen ärgert mich, alles Drängen nützte nichts. *Weiteres* ↑ 15 f.
drangsalieren: er soll ihn nicht drangsalieren, aber: das Drangsalieren. *Weiteres* ↑ 15 f.
drastisch (↑ 40): ein drastisches Beispiel
draußen: a) (↑ 34) draußen, draußen bleiben, nach draußen gehen, von draußen. **b)** (↑ 2 ff.) „Draußen vor der Tür" (von Borchert)
drawidisch (↑ 40): die drawidischen Sprachen, die drawidischen Völker
Drawing-room (Empfangszimmer, ↑ 9)
dreckig (↑ 18 ff.): damals ging es ihm am dreckigsten, alles/das Dreckige ist ihm zuwider; das Dreckigste, was er je gelesen hatte, aber (↑ 21): das dreckigste der Kinder/der Bücher; etwas/nichts Dreckiges
drehen: er muß drehen/sich drehen, aber: das Drehen geht schnell, beim Drehen/Sichdrehen umfallen. *Weiteres* ↑ 15 f.
drei
1 *Als einfaches Zahladjektiv klein* (↑ 29): aller guten Dinge sind drei; er war eins, zwei, drei damit fertig; nicht bis drei zählen können, er hat Hunger für drei, für drei arbeiten, für drei essen, (Kartenspiel) Grand mit drei[en]. *(In Briefen:)* zwei oder drei
2 *Substantivisch gebraucht groß* (↑ 30): die Drei ist eine heilige Zahl, eine Drei/zwei Dreien würfeln, er schrieb in Latein eine Drei, er hat die Prüfung mit der Note „Drei" bestanden. *Zu weiteren Verwendungen* ↑ acht
3 *In Namen und festen Begriffen* (↑ 39 f.): der Raum hat drei Dimensionen, sich etwas an drei Fingern abzählen können, Drei Gleichen (in Thüringen), die drei Grazien, An den Drei Kastanien (Kiosk), die Heiligen Drei Könige,

mit drei Kreuzen unterschreiben, Unter den Drei Linden (Straße), die drei Nornen, Drei Schwestern (Berg in den Alpen), in drei Teufels Namen, die drei Weisen aus dem Morgenlande, Drei Zinnen (in Tirol)

4 *In Buchtiteln u. ä.* (↑ 2 ff.): „Diese drei" (Film), „Die drei Musketiere" (von Dumas), „Der Lobgesang der drei Jünglinge im Feuerofen", aber *(als erstes Wort):* „Drei Jünglinge im Feuerofen", „Drei Schwestern" (Drama von Tschechow), „Drei Uhr nachts" (Film)

dreidimensional (↑ 40): ein dreidimensionaler Film, Drei-D-Film, 3-D-Film

Dreier: a) (↑ Achter). **b)** (↑ 9) in Englisch hat er einen Dreier (die Note „Drei"); behalte/spare deine Dreier, seinen Dreier dazugeben, keinen Dreier für etwas bekommen

dreifach: a) (↑ 29) eine/die dreifache Menge von dieser Ware, ein dreifacher Sieg, ein dreifaches Hoch. **b)** (↑ 30) das Dreifache einer Zahl/eines Betrages, etwas auf/um das Dreifache vergrößern, er hat ein Dreifaches davon gegessen, um ein Dreifaches erhöhen

dreigestrichen (↑ 40): (Musik) das dreigestrichene c, dreigestrichene Noten

dreihundert ↑ hundert

dreijährig ↑ achtjährig

Dreirad fahren ↑ Auto fahren

dreischürig (↑ 40): dreischürige (drei Ernten liefernde) Wiesen

dreißig: a) (↑ achtzig). **b)** *Rechnen:* ↑ acht (1, d). **c)** (↑ 2 ff.) „Die Frau von dreißig Jahren" (von Balsac)

dreißiger ↑ achtziger

dreißigfach/Dreißigfache ↑ dreifach

dreißigjährig: a) (↑ achtjährig). **b)** (↑ 39:) der Dreißigjährige Krieg (1618–1648)

dreißigste: a) (↑ achte). **b)** (↑ 2 ff.) „Das dreißigste Jahr" (von Bachmann), aber *(als erstes Wort):* ein Stück aus dem „Dreißigsten Jahr"

dreißigstel ↑ viertel

dreist ↑ unverschämt

dreitausend ↑ hundert

dreiviertel (↑ 31): in dreiviertel Länge; in [einer] dreiviertel Stunde, aber: in drei viertel Stunden (¾ Stunden), in drei Viertelstunden (dreimal einer Viertelstunde); in Dreiviertel der Länge. ↑ viertel

dreizehn: a) (↑ 29) jetzt schlägt's [aber] dreizehn; ↑ acht (1). **b)** (↑ 30) die böse/verhängnisvolle Dreizehn, die goldene Dreizehn, die Unglückszahl Dreizehn, die Zahl Dreizehn; ↑ acht (2). **c)** (↑ 39) die Dreizehn Gemeinden (in Venetien)

dreizehnfach/Dreizehnfache ↑ dreifach

dreizehnjährig ↑ achtjährig

dreizehnte ↑ achte

dreschen: sie wollen dreschen, aber: das Dreschen des Getreides. *Weiteres* ↑ 15 f.

Dresd[e]ner (*immer groß,* ↑ 28)

dressieren: er will den Affen dressieren, aber: das Dressieren des Affen, zum Dressieren geeignet. *Weiteres* ↑ 15 f.

dribbeln: er kann gut dribbeln, aber: das schnelle Dribbeln, beim Dribbeln ist er gefährlich. *Weiteres* ↑ 15 f.

Dr.-Ing. E. h. ↑ ehrenhalber

dringend (↑ 18 ff.): dieser Brief ist am drin-

gendsten, alles/das Dringende zuerst erledigen, er hat auf das/aufs dringendste darum gebeten; das Dringendste, was vorliegt, aber (↑ 21): das dringendste der Päckchen; es liegt etwas/nichts Dringendes vor

dringlich ↑ dringend

dritte

1 *Als einfaches Zahladjektiv klein* (↑ 29): den dritten [Mann] abschlagen, aber: das Drittenabschlagen (Spiel); der eine, der andere, der dritte; zum ersten, zum zweiten, zum dritten

2 *Substantivisch gebraucht groß* (↑ 30): er ist der Dritte im Bunde; wenn zwei sich streiten, freut sich der Dritte; der lachende Dritte, ein Dritter (Unbeteiligter), es bleibt noch ein Drittes zu erwähnen, einem Dritten gegenüber, es gibt kein Drittes; Veräußerung durch Dritte, Verkauf an Dritte

3 *In Namen und festen Begriffen* (↑ 39 f.): dritte Dimension, dritter Fall, dritter Gang (Auto), Verwandter dritten Grades, der Wechsel ist in dritter Hand, der dritte Mann beim Skat, der Dritte Punische/Schlesische Krieg, der Dritte Orden; Drittes Reich (im Chiliasmus: Reich des Heiligen Geistes), das Dritte Reich (1933–1945); die Dritte Republik (in Frankreich, 1870–1940), der dritte Stand, die dritte Welt (Entwicklungsländer); Friedrich der Dritte

4 *In Filmtiteln u. ä.* (↑ 2 ff.): „Das dritte Geschlecht" (Film), „Der dritte Mann" (Film), „Ehen zu dritt" (Film), aber *(als erstes Wort):* wir sehen den „Dritten Mann". *Zu weiteren Verwendungen* ↑ achte

drittel ↑ viertel

drittletzte ↑ letzte

Drive-in-Restaurant (Schnellgaststätte, ↑ 9)

drohen: er soll ihm nicht drohen, aber: das Drohen half nicht, durch Drohen etwas erzwingen. *Weiteres* ↑ 15 f.

dröhnen: der Motor dürfte nicht dröhnen, aber: das Dröhnen des Motors. *Weiteres* ↑ 15 f.

drollig (↑ 18 ff.): dieser ist am drolligsten, alles/das Drollige mögen; das ist das Drolligste, was ich je gesehen habe, aber (↑ 21): das drolligste der Kinder; etwas/nichts Drolliges

Dropkick (Fußball, ↑ 9)

Drop-out (Aussteiger, ↑ 9)

drosseln: er muß die Produktion drosseln, aber: das Drosseln der Produktion. *Weiteres* ↑ 15 f.

drüben (↑ 34): hüben und/wie drüben, nach drüben, er kommt von drüben

drüber ↑ drunter

Druck (↑ 13): im Druck vorliegen, im/in Druck [sein], in Druck gehen, unter Druck setzen, zum Druck fertig

drucken: er kann das Buch drucken, aber: das Drucken der Zeitung, er ist schon beim Drucken. *Weiteres* ↑ 15 f.

drücken: er soll die Preise nicht drücken, aber: das Drücken der Preise, durch Drücken öffnen. *Weiteres* ↑ 15 f.

Drugstore (Geschäft, ↑ 9)

drum ↑ darum/drum

drunter: a) (↑ 34) es geht drunter und drüber. **b)** (↑ 35) es herrschte ein schlimmes Drunter und Drüber

D-Schicht (Luftschicht, ↑36)
dsungarisch (↑39): der Dsungarische Alatau (Gebirgszug), Dsungarische Pforte (Paß)
du
1 *Als einfaches Pronomen klein* (↑32): sprich **du** mit ihm; du, komm doch mal her; du Witzbold; du, der du das getan hast; jmdn. du nennen, du zueinander sagen, mit jmdm. auf du und du stehen; du spottest **deiner**, er nimmt sich deiner an, er gedachte deiner; du dienst **dir** damit selbst am besten; er gab dir das Geld, er kommt heute zu dir; mir nichts, dir nichts; er hatte **dich** gesehen, als du dich gerade umblicktest; sie denkt an dich, sie sorgt für dich. (*In Lehrbüchern, Katalogen usw. klein*, ↑5:) Merke dir den zweifachen Gebrauch von „seit". Achte darauf, daß du es mit t schreibst
2 *In Filmtiteln u. ä.* (↑2 ff.): „Anders als du und ich" (Film), aber *(als erstes Wort):* „Du lebst noch 105 Minuten" (Film)
3 *In Briefen, feierlichen Aufrufen, Widmungen usw. groß* (↑5):
Lieber Markus,
aus unserem Urlaub senden wir Dir herzliche Grüße. Wir hoffen, daß Du Dich nicht langweilst, daß Du Dir viel Ruhe gönnst und daß die Tante sich Deiner annimmt.
Gruß
Frank und Barbara

Trimm Dich durch Sport
4 *Nach einem Artikel groß* (↑33): das Du, des Du[s], die Du[s], das [ver]traute Du, jmdm. das Du anbieten, beim Du bleiben
dualistisch (↑40): dualistische Weltanschauung
dübeln: er muß dübeln, aber: das/beim Dübeln. *Weiteres* ↑15 f.
Dübener (*immer groß,* ↑28)
dubios ↑zweifelhaft
duften: die Rosen werden lange duften, aber: das Duften der Rosen. *Weiteres* ↑15 f.
duftig (↑18 ff.): dieses Kleid ist am duftigsten, alles/das Duftige mögen; das Duftigste, was sie je trug, aber (↑21): das duftigste der Kleider; etwas/nichts Duftiges
Duineser/Duisburger (*immer groß,* ↑28)
dulden: sie wollen dies nicht dulden, aber: das Dulden hat Grenzen. *Weiteres* ↑15 f.
Dülmener (*immer groß,* ↑28)
dumm
1 *Als Attribut beim Substantiv* (↑40): der dumme August (Clown)
2 *Alleinstehend oder nach Artikel, Pronomen, Präposition usw.* (↑18 ff.): Dumme wie Kluge, Dummes verachten; alle Dummen ausscheiden, allerhand Dummes, alles Dumme vermeiden, er hat sich von allen am dümmsten (sehr dumm) verhalten; das dümmste (sehr dumm) wäre, gleich wegzulaufen; das Dümmste, was jemals gemacht wurde; der Dumme sein, er ist der Dümmste in der Klasse, er war einer der Dümmsten, die Dummen werden nicht alle, du Dummer, einen Dummen finden/suchen, such dir einen Dümmeren, so etwas Dummes; er hält es für das/fürs dümmste (am dümmsten, sehr dumm), bei diesem Wetter zu fahren, aber: er hielt dies für das/fürs Dümm-

ste, was man tun konnte; genug Dummes ist geschehen, irgend etwas Dummes, mancherlei Dummes, manches Dumme ist vorgekommen, nichts Dümmeres, wegen der Dummen. (↑21) Es waren 20 Kinder in der Klasse. Die dummen unter ihnen/von ihnen wurden nicht versetzt. – Die dümmsten wie die klügsten Menschen fielen darauf herein. – Er ist der dümmere/dümmste der vier Knaben/von den beiden Knaben
dümmer/dümmste ↑dumm
dumpf (↑18 ff.): dieser Klang ist am dumpfesten, (↑21) der dumpfeste der Klänge, etwas/nichts Dumpfes
düngen: er muß düngen, aber: das/durch Düngen des Rasens. *Weiteres* ↑15 f.
dunkel
1 *Als Attribut beim Substantiv* (↑39 f.): ein dunkles Bier, ein dunkles Blau, der dunkle Erdteil (Afrika), ein dunkler Ehrenmann, dunkle Geschäfte, dunkle Haut, von dunkler Herkunft sein, ein dunkles Kapitel der Geschichte, eine dunkle/dunklere Klangfarbe, dunkle Pläne aushecken, ein dunkler Punkt in seinem Leben, Geld aus dunklen Quellen; „Gasthaus zur Dunklen Rose", Gasthaus „Zur Dunklen Rose", Gasthaus „Dunkle Rose"; eine dunkle Stimme; die Erzählung „Der dunkle Strom", aber: sie las den „Dunklen Strom" (↑2 ff.); der dunkelste Tag in seinem Leben, eine dunkle Textstelle, ein dunkler Ton, sie hat eine dunkle Vergangenheit, ein dunkler Vokal, der Dieb geht dunkle Wege
2 *Alleinstehend oder nach Artikel, Pronomen, Präposition usw.* (↑18 ff.): Dunkles und Helles, Dunkles/alles Dunkle ablehnen, am dunkelsten, die Tonblende auf „dunkel" stellen (↑37), das Dunkle wird aus Licht gebracht, der/die Dunkle; Herr Ober, bitte ein Dunkles (dunkles Bier); etwas Dunkleres/Dunkles; dunkel färben; im dunkeln (anonym) bleiben, im dunkeln (ungewissen) lassen, im dunkeln tappen (nicht Bescheid wissen), aber: im Dunkeln (in der Dunkelheit) fand er sich nicht zurecht, im Dunkeln ist gut munkeln, ein Sprung ins Dunkle; irgend etwas Dunkles, manches Dunkle, neben dem Dunkeln auch das Helle sehen, das gehört zum Dunkelsten in seinem Leben. (↑21) Die Vögel waren in zwei Käfigen untergebracht; die dunklen [Vögel] in einem goldenen, die hellen [Vögel] in einem silbernen. – Die Auswahl an Hüten war groß. Der dunkelste von allen/ unter ihnen stand ihr am besten. – Das dunkelste und das hellste Holz wurden bei diesem Schrank verwendet
Dunkel (↑9): das Dunkel (die Dunkelheit), des Dunkels, er verschwand im Dunkel
dünkelhaft ↑eingebildet (b)
Dünkirchener (*immer groß,* ↑28)
dünn (↑18 ff.): sie war schon immer am dünnsten, alle/die Dünnen aussondern; der Dünnste, den ich je sah, aber (↑21): der dünnste der Männer; durch dick und dünn
Duppauer/Düppeler (*immer groß,* ↑28)
Dur: a) (↑13) in Dur. **b)** (↑36) in A-Dur, A-Dur-Arie
durabel (↑40): durable (bleibende) Ausführungen

durativ (↑40): (Sprachw.) durative Verben
durch (↑34): **a)** (↑13) durch Boten usw. ↑Boten usw. **b)** (↑16) durch Arbeiten kommt man nicht weiter. **c)** (↑19 und 23) durch das Folgende (das später Erwähnte, Geschehende, die folgenden Ausführungen), aber: durch folgendes (dieses). (↑22) durch dick und dünn
durchblättern: ich will das Buch nur durchblättern, aber: das/beim Durchblättern der Zeitungen. *Weiteres* ↑15f.
durchbohren: du darfst die Wand nicht durchbohren, aber: das/beim Durchbohren der Wand. *Weiteres* ↑15f.
durch Boten ↑Bote
durch Eilboten ↑Eilbote
durcheinander: a) (↑34) alles durcheinander essen und trinken. **b)** (↑35) im Zimmer herrschte ein wirres Durcheinander
durch Funk ↑Funk
durchglühen: der Draht mußte durchglühen, aber: das Durchglühen des Drahtes war unvermeidbar. *Weiteres* ↑15f.
durch Kauf ↑Kauf
durchlaufend (↑40): (Finanzw.) durchlaufende Gelder/Kredite/Posten
durchleuchten: er wird den Gipsverband durchleuchten, aber: das/beim Durchleuchten des Gipsverbandes. *Weiteres* ↑15f.
durchsagen: er will schnell etwas durchsagen, aber: das/beim Durchsagen der Neuigkeit. *Weiteres* ↑15f.
durchschauen: er wird ihn durchschauen, aber: das Durchschauen seiner Pläne. *Weiteres* ↑15f.
durchscheinend (↑18ff.): dieser Stoff ist am durchscheinendsten, alles/das Durchscheinende; es war das Durchscheinendste, was sie finden konnte, aber (↑21): das durchscheinendste der Gewebe; etwas/nichts Durchscheinendes
durchscheuern: das Seil wird sich durchscheuern, aber: das Durchscheuern/Sichdurchscheuern des Seils. *Weiteres* ↑15f.
Durchschnitt (↑13): im Durchschnitt (i. Durchschn.)

durchschnittlich: a) (↑40) durchschnittliche Abweichung (in der Statistik). **b)** (↑18ff.) alles/das Durchschnittliche ablehnen; das ist das Durchschnittlichste, was je in einer Ausstellung zu sehen war, aber (↑21): er wählte ausgerechnet das durchschnittlichste der Bilder; etwas/nichts Durchschnittliches
durchschossen (↑40): (Druckw.) ein durchschossenes Buch, der durchschossene Satz
durchsichtig ↑durchscheinend
durchtrieben (↑18ff.): von allen ist er am durchtriebensten, alle/die Durchtriebenen; der Durchtriebenste, der ihm je begegnet war, aber (↑21): der durchtriebenste der Burschen
durchwachsen (↑40): (Bot.) durchwachsene Blätter, durchwachsener Speck
durch Zufall ↑Zufall
dürfen: er darf nicht nach Frankfurt fahren, er wird fahren dürfen. ↑15f.
dürftig (↑18ff.): seine Arbeit war am dürftigsten, alles/das Dürftige mißfiel ihm; das ist das Dürftigste, was er je gelesen hatte, aber (↑21): das dürftigste der Bücher
dürr ↑dünn
duschen: er will duschen/sich duschen, aber: das Duschen/Sichduschen ist gesund, eine Ecke zum Duschen. *Weiteres* ↑15f.
Düsseldorfer (*immer groß,* ↑28)
düster ↑dunkel
Duty-free-Shop (zollfreier Laden, ↑9)
duzen: er will mich duzen, aber: das Duzen mag er nicht. *Weiteres* ↑15f.
dyadisch (↑40): dyadisches Zahlensystem
dynamisch: a) (↑40) (Flugtechnik) die dynamische Belastung, (Physik) die dynamische Koordination, die dynamische Psychologie, die dynamische Rente, (Physik) die dynamische Zähigkeit. **b)** (↑18ff.) von allen ist er am dynamischsten, alles/das Dynamische gefiel ihm; er war der Dynamischste, der je bei ihm gearbeitet hatte, aber (↑21): der dynamischste seiner Mitarbeiter; etwas/nichts Dynamisches

E

e/E (↑36): der Buchstabe klein e/groß E, das e in Berg, ein verschnörkeltes E, E wie Emil/Edison (Buchstabiertafel); ein Stück in e/in e-Moll, ein Stück in E/in E-Dur; das Schluß-e. ↑a/A
Eau de Cologne (Parfum, ↑9)
eben (↑40): (Physik) eine ebene Bewegung, (Technik) ebene Tragwerke
ebnen: er muß den Weg ebnen, aber: das/beim Ebnen des Weges. *Weiteres* ↑15f.
echt
1 *Als Attribut beim Substantiv* (↑39f.): ein echter Berliner, (Math.) echte Brüche, eine echte (reinrassige) Dogge, ein echter Dürer (ein wirklich von Dürer stammendes Bild), echte Farben, (Botanik) echte Früchte, echtes Gold,

eine Perücke aus echtem Haar, (Bot.) die Echte Kamille, echte Pelze/Perlen, (Bot.) der Echte Safran, echter Schmuck, von echtem Schrot und Korn, ein echter (gesetzmäßiger) Sohn, echte (mit der Hand gefertigte) Spitzen, ein echter (handgeknüpfter)Teppich
2 *Alleinstehend oder nach Artikel, Pronomen, Präposition usw.* (↑18ff.): Echtes und Falsches unterscheiden, alles Echte mögen, am echtesten, sich nur an Echtem orientieren, das Echte setzt sich durch, etwas Echteres/Echtes, für Echtes/fürs Echte schwärmen, nichts Echteres/Echtes finden können, nur Echtes kaufen, viel/wenig Echtes. (↑21) Der Schmuck in den Auslagen zog sie besonders an. Sie beachtete aber nur den echten [Schmuck], der unechte

[Schmuck] war ihr gleichgültig. – Er ist der echteste und treueste seiner Freunde/von allen seinen Freunden/unter seinen Freunden
echtblau/Echtblau: a) († 40) ein echtblauer Farbstoff. **b)** († 26) Stoffe in Echtblau. *Zu weiteren Verwendungen* † blau/Blau/Blaue
Echternacher/Eckernförder/Ecuadorianer (*immer groß*, † 28)
ecuadorianisch: a) († 40) die ecuadorianische Regierung, das ecuadorianische Volk. **b)** († 18 ff.) alles/das Ecuadorianische, nichts/viel Ecuadorianisches
Edamer (*immer groß*, † 28)
eddisch († 40): eddische Dichtung
edel († 18 ff.): sein Tier war am edelsten, alles/das Edle schätzen; das Edelste, was er finden konnte, aber († 21): das edelste seiner Tiere; etwas/nichts Edles
edelmütig († 18 ff.): er war am edelmütigsten, alle/die Edelmütigen; der Edelmütigste, der ihm begegnet war, aber († 21): das edelmütigste seiner Handlungen; etwas/nichts Edelmütiges
E-Dur († 36): ein Stück in E-Dur/in E; E-Dur-Arie
effektiv († 40): (Fliegerspr.) die effektive Höhe, die effektive Leistung
effektvoll († 18 ff.): diese Aufführung war am effektvollsten, alles/das Effektvolle suchen; das effektvollste (am effektvollsten, sehr effektvoll) war, daß er auswendig spielte, († 21) die effektvollste der Nummern, aber: das Effektvollste, was er gesehen hatte; etwas/nichts Effektvolles
effiziert († 40): (Sprachw.) ein effiziertes Objekt
Egerer/Egerländer (*immer groß*, † 28)
egoistisch († 18 ff.): er war am egoistischsten; das Egoistischste, was er erlebt hatte, aber († 21): das egoistischste der Kinder
egozentrisch † egoistisch
e. h./E. h. † ehrenhalber
ehebrechen († 18 ff.): ich breche/brach die Ehe, ich habe die Ehe gebrochen, um nicht die Ehe zu brechen, weil ich die Ehe breche/brach
ehelich († 18 ff.): das eheliche Güterrecht
ehern († 39 f.): ein ehernes (unveränderliches) Gesetz, das eherne Lohngesetz (Lohntheorie), (bibl.) das Eherne Meer, (bibl.) die Eherne Schlange
eheste († 34): des ehesten, am ehesten, mit ehestem
Ehre († 13): auf Ehre bedacht sein, ein Mann von Ehre, in/mit/zu Ehren, es gereicht ihm zur Ehre. † ehrenhalber
ehren: wir wollen ihn ehren, aber: das Ehren fällt uns schwer, des Ehrens würdig. *Weiteres* † 15 f.
Ehrenberger (*immer groß*, † 28)
ehrenhalber: (*als Abkürzung im folgenden Titel groß:*) Dr.-Ing. E. h. (= Doktoringenieur Ehren halber)
ehrenrührig († 18 ff.): sein Verhalten war am ehrenrührigsten, alles/das Ehrenrührige verurteilen; das Ehrenrührigste, was ihm begegnet war, aber († 21): die ehrenrührigste seiner Handlungen; etwas/nichts Ehrenrühriges
ehrgeizig († 18 ff.): er war am ehrgeizigsten, alle/die Ehrgeizigen meiden; der Ehrgeizigste,

der ihm begegnet war, aber († 21): das ehrgeizigste seiner Kinder; ein Ehrgeiziger
ehrlich: a) († 40) ein ehrlicher Makler (redlicher Vermittler). **b)** († 18 ff.) er war am ehrlichsten, alle/die Ehrlichen; der Ehrlichste, der ihm begegnet war, aber († 21): der ehrlichste der Knaben
ehrlos † niederträchtig
ehrwürdig († 18 ff.): er war am ehrwürdigsten, alle/die Ehrwürdigen achten; der Ehrwürdigste, der ihm begegnet war, aber († 21): der ehrwürdigste der Greise; etwas/nichts Ehrwürdiges
Eid /an Eides Statt/† Statt
Eiderstedter (*immer groß*, † 28)
eidesstattlich († 40): eine eidesstattliche Versicherung
eidgenössisch († 41): eidgenössische Schulen, aber: die Eidgenössische Technische Hochschule in Zürich (ETH)
Eif[e]ler (*immer groß*, † 28)
eifern: er wird eifern, aber: das Eifern macht ihn unbeliebt, mit Eifern erreicht er nichts. *Weiteres* † 15 f.
eifersüchtig († 18 ff.): er ist am eifersüchtigsten, alle/die Eifersüchtigen; der Eifersüchtigste, dem sie begegnet war, aber († 21): der eifersüchtigste ihrer Liebhaber
eifrig († 18 ff.): er ist am eifrigsten, alle/die Eifrigen loben; der Eifrigste, den er kannte, aber († 21): der eifrigste der Schüler
eigen: a) († 40) eigene Aktien (Wirtsch.). **b)** († 18 ff.) alles/das Eigene, etwas aus eig[e]nem bezahlen, etwas/nichts Eigenes haben, es ist/ich nenne es mein eigen, etwas zu eigen geben/machen
eigenartig († 18 ff.): er ist am eigenartigsten, alles/das Eigenartige meiden; das eigenartigste (am eigenartigsten, sehr eigenartig) war, daß er sich nicht verletzt hatte, († 21) das eigenartigste seiner Werke, aber: das Eigenartigste, was ihm begegnet war; etwas/nichts Eigenartiges entdecken
eigenhändig († 40): (Rechtsspr.) ein eigenhändiges Delikt
eigensinnig († 18 ff.): er ist am eigensinnigsten, alle/die Eigensinnigen zurechtweisen; der Eigensinnigste, der ihm begegnet war, aber († 21): das eigensinnigste seiner Kinder; etwas/nichts Eigensinniges
eigentümlich † eigenartig
eigenwillig † eigensinnig
Eilbote († 13): durch/per Eilboten
eilen: er muß eilen/sich eilen, aber: das Eilen/Sicheilen nützte nichts. *Weiteres* † 15 f.
eilig († 18 ff.): diese Sache ist am eiligsten, alles/das Eilige vorziehen, († 21) die eiligsten der Frachtgüter, etwas Eiliges besorgen, nichts Eiligeres zu tun haben
ein († 34): nicht ein noch aus wissen, wer bei dir aus und ein geht/
ein/eine/ein/† eins/
1 *Als einfaches Zahladjektiv* († 29) *und einfaches Pronomen* († 32) *klein:* mein **ein** und [mein] alles, ein für allemal, ein und dasselbe, ein und der andere, ein Herz und eine Seele, ein und dieselbe Sache, was für ein Mensch, welch ein Arbeiten; **eine** Ihrer Damen, eine dieser Frau-

en/von ihnen/von uns, eine von beiden, hau ihm eine [herunter], das eine zeige mir; das eine, das andere; der eine, der andere; der eine [von ihnen] hat alles sofort zugegeben, die eine möchte ich sehen, was für eine?; das tut **einem** wirklich leid; was man nicht weiß, macht einem nicht heiß; in einem fort, zwei Pfund in einem [Stück], (Kartenspiel) Grand mit einem, so einem antwortet man nicht, von einem zum anderen; sie sollen **einen** in Ruhe lassen, einen trinken; was man nicht weiß, macht einen nicht heiß; was dem einen sin Uhl ist, ist dem andern sin Nachtigall; den einen kenne ich; die einen klatschten, die anderen pfiffen; alle für einen, zwei gegen einen, vom einen zum anderen; wenn **einer** etwas nicht versteht, dann soll er darüber nicht reden; wenn [nur] einer das erfährt, dann ist der Plan zunichte; einer Ihrer Herren, einer dieser Burschen/von ihnen/der Unseren, einer von beiden, sieh einer an, einer für alle, einer statt vieler, was soll einer schon dazu sagen, das ist einer, da kann einer doch verrückt werden, was für einer?, manch einer, er versteht das wie selten einer, so einer antwortet man nicht; **eines/eins** der beiden Pferde, nicht beide; eins/eines fehlt ihm noch: Geduld; eines/eins von beiden, eines dieser Mädchen/von ihnen/von uns, eines Ihrer Kinder, der Besuch eines Ihrer Herren, Blitz und Donner waren eins, eins geht ins andere über, eins kommt nach dem anderen, jmdm. eins auswischen, gib ihm eins, sag mir eins, eins singen, wenn eins das hört, zwei Augen sehen mehr als eines/eins, es läuft alles auf eins hinaus; die Aussagen eines, der dabei war; der Wagen, dessen eines Rad; was für eins?, mein eines Ohr; **irgendeine** wird sich finden, irgendeiner muß es ja getan haben, irgendeins wird schon passen. (Beachte aber:) der Eine (Gott)

2 *In Filmtiteln u. ä.* (↑ 2 ff.): „Zwanzig Briefe an einen Freund" (Buch), aber *(als erstes Wort):* „Einer muß dran glauben" (Film), „Ein Herz und eine Krone" (Buch und Film), „Eine Frau ist eine Frau" (Film)

3 *Schreibung des folgenden Wortes:* **a)** *Zahladjektive* (↑ 29 ff.) *und Pronomen* (↑ 32 f.): (Eislauf) eine Acht fahren; ein anderer, ein anderes, eine andere, jmdn. eines anderen belehren, sich eines anderen besinnen; es ist ein Er (ein Mann); ein jeder, eines jeden [Mannes] Hilfe ist wichtig; ein [gewisser] Jemand, ein Mehr von 20 Büchern, ein Nichts, eine Sechs würfeln, es ist eine Sie (eine Frau), in Latein eine Vier schreiben. **b)** *Infinitive* (↑ 16): ein Kreischen erfüllte das Vogelhaus, das war ein Singen. **c)** *Adjektive und Partizipien* (↑ 18 ff.): eine Geheilte, ein Gerechter, ein Gesunder, ein Kranker. (↑ 21) In dem Aquarium schwammen drei Fische: ein schwarzer, ein silbriger und ein bunter. – Er hat einen gehörigen/schönen/tollen/tüchtigen [Rausch] sitzen. (↑ 23) die Preise um ein geringes (ein wenig) erhöhen, aber: die Sache auf das Geringste beschränken; um ein gutes (viel), aber: die Sache hat ein Gutes; ein kleines (wenig) abhandeln, aber: es ist ihm ein Kleines, sie erwartet ein Kleines; auf ein neues (abermals). **d)** *Partikeln und Interjek-*

tionen (↑ 35): das war ein Auf und Nieder, das war ein Aus, ein Ja will er hören; ein Für und Wider gab es nicht; ein Oder gibt es nicht; das war ein Trara

einarbeiten: er will noch Ergänzungen einarbeiten, aber: das Einarbeiten der Zusätze verlangen. *Weiteres* ↑ 15 f.

einatmen: du darfst kein Gas einatmen, aber: das Einatmen des Gases ist gefährlich. *Weiteres* ↑ 15 f.

einbasig/einbasisch (↑ 40): (Chemie) einbasige/einbasische Säure

einbehalten: die Polizei wird den Führerschein einbehalten, aber: das Einbehalten des Führerscheins. *Weiteres* ↑ 15 f.

einberufen: er will den Senat einberufen, aber: das/durch Einberufen des Senats. *Weiteres* ↑ 15 f.

einbeschrieben (↑ 40): (Math.) einbeschriebener Kreis

einbrechen: du wirst auf der dünnen Eisdecke einbrechen, aber: das Einbrechen auf der dünnen Eisdecke. *Weiteres* ↑ 15 f.

einbringen: wir müssen die Ernte einbringen, aber: das/zum Einbringen der Ernte. *Weiteres* ↑ 15 f.

Einbruch (↑ 13): bei[m]/gegen/vor Einbruch der Dunkelheit, gegen Einbruch versichert

einbürgern: sie wollen ihn hier einbürgern, aber: das Einbürgern/Sicheinbürgern fremder Sitten. *Weiteres* ↑ 15 f.

eindämmen: er konnte das Feuer eindämmen, aber: das/beim Eindämmen des Feuers. *Weiteres* ↑ 15 f.

eindeutig (↑ 18 ff.): seine Haltung war am eindeutigsten, alles/das Eindeutige bevorzugen, (↑ 21) die eindeutigste der Äußerungen, etwas/nichts Eindeutiges

eindringlich (↑ 23): auf das/aufs eindringlichste

eindrücken: wir müssen die Scheibe eindrücken, aber: das/beim Eindrücken der Scheibe. *Weiteres* ↑ 15 f.

eindrucksvoll (↑ 18 ff.): dieser Vorgang war am eindrucksvollsten, alles/das Eindrucksvolle hervorheben; das eindrucksvollste (am eindrucksvollsten, sehr eindrucksvoll) war, daß er alles auswendig spielte, (↑ 21) der eindrucksvollste der Augenblicke, aber: das Eindrucksvollste, was er erlebt hatte; etwas/nichts Eindrucksvolles sehen

eineiig (↑ 40): eineiige Zwillinge

Einer: a) (↑ Achter). **b)** (↑ 19) du mußt erst die Einer, dann die Zehner zusammenrechnen

einerlei: a) (↑ 32) das ist einerlei. **b)** (↑ 33) das tägliche Einerlei

einesteils ↑ teils

einfach: a) (↑ 40) (Bot.) einfache Blüten, (Math.:) ein einfacher Bruch, die einfache Buchführung, die einfache Fahrt, der einfache Mann, einfaches Wort, (Biol.) eine einfache Zellteilung. **b)** (↑ 18 ff.): das ist am einfachsten, alles/das Einfache bevorzugen; das einfachste (am einfachsten, sehr einfach) ist, wenn du gleich gehst, (↑ 21) die einfachste der Methoden, aber: das Einfachste, was er finden konnte; etwas/nichts Einfaches. **c)** (↑ dreifach)

einfädeln: er wird es klug einfädeln, aber:

das/beim Einfädeln der Intrige. *Weiteres* ↑ 15 f.

einfallsreich (↑ 18 ff.): er ist am einfallsreichsten, alle/die Einfallsreichen; der Einfallsreichste, der ihm begegnet war, aber (↑ 21): das einfallsreichste seiner Stücke

einfältig (↑ 18 ff.): er ist am einfältigsten, alle/die Einfältigen bedauern; das einfältigste (am einfältigsten, sehr einfältig) war, er gleich fortlief, (↑ 21) die einfältigste der Reden, aber: das Einfältigste, was du tun konntest; etwas/nichts Einfältiges in seinen Anschauungen haben

einfetten: sie muß das Blech einfetten, aber: das/zum Einfetten des Bleches. *Weiteres* ↑ 15 f.

einflußreich (↑ 18 ff.): er ist am einflußreichsten, alle/die Einflußreichen beneiden; der Einflußreichste, der er begegnet war, aber (↑ 21): der einflußreichste seiner Freunde

einförmig ↑ eintönig

einfrieren: wir werden das Obst einfrieren, aber: das/nach Einfrieren des Obstes. *Weiteres* ↑ 15 f.

einführen: er will neue Regeln einführen, aber: das Einführen neuer Regeln. *Weiteres* ↑ 15 f.

Eingang (↑ 13): im Eingang

eingangs (↑ 34): eingangs des Tunnels

eingebildet: a) (↑ 2 ff.) „Der eingebildete Kranke" (Molière), aber: eine Figur aus dem „Eingebildeten Kranken". **b)** (↑ 18 ff.) er ist am eingebildetsten, alle/die Eingebildeten verurteilen; der Eingebildetste, dem er begegnet war, aber (↑ 21): der eingebildetste seiner Kollegen; etwas/nichts Eingebildetes

eingeboren (↑ 40): die eingeborene Bevölkerung, (Philos.) eingeborene Ideen; (bibl.) der eingeborene (einzige) Sohn [Gottes]

eingebracht (↑ 40): (Rechtsspr.) eingebrachtes Gut

eingefleischt (↑ 40): ein eingefleischter Junggeselle

eingehend (↑ 18 ff.): auf das/aufs eingehendste

eingelegt (↑ 40): eingelegte Arbeit (Intarsien), eingelegte Heringe

eingesprengt (↑ 40): eingesprengtes Gold

eingestrichen (↑ 40): (Musik) das eingestrichene c

eingetragen (↑ 39 f.): Eingetragene Genossenschaft mit beschränkter Haftung (EGmbH), Eingetragene Genossenschaft mit unbeschränkter Haftung (EGmuH), Eingetragener Verein (E. V.), aber auch: eingetragene Genossenschaft … (eGmbH, eGmuH), eingetragener Verein (e. V.)

eingewöhnen: du kannst dich gut eingewöhnen, aber: das/zum Eingewöhnen/Sicheingewöhnen in der neuen Umgebung. *Weiteres* ↑ 15 f.

eingezogen (↑ 40): (Bauw.) ein eingezogener Chor

eingravieren: er soll den Namen eingravieren, aber: das/durch Eingravieren des Namens. *Weiteres* ↑ 15 f.

eingreifen: hier müssen wir eingreifen, aber: das/durch Eingreifen des Polizisten. *Weiteres* ↑ 15 f.

Einhalt gebieten: a) (↑ 11) er gebietet/gebot Einhalt, weil er Einhalt gebietet/gebot, er wird Einhalt gebieten, er hat Einhalt geboten, um Einhalt zu gebieten. **b)** (↑ 16) das Einhaltgebieten war nicht mehr möglich, fürs Einhaltgebieten war es zu spät

Einhalt tun ↑ Einhalt gebieten

einhäusig (↑ 40): (Bot.) einhäusige Pflanzen

einheitlich: a) (↑ 40) die einheitliche Wirtschaftswissenschaft, (DDR) einheitliches sozialistisches Bildungssystem. **b)** (↑ 18 ff.) dieser Plan ist am einheitlichsten, alles/das Einheitliche bevorzugen; das Einheitlichste, was er gesehen hatte, aber (↑ 21): der einheitlichste der Stile; etwas/nichts Einheitliches aufweisen

einholen: wir können ihn noch einholen, aber: das/beim Einholen des Läufers. *Weiteres* ↑ 15 f.

einhundert usw. ↑ hundert usw.

einige

1 *Als einfaches Pronomen klein* (↑ 32): viele Ausländer waren in der Stadt, doch er hatte nur einige gesehen; einige warnten davor, einige der Männer, einige von/unter den Männern/ihnen, er wußte einiges, einiges darüber/davon weiß ich; er hatte bei einigen nachgefragt; einige sind ausgewählt, und diese einigen müssen es tun; in einigem hat er recht, er ist mit einigen dorthin gegangen, er hatte es von einigen gehört

2 *Schreibung des folgenden Wortes:* **a)** *Zahladjektive* (↑ 29 ff.) *und Pronomen* (↑ 32 f.): einiges andere, einige dreißig, einige wenige warnten davor. **b)** *Infinitive* (↑ 16): einiges Üben erfordert es schon. **c)** *Adjektive und Partizipien* (↑ 20 ff.): einige Angestellte, einige Fromme, einige Gelehrte, einiges Gute, mit einigem Neuen, einige Neugierige, einiges Private. (↑ 23) einige beliebige (irgendwelche) (↑ 21) In dem Aquarium schwammen die verschiedensten Fische: viele silbrige, einige bunte und ein paar schwarze. **d)** *Partikeln und Interjektionen* (↑ 35): einiges Auf und Nieder, einiges Für und Wider, es gab noch einiges Hin und Her, nach einigem Weh und Ach, es gab noch einiges Wenn und Aber

einigen: sie wollen die Parteien/sich einigen, aber: das Einigen/Sicheinigen ist nicht leicht. *Weiteres* ↑ 15 f.

einjährig: a) (↑ achtjährig). **b)** (↑ 40) einjährige Pflanzen (Bot.)

einkaufen: ich muß noch Brot einkaufen, aber: das/zum Einkaufen von Brot. *Weiteres* ↑ 15 f.

einkehren: wo können wir einkehren?, aber: das/zum Einkehren im Wirtshaus. *Weiteres* 15 f.

einkeimblätt[e]rig (↑ 40): (Bot.) einkeimblättrige Pflanzen

einkellern ↑ einlagern

einkerkern: sie werden ihn einkerkern, aber: das Einkerkern des Gefangenen. *Weiteres* ↑ 15 f.

einkesseln ↑ einkreisen

einklammern: den Satz mußt du einklammern, aber: das/durch Einklammern des Satzes. *Weiteres* ↑ 15 f.

Einklang (↑ 13): in/im Einklang

einklassig (↑40): eine einklassige Schule

einkochen: sie muß das Obst einkochen, aber: das/zum Einkochen des Obstes. *Weiteres* ↑15f.

einlagern: wir müssen noch Kartoffeln einlagern, aber: das/zum Einlagern von Kartoffeln. *Weiteres* ↑15f.

einläuten: die Glocken werden den Sonntag einläuten, aber: das/nach Einläuten des Sonntags. *Weiteres* ↑15f.

einleben, sich: ihr werdet euch einleben, aber: das Einleben/Sicheinleben in der neuen Umgebung. *Weiteres* ↑15f.

einlegen: ich werde ein gutes Wort für dich einlegen, aber: das/durch Einlegen einiger guter Worte. *Weiteres* ↑15f.

einleiten, aber: das/durch Einleiten einer neuen Epoche. *Weiteres* ↑15f.

einleuchtend (↑18ff.): seine Erklärung ist am einleuchtendsten, alles/das Einleuchtende annehmen; das einleuchtendste (am einleuchtendsten, sehr einleuchtend) wäre gewesen, wenn er sich zurückgezogen hätte, (↑21:) das einleuchtendste seiner Argumente, aber: das Einleuchtende, was er gehört hatte; etwas/nichts Einleuchtendes

einlösen: er wird sein Versprechen einlösen, aber: das/beim Einlösen des Versprechens. *Weiteres* ↑15f.

einmachen ↑einkochen

einmischen, sich: er soll sich da nicht einmischen, aber: das Einmischen/Sicheinmischen in fremde Angelegenheiten. *Weiteres* ↑15f.

einmonatig (↑40): ein einmonatiger Lehrgang

einmotorig (↑40): ein einmotoriges Flugzeug

einordnen: du kannst diese Karten einordnen, aber: das/zum Einordnen der Karten. *Weiteres* ↑15f.

ein paar ↑Paar/paar

einparken: du mußt hier einparken, aber: er hat beim Einparken eine Delle gemacht. *Weiteres* ↑15f.

einplanen: wir wollen einen möglichen Verlust einplanen, aber: das/beim Einplanen eines Verlustes. *Weiteres* ↑15f.

einprägen: du mußt dir das einprägen, aber: das/durch Einprägen seiner Worte. *Weiteres* ↑15f.

einquartieren: wir können ihn bei dir einquartieren, aber: das/durch Einquartieren der Soldaten. *Weiteres* ↑15f.

einräumen: er will ihm einen Kredit einräumen, aber: das/durch Einräumen eines Kredits. *Weiteres* ↑15f.

einreihig (↑40): ein einreihiger Anzug (Einreiher)

einreisen: du kannst nach Finnland einreisen, aber: das/zum Einreisen nach Finnland. *Weiteres* ↑15f.

einrichten: wir werden die Wohnung neu einrichten, aber: das/zum Einrichten der Wohnung. *Weiteres* ↑15f.

einrücken: er muß zum Militärdienst einrücken, aber: das Einrücken zum Militärdienst. *Weiteres* ↑15f.

eins /↑ein (1)/: **a)** (↑29) eins und zwei ist/macht drei; es ist/schlägt eins; ein Viertel auf/vor/nach eins; gegen eins; ein Abschnitt/Nummer/Punkt/Thema eins; er war eins, zwei, drei damit fertig; das ist eins a [I a], eins (einig) sein/werden, es ist mir alles eins (gleichgültig), in eins setzen (gleichsetzen); ↑acht (1). **b)** (↑30) er würfelt eine Eins/drei Einsen, er hat in Latein eine Eins geschrieben, er hat die Prüfung mit der Note „Eins" bestanden; ↑acht (2). **c)** (↑2ff.) „Die Uhr schlägt eins" (von Zuckmayer)

einsam (↑18ff.): er ist am einsamsten, alle/die Einsamen besuchen; der Einsamste, den er kannte, aber (↑21): der einsame aller Menschen

einsammeln: er soll die Hefte einsammeln, aber: das/beim Einsammeln der Hefte. *Weiteres* ↑15f.

einschätzen: er sollte die Lage anders einschätzen, aber: das/zum Einschätzen der Lage. *Weiteres* ↑15f.

einschläf[e]rig (↑40): ein einschläf[e]riges Bett (für eine Person)

einschlagen: er wird diese Laufbahn einschlagen, aber: das/durch Einschlagen dieser Laufbahn. *Weiteres* ↑15f.

einschlägig: a) (↑40) die einschlägigen Geschäfte, die einschlägige Literatur. **b)** (↑18ff.) alles/das Einschlägige, etwas/nichts Einschlägiges finden

einschneidend (↑40): einschneidende Maßnahme/Veränderung

einschreiten: dagegen werden wir einschreiten, aber: das/durch Einschreiten gegen diese Unsitte. *Weiteres* ↑15f.

einschürig (↑40): eine einschürige (eine Ernte liefernde) Wiese

einseitig: a) (↑40) einseitige Rechtsgeschäfte (Rechtsspr.). **b)** (↑18ff.) er ist am einseitigsten, alles/das Einseitige verschmähen; das Einseitigste, was er je gehört hatte, aber (↑21): das einseitigste der Bücher; etwas/nichts Einseitiges

einsenden: er will die Lösung einsenden, aber: das Einsenden der Lösung. *Weiteres* ↑15f.

Einser ↑Einer

einsetzen: er will dem Patienten ein neues Herz einsetzen, aber: das/durch Einsetzen eines neuen Herzens. *Weiteres* ↑15f.

Einsicht (↑13): zur Einsicht kommen

Einsicht haben ↑Anteil haben

einsichtig (↑18ff.): er war am einsichtigsten, alle/die Einsichtigen loben; der Einsichtigste, den er finden konnte, aber (↑21): der einsichtigste seiner Kontrahenten

Einsicht nehmen ↑Abstand nehmen

einsilbig: a) (↑40) einsilbige Wörter. **b)** (↑18ff.) er war am einsilbigsten; der Einsilbigste, den man sich denken kann, aber (↑21): der einsilbigste seiner Gesprächspartner; etwas/nichts Einsilbiges

einsommerig/einsömmerig (↑40): einsommerige/einsömmerige Forellen

einsparen: du kannst einige Prozente einsparen, aber: das/durch Einsparen einiger Prozente. *Weiteres* ↑15f.

Einspruch erheben ↑ Anspruch erheben

einspurig (↑ 40): einspurige Fahrbahn

einst (↑ 35): das Einst und das Jetzt, dem Einst das Jetzt vorziehen

einsteinsch (↑ 27): (Physik) die Einsteinsche Gleichung/Relativitätstheorie

einstellen: er will einen Mitarbeiter einstellen, aber: das/beim Einstellen eines Mitarbeiters. Weiteres ↑ 15 f.

einstudieren: sie wollen ihre Rollen einstudieren, aber: das/zum Einstudieren ihrer Rollen. Weiteres ↑ 15 f.

einstürzen: die Ruine wird bald einstürzen, aber: das Einstürzen der Ruine. Weiteres ↑ 15 f.

einstweilig (↑ 40): (Rechtsspr.) eine einstweilige Anordnung/Verfügung

eintausend ↑ hundert

eintönig (↑ 18 ff.): diese Landschaft war am eintönigsten, alles/das Eintönige meiden; das Eintönigste, was ihm je begegnet war, aber (↑ 21): der eintönigste der Abende; etwas/nichts Eintöniges

eintragen: er muß dieses Datum noch eintragen, aber: das Eintragen dieses Datums. Weiteres ↑ 15 f.

einträglich (↑ 18 ff.): seine Arbeit ist am einträglichsten, alles/das Einträgliche; das Einträglichste, was man sich denken kann, aber (↑ 21): die einträglichste der Arbeiten; etwas/nichts Einträgliches

eintreffen: der Zug wird bald eintreffen, aber: das/beim Eintreffen des Zuges. Weiteres ↑ 15 f.

Eintritt (↑ 13): bei[m]/gegen/vor Eintritt der Dunkelheit

eintürig (↑ 40): ein eintüriges Auto, ein eintüriger Schrank

Einvernehmen (↑ 13): im Einvernehmen mit, ins Einvernehmen setzen

Einverständnis (↑ 13): im Einverständnis mit jmdm.

einwandfrei (↑ 18 ff.): alles/das Einwandfreie, etwas/nichts Einwandfreies finden

einwickeln: soll ich Ihnen die Ware einwickeln?, aber: das/zum Einwickeln der Ware. Weiteres ↑ 15 f.

einzahlen: ich werde den Betrag einzahlen, aber: das/zum Einzahlen des Betrages. Weiteres ↑ 15 f.

einzellig (↑ 40): (Biol.) einzellige Lebewesen

einzeln (↑ 32 f.): einzelne sagen, daß ...; einzelnes kenne ich, alles einzelne, als einzelner, bei einzelnen hat er schon vorgesprochen, das einzelne, der einzelne, die einzelne, ein einzelner, für die Gemeinschaft und den einzelnen, im einzelnen, bis ins einzelne, zu sehr ins einzelne gehende Richtlinien, jeder einzelne, es war kein einzelner, mit einzelnen hatte er schon gesprochen, aber: vom Einzelnen (von der Einzelform, der Einzelheit) ins Ganze gehen, vom Einzelnen zum Allgemeinen; es sollten viele Ausländer in der Stadt sein, doch er hatte nur einzelne von ihnen gesehen

einziehen: er will eine Wand einziehen, aber: das Einziehen einer Wand. Weiteres ↑ 15 f.

einzig (↑ 32 f.): das/der/die einzige; das ist das einzige, was zu tun wäre; ich weiß, daß ich

nicht der einzige bin; ein/kein einziges, etwas einziges, er ist einzig in seiner Art, er als einziger, einzig und allein; er ist ihr/unser Einziger

einzigartig (↑ 18 ff.): alles/das Einzigartige, das einzigartige (einzigartig) ist, daß er alles allein bewältigte, etwas Einzigartiges

Eis (↑ 13): auf Eis legen, aufs Eis gehen, zu Eis werden

eis/Eis ↑ as/As

Eisenacher (immer groß, ↑ 28)

Eisenbahn fahren ↑ Auto fahren

eisenverarbeitend (↑ 40): die eisenverarbeitende Industrie

eisern (↑ 39 f.): mit eisernem Besen kehren, der eiserne Bestand, eiserne Disziplin, mit eiserner Faust, die Eiserne Front (1931), die Eiserne Garde (nationalist. Bewegung in Rumänien), die eiserne Hochzeit, (Bergmannsspr.) ein eiserner Hut, die eiserne Jungfrau (Foltergerät), das Eiserne Kreuz (eine Auszeichnung), die Eiserne Krone (der Langobardenkönige), die eiserne Lunge, die Eiserne Maske (Staatsgefangener unter Ludwig XIV.), die eiserne Ration, der eiserne Schaffner, ein eiserner Schutzmann, das Große Eiserne Tor (Durchbruchstrecke der Donau), das Eiserne Tor (Balkanpaß, Paß in Rumänien); der eiserne Vorhang (zwischen Bühne und Zuschauerraum im Theater), aber: der Eiserne Vorhang (weltanschauliche Grenze zwischen Ost und West); ein eiserner Wille

eislaufen: a) (↑ 12) er läuft/lief eis, weil er eisläuft/eislief, er wird eislaufen, er ist eisgelaufen, um eiszulaufen. **b)** (↑ 16) das Eislaufen macht Spaß, beim Eislaufen stürzen

Eisleber (immer groß, ↑ 28)

eitel (↑ 18 ff.): er ist am eitelsten, alle/die Eitlen; der Eitelste, den man sich denken kann, aber (↑ 21): der eitelste der Männer; etwas/nichts Eitles

eitern: die Wunde wird eitern, aber: das Eitern der Wunde, zum Eitern kommen. Weiteres ↑ 15 f.

ekelerregend (↑ 18 ff.): der Anblick war am ekelerregendsten, alles/das Ekelerregende; das Ekelerregendste, was er je gesehen hatte, aber (↑ 21): der ekelerregendste der Anblicke; etwas/nichts Ekelerregendes

ekelhaft ↑ ekelerregend

Ekstase (↑ 13): in Ekstase

elastisch ↑ dehnbar

Elbinger (immer groß, ↑ 28)

eleatisch (↑ 40): (Philos.) die eleatische Schule

elegant (↑ 18 ff.): sie war am elegantesten, alle/die Eleganten bewundern; die Eleganteste, die er je gesehen hatte, aber (↑ 21): die eleganteste der Frauen; etwas/nichts Elegantes

elektrifizieren: sie wollen die Bahnstrecke elektrifizieren, aber: das Elektrifizieren der Bahnstrecke, zum Elektrifizieren vorsehen. Weiteres ↑ 15 f.

elektrisch (↑ 40): (Zool.) ein elektrischer Aal, (Technik) elektrische Einheiten, elektrische Eisenbahn, (Physik) ein elektrisches Feld, elektrische Feldstärke, (Zool.) elektrische Fische, elektrisches Haushaltsgerät, elektrische Heizung, (Technik) die elektrische Impedanz, die elektrische Influenz, elektrisches Klavier, ein elektrischer Kondensator, eine elektrische Lokomotive (E-Lok), die elektrische Meßtechnik, die elektrische Narkose, (Zool.) elektrische Organe, das elektrische Prüfamt, (Technik) ein elektrischer Regler; „Der elektrische Reiter" (Film), aber *(als erstes Wort):* die Musik aus dem „Elektrischen Reiter" (↑2 f f.); elektrische Spannung, elektrischer Strom, der elektrische Stuhl, (Technik) der elektrische Widerstand, (Physik) elektrischer Wind

elektrochemisch (↑40): ein elektrochemisches Äquivalent, (Chemie) die elektrochemische Korrosionstheorie, die elektrochemische Spannungsreihe

elektrodynamisch (↑40): ein elektrodynamisches Meßwerk

elektrokinetisch (↑40): (Physik) elektrokinetische Erscheinungen

elektrolytisch (↑40): (Chemie) elektrolytische Dissoziation

elektromagnetisch (↑40): (Physik) ein elektromagnetisches Feld, die elektromagnetische Lichttheorie, elektromagnetische Wellen

elektromotorisch (↑40): die elektromotorische Kraft (EMK)

elektronisch (↑40): elektronische Bandbreite, elektronische Datenverarbeitung (EDV), elektronische Musik, elektronische Musikinstrumente

elementar: a) (↑40) elementare Begriffe, elementare Gewalt. **b)** (↑18 f f.) alles/das Elementare fürchten, etwas/nichts Elementares

elend (↑18 f f.): er ist am elendsten, alle/die Elenden bedauern; der Elendste, den er gesehen hatte, aber (↑21): der elendste der Kranken

eleusinisch (↑39): die Eleusinischen Mysterien

elf: a) (↑acht [1]). **b)** (↑30) die Zahl Elf, die Elf von Borussia Mönchengladbach; ↑acht (2). **c)** (↑39) Elf Scharfrichter (Kabarett in München zu Anfang des 20. Jh.s)

Elfer: a) (↑Achter). **b)** (↑9) beim letzten Fußballspiel hat er einen Elfer verschossen, Elfer 'raus (Kartenspiel)

elffach/Elffache ↑dreifach

elfjährig ↑achtjährig

elfte ↑achte

elftel ↑viertel

elisabethanisch (↑39): das Elisabethanische England

elliptisch (↑40): (Math.) eine elliptische Funktion, elliptische Geometrie

Ellmauer/Ellwanger/Elsässer *(immer groß,* ↑28)

elsässisch: a) (↑40) die elsässische Geschichte, die elsässischen Mundarten. **b)** (↑18 f f.) alles/das Elsässische lieben, nichts/viel Elsässisches

elsaß-lothringisch: a) (↑40) elsaß-lothringische Bevölkerung. **b)** (↑18 f f.) ins Elsaß-Lothringische fahren

elterlich (↑40): die elterliche Gewalt

elysäisch (↑39 f.): die Elysäischen Felder (in Paris), die elysäischen Gefilde

elysisch ↑elysäisch

embryonal (↑40): (Bot.) embryonales Gewebe, eine embryonale Zelle

Emd[en]er *(immer groß,* ↑28)

emeritiert (↑40): ein emeritierter Professor (em. Prof.)

Emmentaler *(immer groß,* ↑28)

e-Moll (↑36): ein Stück in e-Moll/in e; e-Moll-Arie

emotional (↑18 f f.): alles/das Emotionale vermeiden, etwas/nichts Emotionales

Empfang (↑13): in Empfang nehmen

empfangen: du darfst Besuch empfangen, aber: das/beim Empfangen von Besuch. *Weiteres* ↑15 f.

empfängnisverhütend (↑40): empfängnisverhütende Mittel

empfangsbedürftig (↑40): (Rechtsspr.) empfangsbedürftige Willenserklärung

empfehlen: wir können es dir empfehlen, aber: das Empfehlen der Gaststätte. *Weiteres* ↑15 f.

empfehlenswert (↑18 f f.): dies ist am empfehlenswertesten, alles/das Empfehlenswerte; das empfehlenswerteste (am empfehlenswertesten, sehr empfehlenswert) wäre, sofort abzureisen, (↑21) das empfehlenswerteste der Bücher, aber: das Empfehlenswerteste, was ich anzubieten habe; etwas/nichts Empfehlenswertes

empfindlich (↑18 f f.): er war am empfindlichsten, alle/die Empfindlichen; der Empfindlichste, der ihm begegnet war, aber (↑21): der empfindlichste der Knaben; etwas/nichts Empfindliches

empfindsam (↑40): die empfindsame Dichtung

Emser *(immer groß,* ↑28)

en bloc (im ganzen, ↑9). En-bloc-Abstimmung

Ende (↑9): Ende Januar, letzten Endes; (↑13) am Ende sein, ans Ende der Welt, von Anfang bis Ende, gegen Ende des Konzerts, ohne Ende, seit Ende Januar, der Anfang vom Ende, zu Ende bringen/führen/gehen/kommen/sein, zum Ende hin

en detail (im kleinen, ↑9)

endlos ↑grenzenlos

endogen (↑40): endogene Psychosen

endokarp (↑40): (Biol.) die endokarpe Keimung

endokrin (↑40): (Med.) endokrine Drüsen

Endungs-t (↑36)

energetisch (↑40): (Philos.) der energetische Imperativ

energisch ↑tatkräftig

Enfant terrible (↑9)

eng

1 *Als Attribut beim Substantiv* (↑39 f.): sie hat ein enges Becken, eine enge Gasse; „Gasthaus zur Engen Gasse", Gasthaus „Zur Engen Gasse", Gasthaus „Enge Gasse"; einen engen Horizont haben, der enge Rock, das Engere Serbien (Teil von Serbien), in die engere Wahl kommen

2 *Alleinstehend oder nach Artikel, Pronomen, Präposition usw.* (↑18 f f.): Enges erweitern; alles Enge hassen, dort ist die Straße am engsten, sie sind auf das/aufs engste (sehr eng) befreundet, das Enge/Engste, einiges/etliches Enge, etwas Enges, irgend etwas Enges, nichts Engeres/Enges. (↑21) Sie hat viele Kleider. Die engen [Kleider] bevorzugt sie, die weiten [Kleider] trägt sie selten. – Sie probierte viele Röcke an. Der engste von allen/unter ihnen paßte schließlich. – Sie wollte das engste und das weiteste Kleid probieren. – Das ist der engere/engste ihrer Pullover/von den Pullovern/unter den Pullovern

Engadiner (*immer groß*, ↑28)

engagieren: er will ihn engagieren/sich engagieren, aber: das Engagieren/Sichengagieren ist sinnlos. *Weiteres* ↑15f.

engagiert (↑40): engagierte Literatur

Enge (↑9): die Enge (das Engsein; die Schmalheit)

Engelberger (*immer groß*, ↑28)

englisch /zu: *der Engel*/ (↑39): der Englische Gruß (Bezeichnung des Gebets „Ave Maria" oder Darstellung der Verkündigung Mariä in der Kunst), der Englische Lobgesang (Lobgesang der Engel bei Christi Geburt)

englisch/Englisch/Englische

1 *Als Attribut beim Substantiv* (↑39ff.): englische **Broschur** (ein Bucheinband), die englische Dogge, Englisch Fangen (ein Spiel; ↑2), das Englische Fräulein (Angehörige eines kath. Frauenordens); der englische Garten (Gartenform), aber: der Englische Garten (München); englische Geschichte, die englischen Komödianten (16. bis 17.Jh.), die englische Krankheit (Rachitis), die englische Kunst, die englische **Linie** (Zierlinie in der Druckkunst), die englische Literatur, englische Manier (Schabkunst, ein Kupferstichverfahren), englische Montierung (Aufstellungsart für astronomische Fernrohre), die englische Musik, das englische **Pflaster**, die englische Philosophie, die englische Politik, englisches Riechsalz, der englische Sattel, englische Schreibschrift, der englische Setter, die englische Sprache, die englische Staatskirche (kein Titel), englischer **Trab**, das englische Volk, das englische Vollblut, der englische Walzer, das englische Windhund, das englische Windspiel, (Sportspr.) englische Woche, englischer Zug (halboffener Schubkasten)

2 (↑25) **a)** *Alleinstehend beim Verb:* wir haben jetzt Englisch in der Schule, können Sie Englisch?, sie kann kein/gut/[nur] schlecht Englisch; er schreibt ebensogut englisch wie deutsch (wie schreibt er?), aber: er schreibt ebensogut Englisch wie Deutsch (was schreibt er?); der Redner spricht englisch (wie spricht er? er hält seine Rede in englischer Sprache), aber: mein Freund spricht [gut] Englisch (was spricht er? er kann und versteht die englische Sprache); bitte englisch traben (in der Reitbahn), verstehen Sie [kein] Englisch? **b)** *Nach Artikel, Pronomen, Präposition usw.:* auf englisch (in englischer Sprache, englischem Wortlaut), er hat aus dem Englischen ins Deutsche übersetzt, das Englisch Shakespeares (Shakespeares besondere Ausprägung der englischen Sprache), das Englische der Flieger, das [typisch] Englische an Churchills Politik; *(immer mit dem bestimmten Artikel:)* das Englische (die englische Sprache allgemein); dein Englisch ist

schlecht, ein Lehrstuhl für Englisch, er hat für Englisch/für das Englische nichts übrig, er kann/spricht/versteht etwas Englisch, er hat etwas Englisches in seinem Wesen; in englisch (in englischer Sprache, englischem Wortlaut), Prospekte in englisch, eine Zusammenfassung in englisch, aber: in Englisch (in der Sprache Englisch), Prospekte in Englisch, eine Zusammenfassung in Englisch, *(nur groß:)* er hat eine Zwei in Englisch (im Schulfach Englisch), er übersetzt ins Englische. *Zu weiteren Verwendungen* ↑deutsch/Deutsch/Deutsche

en gros (im großen, ↑9)

engstirnig (↑18ff.): er ist am engstirnigsten, alles/das Engstirnigsten verachten; das engstirnigste (am engstirnigsten, sehr engstirnig) wäre, wenn er auf seinem Standpunkt beharrt, (↑21) das engstirnigste der Urteile, aber: das Engstirnigste, was man sich denken kann; etwas/nichts Engstirniges

enharmonisch (↑40): (Musik) eine enharmonische Verwechslung

en masse (gehäuft, ↑9)

en miniature (im kleinen, ↑9)

Ennstaler (*immer groß*, ↑28)

en passant (beiläufig, ↑9)

entartet (↑40): (nationalsoz.) die entartete Kunst

entbehren: ich kann das Buch nicht entbehren, aber: das Entbehren jeglichen Komforts stört ihn am meisten. *Weiteres* ↑15f.

entbehrlich (↑18ff.): dieses Instrument ist am entbehrlichsten, alles/das Entbehrliche; das Entbehrlichste, was man sich denken kann, aber: (↑21) das entbehrlichste der Kleidungsstücke; etwas/nichts Entbehrliches

entdecken: wir konnten das Versteck entdecken, aber: das/beim Entdecken des Verstecks. *Weiteres* ↑15f.

enteignen: wir müssen diesen Grundbesitzer enteignen, aber: das Enteignen dieses Grundbesitzers. *Weiteres* ↑15f.

enteignungsgleich (↑40): (Rechtsspr.) ein enteignungsgleicher Eingriff

enterben: er will seinen Sohn enterben, aber: das Enterben des Sohnes. *Weiteres* ↑15f.

entfachen: er will immer Streit entfachen, aber: das Entfachen eines Streits. *Weiteres* ↑15f.

entfalten: wir wollen die Karte entfalten, aber: das/beim Entfalten der Karte. *Weiteres* ↑15f.

entfernen: er soll sich nicht entfernen, aber: das Entfernen/Sichentfernen von der Truppe. *Weiteres* ↑15f.

entfernt (↑23): nicht im entferntesten

entflechten: sie werden den Konzern entflechten, aber: das/nach Entflechten des Konzerns. *Weiteres* ↑15f.

entführen: sie sollte das Kind entführen, aber: das/beim Entführen des Kindes. *Weiteres* ↑15f.

entgangen ((↑40): (Rechtsspr.) ein entgangener Gewinn

entgegengesetzt (↑18ff.): das Entgegengesetzte ist der Fall

entgleisen: du durftest nicht so entgleisen,

aber: das/durch Entgleisen des Redners. *Weiteres* ↑15f.

entgräten: du mußt den Fisch erst entgräten, aber: das/beim Entgräten des Fisches. *Weiteres* ↑15f.

enthärten: man muß das Wasser enthärten, aber: das/zum Enthärten des Wassers. *Weiteres* ↑15f.

enthüllen: er soll das Denkmal enthüllen, aber: das/beim Enthüllen des Denkmals. *Weiteres* ↑15f.

entladen: du kannst den Wagen entladen, aber: das/beim Entladen des Wagens. *Weiteres* ↑15f.

entlarven: wir werden den Betrüger entlarven, aber: das Entlarven des Betrügers. *Weiteres* ↑15f.

entlassen: er mußte den Minister entlassen, aber: das/durch Entlassen des Ministers. *Weiteres* ↑15f.

entlegen (↑18ff.): dieses Haus war am entlegensten, alles/das Entlegene meiden; das Entlegenste, was man sich denken kann, aber (↑21): das entlegenste der Themen; etwas/nichts Entlegenes bearbeiten

entleihen: du kannst das Buch entleihen, aber: das/zum Entleihen des Buches. *Weiteres* ↑15f.

entlohnen: du mußt ihn anständig entlohnen, aber: das/zum Entlohnen der Arbeiter. *Weiteres* ↑15f.

entlüften: wir müssen das Zimmer entlüften, aber: das/beim Entlüften des Zimmers. *Weiteres* ↑15f.

entmachten: sie wollen ihn entmachten, aber: das Entmachten des Präsidenten. *Weiteres* ↑15f.

entschädigen: sie wollen ihn für das Grundstück entschädigen, aber: das/durch Entschädigen des Eigentümers. *Weiteres* ↑15f.

entscheiden: das mußt du entscheiden, aber: das Entscheiden dieser Angelegenheit. *Weiteres* ↑15f.

entscheidend (↑18ff.): dieser Vorgang war am entscheidendsten, alles/das Entscheidende; das entscheidendste (am entscheidendsten, sehr entscheidend) war, daß er gute Sprachkenntnisse hatte, (↑21) der entscheidendste seiner Beschlüsse, aber: das Entscheidendste, was sich ereignet hatte; etwas/nichts Entscheidendes beschließen

entschieden ↑entschlossen

entschlossen (↑18ff.): er war am entschlossensten, alle/die Entschlossenen unterstützen; der Entschlossenste, den er erlebt hatte, aber (↑21): der entschlossenste der Männer; etwas/nichts Entschlossenes

entschuldigen: das kann man nicht entschuldigen, aber: das Entschuldigen dieses Vorfalls. *Weiteres* ↑15f.

entsetzlich (↑18ff.): dieses Erlebnis war am entsetzlichsten, alles/das Entsetzliche; das entsetzlichste (am entsetzlichsten) war, daß er nicht gerettet werden konnte, (↑21) das entsetzlichste Erlebnisse, aber: das Entsetzlichste, was er erlebt hatte; etwas/nichts Entsetzliches

entspannt (↑40): entspanntes Wasser

entsprechend (↑18ff.): Entsprechendes/das Entsprechende gilt hierfür

entstehen: wie konnte diese Lage entstehen?, aber: das/nach Entstehen dieser Lage. *Weiteres* ↑15f.

entstören: er will den Apparat entstören lassen, aber: das/zum Entstören des Apparats. *Weiteres* ↑15f.

entwaffnen: er ließ die Truppen entwaffnen, aber: das/nach Entwaffnen der Truppen. *Weiteres* ↑15f.

entweder oder: a) (↑34) entweder der Vater oder die Mutter. b) (↑35) das Entweder-Oder, hier gibt es nur ein Entweder-Oder

entweichen: er konnte aus der Haft entweichen, aber: das/durch Entweichen aus der Haft. *Weiteres* ↑15f.

entwerfen: wir wollen einen Plan entwerfen, aber: das/zum Entwerfen eines Planes. *Weiteres* ↑15f.

entwerten: sie wollen die Mark entwerten, aber: das/zum Entwerten der Mark. *Weiteres* ↑15f.

entziehen: man muß ihm den Alkohol entziehen, aber: das/durch Entziehen des Alkohols. *Weiteres* ↑15f.

entziffern: diese Schrift kann ich nicht entziffern, aber: das/beim Entziffern dieser Schrift. *Weiteres* ↑15f.

entzückend ↑reizend

entzünden: wir müssen die Laternen entzünden, aber: das/beim Entzünden der Laternen. *Weiteres* ↑15f.

en vogue (beliebt, ↑9)

eo ipso (von selbst, ↑9)

ephemer (↑40): (Bot.) ephemere Blüten, ephemere Pflanzen; ephemere Siedlungen

Epheser (*immer groß*, ↑28)

epidemisch (↑40): (Med.) epidemisches Fleckfieber, epidemische Genickstarre u.a.

epikur[e]isch (↑27): die Epikureischen Schriften, aber: eine epikureische Lebensauffassung

episch (↑40): epische Breite, die epische Dichtung, episches Theater, epische Wiederholung

er

1 *Als einfaches Pronomen klein* (↑32): er kommt; da wohnten beide – er ein Lump und sie nichts wert; er spottet **seiner** selbst, er erinnerte sich seiner, er erinnerte sich an; er kommt heute zu **ihm**, sie redeten nur von ihm und über **ihn**, sie sorgte für ihn. *(Beachte aber:)* und Er (Gott) wird mir verzeihen

2 *In Filmtiteln u.ä.* (↑2ff.): „Er" (Film), „Er ein Dieb, sie eine Diebin" (Film)

3 *Als veraltete Anrede an eine Person männlichen Geschlechts groß* (↑5): höre Er!, jmdn. Er nennen. (↑33) das veraltete Er

4 *Substantivisch gebraucht groß* (↑33): der Er (Mensch oder Tier männlichen Geschlechts), des Er, die Ers; es ist ein Er; ein Er und eine Sie saßen dort. *(Werbung:)* das passende Geschenk für Sie (die Frau) und das passende Geschenk für Ihn (den Mann)

erarbeiten: er muß neues Material erarbeiten, aber: das Erarbeiten neuen Materials ist notwendig. *Weiteres* ↑15f.

erasmisch (↑27): die Erasmischen Schriften, aber: in erasmischem Stil

erbetteln: ich werde nichts erbetteln, aber: das Erbetteln von Vergünstigungen. *Weiteres* ↑15f.

erbeuten: sie wollen Waffen erbeuten, aber: das Erbeuten der Waffen war ihr Ziel. *Weiteres* ↑15f.

erblicken: er wird niemanden erblicken, aber: das Erblicken der Chancen ist wichtig. *Weiteres* ↑15f.

erblinden: er wird erblinden, aber: das Erblinden verhindern. *Weiteres* ↑15f.

erblühen: die Blumen werden bald erblühen, aber: das Erblühen der Bäume. *Weiteres* ↑15f.

Erde (↑13): auf Erden, zu Erde werden, zur Erde blicken

erden: er muß das Gerät erden, aber: das Erden des Gerätes, die Leitung zum Erden. *Weiteres* ↑15f.

Erdinger (*immer groß*, ↑28)

erdmagnetisch (↑40): ein erdmagnetisches Verfahren, erdmagnetische Wellen

erdnah (↑40): ein erdnaher Planet

erdulden: du mußt noch viel erdulden, aber: das Erdulden des Unrechts. *Weiteres* ↑15f.

ereifern, sich: du sollst dich nicht so ereifern, aber: das Ereifern/Sichereifern des Freundes gefiel ihm nicht. *Weiteres* ↑15f.

ererbt (↑18ff.): alles/das Ererbte pflegen, etwas/nichts Ererbtes besitzen

erfahren (↑18ff.): er ist am erfahrensten, alle/die Erfahrenen fragen, (↑21) der erfahrenste der Männer

erfassen: du mußt die Situation erfassen, aber: das/durch Erfassen der Situation. *Weiteres* ↑15f.

erfinden: er soll keine Lügen erfinden, aber: das/zum Erfinden einer Lüge. *Weiteres* ↑15f.

erfinderisch (↑18ff.): er ist am erfinderischsten, alle/die Erfinderischen; der Erfinderischste, dem er begegnet war (aber ↑21) der erfinderischste der Männer

erfolgreich (↑18ff.): er war am erfolgreichsten, alle/die Erfolgreichen bewundern; der Erfolgreichste, der ihm begegnet war, aber (↑21): der erfolgreichste der Autoren

erfolgsqualifiziert (↑40): (Rechtsspr.) erfolgsqualifizierte Delikte

erforschen: er will das Gebiet erforschen, aber: das/zum Erforschen des Gebietes. *Weiteres* ↑15f.

erfreulich (↑18ff.): diese Entwicklung ist am erfreulichsten, alles/das Erfreuliche begrüßen; das erfreulichste (am erfreulichsten, sehr erfreulich) war, daß er als gesund entlassen werden konnte, (↑21) die erfreulichste der Mitteilungen, aber: das Erfreulichste, was er gehört hat; etwas/nichts Erfreuliches

erfüllen: sie kann seinen Wunsch erfüllen, aber: das Erfüllen seines Wunsches. *Weiteres* ↑15f.

Erfurter (*immer groß*, ↑28)

ergänzen: wir wollen den Satz ergänzen, aber: das Ergänzen des Satzes. *Weiteres* ↑15f.

ergeben (↑40): ergebener Diener

ergiebig (↑18ff.): dieses Mittel ist am ergie-

bigsten, alles/das Ergiebige bevorzugen; das Ergiebigste, was er finden konnte, aber (↑21): die ergiebigste der Sorten; etwas/nichts Ergiebiges

ergreifend (↑18ff.): diese Feier war am ergreifendsten, alles/das Ergreifende; das ergreifendste (am ergreifendsten, sehr ergreifend) war, daß alle weinten, (↑21) der ergreifendste der Augenblicke; aber: das Ergreifendste, was er je erlebt hatte; etwas/nichts Ergreifendes

ergründen: wir wollen die Sache ergründen, aber: das/durch Ergründen der Sache. *Weiteres* ↑15f.

erhaben ↑majestätisch

¹erhalten: du wirst Antwort erhalten, aber: das/beim Erhalten einer Antwort. *Weiteres* ↑15f.

²erhalten /in Fügungen wie *Antwort erhalten*/ ↑Bescheid erhalten; /in der Fügung *recht erhalten*/ ↑recht haben

¹erheben: sie werden die Hände erheben, aber: das/durch Erheben der Hände. *Weiteres* ↑15f.

²erheben /in Fügungen wie *Einspruch erheben*/ ↑Anspruch erheben

erhebend ↑ergreifend

erheitern: wir wollen dich erheitern, aber: das Erheitern des Patienten. *Weiteres* ↑15f.

erheiternd ↑erfreulich

erholen, sich: dort werden wir uns erholen, aber: das/durch Erholen/Sicherholen im Urlaub. *Weiteres* ↑15f.

Erholung (↑13): auf Erholung sein, in Erholung fahren/gehen, zur Erholung

Erholung suchen ↑Trost suchen

erinnern: er wird sich daran erinnern, aber: das/beim Erinnern/Sicherinnern an den Vorfall. *Weiteres* ↑15f.

erkämpfen: er konnte eine Medaille erkämpfen, aber: das/durch Erkämpfen einer Medaille. *Weiteres* ↑15f.

erkennbar (↑18ff.): alles/das Erkennbare unterscheiden, etwas/nichts Erkennbares finden

erkennen: kannst du es erkennen?, aber: das/durch Erkennen der Lage. *Weiteres* ↑15f.

erklären: ich werde es dir erklären, aber: das/beim Erklären der Schwierigkeit. *Weiteres* ↑15f.

erklingen: gleich wird das Lied erklingen, aber: das/beim Erklingen des Liedes. *Weiteres* ↑15f.

erkunden: du mußt die Lage erkunden, aber: das/beim Erkunden der Lage. *Weiteres* ↑15f.

Erlanger (*immer groß*, ↑28)

erlassen: er will dir die Schuld erlassen, aber: das Erlassen der Schuld. *Weiteres* ↑15f.

Erlaubnis (↑13): mit/ohne Erlaubnis, jmdn. um Erlaubnis bitten

erläutern ↑erklären

erlebt (↑40): (Sprachw.) erlebte Rede

erledigen: ich werde die Angelegenheit erledigen, aber: das Erledigen der Angelegenheit. *Weiteres* ↑15f.

erlegen: er mußte eine hohe Summe erlegen, aber: das/durch Erlegen einer hohen Summe. *Weiteres* ↑15f.

erleichtern: du kannst ihm sein Los erleichtern, aber: das/durch Erleichtern seines Loses. *Weiteres* ↑ 15 f.

erlernen: er muß das Spiel erst erlernen, aber: das/zum Erlernen des Spiels. *Weiteres* ↑ 15 f.

erlesen (↑ 18 ff.): diese Stoffe sind am erlesensten, alles/das Erlesene schätzen; das Erleseneste, was er finden konnte, aber (↑ 21): das erlesenste der Gerichte; etwas/nichts Erlesenes finden

erliegen: er wird seiner Krankheit erliegen, aber: zum Erliegen kommen. *Weiteres* ↑ 15 f.

ermahnen: du kannst ihn dazu ermahnen, aber: das/nach Ermahnen des Schülers. *Weiteres* ↑ 15 f.

Ermangelung (↑ 13): in Ermangelung

ermäßigen: sie wollen den Preis ermäßigen, aber: das Ermäßigen des Preises. *Weiteres* ↑ 15 f.

ermutigen: wir werden ihn ermutigen, aber: das/durch Ermutigen des Zögernden. *Weiteres* ↑ 15 f.

ernähren: er kann eine Familie ernähren, aber: das/zum Ernähren einer Familie. *Weiteres* ↑ 15 f.

ernennen: er will heute einen neuen Minister ernennen, aber: das/beim Ernennen des neuen Ministers. *Weiteres* ↑ 15 f.

ernestinisch (↑ 39): die Ernestinische Linie (Linie der Wettiner)

erneuern: sie wollen das Gebäude erneuern, aber: das/zum Erneuern des Gebäudes. *Weiteres* ↑ 15 f.

erniedrigen: du darfst ihn nicht so erniedrigen, aber: das/durch Erniedrigen eines Menschen. *Weiteres* ↑ 15 f.

ernst: a) (↑ 18 ff.) er war am ernstesten von allen; das Ernsteste, was ich je gesehen habe, aber (↑ 21): das ernsteste seiner Stücke; etwas/nichts Ernstes. **b)** (↑ 10) eine Sache [für] ernst nehmen, ernst sein/werden/nehmen, die Lage wird ernst, es wurde ernst und gar nicht lustig (↑ auch Ernst)

Ernst: a) (↑ 10) Ernst machen, es ist mir [vollkommener] Ernst damit, es wurde Ernst aus dem Spiel. **b)** (↑ 13) für Ernst nehmen (↑ auch ernst [b]), im Ernst

Ernst machen ↑ Bankrott machen

ernst nehmen: a) (↑ 10) er nimmt/nahm es ernst, weil er es ernst nimmt/nahm, er wird es ernst nehmen, er hat es ernst genommen, um es ernst zu nehmen. **b)** (↑ 16) das Ernstnehmen

ernst sein: a) (↑ 10) die Lage ist/war ernst, weil die Lage ernst ist/war, die Lage wird ernst sein/ist ernst gewesen, um ernst zu sein, aber: es ist mir [vollkommener] Ernst damit. **b)** (↑ 16) das Ernstsein

ernst werden ↑ ernst sein

¹**ernten:** sie wollen ernten, aber: das Ernten des Getreides, mit dem Ernten beginnen, zum Ernten fahren. *Weiteres* ↑ 15 f.

²**ernten** /in der Fügung *Dank ernten*/ ↑ Dank abstatten

erobern: er wird die Stadt erobern, aber: das Erobern der Stadt. *Weiteres* ↑ 15 f.

eröffnen: heute will er eröffnen, aber: das/beim Eröffnen des Geschäftes. *Weiteres* ↑ 15 f.

erogen (↑ 40): erogene Zone

erörtern: wir werden die Lage erörtern, aber: das/beim Erörtern der Lage. *Weiteres* ↑ 15 f.

Erörterung (↑ 13): zur Erörterung

Eros-Center (Bordell, ↑ 9)

erotisch: a) (↑ 40) erotische Literatur, erotische Medaillen (in der Antike). **b)** (↑ 18 ff.) alles/das Erotische, etwas/nichts Erotisches

erpressen: er wollte den Fabrikanten erpressen, aber: das/durch Erpressen des Fabrikanten. *Weiteres* ↑ 15 f.

erproben: sie wollen ein neues Medikament erproben, aber: das/zum Erproben eines neuen Medikaments. *Weiteres* ↑ 15 f.

erraten: du wirst das Geheimnis nie erraten, aber: das Erraten des Geheimnisses. *Weiteres* ↑ 15 f.

erratisch (↑ 40): ein erratischer Block

Erregung (↑ 13): in Erregung geraten/sein

erreichen: er will noch mehr erreichen, aber: das/beim Erreichen des Ziels. *Weiteres* ↑ 15 f.

erscheinen: das Buch wird im Herbst erscheinen, aber: das/beim Erscheinen des Buches. *Weiteres* ↑ 15 f.

Erscheinung (↑ 13): in Erscheinung treten

erschließen: sie wollen das Gelände der Bebauung erschließen, aber: das/beim Erschließen des Geländes. *Weiteres* ↑ 15 f.

erschreckend ↑ entsetzlich

erschüttern: das wird ihn nicht erschüttern, aber: das/durch Erschüttern seiner Überzeugung. *Weiteres* ↑ 15 f.

erschütternd ↑ ergreifend

erschweren: wir dürfen seine Arbeit nicht erschweren, aber: das/durch Erschweren seiner Arbeit. *Weiteres* ↑ 15 f.

erschwinglich (↑ 18 ff.): dieses Buch war am erschwinglichsten, das Erschwingliche kaufen, (↑ 21) das erschwinglichste der Häuser, etwas/nichts Erschwingliches finden

ersetzen: du mußt die Scheibe ersetzen, aber: das Ersetzen der Scheibe. *Weiteres* ↑ 15 f.

ersinnen: er wird einen Plan ersinnen, aber: das Ersinnen eines Planes. *Weiteres* ↑ 15 f.

erstarken: ihre Freundschaft wird immer mehr erstarken, aber: das/durch Erstarken ihrer Freundschaft. *Weiteres* ↑ 15 f.

¹**erstatten:** man wird Ihnen die Kosten erstatten, aber: das/nach Erstatten der Kosten. *Weiteres* ↑ 15 f.

²**erstatten** ↑ Bericht erstatten

erstaunlich ↑ beachtlich

erste

1 *Als einfaches Zahladjektiv klein* (↑ 29): er hatte zwei Töchter, Elke und Barbara, erstere verheiratete sich, letztere blieb ledig; erstens ist richtig, er ging als erster [Läufer] durchs Ziel (↑ aber 2), als erstes bezahlte er seine Rechnungen, er kam am ersten Januar (↑ aber 2), am ersten (zuerst), die beiden/drei ersten, beim ersten von ihnen blieb er stehen; das erste, was ich höre; der erste und der letzte; der/die/das erste (der Zählung, der Reihe nach), aber (↑ 2): der/die Erste (dem Range, der Leistung nach); der erste Januar, aber (↑ 2): der Erste [des Monats]; die erste von rechts, die ersten beiden/drei, der/die/das erste beste, fürs erste, jeder erste, zum ersten Januar war er bestellt (↑aber 2); zum ersten, zum zweiten, zum dritten

2 *Substantivisch gebraucht groß* (↑30): Emil Zatopek ging als Erster (als Sieger) durchs Ziel (↑aber 1), am Ersten [dieses Monats] hat er mich besucht (↑aber 1), das Erste und [das] Letzte (Anfang und Ende); der/die Erste (dem Range, der Leistung nach), der Erste in der Klasse, der Erste unter Gleichen, aber (↑1): der/die/das erste (der Zählung, der Reihe nach); der Erste [des Monats], aber (↑1): der erste Januar; die Ersten werden die Letzten sein, vom nächsten Ersten an, ich habe ihn zum Ersten [dieses Monats] bestellt (↑aber 1)

3 *In Namen und festen Begriffen* (↑39ff.): der erste **April** (Datum); er wurde zum ersten Bürgermeister gewählt, aber: Karl Meier, Erster Bürgermeister; erste Dimension, erster Fall, erstes Futur, erster Gang (Auto), die erste Geige spielen, erster Geiger, Verbrennungen ersten Grades, ein Verwandter ersten Grades, ein Stern erster Größe, aus erster **Hand**, Erste Hilfe, er fährt nur erster Klasse, ein Künstler erster Klasse, das Eiserne Kreuz erster Klasse, die erste heilige Kommunion, erster Konjunktiv, der Erste Punische Krieg, der Erste Schlesische Krieg, der Erste Mai (Feiertag), erstes Mittelwort/Partizip, Erster **Offizier**, das erste Programm, der erste Rang, die erste industrielle Revolution, der erste Spatenstich, der Erste Staatsanwalt, erste/Erste juristische Staatsprüfung, er singt die erste Stimme, im ersten Stock; jede Gesellschaft hat einen ersten und einen zweiten Vorsitzenden, aber: Karl Meier, Erster Vorsitzender; erste Wahl, der erste/Erste Weltkrieg; Otto/Friedrich **der Erste**

4 *In Filmtiteln u.ä.* (↑2ff.): „Die erste Kugel trifft" (Film), aber *(als erstes Wort):* „Erster Klasse" (Komödie), „Erster in der Seilmannschaft" (Film)

erstere ↑erste (↑2)

erstklassig (↑18ff.): alles/das Erstklassige, etwas/nichts Erstklassiges finden

erststellig (↑40): erststellige Hypothek

ersucht (↑40): (Rechtsspr.) ein ersuchter Richter

ertragen: ich kann den Lärm nicht ertragen, aber: das Ertragen des Lärms. *Weiteres* ↑15f.

erwägen: wir wollen seine Aufnahme erwägen, aber: das Erwägen seiner Aufnahme. *Weiteres* ↑15f.

Erwägung (↑13): in Erwägung ziehen

erwähnen: ich werde es erwähnen, aber: das/beim Erwähnen des Vorfalls. *Weiteres* ↑15f.

erwarten /in Fügungen wie *Antwort erwarten/* ↑Bescheid erwarten

Erwarten (↑13): über/wider Erwarten

erweitern: du kannst deine Kenntnisse erweitern, aber: das/zum Erweitern der Kenntnisse. *Weiteres* ↑15f.

erweitert (↑40): (DDR) erweiterte Oberschule (Schultyp), (Poetik) ein erweiterter Reim, ↑neubearbeitet

erwirken: er will einen Haftbefehl erwirken, aber: das/durch Erwirken eines Haftbefehls. *Weiteres* ↑15f.

erworben (↑40): (Med.) erworbene Eigenschaften, (Rechtsspr.) erworbene Rechte

erymanthisch (↑2): (bild. Kunst) der „Erymanthische Eber"

erythräisch (↑39): das Erythräische (Arabische) Meer

erzählen: er wollte ein Märchen erzählen, aber: das/beim Erzählen von Märchen. *Weiteres* ↑15f.

erziehen: sie mußten ihn zur Sparsamkeit erziehen, aber: das/durch Erziehen zur Sparsamkeit. *Weiteres* ↑15f.

erzielen: wir konnten einen Gewinn erzielen, aber: das/durch Erzielen eines Gewinns. *Weiteres* ↑15f.

es: a) (↑32) das Kind kommt morgen, es kommt nicht heute; es sei denn, daß; er hatte es gesehen, als es sich umblickte; es spottete seiner selbst, er nimmt sich seiner an; er gab ihm das Geld. b) (↑33) das unbestimmte Es. c) (↑2ff.) „Es geschah am hellichten Tage" (Film)

es/Es ↑as/As

E-Schicht (Schicht der Ionosphäre, ↑36)

Es-Dur ↑As-Dur

es-Moll ↑as-Moll

esoterisch (↑18ff.): alles/das Esoterische, (↑21) der esoterischste der Kreise, etwas/nichts Esoterisches

Esperanto (*immer groß*, ↑25): können Sie Esperanto?, der Redner spricht Esperanto/in Esperanto (er hält seine Rede in der Sprache Esperanto), mein Freund spricht [gut] Esperanto (er kann die Sprache Esperanto), wie heißt das auf/im/in Esperanto?, er hat aus dem/ins Esperanto übersetzt

esquilinisch (↑39): der Esquilinische Hügel (in Rom)

eßbar (↑40): eßbare Erden (Heilerden), eßbare Vogelnester

essen: wir wollen essen, aber: der Appetit kommt beim/mit dem Essen. (Beachte:) etwas zu essen haben, aber: etwas zum Essen kaufen. *Weiteres* ↑15f.

Essen (↑13): beim Essen, zum Essen gehen

Essen fassen ↑Wurzel fassen

essentiell: a) (↑40) essentielle Aminosäuren, essentielle Fettsäuren (Chemie). b) (↑18ff.) alles/das Essentielle, etwas/nichts Essentielles

essigsauer (↑40): essigsaure Salze, (Chemie) essigsaure Tonerde

estnisch/Estnisch/Estnische (↑39f.): die estnische Sprache. *Zu weiteren Verwendungen* ↑deutsch/Deutsch/Deutsche

ethisch (↑40): (Med.) die ethische Indikation, die ethische Theologie (theol. Richtung in den Niederlanden)

etikettieren: er muß die Flaschen etikettieren, aber: das Etikettieren der Flaschen. *Weiteres* ↑15f.

etliche ↑einige

etruskisch/Etruskisch/Etruskische (↑39f.): der Etruskische Apennin, eine etruskische Inschrift, die etruskische Kunst, die etruskische Sprache. *Zu weiteren Verwendungen* ↑deutsch/Deutsch/Deutsche

Ettaler (*immer groß*, ↑28)

etwas
1 *Alleinstehend oder nach Artikel, Pronomen, Präposition usw.* (↑32 f.): etwas, was; gib mir etwas davon, er gilt etwas, er hat etwas von einem Künstler, das ist doch etwas, aus ihm wird etwas; an/auf etwas, das [gewisse] Etwas, das/dieses gewisse Etwas haben, ein gewisses/kleines/merkwürdiges/unbekanntes/unbeschreibliches Etwas, in etwas, irgend etwas, jenes [gewisse] Etwas haben, mit etwas, so etwas gibt es nicht, von etwas
2 *Schreibung des folgenden Wortes:* **a)** *Pronomen* (↑32): etwas anderes, etwas weniges. **b)** *Adjektive und Partizipien* (↑20): etwas Auffälliges, aber: das ist etwas auffällig; etwas Beliebiges, etwas Dementsprechendes, etwas Derartiges, etwas Erschütterndes, etwas groß Geschriebenes, mit etwas Gutem, etwas Passendes, es ist etwas Schönes um die Natur, etwas groß zu Schreibendes. **c)** *Partikeln* (↑35): es gab noch etwas Hin und Her, bevor sie sich zum Aufbruch entschlossen
euch ↑ihr
eucharistisch (↑39 f.): (Rel.) der Eucharistische Kongreß, (Rel.) die eucharistische Taube
euer ↑ihr
euer/euere/euer
1 *Als einfaches Pronomen klein* (↑32): euer Vater, euere Mutter, euer Kind; wessen Garten? euerer, wessen Uhr? euere, wessen Kind? euer[e]s; das ist nicht mein Problem, sondern euer[e]s; ich habe meine Sachen wiedergefunden, doch euere blieben verloren. (*In Lehrbüchern, Katalogen usw. klein geschrieben;* ↑5): Achtet darauf, daß euere Schrift deutlich und sauber ist
2 *In Briefen, feierlichen Aufrufen, Widmungen usw. groß* (↑5):
Liebe Barbara, lieber Markus,
aus unserem Urlaub senden Euch und Eueren Freunden herzliche Grüße
Euer Markus und Euere Barbara.
3 *In Höflichkeitsanreden groß* (↑7): Eure/Euer (Ew.) Exzellenz, Eure Heiligkeit (der Papst), Euer (Ew.) Hochwürden, Eure Königliche Hoheit
4 *Nach Artikel* (↑33): das Euere/Eurige (euere Habe, das euch Zukommende), ihr müßt das Euere/Eurige (eueren Teil) beitragen/tun, einer der Eueren/Eurigen, die Eueren/Eurigen (euere Angehörigen). (↑32) wessen Garten? der euere/eurige, wessen Uhr? die euere/eurige, wessen Kind? das euere/eurige; das ist nicht mein Problem, sondern das euere/eurige
5 *Schreibung des folgenden Wortes:* **a)** (↑29 f. und 32 f.) sie ist doch euer ein und [euer] alles, euer [anderes] Ich, das sind euere vier [Kinder]. **b)** (↑16) euer Singen fällt mir auf die Nerven. **c)** (↑19 und 23) ihr müßt euer Bestes tun, aber: tut euer möglichstes. (↑25) euer Deutsch. (↑21) in dem Aquarium schwammen euere schwarzen und meine roten Fische. **d)** (↑35) euer [ständiges] Weh und Ach, euer [ewiges] Wenn und Aber
euklidisch (↑27): Euklidische Schriften, der Euklidische Lehrsatz, aber (Math.): euklidischer Algorithmus, euklidische Geometrie
euerseits / euesgleichen / eurethalben /

euretwegen/euretwillen: *In Briefen, feierlichen Aufrufen, Widmungen usw. groß* (↑5):
Liebe Barbara, lieber Markus,
ich habe mir Eurethalben große Sorgen gemacht
eurige ↑euer/euere/euer (4)
euripideisch (↑27): die Euripideischen Tragödien, aber: im euripideischen Stil
europäisch: a) (↑39 f.) das Europäische Atomforum, die europäische Bevölkerung, die Europäische Bewegung, Deutscher Rat der Europäischen Bewegung, das Europäische Forschungsinstitut/(heute:) Europa-Institut (in Saarbrücken), die Europäische Freihandelszone (EFTA), der Europäische Gemeindekongreß; die Europäischen Gemeinschaften/die Europäische Gemeinschaft (EG; Sammelbezeichnung für:) Europäische Gemeinschaft für Atomenergie (Euratom), Europäische Gemeinschaft für Kohle und Stahl (Montanunion), Europäische Wirtschaftsgemeinschaft (EWG); der Europäische **Gerichtshof** für Menschenrechte, die europäische Geschichte, das europäische Gleichgewicht, die Europäische Gütergemeinschaft, Europäische Investitionsbank, Europäische Kommission für Menschenrechte, die Europäische Kulturkonvention, das Europäische **Nordmeer** (Nebenmeer des Atlantiks), das Europäische Parlament, die Europäische Parlamentarierunion, der Europäische Rundfunkverein (UER), die Europäische Sozialcharta, die europäischen Staaten, die Europäische Verteidigungsgemeinschaft (EVG), das Europäische **Währungsabkommen** (EWA), Europäische Währungseinheit (EWE), die Europäische Weltraumforschungsorganisation (ESRO), das Europäische Wiederaufbauprogramm (ERP), die Europäische Wirtschaftsgemeinschaft (EWG), der Europäische Wirtschaftsrat, die Europäische Zahlungsunion (EZU). **b)** (↑18 ff.) alles/das Europäische in dieser Bewegung, die Zielsetzung enthielt nichts/viel Europäisches
eustachisch (↑27): (Med.) die Eustachische Röhre/Tube
eutroph (↑40): eutrophe Pflanzen
evangelisch
1 *Als Attribut beim Substantiv* (↑39 ff.): eine evangelische Akademie, aber: die Evangelische Akademie Bad Boll; das evangelische Bekenntnis, die Evangelische Brüdergemeinde Korntal, der Evangelische Bund, die Evangelische Gemeinschaft in Deutschland, das Evangelische Hilfswerk, das Evangelische Johannesstift; die evangelische Kirche, aber: die Evangelische Kirche in Deutschland (EKD); die Evangelische Kirche Augsburgischen und Helvetischen Bekenntnisses in Österreich/der Kirchenprovinz Sachsen/im Rheinland usw., der Evangelische Kirchentag, die Evangelische Landeskirche Anhalts/in Baden usw., die Evangelische Michaelsbruderschaft, die evangelische Presse, die Evangelischen Räte, das Evangelische Studentenwerk
2 *Alleinstehend oder nach Artikel, Pronomen, Präposition usw.* (↑18 ff.): Evangelische und Katholische; der/die Evangelische, die Evangelischen. (↑21) Die Klasse hat zwanzig Kin-

der, zehn evangelische [Kinder] und zehn katholische [Kinder]. – Die evangelischen und die katholischen Schüler wurden in dieser Schule schon seit langem gemeinsam unterrichtet
3 *In Zusammensetzungen* (↑39f.; *die Schreibung des 2. Bestandteiles schwankt in den verschiedenen Namen):* die **Evangelisch-Johannische** Kirche nach der Offenbarung St. Johannis, die **Evangelisch-Lutherische** Bekenntniskirche, die Evangelisch-Lutherische Freikirche, die Evangelisch-lutherische Kirche, die Evangelisch-lutherische Kirche zu St. Anschar in Hamburg, die Evangelisch-lutherische Kirche in Bayern, die Evangelisch-lutherische Kirche im Hamburgischen Staate, die Evangelisch-lutherische Kirche in Lübeck, die Evangelisch-Lutherische Kirche in Oldenburg, die Evangelisch-Lutherische Kirche in Thüringen, die Evangelisch-lutherische Landeskirche Eutin, die Evangelisch-lutherische Landeskirche Hannovers, die Evangelisch-Lutherische Landeskirche Mecklenburgs, die Evangelisch-Lutherische Landeskirche Sachsens, die Evangelisch-lutherische Landeskirche von Schaumburg-Lippe, die Evangelisch-Lutherische Landeskirche Schleswig Holsteins, die Allgemeine evangelisch-lutherische Konferenz (1868 begründet), die **Evangelisch-reformierte** Kirche in Nordwestdeutschland, der **Evangelisch-Soziale** Kongreß (1890 begründete Arbeitsgemeinschaft des ev. Protestantismus). ↑lutherisch
ewig: a) (↑39f.) ein ewiges Einerlei, das ewige Eis, der ewige Friede, zum ewigen Gedächtnis, ewige Gefrornis (Dauerfrostboden), die ewige Heimat, in die ewigen Jagdgründe eingehen (sterben), der Ewige Jude (Ahasver[us]), die Ewige Lampe (in kath. Kirchen), der Ewige Landfriede (Reichsgesetz Kaiser Maximilians I.), das ewige Leben; das ewige Licht leuchte ihnen, aber: das Ewige Licht (in kath. Kirchen); das Ewige Meer (See in Ostfriesland), ewige Rente (die nie abgelöst wird), der ewige Richter, die ewige Ruhe, ewiges Schach (Dauerschach), ewiger Schnee, die ewige Seligkeit, die Ewige Stadt (Rom). **b)** (↑18ff.) Ewiges und Zeitliches, Ewiges verehren; alles Ewige, an das/ans Ewige denken, auf ewig, beim Ewigen (bei Gott) schwören, das Ewige (Göttliche); der Ewige (Gott), aber (↑21): zwei Richter richteten ihn, der ewige [Richter] und ein irdischer [Richter]; für immer und ewig, nichts Ewiges, zum Ewigen (zu Gott) beten
exakt (↑40): die exakten Wissenschaften (Naturwissenschaften und Mathematik)
ex cathedra (unfehlbar, ↑9)
Exempel (↑13): zum Exempel
exemplarisch: a) (↑40) exemplarisches Lernen. **b)** (↑18ff.) dieses Beispiel ist am exemplarischsten; alles/das Exemplarische, aber (↑21): das exemplarischste der Beispiele; etwas/nichts Exemplarisches finden
existentialistisch (↑18ff.): alles/das Existentialistische verurteilen, etwas/nichts Existentialistisches erfahren
existieren: er kann existieren, aber: das Existieren dieses Staates, zum Existieren ausreichen. *Weiteres* ↑15f.

exklusiv (↑18ff.): alles/das Exklusive bewundern; das Exklusivste, was man sich denken kann, aber (↑21): das exklusivste der Restaurants; etwas/nichts Exklusives
ex officio (von Amts wegen, ↑9)
exotisch: a) (↑40) die exotische Dichtung, die exotische Musik. **b)** (↑18ff.) er ist am exotischsten, alles/das Exotische lieben; das Exotischste, was man je gesehen hat, aber (↑21): die exotischsten der Blüten; etwas/nichts Exotisches
experimentell (↑40): (Psych.) eine experimentelle Neurose, experimentelle Psychologie
experimentieren: er will experimentieren, aber: das Experimentieren ist verboten. (Beachte:) keine Zeit zu experimentieren, aber: keine Zeit zum Experimentieren. *Weiteres* ↑15f.
explizit (↑40): (Math.) eine explizite Funktion
explodieren: das kann explodieren, aber: das Explodieren verhindern, zum Explodieren bringen. *Weiteres* ↑15f.
explosiv: a) (↑40) explosive Stoffe. **b)** (↑18ff.) dieser Stoff ist am explosivsten, alles/das Explosive fürchten, (↑21) der explosivste der Stoffe, etwas/nichts Explosives
exportieren: sie wollen exportieren, aber: das Exportieren erlauben. (Beachte:) kein Recht zu exportieren: kein Recht zum Exportieren. *Weiteres* ↑15f.
expressionistisch: a) (↑40) expressionistische Lyrik. **b)** (↑18ff.) alles/das Expressionistische schätzen, aber (↑21): das expressionistischste seiner Bilder; etwas/nichts Expressionistisches aufweisen
expressis verbis (ausdrücklich, ↑9)
exspiratorisch (↑40): exspiratorische Artikulation, exspiratorischer Akzent
extensiv (↑40): (Physik) eine extensive Größe, extensive Wirtschaft (bestimmte Wirtschaftsform)
extra: a) (↑34) er will alles extra bekommen, er hat sich extra angestrengt. **b)** (↑35) das Extra, ein Auto mit vielen Extras
extravagant (↑18ff.): sie ist am extravagantesten, alles/das Extravagante bevorzugen; das Extravaganteste, was man sich denken kann, aber (↑21): das extravaganteste der Kleider; etwas/nichts Extravagantes
extrem (↑18ff.): er ist am extremsten von allen, alles/das Extreme vermeiden; das Extremste, was man sich denken kann, aber (↑21): das extremste der Urteile; etwas/nichts Extremes dulden
Ex-und-hopp-Flasche (↑9)
exzentrisch (↑18ff.): sie ist am,exzentrischsten, alles/das Exzentrische verurteilen; das Exzentrischste, was man sich denken kann, aber (↑21): das exzentrischste seiner Stücke; etwas/nichts Exzentrisches
exzessiv ↑ausschweifend
Eyeliner (Kosmetikum zum Ziehen des Lidstriches, ↑9)

F

f/F (↑36): der Buchstabe klein f/groß F, das f in Haft, ein verschnörkeltes F, F wie Friedrich/Florida (Buchstabiertafel), nach Schema F; ein Stück in f/in f-Moll, ein Stück in F/in F-Dur. ↑a/A

Fach (↑13): unter Dach und Fach kommen, er ist nicht vom Fach, zu Fache kommen

Fachinger (*immer groß*, ↑28)

fachkundig (↑18ff.): er ist am fachkundigsten, alle/die Fachkundigen

fadenscheinig (↑18ff.): seine Ausrede war am fadenscheinigsten, alles/das Fadenscheinige wurde sichtbar; das war das Fadenscheinigste, was er je vorgebracht hatte, aber (↑21): das fadenscheinigste der Argumente; etwas/nichts Fadenscheiniges

Fagott blasen ↑Trompete blasen

fähig (↑18ff.): er war am fähigsten, alle/die Fähigen; der Fähigste, den er finden konnte, aber (↑21): der fähigste seiner Mitarbeiter

fahnden: sie sollen fahnden, aber: das Fahnden nach dem Täter. *Weiteres* ↑15f.

¹fahren: er kann fahren, fahren lernen, aber: das Fahren dorthin ist umständlich, beim Fahren rauchen, das Ins-Blaue-Fahren, es ist zum Aus-der-Haut-Fahren. (Beachte:) Das Auto fahren lernen, aber: das Fahren eines Autos lernen; das Auto zu fahren haben, aber: das Auto zum Fahren haben. *Weiteres* ↑15f.

²fahren /in Fügungen wie *Moped fahren*/ ↑Auto fahren; ↑radfahren

fahrend (↑40): fahrende Habe/Leute

fahrig (↑18ff.): seine Bewegungen haben etwas/nichts Fahriges

fahrlässig (↑40): fahrlässige Tötung

Fahrrad fahren ↑Auto fahren

Fahrt (↑13): auf Fahrt gehen, in Fahrt sein

Fahrt nehmen ↑Abstand nehmen

fair (↑18ff.): er benahm sich am fairsten, alles/das Faire anerkennen; das Fairste, was man sich vorstellen kann, aber (↑21): das fairste der Angebote; etwas/nichts Faires

faktisch (↑40): (Rechtsw.) faktische Gesellschaft, faktisches Vertragsverhältnis

fakultativ (↑40): (Sprachw.) fakultative Ergänzungen, die fakultativen Fächer

falb: a) (↑40) ein falbes Fell, falbes Haar, das falbe Pferd. **b)** (↑18ff.) alles/das Falbe, nichts/viel Falbes

Falbe (↑9): der/ein Falbe

fälisch (↑40): die fälische Rasse

Fall (↑13): im Fall[e], daß; von Fall zu Fall, zu Fall bringen

fallen: er darf nicht fallen, aber: das Fallen verhindern, beim Fallen den Fuß verrenken, im Fallen den Ball ins Tor köpfen. *Weiteres* ↑15f.

fällen: er soll den Baum fällen, aber: das Fällen der Bäume. *Weiteres* ↑15f.

fällig (↑40): ein fälliger Wechsel

Fallout (radioaktiver Niederschlag, ↑9)

falsch
1. *Als Attribut beim Substantiv* (↑39ff.): an die falsche Adresse geraten, (Bot.) Falsche Akazie, falscher Alarm, mit dem falschen Bein zuerst aufstehen, da bist du auf dem falschen Dampfer, der Falsche Demetrius (histor. Gestalt), auf der falschen Fährte sein, unter falscher Flagge segeln, (Obstbau) falscher Fruchttrieb, er ist ein falscher Fuffziger, jmdn. auf dem falschen Fuß erwischen, das falsche Gebiß, (Architektur) ein falsches Gewölbe, auf ein falsches Gleis geraten, falscher Hase (Hackbraten), (Botanik) falscher Kern (bei der Rotbuche), unter falschem Namen absteigen, falsche Perlen, ein falscher Prophet, falsche Rippen, (Bot.) der Falsche Safran, ein falscher Saum (angesetzter Streifen), falscher Schmuck, falsche Spielkarten, falsche Steine, den falschen Ton anschlagen; „Der falsche Woldemar" (von Alexis), aber: eine Gestalt aus dem „Falschen Woldemar" (↑2ff.); falsche Zähne, ein falscher Zopf, im falschen Zug sitzen

2 *Alleinstehend oder nach Artikel, Pronomen, Präposition usw.* (↑18ff.): falsch und richtig nicht unterscheiden können, Falsches für Richtiges ausgeben, Falsches und Echtes unterscheiden; alles Falsche ablehnen, am falschesten, an den Falschen geraten; es wäre das falscheste (sehr falsch, unklug), wenn er jetzt ginge, aber: immer das Falsche/Falscheste tun; sie hat den Falschen genommen, etwas Falscheres/Falsches, genug/irgend etwas Falsches, manches Falsche, Richtiges neben Falschem, nichts/nur/viel/wenig Falsches, er ist zur Falschen gegangen, (↑21) Die Perlen lagen ausgebreitet vor ihr. Mit einem Blick konnte sie die falschen [Perlen] von den echten [Perlen] unterscheiden. – Man hörte viele falsche Antworten. Die falscheste von allen/unter ihnen kam von ihr. – Dies war die falschere/das falscheste seiner Entscheidungen/von den Entscheidungen/unter den Entscheidungen

Falsch (↑9): es ist kein Falsch an ihm; (↑13) er ist ohne Falsch

fälschen: er kann fälschen, aber: das Fälschen wird schwer bestraft, beim Fälschen überraschen. *Weiteres* ↑15f.

falten: er soll falten, aber: das Falten des Papiers. (Beachte:) das Material ist zu falten, aber: der Karton ist zum Falten. *Weiteres* ↑15f.

familiär (↑18ff.): alles/das Familiäre vermeiden, etwas/nichts Familiäres

fanatisch (↑18ff.): er war schon immer am fanatischsten, alles/das Fanatische ablehnen; das Fanatischste, das ihm je begegnete, aber (↑21): der fanatischste der Redner; etwas/nichts Fanatisches

fangen: er kann ihn fangen, aber: das Fangen ist nicht einfach, Fangen spielen. *Weiteres* ↑15f.

fangen ↑ Feuer fangen

Fangen spielen ↑ Versteck spielen

faradisch (↑ 27): (Physik) faradische Ströme

färben: sie wird das Kleid färben, aber: das Färben ist einfach. *Weiteres* ↑ 15 f.

farbig: a) (↑ 40) ein farbiges Bild, ein farbiger Druck, (Elektroakustik) farbiges Rauschen, die farbigen Völker. **b)** (↑ 18 ff.) alles/das Farbige lieben, der/die Farbige, in Farbig ausgeführt, nichts/viel Farbiges

farblos (↑ 18 ff.): alles/das Farblose nicht mögen, (↑ 21) die farbloseste der Schilderungen, etwas/nichts Farbloses

farnesisch (↑ 2): (bild. Kunst) der „Farnesische Herkules", der „Farnesische Stier"

färöisch/Färöisch/Färöische   ↑ deutsch/ Deutsch/Deutsche

faschistisch (↑ 18 ff.): alles/das Faschistische verabscheuen, (↑ 21) das faschistischste der Länder, etwas/nichts Faschistisches

fassen /in Fügungen wie *Posten fassen*/↑ Wurzel fassen

fasten: er muß fasten, aber: das Fasten fällt ihm schwer. *Weiteres* ↑ 15 f.

fatal (↑ 18 ff.): seine Lage war am fatalsten, alles/das Fatale dieser Situation; das fatalste (am fatalsten, sehr fatal) war, daß ihm sein Geld ausging, (↑ 21) das fatalste der Ereignisse, aber: das Fatalste war ihm passieren konnte; etwas/nichts Fatales

Fata Morgana (↑ 9)

faul: a) (↑ 40) faule Ausreden gebrauchen, auf der faulen Haut liegen, (Philos.) faule Vernunft, ein fauler Wechsel, fauler Zauber. **b)** (↑ 18 ff.) er war schon immer am faulsten, alles/das Faule aussondern; der Faulste, den man sich denken kann, aber (↑ 21) der faulste der Schüler, etwas/nichts Faules feststellen

faulen: das Obst wird faulen, aber: das Faulen des Obstes verhindern, das Obst ist am Faulen. *Weiteres* ↑ 15 f.

faulenzen: er soll nicht faulenzen, aber: das Faulenzen hat ein Ende. *Weiteres* ↑ 15 f.

faulig (↑ 40): faulige Schnellreife (Zersetzungserscheinung)

fausten: er kann gut fausten, aber: das Fausten ist erlaubt, sich beim Fausten verletzen. *Weiteres* ↑ 15 f.

faustisch (↑ 18 ff.): alles/das Faustische bewundern, etwas/nichts Faustisches

F-Dur (↑ 36): ein Stück in F-Dur/in F; F-Dur-Arie

fechten: er kann gut fechten, aber: das Fechten begeistert ihn, sich beim Fechten verletzen. *Weiteres* ↑ 15 f.

federn: der Wagen muß gut federn, aber: das Federn des Wagens ist gut. *Weiteres* ↑ 15 f.

Feedback (Rückmeldung, ↑ 9)

fegen: sie muß noch fegen, aber: mit dem Fegen fertig sein. *Weiteres* ↑ 15 f.

fehl (↑ 10): er ist fehl am Platz

Fehl (↑ 13): ohne Fehl

fehlen: er darf nicht fehlen, aber: das Fehlen entschuldigen. *Weiteres* ↑ 15 f.

fehlerfrei ↑ fehlerhaft

fehlerhaft (↑ 18 ff.): alles/das Fehlerhafte heraussuchen, (↑ 21) die fehlerhafteste der Arbeiten, etwas/nichts Fehlerhaftes liefern

fehlerlos ↑ fehlerhaft

feierlich (↑ 18 ff.): dort war es am feierlichsten, alles/das Feierliche vermeiden; das feierlichste (am feierlichsten, sehr feierlich) wäre es gewesen, wenn die Musik gespielt hätte, (↑ 21) das feierlichste der Feste, aber: das Feierlichste, was er je erlebt hat; etwas/nichts Feierliches

feiern: wir werden Richtfest feiern, aber: das Feiern muß ein Ende haben, nicht zum Feiern aufgelegt. *Weiteres* ↑ 15 f.

Feiertag (↑ 9): an Sonn- und Feiertagen; die Freuden des/eines Feiertags, ↑ aber feiertags

feiertags (↑ 34): sonn- und feiertags, aber (↑ Feiertag) an einzelnen Feiertags

feige (↑ 18 ff.): er ist am feigsten, alles/das Feige verabscheuen; das feigste (am feigsten, sehr feige) war, daß er davonlief, (↑ 21) das feigste der Kinder, aber: das ist das Feigste, was ich mir vorstellen kann; etwas/nichts Feiges

feilen: er soll zuerst feilen, aber: das Feilen ist die erste Arbeit. *Weiteres* ↑ 15 f.

feilschen: er will feilschen, aber: das Feilschen liegt ihm. *Weiteres* ↑ 15 f.

fein: a) (↑ 40) feine Leute, eine feine Nase haben, feine Sitten. **b)** (↑ 18 ff.) dies schmeckt am feinsten, alles/das Feine bevorzugen; das Feinste, was er je gegessen hat, aber (↑ 21): das feinste der Gerichte; etwas/nichts Feines essen

Feind: a) (↑ 10) jmds. Feind bleiben/sein/werden, aber: jmdm. feind (feindlich gesinnt) bleiben/sein/werden. **b)** (↑ 13) sich jmdn. zum Feinde machen

feind bleiben (↑ 10): er bleibt/blieb mir feind (feindlich gesinnt), weil er mir feind bleibt/blieb, er wird mir feind bleiben, er ist mir feind geblieben, aber: er wird mein Feind bleiben

feindlich (↑ 18 ff.): sie verhielten sich am feindlichsten, alles/das Feindliche seines Verhaltens, (↑ 21) der feindlichste der Brüder, etwas/nichts Feindliches

feind sein ↑ feind bleiben

feindselig ↑ feindlich

feind werden ↑ feind bleiben

feist (↑ 18 ff.): alles/das Feiste verabscheuen, etwas/nichts Feistes

Feld (↑ 13): aufs Feld gehen, das Korn steht noch im Feld, im Felde stehen, ins Feld ziehen, über Feld gehen, zu Felde ziehen

fern: a) (↑ 39) der Ferne Orient, der Ferne Osten. **b)** (↑ 18 ff.) das Haus steht am fernsten, aus/von fern und nah, das Ferne suchen; das Nächste und das Fernste, aber (↑ 21): das fernste der Ziele; von ferne

Ferne (↑ 9): in die Ferne schweifen

ferner (↑ 23): des ferneren darlegen

fernhalten: er will sich fernhalten, aber: das Fernhalten/Sichfernhalten von der Gefahr. *Weiteres* ↑ 15 f.

fernsehen: wirst du heute fernsehen?, aber: das Fernsehen bringt die Meisterschaften, die Meisterschaften im Fernsehen. *Weiteres* ↑ 15 f.

fertig (↑ 18 ff.): alles/das Fertige wird eingesammelt, etwas/nichts Fertiges kaufen

fes/Fes ↑ as/As

fesseln: sie müssen ihn fesseln, aber: das Fesseln der Gefangenen. *Weiteres* ↑ 15 f.

fesselnd (↑ 18 ff.): dieses Buch war am fesselndsten, alles/das Fesselnde des Romans; das fesselndste (am fesselndsten, sehr fesselnd) war, wie er den Löwen einfing, (↑ 21) das fesselndste der Bücher, aber: das war das Fesselndste, was er seit langem gelesen hatte; etwas/nichts Fesselndes

fest

1 *Als Attribut beim Substantiv* (↑ 40): eine feste Anstellung/feste Arbeitszeit haben, ein fester Begriff, (Kaufmannsspr.) eine feste Bestellung, festen Fuß fassen, festes Gehalt beziehen, festes (auf bestimmte Zeit geliehenes) Geld, fester Grundsatz, in festen Händen sein, (Kaufmannsspr.) fester Kauf, ein fester Körper, feste Kosten, feste Kundschaft haben, (Chemie) feste Lösung, feste Pläne haben, seinen festen Platz haben, fester Preis, eine feste Verbindung, ein fester Wohnsitz

2 *Alleinstehend oder nach Artikel, Pronomen, Präposition usw.* (↑ 18 ff.): Festes und Flüssiges; alles Feste und Verholzte entfernen, das Holz ist am festesten, aus Festem bestehen, das Feste/Festeste, etwas Festes (Sicheres) haben, mit Festem absichern, nichts/nur Festes/Festeres, an den Früchten ist wenig Festes. (↑ 21) Mehrere Äpfel lagen auf dem Tisch. Die festen [Äpfel] wurden von den weichen [Äpfeln] gesondert. – Die festesten und die weichsten Früchte wurden zusammengelegt. – Dies sind die festesten aller Hölzer/von den Hölzern/unter den Hölzern

festigen: er will seine Position festigen, aber: das Festigen der Beziehungen. *Weiteres* ↑ 15 f.

festlegen: ich lasse mich nicht festlegen, aber: das/vor Festlegen auf ein bestimmtes Programm. *Weiteres* ↑ 15 f.

festlich ↑ feierlich

festnehmen: er wollte ihn festnehmen, aber: das Festnehmen des Diebes. *Weiteres* ↑ 15 f.

Festtag (↑ 9): an Sonn- und Festtagen, ein schöner Festtag; die Freuden des/eines Festtags, ↑ aber festtags

festtags (↑ 34): sonn- und festtags, aber (↑ Festtag): des/eines Festtags

festverzinslich (↑ 40): (Bankw.) festverzinsliche Wertpapiere

fett: a) (↑ 40) fetter Boden, (Chemie) fette Gase, fette Öle. **b)** (↑ 18 ff.) diese Gans ist am fettesten, alles/das Fette verabscheuen; das war das Fetteste, was er seit langem gegessen hatte, aber (↑ 21): das fetteste der Hühner; etwas/nichts Fettes

fetten: er muß den Motor fetten, aber: das Fetten ist Vorschrift. *Weiteres* ↑ 15 f.

fettgedruckt (↑ 18 ff.): alles/das Fettgedruckte, etwas/nichts Fettgedrucktes

fettig ↑ fett

feucht (↑ 18 ff.): das Tuch war am feuchtesten, alles/das Feuchte, (↑ 21) das feuchteste der Tücher, etwas/nichts Feuchtes

feudal (↑ 18 ff.): diese Wohnung war am feudalsten, alles/das Feudale bevorzugen; das Feudalste, was er seit langem gesehen hatte, aber (↑ 21): das feudalste der Zimmer; etwas/nichts Feudales

Feuer (↑ 13): gegen Feuer versichert, in Feuer geraten, Öl ins Feuer gießen

Feuer fangen: a) (↑ 11) er fängt/fing Feuer, weil er Feuer fängt/fing, er hat Feuer gefangen. **b)** (↑ 16) das Feuerfangen

feurig: a) (↑ 40) feurige Kohlen auf jmds. Haupt sammeln (jmdn. beschämen). **b)** (↑ 18 ff.) er war am feurigsten; der Feurigste, den sie seit langem kennengelernt hatte, aber (↑ 21): der feurigste der Liebhaber; etwas/nichts Feuriges

fibrös (↑ 40): fibröse Geschwulst

fidel (↑ 2 ff.): „Der fidele Bauer" (Operette von L. Fall), aber: ein Duett aus dem „Fidelen Bauern"

figuriert (↑ 40): figuriertes Gewebe, (Architektur) ein figuriertes Gewölbe

filmen: sie wollen filmen, aber: mit dem Filmen beginnen. *Weiteres* ↑ 15 f.

filtern: sie will den Kaffee filtern, aber: das Filtern des Kaffees. *Weiteres* ↑ 15 f.

final (↑ 40): (Rechtsw.) finale Handlungslehre

finanziell (↑ 18 ff.): alles/das Finanzielle regeln wir später, etwas/nichts Finanzielles

finanzieren: er soll den Bau finanzieren, aber: das/zum Finanzieren des Baues. *Weiteres* ↑ 15 f.

¹finden: er muß es finden, aber: das Finden von Öl. *Weiteres* ↑ 15 f.

²finden /in Fügungen wie *Lust finden*/↑ Gehör finden; /in der Fügung *Platz finden*/↑ Platz machen; ↑ Recht finden, ↑ stattfinden

findig (↑ 18 ff.): er zeigte sich am findigsten, alle/die Findigen kamen zuerst darauf; der Findigste, den er kannte, aber (↑ 21): der findigste seiner Söhne; ein Findiger wird die Aufgabe lösen können

finit (↑ 40): (Sprachw.) finite Form

Finn-Dingi (Segelboot, ↑ 9)

finnisch/Finnisch/Finnische (↑ 39 f.): die finnische Kunst, die finnische Literatur, der Finnische Meerbusen, die finnische Musik, die finnische Regierung, das Finnische Schärenmeer, die Finnische Seenplatte, die finnische Sprache, die finnisch-ugrischen Sprachen, das finnische Volk. *Zu weiteren Verwendungen* ↑ deutsch/Deutsch/Deutsche

Finnländer (↑ 9)

finnländisch (↑ 2 ff.): der „Marsch der finnländischen Reiterei", aber: die Melodie des „Finnländischen Reitermarsches"

finster: a) (↑ 40) ein finsterer Blick, eine finstere Kneipe, das finstere Mittelalter. **b)** (↑ 18 ff.) dort war es am finstersten, alles/das Finstere meiden; der Finsterste, der ihm begegnet war, aber (↑ 21): der finsterste der Gesellen; im finstern tappen (ungewiß sein), aber: sie tappten lange im Finstern (in der Dunkelheit); etwas/nichts Finsteres

First Lady (↑ 9)

fis/Fis ↑ as/As

Fischbacher (*immer groß,* ↑ 28)

fischen: er will fischen, fischen gehen, aber: das Fischen ist sein Hobby, ein Netz zum Fischen. *Weiteres* ↑ 15 f.

Fis-Dur ↑ As-Dur

fis-Moll ↑ as-Moll

Fitnesscenter/Fitneßcenter, Fitnesstest/Fitneßtest (↑ 9)

fix: a) (↑40) ein fixes Gehalt, eine fixe Idee, ein fixer Preis, fixe Kosten. **b)** (↑18ff.) er war wieder am fixesten; der Fixeste, den ich kenne, aber (↑21): der fixeste der Lehrlinge

flach: a) (↑40) ein flaches Dach, auf dem flachen Lande. **b)** (↑18ff.) dort ist das Wasser am flachsten, beim Bauen alles/das Flache bevorzugen, etwas/nichts Flaches

flämisch/Flämisch/Flämische (↑40): die flämischen Mundarten. *Zu weiteren Verwendungen* ↑alemannisch/Alemannisch/Alemannische

Flamme (↑13): in Flammen aufgehen

Flatter (↑11): die Flatter machen

flatterhaft (↑18ff.): sie ist am flatterhaftesten, alles/das Flatterhafte verabscheuen; der Flatterhafteste, den er in der Klasse hat, aber (↑21): der flatterhafteste der Schüler; etwas/nichts Flatterhaftes

flattern: das Segel wird flattern, aber: das Flattern der Fahnen. *Weiteres* ↑15f.

flavisch (↑40): die flavischen Kaiser, die flavische Kunst

flechten: er kann flechten, aber: das Flechten der Zöpfe. *Weiteres* ↑15f.

fleckig (↑18ff.): dieses Tischtuch war am fleckigsten, alles/das Fleckige verabscheuen; das Fleckigste, was man sich denken kann, aber (↑21): das fleckigste der Tischtücher; etwas/nichts Fleckiges

flehen: er wird um Nachsicht flehen, aber: das Flehen um Nachsicht. *Weiteres* ↑15f.

fleischlich (↑40): die fleischlichen Lüste

fleißig: a) (↑40) das Fleißige Lieschen (eine Pflanze). **b)** (↑18ff.) er ist am fleißigsten, alle/die Fleißigen werden belohnt; er ist der Fleißigste in der Klasse, aber (↑21): der fleißigste der Schüler; ein Fleißiger

flektierbar (↑40): (Sprachw.) flektierbare Wörter

flektierend (↑40): (Sprachw.) flektierende Sprachen

Flensburger (*immer groß,* ↑28)

flexibel (↑40): (Sprachw.) flexible (beugbare) Wörter

flicken: sie will den Anzug flicken, aber: das Flicken des Anzuges, sie ist am Flicken. *Weiteres* ↑15f.

fliegen: er will fliegen, aber: das Fliegen verbieten. (Beachte:) das Flugzeug zu fliegen lernen, aber: das Fliegen eines Flugzeuges lernen. *Weiteres* ↑15f.

fliegend: a) (↑39ff.) eine fliegende Ambulanz, fliegende Bauten; fliegende Blätter, aber: „Fliegende Blätter" (satir. Zeitschrift); ein fliegender Bote, fliegender Brand. (Krankheit), (DDR) eine fliegende Brigade, eine fliegende Brücke (Fähre), eine fliegende Division, in fliegender Eile, fliegende Fische, ein fliegender Händler, fliegende Hitze, „Fliegender Holländer" (Gestalt und Oper), fliegender Hund; „Der fliegende Koffer" (Märchen), aber: sie lasen das Märchen vom „Fliegenden Koffer" (↑2ff.); eine fliegendes Lazarett, fliegendes Personal, ein fliegendes Postamt, (Sport) fliegender Start, eine fliegende Untertasse, fliegender Wechsel. **b)** (↑18ff.) Fliegendes beobachten, [irgend] etwas Fliegendes.

fliehen: er will fliehen, aber: das Fliehen war sinnlos, er wurde beim Fliehen erschossen. *Weiteres* ↑15f.

fliehend (↑40): eine fliehende Stirn

flimmern: der Film wird flimmern, aber: das Flimmern des Films. *Weiteres* ↑15f.

flink ↑fleißig

flirten: er will nur flirten, aber: er kann das Flirten nicht lassen. *Weiteres* ↑15f.

Florentiner (*immer groß,* ↑28)

Florett fechten: a) (↑11) er ficht/focht Florett, weil er Florett ficht/focht, er wird Florett fechten, er hat Florett gefochten, um Florett zu fechten. **b)** (↑16) das Florettfechten ist seine Stärke, das kommt vom Florettfechten

florieren: das Geschäft wird florieren, aber: das Florieren des Geschäftes. *Weiteres* ↑15f.

Flöte blasen ↑Trompete blasen

Flöte spielen ↑Geige spielen

flott (↑18ff.): dieser Hut ist am flottesten, alles/das Flotte bevorzugen; das Flotteste, was man sich vorstellen kann, aber (↑21): das flotteste der Kleider; etwas/nichts Flottes finden

fluchen: er soll nicht fluchen, aber: jmdm. das Fluchen abgewöhnen. *Weiteres* ↑15f.

flüchten ↑fliehen

flüchtig (↑18ff.): seine Arbeit ist am flüchtigsten, alles/das Flüchtige ablegen; diese Arbeit ist das Flüchtigste, was ich je gelesen habe, aber (↑21): die flüchtigste der Arbeiten; etwas/nichts Flüchtiges

Flug (↑13): im Fluge

flugs (↑34): flugs stimmte er zu

Fluß (↑13): im Fluß sein, in Fluß geraten/sein

flüssig: a) (↑40) flüssiges Gas, flüssige Gelder, flüssige Kristalle, flüssige Luft (Chemie). **b)** (↑18ff.) dieser Honig ist am flüssigsten, alles/das Flüssige schätzen, es ist etwas/nichts Flüssiges im Haus

flüstern: er soll nicht flüstern, aber: das Flüstern ist unfein. *Weiteres* ↑15f.

Flying Dutchman (Segelboot, ↑9)

Fly-over (Straßenüberführung, ↑9)

f-Moll (↑36): ein Stück in f-Moll/in f; f-Moll-Arie

föderalistisch (↑40): föderalistischer Staat

Folge (↑13f.): in der Folge, es blieb nicht ohne Folgen, zur Folge haben, aber (↑34): infolge seines Verhaltens, dem Bericht zufolge, demzufolge

Folge geben ↑Bescheid geben

Folge leisten ↑Verzicht leisten

folgend (↑18ff.): folgendes (dieses); alles folgende (andere), alle folgenden (anderen), aber: alles weitere Folgende (alles später Erwähnte, Geschehende, alle folgenden Ausführungen); aus/in/mit/nach/von/zu folgendem (diesem), aber: aus/in/mit/nach/von/zu dem/vom/zum Folgenden (dem später Erwähnten, Geschehenden, den folgenden Ausführungen); das folgende (dieses) aber: das Folgende (das später Erwähnte, Geschehende, die folgenden Ausführungen); der folgende (der Reihe nach), aber: der ihm Folgende (der einem anderen Nachfolgende), die Folgenden (hinterhergehenden Personen) wichen zurück; durch folgendes (dieses), aber: durch das Folgende (das später Erwähnte, Geschehende, die folgenden Ausführungen); im folgenden/in folgendem (weiter unter), jeder folgende (weitere). (↑21) Siehe S. 320 [und] folgende (f./ff.)

folgern: das kann man daraus folgern, aber: das Folgern aus Gegebenheiten. *Weiteres* ↑15f.

folkloristisch (↑18ff.): alles/das Folkloristische lieben, etwas/nichts Folkloristisches

foppen: er will ihn foppen, aber: er kann das Foppen nicht lassen. *Weiteres* ↑15f.

forcieren: er soll das Tempo forcieren, aber: das Forcieren des Tempos. *Weiteres* ↑15f.

forciert (↑18ff.): das wirkt am forciertesten, alles/das Forcierte ablehnen, etwas/nichts Forciertes

fördern: er will ihn fördern, aber: das Fördern von Kohle. *Weiteres* ↑15f.

forensisch (↑40): forensische (gerichtliche) Chemie/Medizin/Psychologie

Form (↑11 und 13): Form geben, außer Form/in Form sein

formal (↑18ff.): seine Arbeit ist am formalsten, alles/das Formale übertreiben, (↑21) das formalste seiner Werke, etwas/nichts Formales

formalistisch ↑formal

Format (↑13): eine Frau von Format

formativ (↑40): (Med.) formative Reize

formbar (↑18ff.): dieses Material ist am formbarsten, alles/das Formbare; das Formbarste, was er finden konnte, aber (↑21): das formbarste der Materialien; etwas/nichts Formbares

formell (↑18ff.): sein Schreiben war am formellsten, alles/das Formelle übertreiben; das Formellste, was er je geschrieben hat, aber (↑21): das formellste der Schreiben; der Brief hatte etwas/nichts Formelles

Form geben ↑Bescheid geben

formiert (↑40): die formierte Gesellschaft

förmlich/formlos ↑formell

formulieren: er muß den Text neu formulieren, aber: das Formulieren fällt ihm schwer, beim Formulieren helfen. *Weiteres* ↑15f.

forsch ↑flott

forschen: er will forschen, aber: das Forschen intensivieren, zum Forschen Geld bewilligen. *Weiteres* ↑15f.

fortschrittlich: a) (↑39f.) die fortschrittlichen Kräfte, die Fortschrittliche Volkspartei (von 1910 bis 1918). **b)** (↑18ff.) er war schon immer am fortschrittlichsten, alles/das Fortschrittliche unterstützen; das Fortschrittlichste, was ich kenne, aber (↑21): die fortschrittlichste der Methoden; etwas/nichts Fortschrittliches

Fosbury-Flop (Hochsprungstil, ↑9)

fotogen (↑18ff.): sie ist am fotogensten, alle/die Fotogenen auswählen; die Fotogensten, die er finden konnte, aber (↑21): sie war das fotogenste der Modelle

fotografieren: er wird fotografieren, aber: das Fotografieren macht ihm Spaß, Freude am Fotografieren. *Weiteres* ↑15f.

fotografisch (↑40): fotografischer Apparat, fotografischer Effekt, fotografische Kamera, fotografisches Objekt

foucaultsch (↑27): der Foucaultsche Pendelversuch

foul (↑18): er spielt foul

Foul (↑9): das Foul, er hat ein Foul verübt, hat die Fouls nicht gepfiffen

Frage (↑13): außer Frage, in Frage

fragen: er will ihn fragen, aber: das Fragen kostet nichts, ihn durch Fragen verärgern. *Weiteres* ↑15f.

fragmentarisch (↑18ff.): seine Arbeit blieb am fragmentarischsten, alles/das Fragmentarische außer acht lassen; dies ist das Fragmentarischste, was sich in der Sammlung befand, aber (↑21): das fragmentarischste der Werke; etwas/nichts Fragmentarisches

fragwürdig (↑18ff.): diese Behauptung ist am fragwürdigsten, alles/das Fragwürdige weglassen; es war das Fragwürdigste, was er gehört hatte, aber (↑21): das fragwürdigste der Werke; etwas/nichts Fragwürdiges

frais/Frais (↑26): der Stoff ist frais [gefärbt], ein Sonnenschirm in Frais, in hellem Frais. *Zu weiteren Verwendungen* ↑blau/Blau/Blaue (2)

franckesch (↑27): die Franckeschen Stiftungen

Frankenthaler/Frankfurter (*immer groß,* ↑28)

frankieren: du mußt noch frankieren, aber: das Frankieren nicht vergessen. *Weiteres* ↑15f.

fränkisch/Fränkisch/Fränkische (↑39f.): die Fränkische Alb, der Fränkische Kreis (Reichskreis 1555–1806), die fränkischen Mundarten, das Fränkische Reich (5.–9. Jh.), die Fränkische Rezat (Fluß), die Fränkische Saale (Fluß), die Fränkische Schweiz, das fränkische Volksrecht. *Zu weiteren Verwendungen* ↑alemannisch/Alemannisch/Alemannische

frankokanadisch (↑40): die frankokanadische Bevölkerung, frankokanadische Familien

französisch/Französisch/Französische
1 *Als Attribut beim Substantiv* (↑39ff.): französische Broschur (Bucheinband), die französische Buchführung, die französische Bulldoge, französischer Franc (Währung; F, FF), Französische Gemeinschaft (Staatenbund), Deutsch-Französisches Jugendwerk (Druckw.) französischer Kegel; ein deutsch-französischer Krieg, aber: der Deutsch-Französische Krieg (1870/71); die französische Kunst, die französische Literatur, die französische Musik, die Französische Nied (Fluß), die französische Regierung, die französische Renaissance, die Französische Republik (amtliche Bezeichnung), die Französische Revolution (1789), die Französische Riviera, die französische Schweiz, französische Spielkarten, das französische Volk

2 (↑25) **a)** *Alleinstehend beim Verb:* er hat sich [auf] französisch empfohlen (ist ohne Abschied weggegangen), wir haben jetzt Französisch in der Schule, können sie Französisch?, sie kann kein/gut/[nur] schlecht Französisch; er schreibt ebensogut französisch wie Deutsch (wie schreibt er?), aber: er schreibt ebensogut Französisch wie Deutsch (was schreibt er?); der Redner spricht französisch (wie spricht er? er hält seine Rede in französischer Sprache).

aber: mein Freund spricht [gut] Französisch (was spricht er? er kann die französische Sprache; verstehen Sie [kein] Französisch? **b)** *Nach Artikel, Pronomen, Präposition usw.:* **auf** französisch (in französischer Sprache, französischem Wortlaut), er hat aus dem Französischen ins Deutsche übersetzt, **das** Französisch Molières (Molières besondere Ausprägung der französischen Sprache), das Französisch der Diplomaten, das [typisch] Französische an de Gaulles Politik; *(immer mit dem bestimmten Artikel:)* das Französische (die französische Sprache allgemein); dein Französisch ist schlecht, ein Lehrstuhl **für** Französisch, er hat für Französisch/für das Französische nichts übrig, er kann/spricht/versteht etwas Französisch, er hat etwas Französisches in seinem Wesen; **in** französisch (in französischer Sprache, französischem Wortlaut), Prospekte in französisch, eine Zusammenfassung in französisch, aber: in Französisch (in der Sprache Französisch), Prospekte in Französisch, eine Zusammenfassung in Französisch, *(nur groß:)* er hat eine Zwei in Französisch (im Schulfach Französisch), er übersetzt ins Französische. *Zu weiteren Verwendungen* ↑ deutsch/Deutsch/ Deutsche

frappant (↑ 18 ff.): seine Beredsamkeit war am frappantesten, das Frappante war die Ähnlichkeit der beiden; das frappanteste (am frappantesten, sehr frappant) dabei war, daß er alle diese Kunststücke gleichzeitig ausführte, (↑ 21) das frappanteste der Kunststücke, aber: das Frappanteste, was er je gesehen hatte

fraulich (↑ 18 ff.): sie ist am fraulichsten, alles/das Frauliche lieben; die Fraulichste, die er kennengelernt hatte, aber (↑ 21): die fraulichste seiner Romangestalten; etwas/nichts Frauliches

frech (↑ 18 ff.): er ist am frechsten, alle/die Frechen werden bestraft; er ist der Frechste, den ich kenne, aber (↑ 21): der frechste der Schüler; etwas/nichts Freches lag in seiner Antwort

frei
1 *Als Attribut beim Substantiv* (↑ 39 ff.): aus freiem Antrieb; er ist ein freier Architekt, aber: Hans Meier, Freier Architekt; freie Arztwahl haben, freie Bahn, der Sender Freies Berlin (SFB), die freien Berufe, freie Berufswahl, (Rechtsw.) freie Beweisführung/Beweiswürdigung, die Freie Bühne (Theaterverein), Freies Christentum (überkirchliche Bewegung), freies Eigentum, Kinder haben freien Eintritt, freier Erwerb, freie Fahrt, der freie Fall, jmdn. auf freien Fuß lassen, freies Geleit zusichern, Bund Freier evangelischer Gemeinden, (DDR) der Freie Deutsche Gewerkschaftsbund (FDGB), jmdm. freie Hand lassen; eine freie Hansestadt, aber: die Freie Hansestadt Bremen, die Freie und Hansestadt Hamburg; frei Haus/deutsche Grenze liefern, unter freiem Himmel, Freies Deutsches Hochstift (Gesellschaft zur Pflege von Wissenschaft und Kunst), ein freier Journalist, (DDR) die Freie Deutsche Jugend (FDJ), (Biologie) freie Kernteilung, (Wirtsch.) freie Konvertierbarkeit der Währung; die freie (nicht angewandte) Kunst, aber:

die [Sieben] Freie Künste (im Mittelalter); freie **Liebe**, der freie Mann, der freie Markt, die freie Marktwirtschaft, die freie Meinungsäußerung, freie Mitarbeiter, in der freien Natur, (Physik) freie Neutronen, Freie Demokratische Partei (FDP, F.D.P.), Frankfurt war lange Zeit eine freie **Reichsstadt**, aber: die Freie Reichsstadt Frankfurt (1372–1806); freie Rhythmen, freie Rücklagen, (Chemie) freier Sauerstoff, (Wirtsch.) freie Rücklagen, (Sprachw.) freie Satzglieder, ein freier Schriftsteller, das freie Spiel der Kräfte; dies ist eine freie Stadt, aber: die Freie Stadt Danzig; freie Station, auf freier Strecke halten, eine freie **Übersetzung**; dies ist eine freie Universität, aber: die Freie Universität [Berlin] (FU); freie Unterkunft, zur freien Verfügung, freier Verkauf, freie Verpflegung, die Freie Volksbühne (Theaterverein), freie Wahlen, (Wirtsch.) freie Währungen, der freie Wettbewerb, in freier Wildbahn, es ist sein freier Wille, freie Wohlfahrtspflege, (Biologie) freie Zellbildung
2 *Alleinstehend oder nach Artikel, Pronomen, Präposition usw.* (↑ 18 ff.): Freie und Gefangene; alles [allzu] Freie ablehnen, am freiesten, sie kamen aus dem Freien, das Freie seines Benehmens, das Freie suchen, der Freie und der Sklave, die Freien und die Unfreien; nur wer in finanzieller Hinsicht ein Freier ist, kann dies tun; sie hat etwas Freies und Ungezwungenes in ihrem Wesen, im Freien übernachten, ins Freie gehen, es gibt nichts Freieres als ihn. (↑ 21) Die Sitzplätze waren sehr begehrt. Es gab nur noch ein paar freie [Sitzplätze]. – Die freien und die unfreien Menschen standen sich feindlich gegenüber. – Er ist der freiere und ungezwungenere der beiden Knaben/von beiden Knaben/unter beiden Knaben
freibleibend (↑ 40): (Kaufmannsspr.) ein freibleibendes Angebot
Freiburger *(immer groß,* ↑ 28)
freidenkerisch ↑ liberal (b)
freideutsch (↑ 39): die Freideutsche Jugend (Organisation)
freigebig ↑ großzügig
freiheitlich (↑ 39): Vereinigung freiheitlicher Juristen e.V. – Untersuchungsausschuß freiheitlicher Juristen –, die Freiheitliche Partei Österreichs (FPÖ)
freilegen: man konnte das Grab freilegen, aber: das/beim Freilegen des Grabes. *Weiteres* ↑ 15 f.
freimütig (↑ 18 ff.): er war stets am freimütigsten, alles/das Freimütige schätzen; das Freimütigste, was er je gehört hatte, aber (↑ 21): das freimütigste der Bekenntnisse; etwas/nichts Freimütiges
freischaffend (↑ 40): ein freischaffender Künstler
Freisinger *(immer groß,* ↑ 28)
freisinnig (↑ 39): die Freisinnige Partei (von 1884)
freisprechen: er mußte den Angeklagten freisprechen, aber: das Freisprechen des Angeklagten. *Weiteres* ↑ 15 f.
freistellen: er will die Teilnahme freistellen, aber: das/durch Freistellen der Teilnahme. *Weiteres* ↑ 15 f.

Freitag ↑ Dienstag
Freitagabend usw. ↑ Dienstagabend
freitags ↑ dienstags
freiwillig: a) (↑ 39 ff.) die Freiwillige Erziehungshilfe (FEH); er ist bei der freiwilligen Feuerwehr, aber: die Freiwillige Feuerwehr Nassau; (Rechtsw.) die freiwillige Gerichtsbarkeit, (Wirtsch.) freiwillige Ketten, die Freiwillige Selbstkontrolle der Filmwirtschaft (FSK). **b)** (↑ 18 ff.) alle/die Freiwilligen, ein Freiwilliger
freizügig ↑ großzügig
fremd (↑ 18 ff.): alle/die Fremden, alles/das Fremde ablegen, etwas/nichts Fremdes
fremdartig ↑ fremdländisch
fremdländisch (↑ 18 ff.): sie wirkte von allen am fremdländischsten, alles/das Fremdländische, etwas/nichts Fremdländisches
fremdsprachig/fremdsprachlich (↑ 40): fremdsprachiger/fremdsprachlicher Unterricht
fressen: der Hund soll fressen, aber: Tiere nicht beim Fressen stören. (Beachte:) etwas zu fressen haben, aber: etwas zum Fressen haben. *Weiteres* ↑ 15 f.
fressend (↑ 40): (Med.) fressende Flechte
Freude (↑ 13): außer sich vor Freude sein
freudig (↑ 40): ein freudiges Ereignis
freuen: das wird ihn freuen, er kann sich freuen, aber: das Freuen/Sichfreuen vergeht ihm noch. *Weiteres* ↑ 15 f.
Freund: a) (↑ 10) jmds. Freund bleiben/sein/werden, aber: jmdm. freund (freundlich gesinnt) bleiben/sein/werden. **b)** (↑ 13) jmdn. zum Freunde machen
freund bleiben ↑ feind bleiben
freundlich (↑ 18 ff.): er war am freundlichsten, alles/das Freundliche schätzen; das Freundlichste, was er erlebt hatte, aber (↑ 21): der freundlichste der Mitarbeiter; etwas/nichts Freundliches
freundschaftlich ↑ freundlich
freund sein ↑ feind bleiben
freund werden ↑ feind bleiben
frevelhaft (↑ 18 ff.): diese Tat war am frevelhaftesten, alles/das Frevelhafte verurteilen; das Frevelhafteste, was ihm je begegnet war, aber (↑ 21): das frevelhafteste der Verbrechen; etwas/nichts Frevelhaftes
freventlich ↑ frevelhaft
frevlerisch ↑ frevelhaft
friedfertig (↑ 18 ff.): er war stets am friedfertigsten, alles/das Friedfertige seines Wesens, ein Friedfertiger; der Friedfertigste, den ich je traf, aber (↑ 21): der friedfertigste der Bürger; etwas/nichts Friedfertiges
friedlich ↑ friedfertig
frieren: er wird frieren, aber: zum Frieren neigen. *Weiteres* ↑ 15 f.
friesisch/Friesisch/Friesische (↑ 40): die friesische Literatur, die friesischen Mundarten, die friesische Sprache. *Zu weiteren Verwendungen* ↑ deutsch/Deutsch/Deutsche
frisch: a) (↑ 39 f.) das Frische Haff (Ostseehaff), die Frische Nehrung (Landzunge), auf frischer Tat ertappen. **b)** (↑ 18 ff.) dieser Kuchen ist am frischesten, alles/das Frische bevorzugen; das Frischeste, was ihm angeboten wurde, aber (↑ 21): das frischeste der Brötchen;

etwas/nichts Frisches, aufs frische, von frischem
frischbacken (↑ 40): frischbackenes Brot
frisieren: sie will sich noch frisieren, aber: das Frisieren dauert lange, mit dem Frisieren fertig sein. *Weiteres* ↑ 15 f.
fristlos (↑ 40): die fristlose Entlassung/Kündigung
frivol (↑ 18 ff.): diese Darstellung ist am frivolsten, alles/das Frivole ablehnen; das Frivolste, was sie je gelesen hatte, aber (↑ 21): das frivolste der Bücher; etwas/nichts Frivoles
froh (↑ 39 f.): die Frohe Botschaft (Evangelium), ein frohes Ereignis, frohen Sinnes sein
fröhlich: a) (↑ 2 ff.) „Der fröhliche Weinberg" (von Zuckmayer), aber: er las den „Fröhlichen Weinberg"; „Die fröhliche Wissenschaft" (von Nietzsche), aber: er las im „Fröhlichen Wissenschaft". **b)** (↑ 18 ff.) sie war immer am fröhlichsten, alles/das Fröhliche war geschwunden, (↑ 21) das fröhlichste der Kinder, etwas/nichts Fröhliches
fromm (↑ 18 ff.): sie war schon immer am frommsten, alles/das allzu Fromme ablehnen, alle/die Frommen; die Frommste, die er je traf, aber (↑ 21): die frommste der Frauen
frottieren: er muß das Kind frottieren, aber: das Frottieren tut gut, durch Frottieren trocknen. *Weiteres* ↑ 15 f.
fruchtbringend (↑ 39): die Fruchtbringende Gesellschaft (Sprachgesellschaft im 17. Jh.)
fruchtlos ↑ unnütz
frugal (↑ 18 ff.): dieses Frühstück war am frugalsten, alles/das Frugale lieben; das Frugalste, was ihm geboten wurde, aber (↑ 21): das frugalste der Essen; etwas/nichts Frugales
früh: a) (↑ 40) eine frühe Sorte Äpfel, ein früher Winter, „Früher Frühling" (Film; ↑ 2 ff.) **b)** (↑ 18 ff.) die Frühe aus Trévoux (Birnensorte), am frühesten, mit dem frühesten, zum frühesten, von früh auf. **c)** (↑ 34) Dienstag früh; morgen früh, morgens früh, aber: eines frühen Morgens, frühmorgens; von früh bis spät
frühchristlich (↑ 40): die frühchristliche Kunst/Musik
Frühe (↑ 9): in der/aller Frühe, bis in die Früh
frühmorgens ↑ morgens
frühneuhochdeutsch/Frühneuhochdeutsch/Frühneuhochdeutsche ↑ althochdeutsch/Althochdeutsch/Althochdeutsche
Fuciner (*immer groß,* ↑ 28)
Fug (↑ 13): mit Fug und Recht
fügen: der Zufall wird es fügen, er muß sich fügen, aber: das Sichfügen ist unerläßlich, durch Sichfügen Streit vermeiden. *Weiteres* ↑ 15 f.
Fugen-s (↑ 36)
fügsam ↑ gehorsam
¹**führen:** er soll ihn führen, aber: das Führen des Geschäftes obliegt ihm, zum Führen des Geschäftes geeignet. *Weiteres* ↑ 15 f.
²**führen** /in Fügungen wie *Beweis führen*/ ↑ Buch führen; ↑ heimführen
Fuldaer (*immer groß,* ↑ 28)
Full dress (Gesellschaftskleidung, ↑ 9)
füllen: er soll den Tank füllen, aber: das Fül-

len der Säcke geschieht maschinell, beim Füllen Getreide verschütten. *Weiteres* ↑ 15 f.

fundamental (↑ 18 ff.): diese Erkenntnis ist am fundamentalsten, alles/das Fundamentale begreifen, (↑ 21) die fundamentalste der Erkenntnisse, etwas/nichts Fundamentales
fundiert (↑ 40): (Wirtsch.) das fundierte Einkommen, fundierte Schulden
fündig (↑ 40): fündiger Erzgang
fünf: a) (↑ 29) fünf gerade sein lassen, es ist fünf [Minuten] vor zwölf; ↑ acht (1). **b)** (↑ 30) eine Fünf/drei Fünfen würfeln, er schrieb in Latein eine Fünf, er hat in der Prüfung die Note „Fünf" bekommen; ↑ acht (2). **c)** (↑ 40) die fünf Bücher Moses, sich etwas an den fünf Fingern abzählen können, die fünf Sinne. **d)** (↑ 2 f.) „Die Straße der fünf Monde" (Film), aber *(als erstes Wort:)* „Fünf auf einen Streich" (Film), „Fünf aus einer Schote" (Märchen)
Fünfer: a) (↑ Achter). **b)** (↑ 9) ich habe nur noch Fünfer (Fünfpfennigstücke)
fünffach/Fünffache ↑ dreifach
fünfhundert ↑ hundert
fünfjährig ↑ achtjährig
fünftausend ↑ hundert
fünfte: a) (↑ achte). **b)** (↑ 39 f.) die Angst vor der fünften Kolonne (Sabotage-, Agentengruppen), der fünfte Kontinent, (Med.) fünfte Krankheit, das fünfte Rad am Wagen, die Fünfte Republik (in Frankreich, seit 1958), die fünfte Wand (Fernsehgerät)
fünftel ↑ viertel
fünfzehn ↑ acht
fünfzehner: a) (↑ 29) eine fünfzehner Birne kaufen. **b)** (↑ 30) er kaufte eine Fünfzehner (Glühbirne von 15 Watt)
fünfzehnfach/Fünfzehnfache ↑ dreifach
fünfzehnjährig ↑ achtjährig
fünfzehnte ↑ achte
fünfzig: a) (↑ 29) in der Stadt darf man nicht über fünfzig [Kilometer pro Stunde] fahren, fünfzig-fünfzig machen; ↑ achtzig. **b)** *Rechnen:* ↑ acht (1, d)
fünfziger: a) (↑ achtziger). **b)** (↑ 30) ich habe nur noch einen Fünfziger (Fünfzigmarkschein, Fünfzigpfennigstück), er ist ein falscher Fünfziger
fünfzigfach/Fünfzigfache ↑ dreifach
fünfzigjährig ↑ achtjährig
fünfzigste ↑ achte
fünfzigstel ↑ viertel
fungibel (↑ 40): (Rechtsspr.) eine fungible Sache
Funk (↑ 13): durch/per Funk
funkeln: der Brillant muß funkeln, aber: das Funkeln der Sterne. *Weiteres* ↑ 15 f.
funken: er muß SOS funken, aber: das Funken übernimmt er, im Funken ausgebildet. *Weiteres* ↑ 15 f.
funktional (↑ 40): eine funktionale Grammatik
funktionell (↑ 40): (Biol.) die funktionelle Anpassung, (Psych.) die funktionelle Autonomie, (Med.) funktionelle Blutungen, die funktionelle Differenzierung, funktionelle Erkrankung, (Chemie) funktionelle Gruppen, (Med.) funktionelle Hormone, funktionelle Störungen, (Rechtsw.) die funktionelle Zuständigkeit

funktionieren: der Betrieb muß funktionieren, aber: das Funktionieren des Betriebes. *Weiteres* ↑ 15 f.
für (↑ 34)
1 *Nach Artikel oder Pronomen* (↑ 35): alles Für und Wider, das Für und/oder [das] Wider, einiges Für und Wider, jedes Für und Wider wurde besprochen
2 *Schreibung des folgenden Wortes:* **a)** *Infinitive* (↑ 16): Zeit fürs/für das Fahren, für Hobeln und Einsetzen [der Türen], ich danke fürs/für das Kommen, er hat für Radfahren wenig übrig. **b)** *Adjektive und Partizipien* (↑ 18 f. und 23): er hält es fürs/für das beste (am besten, sehr gut), gleich aufzubrechen, aber: er hält dies fürs/für das Beste, was zu tun wäre; fürs Echte/für Echtes schwärmen, für gewöhnlich, er hat es für gut gefunden, fürs/für das Gute sein, jmdn. für tot erklären, nichts für ungut, jmdn. nicht für voll nehmen. (↑ 24) neu für alt verkaufen. (↑ 25) er hat für Deutsch/für das Deutsche nichts übrig, ein Lehrstuhl für Deutsch. **c)** *Zahladjektive* (↑ 29 ff.) *und Pronomen* (↑ 32 f.): ein Film für alle, Mädchen für alles, für andere bitten, für drei arbeiten/essen, er hält ihn für dreißig [Jahre alt], was für einer ist es?, fürs erste, für etwas/jmdn., für nichts zu haben sein, das hat viel für sich, an und für sich; er hat Freunde, aber was für welche; *(Werbung:)* das passende Geschenk für Sie (die Frau) und das passende Geschenk für Ihn (den Mann). **d)** *Adverbien* (↑ 34): ein für allemal, genug für diesmal, genug für heute/jetzt, für immer, Farbe für innen
für Anstand ↑ Anstand
Furcht (↑ 13): aus Furcht, in Furcht geraten, ein Ritter ohne Furcht und Tadel, von Furcht ergriffen, vor Furcht erblassen
furchtbar (↑ 18 ff.): dieser Anblick war am furchtbarsten, alles/das Furchtbare meiden wollen; das furchtbarste (am furchtbarsten) war, daß er amputiert werden mußte, (↑ 21) das furchtbarste der Ereignisse, aber: das Furchtbarste, was sie erlebt hatte; etwas/nichts Furchtbares erleben
fürchten: er wird ihn fürchten, sich fürchten, aber: das Fürchten lernen, das Sichfürchten, er sieht zum Fürchten aus. *Weiteres* ↑ 15 f.
fürchterlich ↑ furchtbar
furchtlos ↑ mutig
füreinander (↑ 34) füreinander einstehen. **b)** (↑ 35) es geht hier nicht um das Nebeneinander, sondern um das Füreinander
für Ernst ↑ Ernst (b)
fürs /aus *für* + *das*/ ↑ für
fürsorglich (↑ 18 ff.): sie war schon immer am fürsorglichsten, alles/das Fürsorgliche an jmdm. schätzen; der Fürsorglichste, den man sich vorstellen kann, aber (↑ 21): der fürsorglichste der Pfleger; etwas/nichts Fürsorgliches
für Übersee ↑ Übersee
Fuß (↑ 11 und 13): Fuß fassen, am Fuße, Gewehr bei Fuß, von Kopf bis Fuß, mit Füßen treten, nach Fuß rechnen, zu Fuß gehen/sein, zu Füßen sitzen, jmdm. zu Füßen stürzen
Fußball spielen: a) (↑ 11) er spielt Fußball, weil er Fußball spielt, er wird Fußball spielen, er hat Fußball gespielt, um Fußball zu spielen.

b) (↑16) das Fußballspielen macht Spaß, das kommt vom Fußballspielen
Fuß fassen ↑ Wurzel fassen
¹**füttern:** er will die Tiere füttern, aber: das Füttern der Tiere ist verboten. *Weiteres* ↑15f.

²**füttern:** er will den Mantel füttern, aber: das Füttern des Mantels, den Mantel zum Füttern wegbringen. *Weiteres* ↑15f.
futuristisch (↑39): das Futuristische Manifest (von 1909)

G

g/G (↑36): der Buchstabe klein g/groß G, das g in Lage, ein verschnörkeltes G, G wie Gustav/Gallipoli (Buchstabiertafel); ein Stück in g/in g-Moll, ein Stück in G/in G-Dur. ↑a/A
gaffen: alle werden gaffen, aber: das Gaffen der Menschen, nur zum Gaffen kommen. *Weiteres* ↑15f.
gähnen: er mußte gähnen, aber: das Gähnen unterdrücken. *Weiteres* ↑15f.
galant: a) (↑40) (Literaturw.) die galante Dichtung, (Musik) der galante Stil. **b)** (↑18ff.) er war am galantesten, alles/das Galante schätzen; der Galanteste, den er kannte, aber (↑21): der galanteste der Begleiter; etwas/nichts Galantes
galiläisch: a) (↑39f.) das Galiläische Meer, die galiläischen Städte. **b)** (↑18ff.) alles/das Galiläische, nichts/viel Galiläisches
gälisch/Gälisch/Gälische (↑39f.): gälische Sprache. *Zu weiteren Verwendungen* ↑deutsch/Deutsch/Deutsche
gallikanisch: a) (↑40) die gallikanische Kirche (französ. Kirche vor 1789), die gallikanische Liturgie. **b)** (↑18ff.) alles/das Gallikanische, nichts/viel Gallikanisches
gallisch/Gallisch/Gallische (↑39f.): der gallische Hahn (Symbol Frankreichs), der Gallische Krieg (58–51 v.Chr.), ein gallisches Lehnwort. *Zu weiteren Verwendungen* ↑deutsch/Deutsch/Deutsche
galloromanisch/Galloromanisch/Galloromanische ↑deutsch/Deutsch/Deutsche
Galopp reiten: a) (↑11) er reitet/ritt Galopp, weil er Galopp reitet/ritt, er wird Galopp reiten, er ist Galopp geritten, um Galopp zu reiten. **b)** (↑16) das Galoppreiten macht Spaß, Freude am Galoppreiten
galoppierend (↑40): (Med.) die galoppierende Schwindsucht
galvanisch (↑40): (Physik) ein galvanisches Element, der galvanische Strom, eine galvanische Verbindung
γ-Strahlen (Gammastrahlen, ↑36)
gammeln: er will gammeln, aber: das Gammeln gefällt ihm. *Weiteres* ↑15f.
Gang (↑13): im Gang, in Gang
gängeln: er will andere gängeln, aber: das Gängeln mag er nicht. *Weiteres* ↑15f.
gängig: a) (↑40) (Jägerspr.) ein gängiger Hund, ein gängiges Pferd, gängige Ware. **b)** (↑18ff.) alles/das Gängige kaufen; das Gängigste, was wir haben, aber (↑21): der gängigste der Artikel; etwas/nichts Gängiges

ganz
1 *Als Attribut beim Substantiv* (↑40): ganz Berlin, in ganz Europa, (Math.) eine ganze Funktion, er ist ein ganzer Kerl, auf der ganzen Linie versagen, (Musik) eine ganze Note, ganzer Pfeffer, (Math.) ganze Zahlen
2 *Alleinstehend oder nach Artikel, Pronomen, Präposition usw.* (↑18ff.): ganz und gar [nicht], Ganzes und Halbes, alle Ganzen, alles Ganze; etwas als Ganzes behandeln, das Buch als Ganzes (als eine Ganzheit), aber: das Buch als ganzes [Buch]; an das/ans Ganze denken, er geht immer aufs Ganze, das Ganze im Auge haben, das Ganze halt, das große Ganze, der Leiter des Ganzen, nur die Ganzen zählen, ein großes Ganze[s], einige/ein paar Ganze, etwas Ganzes schaffen, für/gegen das Ganze sein; im ganzen (ganz) genommen, etwas im ganzen (nicht im einzelnen) verkaufen, im großen [und] ganzen, aber: sich im/in dem Ganzen verlieren; kein Ganzes, das ist nichts Ganzes und nichts Halbes, es geht ums Ganze, immer zum Ganzen streben. (↑21) Sämtliche Gläser fielen zu Boden. Die noch ganzen [Gläser] sammelte sie rasch auf, die zerbrochenen [Gläser] entfernte sie. – Auf den Regalen standen mehrere Dosen mit ganzen und halben Früchten
Gänze (↑13): in/zur Gänze
garantieren: er soll dafür garantieren, aber: das Garantieren lehnt er ab. *Weiteres* ↑15f.
Garaus (↑11): jmdm. den Garaus machen
gären: der Wein wird gären, aber: das Gären des Weines, zum Gären bringen. *Weiteres* ↑15f.
Gassi (↑11): mit dem Hund Gassi gehen
Gast (↑13): zu Gast sein
Gasteiner (*immer groß*, ↑28)
gastrisch (↑40): (Med.) gastrisches Fieber
G-Dur (↑36): ein Stück in G-Dur/in G; G-Dur-Arie
¹**geben:** er soll Geld geben, aber: das Geben war nie seine Stärke. (Beachte:) weil zu geben seliger ist, denn zu nehmen, aber: weil das Geben seliger ist, denn das Nehmen. *Weiteres* ↑15f.
²**geben** /in Fügungen wie *Anlaß geben*/↑Bescheid geben; /in der Fügung *Gehör geben*/↑Gehör finden; /in der Fügung *schuld geben*/↑schuld haben; /in der Zusammensetzung *preisgeben*/↑achtgeben; ↑Kredit geben, ↑stattgeben
Gebet (↑13): jmdn. ins Gebet nehmen

gebieterisch (↑ 18 ff.): er ist am gebieterischsten, alles/das Gebieterische ablegen, etwas/nichts Gebieterisches

gebildet (↑ 18 ff.): er ist am gebildetsten, alle/die Gebildeten bewundern; der Gebildetste, den er getroffen hatte, aber (↑ 21): der gebildetste der Teilnehmer

geblümt: a) (↑ 40) der geblümte Stil (Literaturw.), geblümte Tapete. **b)** (↑ 18 ff.) alles/das Geblümte bevorzugen, etwas/nichts Geblümtes

gebogt (↑ 40): ein gebogter (bogenförmig geschnittener) Kragen

Gebot (↑ 13): zu Gebot[e] stehen

gebrannt (↑ 40): gebrannter Kalk, ein gebranntes Kind, gebrannte Magnesia, gebrannte Mandeln

Gebrauch (↑ 13): außer Gebrauch kommen, in/im Gebrauch sein, vor Gebrauch schütteln

gebräuchlich (↑ 18 ff.): dieses Mittel ist am gebräuchlichsten, alles/das Gebräuchliche bevorzugen; das Gebräuchlichste, was er finden konnte, aber (↑ 21): das gebräuchlichste der Wörter; etwas/nichts Gebräuchliches

gebrechlich (↑ 18 ff.): er war am gebrechlichsten, alle/die Gebrechlichen betreuen; der Gebrechlichste, den er gefunden hatte, aber (↑ 21): der gebrechlichste der Kranken; ein Gebrechlicher war unter ihnen

gebrochen (↑ 40): (Poetik) ein gebrochener Reim, (Druckerspr.) gebrochene Schriften, gebrochene Zahlen

gebuchtet (↑ 40): eine gebuchtete Küste

Gebühr (↑ 13): nach/über Gebühr

gebührenpflichtig (↑ 40): eine gebührenpflichtige Verwarnung

gebunden (↑ 40): (Bankw.) gebundene Aktien, gebundene Kohlensäure, (Poetik) die gebundene Rede, (Architektur) ein gebundenes System, (Finanzw.) gebundene Währungen

gedackt (↑ 40): (Orgelbau) eine gedackte (oben verschlossene) Pfeife

gedankenlos (↑ 18 ff.): seine Reden waren am gedankenlosesten, alles/das Gedankenlose verabscheuen; das Gedankenloseste, was er je gehört hatte, aber (↑ 21): die gedankenloseste der Äußerungen, etwas/nichts Gedankenloses

Gedeih (↑ 13): auf Gedeih und Verderb

gedenken: ich will deiner gedenken, aber: das Gedenken unserer Toten wird uns heilig sein, im Gedenken an seine Liebe. *Weiteres* ↑ 15 f.

gediegen: a) (↑ 40) gediegenes (reines) Gold. **b)** (↑ 18 ff.) diese Arbeit ist am gediegensten, alles/das Gediegene bevorzugen; das Gediegenste, was er finden konnte, aber (↑ 21): die gediegenste der Arbeiten; etwas/nichts Gediegenes kaufen

geduldig (↑ 18 ff.): er ist am geduldigsten, alle/die Geduldigen bewundern; der Geduldigste, den er kannte, aber (↑ 21): der geduldigste der Patienten

geeignet (↑ 18 ff.): er ist am geeignetsten, alles/das Geeignete suchen; der Geeignetste, den er finden konnte, aber (↑ 21): der geeignetste der Mitarbeiter; etwas/nichts Geeignetes finden

Gefahr (↑ 13): er ist außer Gefahr, nur bei Gefahr öffnen, in/ohne Gefahr

gefährden: du darfst den Fußgänger nicht gefährden, aber: das/beim Gefährden des Fußgängers. *Weiteres* ↑ 15 f.

Gefahr laufen (↑ 11): er läuft/lief Gefahr, weil er Gefahr läuft/lief, er wird Gefahr laufen, er ist Gefahr gelaufen, um Gefahr zu laufen

gefährlich: a) (↑ 39 ff.) die Gefährlichen Inseln (Inselgruppe im Pazifik), (Rechtsspr.) gefährliche Körperverletzung; „Die gefährlichen Liebschaften" (Film), aber: „Gefährlicher Urlaub" (↑ 2 ff.). **b)** (↑ 18 ff.) dies war am gefährlichsten, alles/das Gefährliche; das Gefährlichste, was er erlebt hatte, aber (↑ 21): das gefährlichste seiner Abenteuer; etwas/nichts Gefährliches

gefahrlos/gefahrvoll ↑ gefährlich (b)

Gefallen (↑ 13): zu Gefallen tun

Gefallen finden ↑ Gehör finden

gefällig (↑ 18 ff.): er ist am gefälligsten, alle/die Gefälligen loben; der Gefälligste, der ihm begegnet war, aber (↑ 21): der gefälligste der Angestellten; etwas/nichts Gefälliges

gefärbt (↑ 18 ff.): alles/das Gefärbte aussondern, etwas/nichts Gefärbtes nehmen

Gefecht (↑ 13): außer Gefecht

geflammt (↑ 40): geflammte Muster

gefleckt (↑ 40): eine gefleckte Dogge

geflügelt (↑ 40): geflügelte Worte, aber (↑ 2 ff.): „Geflügelte Worte" (von Georg Büchmann)

Gefolge (↑ 13): im Gefolge von

gefräßig (↑ 18 ff.): er ist am gefräßigsten, alle/die Gefräßigen tadeln; der Gefräßigste, den er je gesehen hat, aber (↑ 21): das gefräßigste der Tiere; ein Gefräßiger, viele Gefräßige

gefügig ↑ gehorsam

Gefühl (↑ 13): etwas im Gefühl haben, etwas mit Gefühl vortragen, nach Gefühl urteilen, er ist ohne Gefühl

gefühllos ↑ roh

gefühlsmäßig (↑ 18 ff.): sein Urteil ist am gefühlsmäßigsten, alles/das Gefühlsmäßige betonen, (↑ 21) das gefühlsmäßigste der Urteile, etwas/nichts Gefühlsmäßiges

gefühlvoll (↑ 18 ff.): sein Liedvortrag war am gefühlvollsten, alles/das Gefühlvolle verachten; der Gefühlvollste, den man sich denken kann, aber (↑ 21): das gefühlvollste der Gedichte; etwas/nichts Gefühlvolles

gefurcht (↑ 40): gefurchte Rinde

gefürstet (↑ 40): eine gefürstete Abtei

gegeben (↑ 18 ff.): als gegeben hinnehmen; es ist das gegebene (gegeben), aber: alles/das Gegebene nehmen; etwas/nichts Gegebenes hinnehmen

gegen (↑ 34)

1 *In Buchtiteln u. ä.* (↑ 2 ff.): „Streitschrift gegen die Wiedertäufer", aber *(als erstes Wort):* das Buch hatte den Titel „Gegen die Wiedertäufer"

2 *Schreibung des folgenden Wortes:* **a)** *Substantive* (↑ 13): gegen Abend usw. ↑ Abend usw. **b)** *Infinitive* (↑ 16): er ist empfindlich gegen [das] Pfeifen, er hat etwas gegen Radfahren, [gegen Weinen] ist er hilflos. **c)** *Adjektive und Partizipien* (↑ 19): gegen Böses ist er nicht gefeit. **d)**

Zahladjektive (↑ 29 ff.) *und Pronomen* (↑ 32): gegen alles, gegen drei [Uhr] bin ich dort, gegen dreißig [Personen] standen dort, er ist gegen dreißig [Jahre alt], zwei gegen einen, ich wette zehn gegen eins, gegen etwas sein, gerecht gegen jmdn. sein; er ist gegen vieles, was er gehört hat
gegen Abend usw. ↑ Abend usw.
gegeneinander: a) (↑ 34) sie kämpfen gegeneinander. **b)** (↑ 35) das ständige Gegeneinander soll von einem friedlichen Miteinander abgelöst werden
gegen Einbruch usw. ↑ Einbruch usw.
gegen Ostern/Pfingsten/Weihnachten ↑ Ostern
gegen Quittung ↑ Quittung
Gegensatz (↑ 13): in/im Gegensatz zu
gegensätzlich ↑ widersprüchlich
gegenständig (↑ 40): (Bot.) gegenständige Blätter
gegenständlich: a) (↑ 40) ein gegenständliches Hauptwort (Sprachw.). **b)** (↑ 18 ff.) alles/das Gegenständliche bevorzugen, etwas/nichts Gegenständliches malen
Gegenteil (↑ 13): im Gegenteil, ins Gegenteil umschlagen
gegenteilig (↑ 18 ff.): Gegenteiliges behaupten, alles/das Gegenteilige, etwas/nichts Gegenteiliges äußern
gegenüber: a) (↑ 35) gegenüber der Kirche, euch/uns gegenüber. **b)** (↑ 36) ein nettes Gegenüber, mein Gegenüber
Gegenwart (↑ 13): in Gegenwart von
gegenwärtig (↑ 18 ff.): alles/das Gegenwärtige betrachten, alle/die Gegenwärtigen ansprechen, etwas/nichts Gegenwärtiges berücksichtigen; (Kaufmannsspr.) mit Gegenwärtigem teilen wir mit, daß Ihr Schreiben eingetroffen ist
gegen Zahlung ↑ Zahlung
gehaltlos ↑ gehaltvoll
gehaltvoll (↑ 18 ff.): dieses Buch ist am gehaltvollsten, alles/das Gehaltvolle; das Gehaltvollste, was er finden konnte, aber (↑ 21): das gehaltvollste der Bücher; etwas/nichts Gehaltvolles
geharnischt (↑ 40): ein geharnischter Protest, ein geharnischter Reiter
gehässig (↑ 18 ff.): er ist am gehässigsten, alles/das Gehässige; das gehässigste (am gehässigsten, sehr gehässig) war, daß er ihn verriet, (↑ 21) das gehässigste seiner Worte, aber: das Gehässigste, was er gehört hatte; etwas/nichts Gehässiges
geheim: a) (↑ 39 ff.) geheime Kommandosache, Geheimer Rat/Regierungsrat, Geheimes Staatsarchiv, (nationalsoz.) Geheime Staatspolizei (Gestapo), ein geheimer Vorbehalt, geheime Wahl, geheimes Wahlrecht. **b)** (↑ 18 ff.) dieser Befehl war am geheimsten, alles/das Geheime, (↑ 21) das geheimste der Quellen, im geheimen
geheimnisvoll (↑ 18 ff.): diese Vorgänge waren am geheimnisvollsten, alles/das Geheimnisvolle lieben; das geheimnisvollste (am geheimnisvollsten, sehr geheimnisvoll) war, daß er immer verborgen blieb, (↑ 21) die geheimnisvollste der Geschichten, aber: das Geheimnis-

vollste, was er erlebt hatte; etwas/nichts Geheimnisvolles
Geheiß (↑ 13): auf/ohne Geheiß
gehemmt (↑ 18 ff.): er war am gehemmtesten, alle/die Gehemmten; der Gehemmteste, dem er begegnet war, aber (↑ 21): der gehemmteste der Schüler; ein Gehemmter
¹**gehen:** er will gehen, aber: das Gehen strengt mich an, es herrschte ein ständiges Kommen und Gehen, sich zum Gehen fertigmachen. *Weiteres* ↑ 15 f.
²**gehen** ↑ bankrott gehen, ↑ pleite gehen
gehoben (↑ 40): gehobene Sprache
Gehör (↑ 13): um Gehör bitten
gehorchen: er kann nicht gehorchen, aber: das Gehorchen der Kinder. *Weiteres* ↑ 15 f.
Gehör finden: a) (↑ 11) er findet/fand Gehör, weil er Gehör findet/fand, er wird Gehör finden, er hat Gehör gefunden, um Gehör zu finden. **b)** (↑ 16) das Gehörfinden
Gehör geben ↑ Gehör finden
gehorsam (↑ 18 ff.): er ist am gehorsamsten, alle/die Gehorsamen loben; der Gehorsamste, den er finden konnte, aber (↑ 21): der gehorsamste der Schüler; ein Gehorsamer
Gehör schenken ↑ Gehör finden
Geige spielen: a) (↑ 11) er spielt Geige, weil er Geige spielt, er wird Geige spielen, er hat Geige gespielt, um Geige zu spielen. **b)** (↑ 16) das Geigespielen macht ihm Freude, vom Geigespielen will er nichts wissen
Geislinger (*immer groß*, ↑ 28)
Geist (↑ 13): im Geiste, ohne Geist
geistesgegenwärtig (↑ 18 ff.): er erwies sich am geistesgegenwärtigsten, alle/die Geistesgegenwärtigen loben; der Geistesgegenwärtigste, der ihm begegnet war, aber (↑ 21): der geistesgegenwärtigste der Arbeiter
geisteswissenschaftlich (↑ 40): geisteswissenschaftliche Psychologie
geistig (↑ 40): geistiger Diebstahl, geistiges Eigentum, geistige Getränke
geistlich (↑ 40 f.): (Rel.) der geistliche Beistand, die geistliche Dichtung, das geistliche Drama, die geistliche Epik, die geistlichen Fürsten, ein geistliches Konzert, ein geistliches Lied, Geistlicher Rat, (Rel.) geistliche Verwandtschaft, (Rel.) geistlicher Vorbehalt
geistlos ↑ geistreich
geistreich (↑ 18 ff.): er ist am geistreichsten, alles/das Geistreiche; der Geistreichste, den er kannte, aber (↑ 21): der geistreichste der Plauderer; etwas/nichts Geistreiches
geistvoll ↑ geistreich
gekröpft (↑ 40): gekröpfte Welle
gelappt (↑ 40): (Bot.) gelappte Blätter
gelassen ↑ geistesgegenwärtig
gelatinös (↑ 40): gelatinöse Masse
gelb/Gelb/Gelbe
1 *Als Attribut beim Substantiv* (↑ 39 f.): gelbes Atmungsferment, gelbes Blinklicht, die gelben Engel (Straßenwacht des ADAC), gelbe Erbsen; die gelbe Farbe, aber (↑ 2): die Farbe Gelb; das gelbe Fieber, der gelbe Fleck (im Auge), der Gelbe Fluß (China), der gelbe Galt (Viehkrankheit), die gelbe Gefahr, der gelbe Gürtel (Gradabzeichen beim Judo), das gelbe Höhenvieh, (Med.) gelbes Knochenmark,

(Bot.) Gelber Knollenblätterpilz, gelbes Licht, (Bot.) Gelbe Lupine, das Gelbe Meer, die gelbe Rasse, die gelbe Rübe (Mohrrübe), (Radsport) das gelbe Trikot (des Spitzenreiters), (Biol.) gelbe Zellen
2 *Alleinstehend oder nach Artikel, Pronomen, Präposition usw.* (↑26): [die Farbe] Gelb; das Kleid ist gelb, seine Farbe ist gelb (wie ist die Farbe?), aber: meine Lieblingsfarbe ist Gelb (was ist meine Lieblingsfarbe?); sich gelb und grün ärgern, das Korn wird gelb; die Ampel ist gelb, aber: die Ampel zeigt Gelb/steht auf Gelb; bei Gelb muß die Kreuzung geräumt werden, ein schönes/kräftiges Gelb, in Gelb gekleidet sein. *Zu weiteren Verwendungen* ↑ blau/Blau/Blaue

Geld sparen ↑ Zeit sparen
gelehrig (↑18ff.): er ist am gelehrigsten, alle/die Gelehrigen loben; der Gelehrigste, den er finden konnte, aber (↑21): der gelehrigste der Schüler; ein Gelehriger
gelehrsam/gelehrt ↑ gebildet
gelenkig ↑ gewandt
gelernt (↑40): ein gelernter Maurer
gelingen: dein Vorhaben wird gelingen, aber: das/zum Gelingen deines Vorhabens. *Weiteres* ↑ 15 f.
gelobt (↑39): das Gelobte Land
gelöscht (↑40): gelöschter Kalk
Geltung (↑13): zur Geltung
gelungen (↑18ff.): seine Bilder waren am gelungensten, alles/das Gelungene; das Gelungenste, was er gesehen hatte, aber (↑21): das gelungenste der Werke; etwas/nichts Gelungenes
gemasert (↑40): gemasertes Holz
gemäßigt: a) (↑40) (Sprachw.) gemäßigte Kleinschreibung; „Die gemäßigte Kleinschreibung" (Buchtitel), aber: er las in der „Gemäßigten Kleinschreibung" (↑2ff.); (Meteor.) gemäßigte Zonen. **b)** (↑18ff.) er ist am gemäßigtsten, alles/das Gemäßigte vorziehen; der Gemäßigtste, den er finden konnte, aber (↑21): der gemäßigtste der Politiker; etwas/nichts Gemäßigtes
gemein
1 *Als Attribut beim Substantiv* (↑39 f.): gemeine Figuren (bestimmte Wappenfiguren), (Zool.) die Gemeine Garnele, ein gemeines Jahr (von 365 Tagen), der gemeine Mann, der gemeine Nutzen, der gemeine Pfennig (im 15.Jh. beschlossene Reichssteuer), (Bot.) die Gemeine Quecke, (Rechtsw.) das gemeine Recht, (Zool.) der Gemeine Rosenkäfer, gemeine Sache machen, gemeines Sachsenrecht (Sachsenspiegel), ein gemeiner Soldat, das gemeine Volk, (Wirtsch.) der gemeine Wert, das gemeine Wohl
2 *Alleinstehend oder nach Artikel, Pronomen, Präposition usw.* (↑18ff.): Gemeines verachten; alle Gemeinen, allerhand Gemeines, alles Gemeinste; er ist am gemeinsten, aber: sich am Gemeinsten erfreuen; er hat ihn aufs gemeinste (sehr gemein) betrogen, aber: sich auf das/aufs Gemeinste einlassen; das gemeinste (sehr gemein) wäre, ihn zu verraten, aber: das ist das Gemeinste, was ich je erlebt habe; der Gemeine (gemeine Soldat), etwas Gemeines, es

war genug Gemeines geschehen, etwas ins Gemeine hinabziehen, gegen das Gemeine vorgehen, manches Gemeine, mehr Gemeines als Besonderes, nichts Gemeines ist an ihm, nur Gemeines, viel Gemeines. (↑21) Bei dem Nutzen, den die Sache hatte, war zu unterscheiden zwischen einem gemeinen [Nutzen] und einem persönlichen [Nutzen]. – Er ist der gemeinere/gemeinste der Männer/von den Männern/unter den Männern
gemeingefährlich: a) (↑40) gemeingefährliche Verbrechen/Vergehen (Rechtsspr.). **b)** (↑18ff.) alle/die Gemeingefährlichen, ein Gemeingefährlicher
gemeinnützig (↑40): gemeinnützige Unternehmungen, gemeinnützige Zwecke
gemeinsam (↑39f.): der Gemeinsame Markt (Europäische Wirtschaftsgemeinschaft), gemeinsamer Unterricht
gemeinschaftlich (↑40): (Math.) der größte gemeinschaftliche Teiler (ggT), das kleinste gemeinschaftliche Vielfache (kgV)
gemischt (↑40): ein gemischter Chor, (Sportspr.) ein gemischtes Doppel, mit gemischten Gefühlen, (Wirtsch.) gemischte Konten, (Druckw.) der gemischte Satz
Gemüt (↑13): zu Gemüte führen
gemütlich (↑18ff.): dieser Raum ist am gemütlichsten, alles/das Gemütliche schätzen; (↑21) das gemütlichste der Zimmer, etwas/nichts Gemütliches
genarbt (↑40): genarbtes Leder
genau (↑18ff.): diese Waage ist am genauesten, auf das/aufs genaueste, (↑21) das genaueste der Meßinstrumente, des genaueren (genau) erklären, etwas/nichts Genaues wissen
genealogisch (↑40): ein genealogisches Handbuch; die Gothaischen genealogischen Taschenbücher, aber: das Genealogische Handbuch des Adels (↑2ff.)
geneigt (↑40): der geneigte Leser
generativ (↑40): generative Grammatik, (Biol.) generative Zelle
Genfer (*immer groß,* ↑28)
genial[isch] (↑18ff.): am genialsten, alles/das Geniale bewundern; das genialste (am genialsten, sehr genial) war, daß er alles auswendig sprach, (↑21) das genialste seiner Werke, aber: das Genialste, was ich je gesehen habe; etwas/nichts Geniales
genießbar (↑18ff.): alles/das Genießbare aussondern; das Genießbarste, was er finden konnte, aber (↑21): die genießbarste der Speisen; etwas/nichts Genießbares
genießen /in der Fügung *Kredit genießen*/ ↑ Kredit geben
gen Norden ↑ Nord/Norden
Genter (*immer groß,* ↑28)
Gentleman's/Gentlemen's Agreement (↑9)
Genueser (*immer groß,* ↑28)
genug: a) (↑20) er hat genug Dummes/Dummes genug erlebt. **b)** (↑32) er hat genug anderes gesehen
Genüge (↑13): zur Genüge kennen
Genüge leisten ↑ Verzicht leisten
genügend: a) (↑37) er hat [die Note] „genügend" erhalten, er hat mit [der Note] „genü-

gend"/mit einem knappen „genügend" bestanden, er hat zwei „genügend" in seinem Zeugnis. **b)** († 18 ff.) nichts Genügendes
Genüge tun † Abbruch tun
genügsam † bescheiden
geographisch († 39 f.): die geographische Breite; geographische Gesellschaften, aber: die Geographische Gesellschaft in Berlin; die geographische Länge, eine geographische Meile, geographisch Nord (Richtung des geographischen Nordpols), der geographische Pol
geologisch († 40): geologische Karten, geologische Orgeln, geologische Uhr, geologische Zeitmessung
geometrisch († 40): (bild. Kunst) die geometrische Kunst, die geometrische Optik, (Math.) der geometrische Ort, geometrische Modelle, das geometrische Mittel, die geometrische Reihe, geometrisches Zeichen
geophysikalisch († 39 f.): das Geophysikalische Jahr, eine geophysikalische Untersuchung
georgisch/Georgisch/Georgische († 40): die georgische Literatur, die georgische Sprache. *Zu den weiteren Verwendungen* † deutsch/Deutsch/Deutsche
geothermisch († 40): geothermische Energie, ein geothermisches Kraftwerk, die geothermische Tiefenstufe
gepfeffert († 40): gepfefferte Preise
gerade († 40): (Math.) eine gerade Funktion, eine gerade Strecke, eine gerade Zahl
geradesitzen: du mußt in der Schule geradesitzen, aber: das Geradesitzen auf dem Stuhl. *Weiteres* † 15 f.
geraten († 23): es ist das geratenste (am besten, sehr gut)
Geratewohl († 13): aufs Geratewohl
geräuschlos † leise
geräuschvoll † ¹laut
gerecht († 18 ff.): er war am gerechtesten, alle/die Gerechten; der Gerechteste, den er kannte, aber († 21): der gerechteste der Richter; ein Gerechter
gereizt † zornig (b)
Gericht († 13): bei[m] Gericht verklagen, mit jmdm. ins Gericht gehen, vor Gericht kommen, über jmdn. zu Gericht sitzen
Gericht halten † Kolleg halten
gerichtlich († 40): gerichtliche Chemie, gerichtliche Medizin, gerichtliche Psychologie
gerichtsfrei († 40): (Rechtsw.) ein gerichtsfreier Hoheitsakt
gering
1 *Als Attribut beim Substantiv* († 40): (Bankw.) ein geringes Angebot, geringe Einkünfte haben, (Rechtsw.) geringstes Gebot, (Jägerspr.) ein geringer Hirsch, der Weg des geringsten Widerstandes
2 *Alleinstehend oder nach Artikel, Pronomen, Präposition usw.* († 18 ff.): vornehm und gering (jedermann), aber: Geringe und Vornehme; Geringes verachten, beim geringsten stehenbleiben; das geht ihn nicht das geringste (gar nichts) an, aber: nicht das Geringste entgeht ihm; das ist das Geringste, was er tun kann; er beachtet auch das Geringste; auch der Geringste hat sein Recht, die Vornehmen und die Ge-

ringen; ein geringes (wenig) tun; die Preise um ein geringes (ein wenig) erhöhen, aber: eine Sache auf ein Geringes beschränken; er dachte nicht im geringsten (überhaupt nicht) daran, aber: auch im Geringsten genau sein; kein Geringerer als Goethe, mit Geringerem vorliebnehmen, es geht um nichts Geringeres als. († 21) Es gab Bücher zu verschiedenen Preisen. Die einen hatten einen geringen [Preis], die anderen hatten einen besonders hohen [Preis]. – Der geringste und der vornehmste Gast trafen zusammen ein
geringschätzig † abfällig
gerissen † raffiniert (b)
germanisch/Germanisch/Germanische († 39 f.): die germanische Kunst, der Germanische Lloyd (in Hamburg), die germanische Musik, die germanische Mythologie, das Germanische National-Museum (in Nürnberg), germanisches Recht, die germanische Religion, die germanische Runenschrift, die germanischen Sprachen. *Zu weiteren Verwendungen* † deutsch/Deutsch/Deutsche
germanistisch († 40 f.): ein germanistisches Seminar, aber: das Germanistische Seminar der Universität Mainz; germanistische Studien
ges/Ges † as/As
gesalzen: a) († 40) gesalzene Preise. **b)** († 18 ff.) alles/das Gesalzene nicht mögen, etwas/nichts Gesalzenes essen
gesamt († 23): im gesamten
Gesamt († 9): das Gesamt der Überlegungen, im Gesamt
gesamtdeutsch († 39 f.): Bundesministerium für gesamtdeutsche Fragen, die Gesamtdeutsche Partei
gesättigt († 40): (Chemie) gesättigte KW-Stoffe, eine gesättigte Lösung
geschäftig † aktiv (b)
geschäftlich († 18 ff.): alles/das Geschäftliche erledigen, etwas/nichts Geschäftliches zu tun haben
geschäftsführend († 41): er ist geschäftsführender Direktor, aber: N.N., Geschäftsführender Direktor
gescheit († 18 ff.): er ist am gescheitesten, alle/die Gescheiten ausschauen; das gescheiteste (am gescheitesten, sehr gescheit) wäre es, gleich aufzubrechen, († 21) das gescheiteste der Kinder, aber: der Gescheiteste in der Klasse; etwas/nichts Gescheites
geschickt († 18 ff.): er ist am geschicktesten, alle/die Geschickten mit der Arbeit betrauen; das geschickteste (am geschicktesten, sehr geschickt) wäre, beide Angelegenheiten miteinander zu verknüpfen, († 21) der geschickteste der Handwerker, aber: der Geschickteste, den er finden konnte; etwas/nichts Geschicktes
geschlagen († 40): eine geschlagene Stunde
geschlämmt († 40): geschlämmte Kreide
geschlechtlich († 40): geschlechtliche Fortpflanzung, geschlechtliche Zuchtwahl
geschliffen † geschraubt
geschlossen: a) († 40) eine geschlossene Bebauung, (Math.) eine geschlossene Form, in geschlossener Formation, (Archäol.) ein geschlossener Fund, eine geschlossene Gesell-

schaft; „Die geschlossene Gesellschaft" (von Sartre), aber: die Figuren aus der „Geschlossenen Gesellschaft" (↑2ff.); ein geschlossenes Gewässer (Binnengewässer), (Jägerspr.) geschlossenes Jagen, (Landw.) eine geschlossene Lage, (Wirtsch.) ein geschlossener Markt, eine geschlossene Ortschaft, (Sprachw.) ein geschlossener Vokal, (Jägerspr.) die geschlossene Zeit. **b)** (↑18ff.) Offenes und Geschlossenes; diese Arbeit wirkt am geschlossensten, (↑21) ein geschlossener und ein offener Wagen, etwas/nichts Geschlossenes

geschmacklos (↑18ff.): ihr Kleid war am geschmacklosesten, alles/das Geschmacklose; das geschmackloseste (am geschmacklosesten, sehr geschmacklos) wäre, wenn er nicht erschiene, (↑21) das geschmackloseste der Muster, aber: das Geschmackloseste, was er gesehen hatte; etwas/nichts Geschmackloses kaufen

geschmackvoll ↑geschmacklos

geschmeidig ↑gewandt

geschraubt: a) (↑40) geschraubter Stil. **b)** (↑18ff.) seine Sprechweise ist am geschraubtesten, alles/das Geschraubte; das Geschraubteste, was er gehört hatte, aber (↑21): der geschraubteste der Ausdrücke; etwas/nichts Geschraubtes

geschwollen ↑geschraubt

geschworen (↑40): ein geschworener Feind des Alkohols

Ges-Dur ↑As-Dur

gesegnet (↑40): einen gesegneten Appetit haben, gesegnete Mahlzeit, aber (↑1): „Gesegnete Mahlzeit!"

gesellschaftlich (↑39f.): (DDR) gesellschaftliches Aktiv (Arbeitsgruppe), gesellschaftlicher Ankläger, gesellschaftliches Bewußtsein, gesellschaftliches Eigentum, Gesellschaftliche Gerichte, Gesellschaftlicher Rat (Gremium), gesellschaftliche Tätigkeit, gesellschaftlicher Verteidiger

gesetzgebend (↑40): die gesetzgebende Gewalt

gesetzlich (↑40): (Rechtsspr.) die gesetzliche Empfängniszeit, die gesetzliche Erbfolge, (Rechtsspr.) der gesetzliche Richter, (Wirtsch.) gesetzliche Rücklagen, (Rechtsspr.) der gesetzliche Vertreter, gesetzliche Zinsen

gesetzwidrig (↑18ff.): alles/das Gesetzwidrige, etwas/nichts Gesetzwidriges

Gesicht (↑13): ins Gesicht lachen, übers Gesicht streichen, vom Gesicht ablesen, die Hände vors Gesicht schlagen, zu Gesicht kommen

gespalten (↑40): (Poetik) ein gespaltener Reim

gespenstig (↑18ff.): diese Szenerie war am gespenstigsten, alles/das Gespenstige fürchten; das gespenstigste (am gespenstigsten, sehr gespenstig) war, daß er plötzlich verschwunden war, (↑21) die gespenstigste der Figuren, aber: das Gespenstigste, was er gesehen hatte; etwas/nichts Gespenstiges

Gespött (↑13): zum Gespött

gesprächig (↑18ff.): er war am gesprächigsten, alle/die Gesprächigen; der Gesprächigste, dem er begegnet war, aber (↑21): der gesprächigste der Teilnehmer; etwas/nichts Gesprächiges

gespreizt ↑geschraubt

gesprenkelt (↑40): ein gesprenkeltes Fell

gestern: a) (↑34) gestern früh, gestern und heute, gestern vormittag/mittag/abend usw., bis gestern, erst gestern, seit gestern, die Mode von gestern, er ist nicht von gestern, von gestern an, von gestern und heute, gestern und heute (↑aber b). **b)** (↑35) das Gestern und das Heute; zwischen [dem] Gestern und [dem] Morgen liegt das Heute, aber (↑a): zwischen gestern und heute

gestiefelt (↑2ff.): „Der gestiefelte Kater" (Märchen), aber: sie lasen aus dem „Gestiefelten Kater"

gestielt (↑40): ein gestielter Besen

gestirnt (↑40): ein gestirnter Himmel

gestochen (↑40): eine gestochene Handschrift

gestockt (↑40): gestockte Milch

gestreng (↑39f.): die Gestrengen Herren (die Eisheiligen), ein gestrenger Herr sein

gestrig (↑18ff.): alles/das Gestrige, etwas/nichts Gestriges, (Kaufmannsspr.) mein Gestriges (gestriger Brief), unterm Gestrigen

gestromt (↑40): eine gestromte (gefleckte) Dogge

gesucht (↑40): eine gesuchte Ausdrucksweise

gesund (↑18ff.): er war immer am gesündesten, alle/die Gesunden; das gesündeste (am gesündesten, sehr gesund) wäre, jeden Tag zu schwimmen, (↑21) das gesündeste der Kinder, aber: der Gesündeste, den er finden konnte; etwas/nichts Gesundes

getreu: a) (↑40) der getreue Eckart (Sagengestalt). **b)** (↑18ff.) alle/die Getreuen, ein Getreuer

gewählt ↑gesucht

Gewähr (↑13): ohne Gewähr

¹**gewähren:** er will mehr Urlaub gewähren, aber: das Gewähren des Urlaubs. *Weiteres* ↑15f.

²**gewähren** /in der Fügung *Kredit gewähren*/↑Kredit geben

Gewähr geben ↑Bescheid geben

Gewähr leisten (für etwas bürgen) ↑Verzicht leisten, aber: **gewährleisten** (garantieren): er gewährleistet das, weil er das gewährleistet, er wird das gewährleisten, er hat das gewährleistet, um das zu gewährleisten

gewalmt (↑40): ein gewalmtes Dach

gewaltig (↑18ff.): dieser Berg ist am gewaltigsten, alles/das Gewaltige; das Gewaltigste, was er gesehen hatte, aber (↑21): das gewaltigste der Bauwerke; etwas/nichts Gewaltiges

gewaltsam/gewalttätig ↑brutal

gewandt: a) (↑40) ein gewandter Mann. **b)** (↑18ff.) er ist am gewandtesten, alle/die Gewandten; der Gewandteste, der ihm begegnet war, aber (↑21): der gewandteste der Turner

gewerblich (↑40): gewerbliche Aufsicht, gewerbliche Gifte (z.B. Blei bei Druckern), (Rechtsspr.) der gewerbliche Rechtsschutz

gewinnbringend (↑18ff.): diese Arbeit ist am gewinnbringendsten, alles/das Gewinnbringende, (↑21) die gewinnbringendste seiner Tätigkeiten, etwas/nichts Gewinnbringendes

¹gewinnen: du wirst den Prozeß gewinnen, aber: das/zum Gewinnen des Prozesses. *Weiteres* ↑15f.

²gewinnen /in Fügungen wie *Land gewinnen*/↑ Boden gewinnen

gewinnend (↑18ff.): er ist am gewinnendsten von allen, alle/die Gewinnenden; er ist der Gewinnendste, den man sich denken kann, aber (↑21): der gewinnendste seiner Freunde; etwas/nichts Gewinnendes in seinem Wesen haben

gewirkt (↑40): ein gewirkter Stoff

gewiß (↑18ff.): sein Sieg war am gewissesten, alles/das Gewisse vorziehen, etwas/nichts Gewisses

gewissenhaft (↑18ff.): er ist am gewissenhaftesten, alle/die Gewissenhaften; der Gewissenhafteste, den er finden konnte, aber (↑21): der gewissenhafteste der Schüler

gewissenlos ↑ gewissenhaft

gewürfelt (↑40): ein gewürfelter Stoff

gezahnt/gezähnt (↑40): (Bot.) gezahnte/gezähnte Blätter

gezielt (↑40): eine gezielte Indiskretion, gezielte Werbung

Ghostwriter (für einen anderen schreibender, nicht genannter Autor, ↑9)

gierig ↑ begierig

gießen: sie muß die Blumen gießen, aber: das Gießen der Blumen. *Weiteres* ↑15f.

giftig (↑18ff.): diese Pilze sind am giftigsten, alles/das Giftige meiden; das Giftigste, was es gibt, aber (↑21): die giftigste der Pflanzen; etwas/nichts Giftiges essen

gigantisch (↑18ff.): dieses Bauwerk war am gigantischsten, alles/das Gigantische bewundern; das Gigantischste, was er gesehen hatte, aber (↑21): das gigantischste der Bauwerke; etwas/nichts Gigantisches

gipsen: er kann gipsen, aber: das Gipsen macht viel Schmutz. *Weiteres* ↑15f.

gis/Gis ↑ as/As

gis-Moll ↑ as-Moll

Gitarre spielen ↑ Geige spielen

Gitter (↑13): hinter Gittern sitzen

glagolitisch (↑40): glagolitisches Alphabet

glänzen: der Ring muß glänzen, aber: das Glänzen des Ringes. *Weiteres* ↑15f.

Glarner (*immer groß,* ↑28)

gläsern (↑18ff.): alles/das Gläserne bevorzugen, etwas/nichts Gläsernes mögen

glasieren: er will den Tonkrug glasieren, aber: das Glasieren des Tonkruges ist einfach. *Weiteres* ↑15f.

glatt: a) (↑40) glatter Satz (Druckw.). **b)** (↑18ff.) diese Politur ist am glattesten, alles/das Glatte bevorzugen; das Glatteste, was er finden konnte, aber (↑21): das glatteste der Felle; etwas/nichts Glattes

glätten: er muß das Papier glätten, aber: das Glätten des Papiers. *Weiteres* ↑15f.

Glatzer (*immer groß,* ↑28)

gläubig (↑18ff.): sie war am gläubigsten, alle/die Gläubigen; der Gläubigste, der ihm begegnet war, aber (↑21): der gläubigste der Männer; ein Gläubiger

glaubwürdig (↑18ff.): seine Äußerungen sind am glaubwürdigsten, alle/die Glaubwürdigen schätzen; der Glaubwürdigste, den er finden konnte, aber (↑21): der glaubwürdigste der Zeugen; etwas/nichts Glaubwürdiges

gleich (↑18ff.): gleich und gleich, aber: Gleiches und Ungleiches, Gleiches mit Gleichem vergelten, Gleiches von Gleichem bleibt Gleiches, es kann uns Gleiches begegnen; es kommt auf das/aufs gleiche (dasselbe) hinaus, das gleiche (dasselbe) tun, es ist immer das gleiche (dasselbe), er ist immer der gleiche (derselbe), sie ist die gleiche (dieselbe) geblieben, ein Gleiches tun, ich wünsche dir ein Gleiches, es kann euch ein Gleiches zustoßen, etwas Gleiches, etwas wieder ins gleiche (in Ordnung) bringen (↑aber Gleiche), nichts Gleiches, ein Gleicher unter Gleichen

gleichartig (↑18ff.): alles/das Gleichartige suchen, etwas/nichts Gleichartiges

Gleiche (↑13): etwas in die Gleiche bringen (↑aber gleich)

gleichgültig (↑18ff.): er ist am gleichgültigsten, alle/die Gleichgültigen verabscheuen; der Gleichgültigste, den man sich denken kann, aber (↑21): das gleichgültigste der Gesichter; etwas/nichts Gleichgültiges

gleichmäßig (↑18ff.): diese Maserung ist am gleichmäßigsten, alles/das Gleichmäßige bevorzugen, etwas/nichts Gleichmäßiges

gleichmütig ↑ gleichgültig

gleichseitig (↑40): ein gleichseitiges Dreieck

gleichstellen: man muß Arbeiter und Angestellte gleichstellen, aber: das/durch Gleichstellen von Arbeitern und Angestellten. *Weiteres* ↑15f.

gleichwinklig ↑ gleichseitig

gleiten: das Flugzeug kann über das Wasser gleiten, aber: das Gleiten des Flugzeuges. *Weiteres* ↑15f.

gleitend (↑40): eine gleitende Lohnskala, (Poetik) ein gleitender Reim

gliedern: er muß den Text gliedern, aber: das Gliedern des Textes. *Weiteres* ↑15f.

glitzern: der Schmuck wird glitzern, aber: das Glitzern des Schmuckes. *Weiteres* ↑15f.

Glogauer (*immer groß,* ↑28)

Glück (↑13): im Glück, er ist ohne Glück, zum Glück

Glück haben ↑ Anteil haben

glücklich (↑18ff.): er ist am glücklichsten, alle/die Glücklichen beneiden; der Glücklichste, der ihm begegnet ist, aber (↑21): der glücklichste aller Menschen

Glück wünschen: a) (↑11) er wünscht Glück, weil er Glück wünscht, er wird Glück wünschen, er hat Glück gewünscht, um Glück zu wünschen. **b)** (↑16) das Glückwünschen nahm kein Ende, er kam persönlich zum Glückwünschen

glühen: das Eisen wird glühen, aber: das Glühen des Eisens, zum Glühen bringen. *Weiteres* ↑15f.

Gminder (*immer groß,* ↑28)

g-Moll (↑36): ein Stück in g-Moll/in g; g-Moll-Arie

Gnade (↑13): aus Gnade, auf Gnade und Ungnade, in Gnaden entlassen, in Gnade stehen, um Gnade flehen, zu Gnaden annehmen

gnomisch (↑40): gnomischer Dichter

Godesberger (*immer groß*, ↑28)

goethesch/goethisch (↑27): die Goetheschen Dramen/Werke, aber: Verse von goethescher Klarheit

Go-go-Girl (Vortänzerin, ↑9)

Go-in (Demonstrationsversammlung, ↑9)

Go-Kart (kleiner Rennwagen, ↑9)

golden/Gold/Goldene

1 *Als Attribut beim Substantiv* (↑39ff.): die goldenen **Ähren**, goldene Äpfel auf silbernen Schalen (gute Worte zu rechter Zeit), „Der Mann mit dem goldenen Arm" (Film; ↑2ff.), die Goldene Aue (am Harz), jmdm. goldene Berge versprechen, die Goldene Bistritz (Fluß in Rumänien), Handwerk hat [einen] goldenen Boden, jmdm. goldene Brücken bauen, das Goldene Buch (Ehrenbuch), die Goldene Bulle (Kaiser Karls IV.), das goldene **Doktorjubiläum**; goldene Farbe, aber (↑2): Farbe Gold; goldene Freiheit; Grimms Märchen „Die goldene Gans", aber: die Prinzessin in der „Goldenen Gans" (↑2ff.); ein goldenes Gemüt, die goldene **Hochzeit**, die Goldene Horde (mongol. Reich), das Goldene Horn (in Istanbul und Wladiwostok), ein goldener Humor, das goldene Jubiläum, die goldene Jugend[zeit], das Goldene Kalb, mit goldenen Kugeln schießen, goldene Latinität, die Goldene Legende (Legenda aurea, mittelalterl. Legendensammlung; ↑2), die goldene **Medaille**, die Goldene Meile (in Australien), die goldene Mitte, der goldene Mittelweg; „Gasthaus zum Goldenen Ochsen", Gasthaus „Zum Goldenen Ochsen", Gasthaus „Goldener Ochse"; die Goldene Pforte (am Freiberger Dom), der Goldene Plan (Projekt zur Förderung von Sportanlagen); eine goldene (beherzigenswerte) **Regel**, aber: die Goldene Regel (in der Bergpredigt), die Goldene Regel der Mechanik; der goldene Ring, die Goldene Rose (päpstliche Auszeichnung), die goldene Schallplatte, der Goldene Schnitt, der goldene Sonntag, die Goldene Stadt (Prag); „Der goldene Topf" (Märchen von E. T. A. Hoffmann), aber: wir lasen den „Goldenen Topf" (↑2ff.); goldenes (spielentscheidendes) Tor, aber: das Goldene Tor in San Francisco); die goldene Uhr; das Goldene Vlies, der Orden des Goldenen Vlieses; der goldene **Wein**, der goldene Westen, goldene Worte, die goldene Zahl (in der Kalenderberechnung); ein goldenes Zeitalter (der Kunst, Literatur o. ä.), aber: das Goldene Zeitalter (Urzeit der griechischen Sage); „Das goldene Zeitalter" (Film), aber: ein Kino, das den „Goldenen Zeitalter" (↑2ff.); es sind keine goldenen Zeiten; die goldenen zwanziger Jahre/Zwanziger

2 *Alleinstehend oder nach Artikel, Pronomen, Präposition usw.* (↑26): [die Farbe] Gold; das Band ist gold; seine Farbe ist golden (wie ist die Farbe?), aber: die vorherrschenden Farben waren Gold und Rot (was waren die vorherrschenden Farben?); grüne Ranken auf Gold, ein helles/ruhiges/strahlendes Gold, in Gold gekleidet sein, in Gold und Grün, das

Deutsche Kreuz in Gold; weißes, mit Gold abgesetztes Leder, olympisches Gold. *Zu weiteren Verwendungen* ↑ blau/Blau/Blaue

gönnerhaft (↑18ff.): er zeigte sich am gönnerhaftesten, alles/das Gönnerhafte verachten, etwas/nichts Gönnerhaftes

Goodwill (Wohlwollen, ↑9). Goodwillreise

gordisch (↑39f.): das ist ein gordischer Knoten (schwer lösbares Problem), aber: der Gordische Knoten (der antiken Sage)

Görlitzer (*immer groß*, ↑28)

Go-slow (Bummelstreik, ↑9)

Gospelsong (religiöses Lied, ↑9)

Gothaer (*immer groß*, ↑28)

gothaisch (↑2ff.): der Gothaische Hofkalender

gotisch/Gotisch/Gotische (↑40): die gotische Bibel, eine gotische Kirche, die gotische Kunst, die gotische Minuskel (Schriftgattung), die gotische Schrift, der gotische Spitzbogen, der gotische Stil. *Zu weiteren Verwendungen* ↑ deutsch/Deutsch/Deutsche

gottesfürchtig (↑18ff.): er war am gottesfürchtigsten, alle/die Gottesfürchtigen; der Gottesfürchtigste, denn er begegnet war, aber (↑21): der gottesfürchtigste der Pilger

Göttinger (*immer groß*, ↑28)

göttingisch (↑39): die Göttingischen Gelehrten Anzeigen (Zeitschrift)

göttlich (↑40): die „Göttliche Komödie" (Dante; ↑2ff.), die göttliche Gnade

gottlos ↑ gottesfürchtig

graben: er soll graben, aber: das Graben kostet Kraft. *Weiteres* ↑ 15f.

Graben (↑13): im Graben liegen, übern Graben

Graditzer (*immer groß*, ↑28)

grajisch (↑39): die Grajischen Alpen (Teil der Westalpen)

gram (↑10): jmdm. gram sein

Gram (↑10): sein Gram war groß

grammatisch (↑40): (Sprachw.) das grammatische Geschlecht, (Poetik) ein grammatischer Reim

gram sein (↑10): er ist/war ihm gram, weil er ihm gram ist/war, er wird ihm gram sein, er ist ihm gram gewesen, um ihm nicht gram zu sein

grandios ↑ gigantisch

Grand Old Lady/Grand Old Man (↑9)

Grand Prix (großer Preis, ↑9)

Grapefruit (Zitrusfrucht, ↑9)

graphisch (↑40): das graphische Gewerbe, die graphischen Künste, (Math.) graphisches Rechnen

gräßlich ↑ grauenerregend

gratulieren: er will ihm gratulieren, aber: das Gratulieren fiel ihm schwer, zum Gratulieren kommen. *Weiteres* ↑ 15f.

grau/Grau/Graue

1 *Als Attribut beim Substantiv* (↑39ff.): der graue Alltag, graue Augen, grauer Bruch (Weinfehler), die Grauen Brüder (Mönchsorden), das graue Einerlei; eine graue Eminenz (einflußreiche, aber im stillen wirkende Persönlichkeit), aber: die Graue Eminenz (F. v. Holstein); graue Farbe, aber (↑2): die Farbe Grau; die graue Ferne, sich [keine] grauen

Haare wachsen lassen, ein graues Haupt, die Grauen Hörner (Berggruppe), das Graue Kloster (Gymnasium in Berlin), (Physik) ein grauer Körper, die graue Literatur, der graue Markt, der graue Papagei, die graue Salbe (Quecksilbersalbe), ein Mann mit grauen Schläfen, die Grauen Schwestern (Nonnenorden), der graue Star (Augenkrankheit), die graue Substanz (im Gehirn), die graue Uniform, in grauer Vorzeit; graue Wölfe, aber: die Grauen Wölfe (türk. polit. Organisation); graue Zukunft
2 *Alleinstehend oder nach Artikel, Pronomen, Präposition usw.* (↑26): [die Farbe] Grau; das Kleid ist grau, seine Farbe ist grau (wie ist die Farbe?), aber: seine Lieblingsfarbe war Grau (was war seine Lieblingsfarbe?); alt und grau werden, in Ehren grau werden; ein helles/blasses/dunkles Grau, in Grau gekleidet sein; grau in grau malen, aber: ich kann das Grau-in-Grau nicht aushalten. *Zu weiteren Verwendungen* ↑blau/Blau/Blaue
graubraun (↑40): das graubraune Höhenvieh
Graubündner (*immer groß*, ↑28)
grauenerregend (↑18ff.): alles/das Grauenerregende fürchten; das Grauenerregende, was er gesehen hatte, aber (↑21): der grauenerregendste der Anblicke; etwas/nichts Grauenerregendes
Gravensteiner (*immer groß*, ↑28)
gravieren: er kann gravieren, aber: das Gravieren der Metallplatte. (Beachte:) zu gravieren lernen, aber: das Gravieren lernen. *Weiteres* ↑15f.
gravierend (↑18ff.): dieser Umstand ist am gravierendsten, alles/das Gravierende berücksichtigen; das gravierendste (am gravierendsten, sehr gravierend) ist, daß er schon eine Vorstrafe hatte, (↑21) der gravierendste der Umstände, aber: das Gravierendste, was hinzukam; etwas/nichts Gravierendes feststellen
Grazer (*immer groß*, ↑28)
grazil ↑graziös
graziös (↑18ff.): ihre Bewegungen waren am graziösesten, alles/das Graziöse mögen; das Graziöseste, was man sich denken kann, aber (↑21): das graziöseste der Kinder; etwas/nichts Graziöses lag in ihren Bewegungen
Greenhorn (Grünschnabel, ↑9)
gregorianisch (↑27): der Gregorianische Kalender
greifen /in der Fügung *Platz greifen*/ ↑Platz machen
Greifswalder (*immer groß*, ↑28)
grenzenlos (↑19): bis ins Grenzenlose (in die Unendlichkeit)
Greyerzer (*immer groß*, ↑28)
griechisch/Griechisch/Griechische (↑39f.): das griechische Alphabet, das griechische Feuer, die griechische Geschichte, die griechischen Götter, die Griechische Halbinsel (Teil der Balkanhalbinsel), das griechische Kaisertum (in Byzanz), die griechisch-katholische Kirche, die griechisch-orthodoxe/griechisch-unierte Kirche, das griechische Kreuz, griechische Kunst, (Zool.) Griechische Landschildkröte, griechische Literatur, die griechi-

sche Musik, die griechische Mythologie, die griechische Philosophie, die griechische Regierung, der griechisch-römische Ringkampf, die griechische Schrift, die griechische Sprache, die griechischen Städte, das griechische Volk. *Zu weiteren Verwendungen* ↑deutsch/Deutsch/Deutsche
Grillroom (Rostbratküche, ↑9)
grimmig ↑streitsüchtig
grimmsch (↑27): die Grimmschen Märchen, das Grimmsche Wörterbuch
grinsen: er soll nicht so frech grinsen, aber: das Grinsen ärgerte ihn. *Weiteres* ↑15f.
grippal (↑40): (Med.) ein grippaler Infekt
Grippe (↑13): an Grippe erkranken, das ist gut gegen Grippe
grippös ↑grippal
grob: **a)** (↑40) grober Unfug (Rechtsspr.). **b)** (↑18ff.) dieser Stoff ist am gröbsten, alles/das Grobe aussondern; aus dem groben/gröbsten arbeiten, aber: aus dem Gröbsten heraus sein; das Gröbste, was man sich denken kann, aber (↑21): das gröbste der Gewebe; etwas/nichts Grobes
grobianisch (↑40): (Literaturw.) die grobianische Dichtung
Groninger/Grönländer (*immer groß*, ↑28)
groß
1 *Als Attribut beim Substantiv* (↑39ff.): der Große **Aletschgletscher**; eine große Allianz bilden, aber: die Wiener Große Allianz (1689), die Haager Große Allianz (1701); mit großem Anfangsbuchstaben, eine große Anfrage (im Parlament), die Großen Antillen, die Große **Bahamabank**, einen großen Bahnhof bekommen; im Zoo ist ein großer Bär, aber: der Große Bär (Sternbild); der Große Bärensee, das Große Barriereriff, das Große Artesische Becken, der Große Beerberg, der Große Belchen (Berggipfel), der Große **Belt** (Meeresstraße), der Große Sankt Bernhard (Gebirgspaß), der Große Bittersee, die Große Blöße (Erhebung), der Große Jasmunder Bodden (bei Rügen), der Große Bösenstein (Berggipfel), (Zool.) der Große Brachvogel, der Große Buchstein (Berg), die Große Australische Bucht, die große **Dame** spielen; „Der große Diktator" (Film), aber: wir sahen den „Großen Diktator" (↑2ff.); vor uns lag eine große Ebene, aber: die große Ebene (in Nordchina); das große Einmaleins, die Große Emme (schweiz. Fluß), der Große Östliche/Westliche Erg (alger. Wüstengebiet); sie machten eine große Expedition, aber: die Große Nordische Expedition (1733–1743); große **Fahrt**; er kam mit einem großen Fahrzeug, aber: das Große Fahrzeug (Richtung im Buddhismus); der Große Falkenstein (Berg), der Große Fallstein (beim Harz), die Große Fatra (Gebirge), der Große Feldberg (im Taunus), die großen Ferien, die Große Freiheit (in Hamburg), großes Format, auf großem Fuß (verschwenderisch) leben, eine Dame der großen Gesellschaft, die Große Gete (Quellfluß der Gete), etwas an die große **Glocke** hängen, der Große Gosaugletscher, großer Groschen (Guldengroschen), der Große **Gurgler** (Gletscher), die Große Gusen (Quell-

fluß der Gusen), das Große Haff (Teil des Stettiner Haffs), ein großes Haus führen, den großen Herrn spielen, ein großes Herz haben, der Große Heuberg (Berg), die Große **Heuscheuer** (Berg), der Große Hinzensee (in der Hohen Tatra); dort läuft ein großer Hund, aber: der Große Hund (Sternbild); der Große Inselsberg (in Thüringen), die Große Isper (Quellfluß der Isper), der Große **Kamp** (Fluß), die Große Kapela (Gebirge), die Großen Karasberge (Gebirge), kein großes Kerzenlicht sein, das ist große Klasse, der Große Knechtsand (Wattengebiet), der Große Knollen (im Harz), die Parteien verhandelten über eine große **Koalition**, die Große Kokel (Fluß), der Große Kornberg (im Fichtelgebirge); dort herrschte ein großer Krach, aber: der Große Krach von Wien (1873); die Große Krapina (Fluß), die Große Krems (Quellfluß der Krems), (DDR) der Große Vaterländische **Krieg** (der Krieg der Sowjetunion gegen Deutschland), der Große Krottenkopf (Berg), der Große Kurfürst, die Große Laber/Laaber (Nebenfluß der Donau); dort zog sich ein großes Längstal hin, aber: das Große Kalifornische Längstal; das größte Latinum, sie ist seine große Liebe, der Große Litzner (Berg), das Große Los, der Große Lübbesee (in Pommern); dort stand eine große **Mauer**, aber: die Große Mauer (in China); Minikleider sind heute große Mode, der Große Müggelsee, die Große Mühl (Nebenfluß der Donau), der Große Mythen (Gipfel der Mythen), die Große Naarn (Quellfluß der Naarn), die Große **Nete** (Quellfluß der Nete), die große Notdurft verrichten, die große Nummer, das Große Ochsenhorn (in Österreich), (DDR) die Große Sozialistische Oktoberrevolution (in Rußland), der Große Ölberg (im Siebengebirge), der Große Osser (Berg), die große Oper, der Große Ozean (Pazifischer Ozean), (Zool.) der Große **Panda** (Bambusbär), die große **Pause**, der Große Peilstein (Berg), der Große Piz Buin (Berggipfel), der Große Preis von Deutschland (Nürburgring), der Große Priel (Berg), die Großen Propheten, der Große Pyhrgas (Berg), eine große Quinte, der Große **Räschen** (dt. Stadt), der Große Rat (schweizer. Kantonsparlament), der Große Regen (Quellfluß des Schwarzen Regens), die Große Rodl (Nebenfluß der Donau), große Rosinen im Kopf haben, die Große Sandspitze (Berg), die Große Scheidegg (Paßhöhe), der Große Schneeberg (im Glatzer Schneegebirge), große Schritte machen, die Große **Schütt** (Insel), der Große Schweiger (Moltke), die Großen Seen (in Nordamerika), der Große Plöner See (in Holstein), die Große Selmentsee (in Ostpreußen), der Große Sereth (Nebenfluß der Donau), der größte Sohn dieser Stadt, der Große Stechlinsee (bei Potsdam), eine Aktion großen Stils, die Große Strafkammer, Groß Strehlitz (schles. Stadt), die Große Sturmhaube (Berg), die Großen Sundainseln, die Große Syrte (Mittelmeergolf), die Große Szamos (Quellfluß des Szamos), seinen großen Tag haben, der große **Teich** (Atlant. Ozean), der größte gemeinschaftliche Teiler (ggT; Math.), eine große Terz, ein großes Tier sein, das Große Ungarische Tiefland, große Töne

reden/spucken, das Große Eiserne Tor (Donauenge), die Große Tulln (Nebenfluß der Donau), der/die große **Unbekannte**, die Große Victoriawüste (in Australien), die Große Oils (Quellfluß der Oils), der Große Vogelsand (Untiefe in der Nordsee); dort fährt ein großer Wagen, aber: der Große Wagen (Sternbild); die Große Walachei (in Rumänien), der Große Waldstein (Berg), das Große **Walsertal**, Groß Wartenberg (Stadt), die große (vornehme) Welt; „Das große Welttheater“ (von Calderón), aber: eine Gestalt aus dem „Großen Welttheater“ (↑2ff.); das Große Werder (Teil der Weichsel-Nogat-Niederung), das Große Wiesbachhorn (Berg), der Große Winterberg (Berg), der Große **Wintersberg** (Berg), ein großer Wurf, die große Zehe, der große Zeiger, der Große Zschirnstein (Berg); Alexander **der Große**, die Taten Karls des Großen (d. Gr.)

2 *Alleinstehend oder nach Artikel, Pronomen, Präposition usw.* (↑18ff.): **groß** und klein (jedermann), aber: Große und Kleine, Großes und Kleines, Großes leisten; wenn Große sprechen, müssen Kinder schweigen; er ist **am** größten, aber: sich am Großen erfreuen; vom Kleinen auf das/aufs Große schließen; das größte (sehr groß, sehr verdienstvoll) wäre, wenn er nachgäbe, aber: das Große/Größte vollbringen; der Große (der älteste Sohn), er ist der Größte, **die** Große (die älteste Tochter), die Großen (die Erwachsenen), die Großen des Landes, die Großen und [die] Kleinen, etwas Großes werden, die Kinder werden es euch Großen zeigen, ihr Großen; **im** großen [und] ganzen (im allgemeinen), im großen [und kleinen] (en gros [und en détail]) betreiben/einkaufen/verkaufen/vertreiben, aber: im Großen wie im Kleinen treu sein, ein Zug ins Große; mein Großer (mein ältester Sohn); mit Kleinem fängt man an, mit Großem hört man auf; nichts Großes; **um** ein großes (viel) verteuert, aber: er hat sich um Großes gebracht; uns Großen, unsere Große (unsere älteste Tochter), wir Großen, ein Hang zum Großen. (↑21) Die Schulkinder versammelten sich in der Aula. Die kleinen [Schulkinder] saßen vorn, die größeren [Schulkinder] weiter hinter. – Kleine Diebe hängt man, große läßt man laufen. – Das größte und das kleinste Kind waren zu Hause. – Er ist der größere/größte meiner Söhne/von den Söhnen

großartig (↑18ff.): dieser Anblick war am großartigsten, alles/das Großartige; das Großartigste, was man sich denken kann, aber (↑21): das großartigste seiner Erlebnisse; etwas/nichts Großartiges

großdeutsch (↑39f.): eine großdeutsche Politik, (nationalsoz.) das Großdeutsche Reich (1938–45), die Großdeutsche Volkspartei (in Österreich 1919–1934)

großenteils ↑ teils

größer ↑ groß

großmäulig/großspurig ↑ prahlerisch

großmütig ↑ großzügig

größte ↑ groß

großteils ↑ teils

großtuerisch ↑ prahlerisch

großzügig (↑18ff.): er ist immer am großzügigsten, alles/das Großzügige schätzen; der Großzügigste, den man sich denken kann, aber (↑21): der großzügigste seiner Freunde; etwas/nichts Großzügiges

grotesk ↑phantastisch (b)

grübeln: er soll nicht grübeln, aber: das Grübeln macht schwermütig. *Weiteres* ↑15f.

grüblerisch ↑nachdenklich

grün/Grün/Grüne

1 Als Attribut beim Substantiv (↑39ff.): **Aal** grün, das grüne As (Spielkarte), der Grüne Bericht (Bericht über die Landwirtschaft), grüne Bohnen, der grüne Daus (Spielkarte), der grüne Dollar, der Grüne Donnerstag, grüne **Erbsen**, die grüne Fahne des Propheten (Mohammed); grüne Farbe, aber (↑2): die Farbe Grün; die Grüne Front (Interessengemeinschaft), das Grüne Gewölbe (in Dresden), die grüne Gilde (Jägerschaft), [über] die grüne Grenze gehen, der grüne **Gürtel** (Gradabzeichen beim Judo); „Der grüne Heinrich" (Roman von G. Keller), aber: wir lasen den „Grünen Heinrich" (↑2ff.); das Grüne Herz Deutschlands (Thüringen), grüne Heringe, die grüne Hochzeit, die grüne Hölle (Urwald), die Grüne **Insel** (Irland), grüner Junge, über den grünen Klee essen, grüne Klöße, (Bot.) Grüner Knollenblätterpilz, Deutsches Grünes Kreuz, die Grüne Küstenstraße (an der Nordsee), das grüne **Licht** (in Schiffahrt u. Verkehr); grünes Licht geben, die grünen Listen, die grüne Lunge der Großstadt, (Zool.) Grüne Meerkatze, grüne Minna (Polizeiauto); ach, du grüne Neune!; grünes Obst, der Grüne **Plan** (zur Unterstützung der Landwirtschaft), unterm grünen Rasen liegen, grüner Salat, an meiner grünen Seite, grüner Speck, der grüne Star (Augenkrankheit), die Grüne Straße (Vogesen–Bodensee), grüner Tee, am grünen **Tisch**; „Der grüne Tisch" (Ballett von F. Cohen), aber: eine Szene aus dem „Grünen Tisch" (↑2ff.); die grüne Tracht, die grüne Versicherungskarte, der grüne Wald, grüne Weihnachten, grüne Welle (im Verkehr), eine grüne Witwe, die Grüne Woche, auf keinen grünen Zweig kommen

2 Alleinstehend oder nach Artikel, Pronomen, Präposition usw. (↑26): [die Farbe] Grün; sich grün ärgern, Grün ausspielen/zugeben (beim Kartenspiel); das Kleid ist grün, seine Farbe ist grün (wie ist die Farbe)?, aber: meine Lieblingsfarbe ist Grün (was ist meine Lieblingsfarbe?); jmdm. nicht grün sein, es wird mir grün und blau vor den Augen; die Ampel ist grün, aber: die Ampel zeigt Grün/steht auf Grün; bei Grün darf man die Straße überqueren, das erste Grün, der Grüne (Schutzmann), ein frisches/helles Grün, im Grünen wohnen; dasselbe in grün ([fast] ganz dasselbe), aber: in Grün [gekleidet sein], Stoffe in Grün (in der Farbe Grün); ins Grüne fahren, die Farbe spielt ins Grün/ins Grüne, bei Mutter Grün (im Freien), das öffentliche Grün (die städt. Grünanlagen), Schweinfurter Grün. *Zu weiteren Verwendungen* ↑blau/Blau/Blaue

Grund (↑13f.): auf Grund [/aufgrund] seiner Ausführungen, auf Grund laufen/stoßen, auf dem Grunde/auf den Grund, im Grunde des Tales, im Grunde genommen, in Grund bohren, in Grund und Boden, ohne Grund, von Grund auf/aus, aber (↑34): aufgrund [/auf Grund] seiner Ausführungen, zugrunde gehen/liegen/legen

gründen: er will einen Verein gründen, aber: das Gründen eines Vereins ist sein Ziel. *Weiteres* ↑15f.

Grund haben ↑Anteil haben

grundieren: er muß erst grundieren, aber: das Grundieren ist notwendig. *Weiteres* ↑15f.

gründlich ↑gewissenhaft

grundsätzlich (↑18ff.): am grundsätzlichsten, alles/das Grundsätzliche; im grundsätzlichen (grundsätzlich) hat er recht, aber: er bewegt sich nur im Grundsätzlichen

grundständig (↑40): grundständige Blätter

Grund suchen ↑Trost suchen

grusinisch (↑39): die Grusinische Heerstraße, die Grusinische SSR (Sozialistische Sowjetrepublik)

grüßen: er will nicht grüßen, aber: das Grüßen hat er aufgegeben, beim Grüßen den Hut ziehen. *Weiteres* ↑15f.

gültig (↑18ff.): alles/das Gültige, etwas/nichts Gültiges

Gunst (↑13f.): in Gunst stehen, nach Gunst, zu seinen Gunsten, aber (↑34): zugunsten der Armen

günstig ↑erfreulich

gurgeln: er muß gurgeln, aber: das Gurgeln hilft. *Weiteres* ↑15f.

gut

1 Als Attribut beim Substantiv (↑39ff.): guten **Abend**!, einen guten Abend, der gute Anzug, guten Appetit!, sein gutes Auskommen haben, gute Besserung!, gute Butter, gute **Deutsch**, gute Fahrt!, aus guter Familie stammen, die gute Fee, ein guter Geist, gute Geschäfte machen, guter Geschmack, bei guter **Gesundheit** sein, ein gutes Gewissen, (Rechtsw.) guter Glaube, guten Glaubens, in gutem Glauben, auf gut Glück, kein gutes Haar an jmdm. lassen, in guten **Händen** sein, aus gutem Hause, „Gut Heil!" (Turnergruß), (Jägerspr.) guter Hirsch; ist ein guter Hirte, aber: der Gute Hirte (Christus); guter Hoffnung sein, das Kap der Guten Hoffnung, „Gut Holz!" (Keglergruß), ein gutes **Jahr**, ein gutes Jahr!, einen guten Kampf kämpfen, das gute Kleid; „Der gute Mensch von Sezuan" (Brecht), aber: sie spielten den „Guten Menschen von Sezuan" (↑2ff.); einen guten Morgen wünschen, guten Mutes sein, gute **Nacht** wünschen, eine gute Nase haben, gute Reise wünschen, einen guten Riecher haben, in gutem Ruf stehen, die guten Sachen anziehen, für die gute Sache arbeiten, (Rechtsw.) gute Sitten, in guter Stube, ein gut[es] Stück Weges zurücklegen, guten **Tag** sagen, sich einen guten Tag machen, eine gute Tat, ein guter Ton, ein guter Tropfen (Wein), das hat gute Weile, guter Wein, ein gutes Werk tun, ein gutes Wort geben; jmdm. gute Worte geben; Johann II., **der Gute**; die Taten Philipps des Guten

2 Alleinstehend oder nach Artikel, Pronomen, Präposition usw. (↑18ff.): **Gutes** und Böses, Gutes mit Bösem vergelten, jmdm. Gutes

tun/wünschen; er hat [die Note] „gut" erhalten
(↑37); **allerlei** Gutes, alles Gute, jmdm. alles
Gute wünschen, an das/ans Gute glauben, das
Gute an der Sache war, das Gute fördern, des
Guten zuviel sein; die Sache hat **ein** Gutes,
aber: um ein gutes (viel); er hat mit einem
[knappen] „gut" bestanden (↑37); etwas Gutes,
für das/fürs Gute sein, genug Gutes, die Sache
hat ihr Gutes; etwas **im** guten sagen, aber: im
Guten wie im Schlechten zusammenstehen; ins
gute schreiben, manches Gute, mehr Gutes als
Schlechtes, mein Guter; er hat mit [der Note]
„gut" bestanden (↑37); **nichts** Gutes ahnen/im
Schilde führen/verheißen, nur Gutes zu berichten haben, sein Gutes haben, viel Gutes, vom
Guten das Beste; von gutem sein, aber: jenseits
von Gut und Böse; **wenig** Gutes, zum Guten
lenken/wenden. (↑21) In dem Topf waren viele
Erbsen. Sie trennten die schlechten [Erbsen]
von den guten [Erbsen]. ↑besser, ↑beste, ↑zu-
gute

Gut (↑9): das Gut (Bauernhof, Besitz), des
Gutes, die Güter

Güte (↑13): aus Güte, in Güte, mit Güte, ein
Vorschlag zur Güte

gutgläubig: a) (↑40) gutgläubiger Erwerb
(Rechtsspr.). **b)** (↑18ff.) alle/die Gutgläubigen
betrügen; der Gutgläubigste, den man sich
denken kann, aber (↑21): der gutgläubigste seiner Kunden

gütig (↑18ff.): sie war am gütigsten von allen,
alle/die Gütigen schätzen; die Gütigste, die
man sich denken kann, aber (↑21): die gütigste
der Frauen; etwas/nichts Gütiges

gutmütig/gutwillig ↑gütig

H

h/H (↑36): der Buchstabe klein h/groß H, das
h in Bahn, ein verschnörkeltes H, H wie Hein-
rich/Havanna (Buchstabiertafel); ein Stück in
h/in h-Moll, ein Stück in H-Dur/in H; das
Dehnungs-h, das Kleid hat die Linie eines H,
die H-Linie. ↑a/A

Haager/Haarlemer (*immer groß*,↑28)

haarsträubend (↑18ff.): das ist das Haarsträubendste, was ich je gehört habe, aber
(↑21): das haarsträubendste der Erlebnisse; et-
was/nichts Haarsträubendes

¹**haben** (↑16f.): das Soll und [das] Haben

²**haben** /in Fügungen wie *Einsicht haben*/
↑Anteil haben; /in der Fügung *Kredit haben*/
↑Kredit geben; ↑Angst haben, Bange haben,
recht haben, schuld haben, teilhaben; /in der
Zusammensetzung *achthaben*/ ↑achtgeben

habgierig ↑begierig

habituell (↑40): (Med.) ein habitueller Abort,
habituelle Krankheiten

Habsburger (*immer groß*, ↑28)

habsüchtig ↑begierig

haften: der Fahrer muß dafür haften, aber:
das Haften für alle Schäden. *Weiteres* ↑15f.

Hagenauer (*immer groß*, ↑28)

haha[ha]: a) (↑34) haha[ha] sagen. **b)** (↑35) ein
lautes Haha[ha] ertönte

Hainburger (*immer groß*, ↑28)

haitianisch ↑haitisch

haitisch: a) (↑40) die haitische Regierung,
das haitische Volk. **b)** (↑18ff.) alles/das Haitische lieben, nichts/viel Haitisches

häkeln: sie will häkeln, aber: das Häkeln liegt
ihr. *Weiteres* ↑15f.

halb: a) (↑40) halbe Noten, halbe Orgel, halbe
Rolle. **b)** (↑29) halbpart/halb und halb/halbe-
halbe machen. *(In Zeitangaben:)* es ist/schlägt
halb eins, [um] voll und halb jeder Stunde,
alle/jede halbe Stunde, der Zeiger steht auf
halb, es ist acht Minuten bis halb [acht Uhr],
vor zwei und einer halben Stunde, in einer halben Stunde, acht Minuten nach halb [acht
Uhr], acht Minuten vor halb [acht Uhr]. **c)**
(↑30) ein Halber (Schoppen), eine Halbe (ein
halbes Maß), ein Halbes (Glas). (↑20) das ist
nichts Halbes und nichts Ganzes

halbamtlich (↑40): halbamtliche Nachrichten

halbdunkel (↑19): er saß im Halbdunkel

halbdurchlässig (↑40): (Physik) halbdurchlässige Spiegel, (Biol.) eine halbdurchlässige
Wand

halbfett (↑40): (Druckw.) halbfette Schriften

halbieren: er muß das Stück halbieren, aber:
das Halbieren des Apfels. *Weiteres* ↑15f.

halblinks: a) (↑34) er spielte sich halblinks
durch (augenblickliche Position eines Spielers). **b)** (↑35) der Halblinks (Halblinke), er
spielt in der Mannschaft Halblinks (als Halb-
linker)

halbrechts ↑halblinks

halbstaatlich (↑40): halbstaatlicher Betrieb
(DDR)

Hälfte (↑13): zur Hälfte

halleluja[h]: a) (↑34) halleluja[h] rufen. **b)**
(↑35) das Halleluja[h] singen

Hallenser (*immer groß*, ↑28)

hallesch/hallisch (↑39): das Hallische Wai-
senhaus

halleysch (↑27): Halleyscher Komet

hallo: a) (↑34) hallo rufen, er rief: „Hallo, hallo!"; halli, hallo. **b)** (↑35) das Hallo, jmdn. mit
lautem Hallo empfangen, ein großes Hallo, das
war im Hallo

Hallstätter (*immer groß*, ↑28)

Halma spielen ↑Skat spielen

halsstarrig (↑18ff.): er war am halsstarrig-
sten, alle/die Halsstarrigen; der Halsstarrigste,
den er je erlebt hatte, aber (↑21): der halsstarrigste der Brüder; etwas/nichts Halsstarriges

Hals über Kopf ↑Kopf

halt (↑15): halt, wer ist da? Alles halt!

Halt (↑9): keinen Halt haben, Halt gebieten,
↑haltmachen

haltbar (↑18ff.): dieses Obst ist am haltbarsten, alles/das Haltbare zuletzt verbrauchen; das Haltbarste, was sie seit langem gekauft hatte, aber (↑21): das haltbarste der Materialien; etwas/nichts Haltbares finden können

¹**halten:** ich muß halten, aber: das Halten ist hier verboten, es gab kein Halten mehr, den Wagen nicht mehr zum Halten bringen. *Weiteres* ↑15f.

²**halten** /in Fügungen wie *Ruhe halten, Schritt halten/* ↑Abstand halten; /in Fügungen wie *Gericht halten/* ↑Kolleg halten; /in Zusammensetzungen wie *hof-, maßhalten/* ↑haushalten; ↑Stich halten

Halterner (*immer groß,* ↑28)

haltlos (↑18ff.): er war schon immer am haltlosesten, alle/die Haltlosen stützen; der Haltloseste, den man sich denken kann, aber (↑21): der haltloseste der Söhne; etwas/nichts Haltloses

haltmachen: a) (↑12) er macht halt, weil er haltmacht, er wird haltmachen, er hat haltgemacht, um haltzumachen. **b)** (↑16) das Haltmachen fällt ihm schwer

Hambacher/Hamburger (*immer groß,* ↑28)

hämisch (↑18ff.): er lachte am hämischsten, alles/das Hämische hassen; der Hämischste, der ihm begegnete, aber (↑21): der hämischste der Kritiker

hamitisch (↑40): hamitische Sprachen

hämmern: er soll nicht so laut hämmern, aber: das Hämmern nützt nichts, beim Hämmern Funken schlagen. *Weiteres* ↑15f.

Hanauer (*immer groß,* ↑28)

Hand (↑13f.): an Hand [/anhand], etwas an der Hand haben, an die Hand geben, jmdn. auf Händen tragen, ein Grand aus der Hand, etwas bei der Hand haben, schnell bei der Hand sein, in die Hand, Hand in Hand arbeiten, mit Händen greifen, etwas unter der Hand (in Arbeit) haben, die Arbeit geht ihm leicht von der Hand, von Hand zu Hand, zur Hand sein, zu Händen [von] Herrn (z. H.), aber (↑34): zuhanden von Herrn, zuhanden kommen/sein, etwas unterderhand (heimlich) tun, anhand [/an Hand]; ↑abhanden, ↑überhandnehmen, ↑vorderhand, ↑vorhanden

Hand anlegen: a) (↑11) er legte Hand an, weil er Hand anlegte, er wird Hand anlegen, er hat Hand angelegt, um Hand anzulegen. **b)** (↑16) das Handanlegen fällt ihm schwer

Handball spielen ↑Fußball spielen

handeln: man muß handeln, aber: das Handeln ist seine Stärke, er hat durch entschlossenes Handeln Schlimmeres verhütet. *Weiteres* ↑15f.

handlich (↑18ff.): dieses Gerät ist am handlichsten, alles/das Handliche bevorzugen; er nahm das Handlichste, was er finden konnte, aber (↑21): das handlichste der Geräte; etwas/nichts Handliches.

handschriftlich (↑18ff.): alles/das Handschriftliche vernichten, etwas/nichts Handschriftliches

hängen: er soll den Mörder hängen, aber: das Hängen ist für den Stoff besser, mit Hängen und Würgen. *Weiteres* ↑15f.

hängend (↑39f.): hängende Gärten, aber: die Hängenden Gärten der Semiramis in Babylon; (Technik) hängende Ventile

Hannoveraner (*immer groß,* ↑28)

hannoverisch, hannöverisch, hannoversch, hannöversch: a) (↑39f.) die hannover[i]sche/hannöver[i]schen Mundarten, Hann. (Hannoversch) Münden, das Hannoversche Wendland. **b)** (↑18ff.) alles/das Hannover[i]sche/Hannöver[i]sche, ins Hannover[i]sche/Hannöver[i]sche reisen, nichts/viel Hannover[i]sches/Hannöver[i]sches

hansisch (↑39): die Hansische Universität (in Hamburg)

hantieren: er soll nicht damit hantieren, aber: das Hantieren mit Waffen ist gefährlich. *Weiteres* ↑15f.

Happy-End (↑9)

Harburger (*immer groß,* ↑28)

Hard-cover (Buch mit festem Einband, ↑9). Hard-cover-Einband

Hardtop (Autoverdeck, ↑9)

Hardware (Datenverarbeitung, ↑9)

harmlos (↑18ff.): diese Krankheit war noch am harmlosesten, alle/die Harmlosen werden übertölpelt; er ist der Harmloseste, den man sich vorstellen kann, aber (↑21): der harmloseste der Verbrecher; etwas/nichts Harmloses erzählen

harmonisch: a) (↑40) (Math.) harmonischer Analysator, harmonische Analyse/Bewegung/Differentialgleichung/Funktion, harmonisches Mittel, harmonische Punkte, harmonische Reihe/Schwingung/Teilung. **b)** (↑18ff.) diese Farben wirken am harmonischsten, alles/das Harmonische mögen; das Harmonischste, was er kannte, aber (↑21): das harmonischste der Bilder; etwas/nichts Harmonisches

Harnisch (↑13): in Harnisch bringen

harntreibend (↑40): harntreibendes Mittel (Med.)

hart: a) (↑40) (Med.) harte Hirnhaut, harter Schanker, (Wirtsch.:) harte Währung. **b)** (↑18ff.) dieses Holz ist am härtesten, alles/das Harte war aus ihrem Gesicht verschwunden; er nahm das Härteste, was er finden konnte, aber (↑21): das härteste der Materialien; etwas/nichts Hartes

härten: er muß das Metall härten, aber: das Härten des Metalls. *Weiteres* ↑15f.

hartherzig (↑18ff.): sie war am hartherzigsten, alle/die Hartherzigen meiden; der Hartherzigste, der er je getroffen hatte, aber (↑21): der hartherzigste der Männer; etwas/nichts Hartherziges war an ihr

hartnäckig (↑18ff.): er war am hartnäckigsten, alle/die Hartnäckigen bekämpfen; der Hartnäckigste, den man sich vorstellen kann, aber (↑21): der hartnäckigste der Vertreter; etwas/nichts Hartnäckiges

Harzer (*immer groß,* ↑28)

Haschen spielen ↑Versteck spielen

Haß (↑13): aus Haß

hassen: er darf ihn nicht hassen, aber: sein Hassen kennt keine Grenzen. *Weiteres* ↑15f.

häßlich

1 *Als Attribut beim Substantiv* (↑40): es bot sich ein häßliches Bild, ein häßlicher Charakter, der häßliche Deutsche; „Das häßliche junge

Entlein" (Märchen von Andersen), aber: sie las das Märchen vom „Häßlichen jungen Entlein" (↑2 ff.); eine häßliche Geschichte; „Die häßliche Herzogin" (von Feuchtwanger), aber: eine Gestalt aus der „Häßlichen Herzogin" (↑2 ff.); ein häßliches Mädchen, ein häßliches Rot, eine häßliche Sache, er zeigte sich von seiner häßlichsten Seite, häßliches/häßlicheres Wetter
2 *Alleinstehend oder nach Artikel, Pronomen, Präposition usw.* (↑18 ff.): Häßliche und Schöne, Häßliches reden/tun; alles Häßliche meiden, sie ist am häßlichsten; die Krankheit hat sich aufs häßlichste (sehr häßlich) entwickelt, aber: auf das/aufs Häßliche nicht achten; es wäre das häßlichste (am häßlichsten), wenn er jetzt fortginge, aber: das ist das Häßlichste, was ich je gesehen habe; sie ist die Häßlichste in der Klasse, die Häßlichen und [die] Schönen, etwas Häßlicheres/Häßliches, es gab genug Häßliches, irgend etwas Häßliches sagen, nichts Häßlicheres/Häßliches, viel/wenig Häßliches; das gehört zum Häßlichsten, was ich kenne. (↑21) Er hatte viele Fotos gemacht. Die häßlichen [Fotos] warf er weg, die guten [Fotos] behielt er. –In dem Zimmer hingen viele häßliche Bilder. Die häßlichsten von allen/unter ihnen waren die von ihm. –Das häßlichste und das schönste Bild wurden zuerst verkauft. –Sie ist die häßlichere/häßlichste ihrer Töchter/von den Töchtern/unter den Töchtern
hastig (↑18 ff.): er arbeitete am hastigsten, alle/die Hastigen; den Hastigsten, den er sah, aber (↑21): der hastigste der Arbeiter; etwas/nichts Hastiges
Hat-Trick/Hattrick (Sport, ↑9)
Haupt (↑13): sich Asche aufs Haupt streuen, zu Häupten sitzen
Haus (↑13): ab Haus, außer Haus[e], im Haus[e] (i. H.), ins Haus machen, nach Haus[e], überm Haus[e], von Haus[e] aus, vorm Haus[e], vors Haus gehen, ↑zu Haus[e]
hausbacken (↑18 ff.): sie war am hausbackensten gekleidet, alles/das Hausbackene belächeln; das ist das Hausbackenste, was ich je gesehen habe, aber (↑21): das hausbackenste der Kleider; etwas/nichts Hausbackenes
haushalten: a) (↑12) er hält/hielt haus, weil er haushält/haushielt, er wird haushalten, er hat hausgehalten, um hauszuhalten. **b)** (↑16) das Haushalten fällt ihm schwer, keine Eignung zum Haushalten
hausieren: er geht hausieren, aber: das Betteln und das Hausieren ist verboten. *Weiteres* ↑15 f.
häuslich (↑40): (Rechtsw.) häusliche Angelegenheiten, häuslicher Friede
häuten: er muß das Tier häuten, aber: das Häuten des Tieres. *Weiteres* ↑15 f.
havelländisch (↑39f.): das Havelländische Luch, die havelländische Mundart
hawaiisch: a) (↑40) die hawaiische Wirtschaft, hawaiischer Zucker. **b)** (↑18 ff.) alles/das Hawaiische lieben, nichts/viel Hawaiisches
haydnsch (↑27): die Haydnschen Symphonien, aber: eine häßliche im haydnschen Stil

H-Bombe (Wasserstoffbombe, ↑36)
H-Dur (↑36): ein Stück in H-Dur/in H; H-Dur-Arie
Headline (Schlagzeile, ↑9)
heben: er will die Hand heben, aber: das Heben der Hand. *Weiteres* ↑15 f.
hebräisch/Hebräisch/Hebräische (↑39f.): das hebräische Alphabet, die hebräische Bibel, die hebräische Literatur, die hebräische Sprache, die Hebräische Universität (in Jerusalem). *Zu weiteren Verwendungen* ↑ deutsch/Deutsch/Deutsche
heften: man kann die Blätter heften, aber: das Heften der Akten. *Weiteres* ↑15 f.
heftig (↑18 ff.): sie reagierte am heftigsten, alles/das Heftige vermeiden, (↑21) der heftigste der Stürme, etwas/nichts Heftiges
hegelsch (↑27): die Hegelschen Werke, aber: eine Abhandlung im hegelschen Geiste
hei[da]: a) (↑34) hei[da], das ist ein Spaß. **b)** (↑35) ein lautes Hei[da] ertönte
Heidelberger (*immer groß*, ↑28)
heidnisch (↑18 ff.): alles/das Heidnische verdammen, etwas/nichts Heidnisches
heikel (↑18 ff.): sie ist am heikelsten, alles/das Heikle vermeiden; das war das Heikelste, woran er rühren konnte, aber (↑21): das heikelste der Themen; etwas/nichts Heikles
heilen: er will ihn heilen, aber: das Heilen dauert lange, beim Heilen Erfolg haben. (Beachte:) vorzubeugen ist besser als zu heilen, aber: das Vorbeugen ist besser als das Heilen. *Weiteres* ↑15 f.
heilig
1 *Als Attribut beim Substantiv* (↑39 ff.): der Heilige **Abend** (24. Dez.), das heilige Abendmahl, die Heilige Allianz (zwischen Rußland, Österreich und Preußen 1815 geschlossener Bund), die heilige Cäcilie, der Heilige Christ (Christus), die Heilige Dreifaltigkeit, einen heiligen **Eid** schwören, mit heiligem Eifer bei der Sache sein, heilige Einfalt, mit heiligem Ernst, die Heilige Familie, der Heilige Geist, das Heilige Grab, der Heilige Gral, (Zool.) der Heilige Ibis, das Heilige Jahr; „Die heilige **Johanna** der Schlachthöfe" (Brecht), aber: sie lasen aus der „Heiligen Johanna der Schlachthöfe" (↑2 ff.); die Heilige Jungfrau, die heilige Kirche, die erste heilige Kommunion, die Heiligen Drei Könige, der Heilige **Krieg** (im Islam), die heiligen Kühe Indiens, das Heilige Land (Palästina), die heilige **Messe**, die Heilige Nacht (24. Dez.), das heilige Pfingstfest, die heilige Religion, der Heilige **Rock** (vermeintl. Leibrock Christi), das heilige Römische Reich Deutscher Nation, das heilige Sakrament; heilige **Schriften** (die kanonisierten Schriften der Religionen), aber: die Heilige Schrift (Bibel); die Heilige Stadt (Jerusalem), die heiligen Stätten aufsuchen, der Heilige Stuhl (Amt des Papstes, der päpstl. Behörden), der Heilige Synod (russ. und griech. Kirchenbehörde), die heilige **Taufe**, der heilige Thomas [von Aquin], der Heilige Vater (der Papst), die Heilige Woche (Karwoche), in heiligem Zorn reden; Heinrich II., **der Heilige**; die Taten Ludwigs IV., des Heiligen

2 *Alleinstehend oder nach Artikel, Pronomen, Präposition usw.* (↑18ff.): Heilige und Sünder, Heilige/Heiliges verehren; alle Heiligen, alles Heilige verehren, an das/ans Heilige denken, seine Gedanken auf das/aufs Heilige richten, das Heilige, das Heiligste zerstören, der Heilige, die Heilige, die Heiligen der letzten Tage (Mormonen), ein Heiliger, eine Heilige, einen Heiligen anrufen, einige Heilige, etwas Heiliges, sich gegen das Heilige richten, irgendein Heiliger, jener Heilige, nichts/nur Heiliges, vieles Heilige, wenig Heiliges

heilsam (↑18ff.): diese Erfahrung war für ihn am heilsamsten, alles/das Heilsame schätzen; das ist das Heilsamste, was man sich vorstellen kann, aber (↑21): das heilsamste der Kräuter; etwas/nichts Heilsames

heimatlich (↑18ff.): alles/das Heimatliche vermissen, etwas/nichts Heimatliches

heimelig (↑18ff.): dort fühlte er sich am heimeligsten, alles/das Heimelige suchen, (↑21) das heimeligste der Zimmer, etwas/nichts Heimeliges umgab ihn

heimführen: a) (↑12) er führt heim, weil er heimführt, er wird heimführen, er hat heimgeführt, um heimzuführen. **b)** (↑16) das Heimführen der Kinder, zum Heimführen war keine Gelegenheit

heimgehen usw. ↑heimführen

heimlich (↑2ff.): „Die heimliche Ehe" (Oper von D. Cimarosa), aber: eine Gestalt aus der „Heimlichen Ehe"

heimtückisch (↑18ff.): diese Krankheit ist am heimtückischsten, alles/das Heimtückische hassen; der Heimtückischste, den er kannte, aber (↑21): der heimtückischste der Männer; etwas/nichts Heimtückisches

heinesch/heinisch (↑27): die Heinischen Werke, aber: dies ist heinische Ironie

heiraten: er will heiraten, aber: das Heiraten. *Weiteres* ↑15f.

heiß
1 *Als Attribut beim Substantiv* (↑40f.): „Die Katze auf dem heißen Blechdach" (Film; ↑2ff.), heißes Blut haben, er geht wie eine Katze um den heißen Brei, ein heißer Draht, ein heißes Eisen, ein heißes Gebet, (Bankw.) heißes Geld, heiße Höschen (Hot pants), ein heißer Kampf, heiße Musik, heißer Ofen, ein heißes Pflaster, heiße Quellen, heiße Rhythmen, eine heiße Spur, ein Tropfen auf den heißen Stein, ein heißer Tag, ein heißer Tip, (Physik) heiße Teilchen, heiße Ware, ein heißer Wunsch, heiße Würstchen, die heiße Zone

2 *Alleinstehend oder nach Artikel, Pronomen, Präposition usw.* (↑18ff.): heiß und kalt, aber: Heißes und Kaltes; alles Heiße, dieses Klima ist am heißesten, an das/ans/auf das Heiße fassen, das Heiße und das Kalte, das Heißeste essen, etwas Heißes, irgend etwas Heißes, mehr Heißes als Kaltes, nichts Heißes/Heißeres. (↑21) Es gab in dieser Gegend viele Quellen, heiße [Quellen] und kalte [Quellen]. Die heißesten von allen/unter ihnen hatten eine Temperatur von 60°. – Die heißesten und die kühlsten Sommer wurden registriert. – Dies war der heißere/heißeste der Sommer/von den Sommern

heißlaufen: der Motor wird heißlaufen, aber: das/durch Heißlaufen des Motors. *Weiteres* ↑15f.

heiter (↑18ff.): sie war stets am heitersten, alles/das Heitere mögen; sie war die Heiterste, die ihm begegnete, aber (↑21): die heiterste der Frauen; etwas/nichts Heiteres

heizen: wir müssen heizen, aber: das Heizen des Zimmers. *Weiteres* ↑15f.

hektisch (↑18ff.): seine Bewegungen waren am hektischsten, alles/das Hektische vermeiden, etwas/nichts Hektisches

hektographieren: er soll den Text hektographieren, aber: das Hektographieren geht schnell. *Weiteres* ↑15f.

helau: a) (↑34) helau rufen. **b)** (↑35) ein lautes Helau ertönte

heldenhaft (↑18ff.): er schlug sich am heldenhaftesten, alles/das Heldenhafte ist ihm verdächtig; der Heldenhafteste, den er gesehen hatte, aber (↑21): der heldenhafteste der Männer; etwas/nichts Heldenhaftes

heldenmütig ↑heldenhaft

helfen: er will helfen, aber: das Helfen macht ihm Spaß. (Beachte:) er ist bereit zu helfen, aber: er ist bereit zum Helfen. *Weiteres* ↑15f.

Helgoländer (*immer groß*, ↑28)

hell
1 *Als Attribut beim Substantiv* (↑40): helles Blau, ein helles Bier, die helle/hellere/hellste Farbe, heller Jubel, er ist ein heller Kopf, helle Nächte, sie kamen in hellen Scharen, ein heller Schein, die helle Sonne, eine helle Stimme, das ist heller Wahnsinn

2 *Alleinstehend oder nach Artikel, Pronomen, Präposition usw.* (↑18ff.): Helles und Dunkles, alles Helle in der Kleidung meiden, ihre Haare sind am hellsten, die Tonblende auf „hell" stellen (↑37), das Helle; dieser Hut ist das Hellste, was wir haben; Herr Ober, bitte ein Helles (helles Bier)!; der Kellner brachte einige/ein paar/etliche Helle, sie suchte [irgend] etwas Helles/Helleres für den Sommer, sie konnte nichts Helles/Hellere finden, sie mag nur Helles, viel/wenig Helles. (↑21) Morgens gab es Brötchen. Die hellen [Brötchen] wurden immer zuerst gegessen, die dunkleren [Brötchen] waren weniger begehrt. – Die Auswahl an Kleidern war groß. Das hellste von allen/unter ihnen war auch das teuerste. – Das hellste und das dunkelste Brötchen blieben übrig. – Sie trug den helleren/hellsten ihrer Hüte/von den Hüten

Helle (↑9): die Helle (Helligkeit, Lichtfülle)

hellenistisch (↑40): die hellenistische Kunst

Helmstedter (*immer groß*, ↑28)

helvetisch (↑39): das Helvetische Bekenntnis (H. B.), die Helvetische Konfession (Bekenntnisschrift); die Helvetische Republik (1798 bis 1803)

hemdsärmelig (↑18ff.): er benimmt sich immer am hemdsärmeligsten, alles/das Hemdsärmelige nicht mögen, er hat etwas/nichts Hemdsärmeliges

hemmen: das wird die Arbeit hemmen, aber: das Hemmen der Arbeit verhindern. *Weiteres* ↑15f.

hemmungslos (↑18ff.): sie schrie und tobte

am hemmungslosesten, alles/das Hemmungslose ablehnen; er war der Hemmungsloseste, den er kannte, aber (↑21): der hemmungsloseste der Zuschauer; etwas/nichts Hemmungsloses

Heppenheimer (*immer groß*, ↑28)

her ↑hin und her

herabsetzen: sie wollen den Preis herabsetzen, aber: das/nach Herabsetzen des Preises. *Weiteres* ↑15f.

heraldisch (↑40): heraldische Dichtung, heraldische Farben

herauslocken: sie will ihn aus der Reserve herauslocken, aber: das/durch Herauslocken aus der Reserve. *Weiteres* ↑15f.

herauslösen: du mußt den Stein herauslösen, aber: das/durch Herauslösen des Steins. *Weiteres* ↑15f.

herb (↑18ff.): dieser Wein ist am herbsten, alles/das Herbe lieben; das Herbste, was man sich denken kann, aber (↑21): das herbste der Getränke; etwas/nichts Herbes

herder[i]sch (↑27): die Herderschen Werke, aber: ein Werk in herderschem Geiste

herkömmlich (↑18ff.): sich über alles/das Herkömmliche hinwegsetzen, etwas/nichts Herkömmliches

herleiten: woher willst du dieses Recht herleiten?, aber: das/beim Herleiten dieses Rechts. *Weiteres* ↑15f.

hermetisch (↑40): die hermetische Literatur

heroisch: a) (↑40) (bild. Kunst) die heroischen Landschaften (im 17. und 18.Jh.), (Poetik) der heroische Vers. **b)** (↑18ff.) er ist am heroischsten, alles/das Heroische lächerlich finden, (↑21) die heroischen seiner Taten, etwas/nichts Heroisches

herostratisch (↑27): die Herostratische Ruhmsucht (die Ruhmsucht des Herostrat), aber: herostratische (ruhmsüchtige) Taten

herrenlos (↑40): (Rechtsw.) eine herrenlose Sache

herrichten: wir lassen das Haus herrichten, aber: das/durch Herrichten des Hauses. *Weiteres* ↑15f.

herrisch (↑18ff.): sein Ton war am herrischsten, alles/das Herrische ablegen, (↑21) der herrischste seiner Vorgesetzten, etwas/nichts Herrisches

Herrnhuter (*immer groß*, ↑28)

herrschelsch (↑27): Herrschelsches Teleskop

herrschen: er will nur herrschen, aber: das Herrschen ist seine zweite Natur. *Weiteres* ↑15f.

herrschsüchtig ↑herrisch

herstellen: sie wollen auch andere Artikel herstellen, aber: das/zum Herstellen anderer Artikel. *Weiteres* ↑15f.

Herz (↑13): ans Herz drücken, Hand aufs Herz!, im Herzen tragen, ins Herz, mit Herz und Hand, etwas nicht übers Herz bringen, es wird ihm leichter ums Herz, von Herzen kommen, zu Herzen gehen

herzynisch (↑39): der Herzynische Wald (alter Name des dt. Mittelgebirges)

hessisch: a) (↑39f.) das Hessische Bergland, Hess. (Hessisch) Lichtenau (Stadt bei Kassel),

die hessischen Mundarten, Hessisch Oldendorf (Stadt an der Weser), das hessische Regierung, das Hessische Ried, der Hessische Rundfunk, die hessischen Trachten. **b)** (↑18ff.) alles/das Hessische lieben, ins Hessische reisen, nichts/viel Hessisches

hethitisch/Hethitisch/Hethitische (↑40): die hethitischen Hieroglyphen, die hethitische Kunst, das hethitische Reich, die hethitische Sprache. *Zu weiteren Verwendungen* ↑deutsch/Deutsch/Deutsche

Hetz (↑13): aus Hetz

hetzen: er soll nicht hetzen, aber: vom Hetzen müde. *Weiteres* ↑15f.

heuchlerisch (↑18ff.): sie zeigte sich am heuchlerischsten, alles/das Heuchlerische verabscheuen; der Heuchlerischste, den er je getroffen hatte, aber (↑21): der heuchlerischste der Freunde; etwas/nichts Heuchlerisches

heuristisch (↑40): heuristische Prinzipien

heute: a) (↑34) man trägt heute Mini, heute früh, heute morgen, heute vormittag/mittag/abend usw., ab heute, von gestern bis heute, erst heute, genug für heute, seit heute, eine Frau von heute, von heute an, von heute auf morgen, zwischen vorgestern/gestern und heute (↑aber b). **b)** (↑35) das Heute und das Morgen; zwischen [dem] Vorgestern und [dem] Heute liegt das Gestern, aber (↑a): zwischen vorgestern und heute

heutig (↑18ff.): (Kaufmannsspr.) am Heutigen, mein Heutiges (Schreiben vom gleichen Tag)

heutigentags ↑tags

heutzutage ↑Tag

hier (↑34): von hier aus

hieratisch (↑40): die hieratische Schrift

hierzulande ↑Land

High-Church (engl. Staatskirche, ↑9)

High-Fidelity (Hi-Fi,↑9)

Highlife (glanzvolles Leben, ↑9)

Highlight (Höhepunkt, ↑9)

High-riser (Fahrrad, Moped, ↑9)

High-Society (vornehme Gesellschaft, ↑9)

Highway (Autobahn, ↑9)

Hildesheimer (*immer groß*, ↑28)

Hilfe (↑13): auf Hilfe hoffen, mit Hilfe von, nach Hilfe rufen, ohne Hilfe, um Hilfe rufen, zu Hilfe kommen

hilflos ↑hilfsbereit

hilfsbedürftig ↑hilfsbereit

hilfsbereit (↑18ff.): er war am hilfsbereitesten, alle/die Hilfsbereiten; der Hilfsbereiteste, den er traf, aber (↑21): der hilfsbereiteste der Knaben; etwas/nichts Hilfsbereites

Hillbilly-music (nordamerikan. ländliche Musik, ↑9)

himmlisch ↑hinreißend

hin ↑hin und her

hinausbeugen, sich: du darfst dich nicht hinausbeugen, aber: das Hinausbeugen/Sichhinausbeugen ist verboten. *Weiteres* ↑15f.

Hinblick (↑13): im/in Hinblick auf

hinderlich ↑nachteilig

hindern: ich kann ihn nicht hindern, aber: das Hindern an der Arbeit. *Weiteres* ↑15f.

Hindi (*immer groß*, ↑25): können Sie Hindi?, der Redner spricht Hindi/in Hindi (er hält

seine Rede in der Sprache Hindi), mein Freund spricht [gut] Hindi (er kann die Sprache Hindi), wie heißt das auf/im/in Hindi?, er hat aus dem Hindi/ins Hindi übersetzt
hinduistisch (↑40): die hinduistische Lehre, die hinduistische Religion
hinfällig ↑gebrechlich
hinken: er wird hinken, aber: das Hinken ist sehr auffällig. *Weiteres* ↑15f.
hinkend (↑40): (Finanzw.) eine hinkende Währung
hinnehmen: dieses Unrecht werden wir nicht hinnehmen, aber: das Hinnehmen dieses Unrechts. *Weiteres* ↑15f.
hinreichend (↑40): eine hinreichende Bedingung
hinreißend (↑18ff.): das Hinreißendste, was sie je gesehen hatte, aber (↑21): das hinreißendste der Kleider; ihr Gesang hatte etwas Hinreißendes
Hinsicht (↑13): in Hinsicht auf
hinten (↑34): von hinten; Bodenblech, hinten
hinter (↑34): **a)** (↑42) er wohnt „Allee hinter dem Schloß", aber *(als erstes Wort):* er wohnt in der Allee „Hinter dem Schloß", „Hinter der großen Mauer" (Film; ↑2ff.). **b)** (↑13) hinter Gittern ↑Gitter, hinters Licht ↑Licht. **c)** (↑16) hinter[m] Schwimmen rangiert bei ihm gleich [das] Tennisspielen. **d)** (↑29ff. und 32) hinter drei [Briefmarken] ist er besonders her, er reiht sich hinterm dritten ein, hinter einem ist er hergelaufen, hinter jmdm. hergehen, hinter uns
hintere (↑18ff.): die Hinteren/Hintersten sind kaum noch zu sehen; das Hinterste zuvorderst kehren, aber (↑21): das hinterste der Gestelle; der Hintere (Gesäß), des Hinter[e]n, die Hinter[e]n, ↑Hintern, aber (↑34): zuhinterst
hinter Gittern ↑Gitter
hintergründig: a) (↑40) hintergründiger Humor. **b)** (↑18ff.): sie ware am hintergründigsten, alles/das Hintergründige lieben; das Hintergründigste, was er äußerte, aber (↑21): das hintergründigste seiner Worte; etwas/nichts Hintergründiges
hinterhältig (↑18ff.): er war am hinterhältigsten, alle/die Hinterhältigen hassen, alles/das Hinterhältige verabscheuen; das ist das Hinterhältigste, was er je erlebt hat, aber (↑21): das hinterhältigste der Attentate, etwas/nichts Hinterhältiges
hinterherlaufen: man muß immer hinterherlaufen, aber: das Hinterherlaufen hinter der Bescheinigung. *Weiteres* ↑15f.
Hinterlassung (↑13): unter Hinterlassung von
hinterlegen: er mußte ein Pfand hinterlegen, aber: das/nach Hinterlegen eines Pfandes. *Weiteres* ↑15f.
hinterlistig ↑hinterhältig
hinterm /aus *hinter* + *dem/* ↑hinter
hinterm Berg ↑Berg
Hintern (↑9): der Hintern (Gesäß), des Hinterns, die Hintern
hinters /aus *hinter* + *das/*↑hinter
hintersinnig ↑hintergründig
hinters Licht ↑Licht
hinterst ↑hintere

hintertreiben: er wollte den Plan hintertreiben, aber: das/durch Hintertreiben des Planes. *Weiteres* ↑15f.
hinter Verschluß ↑Verschluß
hinterwäldlerisch (↑18ff.): er wirkte am hinterwäldlerischsten, alles/das Hinterwäldlerische belächeln; das Hinterwäldlerischste, was man sich vorstellen kann, aber (↑21): das hinterwäldlerischste der Dörfer; etwas/nichts Hinterwäldlerisches
hin und her: a) (↑34) hin und her schaukeln, hin und her laufen. **b)** (↑35) alles Hin und Her war überflüssig, es gab noch einiges/etwas Hin und Her, ein ewiges Hin und Her, nach längerem Hin und Her
Hinweis (↑13): auf Hinweis von
hinweisend (↑40): (Sprachw.) hinweisendes Fürwort
hipp, hipp, hurra: a) (↑34) hipp, hipp, hurra rufen, er rief „Hipp, hipp, hurra!". **b)** (↑35) ein lautes Hipphipphurra ertönte
hippokratisch (↑27): die Hippokratischen Einsichten, Schriften, aber: der hippokratische Eid, ein hippokratisches Gesicht (Gesicht eines Sterbenden)
hissen: sie sollen die Flaggen hissen, aber: das Hissen der Flaggen. *Weiteres* ↑15f.
historisch (↑39ff.): das historische Drama, die historische Geologie, die historische Grammatik, die historischen Hilfswissenschaften, das historische Lied, der historische Materialismus, das historische Präsens, das historische Relief, der historische Roman, die historische Schule; ein historisches Seminar, aber: das Historische Seminar der Universität Mainz; Historische Zeitschrift (HZ, begr. 1859)
H-Linie (↑36)
h-Moll (↑36): ein Stück in h-Moll/in h; h-Moll-Arie
hobeln: er muß hobeln, aber: das Hobeln des Brettes, beim Hobeln fallen Späne. *Weiteres* ↑15f.
hoch ↑hohe
Hoch (↑9): das Hoch, des Hochs, die Hochs, ein Hoch ausbringen
hochdeutsch/Hochdeutsch/Hochdeutsche ↑deutsch/Deutsch/Deutsche
hochherzig (↑18ff.): sie war am hochherzigsten, alles/das Hochherzige bewundern; das Hochherzigste, was er je erlebt hatte, aber (↑21): das hochherzigste der Angebote; etwas/nichts Hochherziges
hochmütig ↑stolz
hochnotpeinlich (↑40): das hochnotpeinliche Gericht (hist.)
höchste ↑hohe
Höchster (Geogr.; *immer groß*, ↑28)
höchstpersönlich (↑40): (Rechtsw.) höchstpersönliche Rechte/Verpflichtungen
hochtrabend (↑18ff.): ihre Worte klangen am hochtrabendsten, alles/das Hochtrabende mißbilligen; das Hochtrabendste, was er je gehört hatte, aber (↑21): das hochtrabendste der Worte; etwas/nichts Hochtrabendes
hochwürdig (↑39f.): der hochwürdige Herr Pfarrer, der hochwürdigste Herr Bischof, das Hochwürdigste Gut (kath. Kirche: heiligstes Altarsakrament)

hockend (↑39 f.): eine hockende Frau, aber: das Hockende Weib (Felsen)

Hockey spielen ↑Fußball spielen

Hof (↑13): am Hofe des Königs, bei Hofe, im Hof

hoffärtig ↑stolz

hoffen: er kann noch hoffen, aber: das Hoffen war vergeblich, es gab kein Hoffen mehr. Weiteres ↑15 f.

hoffnungslos (↑18 ff.): seine Lage ist am hoffnungslosesten, alle/die Hoffnungslosen; der Hoffnungsloseste, den er je gesehen hatte, aber (↑21): der hoffnungsloseste der Fälle; etwas/nichts Hoffnungsloses

hoffnungsvoll ↑hoffnungslos

hofhalten ↑haushalten

höfisch (↑40): (Literaturw.) die höfische Dichtung, die höfische Literatur

höflich (↑18 ff.): er ist immer am höflichsten, alle/die Höflichen zuerst berücksichtigen; der Höflichste, den er traf, aber (↑21): der höflichste der Kollegen

hohe
1 *Als Attribut beim Substantiv* (↑39 ff.): hohe Absätze, die Hohe **Acht** (höchster Berg in der Eifel), er ist ein hoher Achtziger, dem hohen Adel angehören, ein hohes Amt bekleiden, in hohem Ansehen stehen, der Hohe Atlas (höchste Kette des Atlasgebirges), Höchste Augenzahl (ein Spiel; ↑2 f.), der Hohe Balkan, ein höherer **Beamter**, auf höheren Befehl, die Hohe Behörde (Exekutivorgan der Montanunion), der hohe Berg, eine hohe Bildung, in hoher Blüte stehen; in hohem Bogen hinauswerfen, aber: der Hohe Bogen (Berg); ein hoher Blutdruck, das hohe C (Tonstufe), der hohe **Chor**, der Hohe Dachstein (Gipfel des Dachsteins), Hoch Ducan (Berggipfel), die Hohe Egge (höchste Erhebung des Süntels); „Gasthaus zur Hohen Eiche", Gasthaus „Zur Hohen Eiche", Gasthaus „Hohe Eiche",; die Hohe Eule (höchste Erhebung des Eulengebirges), ein hoher **Favorit**, ein hoher Feiertag, hohe Fettsäuren, hohes Fieber, der Hohe Fläming (Teil des Flämings), die hohe Frau (Fürstin), der Hohe Freschen (Berg), das Hohe **Gaisl** (Berggipfel), von hoher Geburt, die Hohe Geige (Berg), das Hohe Gesenke (Teil der Ostsudeten), höhere Gewalt, der Hohe **Göll** (Berg), das Hohe Gras (Berg), in hoher Gunst stehen, das höchste Gut, der Hohe **Hagen** (Bergkegel); er besucht eine höhere Handelsschule, aber: Höhere Handelsschule II, Mannheim; das Hohe Haus (Parlament), Hohe Heide (Berg im Hohen Gesenke), der hohe Herr (Fürst), hohe Herrschaften (fürstl. Herrschaften), die Hohe Hörn (O-Spitze der Insel Borkum), der Hohe Ifen (Berg), eine höhere **Instanz**, der Hohe Iserkamm (Teil des Isergebirges), die hohe Jagd (Jagd auf Hochwild), etwas auf die hohe Kante legen, Hoher Kommissar (Titel des höchsten Beamten der Alliierten in der BRD, 1949–1955), der Hohe Landsberg (höchste Erhebung des Steigerwaldes), die Hohe Laßnitz (Nebenfluß der Laßnitz), die höhere Laufbahn, die höhere Lehramt, das Hohe Licht (Berg), das Hohe Lied (Salomonis) (↑2 ff.), der Hohe Lindkogel (Berg), eine höhere **Macht**, die Hohe Mark

(Höhe im Münsterland), die höhere Mathematik, der Hohe Meißner (Teil des Hessischen Berglandes), die Hohe Mense (Bergrücken im Adlergebirge), die „Hohe Messe in h-Moll" (Bach; ↑2 ff.), das hohe Mittelalter, die Hohe Munde, der Hohe **Nock** (Berg), im hohen Norden, in höchster Not, eine hohe Nummer, höheren Ortes, die Hohe Pforte (ehemalige Bez. für die türkische Regierung), das Hohe **Rad** (Berggipfel), einen hohen Rang bekleiden, der Hohe Rat (Behörde im bibl. Jerusalem), die Hohe Rhön (höchster Teil der Rhön), das Hohe Riff (flache Gründe und ein Watt in der Nordsee), der Hohe Riffler (Berg), (Bot.) der Rohe Rittersporn, auf dem hohen Roß sitzen, der Hohe Rücken (Watt), die Hohe **Salve** (Berg), der Hohe Schneeberg (Berg), hohe Schuhe, (Reitsport) die Hohe Schule [reiten]; die höhere Schule, aber: Höhere Handelsschule II, Mannheim; auf hoher See, der Hohe Sonnblick (Berg), ein hoher **Sopran**, hohe Stimmen (best. Orgelstimmen), der Hohe Student (Gebirgsstock an der Steiermark), die Hohe Tatra (Gebirgsgruppe), die Hohen Tauern (Teil der Zentralalpen), der Hohe Tauern (Paßübergang), ein hohes Tier (ugs. für: hochgestellte Persönlichkeit), eine höhere Tochter, der Hohe **Umschuß** (Berggipfel), das Hohe Venn (Teil der Eifel), die Hohe Wand (Hochplateau in Österreich); etwas von hoher Warte aus beurteilen, aber: die Hohe Warte (Berg); Hoher Weg (Watt), ein höheres Wesen; das höchste Wesen (Gott), aber: Höchstes Wesen (Religionswiss.); ist höchste **Zeit**, die Hohen Zinken (Berg), hohe Zinsen.

2 *Alleinstehend oder nach Artikel, Pronomen, Präposition usw.* (↑18 ff.): hoch und niedrig (jedermann), aber: Hohe und Niedrige, Hohes und Niedriges, Hohes achten; alle Höheren, alles Hohe, er wirft am höchsten, sich an das/ans Hohe halten; er war auf das/aufs höchste (sehr) erstaunt, aber: sein Sinn ist auf das/aufs Höchste gerichtet; das Höchste/den Höchsten verehren, etwas Hohes, jener Hohe, mehr Hohes, nach Höherem/dem Höchsten streben, nichts Hohes, zum Höchsten (zu Gott) flehen, aber (↑34): zuhöchst. (↑21) Auf der Wiese standen viele Bäume. Die hohen [Bäume] waren Nadelbäume, die niedrigeren [Bäume] waren Laubbäume. – Das ist das höchste der Gefühle. – Das höchste von/unter allen Häusern. – Dies ist der höhere/höchste der Berge/von den Bergen

hoheitsvoll (↑18 ff.): ihre Worte klangen am hoheitsvollsten, alles/das Hoheitsvolle ihres Wesens, etwas/nichts Hoheitsvolles

Hohenfriedberger (*immer groß*, ↑28)

hohepriesterlich (↑39 f.): das hohepriesterliche Amt, das Hohepriesterliche Gebet Jesu

höher ↑hohe

hohl (↑39 f.): die Hohle Gasse (Hohlweg bei Küßnacht), die hohle See

höhnisch (↑18 ff.): er lachte am höhnischsten, alles/das Höhnische mißbilligen, (↑21) das höhnischste der Gelächter, etwas/nichts Höhnisches

hohnlachen (↑12): er hohnlacht/lacht hohn, weil er hohnlacht, er wird hohnlachen, er hat hohngelacht, um hohnzulachen

hohnsprechen (↑12): er spricht hohn, weil er hohnspricht, er wird hohnsprechen, er hat hohngesprochen, um hohnzusprechen

holbeinsch (↑27): eine Holbeinsche Madonna, aber: eine Madonna im holbeinschen Stil

¹**holen:** er muß die Ware holen, aber: das Holen der Ware. *Weiteres* ↑15f.

²**holen** ↑Rat holen;/in der Fügung *Atem holen*/↑*Atem schöpfen*;/in der Zusammensetzung *heimholen*/↑*heimführen*

holla ↑hallo

Holländer (*immer groß*, ↑28)

holländisch/Holländisch/Holländische (↑39f.): das holländische Fernrohr, holländischer Gulden (Währung; hfl), die holländischen Komödianten (17./18. Jh.), der Holländische Krieg (1672–78), die holländische Regierung, die holländische Soße, holländische Tulpen, das holländische Volk. *Zu weiteren Verwendungen* ↑deutsch/Deutsch/Deutsche.

Holsteiner (*immer groß*, ↑28)

holsteinisch (↑39f.): die holsteinische Butter, die holsteinischen Mundarten, die Holsteinische Schweiz

Holz (↑13): aus Holz, ins Holz schießen, mit Holz heizen, das Wild zieht zu Holze

holzverarbeitend (↑40): die holzverarbeitende Industrie

homerisch (↑27): die Homerischen Epen/Gedichte, aber: ein homerisches Gelächter

Hometrainer (Sportgerät, ↑9)

homogen (↑40): (Math.) eine homogene Differentialgleichung, (Physik) ein homogenes Feld, (Math.) eine homogene Funktion, ein homogenes Gleichungssystem, homogene Koordinaten

homolog (↑40): (Biol.) homologe Chromosomen, der homologe Generationswechsel, homologe Organe, (Chemie) eine homologe Reihe, (Biol.) die homologe Variation

Homo ludens/sapiens (↑9)

homöopathisch: a) (↑18ff.) alles/das Homöopathische ablehnen, etwas/nichts Homöopathisches. **b)** (↑40) homöopathische Arzneimittel, die homöopathische Behandlung

Honnefer (*immer groß*, ↑28)

honorieren: man wird es dir honorieren, aber: das Honorieren ist seine Angelegenheit. *Weiteres* ↑15f.

hopp: a) (↑34) hopp, beeil dich! **b)** (↑35) der Hopp, mit einem großen Hopp sprang er auf den Tisch

horazisch (↑27): die Horazischen Oden, aber: Oden im horazischen Stil

horchen: er will immer horchen, aber: das Horchen ist unanständig. *Weiteres* ↑15f.

¹**hören:** er kann es nicht hören, aber: das Hören/beim Hören der Lieder, es verging uns Hören und Sehen. *Weiteres* ↑15f.

²**hören** /in der Fügung *Kolleg hören*/↑Kolleg halten

horizontal (↑40): das horizontale Gewerbe, (Zool.) der horizontale Zahnwechsel

Hornberger (*immer groß*, ↑28)

horrido: a) (↑34) horrido rufen, er rief: „Hor-

rido, horrido!". **b)** (↑35) das Horrido, ein lautes Horrido

horten: er darf nicht horten, aber: das Horten von Gold. *Weiteres* ↑15f.

hosianna: a) (↑34) hosianna rufen, sie riefen: „Hosianna, hosianna!". **b)** (↑35) das Hosianna, ein begeistertes Hosianna

Hot dog (↑9)

Hot Jazz (Jazzstil, ↑9)

Hot pants (modische Hose, ↑9)

hottehü: a) (↑34) hottehü rufen, er rief: „Hottehü, hottehü!". **b)** (↑35) das Hottehü, das ist ein Hottehü

hotto ↑hottehü

hu[ch] ↑haha[ha]

hübsch ↑schön (2)

hui: a) (↑34) hui, wie der Wind pfiff. **b)** (↑35) im Hui, in einem Hui

Hully-Gully (Modetanz, ↑9): Hully-Gully tanzen ↑Walzer tanzen

Hultschiner (*immer groß*, ↑28)

human (↑18ff.): er verhielt sich am humansten, alles/das Humane in den Vordergrund rücken; das humanste (am humansten, sehr human) wäre es gewesen, alle sofort zu entlohnen, (↑21) das humanste der Urteile, aber: das Humanste, was er erlebte; etwas/nichts Humanes

humanistisch (↑41): ein humanistisches Gymnasium, aber: Humanistisches Gymnasium Neustadt

humboldt[i]sch (↑27): die Humboldtschen Schriften, aber: Bildung im humboldtschen Geiste

humos (↑40): humoser (an Humus reicher) Boden

humpeln: er wird humpeln, aber: das Humpeln schmerzt sehr. *Weiteres* ↑15f.

hundert/[tausend]
1 *Als einfaches, ungebeugtes Zahladjektiv klein* (↑31): **a)** es sind **hundert** [Gäste] hundert Grüße, hundert an der Zahl, hundert zu eins (100:1); wir waren hundert [Teilnehmer], und hundert kehrten zurück; hundert und **aber** (wieder[um]) hundert Sterne, aberhundert (viele hundert) Sterne, (über hundert [Zigarren] sind verschwunden, mehr als hundert Bücher, an hundert [Gäste] waren eingetroffen, die anderen hundert [Bücher], auf hundert (sehr wütend) sein, **bei** hundert von ihnen wurde nichts gefunden, die Zahlen von neunzig bis hundert, keiner der hundert [Gäste] äußerte sich, die hundert anderen, an die hundert [Menschen] waren anwesend, das Schicksal dieser hundert [Soldaten] ist unbekannt, das sind einhundert Zigarren (beliebige 100 Stück, unverpackt; ↑aber 2, a), **gegen** hundert [Gäste] waren dort versammelt, im Jahre hundert, mehrere hundert [Menschen], [mit] hundert [Kilometern pro Stunde] fahren, Tempo hundert, ein paar hundert Zuschauer, es kostet **über** hundert [Mark], es waren über hundert [Gäste], es waren unter hundert [Gäste], unter hundert [Mark] kaufen, viel[e] hundert [Menschen], vier von hundert/tausend, der fünfte Teil von hundert, die Zahlen von hundert bis tausend, eins zu hundert (1:100). **b)** *Altersangaben* (↑aber 2, b): er wird hundert [Jahre alt], ab hundert [Jahren], er

schätzt sie auf hundert [Jahre], er wird so bei hundert [Jahre alt] sein, von neunzig bis hundert [Jahren], er ist gegen hundert [Jahre alt], mit hundert [Jahren], der Mensch über hundert [Jahre], unter hundert [Jahren], ein Mann von hundert [Jahren], bis zu hundert [Jahren]. c) *Rechnen:* hundert abziehen/subtrahieren, hundert addieren/hinzuzählen, hundert geteilt/dividiert durch fünfzig ist 2 (100:50=2), hundert hoch 2 (100²), hundert mal zwei ist zweihundert (100 × 2 oder 100·2 = 200), hundert und/plus eins ist hundert[und]eins (100 + 1 = 101), hundert weniger/minus zwanzig ist achtzig (100 − 20 = 80); bis hundert zählen; durch hundert teilen/dividieren, zwei hoch hundert (2¹⁰⁰), mit hundert malnehmen/multiplizieren **2** *Als Maßeinheit groß* (↑31): **a)** **Hunderte** armer Menschen, der Einsatz Hunderter Pioniere/von Pionieren; Hunderte und **aber** (wieder[um]) Hunderte. Aberhunderte kleiner Vögel, das Hundert, der Abschluß der Hunderte von Versuchen steht unmittelbar bevor, ei der Tausend!, die [Zahl] Hundert, das dritte Hundert der Lieferung wurde beanstandet, das ist ein Hundert Zigarren (eine Kiste mit 100 Zigarren; ↑aber 1, a), einige Hundert Büroklammern (Packungen von je 100 Stück), einige Hundert[e] standen vor der Fabrik, der Protest einiger Hunderte, ganze Hunderte von Menschen, ein halbes Hundert, es geht in die Hunderte, **mehrere** Hundert[e] standen vor der Fabrik, mit der Hundert ([Straßenbahn]linie 100) fahren, ein paar Hundert, eine römische Hundert, unter Hunderten ist er der einzige, **viele** Hundert[e] von Menschen, ein Protest vieler Hunderte, vier vom Hundert (Abk. oder Zeichen: v. H., p. c., %), vier vom Tausend (Abk. und Zeichen: v. T., p. m., ‰), sie starben zu Hunderten, zu Hunderten und Tausenden, das zweite Hundert. **b)** *Altersangaben* (↑aber 1, b): Anfang [der] Hundert, die Hundert erreichen, in die Hundert kommen, mit Hundert kannst du das nicht mehr, ein Mensch über Hundert, über die Hundert, der Mensch unter Hundert **3** *In festen Begriffen* (↑40): das Land der tausend Seen (Finnland) **4** *In Buchtiteln u. ä.* (↑2ff.): „Napoleon oder Die hundert Tage" (Drama), aber *(als erstes Wort):* „Hundert Tage Sonnenschein" (von Bürgel)
Hunderteinunddreißiger (↑9)
hunderter: a) (↑29) er kaufte eine hunderter Birne (Glühbirne von 100 Watt). **b)** (↑30) er schraubte eine Hunderter (Glühbirne von 100 Watt) ein; er brach den letzten Hunderter (Hundertmarkschein) an, er fährt mit dem Hunderter (Bus der Linie 100)
hundertfach/Hundertfache ↑dreifach
Hundertfünfundsiebziger (↑9)
hundertjährig: a) (↑achtjährig). **b)** (↑39) der Hundertjährige Krieg (1339–1453), der Hundertjährige Kalender
hundertste: a) (↑achte). **b)** (↑29) das hundertste Tausend. **c)** (↑30) das weiß der Hundertste/Tausendste nicht, vom Hundertsten ins Tausendste kommen

hundertstel ↑viertel
hungern: er soll nicht hungern, aber: das Hungern ist furchtbar, durch Hungern abmagern. *Weiteres* ↑15f.
Hunsrücker (*immer groß*, ↑28)
hupen: er mußte hupen, aber: das Hupen ist verboten, durch Hupen erschrecken. *Weiteres* ↑15f.
hüpfen: er will hüpfen, aber: das Hüpfen macht müde, beim Hüpfen fallen. *Weiteres* ↑15f.
hurra: a) (↑34) hurra schreien, sie schrien: „Hurra, hurra!". **b)** (↑35) das Hurra, ein lautes Hurra, viele Hurras
husch (↑17): husch, husch, aber: auf den Husch, im Husch
husten: er mußte husten, aber: das Husten tat ihm weh, beim Husten Schmerzen haben. *Weiteres* ↑15f.
Husumer (*immer groß*, ↑28)
huygenssch (↑27): (Physik) das Huygenssche Prinzip
hybrid (↑40): (Sprachw.) eine hybride Bildung, (Geol.) das hybride Magma, (Numismatik) eine hybride Münze
hydraulisch (↑40): (Technik) eine hydraulische Bremse, ein hydraulisches Getriebe, (Bauw.) der hydraulische Modul, der hydraulische Mörtel, (Technik) eine hydraulische Presse, der hydraulische Radius, ein hydraulischer Transformator, ein hydraulischer Widder, der hydraulische Wirkungsgrad
hydrodynamisch (↑40): (Technik) ein hydrodynamisches Getriebe, eine hydrodynamische Kupplung
hydrostatisch (↑40): (Physik) der hydrostatische Druck, (Technik) ein hydrostatisches Getriebe, (Physik) das hydrostatische Paradoxon, eine hydrostatische Waage
hygienisch (↑18ff.): diese Methode ist am hygienischsten, alles/das Hygienische schätzen; das Hygienischste, was er finden konnte, aber (↑21): das hygienischste der Verfahren; etwas/nichts Hygienisches
hymnisch (↑18ff.): alles/das Hymnische eines Gedichtes, etwas/nichts Hymnisches
hyperbolisch (↑40): (Math.) hyperbolische Funktionen, die hyperbolische Geometrie, ein hyperbolisches Paraboloid, eine hyperbolische Spirale
hypersonisch (↑40): hypersonische Geschwindigkeit (Überschallgeschwindigkeit)
hypnotisch (↑18ff.): alles/das Hypnotische, etwas/nichts Hypnotisches
hypochondrisch (↑18ff.): er war am hypochondrischsten von allen, alles/das Hypochondrische belächeln, (↑21) der hypochondrischste seiner Patienten, etwas/nichts Hypochondrisches
hypostatisch (↑40): (Theol.) die hypostatische Union
hypotaktisch (↑40): hypotaktisches Gefüge (Sprachw.)
hypothetisch (↑40): (Sprachw.) ein hypothetischer Satz
hyrkanisch (↑39): das Hyrkanische Meer
hysterisch ↑hypochondrisch

I

i/I (↑36): der Buchstabe klein i/groß I, das i in Bild, der Punkt auf dem i, ein verschnörkeltes I, I wie Ida/Italia (Buchstabiertafel); das Muster hat die Form eines I, I-förmig, der I-Punkt. ↑a/A

i. A. ↑Auftrag

iberisch (↑39 f.): das Iberische Becken (im Atlantik), die Iberische Halbinsel (Pyrenäenhalbinsel), die iberische Kunst (Kunst der vorgeschichtlichen Iberer) **ich**

1 *Als einfaches Pronomen klein* (↑32): sie und **ich**, ich lese das Buch; ich, der ich dies getan habe; ich Narr!, ich auch; ich spotte **meiner**, er nahm sich meiner an; er gedachte meiner; ich diene **mir** damit selbst am besten; er gab mir das Geld, er kommt heute zu mir; mir nichts, dir nichts; er hatte **mich** gesehen, als ich mich gerade umblickte; sie denkt an mich, sie sorgt für mich

2 *In Filmtiteln u. ä.* (↑2 ff.): „Papa, Mama, Kathrin und ich" (Film), „Anders als du und ich" (Film), aber *(als erstes Wort):* „Ich war eine männliche Sexbombe" (Film)

3 *Nach einem Artikel oder Pronomen groß* (↑33): das Ich, des Ich[s], die Ich[s]: das liebe Ich, mein anderes/besseres/zweites Ich, sein eigenes Ich

ideal: a) (↑40) (Physik) ideale Flüssigkeit, ideales Gas. **b)** (↑18 ff.) diese Lage ist am idealsten, alles/das Ideale; das Idealste, was man sich denken kann, aber (↑21): das idealste der Geräte; etwas/nichts Ideales

idealistisch (↑40): idealistisches Denken, die idealistische Philosophie

ideell: a) (↑40) ideeller Schaden. **b)** (↑18 ff.) alles/das Ideelle, etwas Ideelles

identifizieren: wir müssen ihn identifizieren, aber: das Identifizieren ist schwierig. *Weiteres* ↑15 f.

identisch (↑40): (Biol.) identische Reduplikation, (Poetik) ein identischer Reim

idiomatisch (↑40): idiomatische Redewendungen

idyllisch (↑18 f.): dieser Ort ist am idyllischsten, alles/das Idyllische bevorzugen; das Idyllischste, was er je gesehen hat, aber (↑21): das idyllischste der Dörfer; etwas/nichts Idyllisches finden

I-förmig (↑36)

ihm ↑er, ↑es

ihn ↑er

ihnen ↑sie

ihr

1 *Als einfaches Pronomen klein* (↑32): **ihr** kommt doch?, ihr alle, ihr anderen, ihr beiden, ihr zwei beiden; er nimmt sich **euer** aller an, er spottet euer; es waren euer acht; er gab **euch** anderen das Geld, er kommt heute zu euch, ihr

dient euch damit selbst am besten; er hatte euch beide gesehen, als ihr euch gerade umblicktet. (*In Lehrbüchern, Katalogen usw. klein* ↑5:) Merkt euch den zweifachen Gebrauch von „seit". Achtet darauf, daß ihr es mit *t* schreibt

2 *In Briefen, feierlichen Aufrufen, Widmungen usw. groß* (↑5): Liebe Barbara, lieber Markus, aus unserem Urlaub senden wir Euch herzliche Grüße. Wir hoffen, daß Ihr beiden Euch nicht langweilt, daß Ihr zwei Euch alle Ruhe gönnt und daß die Tante sich Euer annimmt. Gruß Stephan

3 *Als mundartliche Anrede groß* (↑5): Kommt Ihr auch, Großvater? Kann ich Euch helfen, Hofbauer? (↑33) das mundartliche Ihr

4 *In Theatertiteln u. ä.* (↑2 ff.): „Was ihr wollt", „Wie es euch gefällt" (Theaterstücke), aber *(als erstes Wort):* „Ihr da oben – wir da unten" (Buch)

ihr/ihre/ihr

1 *Als einfaches Pronomen klein* (↑32): ihr Vater, ihre Mutter, ihr Kind; wessen Garten? ihrer, wessen Uhr? ihre, wessen Kind? das ist nicht mein Problem, sondern ihr[e]s; ich habe meine Sachen wiedergefunden, doch ihre blieben verloren

2 *Als Höflichkeitsanrede an eine oder mehrere Personen groß* (↑6): Hiermit senden wir Ihnen Ihre Unterlagen zurück. – Haben Sie sich gut erholt? Wie geht es Ihren Kindern. *(Werbung:)* das neue Auto – Ihr Auto

3 *In Höflichkeitsanreden groß* (↑7): Ihre Exzellenz, Ihre Majestät (I. M.), Ihre Königliche Hoheit

4 *Nach einem Artikel* (↑33): das Ihre/Ihrige (ihre Habe, das ihr/ihnen Zukommende), sie muß/müssen das Ihre/Ihrige (ihren Teil) beitragen/tun, einer der Ihren/Ihrigen, die Ihren/Ihrigen (ihre Angehörigen). (↑32) wessen Garten? der ihre/ihrige, wessen Uhr? das ihre/ihrige, wessen Kind? das ihre/ihrige; das ist nicht mein Problem, sondern das ihre/ihrige

5 *Schreibung des folgenden Wortes:* **a)** (↑29 ff. und 32 f.) er ist doch ihr ein und [ihr] alles, ihr [anderes] Ich, das ihr doch ihre vier [Kinder]. **b)** (↑16) ihr Singen. **c)** (↑19 und 23) sie muß/müssen ihr Bestes tun, aber: sie tut/tun ihr möglichstes. (↑25:) ihr Deutsch. (↑2:)ihre alten und unsere neuen Bücher. **d)** (↑35) ihr [ständiges] Weh und Ach, ihr [ewiges] Wenn und Aber wurde lästig

ihr/ihrer ↑sie

ihrerseits/ihresgleichen/ihresteils/ihrethalben/ihretwegen/ihretwillen: *Als Höflichkeitsanrede an eine oder mehrere Personen groß* (↑6): Hiermit senden wir Ihnen Ihre Unterlagen und bitten Sie, Ihrerseits uns unsere Unterlagen zurückzusenden

ihrige ↑ ihr/ihre/ihr (4)
ikarisch (↑ 39): das Ikarische Meer (Teil des Ägäischen Meeres)
illegal (↑ 40): illegaler Einwanderer, illegale Hausbesetzer. ↑ legitim
illegitim (↑ 40): ein illegitimes Kind. ↑ legitim
illuminieren: wir wollen illuminieren, aber: das Illuminieren des Schlosses. *Weiteres* ↑ 15 f.
illusorisch (↑ 18 ff.): seine Pläne waren am illusorischsten, alles/das Illusorische meiden; das Illusorischste, was man sich vorstellen kann, aber (↑ 22): das illusorischste seiner Vorhaben; etwas/nichts Illusorisches
illustrieren: er will das Buch illustrieren, aber: das Illustrieren des Buches ist teuer. *Weiteres* ↑ 15 f.
im /aus *in* + *dem*/ ↑ in
im Abstand ↑ Abstand
imaginär: a) (↑ 40) (Math.) imaginäre Achse, imaginäre Geometrie, imaginäre Zahlen. b) (↑ 18 ff.) alles/das Imaginäre ausklammern, etwas Imaginäres
im Alter/im Amte usw. ↑ Alter/Amt usw.
im Anzug ↑ Anzug
im Auftrag[e] ↑ Auftrag
im Bann/im Bau usw. ↑ Bann/Bau usw.
im Ernst ↑ Ernst (b)
im Fall[e] usw. ↑ Fall usw.
im Grunde usw. ↑ Grund usw.
im Husch ↑ husch
imitieren: er kann nur imitieren, aber: das Imitieren ist verboten. *Weiteres* ↑ 15 f.
im Lande usw. ↑ Land usw.
immanent (↑ 40): ein immanenter Widerspruch
immateriell (↑ 40): (Rechtsspr.) immaterieller Schaden
immer (↑ 34): für immer
immerwährend (↑ 40): der immerwährende Kalender
im Mittel ↑ Mittel
immunisieren: er muß den Körper immunisieren, aber: das Immunisieren des Körpers. *Weiteres* ↑ 15 f.
imperativ (↑ 40): imperatives Mandat
impfen: er soll ihn impfen, aber: das Impfen ist Vorschrift. *Weiteres* ↑ 15 f.
importieren: wir müssen importieren, aber: das Importieren beschränken. *Weiteres* ↑ 15 f.
imposant ↑ eindrucksvoll
imprägnieren: ich werde den Stoff imprägnieren, aber: das Imprägnieren des Stoffes. *Weiteres* ↑ 15 f.
im Preise ↑ Preis
impressionistisch ↑ expressionistisch
improvisieren: er kann gut improvisieren, aber: das Improvisieren liegt ihm. *Weiteres* ↑ 15 f.
impulsiv (↑ 18 ff.): er ist immer am impulsivsten, alles/das Impulsive meiden; der Impulsivste, den man sich vorstellen kann, aber (↑ 21): das impulsivste der Kinder; etwas/nichts Impulsives
im Ramsch ↑ Ramsch
im Recht ↑ Recht (b)
im Schach usw. ↑ Schach usw.
imstande ↑ Stand
im Stau/im Stich usw. ↑ Stau/Stich usw.

im Unrecht ↑ Unrecht (b)
im Verein usw. ↑ Verein usw.
im Verfolg ↑ Verfolg
im Verkehr ↑ Verkehr
im Verlauf ↑ Verlauf
im Verzug ↑ Verzug
im Weg ↑ Weg
im Zug[e] ↑ Zug
in (↑ 34)
1 *In Namen* (↑ 42) *und Titeln* (↑ 2 ff.): Bad Grund im Harz, Griesbach i. (= im) Rottal; Frankenstein in Schlesien, Hofheim i. UFr. (= in Unterfranken); Landau in der Pfalz, Neumarkt i. d. Opf. (= in der Oberpfalz); „Blick zurück im Zorn" (Film), „Alles in allem" (Film), „Fahrt ins Weite" (Film), aber *(als erstes Wort):* er wohnt „Im Krummen Felde"/„Im Treppchen", die Straße „In der Mittleren Holdergasse", „Im Namen des Gesetzes" (Film), „In achtzig Tagen um die Welt" (Buch)
2 *Schreibung des folgenden Wortes:* a) *Substantive* (↑ 13 f.): in Abrede usw. ↑ Abrede usw., in acht ↑ Acht, im Anzug usw. ↑ Anzug usw., im Auftrag ↑ Auftrag, in/im Bau usw. ↑ Bau usw.; in betreff ↑ Betreff, in bezug ↑ Bezug, infolge ↑ Folge, inmitten ↑ Mitte, ↑ insonderheit, imstande/instand ↑ Stand. b) *Verben* (↑ 16): im Fahren ist er gut, er ist im Kommen, im Vorbeilaufen grüßte er. c) *Adjektive und Partizipien* (↑ 19 und 23): im allgemeinen (i. allg.), aber: er bewegt sich nur im Allgemeinen; in bar, im besonderen; im folgenden/in folgendem (weiter unten), in folgendem (diesem), aber: in dem Folgenden (dem später Erwähnten, Geschehenden, den folgenden Ausführungen); im Freien übernachten, ins Freie gehen; im ganzen (nicht im einzelnen) verkaufen, im ganzen (ganz) genommen, aber: vom Einzelnen (von der Einzelform, der Einzelzahl) ins Ganze gehen, sich im/in dem Ganzen verlieren; im großen und im kleinen (en gros und en détail) betreiben, aber: im Großen wie im Kleinen treu sein; im weiteren, im argen liegen; im dunkeln (anonym) bleiben, im dunkeln (ungewissen) lassen, im dunkeln tappen (nicht Bescheid wissen), aber: im Dunkeln (in der Dunkelheit) fand er sich nicht zurecht, ein Sprung ins Dunkle; ins Lächerliche ziehen, ins Leere starren; im verborgenen bleiben, aber: Gott, der im Verborgenen wohnt; im vollen leben, ins volle greifen. (↑ 25) in deutsch/Deutsch, aus dem Deutschen ins Englische übersetzen, im älteren/in älterem Deutsch. (↑ 26) ins Blaue, Stoffe in Blau, Fahrt ins Blaue, ins Blaue reden, grau in grau, dasselbe in Grün, ins Grüne fahren, ins Schwarze treffen. d) *Zahladjektive* (↑ 29 ff.) *und Pronomen* (↑ 32 f.): in allem Bescheid wissen, eins ins andre gerechnet, in einigem hat er recht, Vertrauen in jmdn. haben, bis ins letzte, nicht im mindesten; sich in nichts unterscheiden, aber: er stürzte ein/ins Nichts; in sich gehen, in vielem Bescheid wissen. e) *Adverbien* (↑ 34 f.): im Aus, im nachhinein, im vorhinein, im voraus
in Abrede usw. ↑ Abrede usw.
in absentia (in Abwesenheit, ↑ 9)

in abstracto (im allgemeinen, ↑9)
in Angriff/in Arbeit usw. ↑ Angriff/Arbeit usw.
in Bälde ↑ Bälde
in Bann/in Bau usw. ↑ Bann/Bau usw.
in Beschlag ↑ Beschlag
in Betracht ↑ Betracht
in betreff ↑ Betreff
in Betrieb ↑ Betrieb
in bezug ↑ Bezug
in concreto (in Wirklichkeit, ↑9)
indeklinabel (↑40): ein indeklinables Wort
In-den-April-Schicken ↑ schicken
In-den-Tag-hinein-Leben ↑ leben
In-den-Wind-Schlagen ↑ schlagen
indianisch (↑40): indianische Kunst, die indianischen Sprachen
in die Hand ↑ Hand
In-die-Hände-Klatschen ↑ Klatschen
in Dienst ↑ Dienst
indirekt (↑40): (Philos.) ein indirekter Beweis, (Sprachw.) ein indirekter Fragesatz, (Biol.) die indirekte Kernteilung, (Sprachw.) die indirekte Rede
indisch: a) (↑39f.) der indische Büffel (Haustier), (Bot.) Indischer Hanf, indische Kunst, Indisch Lamm, die indische Musik, der Indische Ozean, die indische Philosophie, die indischen Religionen, indische Rupie (Währung), die indischen Schriften, (Zool.) Indische Seekuh, die indischen Sprachen, indische Teppiche, das indische Theater. **b)** (↑18ff.) alles/das Indische lieben, nichts/viel Indisches
indiskret ↑ diskret
indiskutabel (↑18ff.): sein Vorschlag war am indiskutabelsten, alles/das Indiskutable ablehnen; das Indiskutabelste, was er gehört hatte, aber (↑21) der indiskutabelste der Vorschläge; etwas/nichts Indiskutables.
individualistisch (↑18ff.): er ist am individualistischsten, alles/das Individualistische unterdrücken, (↑21) der individualistischste der Brüder, etwas/nichts Individualistisches
individuell (↑40): individuelle Eigenheiten, (DDR) individuelle Viehbestände, individuelle Wirtschaft
indoeuropäisch ↑ indogermanisch
indogermanisch/Indogermanisch/↑ **Indogermanische** (↑40): die indogermanischen Sprachen, ein indogermanisches Volk, eine indogermanische Wurzel. *Zu weiteren Verwendungen* ↑ deutsch/Deutsch/Deutsche
indonesisch: a) (↑40) die indonesische Musik, die indonesische Regierung, die indonesischen Sprachen, das indonesische Volk. **b)** (↑18ff.) alles/das Indonesische, nichts/viel Indonesisches
indopazifisch (↑40): der indopazifische Raum
in Druck ↑ Druck
in dubio [pro reo] (im Zweifelsfalle [für den Angeklagten], ↑9). In-dubio-pro-reo-Grundsatz
industrialisieren: sie wollen das Land industrialisieren, aber: das Industrialisieren des Landes. *Weiteres* ↑15f.
industriell (↑40): industrielle Psychologie, die erste/zweite industrielle Revolution

induziert (↑40): die induzierte Geschwindigkeit, (Med.) induziertes Irresein, induzierter Seitenwind, induzierter Widerstand
in Ehren ↑ Ehre
ineinander: a) (↑34) die ineinander verschlungenen Fäden. **b)** (↑35) das komplizierte Ineinander dieser Fragen
in Einklang usw. ↑ Einklang usw.
in extenso (ausführlich, ↑9)
infam ↑ niederträchtig
infantil↑ kindlich
infektiös (↑40): eine infektiöse Krankheit
infinit (↑40): (Sprachw.) infinite Form
infizieren: er darf ihn nicht infizieren, aber: das Infizieren des Körpers, sich durch Infizieren entzünden. *Weiteres* ↑15f.
in flagranti (auf frischer Tat, ↑9)
in Fluß ↑ Fluß
infolge ↑ Folge
in Form ↑ Form
informell (↑40): eine informelle (spontan gebildete) Gruppe, die informelle Kunst
informieren: er muß ihn informieren, aber: das Informieren der Presse. *Weiteres* ↑15f.
informiert (↑40): die informierte Gesellschaft
in Frage ↑ Frage
in Gang/in Gänze usw. ↑ Gang/Gänze usw.
in Grund ↑ Grund
in Gunst ↑ Gunst
inhaftieren: sie wollen ihn inhaftieren, aber: das Inhaftieren ist ungesetzlich. *Weiteres* ↑15f.
inhärent (↑40): ein inhärenter Widerspruch
in Hinblick ↑ Hinblick
in Hinsicht ↑ Hinsicht
in Kauf ↑ Kauf
inkompatibel (↑40): inkompatible Blutgruppen
inkonvertibel (↑40): inkonvertible Währungen
in Kraft ↑ Kraft
inkurabel (↑40): inkurable Krankheiten
in Kürze ↑ Kürze
in medias res (zur Sache, ↑9))
inmitten ↑ Mitte
in Mode ↑ Mode
in Muße ↑ Muße
in natura (leibhaftig, ↑9)
innen (↑34): von innen nach außen, nach innen
innere
1 *Als Attribut beim Substantiv* (↑39f.): die innere Abteilung eines Krankenhauses, innere Angelegenheiten eines Staates, (Biol.) innere Atmung, vor seinem inneren Auge, (milit.) innerer Dienst, (Physik) innere Energie, die innere Freiheit, innere Führung (bei der Bundeswehr), die Inneren Hebriden (Teil der Hebriden), innere Kolonisation, innere Krankheiten, ein inneres Leiden, innere Medizin, die Innere Mission (I. M.), die Innere Mongolei, (Poetik) innerer Monolog, (Biol.) innere Oberfläche, die inneren Organe, der Innere Osttaurus (türk. Gebirge), (Math.) inneres Produkt, (Math.) innerer Punkt, Innere Ragnitz (Stadtteil von Graz), (Physik) innere Reibung, den inneren Schweinehund überwinden, (Med.) innere Se-

kretion, (Physik) innere Spannung, die innere Stadt (Innenstadt), die innere Station eines Krankenhauses, eine innere Stimme, (Physik) innere Umwandlung; das Ministerium des Innern
2 *Alleinstehend oder nach Artikel, Pronomen, Präposition usw.* (↑ 18 ff.): Inneres und Äußeres, das Innere des Hauses/eines Landes, das Innere/Innerste nach außen kehren, ihr Inneres, im Inneren/Innersten ist er anderer Ansicht, ins Innerste einer Sache eindringen, mein Inneres/Innerstes, neben Innerem auch Äußeres, sein Inneres/Innerstes offenbaren, zum Innersten des Problems vordringen, aber (↑ 34): zuinnerst. (↑ 21) Er hat die Haustür auf beiden Seiten angestrichen, die innere [Seite] weiß, die äußere [Seite] braun
innerste ↑ innere
in Not/Nöten ↑ Not
inoffiziell ↑ offiziell
inoperabel (↑ 40): inoperable Verletzungen
in Pflege ↑ Pflege
in praxi (im wirklichen Leben, ↑ 9)
in Rage ↑ Rage
in Rede ↑ Rede
in Ruhe ↑ Ruhe
ins /aus *in* + *das*/ ↑ in
in Sachen ↑ Sache
in Sack und Asche ↑ Sack
in Saus und Braus ↑ Saus
insbesondere ↑ besondere
Ins-Blaue-Fahren ↑ fahren
in Schach ↑ Schach
in Schande usw. ↑ Schande usw.
in See ↑ See
inserieren: er will in der Zeitung inserieren, aber: das/durch Inserieren in der Zeitung. *Weiteres* ↑ 15 f.
ins Feld/ins Gebet usw. ↑ Feld/Gebet usw.
in Sicht ↑ Sicht
Inside-Story (auf Grund interner Kenntnis geschriebene Geschichte, ↑ 9)
ins Land/ins Meer usw. ↑ Land/Meer usw.
in Sorge ↑ Sorge
inspizieren: wir müssen den Betrieb inspizieren, aber: das Inspizieren des Betriebes. *Weiteres* ↑ 15 f.
ins Tal ↑ Tal
installieren: er will eine neue Heizung installieren, aber: das Installieren der Heizung. *Weiteres* ↑ 15 f.
instand ↑ Stand
in Staub [und Asche] ↑ Staub
institutionell (↑ 40): (Rechtsspr.) eine institutionelle Garantie
in Strafe ↑ Strafe
instruktiv (↑ 18 ff.): sein Vortrag war am instruktivsten, alles/das Instruktive vorziehen; das Instruktivste, was er gelesen hatte, aber (↑ 21): das instruktivste der Bücher; etwas/nichts Instruktives
in Stücke ↑ Stück
ins Werk ↑ Werk
inszenieren: er will eine Oper inszenieren, aber: das Inszenieren einer Oper. *Weiteres* ↑ 15 f.
in Tätigkeit ↑ Tätigkeit

integrieren: wir müssen diese Gruppen in das Staatssystem integrieren, aber: das Integrieren politischer Gruppen in den Staatsverband. *Weiteres* ↑ 15 f.
integrierend (↑ 40): ein integrierendes Wörterbuch
integriert (↑ 40): integrierte Gesamtschule, ein integriertes Wörterbuch
intellektuell (↑ 18 ff.): alles/das Intellektuelle vorziehen, alle/die Intellektuellen, etwas/nichts Intellektuelles
intelligent (↑ 18 ff.): er ist am intelligentesten von allen, alle/die Intelligenten auswählen; der Intelligenteste, der ihm begegnet war, aber (↑ 21): der intelligenteste der Schüler
intelligibel: a) (↑ 40) die intelligible Welt (Philos.). **b)** (↑ 18 ff.) alles/das Intelligible, etwas/nichts Intelligibles
intensiv (↑ 40): (Sprachw.) eine intensive Aktionsart, (Physik) eine intensive Größe, (Wirtsch.) eine intensive Wirtschaft
intensivieren: er muß die Arbeit intensivieren, aber: das Intensivieren der Produktion. *Weiteres* ↑ 15 f.
interdisziplinär (40): ein interdisziplinäres Wörterbuch
interessant (↑ 18 ff.): dieses Thema war am interessantesten, alles/das Interessante lesen; das Interessanteste, was er gelesen hatte, aber (↑ 21): das interessanteste der Bücher; etwas/nichts Interessantes
interessieren: er wird sich dafür interessieren, aber: das Sichinteressieren/Interessieren ist die Grundlage. *Weiteres* ↑ 15 f.
interkurrent (↑ 40): eine interkurrente (hinzukommende) Krankheit
intern (↑ 40): (Med.) die interne Medizin
international (↑ 39 f.): das Internationale Phonetische Alphabet (IPA), (Meteor.) der Internationaler Analysenschlüssel, (Postw.) ein internationaler Antwortschein, die Internationale Arbeitsorganisation (IAO), die Internationale Astronomische Union (IAU), die Internationale Astronautische Föderation (IAF), die Internationale Atomenergie-Organisation (IAEA), (Astron.) der Internationale Breitendienst, (Med.) die Internationale Einheit (I.E. oder IE), das Internationale Erziehungsbüro (in Genf), (Astron.) der internationale Farbenindex, (DDR) Internationaler Frauentag, (DDR) Internationale Friedensfahrt (↑ 2 f.), (Sportspr.) der internationale Fünfkampf, der Internationale Gerichtshof, Internationale Gesellschaft für Urheberrecht e. V. (INTERGU), (Astron.) das Internationale Jahr der ruhigen Sonne, (Technik) die internationale Kerze (IK), (Technik) Internationale Lautschrift, die Internationale Meteorologische Organisation (I.M.O.), der Internationale Missionsrat (IMC), (Meteor.) die Internationale Normalatmosphäre (INA), das Internationale Olympische Komitee (IOK), das internationale Privatrecht, das Internationale Rechenzentrum, das internationale Recht, das Internationale Rote Kreuz (IRK), internationale Vereinbarung, der Internationale Währungsfonds (IWF), die „Internationale Weltkarte" (↑ 2 ff.)
internationalisieren: sie wollen die Stadt

internationalisieren, aber: das Internationalisieren der Stadt. *Weiteres* ↑ 15 f.

internieren: sie wollen ihn internieren, aber: das Internieren aller Ausländer. *Weiteres* ↑ 15 f.

interplanetar (↑ 40): (Astron.) die interplanetare Materie, der interplanetare Raum

interpretieren: er wird den Text interpretieren, aber: das Interpretieren von Gedichten. *Weiteres* ↑ 15 f.

interstellar (↑ 40): (Astron.) interstellares Gas, interstellare Magnetfelder, die interstellare Materie, der interstellare Raum

intervenieren: sie wollen intervenieren, aber: das Intervenieren rechtfertigen. *Weiteres* ↑ 15 f.

interviewen: er will den Minister interviewen, aber: das Interviewen mehrerer Minister. *Weiteres* ↑ 15 f.

intim (↑ 18 ff.): ihre Freundschaft war am intimsten, alles/das Intime schätzen; das Intimste, was er gesehen hatte, aber (↑ 21): der intimste seiner Freunde; etwas/nichts Intimes

intolerant ↑ tolerant

in Tränen ↑ Träne

in Trauer ↑ Trauer

intravenös (↑ 40): intravenöse Einspritzung/Injektion

in Treue ↑ Treue

intrigieren: er will nur intrigieren, aber: das Intrigieren kann er nicht lassen, durch Intrigieren entzweien. *Weiteres* ↑ 15 f.

intuitiv (↑ 18 ff.): alles/das Intuitive bewundern, etwas/nichts Intuitives

in Umlauf usw. ↑ Umlauf usw.

in Verfall/in Verfolg usw. ↑ Verfall/Verfolg usw.

in Vertretung ↑ Vertretung

in Verwahr ↑ Verwahr

in Verzug ↑ Verzug

investieren: sie wollen viel investieren, aber: das Investieren ist notwendig, durch Investieren vergrößern. *Weiteres* ↑ 15 f.

in Vollmacht ↑ Vollmacht

in Zeiten ↑ Zeit

ionisch/Ionisch/Ionische (↑ 39 ff.): der Ionische Aufstand (500–494 v. Chr.), der ionische Dialekt, die Ionischen Inseln, die ionischen Kolonien, das Ionische Meer, die ionische Säule, ionischer Stil, ionische Tonart, ionischer Vers. *Zu weiteren Verwendungen* ↑ deutsch/Deutsch/Deutsche

I-Punkt (↑ 36)

irakisch: a) (↑ 40) die irakische Regierung, das irakische Volk. b) (↑ 18 ff.) alles/das Irakische, nichts/viel Irakisches

iranisch: a) (↑ 40) die iranische Regierung, die iranischen Sprachen, das iranische Volk. b) (↑ 18 ff.) alles/das Iranische, nichts/viel Iranisches

irden: a) (↑ 40) irdenes Geschirr, irdene Ware. b) (↑ 18 ff.) alles/das Irdene bevorzugen, etwas/nichts Irdenes

irdisch (↑ 18 ff.): alle/die Irdischen, alles/das Irdische fliehen, etwas/nichts Irdisches haben

irgendein ↑ ein/eine/ein

irgendwas ↑ was

irgendwelch ↑ welch

irgendwer ↑ wer

irisch/Irisch/Irische (↑ 39 ff.): das irisch-römische Bad, die irische Buchmalerei, „Irische Legende" (Oper von W. Egk; ↑ 2 f.), die irische Literatur, die irische Musik, irisches Pfund (Währung), die irische Renaissance (19. Jh.), die Irische See, der irische Setter (Hunderasse). *Zu weiteren Verwendungen* ↑ deutsch/Deutsch/Deutsche

Irish coffee (Kaffeesorte, ↑ 9)

Irish-Stew (Gericht, ↑ 9)

Irkutsker (*immer groß*, ↑ 28)

ironisch (↑ 18 ff.): er ist immer am ironischsten, alles/das Ironische vermeiden; der Ironischste, dem er begegnet war, aber (↑ 21): der ironischste der Kritiker; etwas/nichts Ironisches

irrational: a) (↑ 40) irrationale Zahlen (Math.). b) (↑ 18 ff.) alles/das Irrationale fürchten, etwas/nichts Irrationales

irreal ↑ real

irreduzibel (↑ 40): irreduzible (nicht ableitbare) Sätze (Math., Philos.)

irregulär (↑ 40): irreguläre Truppen

irreparabel (↑ 40): irreparabler (unersetzlicher) Verlust

irreponibel (↑ 40): irreponible (nichteinrenkbare) Gelenke (Med.)

irreversibel (↑ 40): irreversible Vorgänge

Isenheimer (*immer groß*, ↑ 28)

islamisch (↑ 40): die islamische Kunst, die islamische Philosophie

Isländer (*immer groß*, ↑ 28)

isländisch/Isländisch/Isländische (↑ 39 f.): isländische Krone (Währung; ikr), die isländische Literatur; (Bot.) das Isländische Moos, Isländisch Moos; die isländische Regierung, das isländische Volk. *Zu weiteren Verwendungen* ↑ deutsch/Deutsch/Deutsche

isolieren: er muß die Leitung isolieren, aber: das Isolieren der Leitung, durch Isolieren sichern. *Weiteres* ↑ 15 f.

israelisch: a) (↑ 40) die israelische Literatur, israelisches Pfund (Währung), die israelische Regierung, das israelische Volk. b) (↑ 18 ff.) alles/das Israelische lieben, nichts/viel Israelisches

israelitisch ↑ jüdisch

isthmisch (↑ 2 ff.): die Isthmischen Spiele (in Griechenland)

italienisch/Italienisch/Italienische

1 *Als Attribut beim Substantiv* (↑ 39 f.): die italienische Eröffnung (im Schach), die italienische Geschichte, (Bot.) die Italienische Hirse, die italienische Kunst, italienische Lira (Währung; Lit), die italienische Literatur, die italienische Musik, eine italienische Nacht, die italienische Philosophie, die italienische Regierung, die italienische Renaissance, die Italienische Republik (amtl. Bezeichnung), die Italienische Riviera, der italienische Salat, die italienische Schweiz, das italienische Volk

2 (↑ 25) **a)** *Alleinstehend beim Verb:* wir haben jetzt Italienisch in der Schule, können Sie Italienisch?, sie kann kein/gut/[nur] schlecht Italienisch; er schreibt ebensogut italienisch wie deutsch (wie schreibt er?), aber: er schreibt ebensogut Italienisch wie Deutsch (was schreibt er?); der Redner spricht italienisch (wie spricht er? er hält seine Rede in italienischer Sprache), aber: mein Freund spricht [gut] Italienisch (was spricht er? er kann die italienische Sprache); verstehen Sie [kein] Italienisch? **b)** *Nach Artikel, Pronomen, Präposition usw.*: auf italienisch (in italienischer Sprache, italienischem Wortlaut), er hat aus dem Italienischen ins Deutsche übersetzt, das Italienisch Dantes (Dantes besondere Ausprägung der italienischen Sprache), das Italienische in Raffaels Bildern; *(immer mit dem bestimmten Artikel:)* das Italienische (die italienische Sprache allgemein); **dein** Italienisch ist schlecht, er kann/spricht/versteht etwas Italienisch, er hat etwas Italienisches in seinem Wesen, ein Lehrstuhl für Italienisch, er hat für Italienisch/fürs Italienische nichts übrig; **in** italienisch (in italienischer Sprache, italienischem Wortlaut), Prospekte in italienisch, eine Zusammenfas-

sung in italienisch, aber: in Italienisch (in der Sprache Italienisch), Prospekte in Italienisch, eine Zusammenfassung in Italienisch, *(nur groß:)* er hat eine Zwei in Italienisch (im Schulfach Italienisch), er übersetzt ins Italienische. *Zu weiterer Verwendungen* ↑ deutsch/Deutsch/Deutsche

italisch (↑ 40): die italischen Sprachen, die italischen Stämme

I-Tüpfelchen (↑ 36)

i. V. ↑ Vertretung, ↑ Vollmacht

Itzehoer *(immer groß,* ↑ 28)

Iwrith (= modernes Hebräisch; *immer groß* ↑ 25): können Sie Iwrith?, der Redner spricht Iwrith/in Iwrith (er hält seine Rede in der Sprache Iwrith), mein Freund spricht [gut] Iwrith (er kann die Sprache Iwrith), wie heißt das auf/im/in Iwrith? er hat aus dem/ins Iwrith übersetzt

J

j/J (↑ 36): der Buchstabe klein j/groß J, das j in Boje, ein verschnörkeltes J, J wie Julius/Jerusalem (Buchstabiertafel). ↑ a/A

ja: a) (↑ 34) ja sagen, nein sagen, ja und/oder nein sagen; zu allem ja und amen sagen; (bibl.) eure Rede sei ja, ja, nein, nein; ja doch/freilich; ach ja, ach nein; aber ja, aber nein; jaja/ja, ja; na ja, nun ja. **b)** (↑ 35) das Ja und/oder [das] Nein; ein eindeutiges Ja, ein klares Nein; mit Ja oder mit Nein stimmen, mit [einem] Ja/Nein antworten; die Folgen seines Ja/Jas, seines Nein/Neins

Jagd (↑ 13): auf Jagd gehen

jagen: er wird den Hasen jagen, aber: das Jagen ist sein Sport, beim Jagen verunglücken. *Weiteres* ↑ 15f.

Jahr (↑ 13): auf Jahre hinaus, im Jahre (i. J.), ohne Jahr (o. J.), seit/über/vor Jahr und Tag, seit/vor Jahren, übers Jahr, heute vorm Jahr, er ist zu Jahren gekommen

jakutisch/Jakutisch/Jakutische (↑ 39 f.): die Jakutische ASSR (Autonome Sozialistische Sowjetrepublik), jakutische Sprache. *Zu weiteren Verwendungen* ↑ deutsch/Deutsch/Deutsche

jammern: er kann nur jammern, aber: das Jammern regt mich auf. *Weiteres* ↑ 15f.

Jam Session (Jazzveranstaltung, ↑ 9)

japanisch/Japanisch/Japanische

1 *Als Attribut beim Substantiv* (↑ 39 f.): die japanische Kunst, die japanische Literatur, das Japanische Meer, die japanische Musik, die japanische Philosophie, die japanische Regierung, die japanische Schrift, japanische Seide, die japanische Sprache, das japanische Theater, das japanische Volk, die japanische Wirtschaft

2 (↑ 25) **a)** *Alleinstehend beim Verb:* können sie Japanisch?, sie kann kein/gut/[nur] schlecht Japanisch; er schreibt ebensogut japanisch wie deutsch (wie schreibt er?), aber: er schreibt

ebensogut Japanisch wie Deutsch (was schreibt er?); der Redner spricht japanisch (wie spricht er? er hält seine Rede in japanischer Sprache), aber: mein Freund spricht [gut] Japanisch (was spricht er? er kann die japanische Sprache); verstehen Sie [kein] Japanisch? **b)** *Nach Artikel, Pronomen, Präposition usw.:* auf japanisch (in japanischer Sprache, japanischem Wortlaut), er hat aus dem Japanischen ins Deutsche übersetzt, das Japanisch des „Kopfkissenbuchs" (die besondere Ausprägung der japanischen Sprache in diesem Werk), das Japanische in Kurosawas Filmen; *(immer mit dem bestimmten Artikel:)* **das** Japanische (die japanische Sprache allgemein); **dein** Japanisch ist schlecht, er kann/spricht/versteht etwas Japanisch, er hat etwas Japanisches in seinem Wesen, ein Lehrstuhl für Japanisch, er hat für Japanisch/für das Japanische nichts übrig; **in** japanisch (in japanischer Sprache, japanischem Wortlaut), Prospekte in japanisch, eine Zusammenfassung in japanisch, aber: in Japanisch (in der Sprache Japanisch), Prospekte in Japanisch, eine Zusammenfassung in Japanisch, *(nur groß:)* er hat eine Zwei in Japanisch (im Schulfach Japanisch), er übersetzt ins Japanische. *Zu weiteren Verwendungen* ↑ deutsch/Deutsch/Deutsche

japhetitisch (↑ 40): die japhetitischen Sprachen

Jargon sprechen ↑ Dialekt sprechen

Jasmunder *(immer groß,* ↑ 28)

jäten: er muß das Unkraut jäten, aber: das Jäten des Unkrautes, er ist beim Jäten. *Weiteres* ↑ 15f.

javanisch/Javanisch/Javanische (↑ 40): die javanische Musik, das javanische Schattenspiel, die javanische Sprache. *Zu weiteren Verwendungen* ↑ deutsch/Deutsch/Deutsche

Jazzband/Jazzfestival (↑9)
jeder
1 *Als einfaches Pronomen klein* (↑32): vierzig Gäste waren geladen, und jeder kam; jeder bemühte sich, jeder für sich, jeder von beiden/uns, jeder der Schüler/von ihnen/unter ihnen, all/alles und jedes; bei jedem bettelt er, ein jeder [von uns], die Mithilfe eines jeden, er ist gegen jeden, in jedem sieht er einen Gegner, er spricht mit jedem, er sorgt sich um jeden, von jedem geliebt
2 *In Filmtiteln u. ä.* (↑2 ff.): „An einem Tag wie jeder andere" (Buch und Film), aber *(als erstes Wort):* „Jeden Tag außer Weihnachten" (Film)
3 *Schreibung des folgenden Wortes:* **a)** *Zahladjektive* (↑29 ff.) *und Pronomen* (↑32 f.): jeder andere, jeder dritte, jeder achtzigste; jeder erste (der Zählung, der Reihe nach) von den Schülern, aber: jeder Erste (erster Tag im Monat). **b)** *Infinitive* (↑16): jedes Bitten und Betteln ist umsonst, jedes Befehlen ist ihm verhaßt. **c)** *Adjektive und Partizipien* (↑19 und 23): jedes groß Geschriebene, jedes Gute, jedes Reisende, jedes klein zu Schreibende. (↑23) jeder beliebige, jeder x-beliebige. (↑21) Er sortierte die Fische aus; jeder rote kam in das linke, jeder silbrige in das rechte Glas. **d)** *Partikeln und Interjektionen* (↑35): jedes Auf und Nieder verwirrte ihn, jedes Bimbam einer Glocke entzückte sie, jedes Für und Wider wurde besprochen, jedes Ja ist wichtig
jedermann (↑34): es ist nicht jedermanns Sache; (↑2 f.) „Jedermann" (Theaterstück)
jedweder/jeglicher ↑jeder
jeher (↑34): seit/von jeher
jemand: a) (↑32 f.) jemand von den Schülern/unter den Schülern, jemand von uns; an jemanden denken, dieser Jemand ist wieder dort gewesen, ein gewisser Jemand, irgend jemand, mit jemandem reden, sonst jemand, er hat es von jemandem gehört. **b)** (↑32) jemand anders, mit jemand anderem sprechen. **c)** (↑19) jemand Fremdes, mit jemand Fremdem sprechen
Jenaer *(immer groß,* ↑28)
Jenenser *(immer groß,* ↑28)
jener ↑dieser/diese/dieses
jenisch/Jenisch/Jenische: a) (↑40) die jenischen Leute (fahrendes Volk), die jenische Sprache (Rotwelsch), ein jenisches Wort. **b)** (↑25) die Jenischen (fahrendes Volk). *Zu weiteren Verwendungen* ↑deutsch/Deutsch/Deutsche
jenseits: a) (↑34) jenseits des Flusses, jenseits von Gut und Böse. **b)** (↑35) das Jenseits, im Jenseits. **c)** (↑2 f.) „Jenseits von Eden" (Film)
jesuitisch (↑18 ff.): alles/das Jesuitische ablehnen, etwas/nichts Jesuitisches
Jetliner (Düsenverkehrsflugzeug, ↑9)
Jet-set (Gruppe reicher Menschen, ↑9)
Jetstream (Luftstrom, ↑9)
jetzt: a) (↑34) man trägt jetzt Mini, bis jetzt, erst jetzt, genug für jetzt, gleich jetzt, von jetzt an, was jetzt? **b)** (↑35) das Jetzt, dem Jetzt das Einst vorziehen. **c)** (↑2 ff.) „Jetzt ist der Moment" (Film)
jiddisch/Jiddisch/Jiddische (↑40): die jid-

dische Literatur, die jiddische Sprache. *Zu weiteren Verwendungen* ↑deutsch/Deutsch/Deutsche
Jiu-Jitsu (Selbstverteidigung, ↑9)
jodeln: er kann jodeln, aber: beim Jodeln tanzen. *Weiteres* ↑15 f.
johanneisch (↑27): die Johanneischen Briefe, der Johanneische Christus (von Johannes gepredigter Christus), die Johanneischen Schriften, aber: Schriften in johanneischem Geiste
Jo-Jo (Spiel, ↑9)
jonglieren: er kann Teller jonglieren, aber: das Jonglieren von Tellern. *Weiteres* ↑15 f.
jordanisch: a) (↑40) die jordanische Landschaft, die jordanische Regierung, das jordanische Volk. **b)** (↑18 ff.) alles/das Jordanische lieben, nichts/viel Jordanisches
josephinisch (↑27): das Josephinische Zeitalter
jovial (↑18 ff.): er ist am jovialsten von allen, alles/das Joviale schätzen; der Jovialste, dem er begegnet ist, aber (↑21): der jovialste der Männer; etwas/nichts Joviales
Jubel (↑13): in Jubel ausbrechen
jubeln: er wird jubeln, aber: das Jubeln über den Sieg. *Weiteres* ↑15 f.
juchhei usw.: **a)** (↑34) juchhei, war das ein Spaß! **b)** (↑35) ein lautes Juchhei ertönte
jüdisch: a) (↑39 f.) die jüdischen Festtage, das Jüdische Autonome Gebiet (in der Sowjetunion), die jüdische Geschichte, der jüdische Kalender, die jüdische Literatur, die jüdische Musik, die jüdische Philosophie, die jüdische Religion, die jüdische Zeitrechnung. **b)** (↑18 ff.) alles/das Jüdische lieben, nichts/viel Jüdisches
Jugend (↑13): von Jugend auf
jugendgefährdend (↑40): ein jugendgefährdender Film, jugendgefährdende Schriften
jugendlich (↑18 ff.): er wirkt am jugendlichsten, alle/die Jugendlichen beneiden; der Jugendlichste, der ihm begegnet war, aber (↑21): der jugendlichste der Anwesenden; etwas/nichts Jugendliches
jugoslawisch: a) (↑40) jugoslawischer Dinar (Währung; Din), die jugoslawische Regierung, das jugoslawische Volk. **b)** (↑18 ff.) alles/das Jugoslawische lieben, nichts/viel Jugoslawisches
julianisch (↑27): Julianischer Kalender
julisch (↑39): die Julischen Alpen
jung
1 *Als Attribut beim Substantiv* (↑39 ff.): junge (neuherausgegebene) Aktien, (DDR) Arbeitsgemeinschaft Junger Autoren (AJA), junges Bier; „Der jüngere Bruder" (Roman), aber: ein Kapitel aus dem „Jüngeren Bruder" (↑2 ff.); eine junge Dame, das Junge Deutschland (Dichtergruppe des 19. Jh.); „Der junge Gelehrte" (Lustspiel von Lessing), aber: wir lesen den „Jungen Gelehrten" (↑2 ff.); junges Gemüse (auch übertr., ugs. für: junge Leute), die junge/jüngere Generation, (bibl.) das Jüngste Gericht, der junge Goethe, das junge Grün, sein jüngstes Kind, die Junge Kirche (aus der Mission hervorgegangene ev. Kirche), die jungen Leute, der junge Müller (Müllers Sohn), eine junge Nation, (DDR) Junge Naturforscher (Arbeitsgemeinschaft), (DDR) die Jun-

gen Pioniere (JP), Junges Polen (literarische Bewegung), Jung Siegfried; der junge Tag beginnt, aber: am Jüngsten Tage; (DDR) Junge Talente (Bewegung), die Junge Union (polit. Organisation), ein junges Unternehmen, junger Wein; Lucas Cranach der Jüngere, ein Gemälde Holbeins des Jüngeren (d. J.) **2** *Alleinstehend oder nach Artikel, Pronomen, Präposition usw.* (↑ 18 ff.): jung und alt (jedermann), aber: Junge und Alte nahmen teil, der Konflikt zwischen Jung und Alt; er ist am jüngsten, ein anderer Junger meldete sich zu Wort, bei den Jungen, die beiden Jungen/Jüngsten, das Junge, die Alten und die Jungen, sie ist nicht mehr die Jüngste, sie ist die Jüngste im Saal, die Katze hat ein paar Junge, ein Junges behalten wir, einige/etliche Junge halfen den Alten, mancher Junge ist langsamer als die Alten, meine Jüngste (jüngste Tochter), neben Jungen saßen Alte, unser Jüngster (jüngster Sohn), nur wenige Junge nahmen teil, von jung

an/auf, wir Jungen/Jüngeren laufen lieber, er gehört nicht mehr zu den Jüngsten. (↑ 21) Viele Menschen waren gekommen. Die jungen [Menschen] standen, die alten [Menschen] saßen. – Im Saal waren viele Kinder. Das jüngste von allen/unter ihnen war drei Jahre alt. – Das jüngste und das älteste Kind durften mitkommen. – Sie ist die jüngere/jüngste meiner Töchter/von meinen Töchtern/unter meinen Töchtern

Junge (↑ 9): der/ein Junge (Knabe, junger Mann), des Jungen, die Jungen

jünger/jüngste ↑ jung

junonisch (↑ 27): junonische Schönheit

juristisch (↑ 40): (Rechtsspr.) juristische Fakultät, eine juristische Person

jütisch (↑ 39 f.): die Jütische Halbinsel, die jütischen Städte

juvenalisch (↑ 27): Juvenalische Satiren, aber: Dichtungen im juvenalischen Stil

K

k/K (↑ 36): der Buchstabe klein k/groß K, das k in Haken, ein verschnörkeltes K, K wie Kaufmann/Kilogramm (Buchstabiertafel). ↑ a/A

kabeln: er soll nach Amerika kabeln, aber: das Kabeln einer Nachricht. *Weiteres* ↑ 15 f.

kacheln: er will das Bad kacheln, aber: das Kacheln des Bades. *Weiteres* ↑ 15 f.

kafkaesk (↑ 27): kafkaeske Gestalten

kahl: a) (↑ 2 ff.) „Die kahle Sängerin" (von Ionesco), aber: eine Gestalt aus der „Kahlen Sängerin"; (↑ 39) Karl der Kahle. **b)** (↑ 18 ff.) er ist am kahlsten, alles/das Kahle der Landschaft, (↑ 21) der kahlste der Felsen, etwas/nichts Kahles

Kahn fahren ↑ Auto fahren

Kairoer (*immer groß*, ↑ 28)

kalabrisch (↑ 39 f.): der Kalabrische Apennin

kaledonisch (↑ 39 f.): das Kaledonische Gebirge (im Erdaltertum), die kaledonische Gebirgsbildung (geologisches Ereignis), der Kaledonische Kanal (in Schottland)

kalifornisch (↑ 39 f.): kalifornischer Frühling, das Große Kalifornische Längstal, der Kalifornische Meerbusen, der Kalifornische Strom (Meeresströmung)

kalkulatorisch (↑ 40): (Wirtsch.) kalkulatorische Abschreibungen/Zinsen

kalkulieren: er muß schärfer kalkulieren, aber: das Kalkulieren der Kosten. *Weiteres* ↑ 15 f.

Kalmarer (*immer groß*, ↑ 28)

kalmarisch (↑ 39): Kalmarische Union

kalmückisch/Kalmückisch/Kalmückische (↑ 39 f.): die Kalmückische ASSR (Autonome Sozialistische Sowjetrepublik), die kalmückische Sprache. *Zu weiteren Verwendungen* ↑ deutsch/Deutsch/Deutsche

kalorisch (↑ 40): kalorische Maschinen

kalt

1 *Als Attribut beim Substantiv* (39 ff.): ein kalter Abszeß (nicht von Fieber begleiteter Abszeß), kaltes Blut bewahren, kalter Brand (Krankheit), kalter Braten, eine kalte Dusche, die Kalte Eiche (Höhenzug), kalte Ente (Getränk), (Jägerspr.) eine kalte Fährte, eine kalte Farbe, der Kalte Gang (Nebenfluß der Fischa), die Kalte Herberge (Berg); „Das kalte Herz" (Hauff), aber: sie lasen aus dem „Kalten Herzen" (↑ 2 ff.); kalter Kaffee, kalter Krieg, kalte Küche (kalte Speisen), kaltes Licht (Leuchterscheinung, die nicht durch hohe Temperatur ausgelöst wird); „Das kalte Licht" (Zuckmayer), aber: eine Figur aus dem „Kalten Licht" von Zuckmayer (↑ 2 ff.); die kalte Mamsell (Köchin), kalte Miete (Miete ohne Heizungszuschlag), die Kalte Moldau (Quellfluß der Moldau), eine kalte Platte (Platte mit kalten Speisen), eine kalte Pracht, ein kalter Schlag (nichtzündender Blitz), jmdm. die kalte Schulter zeigen, der kalte Schweiß, (Jägerspr.) eine kalte Spur, ein kalter (unblutiger) Staatsstreich, der Kalte Szamos (Quellfluß des Kleinen Szamos), kalte Umschläge machen, der kalte Verstand, der kalte/kältere Zone **2** *Alleinstehend oder nach Artikel, Pronomen, Präposition usw.* (↑ 18 ff.): kalt und warm, aber: Kaltes und Warmes; Kaltes nicht mögen, Kälteres vorziehen; allerlei Kaltes, alles Kalte, gestern war es am kältesten, die Heizung auf „kalt" stellen (↑ 37), auf kalt und warm reagieren, das Kalte, etwas Kaltes, sich im Kalten aufhalten, etwas ins Kalte stellen, mehr Kaltes als Warmes, nichts Kaltes/Kälteres. (↑ 21) Es gab verschiedene Getränke, kalte [Getränke] und warme [Getränke]. – In jenem Winter gab es viele kalte Tage. Die kältesten von ihnen/von allen hatten Temperaturen von −20°. - Die kälteste und die wärmste Jahreszeit verbrachten sie im Süden. - Dies ist die kältere/kälteste von allen/unter den Klimazonen

kaltblütig (↑18f.): er handelte am kaltblütigsten, das Kaltblütige seiner Natur, ein Kaltblüter; der Kaltblütigste, den er je erlebte, aber (↑21): der kaltblütigste der Männer; etwas/nichts Kaltblütiges

kälter/kälteste ↑kalt

kaltschnäuzig ↑kaltblütig

kalvinisch (↑27): die Kalvinischen Schriften, aber: das kalvinische Bekenntnis

kalydonisch (↑39): der Kalydonische Eber (Riesentier der griech. Sage)

kameradschaftlich (↑18ff.): er war von allen am kameradschaftlichsten, alles/das Kameradschaftliche schätzen; der Kameradschaftlichste, den er traf, aber (↑21): der kameradschaftlichste der Männer; etwas/nichts Kameradschaftliches

Kameruner (*immer groß*, ↑28)

kämmen: sie muß das Haar besser kämmen, aber: das Kämmen des Haares, das Haar durch Kämmen locker machen. *Weiteres* ↑15f.

Kampf (↑13): im Kampf

kämpfen: er will dafür kämpfen, aber: das Kämpfen nützt nichts, durch Kämpfen weiterkommen. *Weiteres* ↑15f.

kämpferisch ↑mutig

kanadisch: a) (↑39f.) kanadischer Dollar (Währung), der Kanadische Schild (Festlandkern), kanadischer Weizen. **b)** (↑18ff.) alles/das Kanadische lieben, nichts/viel Kanadisches

kanalisieren: sie wollen den Fluß kanalisieren, aber: das/durch Kanalisieren des Flusses. *Weiteres* ↑15f.

kanarisch (↑39): die Kanarischen Inseln

kandidieren: er will kandidieren, aber: das Kandidieren verhindern. *Weiteres* ↑15f.

kannensisch (↑40): eine kannensische Niederlage (vollständig, wie bei Cannae).

kanonisch (↑39f.): (Rel.) das kanonische Alter, (Math.) die kanonischen Bewegungsgleichungen, die Kanonischen Bücher (fünf bestimmte Bücher der chines. Lit.); (Rel.) das kanonische Recht, kanonische Schriften; (Physik) die kanonische Transformation, (Math.) die kanonische Variable, (Rel.) der kanonische Weiheprozeß

kantabrisch (↑39): das Kantabrische Gebirge, das Kantabrische Meer

kantig (↑18ff.): alles/das Kantige bevorzugen, etwas/nichts Kantiges

kantisch (↑27): die Kantische Philosophie, aber: Philosophie im kantischen Geiste

kapern: sie wollen das Schiff kapern, aber: das/durch Kapern des Schiffes. *Weiteres* ↑15f.

kapitolinisch (↑39f.): die kapitolinischen Gänse, der Kapitolinische Hügel, die Kapitolinische Wölfin

kapitulieren: sie wollen nicht kapitulieren, aber: das Kapitulieren kommt nicht in Frage.

kapriziös (↑18ff.): dieses Hütchen ist am kapriziösesten, er liebt alles/das Kapriziöse an ihr; die Kapriziöseste, die ihm begegnete, aber (↑21): die kapriziöseste der Frauen; etwas/nichts Kapriziöses

kapverdisch (↑39): das Kapverdische Becken, die Kapverdischen Inseln

kardanisch (↑40): (Technik) die kardanische Aufhängung, (Math.) die kardanische Formel

karelisch (↑39f.): die Karelische ASSR (Autonome Sozialistische Sowjetrepublik), die karelische Bevölkerung, die Karelische Landenge

karg (↑18ff.): diese Mahlzeit war am kargsten, alles/das Karge einer Landschaft; das Kargste, was er je gesehen hatte, aber (↑21): das kargste der Menüs; etwas/nichts Karges

kärglich ↑karg

karibisch (↑39f.): die karibischen Indianersprachen, das Karibische Meer

kariös (↑40): kariöse Zähne

karisch (↑39): das Karische Meer

karitativ (↑18ff.): alles/das Karitative anerkennen, etwas/nichts Karitatives

Karlsbader/Karlsruher (*immer groß*, ↑28)

karnevalistisch (↑18ff.): alles/das Karnevalistische ablehnen, der Aufzug hatte etwas/nichts Karnevalistisches

kärntnerisch/Kärntnerisch/Kärntnerische, (auch) **kärntisch/Kärntisch/Kärntische** (↑40): die kärntnerische/kärntische Mundart, ein kärntnerisches/kärntisches Wort, das „Kärntnerische Wörterbuch" (von M. Lexer; ↑2ff.). *Zu weiteren Verwendungen* ↑alemannisch/Alemannisch/Alemannische

karolingisch (↑40): die karolingische Kunst, (Druckw.) die karolingische Minuskel, die karolingische Münzordnung, die karolingische Renaissance

Karten spielen ↑Skat spielen

kartesianisch ↑kartesisch

kartesisch (↑27): (Math.) das Kartesische Blatt, (Philos.) der Kartesische Dualismus, aber (Math.): die kartesischen Koordinaten, (Physik) der kartesische Taucher/Teufel

kartonieren: er will das Buch kartonieren, aber: das Kartonieren des Buches. *Weiteres* ↑15f.

Karussell fahren ↑Auto fahren

karzinomatös (↑40): (Med.) karzinomatöse Geschwulst

kaschubisch/Kaschubisch/Kaschubische (↑39f.): die Kaschubische Schweiz (Hügelland bei Danzig), die kaschubische Sprache. *Zu weiteren Verwendungen* ↑deutsch/Deutsch/Deutsche

kaspisch (↑39): das Kaspische Meer, die Kaspische Senke

kassatorisch (↑40): (Rechtsw.) die kassatorische Klausel

Kasse (↑13): schlecht/gut bei Kasse sein, gegen Kasse (bar) zahlen, um Kasse (Bezahlung) bitten, zur Kasse

Kasseler (*immer groß*, ↑28)

Kasse machen ↑Platz machen

kassieren: er will mit dem Beitrag kassieren, aber: das Kassieren des Beitrages. *Weiteres* ↑15f.

kassubisch ↑ kaschubisch
kastalisch (↑ 39): die Kastalische Quelle
kastilisch: a) (↑ 39 f.) die kastilische Geschichte, das Kastilische Scheidegebirge. **b)** (↑ 18 ff.) alles/das Kastilische lieben, nichts/viel Kastilisches
kastrieren: er will das Tier kastrieren, aber: das Kastrieren des Tieres. *Weiteres* ↑ 15 f.
katakaustisch (↑ 40): katakaustische Fläche (Optik)
katalanisch/Katalanisch/Katalanische (↑ 39 f.): die Katalanische Bewegung, die katalanische Sprache. *Zu weiteren Verwendungen* ↑ deutsch/Deutsch/Deutsche
katalaunisch (↑ 39): die Katalaunischen Felder (Kampfstätte der Hunnenschlacht)
katalektisch (↑ 40): (Poetik) ein katalektischer Vers
katalogisieren: er muß die Bücher katalogisieren, aber: das Katalogisieren der Bücher kostet Zeit. *Weiteres* ↑ 15 f.
katalonisch (↑ 39): das Katalonische Bergland
katalytisch (↑ 40): (Chemie) katalytisches Kracken
katastrophal (↑ 18 ff.): dies wirkte sich am katastrophalsten aus, alles/das Katastrophale; es war das Katastrophalste, was er je gesehen hatte, aber (↑ 21): das katastrophalste der Ereignisse; etwas/nichts Katastrophales
kategorisch (↑ 40): (Philos.) der kategorische Imperativ, kategorische Schlüsse
katholisch
1 *Als Attribut beim Substantiv* (↑ 39 ff.): eine katholische Akademie, aber: die Katholische Akademie Münster; die Katholische Aktion, die Katholische Arbeiterbewegung (KAB), die Katholischen Briefe (bestimmte Briefe des Neuen Testaments), der Katholische Gesellenverein; die katholische Jugend, aber: Bund der Deutschen Katholischen Jugend (BDKJ); die katholische Kirche, die Katholischen Könige (Ferdinand und Isabella von Spanien), Katholische Majestät (Titel der spanischen Könige; ↑ 7), Katholische Nachrichtenagentur (KNA), Katholische Internationale Presseagentur (KIPA), die katholische Soziallehre, die Katholische Deutsche Studenten-Einigung (KDSE), eine katholische Universität, die katholischen Wahrheiten (bestimmte katholische Lehren)
2 *Alleinstehend oder nach Artikel, Pronomen, Präposition usw.* (↑ 18 ff.): Katholische und Evangelische; der/die Katholische, die Katholischen. (↑ 21) Die Klasse hat zwanzig Kinder, zehn katholische [Kinder] und zehn evangelische [Kinder]. – Die katholischen und die evangelischen Schüler hatten gemeinsam Religionsunterricht
katilinarisch (↑ 27): die Katilinarische Verschwörung, aber: eine katilinarische (heruntergekommene, verzweifelte) Existenz
katonisch (↑ 27): die Katonischen Schriften, aber: mit katonischer Strenge
kauderwelsch/Kauderwelsch (↑ 25): sein kauderwelsches Gerede; er redet kauderwelsch (wie redet er?), aber: er redet Kauderwelsch

(was redet er?); sein Kauderwelsch ist unverständlich
kaudinisch (↑ 39 f.): das Kaudinische Joch (Joch, durch das die bei Caudium geschlagenen Römer schreiten mußten), aber: ein kaudinisches Joch (eine schimpfliche Demütigung); die Kaudinischen Pässe
kauen: du mußt gut kauen, aber: das Kauen ist notwendig. *Weiteres* ↑ 15 f.
Kauf (↑ 13): durch Kauf, in Kauf nehmen, per Kauf, zum Kauf anbieten
kaufen: er will ein Auto kaufen, aber: das Kaufen der Lebensmittel übernimmt sie, beim Kaufen aufpassen. *Weiteres* ↑ 15 f.
kaufmännisch (↑ 40 f.): ein kaufmännischer Angestellter; die kaufmännischen Berufsfachschulen, aber: die Kaufmännische Berufsfachschule Neustadt; kaufmännisches Rechnen
kaukasisch (↑ 40): „Der kaukasische Kreidekreis" (Schauspiel von B. Brecht), aber: wir sahen den „Kaukasischen Kreidekreis" (↑ 2 ff.); die kaukasischen Sprachen, kaukasische Teppiche
kausal (↑ 40): (Sprachw.) eine kausale Konjunktion, (Rechtsw.) ein kausales Rechtsgeschäft
kaustisch (↑ 40): ein kaustischer Witz
Kawi ↑ Hindi
keck ↑ keß
kegeln: er will kegeln gehen, aber: das Kegeln ist sein Hobby, beim Kegeln trinken. *Weiteres* ↑ 15 f.
kegelschieben: a) (↑ 11) er schiebt/schob Kegel, weil er Kegel schiebt/Kegel schob, er wird kegelschieben, er hat Kegel geschoben, um Kegel zu schieben. **b)** (↑ 16) das Kegelschieben macht Spaß, Freude am Kegelschieben
Kehrum (↑ 17): im Kehrum
keimen: die Kartoffeln werden keimen, aber: das Keimen der Kartoffeln. *Weiteres* ↑ 15 f.
kein
1 *Als einfaches Pronomen klein* (↑ 32): vierzig Gäste waren eingeladen, doch keiner kam; keiner kann helfen, diese oder keine, keiner/keine/keines von beiden, keine/keiner von ihnen, keines von den Büchern; bei keinem, für/gegen keinen, mit/nach/von/vor/zu keinem
2 *Schreibung des folgenden Wortes:* **a)** *Zahladjektive* (↑ 29 ff.) *und Pronomen* (↑ 32 f.): kein anderer als du, keine andere als ich, ich habe keinen dritten gesehen, es gibt kein Mehr an Kosten. **b)** *Infinitive* (↑ 16): ich kenne kein Arbeiten, ich höre kein Rauschen/kein Singen, das ist kein Zuckerlecken. **c)** *Adjektive und Partizipien* (↑ 20): keine Arbeitslosen, keine Bekannten, es war kein Heiliger, er ist kein Reisender. (↑ 23) kein einzelner/einziger. (↑ 21) Im Aquarium schwammen die verschiedenartigsten Fische, allerdings keine schwarzen. **d)** *Partikeln und Interjektionen* (↑ 35): es gibt hier kein Hin und Her; er will in dieser Angelegenheit kein Wenn und Aber, kein Für und Wider hören; es gab kein Weh und Ach
keltern: er will das Obst keltern, aber: das Keltern des Obstes. *Weiteres* ↑ 15 f.
keltisch/Keltisch/Keltische (↑ 40): die keltische Kunst, die keltische Renaissance, die

keltischen Sprachen, das keltische Volkstum. *Zu weiteren Verwendungen* ↑ deutsch/Deutsch/ Deutsche
kennen: er muß ihn kennen, aber: das Kennen der Materie, das Sichkennen. *Weiteres* ↑ 15 f.
kentern: das Boot wird kentern, aber: das Kentern des Bootes. *Weiteres* ↑ 15 f.
kerygmatisch (↑ 40): die kerygmatische Theologie
keß (↑ 18 ff.): sie war am kessesten, alles/das Kesse an ihr; das Kesseste, was man sich vorstellen kann, aber (↑ 21): das kesseste der Mädchen; etwas/nichts Kesses
Ketchup (Würztunke, ↑ 9)
ketzerisch (↑ 18 ff.): seine Gedanken sind am ketzerischsten, alles/das Ketzerische unterstützen; das war das Ketzerischste, was er je gehört hatte, aber (↑ 21): das ketzerischste der Bücher; daran war etwas/nichts Ketzerisches
keusch ↑ keß
Kiautschouer (*immer groß*, ↑ 28)
kichern: sie können nur kichern, aber: das Kichern regte ihn auf. *Weiteres* ↑ 15 f.
Kickdown (Durchtreten des Gaspedals, ↑ 9)
Kieler (*immer groß*, ↑ 28)
kimmerisch (↑ 39): der Kimmerische Bosporus
Kind (↑ 13): von Kind an/auf; an Kindes Statt ↑ Statt
kindertümlich (↑ 18 ff.): dieser Verfasser schreibt am kindertümlichsten, alles/das Kindertümliche auswählen; er nahm das Kindertümlichste, was er finden konnte, aber (↑ 21): das kindertümlichste der Bücher; etwas/nichts Kindertümliches
Kindheit (↑ 13): von Kindheit an/auf
kindisch (↑ 18 ff.): er benahm sich am kindischsten, alles/das Kindische ablegen; das ist das Kindischste, was man sich vorstellen kann, aber (↑ 21): das kindischste der Spiele; etwas/nichts Kindisches
kindlich (↑ 18 ff.): es ist von allen noch am kindlichsten, alles/das Kindliche verlieren, (↑ 21) das kindlichste der Mädchen, etwas/nichts Kindliches
kinematisch (↑ 40): (Technik) eine kinematische Kette, (Physik) die kinematische Zähigkeit, (Biol.) kinematische Zellforschung
kinetisch (↑ 40): (Physik) die kinetische Energie, die kinetische Gastheorie, (Geol.) die kinetische Metamorphose
King-size (Überlänge, ↑ 9)
Kintopp (Kino, ↑ 9)
Kirche (↑ 13): zur Kirche gehen
kirchlich: a) (↑ 41) die kirchlichen Hochschulen in Rom, die Kirchliche Hochschule Oberursel. b) (↑ 18 ff.) sie ist am kirchlichsten eingestellt, das/alles Kirchliche betonen, (↑ 21) die kirchlichste der Familien, etwas/nichts Kirchliches
kirgisisch/Kirgisisch/Kirgisische (↑ 39 f.): der Kirgisische Alatau (Gebirge), die kirgisische Sprache, die Kirgisische SSR (Sozialistische Sowjetrepublik). *Zu weiteren Verwendungen* ↑ deutsch/Deutsch/Deutsche
Kisuaheli ↑ Suaheli
kitschig (↑ 18 ff.): dieses Bild ist am kitschig-

sten, alles/das Kitschige verabscheuen; das Kitschigste, was man sich denken kann, aber (↑ 21): das kitschigste der Bilder; etwas/nichts Kitschiges kaufen
kitten: er muß das Fenster kitten, aber: das Kitten des Fensters, durch Kitten abdichten. *Weiteres* ↑ 15 f.
klacks: a) (↑ 34) klacks, da lag das Eis. b) (↑ 35) mit einem lauten Klacks fiel das Eis auf den Boden
kladderadatsch: a) (↑ 34) kladderadatsch, da lag er. b) (↑ 35) der Kladderadatsch, das war ein schlimmer Kladderadatsch
Klage führen ↑ Buch führen
klagen: er kann nur klagen, aber: das Klagen nützt nichts, durch Klagen recht bekommen. *Weiteres* ↑ 15 f.
kläglich (↑ 18 ff.): dieses Ergebnis ist am kläglichsten, alles/das Klägliche verachten; das ist das Kläglichste, was ich je gesehen habe, aber (↑ 21): das kläglichste der Ergebnisse; etwas/nichts Klägliches
klamm (↑ 40): klamme Finger
klammern: er muß die Wunde klammern, aber: das Klammern der Wunde. *Weiteres* ↑ 15 f.
klang ↑ kling
klangvoll (↑ 18 ff.): ihre Stimme ist am klangvollsten, das Klangvolle seiner Stimme, (↑ 21) das klangvollste der Instrumente, etwas/nichts Klangvolles
klapp ↑ klipp
klappern: die Tür wird klappern, aber: das Klappern der Tür regt mich auf. *Weiteres* ↑ 15 f.
klaps: a) (↑ 35) klaps bekam er zwei Ohrfeigen. b) (↑ 36) er gab ihm einen Klaps
klar (↑ 18 ff.): diese Quelle ist am klarsten, alles/das Klare lieben, (↑ 21) der klarste der Seen, er trank einen Klaren (einen klaren Schnaps), im klaren sein, ins klare kommen, etwas/nichts Klares
klären: wir müssen die Frage klären, aber: das Klären der Frage. *Weiteres* ↑ 15 f.
Klarinette blasen ↑ Trompete blasen
Klarinette spielen ↑ Geige spielen
klasse (↑ 18): ein klasse Auto, er hat klasse gespielt, er/das ist klasse
Klasse (↑ 9): das ist/wird Klasse, er/das ist ganz große Klasse
klassenlos (↑ 40): die klassenlose Gesellschaft
klassisch: a) (↑ 40) das klassische Altertum, der klassische Blues/Jazz, die klassische Philologie, klassische Sprachen, klassisches Theater. b) (↑ 18 ff.) ihr Profil ist am klassischsten, alles/das Klassische lieben; das Klassischste, was er je gesehen hatte, aber (↑ 21): das klassischste seiner Werke; etwas/nichts Klassisches
klastisch (↑ 40): klastisches (zerbrochenes) Gestein (Geol.)
klatsch: a) (↑ 35) klatsch, klatsch bekam er zwei Ohrfeigen. b) (↑ 36) mit einem lauten Klatsch landete seine Hand in ihrem Gesicht
klatschen: sie sollen kräftig klatschen, aber: das Klatschen der Anhänger, durch Klatschen

unterbrechen, das In-die-Hände-Klatschen.
Weiteres ↑ 15 f.
klatschhaft ↑ klatschsüchtig
klatschsüchtig (↑ 18 ff.): sie war am klatschsüchtigsten, alles/das Klatschsüchtige verurteilen, alle/die Klatschsüchtigen, (↑ 21) die klatschsüchtigste der Frauen, etwas/nichts Klatschsüchtiges
Klavier spielen ↑ Geige spielen
kleben: er muß blatt kleben, aber: das Kleben der Tapete. *Weiteres* ↑ 15 f.
kleidsam (↑ 18 ff.): dieser Mantel ist am kleidsamsten, alles/das Kleidsame bevorzugen; das Kleidsamste, was sie finden konnte, aber (↑ 21): das kleidsamste der Gewänder; etwas/nichts Kleidsames finden
klein
1 *Als Attribut beim Substantiv* (↑ 39 ff.): mit kleinen **Anfangsbuchstaben**, die kleine Anfrage (im Parlament), die Kleinen Antillen, eine kleine Anzeige in der Zeitung, kleine Augen machen (müde sein); "Der kleine Ausreißer" (Film), aber: eine Szene aus dem "Kleinen Ausreißer" (↑ 2 ff.); nur eine kleine Auswahl, der Kleine **Balkan** (Ostbalkan); im Zoo ist ein kleiner Bär, aber: der Kleine Bär (Sternbild); der Kleine Belt (Teil der Ostsee), der Kleine Sankt Bernhard (Gebirgspaß), die Kleinen Beskiden (Teil der Westbeskiden), die Kleine Bistritz (Nebenfluß der Bistritz), der Kleine **Bittersee** (in Ägypten), der Kleine Jasmunder Bodden (bei Rügen), der Kleine Chingau (Gebirge), in kleinen Buchstaben, die Kleine Donau (Donauarm), Klein Dora, das kleine Einmaleins, die Kleine Elster (Nebenfluß der Schwarzen Elster), die Kleine **Emme** (Fluß); eine kleine Entente schließen, aber: die Kleine Entente (von der Tschechoslowakei, Jugoslawien und Rumänien geschlossenes Abkommen, von 1920/21–1938/39); die Kleine Enz (Quellfluß der Enz), Klein Erna, kleine Fahrt; er kam mit einem kleinen Fahrzeug, aber: Kleines Fahrzeug (Richtung im Buddhismus); die Kleine **Tatra** (Gebirge), der Kleine Feldberg (im Taunus), der kleine Finger, die Kleine Fischa (Fluß), das sind ja kleine Fische, die Kleine Freiheit (in Hamburg), die kleinen Freuden des Alltags; "Der kleine Herr Friedemann" (von Thomas Mann), aber: sie lasen den "Kleinen Herrn Friedemann" (↑ 2 ff.); kleine Füße, kleines **Gebäck** (Teegebäck), kleines Gefolge, die "Kleine Genesis" (Jubiläenbuch), die Kleine Gete (Quellfluß der Gete), der kleine Grenzverkehr, die Kleine Gusen (Quellfluß der Gusen), das Kleine Haff (Teil des Stettiner Haffs), ein kleines Helles (Bier), der Kleine Heuberg (in der Schwäb. Alb); sie haben einen kleinen **Hund**, aber: die Kleine Hand (Sternbild); die Kleine Isper (Quellfluß der Isper), der Kleine Kamp (Quellfluß des Großen Kamp), die Kleine Kapela (Gebirge), die Kleinen Karasberge (Gebirge), die Kleinen Karpaten (Gebirge), die Kleine Karru (Steppe), der Kleine **Kaukasus** (Gebirge), die Kleinen Knechtsände (Wattgebiet), eine kleine Koalition bilden, die Kleine Kokel (Fluß), die Kleine Krapina (Nebenfluß der Krapina), die Kleine Krems (Quellfluß der Krems), die

Kleine Laber/Laaber (Nebenfluß der Donau), das kleine Latinum, die kleinen Leiden des Alltags, kleiner Leute Kind; "Das kleine **Mädchen** mit den Schwefelhölzern" (Märchen von Andersen), aber: er las das Märchen vom "Kleinen Mädchen mit den Schwefelhölzern" (↑ 2 ff.); das Auto für den kleinen Mann, Klein Michael; "Der kleine Muck" (Märchen von Hauff), aber: sie las ihnen den "Kleinen Muck" vor (↑ 2 ff.); der Kleine Müggelsee, die Kleine Mühl (Nebenfluß der Donau), der Kleine Mythen (Gipfel der Mythen), die Kleine **Naarn** (Quellfluß der Naarn); "Eine kleine Nachtmusik" (von Mozart), aber: sie spielten die "Kleine Nachtmusik" (↑ 2 ff.); die Kleine Nete (Quellfluß der Nete), die kleine Notdurft verrichten, die Kleine Ohe (Quellfluß der Ilz), (Zool.): der Kleine Panda (Katzenbär), Klein Peter, die Kleine **Piz Buin** (Berggipfel), die Kleinen Propheten, eine kleine Quinte, der Kleine Regen (Quellfluß des Schwarzen Regens), die Kleine Rodl (Nebenfluß der Großen Rodl), Klein Roland, der Kleine **Sab** (Fluß), die Kleine Scheidegg (Paßhöhe), die Kleine Schütt (Insel), das kleine Schwarze (festliches schwarzes Kleid), der Kleine Plöner See (in Holstein), eine kleine Seele, die Kleine Sereth (Nebenfluß der Donau), der Kleine Sklavensee (in Kanada), der Kleine Solstein (Berggipfel), die Kleine Strafkammer, die Kleine Sturmhaube (Berg), die Kleinen Sundainseln, die Kleine Syrte (Mittelmeergolf), der Kleine Szamos (Quellfluß des Szamos), eine kleine Terz, die Kleine Ungarische **Tiefland**, die Kleine Tulln (Nebenfluß der Donau), in kleinen Verhältnissen leben, das kleinste gemeinschaftliche Vielfach (kgV; Math.), die Kleine Vils (Quellfluß der Vils); er fährt einen kleinen Wagen, aber: der Kleine Wagen (Sternbild), die Kleine Walachei (in Rumänien), das Kleine **Walsertal**, eine kleine Weile, das Kleine Werder (Teil der Weichsel-Nogat-Niederung), das Kleine Wiesbachhorn (Berg), die Kleine Ybbs (Nebenfluß der Ybbs), Klein Zaches (Märchenfigur bei E. T. A. Hoffmann), die kleine Zehe, Prinzip des kleinsten Zwanges; Pippin **der Kleine**, die Taten Pippins des Kleinen
2 *Alleinstehend oder nach Artikel, Pronomen, Präposition usw.* (↑ 18 ff.): groß und **klein** (jedermann), aber: Große und Kleine, Großes und Kleines; na, Kleine/Kleiner!; alle Kleinen/Kleineren saßen vorn, alles Kleine [und Geringe] ablehnen; er ist am kleinsten, aber: sich am/an dem Kleinen erfreuen; auf das/aufs Kleinste achten; bei kleinem (allmählich), aber: wer bleibt bei dem/beim Kleinen (kleinen Kind)?; wer **das** Kleine nicht ehrt, ist das Große nicht wert (Sprw.); das Kleine (Kind, junges Tier), der Kleine/Kleinere/Kleinste ist krank, der Kleinste in der Klasse, das ist die Kleine von nebenan, die Kleinen und [die] Großen; **ein** kleines (wenig) abhandeln, er hat einen kleinen sitzen (ist angeheitert), aber: es ist ihm ein Kleines (fällt ihm nicht schwer), sie bekommt bald ein/etwas Kleines (ein Kind); euch Kleinen werde ich helfen, **euer** Kleiner, für das Kleine/die

Kleine/den Kleinen sorgen, genug Kleines, ihr Kleinen, die Katze leckt ihre Kleinen; eine Welt im kleinen, etwas [im großen und] im kleinen ([en gros und] en dètail) betreiben/einkaufen/[ver]kaufen/vertreiben, aber: im Kleinen wie im Großen treu sein, im Kleinen genau sein; bis ins kleinste, aber: sich ins Kleinste verlieren; jener Kleine, **mein** Kleiner/Kleinster ist drei Jahre; mit Kleinem fängt man an, mit Großem hört man auf; nichts Kleines, ohne die Kleinen; über ein kleines (bald), aber: über Kleines stolpern; um ein kleines (ein wenig) zu kurz/zu spät, aber: sich nur um Kleines kümmern; **uns** Kleinen/Kleineren/Kleinsten, unsere Kleinen, vom Kleinen auf das Große schließen, von klein auf, wir Kleinen/Kleineren, zu den Kleinsten gehören, zum Kleinen neigen. (↑21) Die Schulkinder versammelten sich in der Aula. Die kleinen [Schulkinder] saßen vorn, die größeren [Schulkinder] weiter hinten. – Die Kinder stellten sich auf. Das kleinste von allen/unter ihnen war Michael. – Der kleinste und der größte Junge standen nebeneinander. – Sie ist die kleinere/kleinste meiner Töchter/von den Töchtern/unter den Töchtern
Klein (↑9): das Klein (von Gänsen, Hasen o. ä.), des Kleins
kleinbürgerlich (↑18 ff.): von allen ist er am kleinbürgerlichsten, alles/das Kleinbürgerliche verachten; das Kleinbürgerliche, was man sich vorstellen kann, aber (↑21): das kleinbürgerliche der Milieus; etwas/nichts Kleinbürgerliches
kleinlich (↑18 ff.): er ist am kleinlichsten, alles/das Kleinliche ablehnen; der Kleinlichste, den er je getroffen hatte, aber (↑21): der kleinlichste der Partner; etwas/nichts Kleinliches
kleinmütig ↑ängstlich
klettern: er will klettern, aber: beim Klettern abstürzen. *Weiteres* ↑15 f.
Klever (*immer groß,* ↑28)
Klicker spielen ↑Versteck spielen
klimakterisch (↑40): die klimakterischen Jahre (Wechseljahre)
kling: a) (↑34) die Glocke machte kling, klang. **b)** (↑35) der Klingklang der Glocke
klingeln: er wird klingeln, aber: das Klingeln hören, durch Klingeln aufwachen. *Weiteres* ↑15 f.
klingen: die Glocken werden klingen, aber: das Klingen der Glocken, zum Klingen bringen. *Weiteres* ↑15 f.
klingend (↑40): mit klingendem Spiel, (Poetik) ein klingender Versschluß
klipp: a) (↑34) die Mühle machte klipp, klapp. **b)** (↑35) ein lautes Klippklapp war zu hören
klobig (↑18 ff.): diese Schuhe sind am klobigsten, alles/das Klobige ablehnen; das Klobigste, was man sich vorstellen kann, aber (↑21): das klobigste der Möbelstücke; etwas/nichts Klobiges kaufen
klopfen: er wird klopfen, aber: das Klopfen des Herzens, durch Klopfen wach werden. *Weiteres* ↑15 f.
klopstock[i]sch (↑27): eine Klopstocksche Ode, aber: eine Ode im klopstockschen Stil
klug: a) (↑2 ff.) „Die kluge Else" (Märchen),

aber: das Märchen von der „Klugen Else". **b)** (↑18 ff.) er ist am klügsten, alle/die Klugen; der Klügste, den er kannte; der Klügere/Klügste gibt nach, aber (↑21): der klügste seiner Söhne; etwas/nichts Kluges
kluniazensisch (↑40): die kluniazensische Reformbewegung
knallen: er soll die Tür nicht knallen, aber: das Knallen der Peitsche, durch Knallen erschrecken. *Weiteres* ↑15 f.
knallig (↑18 ff.): ihr Kleid war am knalligsten, alles/das Knallige meiden; das Knalligste, was sie je anhatte, aber (↑21): das knalligste der Kleider; etwas/nichts Knalliges
knattern: der Motor darf nicht knattern, aber: das Knattern des Motors. *Weiteres* ↑15 f.
kneten: sie muß den Teig kneten, aber: das Kneten des Teigs. *Weiteres* ↑15 f.
knicken: du darfst den Karton nicht knicken, aber: das Knicken des Kartons. *Weiteres* ↑15 f.
knien: er kann nicht knien, aber: das Knien schmerzt ihn. *Weiteres* ↑15 f.
kniffelig (↑18 ff.): diese Aufgabe ist am kniffeligsten, alles/das Kniffelige mögen; das Kniffeligste, was er je auszuführen hatte, aber (↑21): die kniffeligste der Arbeiten; etwas/nichts Kniffeliges
knipsen: er will viel knipsen, aber: das Knipsen begeistert ihn. *Weiteres* ↑15 f.
knirschen: der Schnee wird knirschen, aber: das Knirschen des Schnees. *Weiteres* ↑15 f.
knittern: der Stoff wird knittern, aber: das Knittern des Stoffes. *Weiteres* ↑15 f.
knobeln: sie wollen knobeln, aber: das Knobeln gefällt ihm. *Weiteres* ↑15 f.
knochig (↑18 ff.): er war am knochigsten von allen, alles/das Knochige nicht mögen; er war der Knochigste, den er untersucht hatte, aber (↑21): der knochigste der Männer; etwas/nichts Knochiges
knockout (↑18): jmdn. knockout (k. o.) schlagen
Knockout (Niederschlag, ↑9): Knockoutschlag, K.-o.-Schlag
knöpfen: man kann den Mantel vorn knöpfen, aber: das Knöpfen des Mantels, ein Mantel zum Knöpfen. *Weiteres* ↑15 f.
knorpelig (↑18 ff.): dieses Fleisch ist am knorpeligsten, alles/das Knorpelige entfernen; das ist das Knorpeligste, was man ihm je vorgesetzt hat, aber (↑21): das knorpeligste der Stücke; etwas/nichts Knorpeliges
Know-how (Wissen, ↑9)
knüllen: er darf das Papier nicht knüllen, aber: das Knüllen des Papiers, durch Knüllen unbrauchbar machen. *Weiteres* ↑15 f.
knüpfen: sie will einen Teppich knüpfen, aber: das Knüpfen des Teppichs. *Weiteres* ↑15 f.
knurren: der Hund wird knurren, aber: das Knurren des Hundes. *Weiteres* ↑15 f.
knusprig (↑18 ff.): dieses Brötchen ist am knusprigsten, alles/das Knusprige mögen; das Knusprigste, was er je gegessen hat, aber (↑21): das knusprigste der Brötchen; etwas/nichts Knuspriges

Koblenzer (*immer groß*, ↑ 28)
kochen: sie kann gut kochen, aber: das Kochen macht ihr Spaß, sie ist am Kochen, etwas zum Kochen bringen. (Beachte:) sie lernt zu kochen, aber: sie lernt das Kochen. *Weiteres* ↑ 15 f.
koffeinfrei (↑ 40): koffeinfreier Kaffee
kohlensauer (↑ 40): kohlensaure Quellen, kohlensaures Wasser
kokett (↑ 18 ff.): sie war am kokettesten, alles/das Kokette mögen, alle/die Koketten; die Koketteste, die er je getroffen hatte, aber (↑ 21): die koketteste der Frauen; etwas/nichts Kokettes
kokettieren: sie will nur kokettieren, aber: das Kokettieren. *Weiteres* ↑ 15 f.
Kolleg halten (↑ 11): er hält/hielt Kolleg, weil er Kolleg hält/hielt, er wird Kolleg halten, er hat Kolleg gehalten, um Kolleg zu halten. (Entsprechend) *Kolleg hören/lesen*
Kolleg hören ↑ Kolleg halten
kollegial (↑ 18 ff.): er verhielt sich am kollegialsten, alles/das Kollegiale schätzen, (↑ 21) der kollegialste der Mitarbeiter, etwas/nichts Kollegiales
Kolleg lesen ↑ Kolleg halten
kollektiv (↑ 40): (Psych.) das kollektive Unbewußte, (DDR) kollektiv-schöpferische Pläne
kollidieren: er darf nicht kollidieren, aber: das Kollidieren der Termine. *Weiteres* ↑ 15 f.
Kölner (*immer groß*, ↑ 33)
kölnisch (↑ 39 f.): der Kölnische Krieg (1582), die Kölnische Rundschau, der kölnische Volkscharakter, Kölnisch[es] Wasser/Kölnischwasser
kolorieren: er will den Rand kolorieren, aber: das Kolorieren des Randes, durch Kolorieren verdecken. *Weiteres* 15 f.
kolossal ↑ gewaltig
kolumbianisch: a) (↑ 40) kolumbianischer Peso (Währung), die kolumbianische Regierung, das kolumbianische Volk. **b)** (↑ 18 ff.) alles/das Kolumbianische lieben, nichts/viel Kolumbianisches
kolumbisch ↑ kolumbianisch
kombinatorisch (↑ 40): (Sprachw.) der kombinatorische Lautwandel
kombinieren: er kann gut kombinieren, aber: das Kombinieren der Farben. *Weiteres* ↑ 15 f.
komfortabel (↑ 18 ff.): seine Wohnung ist am komfortabelsten, alles/das Komfortable schätzen; diese Wohnung ist das Komfortabelste, was man sich vorstellen kann, aber (↑ 21): das komfortabelste der Hotels; etwas/nichts Komfortables
komisch: a) (↑ 40) (Literaturw.) das komische Epos, die komische Figur. **b)** (↑ 18 ff.) ihr Aufzug war am komischsten, alles/das Komische belächeln; das Komischste, was ich je gehört habe, aber (↑ 21): das komischste der Stücke; etwas/nichts Komisches, alles ins Komische ziehen
kommandieren: er will nur kommandieren, aber: das Kommandieren liegt ihm. *Weiteres* ↑ 15 f.
kommen: er will kommen, aber: das Kommen zusagen, es herrschte ein ständiges Kom-

men und Gehen, der Schauspieler ist im Kommen, zum Kommen auffordern. *Weiteres* ↑ 15 f.
kommensurabel (↑ 40): kommensurable (vergleichbare) Größen
kommentieren: er wird kommentieren, aber: das Kommentieren ist nicht einfach. *Weiteres* ↑ 15 f.
kommerziell (↑ 18 ff.): alles/das Kommerzielle, etwas/nichts Kommerzielles
kommissarisch (↑ 40): (Rechtsw.) die kommissarische Vernehmung
kommunal (↑ 40): kommunale Spitzenverbände
kommunistisch (↑ 39 f.): das Kommunistische Manifest (↑ 2 ff.), die kommunistischen Parteien, aber: die Kommunistische Partei Deutschlands (Abk.: KPD), die Deutsche Kommunistische Partei (Abk.: DKP)
kommunizierend (↑ 40): (Physik) kommunizierende Röhren
kommutabel (↑ 40): kommutable (vertauschbare) Objekte
kommutativ (↑ 40): (Math.) eine kommutative Gruppe
komödiantisch (↑ 18 ff.): er wirkte am komödiantischsten, alles/das Komödiantische lieben, etwas/nichts Komödiantisches
komparabel (↑ 40): komparable (vergleichbare) Eigenschaften
kompatibel (↑ 40): kompatible (vereinbare) Ämter
kompensatorisch (↑ 40): kompensatorischer (ausgleichender) Unterricht
kompensieren: er will damit den Verlust kompensieren, aber: das Kompensieren. *Weiteres* ↑ 15 f.
kompetent (↑ 18 ff.): er ist am kompetentesten auf diesem Gebiet, alle/die Kompetenten befragen; er ist der Kompetenteste, den man befragen kann, aber (↑ 21): der kompetenteste der Beamten
komplementär (↑ 40): (Math.) ein komplementäres Dreieck
komplettieren: er will die Anlage komplettieren, aber: das Komplettieren der Anlage. *Weiteres* ↑ 15 f.
komplex (↑ 40): die komplexe Psychologie, (Math.) komplexe Zahlen
komplizieren: das wird es nur komplizieren, aber: das Komplizieren vermeiden, durch Komplizieren. *Weiteres* ↑ 15 f.
kompliziert ↑ schwierig
komponieren: er will eine Sonate komponieren, aber: das Komponieren von Sonaten. *Weiteres* ↑ 15 f.
kompreß (↑ 40): (Druckw.) kompresser Satz
komprimieren: er muß das Material komprimieren, aber: das Komprimieren der Luft. *Weiteres* ↑ 15 f.
komprimiert (↑ 40): komprimierte Luft
konditioniert (↑ 40): (Psychol.) konditionierte Reflexe
konferieren: sie wollen erneut konferieren, aber: das Konferieren dauert länger. *Weiteres* ↑ 15 f.
konfessionell (↑ 18 ff.): alles/das Konfessionelle, etwas/nichts Konfessionelles ▪

konfirmieren: er wird ihn konfirmieren, aber: das Konfirmieren hat noch Zeit. *Weiteres* ↑15f.

konfokal (↑40): konfokale Kegelschnitte (Phys.)

konfrontieren: er wird ihn mit den Realitäten konfrontieren, aber: das Konfrontieren mit den Realitäten. *Weiteres* ↑15f.

konfus (↑18ff.): er redete am konfusesten, alles/das Konfuse zu ordnen suchen; das Konfuseste, was er je gehört hatte, aber (↑21): das konfuseste seiner Werke; etwas/nichts Konfuses

konfuzianisch (↑27): Konfuzianische Aussprüche, aber: konfuzianische Philosophie (nach Art des Konfuzius)

kongenial (↑18ff.): sein Spiel war am kongenialsten, alles/das Kongeniale bewundern; das Kongenialste, was er je gehört hatte, aber (↑21): die kongenialste der Interpretationen; etwas/nichts Kongeniales

Königsberger/Königswusterhausener (*immer groß,* ↑28)

konisch (↑40): konische (kegelförmige) Spirale

konjugieren: du mußt die Verben konjugieren, aber: das Konjugieren der Verben. *Weiteres* ↑15f.

konkludent (↑40): konkudentes (schlüssiges) Verhalten (Rechtsw.)

konkret: a) (↑40) konkrete Begriffe, die konkrete Malerei/Musik, (Sprachw.) konkretes Substantiv. **b)** (↑18ff.) seine Angaben waren am konkretesten, alles/das Konkrete bevorzugen; das war das Konkreteste, was er gestern äußerte, aber (↑21): die konkreteste seiner Äußerungen; etwas/nichts Konkretes verlauten lassen

Konkurrenz (↑13): außer Konkurrenz, in Konkurrenz treten, das ist ohne Konkurrenz, zur Konkurrenz gehen.

konkurrieren: er will heftig konkurrieren, aber: das Konkurrieren. *Weiteres* ↑15f.

konkurrierend (↑40): die konkurrierende Gesetzgebung

können: er kann schwimmen, er wird schwimmen können. *Weiteres* ↑15f.

konsequent (↑18ff.): er handelte am konsequentesten, alles/das Konsequente einer Handlungsweise; das konsequenteste (am konsequentesten, sehr konsequent) wäre es gewesen, sofort zu kündigen, (↑21) die konsequenteste der Haltungen, aber: er ist der Konsequenteste, den man sich vorstellen kann; etwas/nichts Konsequentes

konservativ: a) (↑39f.) konservative Parteien, aber: die Konservative Volkspartei (1930); (Physik) konservative Systeme. **b)** (↑18ff.) seine Haltung ist am konservativsten, das Konservative angreifen; er ist der Konservativste, den er je getroffen hat, aber (↑21): der konservativste der Männer; etwas/nichts Konservatives

konservieren: er will das Gemüse konservieren, aber: das/durch Konservieren des Gemüses. *Weiteres* ↑15f.

konspirieren: er will konspirieren, aber: das Konspirieren gegen die Regierung. *Weiteres* ↑15f.

konstant ↑beharrlich

konstantinisch (↑27): die Konstantinische Schenkung

Konstantinop[e]ler/Konstantinopolitaner (*immer groß,* ↑28)

konstituieren: sie wollen eine Organisation konstituieren, aber: das Konstituieren des Vereins. *Weiteres* ↑15f.

konstitutionell (↑40): konstitutionelle Monarchie

konstitutiv (↑40): (Sprachw.) konstitutive Satzglieder, (Rechtsw.) eine konstitutive Urkunde

konstruktiv: a) (↑40) die konstruktive Mathematik, (Rechtsw.) ein konstruktives Mißtrauensvotum. **b)** (↑18ff.) sein Vorschlag war am konstruktivsten, alles/das Konstruktive schätzen; dieser Vorschlag ist das Konstruktivste, was vorgebracht wurde, aber (↑21): der konstruktivste der Beiträge; etwas/nichts Konstruktives beitragen

konsularisch (↑39): das Konsularische Korps (CC)

konsultieren: er will einen Arzt konsultieren, aber: das Konsultieren des Arztes. *Weiteres* ↑15f.

konsumieren: sie werden große Mengen konsumieren, aber: das Konsumieren großer Mengen. *Weiteres* ↑15f.

Kontakt (↑13): in Kontakt treten

kontern: er wird kontern, aber: das Kontern gelang ihm nicht. *Weiteres* ↑15f.

kontingentieren: sie wollen die Rohstoffe kontingentieren, aber: das Kontingentieren ist notwendig. *Weiteres* ↑15f.

kontinuierlich (↑40): (Math.) ein kontinuierlicher Bruch, (Technik) eine kontinuierliche Straße

kontra: a) (↑34) er ist immer kontra. **b)** (↑35) das Kontra, das Pro und [das] Kontra, jmdm. Kontra geben; auf ein Kontra Re sagen

kontradiktorisch (↑40): (Rechtsw.) kontradiktorisches Verfahren

Kontrolle (↑13): unter Kontrolle

kontrollieren: er will nur kontrollieren, aber: das Kontrollieren einstellen. *Weiteres* ↑15f.

konventionell: a) (↑40) konventionelle Waffen. **b)** (↑18ff.) seine Ansichten sind am konventionellsten, alles/das Konventionelle ablegen; es war das Konventionellste, was man sich denken kann, aber (↑21): die konventionellste der Ansichten; etwas/nichts Konventionelles

konvertibel (↑40): konvertible Währungen

konzentrieren: sie wollen die Verwaltung konzentrieren, er muß sich konzentrieren, aber: das Konzentrieren der Verwaltung, das Sichkonzentrieren, durch Konzentrieren Zeit sparen. *Weiteres* ↑15f.

konzentrisch (↑40): konzentrische Kreise, (Bot.) ein konzentrisches Leitbündel

konzertiert (↑40): eine konzertierte Aktion

konziliant (↑18ff.): er ist am konziliantesten, alles/das Konziliante schätzen; der Konzilianteste, den er kenne, aber (↑21): der konzilianteste der Gesprächspartner; etwas/nichts Konziliantes

koordinieren: wir müssen die Vorgänge koordinieren, aber: das Koordinieren der Vorgänge. *Weiteres* ↑ 15 f.

Kopenhagener/Köpenicker (*immer groß*, ↑ 28)

kopernikanisch (↑ 27): die Kopernikanischen Werke, aber: das kopernikanische Weltsystem

Kopf (↑ 13): auf dem Kopf stehen, im Kopf, sie behalten pro Kopf eine Mark, Hals über Kopf, von Kopf bis Fuß, ein Brett vorm Kopf haben, zu Kopf steigen

kopfstehen (↑ 12): er steht/stand kopf, weil er kopfsteht/kopfstand, er wird kopfstehen, er hat kopfgestanden, um kopfzustehen

kopieren: er soll den Text kopieren, aber: das Kopieren von Texten. *Weiteres* ↑ 15 f.

koppeln: er muß die Pferde koppeln, aber: das Koppeln der Pferde. *Weiteres* ↑ 15 f.

koptisch/Koptisch/Koptische (↑ 40): das koptische Alphabet, die koptische Kirche, die koptische Kunst, die koptische Sprache. *Zu weiteren Verwendungen* ↑ deutsch/Deutsch/Deutsche

kopulativ (↑ 40): (Sprachw.) eine kopulative Konjunktion

koreanisch/Koreanisch/Koreanische (↑ 40): die koreanische Kunst, die koreanische Schrift, die koreanische Sprache. *Zu weiteren Verwendungen* ↑ deutsch/Deutsch/Deutsche

Korinther (*immer groß*, ↑ 28)

korinthisch (↑ 39 f.): der Korinthische Golf, der Korinthische Krieg, (bild. Kunst) korinthische Ordnung/Säule

korpulent ↑ dick

korrekt (↑ 18 ff.): er verhielt sich am korrektesten, alles/das Korrekte schätzen; das korrekteste (am korrektesten, sehr korrekt) wäre es gewesen, gleich zu gehen, (↑ 21) der korrekteste der Anzüge, aber: er ist der Korrekteste, den ich kenne; etwas/nichts Korrektes

korrespektiv (↑ 40): korrespektives (gemeinschaftliches) Testament

korrespondieren: er will mit ihm korrespondieren, aber: das Korrespondieren einstellen. *Weiteres* ↑ 15 f.

korrigieren: er muß die Arbeit noch korrigieren, aber: das Korrigieren der Fehler. *Weiteres* ↑ 15 f.

korsisch: a) (↑ 40) die korsische Bevölkerung, der korsische Eroberer (Napoleon I.), die korsische Geschichte. **b)** (↑ 18 ff.) alles/das Korsische, nichts/viel Korsisches

kosmetisch (↑ 40): die kosmetische Chirurgie, kosmetische Mittel, kosmetische Operation

kosmisch (↑ 40): kosmische Strahlung

kosmologisch (↑ 40): der kosmologische Gottesbeweis

kostbar (↑ 18 ff.): dieses Geschmeide ist am kostbarsten, alles/das Kostbare bevorzugen; das Kostbarste, was sie je in Händen hatte, aber (↑ 21): das kostbarste der Geschmeide; etwas/nichts Kostbares tragen

Kosten (↑ 13): auf Kosten

köstlich ↑ kostbar

kostspielig (↑ 18 ff.): seine Reise war am kostspieligsten, alles/das Kostspielige meiden; das Kostspieligste, was er sich je geleistet hat, aber (↑ 21): das kostspieligste seiner Hobbys; etwas/nichts Kostspieliges

Köthener (*immer groß*, ↑ 28)

kraft (↑ 34): kraft seines Wortes

Kraft (↑ 9): außer Kraft, bei Kräften sein, in Kraft treten/sein, von Kraft strotzen, von Kräften kommen, vor Kraft strotzen, zu Kräften kommen

kräftig (↑ 18 ff.): er ist am kräftigsten, alle/die Kräftigen zur Arbeit heranziehen; der Kräftigste, den er kannte, aber (↑ 21): der kräftigste der Männer; etwas/nichts Kräftiges

krähen: der Hahn wird krähen, aber: das Krähen des Hahnes. *Weiteres* ↑ 15 f.

Krähwinkler/Krainer/Krakauer (*immer groß*, ↑ 28)

krakeelen: er muß immer krakeelen, aber: das Krakeelen geht uns auf die Nerven. *Weiteres* ↑ 15 f.

krampfhaft (↑ 18 ff.): seine Bemühungen waren am krampfhaftesten, alles/das Krampfhafte vermeiden, seine Bemühungen hatten etwas/nichts Krampfhaftes

krank (↑ 18 ff.): er war am kränksten, alles/das Kranke bemitleiden, (↑ 21) das kränkste der Kinder, etwas/nichts Krankes

krankhaft/kränklich ↑ krank

kraß (↑ 18 ff.): dieser Fall ist am krassesten, alles/das Krasse vermeiden, (↑ 21) der krasseste der Fälle, etwas/nichts Krasses

kratzbürstig ↑ widerspenstig

kratzen: er darf nicht kratzen, aber: durch Kratzen beschädigen. *Weiteres* ↑ 15 f.

Kredit (↑ 13): auf Kredit

Kredit geben: a) (↑ 11) er gibt/gab Kredit, weil er Kredit gibt/gab, er wird Kredit geben, er hat Kredit gegeben, um Kredit zu geben. **b)** (↑ 16) das Kreditgeben ist ein Risiko, das Risiko beim Kreditgeben

Kredit gewähren usw. ↑ Kredit geben

Krefelder (*immer groß*, ↑ 28)

kreieren: sie wollen eine neue Mode kreieren, aber: das Kreieren einer neuen Mode. *Weiteres* ↑ 15 f.

Kreisauer (*immer groß*, ↑ 28)

kreischen: die Kinder sollen nicht kreischen, aber: das Kreischen der Kinder. *Weiteres* ↑ 15 f.

Kreisel spielen ↑ Versteck spielen

kreisen: das Flugzeug muß über der Stadt kreisen, aber: das Kreisen des Flugzeugs beunruhigte die Leute. *Weiteres* ↑ 15 f.

kreisfrei (↑ 40): eine kreisfreie Stadt

Kremser (*immer groß*, ↑ 28)

kreß/Kreß (↑ 26): das Kleid ist kreß, ein kräftiges/leuchtendes Kreß, ein Kleid in Kreß, die Farbe spielt ins Kreß [hinein]. *Zu weiteren Verwendungen* ↑ blau/Blau/Blaue (2)

kretaz[e]isch (↑ 40): kretaz[e]ische Formation (Geol.)

kretisch: a) (↑ 39 f.) die kretisch-mykenische Kultur, das kretische Meer, die kretische Schrift. **b)** (↑ 18 ff.) alles/das Kretische, nichts/viel Kretisches

Kreuz (↑ 13): jmdn. aufs Kreuz legen, über

Kreuz binden, mit jmdm. übers Kreuz stehen/sein, zu Kreuze kriechen; in die Kreuz und [in die] Quere [laufen], aber (↑34): kreuz und quer laufen
kreuzen: sie müssen die Straße kreuzen, aber: das Kreuzen der Fahrbahn ist gefährlich. *Weiteres* ↑15f.
kreuz und quer ↑Kreuz
kriechen: die Tiere können kriechen, aber: das Kriechen des Wurmes, durch Kriechen weiterkommen. *Weiteres* ↑15f.
kriecherisch (↑18ff.): alles/das Kriecherische verabscheuen, (↑21) der kriecherischste seiner Untergebenen, etwas/nichts Kriecherisches
Krieg (↑13): im Krieg fallen, es kommt zum Krieg
kriegerisch (↑18ff.): dieser Volksstamm ist am kriegerischsten, alles/das Kriegerische verabscheuen, (↑21) das kriegerischste der Völker, etwas/nichts Kriegerisches
Kriegsfuß (↑13): auf Kriegsfuß mit jmdm. stehen
kriminell (↑18ff.): alles/das Kriminelle fürchten, etwas/nichts Kriminelles machen
kristallin (↑40): (Chemie) kristalline Flüssigkeiten, (Geol.) kristalliner Schiefer
kritisch: a) (↑40) (Literaturw.) ein kritischer Apparat, eine kritische Ausgabe, (Technik) die kritische Drehzahl, (Physik) die kritische Geschwindigkeit, die kritische Masse, die kritische Temperatur, (Schach) ein kritischer Zug. b) (↑18ff.) diese Situation war am kritischsten, alles/das Kritische beiseite lassen; das ist das Kritischste, was er je geschrieben hat, aber (↑21): das kritischste seiner Werke; etwas/nichts Kritisches
kritisieren: er wird alles kritisieren, aber: das Kritisieren ist verboten, durch Kritisieren verärgern. *Weiteres* ↑15f.
kroatisch: a) (↑40) die kroatische Geschichte, die kroatischen Mundarten, das kroatische Volk. b) (↑18ff.) alles/das Kroatische lieben, nichts/viel Kroatisches
Kronacher/Kronberger/Kronstädter/ Kröner (*immer groß*, ↑28)
krumm (↑18ff.): dieser Baum ist am krummsten, alles/das Krumme begradigen, (↑21) der krummste der Äste, etwas/nichts Krummes
kubanisch: a) (↑40) die kubanische Regierung, das kubanische Volk, die kubanische Wirtschaft. b) (↑18ff.) alles/das Kubanische lieben, nichts/viel Kubanisches
kubisch (↑53): (Math.) eine kubische Form/Gleichung
Kubitzer (*immer groß*, ↑28)
kufisch (↑40): die kufische Schrift
kugelsicher (↑40): eine kugelsichere Weste
kühl ↑kalt (2)
kühlen: er soll die Getränke kühlen, aber: das/durch Kühlen der Getränke. *Weiteres* ↑15f.
kühn (↑18ff.): seine Worte waren am kühnsten, alle/die Kühnen wagten sich vor; diese Konstruktion ist das Kühnste, was ich je gesehen habe, aber (↑21): das kühnste der Projekte; etwas/nichts Kühnes
kuhwarm (↑40): kuhwarme Milch

kulant ↑gefällig
kulinarisch (↑40): ein kulinarischer Genuß
Kulmbacher/Kulmer (*immer groß*, ↑28)
kultisch (↑18ff.): alles/das Kultische betonen, etwas/nichts Kultisches
kultivieren: er will den Boden kultivieren, aber: das Kultivieren des Bodens. *Weiteres* ↑15f.
kultiviert (↑18ff.): sie war am kultiviertesten, alles/das Kultivierte schätzen; das Kultivierteste, was man sich denken kann, aber (↑21): das kultivierteste der Häuser; etwas/nichts Kultiviertes
Kummer (↑13): an Kummer gewöhnt sein, aus Kummer sterben, vor Kummer ganz blaß aussehen
kumulativ (↑40): eine kumulative Habilitation
kundig (↑18ff.): er erwies sich als am kundigsten, alle/die Kundigen befragen; er befragte den Kundigsten, den er finden konnte, aber (↑21): der kundigste der Fremdenführer
kündigen: er will ihm kündigen, aber: das Kündigen des Vertrages. *Weiteres* ↑15f.
künstlerisch: a) (↑40) künstlerisches Volksschaffen (DDR). b) (↑18ff.) alles/das Künstlerische fördern, etwas/nichts Künstlerisches
künstlich: a) (↑40) künstliche Atmung, künstliche Befruchtung, (Med.) künstliches Herz, künstliche Niere, (Technik) der künstliche Horizont. b) (↑18ff.) alles/das Künstliche ablehnen, etwas/nichts Künstliches verwenden
kupfern (↑39f.): die kupferne Hochzeit, Kupferner Sonntag
kuppeln: er muß den Wagen kuppeln, aber: das Kuppeln der Wagen. *Weiteres* ↑15f.
kurabel (↑40): eine kurable (heilbare) Krankheit
kurieren: er will ihn kurieren, aber: das Kurieren braucht seine Zeit. *Weiteres* ↑15f.
kurios (↑18ff.): diese Geschichte ist am kuriosesten, alles/das Kuriose; das kurioseste (am kuriosesten, sehr kurios) war, daß niemand etwas gemerkt hatte, (↑21) das kurioseste der Ereignisse, aber: das Kurioseste, was er je gehört hatte; etwas/nichts Kurioses
kurisch/Kurisch/Kurische (↑39f.): die Kurische Bucht (bei Cranz), ein kurisches Fischerboot, das Kurische Haff, die Kurische Nehrung, die kurische Sprachreste. *Zu weiteren Verwendungen* ↑deutsch/Deutsch/Deutsche
Kurs (↑13): außer Kurs, hoch im/in Kurs stehen, vom Kurs abweichen
Kurs halten ↑Abstand halten
Kurs nehmen ↑Abstand nehmen
kurulisch (↑40): (hist.) das kurulische Amt, der kurulische Stuhl
kurz: a) (↑39ff.) eine kurze Pause, kurzen Prozeß machen, (Kaufmannsspr.) ein Wechsel auf kurze Sicht, der langen Rede kurzer Sinn; „Gasthaus zur Kurzen Weile", Gasthaus „Zur Kurzen Weile", Gasthaus „Kurze Weile"; mit kurzen Worten; Pippin der Kurze, die Taten Pippins des Kurzen. b) (↑18ff.) das Lange und Kurze von der Sache ist, daß ...; Kurzes und Langes, Kurzes bevorzugen; alles Kurze ablehnen, am kürzesten, etwas auf das/aufs kürzeste

(sehr kurz) ausführen, bei dem/beim Kurzen bleiben, binnen kurzem, das Kurze/Kürzere, den kürzeren ziehen, etwas des kürzeren darlegen, (↑21) im Winter gibt es viele kurze Tage – die kürzesten von allen/unter ihnen fallen in den Monat Dezember, ein Kurzer, einen Kurzen (hochprozentiges alkoholisches Getränk) trinken, wir haben einen Kurzen (Kurzschluß) in der Leitung, etwas Kurzes, für das Kurze sein, in kurzem, irgend etwas Kurzes, nichts Kurzes, seit kurzem, über kurz oder lang, vor kurzem

Kürze (↑13): in Kürze
kürzer/kürzeste ↑kurz
kurzschließen: er will die Zündung kurzschließen, aber: das/beim Kurzschließen der Zündung. *Weiteres* ↑15f.

kurzsichtig (↑18ff.): er ist/handelte am kurzsichtigsten, alle/die Kurzsichtigen saßen vorne; das war das Kurzsichtigste, was du tun konntest, aber (↑21): das kurzsichtigste der Kinder; etwas/nichts Kurzsichtiges
Kuseler (*immer groß,* ↑28)
küssen: er will sie küssen, aber: das Küssen ist verboten, sie beim Küssen in den Arm nehmen. *Weiteres* ↑15f.
Kuwaiter (*immer groß,* ↑28)
kymrisch/Kymrisch/Kymrische (↑40): die kymrische Literatur, die kymrische Sprache (in Wales). *Zu weiteren Verwendungen* ↑deutsch/Deutsch/Deutsche
kyrillisch (↑40): kyrillische Buchstaben, die kyrillische Schrift

L

l/L (↑36): der Buchstabe klein l/groß L, das l in Schale, ein verschnörkeltes L, L wie Ludwig/Liverpool (Buchstabiertafel). ↑a/A
Laacher (*immer groß,* ↑28)
La Bamba (Tanz, ↑9): La Bamba tanzen ↑Walzer tanzen
labil: a) (↑40) labile Gesundheit, das labile Gleichgewicht (Physik). **b)** (↑18ff.) seine Gesundheit war am labilsten, alle/die Labilen; der Labilste, dem er begegnet war, aber (↑21): der labilste der Charaktere; etwas/nichts Labiles
La Bostella (Tanz, ↑9): La Bostella tanzen ↑Walzer tanzen
lächeln ↑¹lachen
¹lachen: ich kann nur lachen, aber: das Lachen wird ihm noch vergehen. *Weiteres* ↑15f.
²lachen ↑hohnlachen
lächerlich ↑komisch
lackieren: er will das Auto neu lackieren, aber: das Lackieren des Autos ist teuer. *Weiteres* ↑15f.
laden: er muß die Batterie laden, aber: das Laden des LKW, beim Laden helfen. *Weiteres* ↑15f.
ladinisch/Ladinisch/Ladinische (↑40): die ladinischen Alpentäler, die ladinischen Mundarten. *Zu weiteren Verwendungen* ↑deutsch/Deutsch/Deutsche
Lager (↑13): ab/am Lager, Waren auf Lager haben, vom Lager
lagern: er will Wein lagern, aber: das Lagern von Wein, durch Lagern den Wein verbessern. *Weiteres* ↑15f.
lähmen: der Streik wird den Verkehr lähmen, aber: das Lähmen des Verkehrs durch den Streik. *Weiteres* ↑15f.
Lahrer/Laibacher (*immer groß,* ↑28)
lakonisch (↑18ff.): seine Antworten waren am lakonischsten, alles/das Lakonische vorziehen; das Lakonischste, was er gehört hatte, aber (↑21): die lakonischste der Bemerkungen; etwas/nichts Lakonisches

lamentieren: er kann nur lamentieren, aber: das Lamentieren nützt nichts. *Weiteres* ↑15f.
lamisch (↑39): der Lamische Krieg (323 v. Chr.)
lancieren: er will den Bericht in die Zeitung lancieren, aber: das/durch Lancieren des Berichtes. *Weiteres* ↑15f.
lanciert (↑40): lancierte (in bestimmter Art) gemusterte Gewebe
Land (↑13f.): an Land gehen, ans Land steigen, aufs Land ziehen, außer Lande, im Lande bleiben, viele Jahre sind ins Land gegangen, über Land gehen/reisen, er ist vom Land[e], zu Wasser und zu Lande, aber (↑34): bei uns zulande, dortzulande, hierzulande
landen: er muß landen, aber: das/zum Landen auf dem Wasser. *Weiteres* ↑15f.
landeskundig (↑18ff.): er ist am landeskundigsten, alle/die Landeskundigen; der Landeskundigste, der unter ihnen war, aber (↑21): der landeskundigste der Männer
landesverräterisch (↑40): landesverräterischer Treuebruch (DDR)
Land gewinnen ↑Boden gewinnen
ländlich: a) (↑40) (Musik) der ländliche Blues, eine ländliche Hauswirtschaftsgehilfin (Berufsbezeichnung), eine ländliche Hauswirtschaftsleiterin (Berufsbezeichnung). **b)** (↑18ff.) hier ist es am ländlichsten, etwas/nichts Ländliches
Landrover (Fahrzeug, ↑9)
Landsberger (*immer groß,* ↑28)
Land sichten (↑11): er sichtet Land, weil er Land sichtet, er hat Land gesichtet, um Land zu sichten
Landstuhler (*immer groß,* ↑28)
landwirtschaftlich (↑39ff.): ein landwirtschaftlicher Berufsschullehrer, die landwirtschaftliche Betriebslehre; landwirtschaftliche Hochschulen, aber: die landwirtschaftliche Hochschule München; landwirtschaftliche Nutzfläche; (DDR) landwirtschaftliche Produktionsgenossenschaft, aber: „Landwirt-

schaftliche Produktionsgenossenschaft (LPG) Einheit" (in Dallgow); die Landwirtschaftliche Rentenbank, der landwirtschaftliche Wasserbau

lang: a) (↑39 f.) den längeren Arm haben, etwas auf die lange Bank schieben, lange Finger machen; „Gasthaus zur Langen Gasse", Gasthaus „Zur Langen Gasse", Gasthaus „Lange Gasse"; etwas von langer Hand vorbereiten, ein langer Laban (großer Mensch), eine lange Leitung haben, der Lange Marsch (der chines. Kommunisten 1934–35), das Lange Parlament (in England 1640–53), (Kaufmannsspr.) ein Wechsel auf lange Sicht, lange Welle (Rundfunk). b) (↑18 ff.) über kurz oder lang, Langes und Breites, Langes und Kurzes, Langes abschneiden; alles Lange, dies ist am längsten, sich an das/ans Lange halten, das Lange und Kurze von der Sache ist, der Lange/Längste im Saal ist 2 m groß, des langen und breiten/längeren und breiteren (ausführlich), eines langen und breites (viel) darüber reden; (↑21) er nahm zweimal im Jahr Urlaub – einen kürzeren [Urlaub] im Winter, einen längeren [Urlaub] im Sommer; einige/ein paar Lange, etliches/etwas Langes, irgend etwas Langes, nichts Langes, seit langem, von lange her, zum längsten
länger ↑lang
langfristig (↑40): langfristiger Kredit, langfristige Planung
langmütig ↑gleichmütig
langobardisch/Langobardisch/Langobardische (↑40): die langobardische Geschichte, langobardische Sprachreste, das langobardische Volksrecht. *Zu weiteren Verwendungen* ↑deutsch/Deutsch/Deutsche
langsam: a) (↑40) der langsame Walzer. b) (↑18 ff.) er ist am langsamsten von allen, alle/die Langsamen ermahnen; der Langsamste, der ihm begegnet war, aber (↑21): der langsamste der Arbeiter
längste ↑lang
langweilig (↑18 ff.): dieses Buch war am langweiligsten, alles/das Langweilige ablehnen; das langweiligste (am langweiligsten, sehr langweilig) war, daß der Zug auf jeder Station hielt, (↑21) das langweiligste seiner Stücke, aber: das Langweilige, was er erlebt hatte; etwas/nichts Langweiliges
lanzinierend (↑40): lanzinierende (plötzliche) Schmerzen (Med.)
lapidar (↑18 ff.): seine Worte waren am lapidarsten, alles/das Lapidare, (↑21) das lapidarste seiner Worte, etwas/nichts Lapidares
lappisch/Lappisch/Lappische (↑40): die lappische Sprache. *Zu weiteren Verwendungen* ↑deutsch/Deutsch/Deutsche
larifari: a) (↑35) larifari, das ist alles Geschwätz. b) (↑36) das Larifari, ich kann dieses Larifari nicht ertragen
Lärm schlagen: a) (↑11) er schlägt/schlug Lärm, weil er Lärm schlägt/schlug, er wird Lärm schlagen, er hat Lärm geschlagen, um Lärm zu schlagen. b) (↑16) das Lärmschlagen ist verboten
lassen /in der Fügung *Zeit lassen*/ ↑Zeit sparen
lässig (↑18 ff.): er war am lässigsten, alles/das

Lässige tadeln; der Lässigste, den er kannte, aber (↑21): der lässigste der Männer; etwas/nichts Lässiges
Last (↑13): zu Lasten, zur Last fallen
lasterhaft (↑18 ff.): sie war am lasterhaftesten, alles/das Lasterhafte verurteilen, das Lasterhafteste, was man sich denken kann, aber (↑21): das lasterhafteste der Geschöpfe; etwas/nichts Lasterhaftes
lästern: du sollst nicht lästern, aber: das Lästern kann er nicht lassen. *Weiteres* ↑15 f.
lästig (↑18 ff.): seine Fragen sind am lästigsten, alle/die Lästigen vertreiben; das lästigste (am lästigsten, sehr lästig) war, daß er dreimal umsteigen mußte, (↑21) der lästigste der Bettler, aber: das Lästigste, was man sich denken kann; etwas/nichts Lästiges
Lastwagen fahren ↑Auto fahren
lasziv (↑18 ff.): seine Bilder sind am laszivsten, alles/das Laszive verurteilen; das Laszivste, was er gesehen hatte, aber (↑21): das laszivste seiner Bilder, etwas/nichts Laszives
Latein ↑lateinisch/Latein/Lateinische
lateinamerikanisch (↑39 f.): die Lateinamerikanische Freihandelszone, die lateinamerikanischen Länder, lateinamerikanische Tänze
lateinisch/Latein/Lateinische
1 *Als Attribut beim Substantiv* (↑39 f.): das lateinische Alphabet, die lateinische Grammatik, das Lateinische Kaiserreich (13.Jh.), die lateinische Kirche, das lateinische Kreuz, der Lateinische Münzbund (1865–80), die lateinische Schrift, die lateinische Sprache, der lateinische Stil
2 (↑25) a) *Alleinstehend beim Verb:* wir haben jetzt Latein in der Schule, können Sie Latein?, sie kann kein/gut/[nur] schlecht Latein; er schreibt ebensogut lateinisch wie deutsch (wie schreibt er?), aber: er schreibt ebensogut Latein wie Deutsch (was schreibt er?); der Redner spricht lateinisch (wie spricht er? er hält seine Rede in lateinischer Sprache); mein Freund spricht [gut] Latein (was spricht er? er kann die lateinische Sprache); verstehen Sie [kein] Latein? b) *Nach Artikel, Pronomen, Präposition usw.:* auf lateinisch/auf Latein (in lateinischer Sprache, lateinischem Wortlaut), er hat aus dem Latein/Lateinischen ins Deutsche übersetzt, das Latein Ciceros (Ciceros besondere Ausprägung der lateinischen Sprache), das Lateinische im deutschen Wortschatz; *(immer mit dem bestimmten Artikel:)* das Lateinische (die lateinische Sprache allgemein); ihm geht das Latein aus (er weiß nicht mehr weiter), **dein** Latein ist schlecht, du bis mit deinem Latein am Ende, er kann/spricht/versteht etwas Latein, ein Lehrstuhl für Latein, er hat für Latein/für das Lateinische nichts übrig; **in** lateinisch (in lateinischer Sprache, lateinischem Wortlaut), eine Zusammenfassung in lateinisch, aber: in Latein (in der Sprache Latein), eine Zusammenfassung in Latein, *(nur groß:)* er hat eine Zwei in Latein (im Schulfach Latein), er übersetzt ins Latein/Lateinische; er schreibt/spricht ein klassisches Latein. *Zu weiteren Verwendungen* ↑deutsch/Deutsch/Deutsche

latent: a) (↑40) ein latentes Bild, ein latenter Gegensatz, eine latente Krankheit, (Physik) latente Wärme. **b)** (↑18f.) alles/das Latente, etwas/nichts Latentes

lateranisch (↑39): die Lateranischen Museen (in Rom)

Laterna magica (Projektionsapparat, ↑9)

lauenburgisch (↑39): die Lauenburgischen Seen

Lauf (↑13): im Laufe des Jahres/der Zeit

¹**laufen:** er soll laufen, aber: das Laufen tut mir gut, beim Laufen Schmerzen haben, im Laufen. *Weiteres* ↑15f.

²**laufen** ↑Gefahr laufen, Spießruten laufen, Sturm laufen, Trab laufen, /in Fügungen wie *Schlittschuh laufen*/ ↑Rollschuh laufen; ↑eislaufen

laufend: a) (↑40) am laufenden Band, (milit.) ein laufendes Gefecht, (Seew.) laufendes Gut, ein laufender Hund (spiraliger Mäander), laufendes Jahr, laufender Meter, laufender Monat, (Bankw.) eine laufende Rechnung. **b)** (↑23) auf dem laufenden bleiben/halten/sein

launenhaft ↑launisch

launisch (↑18ff.): sie ist immer am launischsten, alle/die Launischen meiden; der Launischste, den man sich denken kann, aber (↑21): der launischste der Mitarbeiter; etwas/nichts Launisches

laurentinisch (↑40): laurentinische Gebirgsbildung

lauretanisch (↑39): (Rel.) die Lauretanische Litanei

Lausanner/Lauschaer/Lausitzer (*immer groß*, ↑28)

¹**laut** (↑18ff.): er ist immer am lautesten, alles/das Laute verabscheuen; das Lauteste, was er gehört hatte, aber (↑21): das lauteste der Geräusche; etwas/nichts Lautes

²**laut: a)** (↑34) laut amtlichen Nachweises. **b)** (↑13f.) laut Befehl usw. ↑Befehl usw.

Laut (↑9): der Laut, Laut geben

laut Befehl usw. ↑Befehl usw.

¹**läuten:** es wird gleich läuten, aber: das Läuten der Glocken, beim Läuten die Plätze einnehmen. *Weiteres* ↑15f.

²**läuten** /in der Fügung *Sturm läuten*/ ↑Sturm laufen

¹**lauter: a)** (↑39) die Lauteren Brüder (islam.-schiit. Geheimbund), lautere Gesinnung, lauterer Wein. **b)** (↑18ff.) er war am lautersten, alle/die Lauteren schätzen; der Lauterste, der ihm begegnet war, aber (↑21): der lauterste der Geschäftsmänner; etwas/nichts Lauteres

²**lauter: a)** (↑16) vor lauter Fahren sah er nichts von der Landschaft, er konnte sich vor lauter Lachen nicht halten. **b)** (↑19) er hat lauter Dummes von ihm gehört, er hat lauter Unangenehmes erlebt

Laut geben ↑Bescheid geben

lax ↑lässig

lebe hoch (↑17): er lebe hoch, er rief: „Lebe hoch, lebe hoch!", aber: das Lebehoch, er rief ein herzliches Lebehoch

¹**leben:** er kann gut leben, aber: das Leben auf dem Lande gefällt ihm, das In-den-Tag-hinein-Leben. *Weiteres* ↑15f.

²**leben** ↑diät leben

Leben (↑9): zeit seines Lebens, aber (↑34): zeitlebens

lebend: a) (↑39ff.) lebende Bilder, lebendes Inventar, ein lebender Kolumnentitel; „Der lebende Leichnam" (Tolstoi), aber: eine Szene aus dem „Lebenden Leichnam" (↑2ff.); eine lebende Sprache; (Bot.) die Lebenden Steine (Wüstenpflanze). **b)** (↑18ff.) Lebende und Tote, Lebendes und Totes; alles Lebende, die Lebenden, ein Lebender, etwas Lebendes, nichts Lebendes

lebendig (↑18ff.): Lebendige und Tote, Lebendiges und Totes; alle Lebendigen, alles Lebendige, dieses Kind ist am lebendigsten; das Lebendige/Lebendigste, aber (↑21): das lebendigere/lebendigste seiner Kinder/von seinen Kindern/unter seinen Kindern; ein Lebendiger, etwas/nichts Lebendiges

lebenslänglich (↑18ff.): er saß lebenslänglich im Zuchthaus, er erhielt lebenslänglich, er wurde zu lebenslänglich [Zuchthaus] verurteilt

lebe wohl ↑lebe hoch

lebhaft ↑lebendig

Lebuser (*immer groß*, ↑28)

Lebzeiten (↑13): bei/zu Lebzeiten Karls des Großen

Leder (↑13): jmdm. ans Leder wollen, aus Leder, in Leder gebunden, vom Leder ziehen, ein Einband von Leder

legal ↑legitim

legalisieren: sie müssen das Vorgehen legalisieren, aber: das Legalisieren seines Vorgehens. *Weiteres* ↑15f.

legen: sie wollen den Grundstein legen, aber: das Legen der Eier. *Weiteres* ↑15f.

leger (↑18ff.) er kleidet sich am legersten, alles/das Legere bevorzugen; das Legerste, was man sich vorstellen kann, aber (↑21): der legerste der Anzüge; etwas/nichts Legeres

legitim (↑18ff.): sein Anspruch war am legitimsten, alles/das Legitime, (↑21) die legitimste der Forderungen, etwas/nichts Legitimes

lehren: er wird Philologie lehren, aber: das Lehren an der Hochschule. *Weiteres* ↑15f.

lehrreich (↑18ff.): diese Schrift ist am lehrreichsten, alles/das Lehrreiche bevorzugen; des Lehrreichste, was er gelesen hatte, aber (↑21): das lehrreichste der Bücher; etwas/nichts Lehrreiches finden

Leib (↑13f.): gut bei Leibe (wohlgenährt) sein, er hat keine Ehre im Leib, vom Leib bleiben, zu Leibe rücken/gehen, aber (↑34): beileibe nicht

leibniz[i]sch (↑27): die Leibnizische Philosophie, aber: leibnizisches Denken

leicht: a) (↑40) leichte Artillerie, mit leichter Hand, leichtes Heizöl, „Leichte Kavallerie" (Operette, ↑2ff.), leichte Kost, ein leichtes Mädchen, die leichte Muse, leichte Musik, leichte Reiterei, etwas auf die leichte Schulter nehmen, leichtes Spiel haben, einen leichten Tod haben, leichte Waffen, leichter Wein. **b)** (↑18ff.) Leichtes und Schweres; alles Leichte, dies ist am leichtesten; es wäre das leichteste (sehr leicht), darauf zu verzichten, aber (↑21): das Leichteste und das schwerste Gepäck, aber: dies war das Leichteste, was er je zu bewälti-

gen hatte; es ist mir ein leichtes (sehr leicht), ihm zu helfen; er ißt gerne etwas Leichtes, es ist nichts Leichtes
leichtbeschwingt (↑40): leichtbeschwingte Musik
leichtgläubig ↑leichtsinnig
leichtsinnig (↑18ff.): er war am leichtsinnigsten von allen, alles/das Leichtsinnige verurteilen; das leichtsinnigste (am leichtsinnigsten, sehr leichtsinnig) war, daß sie sich allein auf den Weg machte, (↑21) das leichtsinnigste der Mädchen, aber: der Leichtsinnigste, dem er begegnet war; etwas/nichts Leichtsinniges tun
leid (↑10): leid sein/tun/werden, es sich nicht leid sein lassen
Leid: a) (↑10) ihm soll kein Leid geschehen, [jmdm.] ein Leid [an]tun, Leid tragen. b) (↑13f.) im Leid, aber (↑34): jmdm. etwas zuleid[e] tun
leiden ↑Not leiden
Leidener (immer groß, ↑28)
leidenschaftlich (↑18ff.): er ist am leidenschaftlichsten von allen, alles/das Leidenschaftliche zügeln; der Leidenschaftlichste, der ihm begegnet war, aber (↑21): der leidenschaftlichste der Liebhaber; etwas/nichts Leidenschaftliches
leid sein ↑leid tun
leid tun (↑10): es tut/tat mir leid, weil es mir leid tut/tat, es wird mir leid tun, es hat mir leid getan, um ihm nicht leid zu tun, aber: [jmdm.] ein Leid [an]tun
leid werden ↑leid tun
leihen: er wird es mir leihen, aber: das Leihen ist verboten. Weiteres ↑15f.
leimen: er muß das Holz leimen, aber: das Leimen von Holz. Weiteres ↑15f.
Leipziger (immer groß, ↑28)
leise (↑18ff.): dies Auto fährt am leisesten, alles/das Leise; das Leiseste, was er je gehört hatte, aber (↑21): das leiseste der Autos; etwas/nichts Leises
leisten /in Fügungen wie Gewähr leisten/ ↑Verzicht leisten
leiten: er soll den Betrieb leiten, aber: das Leiten des Betriebes. Weiteres ↑15f.
leitend (↑40): ein leitender Angestellter
Leningrader (immer groß, ↑28)
lenken: er muß besser lenken, aber: das/beim Lenken des Fahrzeugs. Weiteres ↑15f.
leoninisch: a) (↑27) ein leoninischer Vers (Poetik). b) (↑40) ein leoninischer Vertrag (Vertrag, bei dem der eine Teil allen Nutzen hat)
leonisch (↑40): leonische Artikel, (Technik) leonische Drähte, leonische Fäden, leonische Gespinste
lepros/leprös (↑40): leprose/lepröse Kranke
leptosom (↑40): (Psych.) ein leptosomer Typ
lernäisch (↑39): die Lernäische Hydra/ Schlange (Fabeltier der Antike)
lernen: er muß viel lernen, aber: das Lernen fällt ihm schwer, nicht beim Lernen stören. Weiteres ↑15f.
lesbisch (↑40): lesbische Liebe
¹**lesen:** er kann es nicht lesen, aber: das Lesen fällt ihm schwer, beim Lesen Musik hören. (Beachte:) zu lesen lernen, aber: das Lesen ler-

nen; zu lesen geben, aber: zum Lesen geben. Weiteres ↑15f.
²**lesen** /in der Fügung Kolleg lesen/ ↑Kolleg halten
lesenswert (↑18ff.): dieses Buch ist am lesenswertesten, alles/das Lesenswerte aussuchen, (↑21) das lesenswerteste der Bücher, etwas/nichts Lesenswertes finden
lessingsch (↑27): ein Lessingsches Drama, aber: im lessingschen Stil
lethargisch ↑gleichgültig
Letkiss (Tanz, ↑9): Letkiss tanzen ↑Walzer tanzen
lettisch/Lettisch/Lettische (↑39f.): die lettische Literatur, die Lettische SSR (Sozialistische Sowjetrepublik), die lettische Sprache, das lettische Volk. Zu weiteren Verwendungen ↑deutsch/Deutsch/Deutsche
letzte
1 Als einfaches Zahladjektiv klein (↑29): er hatte zwei Töchter, Elke und Barbara, erstere verheiratete sich, **letztere** blieb ledig; letztere ist richtig, letztere alle; er bezahlte die Rechnungen **als** letzter, als letztes blies er das Licht aus, am letzten (zuletzt), er kam am letzten Januar (↑aber 2), die beiden/drei letzten, beim letzten von ihnen blieb er stehen; das ist **das** letzte [, was ich tun würde]; das letzte, was ich von ihm gehört habe; den letzten beißen die Hunde; er ist der letzte, den ich wählen würde; der erste und der letzte; der letzte Januar, aber (↑2): der Letzte des Monats; der/die/das letzte (der Zählung, der Reihe nach), aber (↑2): der/die Letzte (dem Range, der Leistung nach); **die** letzten von rechts, die letzten beiden/drei, fürs letzte, im letzten (zutiefst; ↑aber 2), bis ins letzte, bis **zum** letzten (sehr) angespannt sein (↑aber 2), zum letzten (zuletzt), zum letzten Januar war er bestellt (↑aber 2); zum ersten, zum zweiten, zum dritten und zum letzten, aber (↑34): zuletzt (↑aber 2)
2 Substantivisch gebraucht groß (↑30): am Letzten [dieses Monats] hat er mich besucht (↑aber 1), das Letzte aus der Flasche, das Letzte opfern, das Erste und [das] Letzte (Anfang und Ende), der Letzte seines Stammes; der/die Letzte (dem Range, der Leistung nach), aber (↑1): der/die/das letzte (der Zählung, der Reihe nach); der Letzte [des Monats], aber (↑1): der letzte Januar; die Letzten werden die Ersten sein, ein Letztes habe ich noch zu sagen, im Letzten (in allen Kleinigkeiten) getreu sein (↑aber 1), das wäre mein Letztes, sein Letztes [her]geben, es geht ums Letzte, vom nächsten Letzten an, bis zum Letzten (Äußersten) geben (↑aber 1), ich habe ihn zum Letzten [dieses Monats] bestellt (↑aber 1), zu guter Letzt, aber (↑34): zuletzt
3 In Namen und festen Begriffen (↑39f.): (kath. Theol.) die Letzten Dinge, jmdm. die letzte Ehre erweisen, letzten Endes, sein letzter Gang, letztes Gebot (bei der Versteigerung), das ist der letzte Heuler, (kath. Theol.) das Letzte Gericht, der letzte [der] Mohikaner, (kath. Theol.) die Letzte Ölung, der letzte Rang, seine letzte Reise antreten, die letzte Ruhe finden, die letzte Ruhestätte, der Weis-

heit letzter Schluß, das ist der letzte Schrei, sein letztes Stündlein/seine letzte Stunde hatte geschlagen, sein Letzter Wille, das ist sein letztes Wort, sein letzter Wunsch, er liegt in den letzten Zügen

4 *In Filmtiteln u. ä.* (↑2ff.): „Der letzte Mann" (Film), „Die letzten Tage von Pompeji" (Roman), „Der letzte Tango in Paris" (Film), aber *(als erstes Wort):* eine Gestalt aus dem „Letzten Tango in Paris", „Letzte Etappe" (Film), „Letztes Jahr in Marienbad" (Film). Beachte: „Der Letzte der Mohikaner" (Roman), „Der Letzte Walzer" (Operette)

letztere ↑letzte (1)

letztwillig (↑40): (Rechtsspr.) letztwillige Verfügung, letztwillige Zuwendung

leuchten: die Sterne werden leuchten, aber: das/beim Leuchten der Sterne. *Weiteres* ↑15f.

leuchtend (↑40): leuchtende Nachtwolken, leuchtende Pflanzen/Tiere

leugnen: er wird leugnen, aber: das Leugnen nützte ihm nichts, sich auf das/aufs Leugnen verlegen. *Weiteres* ↑15f.

leutselig ↑freundlich

Levantiner (*immer groß*, ↑9)

levantinisch (↑39): das Levantinische Meer

Leverkusener (*immer groß*, ↑9)

libanesisch (↑40): libanesisches Pfund (Währung)

liberal: a) (↑39f.) eine liberale Partei, aber: die Liberal-Demokratische Partei Deutschlands; die liberale Theologie. **b)** (↑18ff.) er ist am liberalsten von allen, alles/das Liberale schätzen; der Liberalste, den man sich vorstellen kann, aber (↑21) der liberalste der Theologen

liberalisieren: sie wollen liberalisieren, aber: das Liberalisieren langsam betreiben. *Weiteres* ↑15f.

liberisch (↑40): liberischer Dollar (Währung)

libysch (↑39f.): libysches Pfund, die Libysche Wüste

licht: a) (↑40) (Bauw.) lichte Höhe, lichte Maße, lichter Moment, lichtes Rotgültig[erz], (Druckw.) eine lichte Schrift, lichter Wald, (Bauw.) lichte Weite. **b)** (↑18ff.) alles/das Lichte bevorzugen, (↑21) der lichteste der Räume, etwas/nichts Lichtes, im Lichten sein

Licht (↑13): etwas ans Licht bringen, jmdn. hinters Licht führen, im Licht stehen, ins Licht rücken

Lichtenhainer (*immer groß*, ↑28)

Licht machen ↑Platz machen

lichtscheu (↑40): lichtscheues Gesindel

lieb: a) (↑39ff.) „Der liebe Augustin" (Geißler), aber: sie lasen den „Lieben Augustin" (↑2ff.); du liebes bißchen, die Kirche Zu Unserer Lieben Frau, der liebe Gott, du lieber Himmel, sich bei jmdm. lieb Kind machen, seine liebe Not haben, du liebe Zeit. **b)** (↑18ff.) Liebes und Gutes, Liebste, Liebster; alle Lieben, alles Liebe, am liebsten; es ist mir das liebste (am liebsten, sehr lieb), wenn du gleich kommst, (↑21) das liebere/liebste der Kinder/von den Kindern/unter den Kindern, aber: sie hat das Liebste, was sie hatte, verloren; das/der/die Liebste, etwas Lieberes, jmdm. et-

was/viel Liebes erweisen, ihr Lieben, mein Lieber/Liebes, mein Liebster, nichts/viel Liebes

liebäugeln: er wird mit diesem Plan liebäugeln, aber: das Liebäugeln mit dem Plan war nicht überraschend. *Weiteres* ↑15f.

Liebe (↑13f.): aus Liebe, um Liebe werben, aber (↑34): jmdm. etwas zuliebe tun

liebevoll ↑fürsorglich

lieblich (↑18ff.): ihre Erscheinung war am lieblichsten, alles/das Liebliche; das Lieblichste, was er gesehen hatte, aber (↑21): die lieblichste der Gegenden; etwas/nichts Liebliches

Liechtensteiner (*immer groß*, ↑28)

liechtensteinisch: a) (↑40) liechtensteinische Briefmarken, das liechtensteinische Fürstenhaus, die liechtensteinische Regierung. **b)** (↑18ff.) alles das Liechtensteinische lieben, nichts/viel Liechtensteinisches

liefern: er soll sofort liefern, aber: das/beim Liefern der Möbel. *Weiteres* ↑15f.

liegen: er muß viel liegen, aber: das Liegen macht ihn nervös. *Weiteres* ↑15f.

Liegnitzer (*immer groß*, ↑28)

Light-Show (Show mit besonderen Lichteffekten, ↑9)

ligurisch: a) (↑39f.) die Ligurischen Alpen, der Ligurische Apennin, das Ligurische Meer, die Ligurische Republik (um 1800), die ligurischen Stämme. **b)** (↑18ff.) alles/das Ligurische, nichts/viel Ligurisches

lila/Lila: a) (↑40) das/ein lila Abendkleid, [die] lila Schuhe. **b)** (↑26) ein blasses/lebhaftes Lila, ein Kleid in Lila, die Farbe spielt ins Lila [hinein]. *Zu weiteren Verwendungen* ↑blau/Blau/Blaue

Limburger/Limpurger (*immer groß*, ↑28)

¹**lindern:** er will Not lindern, aber: das/zum Lindern der Not. *Weiteres* ↑15f.

²**lindern** /in der Fügung *Not lindern*/ ↑Not leiden

linear (↑40): (Wirtsch.) eine lineare Abschreibung, (Math.) eine lineare Gleichung, (Wirtsch.) eine lineare Programmierung

linke: a) (↑40) linker Hand (links), zur linken Hand antrauen (als unebenbürtige Frau eines Fürsten). **b)** (↑18ff.) die Linke (linke Hand), die radikale Linke (linksgerichtete politische Gruppe), in meiner Linken, er traf ihn mit einer blitzschnellen Linken, zur Linken (links)

linkisch ↑unbeholfen

links (↑34): links des Waldes, links um!, etwas mit links machen, links von mir, von links nach rechts, von rechts nach links; von links/rechts her, nach links/rechts hin; auf der Kreuzung gilt rechts vor links/„rechts vor links"; er weiß nicht, was rechts und was links ist; linksum!, rechtsum!

linksaußen: a) (↑34) er spielt sich linksaußen durch (augenblickliche Position eines Spielers). **b)** (↑35) der Linksaußen, er spielt in der Mannschaft Linksaußen (als linker Außenspieler)

linksliberal (↑40): die linksliberale Koalition

linksum ↑links

Linzer (*immer groß*, ↑28)

liparisch (↑39): die Liparischen Inseln

Lipper (*immer groß*, ↑28)

lippisch (↑39): die Lippische Landeskirche, der Lippische Wald
Liptauer (*immer groß*, ↑28)
liquid (↑40): (Wirtsch.) liquide Gelder, eine liquide Forderung
liquidieren: sie wollen die Firma liquidieren, aber: das Liquidieren der Firma. *Weiteres* ↑15 f.
Lissabonner (*immer groß*, ↑28)
litauisch/Litauisch/Litauische (↑39 f.): die litauische Literatur, die Litauische SSR (Sozialistische Sowjetrepublik), die litauische Sprache, das litauische Volk. *Zu weiteren Verwendungen* ↑ deutsch/Deutsch/Deutsche
liturgisch: a) (↑40) die liturgische Bewegung, die liturgischen Bücher, die liturgischen Farben, die liturgischen Formeln, die liturgischen Gefäße/Geräte, die liturgischen Gewänder, die liturgische Sprache. **b)** (↑18 ff.) alles/das Liturgische, etwas Liturgisches
Liverpooler/Livländer (*immer groß*, ↑28)
livländisch (↑2 ff.): die „Livländische Antwort" (Streitschrift 1869), die „Livländische Reimchronik" (13. Jh.)
Locarner/Loccumer (*immer groß*, ↑28)
lochen: er wird die Fahrkarte lochen, aber: das Lochen der Fahrkarte. *Weiteres* ↑15 f.
lockern: er muß die Schraube lockern, aber: das/durch Lockern der Schraube. *Weiteres* ↑15 f.
logarithmisch (↑40): (Math.) ein logarithmisches Dekrement, eine logarithmische Spirale
logisch (↑40): (Philos.) der logische Atomismus, ein logisches Quadrat
lokal: a) (↑40) (Med.) lokale Betäubung, (Astron.) die lokale Gruppe. **b)** (↑18 ff.) alles/das Lokale mit Interesse verfolgen
lombardisch (↑39 f.): die lombardischen Kaufleute, die lombardischen Städte, die Lombardische Tiefebene
Lommatzscher/Londoner (*immer groß*, ↑28)
Longdrink (verlängerter Drink, ↑9)
Longseller (lange zu den Bestsellern gehörendes Buch, ↑9)
lose (↑40): das lose Blatt, ein loser Knopf, ein loses Mädchen, lose Ware, eine lose Zunge haben
lösen: er muß die Leine lösen, aber: das/durch Lösen des Vertrages. *Weiteres* ↑15 f.
loslassen: du kannst den Hebel loslassen, aber: das/durch Loslassen des Hebels. *Weiteres* ↑15 f.
löten: er muß den Kessel löten, aber: das/durch Löten des Kessels. *Weiteres* ↑15 f.
Lothringer (*immer groß*, ↑28)
lothringisch: a) (↑40) das lothringische Bauernhaus, die lothringische Minette (Eisenerzvorkommen), die lothringischen Mundarten. **b)** (↑18 ff.) alles/das Lothringische lieben, nichts/viel Lothringisches
loyal (↑18 ff.): er ist am loyalsten von allen, alles/das Loyale schätzen; der Loyale, der ihm begegnet war, aber (↑21): der loyalste seiner Freunde; etwas/nichts Loyales
Lübecker (*immer groß*, ↑28)

lüb[eck]isch (↑40): das lübische Recht, lübische Währung
Lubliner (*immer groß*, ↑28)
lückenhaft (↑18 ff.): seine Kenntnisse waren am lückenhaftesten, alles/das Lückenhafte beanstanden; das Lückenhafteste, das ihm in die Hand gekommen war, aber (↑21): die lückenhafteste der Überlieferungen; etwas/nichts Lückenhaftes
ludovisisch (↑39): der Ludovisische Thron (in Rom)
Ludwigsburger/Ludwigshafener (*immer groß*, ↑28)
lüften: wir müssen das Zimmer lüften, aber: das Lüften des Zimmers. *Weiteres* ↑15 f.
luftgekühlt (↑40): luftgekühlter Motor
luftleer (↑40): luftleerer Raum
Luganer (*immer groß*, ↑28)
lügen: du sollst nicht lügen, aber: das Lügen nützte ihm nichts. *Weiteres* ↑15 f.
lukrativ (↑18 ff.): diese Arbeit war am lukrativsten, alles/das Lukrative bevorzugen; das Lukrativste, was man sich denken kann, aber (↑21): die lukrativste der Tätigkeiten; etwas/nichts Lukratives
lukullisch: a) (↑40) ein lukullisches Mahl. **b)** (↑18 ff.) alles/das Lukullische bevorzugen, (↑21) das lukullischste der Gerichte; etwas/nichts Lukullisches servieren
Lumberjack (Jacke, ↑9)
Lüneburger (*immer groß*, ↑28)
Lust finden ↑ Gehör finden
Lust haben ↑ Anteil haben
lustig: a) (↑39 f.) „Lustige Blätter" (Berliner Witzblatt), (Theater) die lustige Person; „Die lustigen Weiber von Windsor" (eine Oper), aber: eine Partie aus den „Lustigen Weibern von Windsor" (↑2 ff.); „Die lustige Witwe" (eine Operette), aber: eine Partie aus der „Lustigen Witwe" (↑2 ff.); Bruder Lustig. **b)** (↑18 ff.) er ist immer am lustigsten, alle/die Lustigen bevorzugen; das lustigste (am lustigsten, sehr lustig) war, daß keiner den anderen erkannte, (↑21) das lustigste der Lieder, aber: der Lustigste, den man sich vorstellen kann; etwas/nichts Lustiges erleben
luther[i]sch: a) (↑27) die Lutherische Bibelübersetzung, aber: die lutherischen Kirchen. **b)** (↑39) das Lutherische Einigungswerk, der Lutherische Weltbund. **c)** (↑18 ff.) Lutherische und Reformierte, alle/die Lutherischen. ↑ evangelisch (3)
lutschen: er soll nicht am Daumen lutschen, aber: das/beim Lutschen eines Bonbons. *Weiteres* ↑15 f.
lützowsch (↑39): Lützowscher Jäger
Luxemburger (*immer groß*, ↑28)
luxemburgisch: a) (↑40) luxemburgischer Franc (Währung; lfr), das luxemburgische Fürstenhaus, die luxemburgische Geschichte, die luxemburgischen Kaiser (14. Jh.), die luxemburgische Mundart, die luxemburgische Regierung, das luxemburgische Volk. **b)** (↑18 ff.) alles/das Luxemburgische lieben, nichts/viel Luxemburgisches
luxuriös (↑18 ff.): seine Wohnung ist am luxuriösesten, alles/das Luxuriöse bewundern; das

Luxuriöseste, was er gesehen hatte, aber (↑21): das luxuriöseste der Autos; etwas/nichts Luxuriöses

lydisch (↑40): die lydischen Könige, die lydischen Münzen (im Altertum)

lykisch (↑39): der Lykische Taurus (Türkei)

lykurgisch (↑27): die Lykurgischen Gesetze, aber: Reden im lykurgischen Stil

Lyoner (*immer groß*, ↑28)

lyonisch (↑40): (Technik) lyonische Drähte

lyrisch: a) (↑40) ein lyrisches Drama (Literaturw.). **b)** (↑18 ff.) alles/das Lyrische schätzen, etwas/nichts Lyrisches

M

m/M (↑36): der Buchstabe klein m/groß M, das m in Wimpel, ein verschnörkeltes M, M wie Martha/Madagaskar (Buchstabiertafel); das Muster hat die Form eines M, M-förmig. ↑a/A

machen /in Fügungen wie *Spaß machen/* ↑Platz machen; /in der Fügung *Ernst machen/* ↑Bankrott machen; ↑angst machen, bange machen, haltmachen, Pleite machen

mächtig (↑18 ff.): dieser Herrscher ist am mächtigsten, alle/die Mächtigen beneiden; der Mächtigste, dem er begegnet war, aber (↑21): der mächtigste der Herrscher; etwas/nichts Mächtiges

mädchenhaft (↑18 ff.): sie wirkt am mädchenhaftesten, alles/das Mädchenhafte lieben; das Mädchenhafteste, was er gesehen hatte, aber (↑21): die mädchenhafteste der Frauen; sie hatte etwas/nichts Mädchenhaftes in ihrem Aussehen

madjarisch/Madjarisch/Madjarische ↑ungarisch/Ungarisch/Ungarische

Madrider/Magdeburger (*immer groß*, ↑28)

mager (↑18 ff.): er war schon immer am magersten, alle/die Mageren beneiden; das Magerste was man sich denken kann, aber (↑21): das magerste der Kinder; etwas/nichts Mageres

magisch: a) (↑40) das magische Auge (Technik), das magische Denken, das magische Quadrat, (Literaturw.) der magische Realismus, (Physik) magische Zahlen. **b)** (↑18 ff.) alles/das Magische fürchten, etwas/nichts Magisches

magnetisch: a) (↑40) (Geogr.) der magnetische Äquator, magnetisches Feld, magnetische Feldstärke/Kraft, magnetische Pole, der magnetische Meridian, (Astron.) magnetische Stürme. **b)** (↑18 ff.) dieses Metall ist am magnetischsten, alles/das Magnetische, etwas/nichts Magnetisches

mäh: a) (↑34) mäh schreien. **b)** (↑35) ein lautes Mäh war zu hören

mahlen: er wird das Getreide mahlen, aber: das Mahlen des Getreides. *Weiteres* ↑15 f.

mahnen: er muß ihn mahnen, aber: das Mahnen zur Zahlung. *Weiteres* ↑15 f.

mährisch: a) (↑39) die Mährisch-Schlesischen Beskiden (Gebirge), die Mährischen Brüder, die Mährische Pforte. **b)** (↑18 f.) alles/das Mährische lieben, nichts/viel Mährisches

Mailänder/Mainzer (*immer groß*, ↑28)

majestätisch (↑18 ff.): seine Erscheinung ist am majestätischsten, alles/das Majestätische bewundern; das Majestätischste, was er gesehen hatte, aber (↑21): das majestätischste der Bauwerke; etwas/nichts Majestätisches

makaber (↑18 ff.): dieser Anblick war am makabersten, alles/das Makabre fürchten; das makaberste (am makabersten, sehr makaber) war, daß er plötzlich verschwunden war, (↑21) der makaberste der Anblicke, aber: das Makaberste, was man sich denken kann; etwas/nichts Makabres

makedonisch/Makedonisch/Makedonische (↑39 f.): die makedonische Bevölkerung, die makedonische Geschichte, die makedonischen Kriege, die makedonische Sprache. *Zu weiteren Verwendungen* ↑deutsch/Deutsch/Deutsche

makellos (↑18 ff.): dieses Weiß ist am makellosesten, alles/das Makellose schätzen; das Makelloseste, was man sich denken kann (↑21): das makelloseste der Gläser; etwas/nichts Makelloses finden

Make-up (kosmetische Verschönerung, ↑9)

makkaronisch (↑40): (Literaturw.) die makkaronische Dichtung

malaiisch/Malaiisch/Malaiische (↑39 f.): der Malaiische Archipel, der Malaiische Bund, die Malaiische Halbinsel, die malaiische Sprache. *Zu weiteren Verwendungen* ↑deutsch/Deutsch/Deutsche

malaysisch (↑40): malaysischer Dollar (Währung), die malaysische Regierung

malen: er will die Landschaft malen, aber: das Malen ist sein Hobby. *Weiteres* ↑15 f.

malerisch (↑18 ff.): dieser Ort ist am malerischsten, alles/das Malerische lieben; das Malerischste, was er gesehen hatte, aber (↑21): der malerischste der Winkel; etwas/nichts Malerisches

Malteser (*immer groß*, ↑28)

maltesisch/Maltesisch/Maltesische (↑40): die maltesische Regierung, die maltesische Sprache, das maltesische Volk. *Zu weiteren Verwendungen* ↑deutsch/Deutsch/Deutsche

malthus[i]sch (↑27): das Malthus[i]sche Bevölkerungsgesetz

managen: er soll das Geschäft managen, aber: das Managen des Geschäftes. *Weiteres* ↑15 f.

manch

1 *Als einfaches Pronomen klein* (↑32): er hatte es damals seinen Bekannten gesagt, und man-

che konnten sich noch daran erinnern; manche sagen das voraus, manche der Männer, mancher von/unter den Männern/ihnen, schon mancher war dieser Ansicht, manches versteht er; bei manchen hat er nachgefragt, für manches, gar manches war ihm bekannt, in manchem hat er recht, mit manchen hat er noch Verbindung, nach manchem fragen, so manches hatte er erlebt, trotz manchem, um manches sich sorgen, vor manchem scheut er sich, wie mancher stünde gerne hier
2 *Schreibung des folgenden Wortes:* a) *Pronomen* (↑32): manch anderer/andere, manches andere, er hat manch anderem geholfen, manch einer kam. b) *Infinitive* (↑16): manches Üben wird schon notwendig sein. c) *Adjektive und Partizipien* (↑20): manches zu groß Geschriebene, manch Kranker/mancher Kranke, manch Neues/manches Neue, mancher Reisende, manch Schönes/manches Schöne, manches groß zu Schreibende, manche Stimmberechtigte[n], Erinnerungen an manches Vergangene. (↑21) In dem Aquarium befanden sich viele Fische; manche rote waren allerdings tot. d) *Partikeln und Interjektionen* (↑35): manches Auf und Nieder habe er erlebt, manches Für und Wider war zu hören, es gab noch manches Hin und Her, nach manchem Weh und Ach, es gab noch manches Wenn und Aber
mancherlei ↑allerlei
Mandoline spielen ↑Geige spielen
mandschurisch (↑40): (Med.) das mandschurische Fleckfieber
manessisch (↑27): die Manessische Handschrift
Mangel (↑13): aus Mangel an Beweisen
mangelhaft: a) (↑37) er hat [die Note] „mangelhaft" erhalten, er hat mit [der Note] „mangelhaft"/mit einem knappen „mangelhaft" bestanden, er hat zwei „mangelhaft" in seinem Zeugnis. b) (↑18ff.) etwas/nichts Mangelhaftes finden
mangels (↑34): mangels des nötigen Geldes, mangels eindeutiger Beweise/Beweisen
manieriert (↑18ff.): seine Malerei ist am manieriertesten, alles/das Manierierte nicht mögen; das Manierierteste, was er gesehen hatte, aber (↑21): das manierierteste der Bilder; etwas/nichts Manieriertes
manieristisch ↑manieriert
manipulieren: er wird damit manipulieren, aber: das/durch Manipulieren mit Geldern. *Weiteres* ↑15f.
Mannheimer (*immer groß*, ↑28)
mannigfach/Mannigfache ↑dreifach
männlich: a) (↑40) ein männlicher Reim (Poetik. b) (↑18ff.) er ist am männlichsten, alles/das Männliche betonen; der Männlichste, dem sie begegnet war, aber (↑21): der männlichste der Schauspieler
manuell (↑40): manuelle Fertigkeit
Marbacher/Marburger (*immer groß*, ↑28)
märchenhaft (↑18ff.): alles/das Märchenhafte bestaunen; das Märchenhafteste, was er gesehen hatte, aber (↑21): das märchenhafteste der Bilder; etwas/nichts Märchenhaftes
marianisch (↑39f.): (Rel.) marianische Frömmigkeit, Marianische Kongregation

maritim (↑40): maritimes Klima
markant (↑18ff.): sein Gesicht ist am markantesten, alles/das Markante mögen; das Markanteste, was er gesehen hatte, aber (↑21): das markanteste der Gesichter; etwas/nichts Markantes
markieren: er muß den Weg markieren, aber: das Markieren des Weges, durch Markieren den Weg weisen. *Weiteres* ↑15f.
märkisch: a) (↑39f.) Märkisch Buchholz (Stadt an der Dahme), Märkisch Friedland (Stadt in Pommern), die märkische Heide, märkische Heimat, das Märkische Land (ehem. Grafschaft Mark), das Märkische Museum (in Berlin), die märkischen Mundarten, der märkische Sand. b) (↑18ff.) alles/das Märkische lieben, nichts/viel Märkisches
Markt (↑13): am Markt wohnen, dieser Artikel ist vom Markt verschwunden, zu Markte tragen, das Vieh zum Markt treiben
marokkanisch: a) (↑40) die marokkanische Regierung, das marokkanische Volk. b) (↑18ff.) alles/das Marokkanische, nichts/viel Marokkanisches
Marsch (↑13): sich in Marsch setzen
marschieren: sie sollen marschieren, aber: das Marschieren der Soldaten, beim Marschieren zusammenbrechen. *Weiteres* ↑15f.
Marseiller (*immer groß*, ↑28)
martialisch (↑18ff.): sein Aussehen war am martialischsten, alles/das Martialische belächeln; das Martialischste, was sich denken kann, aber (↑21): das martialischste der Gesichter; etwas/nichts Martialisches
marxsch (↑27): Überlegungen nach marxscher Art, aber: die Marxsche Philosophie
maschineschreiben: a) (↑11) er schreibt/schrieb Maschine, weil er maschineschreibt/maschineschrieb, er wird maschineschreiben, er hat maschinegeschrieben, um maschinezuschreiben. b) (↑16) das Maschineschreiben ist mühsam
Maß (↑13): mit/ohne Maßen, ein Anzug nach Maß
masselos (↑40): masselose Teilchen
massenpolitisch (↑40): massenpolitische Arbeit (DDR)
Maßgabe (↑13): nach Maßgabe von
maßhalten ↑haushalten
mäßig (↑18ff.): seine Leistung war am mäßigsten, alles/das Mäßige ablehnen; das Mäßigste, was er gesehen hatte, aber (↑21): die mäßigste der Aufführungen; etwas/nichts Mäßiges dulden
massiv (↑18ff.): diese Bauweise ist am massivsten, alles/das Massive bevorzugen; das Massivste, was er finden konnte, aber (↑21): der massivste der Angriffe; etwas/nichts Massives
maßlos (↑18ff.): seine Forderungen waren am maßlosesten, alles/das Maßlose verurteilen; das Maßloseste, was man sich denken kann, aber (↑21): die maßloseste der Beschimpfungen; etwas/nichts Maßloses
Maß nehmen ↑Abstand nehmen
masurisch (↑39f.): die masurische Landschaft, die Masurischen Seen
materialistisch (↑18ff.): seine Einstellung

ist am materialistischsten, alles/das Materialistische in seinem Denken, (↑21) die materialistischste der Einstellungen, etwas/nichts Materialistisches

materiell (↑40): materielles Denken, (DDR) materielle Interessiertheit

mathematisch (↑40): die mathematische Logik, (Physik) die mathematische Pendel, die mathematische Psychologie, (Volkswirtsch.) die mathematische Schule, (Schulw.) mathematischer Zweig

¹matt: a) (↑40) matte Wetter (Bergmannsspr.). **b)** (↑18ff.) diese Farbe ist am mattesten, alles/das Matte bevorzugen; das Matteste, was er finden konnte, aber (↑21): die matteste der Farben; etwas/nichts Mattes

²matt: a) (↑34) matt setzen/sein. **b)** (↑35) das Matt

mauern: er will die Wand mauern, aber: das Mauern der Wand.

maurerisch (↑2ff.): die „Maurerische Trauermusik" (Mozart)

maurisch: a) (↑40) maurischer Bau, die maurische Bevölkerung, die maurische Kunst, der maurische Stil. **b)** (↑18ff.) alles/das Maurische lieben, nichts/viel Maurisches

mausern, sich: der Vogel wird sich mausern, aber: das Mausern/Sichmausern hat aufgehört. *Weiteres* ↑15f.

mazedonisch/Mazedonisch/Mazedonische ↑makedonisch/Makedonisch/Makedonische

Mazurka tanzen ↑Walzer tanzen

mechanisch (↑40): (Biol.) mechanisches Gewebe, mechanisches Lernen, mechanische Musikinstrumente, eine mechanische Orgel, mechanische Rechte, (Geol.) mechanische Sedimente, (Med.) mechanische Sinne

meckern ↑lästern

Mecklenburger (*immer groß,* ↑28)

mecklenburgisch/Mecklenburgisch/Mecklenburgische (↑39f.): das mecklenburgische Platt, die Mecklenburgische Seenplatte; ein mecklenburgisches Wörterbuch, aber: das „Mecklenburgische Wörterbuch" (von Wossidlo-Teuchert; ↑2ff.). *Zu weiteren Verwendungen* ↑alemannisch/Alemannisch/Alemannische

mediceisch (↑27): die Mediceische Venus

medikamentös (↑40): eine medikamentöse Behandlung

medioker (↑40): mediokre (mittelmäßige) Leistungen

meditieren: er soll nicht nur meditieren, aber: das Meditieren des Jogis, sich durch Meditieren erholen. *Weiteres* ↑15f.

medizinisch: a) (↑39f.) sie ist von Beruf eine medizinisch-technische Assistentin, aber: Hildegard Zabel, Medizinisch-Technische Assistentin; die medizinische Indikation, medizinische Kohle, medizinische Psychologie, medizinische Weine. **b)** (↑18ff.) alles/das Medizinische, etwas/nichts Medizinisches lesen

Meer (↑13): ins/übers Meer

Meersburger (*immer groß,* ↑28)

megalithisch (↑40): megalithische Kulturen

mehr: a) (↑32f.) es waren vierzig Gäste eingeladen, aber mehrere kamen nicht; mehrere

seiner Freunde, mehrere von/unter seinen Freunden/ihnen, das ist mehr als genug, weniger wäre mehr, mehr oder weniger; alles Mehr an Kosten ist von Übel, das Mehr oder Weniger, dieses Mehr an Kosten ist der Grund für seine Verschuldung; ein Mehr an Kosten, aber: ein mehreres (mehr); das schmeckt nach mehr, nicht[s] mehr und nicht[s] weniger als, ich habe noch mehreres zu tun, auf ein paar mehr kommt es gar nicht an, er hat sich um mehr als das Doppelte verrechnet; es waren vierzig Gäste eingeladen, aber es kamen [viel] mehr; zu mehr langt es nicht. **b)** (↑20) mehrere Abgeordnete, mehrere Beamte, mehr Gutes als Schlechtes, mehrere Mitwirkende, mehrere Reisende. (↑21) In dem Aquarium schwammen die verschiedensten Fische: mehrere rote, einige silbrige und viele schwarze. ↑meist, ↑viel

mehrfach/Mehrfache ↑dreifach

meiden: er soll alle Gefahrenquellen meiden, aber: das Meiden aller Gefahrenquellen. *Weiteres* ↑15f.

mein/meine/mein

1 *Als einfaches Pronomen klein* (↑32): mein Mann, meine Frau, mein Kind, wessen Garten? meiner, wessen Uhr? meine, wessen Kind? mein[e]s; das ist nicht dein Problem, sondern mein[e]s; er hat seine Sachen wiedergefunden, doch meine blieben verloren; alles, was mein ist, ist auch dein; mein und dein verwechseln/nicht unterscheiden können, ein Streit über mein und dein

2 *In Buchtiteln u.ä.* (↑2ff.): „Frischs Roman „Mein Name sei Gantenbein", „Mein großer Freund Shane" (Film)

3 *Nach Artikel* (↑33): das Mein und [das] Dein, das Meine/Meinige (meine Habe, das mir Zukommende), ich muß das Meine/Meinige (mein[en] Teil) beitragen/tun, es ist einer der Meinen/Meinigen, die Meinen/Meinigen (meine Angehörigen). (↑32) wessen Garten? der deine/deinige, wessen Uhr? die deine/deinige, wessen Kind? das deine/deinige; das ist nicht dein Problem, sondern das meine/meinige

4 *Schreibung des folgenden Wortes:* **a)** (↑29ff. und 32f.) er ist mein ein und [mein] alles, mein [anderes] Ich, das sind meine drei [Kinder]. **b)** (↑16) mein Singen. **c)** (↑19 und 23) ich muß mein Bestes tun, aber: ich tue mein möglichstes. (↑25) mein Deutsch. (↑21) dort stehen deine neue Bücher und meine alten. **d)** (↑35) mein [ständiges] Weh und Ach, mein [ewiges] Wenn und Aber

meiner ↑ich

meinesteils ↑teils

meinige ↑mein/meine/mein (3)

Meininger (*immer groß,* ↑28)

meißeln: er will den Stein meißeln, aber: das Meißeln der Steine. *Weiteres* ↑15f.

Meiß[e]ner (*immer groß,* ↑28)

meist (↑32): am meisten, das meiste ist bekannt, das meiste bieten, es ist das meiste, das ist dem meisten bekannt, die meisten glauben; es waren vierzig Gäste geladen, doch die meisten kamen nicht; die meisten der Bewohner, die meisten von/unter ihnen. ↑mehr, ↑viel

meisterlich (↑18ff.): seine Interpretation war am meisterlichsten, alles/das Meisterliche schätzen; das Meisterlichste, was er gesehen hatte, aber (↑21): die meisterlichste der Darstellungen; etwas/nichts Meisterliches finden

melancholisch: a) (↑40) ein melancholisches Temperament. **b)** (↑18ff.) sein Blick war am melancholischsten, alles/das Melancholische in seinem Wesen; der Melancholischste, der unter ihnen war, aber (↑21): der melancholischste der Menschen; etwas/nichts Melancholisches

melanesisch (↑40): die melanesischen Kulturen, die melanesischen Sprachen

melden: er muß es melden, aber: das Melden ist Vorschrift. *Weiteres* ↑15f.

meldepflichtig (↑40): meldepflichtige Krankheiten

melken: er muß die Kühe melken, aber: das Melken der Kühe. *Weiteres* ↑15f.

melodisch (↑18ff.): ihre Stimme ist am melodischsten, alles/das Melodische lieben; das Melodischste, was er gehört hatte, aber (↑21): die melodischste der Stimmen; etwas/nichts Melodisches

Memeler (*immer groß*, ↑28)

mendelsch (↑27): (Biol.) die Mendelschen Regeln

menschlich ↑human

mensurabel (↑40): mensurable (meßbare) Größen

Meraner (*immer groß*, ↑28)

merklich (↑23): sie hat um ein merkliches (merklich) abgenommen

merkwürdig (↑18ff.): diese Geschichte war am merkwürdigsten; das merkwürdigste (am merkwürdigsten, sehr merkwürdig) war, daß er plötzlich verschwand, (↑21) das merkwürdigste der Ereignisse, aber: das Merkwürdigste, was ich gesehen habe; etwas/nichts Merkwürdiges

merowingisch (↑40): die merowingische Kunst

Merseburger (*immer groß*, ↑28)

messen: er muß die Temperatur messen, aber: das/durch Messen der Temperatur. *Weiteres* ↑15f.

messenisch (↑39): der Messenische Golf

metaphorisch (↑18ff.): alles/das Metaphorische vermeiden, etwas/nichts Metaphorisches schreiben

metaphysisch: a) (↑40) (Literaturw.) metaphysische Dichter, metaphysische Malerei, (Philos.) der metaphysische Irrationalismus. **b)** (↑18ff.) alles/das Metaphysische ausschließen, (↑21) die metaphysischste seiner Dichtungen, etwas/nichts Metaphysisches

meteorisch (↑40): (Bot.) meteorische Blüten, (Meteor.) meteorisches Wasser

meteorologisch (↑40): (Flugw.) die meteorologische Navigation, eine meteorologische Station

methodisch (↑18ff.): er arbeitet am methodischsten, alles/das Methodische betonen; das Methodischste, was er gelesen hatte, aber (↑21): das methodischste seiner Bücher; etwas/nichts Methodisches suchen

metonisch (↑27): Metonischer Zyklus

metrisch (↑40): (Technik) ein metrisches Ge-

winde, (Math.) der metrische Raum, das metrische System (Maßsystem)

meutern: sie wollen meutern, aber: das Meutern wird bestraft. *Weiteres* ↑15f.

mexikanisch: a) (↑39f.) die mexikanische Geschichte, die mexikanischen Kulturen, mexikanischer Peso (Währung), die mexikanische Regierung, die Vereinigten Mexikanischen Staaten (amtl. Bezeichnung), das mexikanische Volk. **b)** (↑18ff.) alles/das Mexikanische lieben, nichts/viel Mexikanisches

M-förmig (↑36)

mich ↑ich

Midlife-crisis (Krise in der Mitte des Lebens, ↑9)

Miete (↑13): in Miete, zur Miete wohnen

mieten: er will eine Wohnung mieten, aber: das Mieten einer Wohnung. *Weiteres* ↑15f.

mild (↑18ff.): dieses Klima ist am mildesten, alles/das Milde bevorzugen; das Mildeste, was er geraucht hatte, aber (↑21): der mildeste der Richter; etwas/nichts Mildes

mildern: er will seine Forderungen mildern, aber: das Mildern der Stöße ist schwierig. *Weiteres* ↑15f.

mildernd (↑40): (Rechtsspr.) mildernde Umstände

mildtätig ↑barmherzig (b)

militant (↑18ff.): er ist am militantesten, alles/das Militante verabscheuen; der Militanteste, der ihm begegnet war, aber (↑21): der militanteste der Männer; etwas/nichts Militantes

militärisch: a) (↑39f.) der Militärische Abschirmdienst (MAD), das militärische Disziplinarrecht, der Militärische Führungsrat (MFR). **b)** (↑18ff.) alles/das Militärische verabscheuen, etwas/nichts Militärisches

Milliarde (↑9)

milliardste ↑achte

milliardstel ↑viertel

Million (↑9)

millionenfach/Millionenfache ↑dreifach

millionste ↑achte

million[s]tel ↑viertel

Millstätter/Mindener (*immer groß*, ↑28)

minderwertig: a) (↑40) minderwertiges Fleisch. **b)** (↑18ff.) diese Lebensmittel sind am minderwertigsten, alles/das Minderwertige ablehnen; das Minderwertigste, was angeboten worden war, aber (↑21): die minderwertigste der Sorten; etwas/nichts Minderwertiges nehmen

mindeste (↑32): als mindestes, nicht das mindeste (gar nichts), zum mindesten, nicht im mindesten; das mindeste, was er tun sollte

Minibikini (knapper Bikini, ↑9)

Minicar (Kleintaxi, ↑9)

Minigolf (Kleingolfspiel, ↑9)

ministrieren: er will ministrieren, aber: das Ministrieren übernehmen, zum Ministrieren gehen. *Weiteres* ↑15f.

minoisch (↑40): die minoische Kultur

minus: a) (↑34) drei minus zwei ist eins, minus 15 Grad/15 Grad minus. **b)** (↑35) das Minus in der Kasse, er hat ein Minus

mir ↑ich

mischen: er muß die Farben mischen, aber: das Mischen der Farben. *Weiteres* ↑15f.

mißachten: er soll seinen Rat nicht mißachten, aber: das Mißachten der Vorfahrt führte zum Unfall. *Weiteres* ↑ 15 f.

mißbilligen: er wird den Plan mißbilligen, aber: das Mißbilligen des Plans. *Weiteres* ↑ 15 f.

mißgünstig (↑ 18 ff.): er ist immer am mißgünstigsten, alle/die Mißgünstigen meiden; der Mißgünstigste, der ihm begegnet war, aber (↑ 21): die mißgünstigste der Frauen; etwas/nichts Mißgünstiges

Missing link (Biol., ↑ 9)

missingsch/Missingsch: a) (↑ 40) ein missingsches Wort. **b)** (↑ 25) auf missingsch, er/sie spricht missingsch/Missingsch. *Zu weiteren Verwendungen* ↑ deutsch/Deutsch/Deutsche

missionieren: er will missionieren, aber: das Missionieren ist sein Ziel. *Weiteres* ↑ 15 f.

Mißkredit (↑ 13): in Mißkredit

mißlich (↑ 18 ff.): seine Lage ist am mißlichsten, alles/das Mißliche überwinden, (↑ 21) die mißlichste der Angelegenheiten, ihre Lage hatte etwas/nichts Mißliches

mißlingen: der Plan kann mißlingen, aber: das Mißlingen des Planes. *Weiteres* ↑ 15 f.

mißtrauisch (↑ 18 ff.): er ist immer am mißtrauischsten, alle/die Mißtrauischen meiden; der Mißtrauischste, der ihm begegnet war, aber (↑ 21): das Mißtrauischste der Kinder; etwas/nichts Mißtrauisches

mit (↑ 34)
1 *In Filmtiteln u. ä.* (↑ 2 ff.): „Die Dame mit dem Hündchen" (Film), aber *(als erstes Wort):* „Mit den Waffen einer Frau" (Film)
2 Schreibung des folgenden Wortes: **a)** *Substantive* (↑ 13): mit Absicht usw. ↑ Absicht usw. **b)** *Infinitive* (↑ 16): mit Fragen erreichte er nichts, mit Heulen und Zähneklappern, mit Zittern und Zagen. **c)** *Adjektive und Partizipien* (↑ 19 und 23): Böses mit Bösem vergelten, mit einzelnen hatte er gesprochen; mit folgendem (diesem), aber: mit dem Folgenden (dem später Erwähnten, Geschehenden, den folgenden Ausführungen); mit Geringem vorliebnehmen, Gleiches mit Gleichem vergelten. (↑ 26) mit Blau bemalt. **d)** *Zahladjektive* (↑ 29 ff.) und Pronomen (↑ 32): das Auto fährt mit achtzig [Kilometern pro Stunde]; mit achtzig [Jahren], aber: mit Achtzig kannst du das nicht mehr; mit allem zufrieden sein, mit drei [Jahren], er ist mit einigen dorthin gegangen; mit etwas, mit fünf [Stück]/fünfen wäre er zufrieden, mit jmdm./mit sich selbst/mit vielem unzufrieden sein

mit Absicht usw. ↑ Absicht usw.

mitarbeiten: er will bei uns mitarbeiten, aber: das Mitarbeiten verschiedener Fachleute. *Weiteres* ↑ 15 f.

mit Ausnahme usw. ↑ Ausnahme usw.

mit Bezug ↑ Bezug

mit Dank ↑ Dank

mitdenken: du sollst besser mitdenken, aber: das Mitdenken ist seine schwache Seite, zum Mitdenken veranlassen. *Weiteres* ↑ 15 f.

mit Ehren ↑ Ehre

miteinander: a) (↑ 34) sie lebten friedlich miteinander. **b)** (↑ 35) das ständige Gegeneinander wurde von einem friedlichen Miteinander abgelöst

mit Erlaubnis ↑ Erlaubnis

mit Fug und Recht ↑ Fug

mitfühlend (↑ 18 ff.): er ist immer am mitfühlendsten, alle/die Mitfühlenden schätzen; der Mitfühlendste, der ihm begegnet war, aber (↑ 21): der mitfühlendste der Freunde

mit Hilfe ↑ Hilfe

mithören: er konnte alles mithören, aber: das Mithören des Gesprächs. *Weiteres* ↑ 15 f.

Mitleidenschaft (↑ 13): in Mitleidenschaft ziehen

mit Maßen usw. ↑ Maß usw.

mitnehmen: ihr könnt mich mitnehmen, aber: das/beim Mitnehmen eines Anhalters. *Weiteres* ↑ 15 f.

mit Recht usw. ↑ Recht usw.

mit Schuß ↑ Schuß

mittag (↑ 34): gestern/heute/morgen mittag, aber (↑ Mittag): der gestrige/heutige/morgige Mittag; [am] Dienstag mittag treffen wir uns, aber (↑ mittags): Dienstag/dienstags mittags gehen wir immer ins Kino, (↑ Dienstagabend) am/an diesem/an einem Dienstagmittag

Mittag (↑ 9 und 13): Mittag machen, bis Mittag; der gestrige/heutige/morgige Mittag, aber (↑ mittag): gestern/heute/morgen mittag; im Laufe des Mittags, des/eines Mittags [um] zwölf Uhr, ↑ aber: mittags; kurz nach Mittag, ↑ aber Nachmittag; über/um/unter Mittag; kurz vor Mittag, ↑ aber Vormittag; zu Mittag essen; ↑ Abend, ↑ Dienstagabend

Mittag machen ↑ Platz machen

mittags (↑ 34): mittags [um] zwölf Uhr, zwölf Uhr mittags, aber (↑ Mittag): des/eines Mittags [um] zwölf Uhr; von morgens bis mittags, von mittags bis abends; Dienstag/dienstags mittags [um zwölf Uhr], Dienstag/dienstags mittags gehen wir immer ins Kino, aber (↑ mittag): [am] Dienstag mittag treffen wir uns, (↑ Dienstagabend) am/an diesem Dienstagmittag

Mitte (↑ 9): Mitte Januar; (↑ 13 f.) bis Mitte [Juli], in der Mitte; Bodenblech, Mitte, aber (↑ 34): inmitten des Sees

mittel (↑ 34): es geht mir mittel (mittelmäßig)

Mittel (↑ 13): die Temperatur betrug im Mittel + 12 °C; sich ins Mittel setzen, ohne Mittel sein

mittelbar (↑ 40): (Rechtsspr.) mittelbarer Besitz, mittelbare Stellvertretung, mittelbare Täterschaft

mitteldeutsch/Mitteldeutsch/Mitteldeutsche (↑ 40): die mitteldeutschen Landschaften, die mitteldeutschen Mundarten. *Zu weiteren Verwendungen* ↑ alemannisch/Alemannisch/Alemannische

mitteleuropäisch (↑ 40): die mitteleuropäische Zeit (MEZ)

mittelfristig (↑ 40): die mittelfristige Finanzplanung (Mifrifi), mittelfristiger Kredit, mittelfristige Planung

mittelhochdeutsch/Mittelhochdeutsch/Mittelhochdeutsche ↑ althochdeutsch/Althochdeutsch/Althochdeutsche

mittelländisch (↑ 39 f.): das mittelländische Klima, das Mittelländische Meer

mittelmäßig ↑ mäßig

mittelniederdeutsch/Mittelnieder-deutsch/Mittelniederdeutsche ↑ althoch-deutsch/Althochdeutsch/Althochdeutsche

mittels (↑34): mittels eines Löffels, mittels Wasserkraft

Mitternacht (↑9 und 13): Mitternacht war vorüber, es geht auf Mitternacht zu, bis Mitter-nacht; des Mitternachts, ↑ aber mitternachts; kurz nach Mitternacht, über Mitternacht hin-aus, um Mitternacht, kurz vor Mitternacht; ↑ Abend

mitternachts (↑34): der Einmarsch erfolgte mitternachts, aber (↑ Mitternacht): des Mitter-nachts

mittlere: a) (↑39f.) (Kaufmannsspr.) mittlerer Art und Güte, der Mittlere Atlas (Marokko), die mittlere Greenwichzeit, die mittlere Orts-zeit, der Mittlere Osten, die mittlere Reife, (Astron.) die mittlere Zeit. **b)** (↑18ff.) die Mitt-leren in der Kolonne, aber (↑21): das mittle-re/mittlerste der Regale

mittlerste ↑ mittlere (b)

mit Ton usw. ↑ Ton usw.

Mittwoch ↑ Dienstag

Mittwochabend usw. ↑ Dienstagabend

mittwochs ↑ dienstags

mit Verlaub usw. ↑ Verlaub usw

mitwirkend (↑40): (Rechtsspr.) mitwirkendes Verschulden

mit Wissen ↑ Wissen

Mixed Pickles (Mischgemüse, ↑9)

mixen: er will ein Getränk mixen, aber: das Mixen von Getränken. *Weiteres* ↑15f.

Moabiter (*immer groß,* ↑28)

mobil (↑40): mobiles Buch, mobile Küche

mobilisieren: er will Truppen mobilisieren, aber: das Mobilisieren von Truppen. *Weiteres* ↑15f.

möblieren: er muß das Zimmer möblieren, aber: das Möblieren der Wohnung ist teuer. *Weiteres* ↑15f.

Mode (↑13): außer/in Mode kommen. ↑ Mode sein

modellieren: er will eine Figur modellieren, aber: das Modellieren einer Figur. (Beachte:) zu modellieren lernen, aber: das Modellieren lernen. *Weiteres* ↑15f.

Modell sitzen ↑ Abstand nehmen

Modenaer (*immer groß,* ↑28)

modern: a) (↑40) (Sportspr.) der moderne Fünfkampf, „Moderne Zeiten." (ein Filmti-tel; ↑2f.). **b)** (↑18ff.) sie ist am modernsten in ihrer Einstellung, alles/das Moderne schätzen; das Modernste, was er gesehen hatte, aber (↑21): das modernste der Stücke; die Moder-ne, etwas/nichts Modernes

modernisieren: er muß den Betrieb moderni-sieren, aber: das Modernisieren des Betrie-bes. *Weiteres* ↑15f.

Mode sein (↑11): das ist/war Mode, weil es Mode ist/war, es wird Mode sein, es ist Mode gewesen

modifizieren: er will den Vertrag modifizie-ren, aber: das Modifizieren des Vertrages. *Wei-teres* ↑15f.

modisch: ↑ modern (b)

Mofa fahren ↑ Auto fahren

mogeln: er will mogeln, aber: das/beim Mo-geln. *Weiteres* ↑15f.

mögen: er mag lesen, er wird lesen mögen. *Weiteres* ↑15f.

möglich (↑18ff.): Mögliches und Unmögli-ches zu unterscheiden wissen; alles [nur] mögliche (viel, allerlei) tun, aber: alles Mögli-che (alle Möglichkeiten) bedenken; das mögli-che (alles, was möglich ist) tun, aber: im Rah-men des Möglichen; etwas/nichts Mögliches, sein möglichstes tun

mohammedanisch (↑40): der mohammeda-nische Glaube, die mohammedanische Zeit-rechnung

Mokick fahren ↑ Auto fahren

molier[i]sch (↑27): die Molierschen Lustspie-le, aber: Lustspiele in molierschem Geist

Moll: a) (↑13) in Moll. **b)** (↑36) in a-Moll, a-Moll-Arie

mollig ↑ dick

monarchisch (↑40): das monarchische Prin-zip

mondän (↑18ff.): sie war am mondänsten, al-les/das Mondäne bewundern; das Mondänste, was er je gesehen hatte, aber (↑21): die mon-dänste der Frauen; etwas/nichts Mondänes

Mondseer (*immer groß,* ↑28)

monegassisch (↑40): das monegassische Fürstenhaus, die monegassische Regierung, das monegassische Volk

mongolid (↑40): mongolider Zweig

mongolisch/Mongolisch/Mongolische (↑39f.): der Mongolische Altai (Gebirge), die mongolischen Sprachen, die Mongolische Volksrepublik. *Zu weiteren Verwendungen* ↑ deutsch/Deutsch/Deutsche

monieren: er muß dies monieren, aber: das Monieren nützt nichts. *Weiteres* ↑15f.

monoton (↑18ff.): seine Sprechweise ist am monotonsten, alles/das Monotone meiden; das Monotonste, was man sich denken kann, aber (↑21): die monotonste der Stimmen; et-was/nichts Monotones

monströs ↑ gewaltig

Montag ↑ Dienstag

Montagabend usw. ↑ Dienstagabend

montags ↑ dienstags

montieren: er soll das Regal montieren, aber: das Montieren elektrischer Geräte. *Wei-teres* ↑15f.

monumental: a) (↑39) die Monumentale Propaganda (in Sowjetrußland 1918–20). **b)** (↑18ff.) dieser Bau ist am monumentalsten, al-les/das Monumentale ablehnen; das Monu-mentalste, was er gesehen hatte, aber (↑21): das monumentalste der Gebäude; etwas/nichts Monumentales

Moped fahren ↑ Auto fahren

moralisch: a) (↑39f.) die Moralische Aufrü-stung (MRA), (Philos.) der moralische Gottes-beweis, die moralischen Wochenschriften (in der Zeit der Aufklärung). **b)** (↑18ff.) seine Hal-tung ist am moralischsten, alles/das Morali-sche; das Moralischste, was man sich denken kann, aber (↑21): das moralischste seiner Bü-cher; etwas/nichts Moralisches enthalten

morbid (↑18ff.): diese Gesellschaft ist am

morbidesten, alles/das Morbide meiden; das Morbideste, was er gesehen hatte, aber (↑21): der morbideste der Dichter; etwas/nichts Morbides

morganatisch (↑40): eine morganatische Ehe

morgen: a) (↑34) heute oder morgen; morgen früh, aber (↑Morgen): eines frühen Morgens, (↑morgens) morgens früh, frühmorgens; morgen vormittag/mittag/abend usw., ab morgen, auf morgen, von heute auf morgen, bis morgen, gestern/heute morgen, Entscheidung für morgen; gestern/heute morgen, aber (↑Morgen): der gestrige/heutige Morgen; die Mode von morgen, von morgen an, zwischen gestern und morgen (↑aber b); [am] Dienstag morgen treffen wir uns, aber (↑morgens): Dienstag/dienstags morgens spielen wir immer Tennis, (↑Dienstagabend) am/an diesem/an einem Dienstagmorgen. **b)** (↑35) das Heute und das Morgen; zwischen [dem] Gestern und [dem] Morgen liegt das Heute, aber (↑a): zwischen gestern und morgen

Morgen (↑9): der gestrige/heutige Morgen, aber (↑morgen): gestern/heute morgen; im Laufe des Morgens, des/eines Morgens [um] acht Uhr, eines [schönen] Morgens, ↑aber morgens; eines frühen Morgens, aber (↑morgens): morgens früh; frühmorgens, (↑morgen) morgen früh; ↑Abend, ↑Dienstagabend

morgenländisch: a) (↑39 f.) die morgenländische Kirche, das Morgenländische Schisma. **b)** (↑18 ff.:) alles/das Morgenländische

morgens (↑34): morgens [um] acht Uhr, acht Uhr morgens, aber (↑Morgen): des/eines Morgens [um] acht Uhr; morgens früh, frühmorgens, aber (↑Morgen): eines frühen Morgens, (↑morgen) morgen früh; von abends bis morgens, von morgens bis abends; Dienstag/dienstags morgens [um acht Uhr], Dienstag/dienstags morgens spielen wir immer Tennis, aber (↑morgen): [am] Dienstag morgen treffen wir uns, (↑Dienstagabend) am/an diesem Dienstagmorgen

morsch (↑18 ff.): dieses Holz ist am morschesten, alles/das Morsche entfernen; das Morscheste, was man sich denken kann, aber (↑21): das morscheste der Bretter; etwas/nichts Morsches vorfinden

mosaisch (↑27): die Mosaischen Bücher, aber: ein mosaisches Bekenntnis, das mosaische Gesetz

Moskauer (*immer groß*, ↑28)

Moto-Cross (Vielseitigkeitsprüfung für Motorradsportler, ↑9)

Motodrom (Rennstrecke, ↑9)

motorisch (↑40): (Med.) eine motorische Aphasie, eine motorische Bahn, das motorische Gehirnzentrum, die motorischen Nerven, das motorische Sprachzentrum

Motorrad fahren ↑Auto fahren

mozarabisch (↑40): die mozarabische Liturgie, der mozarabische Stil

mozart[i]sch (↑27): die Mozartschen Opern, aber: Sonaten in mozartischem Stil

Mücke (↑11): die Mücke machen

müde (↑18 ff.): er war am müdesten, alle/die Müden bedauern; der Müdeste, der unter ih-

nen war, aber (↑21): der müdeste der Wanderer; ein Müder

muh: a) (↑34) muh, muh machen/schreien. **b)** (↑35) ein lautes Muhmuh war zu hören

Mühle spielen ↑Skat spielen

Mühle ziehen ↑Tau ziehen

Mühlhäuser/Mühlheimer/Mülheimer/ Müllheimer (*immer groß*, ↑28)

multilateral (↑40): multilaterale Verträge, der multilaterale Zahlungsverkehr

multipel (↑40): (Biol.) eine multiple Allele, (Psych.) eine multiple Persönlichkeit, (Med.) die multiple Sklerose, (Bot.) multiple Teilung

multiplizieren ↑dividieren

Münch[e]ner (*immer groß*, ↑28)

Mundart sprechen ↑Dialekt sprechen

Mündener (*immer groß*, ↑28)

munkeln: man soll nicht munkeln, aber: im Dunkeln ist gut Munkeln. *Weiteres* ↑15 f.

Münsteraner (*immer groß*, ↑28)

munter (↑18 ff.): er war am muntersten, alle/die Munteren schätzen; der Munterste, dem er begegnet war, aber (↑21): der munterste der Knaben; etwas/nichts Munteres

mürbe ↑morsch

muriatisch (↑40): eine muriatische Quelle (Kochsalzquelle)

murmeln: er soll nicht so murmeln, aber: das Murmeln des Baches. *Weiteres* ↑15 f.

Murmel spielen ↑Versteck spielen

murren: du sollst nicht murren, aber: ohne Murren hinnehmen. *Weiteres* ↑15 f.

mürrisch (↑18 ff.): er ist immer am mürrischsten, alle/die Mürrischen meiden; der Mürrischste, den man sich denken kann, aber (↑21): der mürrischste der Beamten; etwas/nichts Mürrisches

musikalisch (↑18 ff.): er ist am musikalischsten von allen, alle/die Musikalischen bevorzugen; der Musikalischste, der ihm begegnet war, aber (↑21): der musikalischste seiner Söhne

musisch: a) (↑40) eine musische Erziehung, ein musisches Gymnasium. **b)** (↑18 ff.) alles/das Musische schätzen, (↑21) er ist der musischste der Schüler, etwas/nichts Musisches

musizieren: wir wollen musizieren, aber: das Musizieren begeistert uns, durch Musizieren erfreuen. *Weiteres* ↑15 f.

muß (↑17): er muß, aber: das Muß, es ist ein Muß, das harte Muß steht dahinter

Muße (↑13): etwas in/mit Muße tun

müssen: er muß turnen, er wird turnen müssen. *Weiteres* ↑15 f.

mustern: du sollst ihn nicht mustern, aber: das Mustern der Wehrpflichtigen, zum Mustern einberufen. *Weiteres* ↑15 f.

Mut (↑14): zumute

mutabel (↑40): mutable (veränderliche) Merkmale

mutig (↑18 ff.): er war am mutigsten von allen, alle/die Mutigen loben; das mutigste (am mutigsten, sehr mutig) war, daß er aushielt, (↑21) das mutigste der Mädchen, aber: der Mutigste, der ihm begegnet war

mutlos ↑ängstlich

mutmaßlich (↑40): der mutmaßliche Täter

mütterlich (↑18 ff.): sie ist am mütterlichsten, alles/das Mütterliche an jmdm. schätzen; die

Mütterlichste, die ihm begegnet war, aber (↑21): die mütterlichste der Frauen; etwas/nichts Mütterliches
mutwillig (↑18 ff.): er war am mutwilligsten, alle/die Mutwilligen; der Mutwilligste, der ihm begegnet war, aber (↑21): der mutwilligste der Knaben; etwas/nichts Mutwilliges
mykenisch (↑40): die mykenische Kultur
mysteriös (↑18 ff.): diese Geschichte war am

mysteriösesten, alles/das Mysteriöse fürchten; das Mysteriöseste, was er erlebt hatte, aber (↑21): das mysteriöseste seiner Erlebnisse; etwas/nichts Mysteriöses
mystisch/mythisch ↑mythologisch
mythologisch (↑18 ff.): sich für alles/das Mythologische interessieren, etwas/nichts Mythologisches lesen

N

n/N (↑36): der Buchstabe klein n/groß N, das n in Wand, ein verschnörkeltes N, N wie Nordpol/New York (Buchstabiertafel); das Muster hat die Form eines N, N-förmig. ↑a/A
nach (↑34): *Schreibung des folgenden Wortes:* a) *Substantiv* (↑13): nach Befund usw. ↑Befund usw. b) *Infinitive* (↑16): [das] Tennisspielen ist nach [dem] Schwimmen sein liebster Sport. c) *Adjektive und Partizipien* (↑19 und 23): nach Äußerem/nach dem Äußeren urteilen; nach folgendem (diesem), aber: nach dem Folgenden (dem später Erwähnten, Geschehenen, den folgenden Ausführungen); nach Höherem streben. (↑26) das sieht nach Blau aus. d) *Zahladjektive* (↑29 ff.) *und Pronomen* (↑32): ein Viertel nach drei [Uhr]; nach allem, was ich gehört habe; nach anderem/etwas suchen, nach ihm, nach jemandem suchen, das schmeckt nach mehr, das sieht nach nichts aus, nach vielem Ausschau halten. e) *Adverbien* (↑34): nach gestern, nach hinten, nach links, nach oben, nach rechts, nach unten, nach vorn
nachahmen: er kann nur nachahmen, aber das Nachahmen der Klassiker. *Weiteres* ↑15 f.
nach Art ↑Art
nach Befund ↑Befund
nach Belieben ↑Belieben
nach Christi Geburt ↑Christus
nach Christo/Christus ↑Christus
nachdenklich (↑18 ff.): er blickte am nachdenklichsten drein, alle/die Nachdenklichen, (↑21) das nachdenklichste der Kinder
nach Diktat ↑Diktat
nachdrücklich ↑tatkräftig
nachfolgend ↑folgend
Nachgang (↑13): im Nachgang
nach Gebühr ↑Gebühr
nachgiebig (↑18 ff.): er war schon immer am nachgiebigsten, alle/die Nachgiebigen zogen den kürzeren; er ist der Nachgiebigste, den man sich vorstellen kann, aber (↑21): der nachgiebigste seiner Söhne
nach Gunst ↑Gunst
nach Haus[e] ↑Haus
nachher: a) (↑34) er kam nachher. b) (↑35) das Nachher ist wichtiger als das Vorher
nachklingen ↑nachwirken
nachlässig ↑lässig

Nachlauf spielen ↑Versteck spielen
nachlösen: du mußt eine Karte nachlösen, aber: das/durch Nachlösen einer Karte. *Weiteres* ↑15 f.
nach Maß[gabe] ↑Maß[gabe]
nachmittag (↑34): gestern/heute/morgen nachmittag, aber (↑Nachmittag): der gestrige/heutige/morgige Nachmittag; [am] Dienstag nachmittag treffen wir uns, aber (↑nachmittags): Dienstag/dienstags nachmittags gehen wir immer ins Kino, (↑Dienstagabend) am/an diesem/an einem Dienstagnachmittag
nach Mittag ↑Mittag
Nachmittag (↑9): der gestrige/heutige/morgige Nachmittag, aber (↑nachmittag): gestern/heute/morgen nachmittag; im Laufe des Nachmittags, des/eines Nachmittags [um] vier Uhr, ↑aber nachmittags; ↑Abend, ↑Dienstagabend
nachmittags (↑34): nachmittags [um] vier Uhr, vier Uhr nachmittags, aber (↑Nachmittag): des/eines Nachmittags [um] vier Uhr; von morgens bis nachmittags, von nachmittags bis abends; Dienstag/dienstags, nachmittags [um vier Uhr], Dienstag/dienstags nachmittags gehen wir immer ins Kino, aber (↑nachmittag): [am] Dienstag nachmittag treffen wir uns, (↑Dienstagabend) am/an diesem Dienstagnachmittag
nach Mitternacht ↑Mitternacht
nach Ostern/Pfingsten/Weihnachten ↑Ostern
nach Sicht ↑Sicht
nachsichtig (↑18 ff.): er war am nachsichtigsten von allen; der Nachsichtigste, den er kannte, aber (↑21): der nachsichtigste seiner Lehrer
nächstbeste ↑nah[e]
nächste ↑nah[e]
nachstehend ↑folgend
nacht (↑34): gestern/heute/morgen nacht, aber (↑Nacht): die gestrige/heutige/morgige Nacht; wir treffen uns Dienstag nacht, aber (↑nachts): wir treffen uns immer Dienstag/dienstags nachts
Nacht (↑9 und 13): bei Nacht; des Nachts [um] zwölf Uhr, ↑aber nachts; die gestrige/heutige/morgige Nacht, aber (↑nacht): gestern/heute/morgen nacht; die Nacht über,

aber (↑nachts): nachtsüber; eines Nachts,
↑aber nachts; über Nacht, zu[r] Nacht essen;
↑Abend
nachtaktiv (↑40): nachtaktives Säugetier
nachteilig (↑18ff.): dies war am nachteiligs-
ten, alles/das Nachteilige; das Nachteiligste,
was er je getan hatte, aber (↑21): das nachteiligste der Geschäfte; etwas/nichts Nachteili-
ges
nächtigen: wir müssen irgendwo nächtigen,
aber: das Nächtigen unter freiem Himmel.
Weiteres ↑15f.
nach Tisch ↑Tisch
Nachtrag (↑13): im Nachtrag
nachts (↑34): nachtsüber, aber (↑Nacht): die
Nacht über; nachts [um] zwölf Uhr, zwölf Uhr
nachts, aber (↑Nacht): des Nachts [um] zwölf
Uhr; nachts, von nachts an; Diens-
tag/dienstags, nachts [um zwölf Uhr], Diens-
tag/dienstags nachts hören wir immer lange
Radio, aber (↑nacht): wir treffen uns Dienstag
nacht
nachtsüber ↑nacht
nach Übersee ↑Übersee
nach Verlauf ↑Verlauf
nachwirken: dieses Unglück wird lange
nachwirken, aber: das/durch Nachwirken dieses Unglücks. *Weiteres* ↑15f.
nach Wunsch ↑Wunsch
nackt (↑40): (Biol.) nackte Blüten/Knospen;
„Das nackte Gesicht" (Film), aber: „Nackte
Gewalt" (Film; ↑2ff.)
nageln: wir müssen die Schuhe nageln, aber:
das Nageln der Schuhe. *Weiteres* ↑15f.
nagen: der Hund will den Knochen nagen,
aber: das Nagen der Biber. *Weiteres* ↑15f.
nah[e]
1 *Als Attribut beim Substantiv* (↑39f.): die
nächsten Angehörigen, im Mai nächsten Jahres (n.J.), am 5. nächsten Monats (n.M.), der
Nahe Osten (der Vordere Orient), ein na-
her/näherer Verwandter
2 *Alleinstehend oder nach Artikel, Pronomen,
Präposition usw.* (↑18ff.): aus/von fern und
nah, Näheres erfahren, Näheres folgt; **alles**
Nähere später, wer kommt als nächster [an die
Reihe]?; wer ist wie als nächstes (dann, jetzt,
daraufhin), aber: als Nächstes (als nächste
Sendung) erhalten Sie drei Bildbände; er steht
mir am nächsten, aus nah und fern; das nächste [zu tun] wäre, das nächste (erste) be-
ste/nächstbeste [zu tun] wäre, das nächste (der
Reihe nach folgende), was ich tue, aber: das
Nächste (in der Nähe Liegende) ist oft unerreichbar fern; das Nächste und Beste/Nächst-
beste, was ich ihm bietet; das Nähere (die näheren Umstände) erfahren, das Nähere (die
näheren Umstände) findet sich dort; du sollst
deinen Nächsten (Mitmenschen) lieben wie
dich selbst; **der** nächste (der Reihe nach folgende), bitte!, aber: der Nächste (Mitmensch),
jeder ist sich selbst der Nächste; der/die/das
nächste (erste) beste, aber: der/die/das Nächst-
beste/Nächste und Beste, was sich ihm bietet;
des näheren (genauer) auseinandersetzen, aber:
ich kann mich des Näheren (der für den vorliegenden Fall besonderen Umstände) nicht ent-
sinnen; sie wollte etwas Näheres wissen; **fürs**

nächste, alle Angehörigen in nah und fern, mit
nächstem, von nah und fern, von nahem betrachten, jmdm. zu nahe treten
nahen: die Stunde wird nahen, aber:
das/beim Nahen des Gewitters. *Weiteres*
↑15f.
nähen: sie will ein Kleid nähen, aber: das Nähen des Kleides. *Weiteres* ↑15f.
nähere ↑nah[e]
nähren: er will sich von Pflanzen nähren,
aber: das Nähren des Kindes. *Weiters* ↑15f.
nahrhaft (↑18ff.): diese Speise ist am nahr-
haftesten; alles/das Nahrhafte essen; das Nahrhafteste, was er seit langem gegessen hat, aber
(↑21): das nahrhafteste der Gerichte; et-
was/nichts Nahrhaftes essen
naiv: a) (↑40) naive und sentimentalische
Dichtung (Literaturw.), naive Malerei. **b)**
(↑18ff.) sie fragte am naivsten, alles/das allzu
Naive belächeln, die Naive (Darstellerin nai-
ver Mädchenrolle); das Naivste, was ich je gehört habe, aber (↑21): das naivste der Mädchen; etwas/nichts Naives
Name (↑13): beim Namen rufen, im Namen
aller, ein Mann mit Namen Müller
namens (↑34): ein Mann namens Müller
nämliche (↑23): er sagt immer das nämliche
(dasselbe), er/sie ist noch der/die nämliche
(derselbe/dieselbe)
napoleonisch (↑27): die Napoleonischen
Feldzüge/Schriften, aber: napoleonischer Un-
ternehmungsgeist
narkotisieren: der Arzt wird ihn narkotisieren, aber: das/durch Narkotisieren des Patienten. *Weiteres* ↑15f.
Narr (↑13): zum Narren halten
närrisch (↑18ff.): er benahm sich am när-
rischsten, alles/das Närrische nicht mögen,
alle/die Närrischen; das ist das Närrischste,
was ich je gehört habe, aber (↑21): das närrischste der Ereignisse; etwas/nichts Närri-
sches
naschen: er will ein Bonbon naschen, aber:
er kann das Naschen nicht lassen, beim Naschen ertappen. *Weiteres* ↑15f.
naschhaft (↑18ff.): sie war schon immer am
naschhaftesten, alle/die Naschhaften; der
Naschhafteste, den man sich vorstellen kann,
aber (↑21): der naschhafteste der Knaben
naschsüchtig ↑naschhaft
Nasi-Goreng (Reisgericht, ↑9)
naß: a) (↑40) nasse Stücke (Bankw.). **b)**
(↑18ff.) hier ist der Boden am nassesten, al-
les/das Nasse ablegen, (↑21) das nasseste der
Handtücher, etwas/nichts Nasses, naß in naß
Nassauer (*immer groß*, ↑28)
nassauisch/Nassauisch/Nassauische
(↑39f.): Nassauische Annalen (Zeitschrift), die
nassauische Mundart. *Zu weiteren Verwendungen* ↑deutsch/Deutsch/Deutsche
national: a) (↑39f.) (DDR) die Nationale
Front (NF; Zusammenschluß aller polit. Parteien und Organisationen in der DDR unter
Führung der SED), das nationale Interesse,
das Nationale Olympische Komitee (NOK),
(DDR) die Nationale Volksarmee (NVA), *(in
Namen von Kreisen in der Sowjetunion:)* Natio-
naler Kreis der Chanten und Mansen. **b)**

(↑18ff.) alles/das Nationale überbetonen, etwas/nichts Nationales. **c)** (↑39) (DDR) die National-Demokratische Partei Deutschlands (NDPD), die Nationaldemokratische Partei Deutschlands (NPD), die Nationalliberale Partei Deutschlands (von 1867 bis 1918), der Nationalsoziale Verein (polit. Vereinigung von 1896–1903), (nationalsoz.) die Nationalsozialistische Deutsche Arbeiterpartei (NSDAP)

naturalistisch (↑18ff.): er malt am naturalistischsten, alles/das Naturalistische nicht mögen; das Naturalistischste, was er je gemalt hat, aber (↑21): das naturalistischste seiner Bilder; etwas/nichts Naturalistisches

natürlich: a) (↑40) natürliche Auslese, (Math.) natürliche Geometrie, (Sprachw.) natürliches Geschlecht, (Math.) eine natürliche Gleichung, (Rechtsw.) natürliche Kinder, (Math.) ein natürlicher Logarithmus, (Rechtsw.) die natürliche Person, (Kaufmannsspr.) natürlicher Preis, die natürliche Religion, die natürlichste Sache von der Welt, die natürliche Schule (literar. Schule in Rußland); „Die natürliche Tochter" (Goethe), aber: eine Szene aus der „Natürlichen Tochter" (↑2ff.); eines natürlichen Todes sterben, (Math.) natürliche Zahlen, natürliche Zuchtwahl. **b)** (↑18ff.) Natürliches und Übernatürliches, Natürliches vorziehen; alles Natürliche, er ist am natürlichsten, sich an das Natürliche halten; das natürlichste (am natürlichsten) wäre es, das Kind bei sich zu behalten, (↑21) das natürlichste und das gehemmtste Kind, aber: das war das Natürlichste, was er je gesehen hat; etwas Natürliches, für/gegen das Natürliche, nichts/wenig Natürliches

Nauheimer (immer groß, ↑28)

nautisch (↑40): (Seew.) die nautischen Bücher, eine nautische Meile; (Astron.) das nautische Dreieck

Neap[e]ler/Neapolitaner (immer groß, ↑28)

neapolitanisch (↑39f.): der Neapolitanische Apennin, die neapolitanische Schule (Komponistenkreis 17./18. Jh.)

nearktisch (↑40): nearktische Region

neben (↑34): **a)** (↑42) „Allee neben dem Schloß", aber (als erstes Wort): auf der Straße „Neben den Eichen". **b)** (↑16) neben [dem] Schwimmen liebt er [das] Tennisspielen am meisten. **c)** (↑19) neben Gutem hat er auch viel Schlechtes gehört. **d)** (↑32) er setzt sich neben mich, er sitzt neben mir

nebeneinander: a) (↑34) nebeneinander sitzen, nicht stehen. **b)** (↑35) es geht hier um das Miteinander, nicht um das Nebeneinander zweier Völker

nebensächlich (↑18ff.): dies ist am nebensächlichsten, alles/das Nebensächliche beiseite lassen; das Nebensächlichste, was es gibt, aber (↑21): das nebensächlichste der Ereignisse; etwas/nichts Nebensächliches

nebenstehend ↑folgend

n-Eck (↑36)

necken: du sollst ihn nicht necken, aber: das Necken kann er nicht lassen. Weiteres ↑15f.

negativ: a) (↑40) (Math.) der negative Drehsinn, (Päd.) die negative Erziehung, (Rechtsw.) das negative Interesse, (Chemie) die negative

Katalyse, (Psych.) die negative Phase, die negative Theologie. **b)** (↑18ff.) er reagierte am negativsten, alles/das Negative betonen; das Negativste, was man über ihn sagen kann, aber (↑21): das negativste der Ergebnisse; etwas/nichts Negatives äußern

negatorisch (↑40): (Rechtsw.) eine negatorische Klage

negrid (↑40): die negriden Rassen, ein negrider Zweig

Negro Spiritual (↑9)

[1]nehmen: du sollst nichts nehmen, aber: der Boxer ist hart im Nehmen. (Beachte:) weil zu geben seliger ist, als zu nehmen, aber: weil das Geben seliger ist als das Nehmen. Weiteres ↑15f.

[2]nehmen /in Fügungen wie Anstoß nehmen/ ↑Abstand nehmen; /in der Zusammensetzung teilnehmen/↑teilhaben; ↑ernst nehmen, ↑wundernehmen

Neid (↑13): vor Neid erblassen

neidisch: a) (↑2ff.) „Die neidischen Schwestern" (Märchen), aber: eine Gestalt aus den „Neidischen Schwestern". **b)** (↑18ff.) er ist am neidischsten, alle/die Neidischen tadeln; der Neidischste, den man sich vorstellen kann, aber (↑21): der neidischste seiner Kollegen

Neige (↑13): zur Neige gehen

nein ↑ja

nemeisch (↑39f.): der Nemeische Löwe (von Herakles getötetes Untier), die Nemeischen Spiele, der nemeische Tempelbezirk

nennen: er wird alle Namen nennen, aber: das/beim Nennen der Namen. Weiteres ↑15f.

nennenswert (↑18ff.): alles/das Nennenswerte aufzählen, etwas/nichts Nennenswertes

neotropisch (↑40): neotropische Region

nepalesisch (↑40): die nepalesische Regierung, das nepalesische Volk

nepalisch ↑nepalesisch

nervös: a) (↑40) das nervöse Atemsyndrom (Med.). **b)** (↑18ff.) er ist am nervösesten, alle/die Nervösen, das Nervöse seines Spiels; der Nervöseste, der in der Klasse ist, aber (↑21): der nervöseste der Schüler; etwas/nichts Nervöses, viel/wenig Nervöses lag in seinen Blicken

Nervus rerum (↑9)

nett (↑18ff.): er war am nettesten zu ihnen, alle/die Netten sind nicht mehr da; das netteste (am nettesten, sehr nett) war, daß er eigens noch einmal zurückkam, (↑21) das netteste der Erlebnisse, aber: das Netteste, was er auf der Reise erlebt hatte; etwas/nichts Nettes sagen, viel/wenig Nettes erleben

neu

1 Als Attribut beim Substantiv (↑39ff.): einen neuen Anlauf nehmen, ein neues Amt übernehmen; eine neue Ära beginnt, aber: die Neue Ära (bestimmtes Regierungssystem in Preußen); die Neue Bachgesellschaft (in der Nachfolge zur „Bachgesellschaft" gegründet), Neues Bauen (bestimmte Art der Baukunst im 20. Jh.), Neu Bentschen (Grenzort an der Strecke Berlin–Posen), neue Besen kehren gut, Neue Deutsche Biographie (NDB; ↑2ff.), das Neue Brack (Watt in Niedersachsen); „Gasthaus zur Neuen Brücke", Gasthaus „Zur

Neuen Brücke", Gasthaus „Neue Brücke"; (bibl.) der Neue Bund, das neue **China**, ein neues Element, eine neue Generation; alte und neue Geschichten erzählen, aber: Neue Geschichte (Geschichte der Neuzeit), Neuere Geschichte (Geschichte von der Französischen Revolution an), Neueste Geschichte (Geschichte der letzten Jahrzehnte); die neue **Handschrift** des Nibelungenliedes, die Neuen Hebriden (Inselgruppe), neue Heringe, die Neue Hever (Fahrwasser in der Nordsee), neue Hoffnung schöpfen, zum neuen Jahr Glück wünschen, ein glückliches neues Jahr!, die Kirche des Neuen Jerusalem (Swedenborgianer), „Des Kaisers neue **Kleider**" (Märchen und Ballett; ↑2ff.); eine neue Kerze kaufen, aber: Neue Kerze (Lichtstärkeeinheit); die Gemeinde bekommt eine neue Kirche, aber: die Neue Kirche (Swedenborgianer); eine neue Kraft einstellen, mit neuen Kräften ans Werk gehen, er schätzt die neuere Kunst, ein neues **Leben** beginnen, ein neuer Lebensstil, die neue Linke, die Neue Maas (Flußarm in Holland), die neue Mathematik, es ist ein neuer Mensch geworden, ein neuer Mitarbeiter, sich nach der neuesten Mode kleiden, die neue Musik, der Reisende legte die neuesten Muster vor, neuen Mut schöpfen, die neuesten **Nachrichten**, dem Gerede neue Nahrung geben, eine neue Pflanzenart entdecken; sie wollen eine neue ökonomische Politik betreiben, aber: die Neue Ökonomische Politik (Wirtschaftspolitik der UdSSR); das neue Reich der Ägypter, „Die Neue Rundschau" (Vierteljahresschrift); er zeigte von da an eine neue **Sachlichkeit**, aber: die Neue Sachlichkeit (Kunstrichtung); eine neue Seite beginnen, eine neue Seite seines Wesens, neue Sitten einführen, neue Sprachen studieren, etwas auf den neuesten Stand bringen, ein neuer Stern am Filmhimmel, ein neuer **Tag** beginnt, das Neue Tal (Oasengebiet in der Libyschen Wüste), er konnte die neuen Tänze nicht, das Neue Testament (N. T.; ↑2ff.); das ist ein neuer Wasserweg, aber: der Neue Wasserweg (Kanal in Holland); neue Wege zur Kunst, neuer Wein; das war für ihn eine ganz neue **Welt**, die Neue Welt (Amerika), „Aus der Neuen Welt" (Sinfonie; ↑2ff.); die Neue Weser (Fahrwasser in der Nordsee), das Programm für die neue Woche, die Geschichte der neueren/neuesten Zeit, ein neues Zeitalter, die „Neue Zürcher Zeitung" lesen
2 *Alleinstehend oder nach Artikel, Pronomen, Präposition usw.* (↑18ff.): aus alt neu machen, aber: aus Altem Neues machen, Altes und Neues; was gibt es Neues?, er hat sicher Neues erfahren; **allem** Neuen ablehnend gegenüberstehen, allerlei Neues erzählen, auf alles Neue erpicht sein; die Schuhe sind am neuesten, aber: sie orientiert sich immer am Neuesten; der andere Neue ist noch vorgestellt; etwas **auf** neu herrichten, auf ein neues (abermals) beginnen, auf das/aufs Neue (auf Neuerungen) erpicht sein; Möbel aufs neueste (ganz neu) polieren, die beiden Neuen wurden wieder entlassen; **das** neueste (völlig neu) ist, daß er kommt, aber: das Neueste (die neueste

Nachricht), was ich höre; das Alte und das Neue, das Neue setzt sich durch, weißt du schon das Neueste?, diese Schuhe sind das Neueste, das Neueste vom Tage; **der** Neue/ein Neuer wurde eingestellt, auf ein neues (noch einmal, abermals), etwas Neues erfahren; alt für neu, aber: Altes für Neues; gegen Neues/gegen den Neuen sein, es ist genug Neues geschehen, irgend etwas Neues, **manch** Neues/manches Neue, nichts Neues, nur Neues, sämtliches Neue, seit neuestem, es gab viel/wenig Neues zu sehen, von neuem (abermals). (↑21) Die Schüler standen alle auf. Die neuen [Schüler] mußten vortreten. – Die neuen und die jüngeren Mitarbeiter warteten bis zuletzt. – Das Sportauto ist die neueste seiner Errungenschaften/von seinen Errungenschaften/unter seinen Errungenschaften. – Sie kauft das Neueste vom Neuen
neuapostolisch (↑39): die Neuapostolische Gemeinde/Kirche
neuartig (↑18ff.): alles/das Neuartige zog sie an; das Neuartigste, es ist auf diesem Gebiet gibt, aber (↑21): das neuartigste der Geräte, etwas/nichts Neuartiges
neubearbeitet (↑40): 2., neubearbeitete und erweiterte Auflage
Neuenburger/Neufer/Neufundländer (*immer groß*, ↑28)
neugierig: a) (↑2ff.) „Die neugierigen Frauen" (Oper von E. Wolf-Ferrari), aber: eine Arie aus den „Neugierigen Frauen". **b)** (↑18ff.) sie war am neugierigsten, alle/die Neugierigen vertreiben; er ist der Neugierigste, der ihm je begegnet war, aber (↑21): der neugierigste der Besucher
neugotisch (↑40): die neugotische Architektur, eine neugotische Kirche
neugriechisch/Neugriechisch/Neugriechische ↑griechisch/Griechisch/Griechische
neuhochdeutsch/Neuhochdeutsch/Neuhochdeutsche (↑40): die neuhochdeutsche Diphthongierung, die neuhochdeutsche Schriftsprache. *Zu weiteren Verwendungen* ↑ althochdeutsch/Althochdeutsch/Althochdeutsche
neukastilisch (↑39): die Neukastilische Hochfläche
neumodisch ↑modern (b)
neun: a) (↑29) (Kegeln) alle neun/neune werfen; ↑acht (1). **b)** (↑30) (Kegeln) er hat drei Neunen hintereinander geworfen; ach, du grüne Neune!; ↑acht (2). **c)** (↑40) die neun Musen. **d)** (↑2ff.) das Spiel „Alle neune", aber *(als erstes Wort):* „Neun Männer" (Film)
Neuner: a) (↑Achter). **b)** (↑9) (Kegeln) einen Neuner schieben
neunfach/Neunfache ↑dreifach
neunhundert ↑hundert
neunjährig ↑achtjährig
neuntausend ↑hundert
neunte: a) (↑achte). **b)** (↑39) Beethovens Neunte (= die Sinfonie Nr. 9). **c)** (↑2ff.) „Der neunte Kreis" (Film), aber *(als erstes Wort):* eine Gestalt aus dem „Neunten Kreis"
neuntel ↑viertel
neunzehn: a) (↑acht). **b)** (↑30) die Bücher der Neunzehn
neunzehnfach/Neunzehnfache ↑dreifach

neunzehnjährig ↑ achtjährig
neunzehnte ↑ achte
neunzig: a) (↑ achtzig). **b)** *Rechnen:* ↑ acht
(1, d)
neunziger ↑ achtziger
neunzigfach/Neunzigfache ↑ dreifach
neunzigjährig ↑ achtjährig
neunzigste ↑ achte
neunzigstel ↑ viertel
Neuruppiner/Neuseeländer (*immer groß,*
↑ 28)
neuseeländisch: a) (↑ 39 f.) die Neuseeländi-
schen Alpen, der neuseeländische Flachs
(Pflanzenfaser), die neuseeländische Regierung, das neuseeländische Volk. **b)** (↑ 18 ff.) al-
les/das Neuseeländische lieben, nichts/viel
Neuseeländisches
neusibirisch (↑ 39): die Neusibirischen Inseln
neusprachlich (↑ 40): (Schulw.) neusprachli-
cher Zweig
Neustädter (*immer groß,* ↑ 28)
neutral: a) (↑ 39 f.) auf neutralem Gebiet; eine
neutrale Zone, aber: die Neutrale Zone (Gebiet zwischen Saudi-Arabien und dem Irak). **b)**
(↑ 18 ff.) er verhielt sich am neutralsten, alle/die
Neutralen zogen sich zurück; es war hinsicht-
lich der Farben das Neutralste, was sie finden
konnte, aber (↑ 21): die neutralste der Farben;
etwas/nichts Neutrales wählen
neutralisieren: sie wollen das Land neutralisieren, aber: das Neutralisieren des Landes.
Weiteres ↑ 15 f.
Neuyorker/New Yorker (*immer groß,* ↑ 28)
Newcomer (Neuling, ↑ 9)
New Deal (amerikan. Reformprogramm, ↑ 9)
New Look (Moderichtung, ↑ 9)
N-förmig (↑ 36)
Nicaraguaner (*immer groß,* ↑ 28)
nicaraguanisch (↑ 40): die nicaraguanische
Regierung, das nicaraguanische Volk
nichteuklidisch (↑ 40): die nichteuklidische
Geometrie
nichtig (↑ 18 ff.): alles/das Nichtige beiseite
lassen, etwas Nichtiges
nichts
1 *Alleinstehend oder nach Artikel oder Präposition* (↑ 32 f.): er glaubt **nichts**; wo nichts ist,
kommt auch nichts dazu; das hat nichts auf
sich, sich daraus machen, er weiß nichts
davon, mir nichts dir nichts, das ist nichts für
mich, nichts für ungut, nichts tun, nichts von
Bedeutung, nichts von ihnen, nichts wie hin;
besser etwas **als** nichts, seine Hoffnung auf
nichts stützen; aus nichts wird nichts; aber: die
Welt aus dem Nichts schaffen, aus dem Nichts
auftauchen, das Nichts, (Philos.) das [absolu-
te/reine/relative] Nichts, dieses Nichts von einem Menschen; sich **durch** nichts abhalten lassen, er ist ein Nichts, für nichts zu haben sein,
[rein] gar nichts; sich in nichts unterschei-
den/auflösen, aber: er stürzte in ein/ins Nichts;
sie ist mit nichts zufrieden, das sieht nach
nichts aus, alles oder nichts (↑ all [2]), sonst
nichts; er ärgert sich über nichts, aber: er ärgert sich über ein Nichts; **um** nichts und [um]
wieder nichts, um nichts gebessert sein, viel
Lärm um nichts, von nichts kommt nichts, von

nichts wissen; er fürchtet sich vor nichts, aber:
vor dem Nichts stehen; wie nichts war er
verschwunden, es zu nichts bringen, er kam zu
nichts, zu nichts nütze sein
2 *Schreibung des folgenden Wortes:* **a)** *Pronomen* (↑ 32): nichts anderes, nicht[s] mehr und
nicht[s] weniger als, nichts weniger als. **b)** *Adjektive und Partizipien* (↑ 20): nichts Beliebiges,
nichts Besseres, nichts Genaues, nichts klein
Geschriebenes, nichts Gutes, nichts Näheres,
nichts Neues, das ist nichts Rechtes, nichts
groß zu Schreibendes
nichtssagend (↑ 18 ff.): seine Worte waren
am nichtssagendsten, alles/das Nichtssagende,
(↑ 21) die nichtssagendste der Redensarten, etwas Nichtssagendes
nicken: er soll nicken, aber: das Nicken genügt nicht, durch Nicken zustimmen. *Weiteres*
↑ 15 f.
nieder: a) (↑ 34) auf und nieder. **b)** (↑ 35) das
ständige/einiges/jedes Auf und Nieder
**niederdeutsch/Niederdeutsch/Nieder-
deutsche** (↑ 39 f.): das Niederdeutsche Jahr-
buch, die niederdeutsche Literatur, die nieder-
deutschen Mundarten, der Verein für niederdeutsche Sprachforschung. *Zu weiteren Verwendungen* ↑ deutsch/Deutsch/Deutsche
niederdrückend (↑ 18 ff.): dieses Ereignis
war am niederdrückendsten, alles/das Nieder-
drückende dieser Nachricht, etwas/nichts Nie-
derdrückendes
niedere
1 *Als Attribut beim Substantiv* (↑ 39 f.): der niedere Adel, niedere Beamte, die Niederen Beskiden (Teil der Ostbeskiden), der Niedere Fläming (Landrücken in Brandenburg), von niederer Geburt, die niedere Geistlichkeit,
(Rechtsspr.) die niedere Gerichtsbarkeit, das
Niedere Gesenke (Teil der Ostsudeten), eine
niedere Gesinnung, von niederer Herkunft, die
niedersten Instinkte, (Jägerspr.) die niedere
Jagd, eine niedere Kulturstufe, die Niedere
Laßnitz (Nebenfluß der Sulm), niedere Pflanzen, aus niederem Stande, die Niedere Tatra
(Teil der Westkarpaten), die Niederen Tauern
(Teil der Zentralalpen), niedere Triebe, das
niedere Volk
2 *Alleinstehend oder nach Artikel, Pronomen,
Präposition usw.* (↑ 18 ff.): hoch und nieder (jedermann), aber: Hohe und Niedere, Hohes
und Niederes, das Auf und Nieder, Niederes
verachten; allerhand Niederes, alles Niedere,
an das/ans Niedere gekettet sein, auf das/aufs
Niedere herabblicken, sich dem Niedersten zu-
wenden, etwas Niederes, für/gegen das Niedere, irgend etwas Niederes, mehr Niederes als
Hohes, nichts Niederes haftet ihm an, nur Niederes, sämtliches Niedere, vielerlei Niederes,
ein Hang zum Niederen, (↑ 21) im Zimmer
standen zwei Tische, ein hoher [Tisch] und ein
niederer [Tisch]. – Die niedersten und die
höchsten Sträucher trugen Früchte. – Dies ist
die niederste der umgebenden Mauern/von
den umgebenden Mauern
Niederländer (*immer groß,* ↑ 28)
**niederländisch/Niederländisch/Nieder-
ländische** (↑ 39 ff.): die Niederländischen Antillen, die Niederländische Bank (in Amster-

dam), das „Niederländische Dankgebet" (Lied; ↑ 2 ff.), die niederländischen Komödianten (17./18. Jh.), die niederländische Kunst, die niederländische Literatur, die niederländische Musik, die niederländische Regierung, das niederländische Volk. *Zu weiteren Verwendungen* ↑ deutsch/Deutsch/Deutsche

niederrheinisch: a) (↑ 39 f.) die Niederrheinische Bergwerks-AG, die Niederrheinische Hütte AG, die niederrheinische Landschaft, die niederrheinische Mundart. **b)** (↑ 18 ff.) alles/das Niederrheinische lieben, nichts/viel Niederrheinisches

niedersächsisch/Niedersächsisch/Niedersächsische (↑ 39 f.): das niedersächsische Bauernhaus, der Niedersächsische Kreis (Reichskreis, 16.–3. Jh.), die niedersächsische Mundart, die niedersächsische Regierung, das niedersächsische Volk; ein niedersächsisches Wörterbuch, aber: das „Niedersächsische Wörterbuch" (in Göttingen; ↑ 2 ff.). *Zu weiteren Verwendungen* ↑ deutsch/Deutsch/Deutsche

niederschlesisch (↑ 39): die Niederschlesische Heide

niedertourig (↑ 40): niedertourige Maschinen

niederträchtig (↑ 18 ff.): er benahm sich am niederträchtigsten, alles/das Niederträchtige dieser Handlungsweise; das niederträchtigste (am niederträchtigsten, sehr niederträchtig) war, daß er sie danach sitzenließ, (↑ 21) das niederträchtigste der Verbrechen, aber: das Niederträchtigste, was ich je gehört habe; etwas/nichts Niederträchtiges

niedlich (↑ 18 ff.): dieses Kätzchen ist am niedlichsten, alles/das Niedliche vorziehen; das Niedlichste, wie sie je gesehen hatte, aber (↑ 21): das niedlichste der Kleider; etwas/nichts Niedliches

niedrig
1 *Als Attribut beim Substantiv* (↑ 40): niedrige Absätze, niedrige Beweggründe, der niedrigste Einsatz, von niedriger Geburt, eine niedrige Gesinnung, niedrigste Instinkte, die niedrigsten Preise, eine niedrige Stirn, niedrige Temperaturen, ein niedriger Wasserstand, eine niedrige Zahl
2 *Alleinstehend oder nach Artikel, Pronomen, Präposition usw.* (↑ 18 ff.): hoch und niedrig (jedermann), aber: Hohe und Niedrige, Hohes und Niedriges, Niedriges verachten; alles Niedrige; das ist am niedrigsten, aber: an dem Niedrigen/am Niedrigen Anstoß nehmen; auf das/aufs Niedrige hinabsehen; das niedrigste (sehr niedrig = sehr gemein) wäre, wenn du sie sitzenläßt, aber: das Niedrigste (Gemeinste), was ich je gehört habe, das Niedrigste aussondern; etwas Niedriges, mancherlei Niedriges, nichts Niedriges, nur Niedriges, sämtliches Niedrige, viel Niedriges. (↑ 21) Im Zimmer standen zwei Tische, ein hoher [Tisch] und ein niedriger [Tisch]. – Es gab verschiedene Arten von Hockern. Sie wählten die niedrigsten von ihnen. – Die niedrigsten und die höchsten Sträucher trugen Früchte. – Dies ist die niedrigste der umgebenden Mauern/von den umgebenden Mauern

niemand: a) (↑ 32 f.) er erwartete dreißig Gä-

ste, aber niemand kam; niemand von den Schülern/unter den Schülern, niemand von uns; an niemanden denken, der böse Niemand (auch für: Teufel), dieser geheimnisvolle Niemand (der große Unbekannte), mit niemandem reden, sonst niemand, von niemandem beneidet. **b)** (↑ 32) niemand anders, mit niemand anderem sprechen. **c)** (↑ 19) niemand Fremdes, mit niemand Fremdem sprechen

Niersteiner (*immer groß*, ↑ 28)

niesen: ich muß niesen, aber: das Niesen ist gesund. *Weiteres* ↑ 15 f.

nieten: wir müssen die Eisenplatten nieten, aber: das Nieten der Eisenplatten. *Weiteres* ↑ 15 f.

nigerianisch (↑ 40): nigerianisches Pfund (Währung)

Nightclub (Nachtlokal, ↑ 9)

nihilistisch (↑ 18 ff.): seine Lebensauffassung ist am nihilistischsten, alles/das Nihilistische ablehnen; (↑ 21) der nihilistischste der Schriftsteller, etwas/nichts Nihilistisches

nikomachisch (↑ 2 ff.): (Philos.) die Nikomachische Ethik

nisten: die Vögel werden hier nisten, aber: das Nisten der Vögel. *Weiteres* ↑ 15 f.

nizäisch (↑ 39): (Rel.) das Nizäische Glaubensbekenntnis

Nizzaer (*immer groß*, ↑ 28)

noachisch (↑ 27): (Rel.) die noachischen Gebote

nobel (↑ 18 ff.): er war am nobelsten, alles/das Noble schätzen; das Nobelste, was man sich denken kann, aber (↑ 21): das nobelste der Geschenke; etwas/nichts Nobles

nomadenhaft (↑ 18 ff.): alles/das Nomadenhafte seiner Lebensweise, etwas/nichts Nomadenhaftes

nomadisch ↑ nomadenhaft

nominieren: sie wollen ihn zum Kandidaten nominieren, aber: das Nominieren zum Kandidaten ist noch unsicher. *Weiteres* ↑ 15 f.

nonchalant ↑ lässig

Nonplusultra (Unvergleichliches, ↑ 9)

nonstop (ohne Halt, ↑ 9). Nonstopflug

Nord/Norden (↑ 9): Nord und Süd, (fachspr.) der kalte Wind kommt aus Nord, Frankfurt (Nord); der Nord, des Nordes, die Norde, der Nord wehte um das Haus; der Norden, des Nordens, von Süden nach Norden, von Norden nach Süden, das Gewitter kommt aus Norden, gegen/gen Norden

nordamerikanisch (↑ 39 f.): das Nordamerikanische Becken (im Atlantik), der Nordamerikanische Bürgerkrieg, die nordamerikanischen Indianer, die nordamerikanische Kunst, die nordamerikanische Literatur, die nordamerikanische Musik

nordatlantisch (↑ 39): die Nordatlantische Schwelle

nordböhmisch (↑ 39): das Nordböhmische Gebiet (tschechoslowak. Verwaltungsgebiet)

norddeutsch: a) (↑ 39 f.) die Norddeutsche Affinerie, die norddeutsche Bevölkerung, der Norddeutsche Bund (1866–71), der Norddeutsche Lloyd, der Norddeutsche Rundfunk (NDR), die Norddeutsche Tiefebene, das Norddeutsche Tiefland. **b)** (↑ 18 ff.) alles/das

Norddeutsche lieben, nichts/viel Norddeutsches

Norden/Nord ↑ Nord/Norden

nordfriesisch/Nordfriesisch/Nordfriesische (↑ 39 f.): die Nordfriesischen Inseln, die nordfriesischen Mundarten. *Zu weiteren Verwendungen* ↑ alemannisch/Alemannisch/Alemannische

nordisch: a) (↑ 39 f.) das nordische Altertum, die nordische Disziplin, die Große Nordische Expedition (1733–1743), die nordischen Heldenlieder, nordische Kälte, die nordische Kombination (Schisport), der Nordische Krieg (1700–1721), die nordische (skandinavische) Kultur, die nordische Kunst, die nordischen Länder, der Nordische Postverein, die nordische Rasse, der Nordische Rat (Organisation nordischer Staaten), die nordischen Sprachen. **b)** (↑ 18 ff.) Nordisches bevorzugen; alles Nordische ablehnen, das Nordische, etwas/nichts/nur/viel/wenig Nordisches. (↑ 21) Unter den verschiedenen gesprochenen Sprachen waren nordische [Sprachen] und romanische [Sprachen]

nördlich: a) (↑ 39 f.) das Nördliche Alpenvorland, der Nördliche Apennin (Gebirgszug in Italien), das Nördliche Brasilianische Becken (Tiefseebecken), 50 Grad nördlicher Breite (n[ördl]. Br.), die Nördliche Dwina (russischer Fluß), das Nördliche Eismeer, der Nördliche Golf von Euböa, die nördliche Halbkugel, die nördliche Hemisphäre, die Nördlichen Kalkalpen, die Nördliche Krone (Sternbild), ein nördlicher Kurs, der Nördliche Pindos (Gebirge in Griechenland), die Nördlichen Sporaden (Inselgruppe im Ägäischen Meer), der nördliche Sternenhimmel, nördlicher Wind. **b)** (↑ 18 ff.) Nördliches und Südliches; alles/das/manches Nördliche. (↑ 21) Das Land ist in zwei Teile gespalten, einen nördlichen [Teil] und einen südlichen [Teil]. – In dieser Zone gibt es viele Inseln. Die nördlichste von allen/unter ihnen ist unbewohnt. – Die nördlichste und die südlichste Insel der Inselkette sind unbewohnt. – Dies ist der nördlichste dieser Gebirgszüge/von diesen Gebirgszügen

Nördlinger (*immer groß*, ↑ 28)

nordöstlich (↑ 39): die Nordöstliche Durchfahrt (Seeweg zwischen Atlantik und Pazifik im Nordpolarmeer)

nordpazifisch (↑ 39): der Nordpazifische Strom

nordrhein-westfälisch (↑ 40): die nordrhein-westfälische Regierung

nordrussisch (↑ 39): der Nordrussische Landrücken

nordschlesisch (↑ 40): der Nordschlesische Landrücken

nordsibirisch (↑ 40): das Nordsibirische Tiefland

Nordtiroler (*immer groß*, ↑ 28)

nordungarisch (↑ 39): das Nordungarische Mittelgebirge

nordwestlich (↑ 39): die Nordwestliche Durchfahrt (Seeweg zwischen Atlantik und Pazifik durch die arktische Inselwelt)

nörgeln: er muß immer nörgeln, aber: das Nörgeln ärgert uns. *Weiteres* ↑ 15 f.

norisch (↑ 39 f.): die Norischen Alpen, ein norisches Pferd

normal: a) (↑ 40) normales Benzin tanken, normales Verhalten. **b)** (↑ 18 ff.) das wäre noch am normalsten, alles/das Normale, (↑ 21) die normalste der Verhaltensweisen, etwas/nichts Normales

Normal (↑ 9): er tankt immer Normal

normalisieren: sie wollen die Verhältnisse normalisieren, aber: das Normalisieren der Verhältnisse. *Weiteres* ↑ 15 f.

normannisch: a) (↑ 39 f.) der normannische Baustil, normannischer Eroberungszug, die Normannischen Inseln (Kanalinseln), die normannischen Reiche, die normannischen Seefahrer. **b)** (↑ 18 ff.) alles/das Normannische lieben, nichts/viel Normannisches

normen: er will die Ausmaße normen, aber: das Normen der Ausmaße. *Weiteres* ↑ 15 f.

normieren ↑ normen

Norweger (*immer groß*, ↑ 28)

norwegisch/Norwegisch/Norwegische (↑ 39 f.): das Norwegische Becken (im Nordmeer), das norwegische Königshaus, norwegische Krone (Währung; nkr), die norwegische Kunst, die norwegische Literatur, die norwegische Musik, die Norwegische Rinne, die Norwegische See (Nordmeer), die norwegische Regierung, der norwegische Strom, die norwegische Sprache, der Norwegische Strom (im Nordatlantik), das norwegische Volk. *Zu weiteren Verwendungen* ↑ deutsch/Deutsch/Deutsche

No-Spiel (japan. Theater, ↑ 9)

Not: a) (↑ 10) seine [liebe] Not haben, Not leiden/lindern, aber: not sein/tun/werden. **b)** (↑ 13 f.) in Not/Nöten sein, ohne Not, zur Not, aber (↑ 34): ↑ vonnöten

Note (↑ 13): in Noten setzen, nach Noten

notieren: er will es notieren, aber: das/durch Notieren der Zahlen. *Weiteres* ↑ 15 f.

nötig (↑ 18 ff.): das braucht er am nötigsten (sehr nötig), aber: es fehlt ihm am Nötigsten; alles/das Nötige veranlassen, sich auf das/aufs Nötige beschränken

notlanden: der Pilot mußte notlanden, aber: das/beim Notlanden des Flugzeugs. *Weiteres* ↑ 15 f.

Not leiden: a) (↑ 10 f.) er leidet/litt Not, weil er Not leidet/litt, er wird Not leiden, er hat Not gelitten, um nicht Not zu leiden. **b)** (↑ 16) er hat Angst vorm Notleiden

Not lindern ↑ Not leiden

not sein ↑ not tun

not tun (↑ 10): das tut/tat not, weil das not tut/tat, das wird not tun, das hat not getan. (Entsprechend:) *not sein/werden*.

notwendig (↑ 18 ff.): das braucht er am notwendigsten (sehr notwendig), aber: es fehlt ihm am Notwendigsten; sich auf das/aufs Notwendige beschränken, alles/das Notwendige veranlassen; sie gab ihm das Notwendigste, was er brauchte, aber (↑ 21): das Notwendigste der Bücher; etwas/nichts Notwendiges

not werden ↑ not tun

nu: a) (↑ 34) nu komm schon! **b)** (↑ 35) im Nu, in einem Nu

nubisch/Nubisch/Nubische (↑ 39 f.): die nubische Geschichte, die nubische Sprache,

die Nubische Wüste. *Zu weiteren Verwendungen* ↑ deutsch/Deutsch/Deutsche
nuklear (↑ 40): nukleare Waffen
null
1 *Als einfaches Zahladjektiv* (↑ 29): null Fehler haben, null Grad, null Komma neun (0,9), null und nichtig, null Sekunden, null Uhr, das Spiel steht zwei zu null (2:0)
2 *Substantivisch gebraucht groß* (↑ 30): Blutgruppe 0 (Null), Nummer Null, Null Komma nichts, das Thermometer steht auf Null, (Skat) der Null, die Null, die Stunde Null, die Zahl/Ziffer Null, eine Null an eine Zahl anhängen, er ist eine [reine] Null, gleich Null sein, eine Zahl mit fünf Nullen, zehn Grad über Null, zehn Grad unter Null, seine Stimmung sank unter Null. *Zu weiteren Verwendungen* ↑ acht
numerieren: er muß alles numerieren, aber: das/durch Numerieren der Seiten. *Weiteres* ↑ 15 f.
Numerus clausus (↑ 9)

nur: a) (↑ 20) er hat von ihm nur Dummes gehört, über ihn wird nur Gutes berichtet. **b)** (↑ 32) ich habe dies nicht gehört, sondern nur anderes
Nürnberger (*immer groß,* ↑ 28)
Nutz/Nutzen (↑ 13 f.): ohne Nutzen, von Nutzen sein, zu Nutz und Frommen, aber (↑ 34): zunutze machen
nütze (↑ 34): [zu] wenig/etwas/nichts nütze sein
nutzen/nützen: er will das Gelände nutzen, aber: das Nutzen des Geländes. *Weiteres* ↑ 15 f.
Nutzen ↑ Nutz/Nutzen
nützlich (↑ 18 ff.): obergärtiges Bier [*sic: see below*]
nützlich (↑ 18 ff.): am nützlichsten, alles/das Nützliche bevorzugen; das Nützlichste, was man sich denken kann, aber (↑ 21): das nützlichste der Geräte; das Angenehme mit dem Nützlichen verbinden, etwas/nichts Nützliches tun
nutzlos ↑ nützlich
Nymphenburger (*immer groß,* ↑ 28)

O

o/O (↑ 36): der Buchstabe klein o/groß O, das o in Tor, ein verschnörkeltes O, O wie Otto/Oslo (Buchstabiertafel), das A und [das] O; das Muster hat die Form eines O, O-förmig, O-Beine, O-beinig. ↑ a/A
ö/Ö (↑ 36): das ö in mögen, das Ö ist das Zeichen für einen Umlaut. ↑ a/A
ob: a) (↑ 34) ich weiß nicht, ob er kommt. **b)** (↑ 35) das Ob und das Wann sind wichtig
Obacht (↑ 13): in Obacht nehmen
Obacht geben ↑ Bescheid geben
O-Beine/O-beinig (↑ 36)
oben (↑ 34): er wußte kaum noch, was oben und was unten war; bis oben, bis unten; nach oben [hin/zu], nach unten; von oben her; von oben, von unten; von unten [hin]auf; von oben bis unten; oben ohne, weiter oben, weiter unten; Bodenblech, oben
obenstehend ↑ folgend
Oberammergauer (*immer groß,* ↑ 28)
oberdeutsch/Oberdeutsch/Oberdeutsche (↑ 40): die oberdeutschen Mundarten. *Zu weiteren Verwendungen* ↑ alemannisch/Alemannisch/Alemannische
obere: a) (↑ 39 f.) das Oberste Bundesgericht, das Obere Eichsfeld (Teil vom Eichsfeld), (milit.) die obere/oberste Führung, das Obere Gäu (östliches Schwarzwaldvorland), Oberstes Gericht (OG) der Deutschen Demokratischen Republik, der Oberste Gerichtshof, (milit.) die Oberste Heeresleitung, die obere Kreide (Geol.), das Obere Landesgericht, der Obere Nil, die Obere Region (in Ghana), der Oberste Sowjet (oberste Volksvertretung der UdSSR), der obere/oberste Stock, die oberen Zehntausend. **b)** (↑ 18 ff.) das Oberste zuunterst kehren, aber (↑ 21): das oberste der Regale; die Obere/Obersten in der Behörde, (milit.) der

Oberst, des Obersten/Obersts, die Oberste[n], ein Oberst, aber (↑ 34): zuoberst lag ein Atlas, das Unterste zuoberst kehren
oberflächlich ↑ lässig
obergärig (↑ 40): obergäriges Bier
oberitalienisch (↑ 39 f.): die oberitalienischen Städte, das Oberitalienische Tiefland
Oberländer (*immer groß,* ↑ 28)
oberlastig (↑ 40): oberlastiges Schiff (Seemannsspr.)
obermainisch (↑ 39): das Obermainische Hügelland
Oberpfälzer (*immer groß,* ↑ 28)
oberrheinisch (↑ 39 f.): die oberrheinischen Städte, die Oberrheinische Tiefebene, das Oberrheinische Tiefland
obersächsisch/Obersächsisch/Obersächsische (↑ 40): die obersächsischen Mundarten. *Zu weiteren Verwendungen* ↑ alemannisch/Alemannisch/Alemannische
oberschlesisch/Oberschlesisch/Oberschlesische (↑ 39 f.): der Oberschlesische Höhenrücken, das oberschlesische Industriegebiet, der Oberschlesische Kanal, die oberschlesischen Mundarten, die Oberschlesische Platte (Gebiet). *Zu weiteren Verwendungen* ↑ alemannisch/Alemannisch/Alemannische
oberst/Oberst ↑ obere
obig ↑ folgend
objektiv: a) (↑ 40) (Rechtsspr.) die objektive Unmöglichkeit, ein objektives Verfahren. **b)** (↑ 18 ff.) er urteilt immer am objektivsten, alles/das Objektive vorziehen, (↑ 21) der objektivste der Richter, etwas/nichts Objektives
obligatorisch: a) (↑ 18 ff.) alles/das Obligatorische erledigen, etwas/nichts Obligatorisches. **b)** (↑ 40) (Sprachw.) obligatorische Ergänzungen, obligatorische Stunden

Obligo (↑13): ohne Obligo (o.O.)
oblique (↑40): (Sprachw.) obliquer (abhängiger) Fall/Kasus
obskur (↑18ff.): diese Schriften waren am obskursten, alles/das Obskure nicht beachten; das Obskurste, was ihm begegnet war, aber (↑21): die obskurste der Angelegenheiten; etwas/nichts Obskures
obszön (↑18ff.): seine Reden sind am obszönsten, alles/das Obszöne meiden; das Obszönste, was er gehört hatte, aber (↑21): das obszönste der Bilder; etwas/nichts Obszönes anhören
ochotskisch (↑39): das Ochotskische Meer
öde (↑18ff.): diese Landschaft war am ödesten, alles/das Öde meiden; das Ödeste, was er gesehen hatte, aber (↑21): die ödeste der Landschaften
Odenwälder (*immer groß*, ↑28)
oder: a) (↑34) der Vater oder die Mutter. b) (↑35) hier gibt es kein Und, sondern nur ein Oder.
ödipal (↑40): ödipale Phase (Psych.)
offen
1 *Als Attribut beim Substantiv* (↑39f.): jmdn. mit offenen **Armen** aufnehmen, (Rechtsw.) offener Arrest, mit offenen Augen, offene Aussprache, offene Bauweise, offene Beine, (Zahnmed.) ein offener Biß, ein offener Bruch, auf offener Bühne, (Textiltechnik) offenes **Fach**, offene Handschaft, auf offenem Feuer, (Literaturw.) offene Formen, (Bot.) offene Gefäßbündel, ein offenes Geheimnis, offener Guß (Gießverfahren), eine offene **Hand** haben, offene Handelsgesellschaft (OHG), mit offenen Karten spielen, (Kaufmannsspr.) ein offenes Konto, (Bot.) offene Krebse, (Landw.) eine offene Lage, (Bot.) offene Leitbündel, das offene Meer, ein offenes **Ohr** haben, (Wirtsch.) offene Reserven, (Wirtsch.) offene Rücklage, die offene See, eine offene Silbe, eine offene Stadt, (Astron.) offene Sternhaufen, auf offener Straße/Strecke, auf offener Szene, (Med.) offene **Tuberkulose**, (Wirtsch.) offene Tür; „Gasthaus zur Offenen Tür", Gasthaus „Zur Offenen Tür", Gasthaus „Offene Tür"; Haus/Tag der offenen Tür, (Sprachw.) ein offener Vokal, ein offener Wagen, offener Wein, eine offene Wunde, (Jägerspr.) die offene Zeit
2 *Alleinstehend oder nach Artikel, Pronomen, Präposition usw.* (↑18ff.): Offenes und Geschlossenes, Offenes bevorzugen, alles Offene, auf das/aufs Offene achten, das Offene bevorzugen, der Offenere/Offenste, etwas Offenes, irgend etwas Offenes, manches Offene, mehr Offenes, nichts Offenes, viel/wenig Offenes. (↑21) Es standen zwei Wagen zur Wahl, ein offener [Wagen] und ein geschlossener [Wagen]. – Er ist der offenere/offenste der Brüder/von den Brüdern
Offenbacher (*immer groß*, ↑28)
offenbaren: er soll ihm alles offenbaren, aber: das Offenbaren des wahren Sachverhaltes. *Weiteres* ↑15f.
Offenburger (*immer groß*, ↑28)
offenhalten: du mußt die Augen offenhalten, aber: das/durch Offenhalten der Augen. *Weiteres* ↑15f.

öffentlich
1 *Als Attribut beim Substantiv* (↑40): öffentliche **Abgaben**, öffentliche Anlagen, eine öffentliche Anleihe, öffentliches Ärgernis erregen, öffentliche Aufträge, öffentliche Ausgaben, sie bauten eine öffentliche Bedürfnisanstalt, öffentliche **Beglaubigung**, öffentliche Bekanntmachung, öffentliche Betriebe, öffentliche Beziehungen (Public Relations), öffentliche Bücherei, im öffentlichen Dienst, öffentlicher Fernsprecher, ein öffentliches **Gebäude**, ein öffentliches Geheimnis, öffentliche Gelder, öffentliche Gewalt, (Rechtsw.) öffentlicher Glaube, die öffentliche Hand, ein öffentliches Haus, der öffentliche Haushalt, im öffentlichen **Interesse**, (Rechtsw.) öffentliche Klage, (Rechtsw.) eine öffentliche Ladung, öffentliche Lasten, das öffentliche Leben, die öffentliche Meinung, das öffentliche Mittel, die öffentliche Moral, die öffentliche **Ordnung**, ein ordentlicher öffentlicher Professor (o.ö.Prof.), (Rechtsspr.) öffentliches Recht, eine Körperschaft des öffentlichen Rechts, öffentliche Sachen, ein öffentlicher Tadel, öffentliche **Unternehmen**, eine öffentliche Veranstaltung, öffentliches Verfahren, eine öffentliche Verhandlung, eine öffentliche Versteigerung, öffentliche Verwaltung, das öffentliche Wohl
2 *Alleinstehend oder nach Artikel, Pronomen, Präposition usw.* (↑18ff.): Öffentliches und Privates, Öffentliches beachten; allerart Öffentliches, alles Öffentliche meiden, etwas Öffentliches, für/gegen das Öffentliche, irgend etwas Öffentliches, manches Öffentliche, neben dem Öffentlichen, nichts Öffentliches, nur Öffentliches, sämtliches Öffentliche. (↑21) Er hatte viele Verpflichtungen, öffentliche [Verpflichtungen] und private [Verpflichtungen]
öffentlich-rechtlich (↑40): öffentlich-rechtlichen Versicherungsanstalten, ein öffentlich-rechtlicher Vertrag
offiziell: a) (↑40) offizielle Feier, wie aus offiziellen Kreisen verlautet … b) (↑18ff.) alles/das Offizielle, die Sache hatte etwas/nichts Offizielles
offiziös ↑offiziell
öffnen: er will um 8 Uhr öffnen, aber: das Öffnen des Tresors ist schwierig, beim Öffnen dabeisein. *Weiteres* ↑15f.
O-förmig (↑36)
ohmsch (↑27): (Physik) das Ohmsche Gesetz, aber: die ohmschen Verluste, der ohmsche Widerstand
ohne (↑34): oben ohne. a) (↑13) ohne Absicht usw. ↑Absicht usw. b) (↑16) ohne Zögern kaufen, aber: ohne zu zögern kaufen. c) (↑23) ohne weiteres. d) (↑32) ohne alles. e) (↑35) ohne Wenn und Aber
ohne Absicht usw. ↑Absicht usw.
oh[o]: a) (↑34) oh[o], so ist das. b) (↑35) ein lautes Oh[o] ertönte
Ohr (↑13): jmdn. am Ohr ziehen, sich aufs Ohr legen, etwas ins Ohr sagen, jmdn. übers Ohr hauen, zu Ohren kommen
ohrfeigen: du darfst das Kind nicht ohrfeigen, aber: das Ohrfeigen eines Kindes. *Weiteres* ↑15f.

ökologisch (↑40): das ökologische Gleichgewicht

ökonomisch (↑39 f.): (DDR) ökonomische Hebel, (Biol.) der ökonomische Koeffizient, die Neue Ökonomische Politik (NEP; Wirtschaftspolitik der UdSSR), (Wirtsch.) das ökonomische Prinzip, der ökonomische Typ (Spranger)

ökumenisch (↑39 f.): die ökumenische Bewegung, (Rel.) ein ökumenisches Konzil, die Ökumenischen Marienschwestern (Orden), der Ökumenische Rat der Kirchen, die ökumenischen Symbole

Oldenburger (*immer groß*, ↑28)

oldenburgisch (↑39 f.): die oldenburgische Geschichte, das Oldenburgische Münsterland

Oldtimer (↑9)

ölen: ich muß die Maschine ölen, aber: das Ölen der Maschine. *Weiteres* ↑15 f.

Olt[e]ner (*immer groß*, ↑28)

oliv/Oliv (↑26): das Kleid ist oliv, ein dunkles Oliv, ein Kleid in Oliv, die Farbe spielt ins Oliv [hinein]. *Zu weiteren Verwendungen* ↑blau/Blau/Blaue (2)

Öl wechseln (↑11): er wechselte das Öl, wenn er Öl wechselt, er muß noch Öl wechseln

olympisch (↑39 f.): die olympischen Disziplinen, olympisches Dorf, der olympische Eid, die olympische Fahne, die Deutsche Olympische Gesellschaft, das Nationale Olympische Komitee (NOK), das Internationale Olympische Komitee (IOK), die olympischen Ringe, olympische Ruhe, olympisches Silber/Gold, die Olympischen Spiele, die olympische Staffel, die Olympischen Wettkämpfe (= Spiele)

ominös (↑18 ff.): dieser Vorfall war am ominösesten, alles/das Ominöse, was Ominöses, was er erlebt hat, aber (↑21): das ominöseste der Vorkommnisse; etwas/nichts Ominöses

Omnibus fahren ↑Auto fahren

Onestep (Tanz, ↑9): Onestep tanzen ↑Walzer tanzen

ontologisch (↑40): (Philos.) der ontologische Gottesbeweis

Open-air-Festival/Open-end-Diskussion (↑9)

operieren: er muß ihn operieren, aber: das Operieren ist unumgänglich, das Geschwür durch Operieren entfernen. *Weiteres* ↑15 f.

opfern: er muß etwas opfern, aber: das Opfern fällt ihm schwer, durch Opfern helfen. *Weiteres* ↑15 f.

Opium rauchen ↑Zigaretten rauchen

Oppelner (*immer groß*, ↑28)

opponieren: er wird opponieren, aber: das Opponieren hatte Erfolg. *Weiteres* ↑15 f.

optimistisch (↑18 ff.): er war immer am optimistischsten, alle/die Optimistischen; der Optimistischste, dem er begegnet war, aber (↑21): der optimistischste der Kranken; etwas/nichts Optimistisches

optisch (↑40): (Physik) die optische Achse, (Physik) die optische Aktivität, (Chemie) optische Aufheller, optische Erscheinung, optisches (für optische Zwecke bestimmtes) Glas, eine optische Täuschung, (Psych.) ein optischer Typ

opulent ↑frugal

orange/Orange: a) (↑40) das/ein orange Band, der orange Gürtel (Rangabzeichen beim Judo). **b)** (↑26) ein helles Orange, ein Kleid in Orange, die Farbe spielt ins Orange [hinein]. *Zu weiteren Verwendungen* ↑blau/Blau/Blaue

ordentlich
1 *Als Attribut beim Substantiv* (↑40): (Rechtsw.) ein ordentliches Gericht, (Rechtsw.) ordentliche Gerichtsbarkeit, ein ordentliches Mitglied, ein ordentlicher Professor (o. P.), ein ordentlicher öffentlicher Professor (o. ö. P.), (Physik) ein ordentlicher Strahl, ein ordentlicher Studierender, ordentliche Verhältnisse, eine ordentliche Versammlung
2 *Alleinstehend oder nach Artikel, Pronomen oder Präposition* (↑18 ff.): Ordentliche und Unordentliche, Ordentliches schätzen; alles Ordentliche, er ist am ordentlichsten; auf das/aufs ordentlichste (sehr ordentlich) hergerichtet sein; aber: auf das/aufs Ordentliche Wert legen; das Ordentlichere/Ordentlichste wählen, der Ordentlichste in der Klasse, ein Ordentlicher, etwas Ordentliches/Ordentlicheres, mancher Ordentliche, nichts Ordentliches, nur Ordentliches, viel/wenig Ordentliches. (↑21) Der Lehrer gab sein Urteil über die Schüler ab. Die ordentlichen [Schüler] lobte er, die unordentlichen [Schüler] tadelte er. – Der Betrieb hatte viele Arbeiter. Die ordentlichsten unter ihnen/von allen bekamen eine Prämie. – Er ist der ordentlichere/ordentlichste seiner Mitarbeiter/von den Mitarbeitern/unter den Mitarbeitern

ordinär ↑obszön

ordnen: ich muß die Bücher ordnen, aber: das Ordnen der Bücher, durch Ordnen übersichtlich machen. *Weiteres* ↑15 f.

orffsch (↑27): das Orffsche Schulwerk

organisch: a) (↑40) die organische Chemie, eine organische Krankheit, eine organische Verbindung. **b)** (↑18 ff.) alles/das Organische, etwas/nichts Organisches

organisieren: er will alles organisieren, aber: das Organisieren der Veranstaltung. *Weiteres* ↑15 f.

orientalisch: a) (↑39 ff.) die orientalischen Institute, aber: das Orientalische Institut (1917 in Rom gegründet); die orientalische Musik, (Geogr.) die orientalische Region, (Rel.) der orientalische Ritus, orientalische Sprachen. **b)** (↑18 ff.) alles/das Orientalische schätzen, etwas/nichts Orientalisches sammeln

orientieren: er wird ihn/sich orientieren, aber: das Orientieren der Teilnehmer, das Sichorientieren. *Weiteres* ↑15 f.

original (↑40): original Lübecker Marzipan, original französischer/original-französischer Sekt

originell (↑18 ff.): seine Geschichten waren am originellsten, alles/das Originelle schätzen; das Originellste, was er gesehen hatte, aber (↑21): die originellsten der Ideen; etwas/nichts Originelles finden

Orleaner (*immer groß*, ↑28)

ornamental (↑18 ff.): diese Bauweise ist am ornamentalsten, alles/das Ornamentale ablehnen, etwas/nichts Ornamentales mögen

Ort (↑13): am Ort, am angegebenen Ort (a. a. O.), an Ort und Stelle, ohne Ort (o. O.), ohne Ort und Jahr (o. O. u. J.), vor Ort

orten: wir müssen das Schiff orten, aber: das/durch Orten des Schiffes. *Weiteres* ↑15 f.

orthodox: a) (↑39 f.) die orthodoxe Kirche. **b)** (↑18 ff.) alles/das Orthodoxe ablehnen, etwas/nichts Orthodoxes

örtlich (↑40): (Med.) die örtliche Betäubung

oskisch/Oskisch/Oskische (↑40): die oskischen Inschriften, die oskisch-umbrischen Sprachen. *Zu weiteren Verwendungen* ↑deutsch/Deutsch/Deutsche

osmanisch (↑39): das Osmanische Reich

osmotisch (↑40): (Biol.) der osmotische Druck

Osnabrücker (*immer groß,* ↑28)

Ost/Osten ↑Nord/Norden

ostafrikanisch (↑39 f.): der Ostafrikanische Graben, das Ostafrikanische Grabensystem, die ostafrikanischen Länder

ostasiatisch (↑40): die ostasiatische Kunst

ostaustralisch (↑39 f.): die Ostaustralischen Kordilleren, die ostaustralische Zeit

ostbaltisch (↑40): die ostbaltische Rasse

Ostberliner (*immer groß,* ↑28)

ostchinesisch (↑39): das Ostchinesische Meer (im Pazifik)

ostdeutsch/Ostdeutsch/Ostdeutsche (↑40): die ostdeutsche Kolonisation, die ostdeutschen Mundarten. *Zu weiteren Verwendungen* ↑alemannisch/Alemannisch/Alemannische

Osten/Ost ↑Nord/Norden

Ostern (↑13): ab/an/auf/bis/gegen/nach/seit/über/um/[kurz] vor/zu Ostern

österreichisch: a) (↑39 ff.) die Österreichische **Akademie** der Wissenschaften, der Österreichische Alpenverein, das Österreichische Alpenvorland, die österreichische Bauweise (im Tunnelbau), die Österreichischen Bundesbahnen, der Österreichische Bundesverlag, die Vereinigten Österreichischen Eisen- und Stahlwerke AG, die Österreichische Elektrizitätswirtschaft-AG, der Österreichische **Erbfolgekrieg**, die österreichische Geschichte, der Österreichische Gewerkschaftsbund, der Österreichische Kreis (Reichskreis, 16.–19. Jh.), die österreichische Kunst, die Österreichische Länderbank AG, die österreichische Literatur, die österreichisch-ungarische Monarchie, die österreichischen Mundarten, die österreichische Musik, die Österreichische **Nationalbank**, die Österreichische Nationalbibliothek, die österreichische Regierung, das Österreichische Staatsarchiv, die Österreichischen Stickstoffwerke AG, die Österreichische Tabakregie, die Österreichische Turn- und Sport-Union, das österreichische **Volk**, die Österreichische

Volkspartei (ÖVP), das „Österreichische Wörterbuch" (↑2 ff.), das „Bayerisch-Österreichische Wörterbuch" (↑2 ff.). **b)** (↑18 ff.) alles/das Österreichische lieben, nichts/viel Österreichisches

osteuropäisch (↑40): die osteuropäische Zeit

ostfriesisch/Ostfriesisch/Ostfriesische (↑39 f.): das Ostfriesische Gatje (Fahrwasser), die Ostfriesischen Inseln, ostfriesisches Milchschaf, die ostfriesischen Mundarten, ostfriesisches Pferd/Rind. *Zu weiteren Verwendungen* ↑alemannisch/Alemannisch/Alemannische

ostindisch (↑39 f.): die ostindischen Kompanien (Handelsgesellschaften), aber: die Britisch-Ostindische Kompanie (1600–1858), die Niederländisch-Ostindische Kompanie (1602 bis 1800); ostindische Waren

ostisch (↑40): die ostische Rasse

östlich: a) (↑39 f.) der Große Östliche Erg (Wüstengebirge in Algerien), die Östliche Günz (Nebenfluß der Donau), die Östliche Karwendelspitze, 50 Grad östlicher Länge (ö. L.), die Östliche Morava (Quellfluß der Morava), das Östliche Rhodopegebirge, der Östliche Sajan (Gebirge in Sibirien), der Östliche Schil (Quellfluß des Jiu), die Östlichen Kleinen Sundainseln. **b)** (↑18 ff.) Östliches und Westliches; alles Östliche verehren, das Östliche, für/gegen das Östliche, manches Östliche. (↑21) Das Land ist in zwei Teile gespalten, einen östlichen [Teil] und einen westlichen [Teil]. – In dieser Zone gibt es viele Inseln. Die östlichste von allen/unter ihnen ist unbewohnt. – Die östlichste und die westlichste Insel der Inselkette sind unbewohnt. – Dies ist der östlichste dieser Gebirgszüge/von diesen Gebirgszügen

ostpreußisch: a) (↑40) die ostpreußische Geschichte, die ostpreußischen Mundarten, das ostpreußische Pferd. **b)** (↑18 ff.) alles/das Ostpreußische lieben, nichts/viel Ostpreußisches

oströmisch (↑39 f.): die oströmischen Kaiser, das Oströmische Reich

ostsibirisch (↑39): die Ostsibirische See (im Nordpolarmeer)

ostslowakisch (↑39): das Ostslowakische Eisenkombinat, das Ostslowakische Gebiet (Verwaltungsbezirk der ČSSR)

ottonisch (↑27): die ottonische Kunst

Outlaw (Geächteter, ↑9)

Output (Produktionsmenge, ↑9)

Outsider (Außenseiter, ↑9)

ovidisch (↑27): die Ovidischen Metamorphosen, aber: Dichtungen im ovidischen Stil

ozeanisch (↑40): das ozeanische Klima, die ozeanischen Sprachen

P

p/P (↑36): der Buchstabe klein p/groß P, das p
in hupen, ein verschnörkeltes P, P wie Paula/
Paris (Buchstabiertafel). ↑a/A
paar (↑40): paare (gleiche) Zahlen, paar oder
unpaar
Paar (↑13): zu Paaren treiben
Paar/paar (↑32): alle Paare (Tanzpaare)
strömten zur Tanzfläche, aber: alle paar
Tage/Wochen/Monate/Jahre passierte es; er
zog **das** Paar (zwei zusammengehörende)
Schuhe an; **die** Paare (Hochzeitspaare) gingen
zum Photographen, aber: die paar (wenigen)
Wochen bis zum Urlaub vergehen schnell; drei
Paar Strümpfe; sie sind **ein** [glückliches] Paar,
ein Paar (zwei) Kühe, ein Paar (zwei zusammengehörende) Schuhe fehlt mir, aber: es sind
nur ein paar (einige) [Leute], ein paar (etliche)
Kühe waren krank, ein paar (einige) Schuhe lagen umher, ein paar [Ohrfeigen/Schläge] kriegen; er fand die Ringe **in** einem Paar Schuhe,
aber: in ein paar (einigen) Tagen/Wochen/Mo-
naten/Jahren, in den/diesen paar Tagen; **mit**
einem Paar Schuhen, mit etlichen Paar Schuhen, aber: mit ein paar (einigen) Kühen, mit
diesen paar Mark; **nach** ein paar Tagen/Wo-
chen/Monaten/Jahren
Pacht (↑13): in Pacht
pachten: er will ein Geschäft pachten, aber:
das Pachten von Gelände. *Weiteres* ↑15f.
Packagetour (best. Reise, ↑9)
packen: er muß den Koffer packen, aber: das
Packen der Bücher, beim Packen helfen. *Weiteres* ↑15f.
pädagogisch: a) (↑40f.) pädagogische Fähigkeit; eine pädagogische Hochschule, aber:
die Pädagogische Hochschule (PH) Münster;
die pädagogische Provinz, die pädagogische
Psychologie, (DDR) der Pädagogische Rat
(Lehrerversammlung). **b)** (↑18ff.) etwas/nichts
Pädagogisches betonen, das/nichts Pädagogisches
paddeln: er will paddeln, aber: das Paddeln
gefällt ihm. *Weiteres* ↑15f.
Paderborner/Paduaner (*immer groß,* ↑28)
pah ↑bah
pakistanisch (↑40): die pakistanische Bevölkerung, die pakistanische Hauptstadt, pakistanische Rupie (Währung), der pakistanische
Staat
paktieren: er will mit ihm paktieren, aber:
das Paktieren bietet ihm Sicherheit. *Weiteres*
↑15f.
paläarktisch (↑40): die paläarktische Region
palästinensisch (↑40): die palästinensischen
Araber, die palästinensische Befreiungsbewe-
gung, das palästinensische Gebiet
palatinisch (↑39): der Palatinische Hügel (in
Rom)
Palermer/Panamaer (*immer groß,* ↑28)
panamaisch (↑40): die panamaische Flagge,
das panamaische Hoheitsgebiet

panamerikanisch (↑39f.): die panamerikanische Bewegung, die panamerikanischen
Konferenzen, die Panamerikanischen Spiele,
die Panamerikanische Union (seit 1910)
panarabisch (↑40): die panarabische Bewegung, panarabische Interessen, panarabische
Ziele
pandemisch (↑40): eine pandemische (weit
verbreitete) Seuche
Panflöte spielen ↑Geige spielen
panisch (↑40): ein panischer Schrecken
panslawistisch (↑40): die panslawistische
Bewegung, eine panslawistische Politik, panslawistische Tendenzen
Paperback (kartoniertes Buch, ↑9)
Papier (↑13): aufs Papier werfen, zu Papier
bringen
papp (↑34): nicht mehr papp sagen können
päpstlich (↑39f.): die Päpstliche Akademie
der Wissenschaften, das Päpstliche Bibelinsti-
tut, die Päpstliche Familie (Hofstaat), die
päpstlichen Insignien, der Päpstliche Legat;
der päpstliche Segen (für Sterbende), aber: der
Päpstliche Segen (urbi et orbi); der Päpstliche
Stuhl
parabolisch (↑40): (Math.) das parabolische
Blatt, die parabolische Geometrie, die parabolische Geschwindigkeit, die parabolischen
Punkte, der parabolische Zylinder
paradox (↑18ff.): alles/das Paradoxe, die
Sache hat etwas/nichts Paradoxes
Paraguayer (*immer groß,* ↑28)
paraguayisch (↑40): der paraguayische
Staat, die paraguayische Verfassung
pardauz ↑bardauz
parfümieren: sie will sich parfümieren, aber:
das Parfümieren der Kleider. *Weiteres* ↑15f.
parisch (↑40): parischer Marmor
Pariser (*immer groß,* ↑28)
paritätisch (↑39): paritätische Mitbestim-
mung, der Deutsche Paritätische Wohlfahrtsverband
Park-and-ride-System (↑9)
parken: er kann hier parken, aber: das Parken ist hier verboten. *Weiteres* ↑15f.
parlamentarisch (↑39f.): eine parlamentarische Anfrage, der Parlamentarische Rat, ein
parlamentarischer Staatssekretär
Parmaer/Parmesaner (*immer groß,* ↑28)
parodieren: er will das Gedicht parodieren,
aber: das Parodieren des Gedichtes fällt ihm
leicht. *Weiteres* ↑15f.
Paroli bieten ↑Trotz bieten
Parteichinesisch (↑25): der Redner spricht
ein schwerverständliches Parteichinesisch, sein
Parteichinesisch ist nicht verständlich
parteiisch (↑18ff.): er war am parteiischsten,
alles/das Parteiische vermeiden; der Parteiischste, dem er begegnet war, aber (↑21): der
parteiischste der Männer; ein Parteiischer
parteilich ↑parteiisch
parterre (↑34): parterre wohnen

Parterre (Erdgeschoß, ↑9)
parthenopeisch (↑39): die Parthenopeische Republik (1799)
Partygirl (↑9)
Pas de deux (Tanz für zwei, ↑9)
Paso doble (Tanz, ↑9)
Passauer (*immer groß*, ↑28)
Passepartout (Umrahmung, ↑9)
passiv: a) (↑40) passive Bestechung, passive [Handels]bilanz, eine passive Immunität (Med.), passives Wahlrecht, passiver Widerstand. **b)** (↑18ff.) er verhielt sich am passivsten, alle/die Passiven verurteilen; der Passivste, den man sich denken kann, aber (↑21): der passivste der Teilnehmer; etwas/nichts Passives
Pasta asciutta (Gericht, ↑9)
pastoral ↑pathetisch
Patchwork (Stoff, ↑9)
patentieren: er will die Erfindung patentieren lassen, aber: das Patentieren einer Erfindung. *Weiteres* ↑15f.
pathetisch (↑18ff.): seine Rede war am pathetischsten, alles/das Pathetische vermeiden; das Pathetischste, was er je gehört hatte, aber (↑21): der pathetischste der Redner; etwas/nichts Pathetisches mögen
pathologisch: a) (↑40f.) in Deutschland gibt es viele pathologische Institute, aber: Pathologisches Institut der Universitätsklinik Rostock; pathologische Physiologie. **b)** (↑18ff.) sein Verhalten war am pathologischsten, alles/das Pathologische meiden, etwas/nichts Pathologisches
patriarchalisch ↑ehrwürdig
patriotisch (↑18ff.): er war am patriotischsten von allen, alles/das Patriotische ablehnen; der Patriotischste, dem er begegnet ist, aber (↑21): der patriotischste der Schriftsteller
patsch: a) (↑34) es machte pitsch, patsch. **b)** (↑35) der Patsch, er gab ihm einen Patsch
patt ↑²matt
patzig ↑frech
paulinisch (↑27): die Paulinischen Briefe, aber: in paulinischem Geiste
Pause machen ↑Platz machen
pausieren: er muß jetzt pausieren, aber: das Pausieren ist notwendig. *Weiteres* ↑15f.
pawlowsch (↑27): die Pawlowschen Hunde
Paying guest (zahlender Gast, ↑9)
pazifisch (↑39f.): das Pazifisch-Antarktische Becken, die pazifischen Inseln, der Pazifische Ozean
Pe-Ce-Faser (Textil, ↑9)
pedantisch (↑18ff.): er ist am pedantischsten von allen, alles/das Pedantische verabscheuen; der Pedantischste, der ihm begegnet war, aber (↑21): der pedantischste der Lehrer; etwas/nichts Pedantisches
Peenemünder (*immer groß*, ↑28)
Peep-Show (↑9)
peinlich: a) (↑40) (Rechtsspr.) die peinliche Befragung, das peinliche Gericht, die peinliche Gerichtsordnung, das peinliche Recht (Strafrecht). **b)** (↑18ff.) diese Situation war am peinlichsten, alles/das Peinliche vermeiden; das peinlichste (am peinlichsten, sehr peinlich) war, daß er zu spät kam, aber (↑21) das peinlichste

der Vorkommnisse, aber: das Peinlichste, was er erlebt hatte; die Sache hatte etwas/nichts Peinliches
pelagisch (↑39): die Pelagischen Inseln
Pelemele (Süßspeise, ↑9)
peloponnesisch (↑39): der Peloponnesische Krieg
pendeln: er will pendeln, aber: das Pendeln zwischen Arbeitsplatz und Wohnung ist aufreibend. *Weiteres* ↑15f.
penetrant (↑18ff.): dieser Geruch war am penetrantesten, alles/das Penetrante verabscheuen; das Penetranteste, was man sich denken kann, aber (↑21): der penetranteste der Gerüche; etwas/nichts Penetrantes
penibel ↑pedantisch
penninisch (↑39): die Penninischen Alpen, das Penninische Gebirge
pennsylvanisch (↑40): das pennsylvanische Deutsch, die pennsylvanische Industrie
pensionieren: sie werden ihn pensionieren, aber: das Pensionieren hinauszögern. *Weiteres* ↑15f.
pentelisch (↑40): pentelischer Marmor
Penthaus/Penthouse (Dachwohnung, ↑9)
perfekt (↑18ff.): sie schreibt am perfektesten, alles/das Perfekte auswählen; das Perfekteste, was er finden konnte, aber (↑21): die perfekteste der Methoden; etwas/nichts Perfektes
perfektionieren: er will die Einrichtung perfektionieren, aber: das Perfektionieren der Einrichtung. *Weiteres* ↑15f.
perfid[e] ↑böse (2)
perforieren: sie werden das Papier perforieren, aber: das Perforieren des Papiers. *Weiteres* ↑15f.
pergamenisch (↑39): die Pergamenischen Altertümer (in Berlin)
perikleisch (↑27): die Perikleische Verwaltung, aber: im perikleischen Geiste
periodisch (↑40): eine periodische Augenentzündung, (Physik) eine periodische Bewegung, (Med.) eine periodische Extremitätenlähmung, (Math.) eine periodische Funktion, (Chemie) das periodische System
peripher (↑40): (Med.) periphere Lähmung
perniziös (↑40): (Med.) die perniziöse Anämie
per pedes [apostolorum] (↑9)
Perpetuum mobile (↑9)
persisch/Persisch/Persische: a) (↑39f.) das persische Erdöl, die persische Geschichte, der Persische Golf, das persische Kaiserhaus, der persische Kaviar, die persische Kunst, die persische Literatur, die persische Musik, die persische Religion, die persische Sprache, die persischen Städte, die persischen Teppiche, das persische Volk. **b)** (↑18ff.) alles/das Persische lesen, nichts/viel Persisches. *Zu weiteren Verwendungen* ↑deutsch/Deutsch/Deutsche
Persona grata/ingrata/non grata (↑9)
Personenzug fahren ↑Auto fahren
persönlich: a) (↑40f.) (Rechtsspr.) persönlicher Arrest, persönliches Eigentum; ein persönliches Fürwort (Personalpronomen), (Rel.) das persönliche Gericht, persönliches Konto, (DDR) persönliches Planangebot, persönlicher

Referent. **b)** (↑18ff.) alles/das Persönliche aus dem Spiel lassen, (↑21) das persönlichste der Worte, etwas/nichts Persönliches

perspektivisch (↑40): die perspektivische Verkürzung

peruanisch (↑40): die peruanischen Anden, die peruanischen Indianer, die peruanische Kunst, peruanische Warzenkrankheit, die peruanische Wirtschaft

pervers (↑18ff.): dieses Verhalten war am perversesten, alles/das Perverse meiden; das Perverseste, was man sich denken kann, aber (↑21): das perverseste der Stücke; sein Verhalten hat etwas/nichts Perverses

pessimistisch ↑optimistisch

Petersburger (*immer groß*, ↑28)

petto (↑34): er hat noch einiges in petto

peu à peu (↑34): er arbeitet peu à peu vor sich hin

Pfälzer (*immer groß*, ↑28)

pfälzisch/Pfälzisch/Pfälzische (↑39ff.): der Pfälzische Erbfolgekrieg/Krieg (1688–97), die pfälzische Geschichte, die pfälzischen Weine; ein pfälzisches Wörterbuch, aber das „Pfälzische Wörterbuch" (v. E. Christmann; ↑2ff.). *Zu weiteren Verwendungen* ↑deutsch/Deutsch/Deutsche

pfänden: er muß das Auto pfänden, aber: das Pfänden des Autos. *Weiteres* ↑15f.

pfeifen: er kann gut pfeifen, aber: laß das Pfeifen. *Weiteres* ↑15f.

Pfeife rauchen ↑Zigaretten rauchen

Pferd (↑13): aufs Pferd, vom/zu Pferd

Pfingsten ↑Ostern

pflanzen: er will Bäume pflanzen, aber: das Pflanzen von Bäumen. *Weiteres* ↑15f.

Pflaster treten: a) (↑11) er tritt/trat Pflaster, weil er Pflaster tritt/trat, um Pflaster zu treten. **b)** (↑16) das Pflastertreten hatte sie ermüdet, müde vom Pflastertreten

Pflege (↑13): in Pflege sein/geben

pflegen: er soll ihn pflegen, aber: das/zum Pflegen des Gartens. *Weiteres* ↑15f.

pflücken: wir wollen Erdbeeren pflücken, aber: das Pflücken der Erdbeeren. *Weiteres* ↑15f.

pflügen: er will den Acker pflügen, aber: das Pflügen des Ackers, es ist beim Pflügen. *Weiteres* ↑15f.

pfui: a) (↑34) pfui rufen/sagen, er rief: „Pfui, pfui!", pfui Spinne/Teufel!; pfui, schäme dich, pfui über ihn! **b)** (↑35) ein lautes/verächtliches Pfui ertönte

phaläkisch (↑40): (Poetik) der phaläkische Vers

phantasieren: du sollst nicht phantasieren, aber: das Phantasieren führt zu nichts. *Weiteres* ↑15f.

phantastisch: a) (↑2ff.) die „Phantastische Sinfonie" (von Berlioz). **b)** (↑18ff.) seine Geschichten waren am phantastischsten, alles/das Phantastische ablehnen; das Phantastische, was er gesehen hatte, aber (↑21): die phantastischste der Szenerien; etwas/nichts Phantastisches

pharisäerhaft/pharisäisch ↑heuchlerisch

philippinisch (↑40): philippinischer Peso (Währung)

philippisch (↑39): Philippische Reden (des Demosthenes)

philisterhaft ↑spießig

phlegmatisch: (↑40) ein phlegmatisches Temperament. **b)** (↑18ff.) er ist am phlegmatischsten, alle/die Phlegmatischen ermuntern; der Phlegmatischste, der ihm begegnet war, aber (↑21): der phlegmatischste seiner Kollegen

phonetisch (↑39f.): das Internationale Phonetische Alphabet (IPA), phonetische Lautschrift

phönizisch/Phönizisch/Phönizische (↑40): die phönizische Kunst, die phönizische Schrift, die phönizische Sprache, die phönizischen Städte. *Zu weiteren Verwendungen* ↑deutsch/Deutsch/Deutsche

photogen ↑fotogen

photographieren ↑fotografieren

photographisch ↑fotografisch

phrygisch (↑40): die phrygische Mütze (Jakobinermütze), die phrygische Tonart

pH-Wert (↑36)

physikalisch (↑39ff.): (Physik) eine physikalische Atmosphäre (atm), die physikalische Chemie, eine physikalische Einheit, die Deutsche Physikalische Gesellschaft; ein physikalisches Institut, aber: das Physikalische Institut der Universität Frankfurt; eine physikalische Karte, physikalische Maßeinheit, ein physikalisches Pendel, die physikalische Therapie, die Physikalisch-Technische Bundesanstalt (PTB)

physiologisch (↑40): physiologische Kochsalzlösung, physiologische Psychologie

physisch (↑18ff.): alles/das Physische betonen, etwas/nichts Physisches

picknicken: wir wollen hier picknicken, aber: das Picknicken ist herrlich. *Weiteres* ↑15f.

Pick-up (Tonabnehmer, ↑9)

Pidgin-Englisch/Pidgin-English (↑9)

piep: a) (↑34) piep, piep machte der Vogel. **b)** (↑35) er tut/sagt/macht keinen Piep mehr

pikant (↑18ff.): diese Sauce ist am pikantesten, alles/das Pikante bevorzugen; das Pikanteste, was er gegessen hatte, aber (↑21): die pikanteste der Geschichten; etwas/nichts Pikantes

pikardisch (↑40): (Musik) eine pikardische Terz

pikaresk (↑40): (Literaturw.) der pikareske Roman

pilgern: sie wollen nach Rom pilgern, aber: das Pilgern ist beschwerlich. *Weiteres* ↑15f.

Pils[e]ner (*immer groß*, ↑28)

pindarisch (↑27): die Pindarischen Oden, aber (Poetik): die pindarische Ode (nach Pindar benannte Odenform)

Pingpong spielen ↑Fußball spielen

Pin-up-Girl (↑9)

Pipeline (↑9)

pitsch ↑patsch

plagen, sich: er muß sich plagen, aber: das Plagen/Sichplagen ist aufreibend. *Weiteres* ↑15f.

plancksch (↑27): das Plancksche Strahlungsgesetz, das Plancksche Wirkungsquantum

planen: er will jetzt schon den Urlaub planen, aber: das Planen kostet viel Zeit, er ist noch beim Planen. *Weiteres* ↑ 15 f.

planetarisch (↑ 40): (Meteor.) planetarische Nebel, das planetarische Windsystem

planieren: sie wollen das Gelände planieren, aber: das Planieren des Geländes, sie sind beim Planieren. *Weiteres* ↑ 15 f.

planlos (↑ 18 ff.): seine Unternehmungen waren am planlosesten, alles/das Planlose vermeiden; das Planloseste, was man sich denken kann, aber (↑ 21): die planloseste der Arbeiten; etwas/nichts Planloses

planschen: du sollst nicht planschen, aber: das Planschen der Kinder. *Weiteres* ↑ 15 f.

plappern: du sollst nicht plappern, aber: das Plappern des Kindes. *Weiteres* ↑ 15 f.

plastisch (↑ 40): (Med.) eine plastische Operation

platonisch: a) (↑ 27) die Platonischen Schriften, aber (Math.): platonische Körper, die platonische Liebe, (Astron.) ein platonisches Jahr. **b)** (↑ 39) die Platonische Akademie (im italien. Humanismus)

plätschern: du sollst nicht plätschern, aber: das Plätschern des Baches. *Weiteres* ↑ 15 f.

platt: a) (↑ 40) das platte Land, platte Redensarten. **b)** (↑ 18 ff.) platt sein, da bist du aber platt, das Platte (Geistlose) verachten; er hat platt (der Reifen ist geplatzt), aber: er hat einen Platten (einen geplatzten Reifen)

Platt (*immer groß*, ↑ 25): können Sie Platt?, verstehen Sie [kein] Platt?, der Redner spricht Platt/in Platt (er hält seine Rede in plattdeutscher Sprache), mein Freund spricht [gut] Platt (er kann [gut] plattdeutsche Sprache sprechen), wie heißt das auf/im/in Platt?, er hat aus dem Platt/ins Platt übersetzt, im reinsten/in reinstem Platt, in unverfälschtem Platt

plattdeutsch/Plattdeutsch/Plattdeutsche (↑ 40): plattdeutsche Literatur, plattdeutsche Mundarten. *Zu weiteren Verwendungen* ↑ alemannisch/Alemannisch/Alemannische

plattdrücken: die Walze wird den Karton plattdrücken, aber: das/durch Plattdrücken des Kartons. *Weiteres* ↑ 15 f.

Platz (↑ 13): [fehl] am Platze sein, (Sport) auf Platz wetten, um Platz bitten, vom Platz stellen

platzen: der Ballon wird platzen, aber: das Platzen des Rohres. *Weiteres* ↑ 15 f.

Platz finden/greifen ↑ Platz machen

Platz machen: a) (↑ 11) er macht Platz, weil er Platz macht, er wird Platz machen, er hat Platz gemacht, um Platz zu machen. **b)** (↑ 16) das Platzmachen, keine Neigung zum Platzmachen

Platz nehmen ↑ Abstand nehmen

Plauener/Plauer (*immer groß*, ↑ 28)

plausibel (↑ 18 ff.): seine Entschuldigung klang am plausibelsten, alles/das Plausible; das Plausibelste, was er geäußert hatte, aber (↑ 21): die plausibelste der Erklärungen; etwas/nichts Plausibles vorbringen

plauz: a) (↑ 34) plauz, da lag er. **b)** (↑ 35) Plauz, einen Plauz tun

Playback (Bandaufzeichnung, ↑ 9)

Playboy/Playgirl (↑ 9)

plaziert (↑ 40): ein plazierter Schuß

plebiszitär (↑ 40): eine plebiszitäre Demokratie

Pleite (↑ 10): Pleite machen, das ist/gibt ja eine Pleite, aber: pleite gehen/sein/werden

pleite gehen: a) (↑ 10) er geht/ging pleite, weil er pleite geht/ging, er wird pleite gehen, ist pleite gegangen, um nicht pleite zu gehen. **b)** (↑ 16) das Pleitegehen. (Entsprechend:) *pleite sein/werden*

Pleite machen: a) (↑ 10 f.) er macht Pleite, weil er Pleite macht, er wird Pleite machen, er hat Pleite gemacht, um nicht Pleite zu machen. **b)** (↑ 16) das Pleitemachen

pleite sein/werden ↑ pleite gehen

plombieren: er muß den Zahn plombieren, aber: das Plombieren des Zahnes. *Weiteres* ↑ 15 f.

plumps: a) (↑ 34) plumps, da lag er. **b)** (↑ 35) der Plumps, das war ein lauter Plumps

plündern: sie wollen Geschäfte plündern, aber: das Plündern der Geschäfte verhindern. *Weiteres* ↑ 15 f.

pluralistisch (↑ 40): die pluralistische Gesellschaft

plus: a) (↑ 34) drei plus zwei ist fünf, plus 15 Grad/15 Grad plus. **b)** (↑ 35) das Plus, das ist ein Plus

pneumatisch (↑ 40): eine pneumatische Bremse (Luftdruckbremse), (Rel.) die pneumatische Exegese, (Med.) eine pneumatische Kammer, (Biol.) pneumatische Knochen

poetisch (↑ 40): er hat eine poetische Ader, die poetische Lizenz (dichterische Freiheit), (Literaturw.) der poetische Realismus

pökeln: er will das Fleisch pökeln, aber: das/durch Pökeln des Fleisches. *Weiteres* ↑ 15 f.

pokern: er will immer pokern, aber: das Pokern kann er nicht lassen. *Weiteres* ↑ 15 f.

polar (↑ 40): (Chemie) eine polare Bindung, polare Kälte, (Chemie) polare Luftmassen, (Chemie) polare Moleküle, polare Strömungen

polemisch (↑ 18 ff.): seine Reden sind immer am polemischsten, alles/das Polemische vermeiden; das Polemischste, was er gehört hatte, aber (↑ 21): die polemischste der Reden; etwas/nichts Polemisches

polemisieren: er kann nur polemisieren, aber: das Polemisieren ist unfair, durch Polemisieren verärgern. *Weiteres* ↑ 15 f.

Pole-position (Startposition, ↑ 9)

polieren: du mußt den Wagen polieren, aber: das Polieren der Möbel, durch Polieren verschönern. *Weiteres* ↑ 15 f.

politisch: a) (↑ 39 f.) ein politischer Beamter, die Bundeszentrale für politische Bildung (in Bonn), (Philos.) die politische Ethik, die politische Geographie, die politische Geschichte, eine politische Karte (Staatenkarte), der politische Katholizismus, (Rechtsspr.) die politische Klausel, die politische Ökonomie (Volkswirtschaft), die politische Polizei, (Rechtsspr.) politische Straftaten, (Poetik) ein politischer Vers, politische Wissenschaft. **b)** (↑ 18 ff.) das Politische, das politischste seiner Stücke, etwas/nichts Politisches

politisieren: er will politisieren, aber: das Politisieren macht ihm Spaß. *Weiteres* ↑ 15 f.

polizeilich (↑ 40): der polizeiliche Erkennungsdienst (Kriminalpolizei), ein polizeiliches Führungszeugnis, der polizeiliche Notstand

Polka tanzen ↑ Walzer tanzen

polnisch/Polnisch/Polnische (↑ 39 f.): der Polnische Erbfolgekrieg, der Polnische Korridor, die polnische Kunst, die polnische Landwirtschaft, die polnische Literatur, die polnische Musik, die polnische Sprache, die Polnischen Teilungen (18. Jh.), der Polnische Thronfolgekrieg, das polnische Volk, polnische Wurst. *Zu weiteren Verwendungen* ↑ deutsch/Deutsch/Deutsche

polstern: du mußt den Sitz polstern, aber: das Polstern der Stühle, durch Polstern der Stühle, durch Polstern bequemer machen. *Weiteres* ↑ 15 f.

poltern: du sollst nicht poltern, aber: das Poltern ist unerträglich. *Weiteres* ↑ 15 f.

polynesisch (↑ 40): die polynesische Inselwelt, die polynesischen Sprachen

polyphon (↑ 40): (Musik) ein polyphoner Satz

polytechnisch (↑ 39 ff.): (DDR) eine polytechnische Erziehung, polytechnischer Lehrgang, polytechnischer Unterricht

pomadig ↑ träge (b)

pommer[i]sch/Pommersch/Pommer[i]-sche (↑ 39 f.): der Pommersche Bucht, der Pommersche Höhenrücken, die Pommersche Evangelische Kirche, die pommer[i]schen Mundarten, die Pommersche Seenplatte. *Zu weiteren Verwendung* ↑ deutsch/Deutsch/Deutsche

Pommes Dauphin (Kroketten, ↑ 9)

Pommes frites (↑ 9)

Pompejaner (*immer groß*, ↑ 28)

pomphaft/pompös ↑ prunkvoll

pontinisch (↑ 39): die Pontinischen Inseln, die Pontinischen Sümpfe

pontisch (↑ 39 f.): das Pontische Gebirge, (Biol.) pontische Pflanzen

Pop-art (Kunstrichtung, ↑ 9)

Popcorn (Mais, ↑ 9)

Popfestival/Popmusik (↑ 9)

populär (↑ 18 ff.): seine Lieder sind am populärsten, alles/das Populäre bevorzugen; das Populärste, was man sich denken kann, aber (↑ 21): der populärste der Sänger; etwas/nichts Populäres

pornographisch (↑ 18 ff.): alles/das Pornographische verurteilen, etwas/nichts Pornographisches kaufen

porös (↑ 18 ff.): dieses Gewebe ist am porösesten, alles/das Poröse aussondern; das Poröseste, was man finden konnte, aber (↑ 21): das poröseste der Stoffe; etwas/nichts Poröses verwenden

Porta Hungarica/Nigra/Westfalica (↑ 39)

porträtieren: er will ihn porträtieren, aber: das Porträtieren ist schwierig. *Weiteres* ↑ 15 f.

portugiesisch/Portugiesisch/Portugiesische (↑ 39 f.): die portugiesische Geschichte, die portugiesische Kunst, die portugiesische Literatur, die Portugiesische Republik, das Portugiesische Scheidegebirge, die portugiesische Sprache, die portugiesische Verfassung, das portugiesische Volk, die portugiesischen Weine. *Zu weiteren Verwendungen* ↑ deutsch/Deutsch/Deutsche

Posaune blasen ↑ Trompete blasen

positiv: a) (↑ 39 f.) (Math.) der positive Drehsinn, (Physik) positive Elektrizität, positives Ergebnis, (Rechtsspr.) das positive Interesse, die positive Philosophie, der positive Pol, (Rechtsspr.) das positive Recht, (Physik) eine positive Säule, die Positive Union (1817 gegründet), (Rechtsspr.) eine positive Vertragsverletzung, positives Wissen, (Math.) positive Zahlen. b) (↑ 18 ff.) seine Einstellung ist am positivsten, alles/das Positive unterstützen; das Positivste, was zu finden war, aber (↑ 21): das positivste der Urteile; etwas/nichts Positives

Positur (↑ 13): sich in Positur setzen

Posten (↑ 13): auf Posten sein/stehen

Posten fassen ↑ Wurzel fassen

Posten stehen: a) (↑ 11) er steht/stand Posten, weil er Posten steht/stand, er wird Posten stehen, er hat Posten gestanden, um Posten zu stehen. b) (↑ 16) das Postenstehen ist langweilig

postieren: wir müssen Wachen postieren, aber: das Postieren der Soldaten. *Weiteres* ↑ 15 f.

potemkinsch (↑ 27): die Potemkinschen Dörfer

potentiell (↑ 40): (Physik) die potentielle Energie, (Biol.) eine potentielle Unsterblichkeit

Potsdamer (*immer groß*, ↑ 28)

Powerplay/Powerslide (Sport, ↑ 9)

prächtig (↑ 18 ff.): ihre Kostüme waren am prächtigsten; das Prächtigste, was sie gesehen hatten, aber (↑ 21): das prächtigste der Zimmer; etwas/nichts Prächtiges

prägen: er soll die Münzen prägen, aber: das Prägen der Münzen. *Weiteres* ↑ 15 f.

Prager (*immer groß*, ↑ 28)

pragmatisch (↑ 39 f.): die Pragmatische Armee (1743), pragmatische Geschichtsschreibung, die Pragmatische Sanktion (1713), die Pragmatische Sanktion von Bourges (1438), (Sprachw.) die pragmatische W-Kette

prägnant (↑ 18 ff.): seine Ausdrucksweise ist am prägnantesten, alles/das Prägnante bevorzugen; das Prägnanteste, was er gehört hat, aber (↑ 21): der prägnanteste der Sätze, etwas/nichts Prägnantes

prahlen: er kann nur prahlen, aber: das Prahlen der Jugendlichen. *Weiteres* ↑ 15 f.

prahlerisch (↑ 18 ff.): er ist immer am prahlerischsten, alles/das Prahlerische ablehnen; der Prahlerischste, den man sich vorstellen kann, aber (↑ 21): der prahlerischste der Schüler; etwas/nichts Prahlerisches

praktisch: a) (↑ 40) ein praktischer Arzt (prakt. Arzt), das praktische (tätige) Christentum, ein praktisches Jahr (Praktikum), die praktische Psychologie, die praktische Theologie (Pastoraltheologie). b) (↑ 18 ff.) dieses Gerät ist am praktischsten, alles/das Praktische

bevorzugen; das Praktischste, was zu finden war, aber (↑21): das praktischste der Möbelstücke; etwas/nichts Praktisches schenken
praktizieren: er muß zuerst praktizieren, aber: das Praktizieren ist Vorschrift, beim Praktizieren viel lernen. *Weiteres* ↑15f.
prämienbegünstigt (↑40): (Bankw.) prämienbegünstigtes Sparen
prämieren: sie werden den Entwurf prämieren, aber: das Prämieren wird lange dauern. *Weiteres* ↑15f.
prämiieren ↑prämieren
präparieren: er will die Pflanzen präparieren, aber: das Präparieren der Pflanzen, durch Präparieren erhalten. *Weiteres* ↑15f.
präsentieren: er wird die Rechnung noch präsentieren, aber: das Präsentieren der Rechnung. *Weiteres* ↑15f.
präsidieren: er wird bei der Sitzung präsidieren, aber: das Präsidieren obliegt ihm. *Weiteres* ↑15f.
prästabiliert (↑40): (Philos.) die prästabilierte Harmonie
präsumtiv (↑40): der präsumtive (mutmaßliche) Täter
präverbal (↑40): die präverbale Phase
präzis (↑18ff.): seine Methode ist am präzisesten, alles/das Präzise bevorzugen; das Präziseste, was man sich denken kann, aber (↑21): die präziseste der Apparaturen; etwas/nichts Präzises
präzisieren: er muß die Angaben präzisieren, aber: das Präzisieren der Angaben ist notwendig. *Weiteres* ↑15f.
predigen: er wird heute predigen, aber: das Predigen liegt ihm, beim Predigen stören. *Weiteres* ↑15f.
Preis (↑13): auf Preis halten, hoch im Preis[e] stehen, unter Preis verkaufen
preisgeben ↑achtgeben
prekär (↑18ff.): ihre Lage war am prekärsten, (↑21) die prekärste der Situationen
Pre-shave-Lotion (Gesichtswasser, ↑9)
pressen: du mußt den Stoff pressen, aber: das Pressen des Stoffes, durch Pressen steif machen. *Weiteres* ↑15f.
preußisch: a) (↑39f.) die preußischen Behörden, das preußische Dreiklassenwahlrecht, die Preußische Elektrizitäts-AG, Preußisch Eylau, Preußisch Friedland, das preußische Heer, der Preußische Höhenrücken, Preußisch Holland, die Stiftung Preußischer Kulturbesitz, die preußische Kappe (Tonnengewölbe), der preußische König, das Preußische Allgemeine Landrecht, der preußische Ministerpräsident, die Preußische Seenplatte, die Preußische Staatsbank, die Preußische Staatsbibliothek, Preußisch Oldendorf, Preußisch Stargard. **b)** (↑18ff.) alles/das Preußische ablehnen, er hat etwas Preußisches an sich
Preußischblau (↑26)
preziös ↑geschraubt
primär (↑40): (Biol.) das primäre Dickenwachstum, (Wirtsch.) primäres Einkommen, (Biol.) das primäre Gaumendach, (Chemie) primäre Kohlenstoffatome, (Biol.) primäre Sinneszellen

primitiv: a) (↑40) primitive Kunst (Kunst der Naturvölker), primitive Musik (Musik der Naturvölker), primitive Religionen, (Philos.) ein primitives Symbol, ein primitives Volk. **b)** (↑18ff.) diese Methode ist am primitivsten, alles/das Primitive meiden; das Primitivste, was man sich denken kann, aber (↑21): das primitivste der Bedürfnisse; etwas/nichts Primitives
privat: a) (↑40) eine private Angelegenheit, private Ausgaben, eine private Meinung, private Wirtschaft. **b)** (↑18ff.) alles/das Private respektieren, ein Privat verkaufen, etwas/nichts Privates, von Privat kaufen
privatisieren: sie wollen das Unternehmen privatisieren, aber: das Privatisieren des Unternehmens. *Weiteres* ↑15f.
privilegiert (↑40): (Rechtsspr.) ein privilegiertes Delikt
pro (↑34): **a)** (↑35) das Pro und [das] Kontra. **b)** (↑13f.) pro mille (vom Tausend, p.m., ‰); pro Kopf usw. ↑Kopf usw.
probat (↑18ff.): dieses Mittel ist am probatesten; das Probateste, was man sich denken kann, aber (↑21): die probateste der Methoden; etwas/nichts Probates
probefahren (↑11): er ist probegefahren, wenn er probefährt, er fährt Probe
proben: wir müssen proben, aber: das Proben der Aufführung. *Weiteres* ↑15f.
probieren: wir müssen es probieren, weil Probieren über Studieren geht. *Weiteres* ↑15f.
problematisch (↑18ff.): dieses Thema war am problematischsten, alles/das Problematische meiden; der Problematischste, der ihm begegnet war, aber (↑21): die problematischste der Situationen; etwas/nichts Problematisches
produktiv: a) (↑40) eine produktive Entzündung (Med.). **b)** (↑18ff.) seine Arbeit ist am produktivsten, alles/das Produktive fördern; der Produktivste, der ihm begegnet war, aber (↑21): die produktivste der Methoden; etwas/nichts Produktives
produzieren: wir müssen mehr produzieren, aber: das Produzieren beginnt erst im Frühjahr. *Weiteres* ↑15f.
profan: a) (↑40) ein profanes Bauwerk. **b)** (↑18ff.) alles/das Profane ablehnen, etwas/nichts Profanes dulden
profitieren: er wird davon profitieren, aber: das Profitieren ist nicht zu verhindern. *Weiteres* ↑15f.
programmieren: er soll die Maschine programmieren, aber: das Programmieren der Maschine. *Weiteres* ↑15f.
programmiert (↑40): (Päd.) programmierter Unterricht
progressiv: a) (↑40) progressive Kräfte. **b)** (↑18ff.) er war am progressivsten, alles/das Progressive fördern; der Progressivste, dem er begegnet war, aber (↑21): der progressivste der Verleger; etwas/nichts Progressives
projizieren: er will Bilder projizieren, aber: das Projizieren der Bilder. *Weiteres* ↑15f.
proklamieren: sie wollen die Republik proklamieren, aber: das Proklamieren der Republik. *Weiteres* ↑15f.
pro Kopf ↑Kopf

Pro-Kopf-Verbrauch (↑9)
proletarisch (↑40): proletarischer Internationalismus (DDR)
promenieren: wir wollen noch etwas promenieren, aber: das Promenieren am Abend. *Weiteres* ↑15f.
Promille (Tausendstel, ↑9): zwei Promille.
↑pro
prominent (↑18ff.): er war am prominentesten, alle/die Prominenten begrüßen; der Prominenteste, dem er begegnet war, aber (↑21): der prominenteste der Besucher; ein Prominenter
promissorisch (↑40): promissorischer Eid (Rechtsw.)
propagieren: er wird unsere Ziele propagieren, aber: das Propagieren bestimmter Ziele. *Weiteres* ↑15f.
prophetisch (↑18ff.): seine Schriften waren am prophetischsten, alles/das Prophetische; das Prophetischste, was er gelesen hatte, aber (↑21): das prophetischste seiner Bücher; etwas/nichts Prophetisches
prophezeien: ich will nichts prophezeien, aber: das Prophezeien ist Glückssache. *Weiteres* ↑15f.
prosaisch (↑18ff.): er ist am prosaischsten, alles/das Prosaische ablehnen; der Prosaischste, der mir begegnet war, aber (↑21): die prosaischste der Naturen; etwas/nichts Prosaisches
pros[i]t: a) (↑34) pros[i]t Neujahr!, pros[i]t allerseits!/Mahlzeit! **b)** (↑35) ein Pros[i]t dem Gastgeber/der Gemütlichkeit
pro Stück ↑Stück
Protest (↑13): unter Protest die Versammlung verlassen, zu Protest gehen (von Wechseln) lassen
protestieren: sie wollen protestieren, aber: das Protestieren nützt nichts. *Weiteres* ↑15f.
Protokoll (↑13): zu Protokoll geben
Protokoll führen ↑Buch führen
protokollieren: er soll protokollieren, aber: das Protokollieren der Sitzung. *Weiteres* ↑15f.
provenzalisch (↑40): die provenzalische Dichtung/Literatur
provinziell (↑18ff.): alles/das Provinzielle belächeln, etwas/nichts Provinzielles
provisorisch (↑18ff.): diese Einrichtung war am provisorischsten, alles/das Provisorische beenden; das Provisorischste, was man sich denken kann, aber (↑21): die provisorischste der Unterkünfte; etwas/nichts Provisorisches dulden
provokatorisch (↑18ff.): alles/das Provokatorische vermeiden; das Provokatorischste, was er gehört hatte, aber (↑21): die provokatorischste der Reden; etwas/nichts Provokatorisches vorbringen
provozieren: er will provozieren, aber: das Provozieren von Zwischenfällen. *Weiteres* ↑15f.
Prozent (Hundertstel, p. c., %; ↑9): fünf Prozent
prozessieren: er will prozessieren, aber: das Prozessieren ist teuer. *Weiteres* ↑15f.

prüde (↑18ff.): sie war am prüdesten, alle/die Prüden; der Prüdeste, der ihm begegnet war, aber (↑21): das prüdeste der Mädchen; etwas/nichts Prüdes
prüfen: er will ihn prüfen, aber: das Prüfen der Kandidaten, beim Prüfen Fehler machen. *Weiteres* ↑15f.
prügeln: er soll ihn nicht prügeln, aber: das Prügeln ist verboten. *Weiteres* ↑15f.
prunkvoll (↑18ff.): diese Ausstattung war am prunkvollsten, alles/das Prunkvolle lieben; das Prunkvollste, was er gesehen hatte, aber (↑21): die prunkvollste der Einrichtungen; etwas/nichts Prunkvolles
psychedelisch (↑40): ein psychedelisches Mittel
psychisch ↑physisch
psychologisch (↑40): (Philos.) der psychologische Gottesbeweis, psychologische Kriegsführung, (Literaturw.) der psychologische Roman
ptolemäisch (↑27): das ptolemäische Weltsystem
Public Relations (↑9)
publizieren: er will Texte publizieren, aber: das Publizieren ist sein Ziel. *Weiteres* ↑15f.
pudern: er muß die Wunde pudern, aber: das Pudern der Wunde, durch Pudern heilen. *Weiteres* ↑15f.
puertoricanisch (↑40): die puertoricanische Bevölkerung
puh ↑bah
pulverfein (↑40): pulverfeiner Kaffee
pulverisieren: er will den Zucker pulverisieren, aber: das Pulverisieren des Zuckers. *Weiteres* ↑15f.
pumpen: wir müssen das Wasser pumpen, aber: das Pumpen des Wassers. *Weiteres* ↑15f.
punisch (↑39f.): der Erste/Zweite/Dritte Punische Krieg, die Punischen Kriege, die punische Treue (Untreue)
punktieren: er soll die Linie punktieren, aber: das Punktieren der Linie, durch Punktieren unterscheiden. *Weiteres* ↑15f.
pur (↑40): pures Gold, die pure Wahrheit; Whisky pur
purpurn/Purpur
1 *Als Attribut beim Substantiv* (↑40): purpurne Gewänder, eine purpurne Rose, purpurner Wein
2 *Alleinstehend oder nach Artikel, Pronomen, Präposition usw.* (↑26): der Purpur, [die Farbe] Purpur; das Band ist purpurn, seine Farbe ist purpurn (wie ist die Farbe?), aber: die vorherrschenden Farben waren Purpur und Weiß (was waren die vorherrschenden Farben?); goldenes Eichenlaub auf Purpur, in Purpur und Grün; gelbes, mit Purpur abgesetztes Leder. *Zu weiteren Verwendungen* ↑blau/Blau/Blaue
Puste (↑9): aus der Puste sein; [ja,] Puste[kuchen]!
pusten: du mußt pusten, aber: durch Pusten zum Glimmen bringen. *Weiteres* ↑15f.
put, put: a) (↑34) put, put lockte er die Hühner. **b)** (↑35) mit einem lauten Putput lockte er die Hühner, dort ist ein Putput

6*

putzen: wir wollen morgen putzen, aber: das Putzen der Fenster, sie ist am Putzen. *Weiteres* ↑15 f.
putzig ↑drollig
pyknisch (↑40): (Psych.) ein pyknischer Typ

pythagoreisch (↑27): die Pythagoreische Philosophie, aber: der pythagoreische Lehrsatz, das pythagoreische System, die pythagoreischen Zahlen
pythisch (↑39): die Pythischen Spiele

Q

q/Q (↑36): der Buchstabe klein q/groß Q, das q in verquer, ein verschnörkeltes Q, Q wie Quelle/Québec (Buchstabiertafel). ↑a/A
qua (↑34): qua Beamter
quadratisch (↑40): (Math.) eine quadratische Gleichung, (Architektur) der quadratische Schematismus
quaken: die Frösche werden quaken, aber: das Quaken der Frösche. *Weiteres* ↑15 f.
quälen: du sollst ihn nicht quälen, aber: das Quälen der Tiere. *Weiteres* ↑15 f.
qualifizieren, sich: er wird sich qualifizieren, aber: das Qualifizieren/Sichqualifizieren wird schwer. *Weiteres* ↑15 f.
qualifiziert: a) (↑40) ein qualifizierter Arbeiter, eine qualifizierte Mehrheit (bei einer Abstimmung), (Rechtsspr.) ein qualifiziertes Vergehen. **b)** (↑18 ff.) er ist für diese Arbeit am qualifiziertesten, alle/die Qualifizierten bevorzugen; der Qualifizierteste, den er finden konnte, aber (↑21): der qualifizierteste der Mitarbeiter
qualmen: der Schornstein wird qualmen, aber: das Qualmen des Schornsteins. *Weiteres* ↑15 f.
qualvoll (↑18 ff.): sein Leiden war am qual-

vollsten; das Qualvollste, was er erlebt hatte, aber (↑21): das qualvollste der Leiden; etwas/nichts Qualvolles
Quarantäne (↑13): in Quarantäne liegen, das Schiff liegt unter Quarantäne
Quartett spielen ↑Skat spielen
quasseln ↑quatschen
quatschen: ihr sollt nicht quatschen, aber: das Quatschen kann ich nicht leiden. *Weiteres* ↑15 f.
Quickstep (Tanz, ↑9): Quickstep tanzen ↑Walzer tanzen
quiek: a) (↑34) quiek, quiek machte das Schwein. **b)** (↑35) ein lautes Quiekquiek war zu hören
quieken: die Schweine werden quieken, aber: das Quieken der Ferkel. *Weiteres* ↑15 f.
quietschen: die Bremsen werden quietschen, aber: das Quietschen der Bremsen. *Weiteres* ↑15 f.
quittieren: er soll die Rechnung quittieren, aber: das Quittieren der Rechnung verlangen. *Weiteres* ↑15 f.
Quittung (↑13): gegen Quittung
Quivive (↑13): auf dem Quivive sein
Quizmaster (↑9)

R

r/R (↑36): der Buchstabe klein r/groß R, das r in fahren, ein verschnörkeltes R, R wie Richard/Roma (Buchstabiertafel); das Zungen-R. ↑a/A
Rabatz (↑11): Rabatz machen
rabbinisch (↑40): die rabbinische Sprache (das wissenschaftliche jüngere Hebräisch)
rabiat (↑18 ff.): er war am rabiatesten, alles/das Rabiate in seinem Auftreten verabscheuen; der Rabiateste, den man sich vorstellen kann, aber (↑21): der rabiateste der Kunden; etwas/nichts Rabiates
Rache (↑13): auf Rache sinnen, aus Rache, nach Rache dürsten
rächen: er will die Tat rächen, aber: das Rächen der Tat. *Weiteres* ↑15 f.
Rache nehmen ↑Abstand nehmen
Rad (↑13): sich aufs Rad setzen, zu Rad kommen; ↑radfahren
Radau (↑11): Radau machen
Radball spielen ↑Fußball spielen

radeln: er will radeln, aber: das Radeln gefällt ihm, beim Radeln fallen. *Weiteres* ↑15 f.
radfahren: a) (↑11) er fährt/fuhr Rad, weil er radfährt/radfuhr, er wird radfahren, er hat radgefahren, um radzufahren. **b)** (↑16) das Radfahren macht Spaß, Freude am Radfahren. (Entsprechend:) *radschlagen*
radial (↑40): (Biol.) ein radiales Leitbündel
radieren: er darf nicht radieren, aber: das Radieren ist nicht erlaubt. *Weiteres* ↑15 f.
radikal (↑18 ff.): er war am radikalsten, alle/die Radikalen; das Radikalste, was er je vernommen hatte, aber (↑21): das radikalste der Verfahren; etwas/nichts Radikales
radioaktiv (↑40): radioaktiver Niederschlag, radioaktive Verseuchung
radschlagen ↑radfahren
Radstädter (*immer groß*, ↑28)
raffaelisch (↑27): eine Raffaelische Madonna, aber: die raffaelische Farbgebung/Richtung

raffiniert: a) (↑40) raffinierter Zucker. **b)** (↑18ff.) sie war am raffiniertesten, alles/das Raffinierte ablehnen; das raffinierteste (am raffiniertesten, sehr raffiniert) war, daß sie vorher schon abfuhren, (↑21) der raffinierteste der Männer, aber: das Raffinierteste, was er je gesehen hatte; etwas/nichts Raffiniertes
Rage (↑13): in Rage bringen/kommen
Ragtime (Tanz, ↑9): Ragtime tanzen ↑Walzer tanzen
rahmen: er will das Bild rahmen, aber: das Rahmen des Bildes. *Weiteres* ↑15f.
Rallye-Cross (Autorennen, ↑9)
rammen: sie müssen Pfähle rammen, aber: das Rammen der Pfähle. *Weiteres* ↑15f.
Ramsch (↑13): im Ramsch kaufen
Rand (↑13): am Rand[e], außer Rand und Band, zu Rande kommen
randalieren: ihr sollt nicht randalieren, aber: das Randalieren der Jugendlichen verhindern. *Weiteres* ↑15f.
rangieren: er muß den Wagen rangieren, aber: das Rangieren der Wagen. *Weiteres* ↑15f.
rar (↑18ff.): Butter war am rarsten, alles/das Rare aufkaufen; das Rarste, was man sich denken kann, aber (↑21): das rarste der Bücher; etwas/nichts Rares, sich rar machen
rasch ↑schnell (b)
rascheln: das Laub wird rascheln, aber: das Rascheln des Laubes, durch Rascheln aufmerksam machen. *Weiteres* ↑15f.
rasen: er soll nicht rasen, aber: das Rasen ist sinnlos, durch Rasen verunglücken. *Weiteres* ↑15f.
rasieren: ich muß ihn rasieren, aber: das Rasieren ist unangenehm, sich beim Rasieren schneiden. *Weiteres* ↑15f.
raspeln: er muß das Brett raspeln, aber: das Raspeln des Brettes. *Weiteres* ↑15f.
rassig (↑18ff.): sie tanzte am rassigsten, alles/das Rassige lieben; das Rassigste, was er je gesehen hat, aber (↑21): das rassigste der Tiere; etwas/nichts Rassiges
Rastatter (*immer groß*, ↑28)
rasten: wir wollen hier rasten, aber: das Rasten darf nicht lange dauern, beim Rasten sich etwas ausruhen. *Weiteres* ↑15f.
rastlos (↑18ff.): sie war am rastlosesten tätig, alle/die Rastlosen, alles/das Rastlose ihres Wesens; der Rastloseste, den er kannte, aber (↑21): der rastloseste der Arbeiter; etwas/nichts Rastloses
Rat (↑13): mit Rat und Tat, um Rat fragen, mit sich zu Rate gehen, jmdn. zu Rate ziehen
Rate (↑13): auf Raten kaufen, in Raten zahlen
raten: du sollst raten, aber: das Raten macht Spaß, beim Raten gewinnen. *Weiteres* ↑15f.
Rat geben ↑Bescheid geben
Rat holen: a) (↑11) er holte Rat, weil er Rat holte, er wird Rat holen, er hat Rat geholt, um Rat zu holen. **b)** (↑16) das Ratholen liebt er nicht
ratifizieren: sie wollen den Vertrag ratifizieren, aber: das Ratifizieren des Vertrages. *Weiteres* ↑15f.
rational: a) (↑40) (Math.) eine rationale

Funktion, rationale Zahlen. **b)** (↑18ff.) alles/das Rationale, etwas/nichts Rationales
rationalisieren: sie wollen den Betrieb rationalisieren, aber: das/durch Rationalisieren des Betriebes. *Weiteres* ↑15f.
rationell (↑18ff.): sie wirtschaftet am rationellsten, alles/das Rationelle bevorzugen, (↑21) die rationellste der Methoden, etwas/nichts Rationelles
rationieren: sie wollen die Lebensmittel rationieren, aber: das Rationieren der Lebensmittel. *Weiteres* ↑15f.
rätisch (↑39): die Rätischen Alpen
rätoromanisch/Rätoromanisch/Rätoromanische (↑40): der rätoromanische Bevölkerungsteil (der Schweiz), die rätoromanischen Mundarten, die rätoromanische Sprache, das rätoromanische Volk. *Zu weiteren Verwendungen* ↑deutsch/Deutsch/Deutsche
rätselhaft (↑18ff.): diese Vorgänge waren für ihn am rätselhaftesten, alles/das Rätselhafte dieser Vorgänge; das rätselhafteste (am rätselhaftesten, sehr rätselhaft) war, auf welche Weise er es geschafft hatte, (↑21) das rätselhafteste der Ereignisse, aber: das Rätselhafteste, was ihnen begegnet war; daran war etwas/nichts Rätselhaftes
rätseln: wir können nur rätseln, aber: das Rätseln hat keinen Sinn, wir sind noch am Rätseln. *Weiteres* ↑15f.
räuberisch (↑40): (Rechtsw.) räuberischer Diebstahl, räuberische Erpressung
Räuber und Gendarm spielen: a) (↑11) wir spielen Räuber und Gendarm, weil wir Räuber und Gendarm spielen, um Räuber und Gendarm zu spielen. **b)** (↑16) das Räuber-und-Gendarm-Spielen macht ihm Freude
¹rauchen: er will nicht mehr rauchen, aber: das Rauchen einstellen, beim Rauchen husten. *Weiteres* ↑15f.
²rauchen /in Fügungen wie *Pfeife rauchen*/↑Zigaretten rauchen
räuchern: er will das Fleisch räuchern, aber: das Räuchern des Fleisches. *Weiteres* ↑15f.
rauh: a) (↑39f.) das Rauhe Haus (1833 von Wichern gegründete Anstalt), der Rauhe Kulm (Bergkegel in Bayern), rauhe Luft, ein rauher Ton, rauher Wind. **b)** (↑18ff.) ihre Hände waren am rauhesten, alles/das Rauhe glätten, (↑21) die rauheste der Oberflächen, etwas/nichts Rauhes
raum (↑40): (Seemannsspr.) ein raumer (schräger) Wind, (Forstw.) ein raumer (lichter) Wald
räumen: er soll die Wohnung räumen, aber: das Räumen der Wohnung. *Weiteres* ↑15f.
rauschen: das Wasser wird rauschen, aber: das Rauschen des Baches. *Weiteres* ↑15f.
rauschhaft (↑18ff.): alles/das Rauschhafte suchen, etwas/nichts Rauschhaftes
räuspern, sich: er muß sich räuspern, aber: das Räuspern/Sichräuspern ist unangenehm. *Weiteres* ↑15f.
Ravensberger/Ravensburger (*immer groß*, ↑28)
reagieren: du mußt richtig reagieren, aber: das Reagieren des Fahrers ist wichtig. *Weiteres* ↑15f.

reaktionär: a) (↑40) reaktionäre Kräfte. **b)** (↑18ff.) diese Gruppe ist am reaktionärsten, alles/das Reaktionäre bekämpfen; der Reaktionärste, den er kannte, aber (↑21): der reaktionärste seiner Gegner; etwas/nichts Reaktionäres

reaktiv (↑40): (Med.) reaktive Depression, reaktive Hyperämie

real (↑18ff.): einen Blick für alles/das Reale haben, etwas/nichts Reales

realisierbar (↑18ff.): dieser Plan ist noch am realisierbarsten, alles/das Realisierbare verwirklichen, (↑21) das realisierbarste der Unternehmen, etwas/nichts Realisierbares

realisieren: er will seinen Plan realisieren, aber: das Realisieren des Planes wird schwierig. *Weiteres* ↑15f.

realistisch (↑18ff.): er sieht die Dinge am realistischsten, alles/das Realistische an jmdm. schätzen; der Realistischste, der ihm begegnet war, aber (↑21): der realistischste der Männer; etwas/nichts Realistisches

rebellieren: die Gefangenen wollen rebellieren, aber: das Rebellieren hatte keinen Erfolg. *Weiteres* ↑15f.

rebellisch (↑18ff.): er war am rebellischsten, alles/das Rebellische unterdrücken; der Rebellischste, der ihm begegnet war, aber (↑21): der rebellischste der Männer; etwas/nichts Rebellisches

Rechenschaft (↑13): zur Rechenschaft ziehen

rechnen: er soll schneller rechnen, aber: das Rechnen fällt ihm schwer, beim Rechnen Fehler machen. (Beachte:) zu rechnen lernen, aber: das Rechnen lernen. *Weiteres* ↑15f.

recht: a) (↑40) rechter Hand (rechts), jmds. rechte Hand sein, rechter Winkel. **b)** (↑18ff.) das geschieht ihm recht, ich kann ihm nichts recht machen, das Rechte treffen/tun, nach dem Rechten sehen, an den Rechten kommen, du bist mir der Rechte, etwas/nichts Rechtes können/wissen, zum Rechten sehen, aber (↑34): zurecht ↑zurechtkommen; (↑19) die Rechte (rechte Hand), der Rechten angehören (im Parlament), zur Rechten sitzen

Recht: a) (↑10) es ist Rechtens (↑rechtens), ein Recht geben/verleihen, ein Recht haben, Recht finden/sprechen/suchen, aber: recht behalten/bekommen/erhalten/geben/haben/sein/tun. **b)** (↑13) im Recht sein, mit Recht, mit Fug und Recht, nach Recht und Gewissen, ohne Recht, von Rechts wegen (v. R. w.), Gnade vor Recht ergehen lassen, zu Recht bestehen/erkennen

recht behalten/bekommen ↑recht haben

rechtdrehend (↑40): (Meteor.) rechtdrehende Winde

rechtens (↑34): er ist rechtens verurteilt

Rechtens ↑Recht (a)

recht erhalten ↑recht haben

Recht finden: a) (↑10f.) er findet/fand Recht, weil er Recht findet/fand, er wird Recht finden, er hat Recht gefunden, um Recht zu finden, aber (↑16) das Rechtfinden ist schwierig. (Entsprechend:) *Recht sprechen/suchen*

recht geben ↑recht haben

recht haben: a) (↑9) er hat recht, weil er

recht hat, er wird recht haben, er hat recht gehabt, um recht zu haben, aber: ein Recht haben. **b)** (↑16) das Rechthaben. (Entsprechend:) *recht behalten/bekommen/erhalten/sein/tun*

rechthaberisch (↑18ff.): er ist am rechthaberischsten, alle/die Rechthaberischen tadeln; der Rechthaberischste, den er kannte, aber (↑21): der rechthaberischste seiner Kollegen; etwas/nichts Rechthaberisches

rechtlich (↑40): (Rechtsspr.) rechtliches Gehör

rechts ↑links

rechtsaußen ↑linksaußen

rechtschaffen (↑18ff.): sie war am rechtschaffensten, alle/die Rechtschaffenen; die Rechtschaffenste, die er kannte, aber (↑21): die rechtschaffenste der Frauen; etwas/nichts Rechtschaffenes

recht sein ↑recht haben

rechtsfähig (↑40): ein rechtsfähiger Verein

Recht sprechen/suchen ↑Recht finden

rechtsum ↑links

rechtswidrig (↑18ff.): sein Verhalten war am rechtswidrigsten, alles/das Rechtswidrige ahnden; das Rechtswidrigste, was geschah, aber (↑21): die rechtswidrigste der Handlungen; etwas/nichts Rechtswidriges

recht tun ↑recht haben

Recklinghäuser (*immer groß*, ↑28)

Rede (↑13): in Rede stehen, zur Rede stellen

reden: er kann gut reden, aber: das Reden liegt ihm, zum Reden bringen; Reden ist Silber, Schweigen ist Gold; nicht viel Redens von einer Sache machen. *Weiteres* ↑15f.

redigieren: einen Text redigieren, aber: das Redigieren des Textes. *Weiteres* ↑15f.

redlich ↑rechtschaffen

reduplizierend (↑40): (Sprachw.) reduplizierende Verben

reduziert (↑40): (Med.) ein reduziertes Auge, (Math.) ein reduzierter Bruch, (Optik) die reduzierte Weglänge

reell: a) (↑40) (Optik) ein reelles Bild, (Math.) reelle Zahlen. **b)** (↑18ff.) alles/das Reelle; das reellste (am reellsten, sehr reell) wäre, wenn er gleich zahlen würde, (↑21) das reellste der Geschäfte, aber: das Reellste, was er je unternommen hatte; etwas/nichts Reelles

reflektieren: er muß die Strahlen reflektieren, aber: das Reflektieren des Spiegels. *Weiteres* ↑15f.

reflexiv (↑40): (Sprachw.) reflexive Verben

reformieren: er will die Partei reformieren, aber: das/durch Reformieren der Partei. *Weiteres* ↑15f.

reformiert (↑39f.): der Reformierte Bund (1884 gegründet), die reformierte Kirche, der Reformierte Weltbund (1877 gegründet)

regelmäßig (↑18ff.): er besuchte ihn am regelmäßigsten, eine Regelmäßige bevorzugen, (↑21) das regelmäßigste der Gesichter, etwas/nichts Regelmäßiges

regeln: er soll den Verkehr regeln, aber: das Regeln des Verkehrs. *Weiteres* ↑15f.

regelwidrig ↑rechtswidrig

Regensburger (*immer groß*, ↑28)

regieren: er wird regieren, aber: das Regieren versteht nicht jeder. *Weiteres* ↑15f.

regierend (↑ 41)
registrieren: er muß alle Ereignisse registrieren, aber: das Registrieren der Tatsachen. *Weiteres* ↑ 15 f.
regsam (↑ 18 ff.): er ist am regsamsten, alle/die Regsamen; der Regsamste, den er kannte, aber (↑ 21): der regsamste der Geister
regulär (↑ 40): (Mineralogie) das reguläre System, (milit.) reguläre Truppen
regulieren: er muß den Flußlauf regulieren, aber: das Regulieren der Uhr. *Weiteres* ↑ 15 f.
rehabilitieren: sie wollen ihn rehabilitieren, aber: das Rehabilitieren der Verfolgten. *Weiteres* ↑ 15 f.
reiben: er muß den Käse reiben, aber: das Reiben der Zwiebeln. *Weiteres* ↑ 15 f.
reich
1 *Als Attribut beim Substantiv* (↑ 39 ff.): eine reiche Ausbeute, eine reiche Auswahl, die Reiche Ebrach (Nebenfluß der Rednitz), eine reiche Erbschaft, reiche Erfahrungen, eine reiche Ernte, ein reiches Land, reiche Leute, das reichste Mädchen, ein reicher Mann; „Gasthaus zum Reichen Mann", Gasthaus „Zum Reichen Mann", Gasthaus „Reicher Mann"; in reichstem Maße, (Literaturw.) reicher Reim, reicher Trost
2 *Alleinstehend oder nach Artikel, Pronomen, Präposition usw.* (↑ 18 ff.): arm und reich (jedermann), aber: Arme und Reiche, die Kluft zwischen Arm und Reich; er ist am reichsten, der Reichste im Land, die Reichen und ein Armer, einige/etliche Reiche, für/gegen die Reichen, genug Reiche, irgendein Reicher, mancher Reiche, mehr Reiche als Arme, nur Reiche, sämtliche Reichen, viele Reiche, wenig Reiche. (↑ 21) Auf dem Platz waren viele Leute versammelt. Die reichen [Leute] waren mit Autos gekommen, die armen [Leute] hatten die Straßenbahn benutzt. – Unter den Gästen waren viele reiche Leute. Die reichsten von allen/unter ihnen bewohnten Zimmerfluchten. – Er ist der reichere/reichste der Brüder/von den Brüdern/unter den Brüdern
Reichenbacher (*immer groß*, ↑ 28)
reichlich (↑ 18 ff.): er beschenkte sie am reichlichsten/auf das/aufs reichlichste, (↑ 21) die reichlichste der Mahlzeiten
reifen: das Obst muß reifen, aber: das Reifen des Obstes, es braucht Zeit zum Reifen. *Weiteres* ↑ 15 f.
reimen: er will reimen, aber: das Reimen liegt ihm. *Weiteres* ↑ 15 f.
rein
1 *Als Attribut beim Substantiv* (↑ 40): reiner Alkohol, reine Chemie, ein reines Deutsch, (Math.) eine reine Gleichung, reines Gold, reinen Herzens sein, in reinstem Hochdeutsch, rein Leder, die reine Lehre, reines Leinen, (Biol.) eine reine Linie, reine Luft, reine und angewandte Mathematik, (Philos.) das reine Nichts, (Poetik) ein reiner Reim, (Seemannsspr.) rein Schiff!, reine Seide, reinen Tisch machen, aus reiner Unvernunft, die reine Wahrheit, von reinstem Wasser, jmdm. reinen Wein einschenken, reine Wolle, das reinste Wunder
2 *Alleinstehend oder nach Artikel, Pronomen,*

Präposition usw. (↑ 18 ff.): Reines und Unreines; alles Reine, am reinsten, das/der Reine/Reinere, ein Reiner, etwas Reines, mit sich im reinen sein/ins reine kommen, etwas ins reine bringen/ins reine schreiben, nichts Reines, nur Reines, vieles Reine. (↑ 21) das reinste der Konzentrate/von den Konzentraten
rein machen: sie muß noch rein machen, aber: das/zum Rein[e]machen der Wohnung. *Weiteres* ↑ 15 f.
reinrassig ↑ rassig
reiselustig (↑ 18 ff.): sie ist am reiselustigsten, alle/die Reiselustigen; er war der Reiselustigste, der unter ihnen war, aber (↑ 21): der reiselustigste der Brüder
reisen: er will wieder reisen, aber: das Reisen ist sein Hauptinteresse, er denkt nur ans Reisen. *Weiteres* ↑ 15 f.
reißerisch (↑ 18 ff.): dieser Filmtitel ist am reißerischsten, alles/das Reißerische nicht mögen; das Reißerischste, was man sich vorstellen kann, aber (↑ 21): das reißerischste der Plakate; etwas/nichts Reißerisches
¹**reiten:** er will reiten, aber: das Reiten ist teuer, beim Reiten stürzen. (Beachte:) zu reiten lernen, aber: das Reiten lernen. *Weiteres* ↑ 15 f.
²**reiten** /in der Fügung *Trab reiten*/↑ Trab laufen
reitend (↑ 40): die reitende Artillerie, die reitende Post
reizen: er will ihn reizen, aber: das Reizen der Tiere. *Weiteres* ↑ 15 f.
reizend (↑ 18 ff.): diese Geschichte war am reizendsten, alles/das Reizende; das reizende (am reizendsten, sehr reizend) war, daß er für alle etwas mitgebracht hatte, (↑ 21) das reizendste der Geschenke, aber: das Reizendste, was man sich vorstellen kann; etwas/nichts Reizendes
reizlos ↑ reizend
reklamieren: du mußt reklamieren, aber: das Reklamieren. *Weiteres* ↑ 15 f.
rekonstruieren: wir wollen den Hergang rekonstruieren, aber: das/durch Rekonstruieren des Hergangs. *Weiteres* ↑ 15 f.
relativ (↑ 40): (Datenverarbeitung) eine relative Adresse, (Chemie) die relative Atommasse, (Math.) ein relativer Fehler, (Meteor.) die relative Feuchtigkeit, (Musik) ein relatives Gehör, (Math.) die relative Häufigkeit/Häufigkeitszahl, (Philos.) das relative Nichts, (Photogr.) die relative Öffnung, (Biol.) die relative Sexualität
religiös: a) (↑ 40) eine religiöse Bewegung, die religiöse Erneuerung. **b)** (↑ 18 ff.) sie ist am religiösesten, alles/das Religiöse betonen, (↑ 21) das religiöseste seiner Werke, etwas/nichts Religiöses
remis ↑ ²matt
renitent (↑ 18 ff.): er war am renitentesten, alle/die Renitenten zu überzeugen suchen; der Renitenteste, der unter ihnen war, aber (↑ 21): der renitenteste der Schüler
¹**rennen:** er soll nicht rennen, aber: das Rennen kostet Kraft, beim Rennen stürzen. *Weiteres* ↑ 15 f.

²**rennen** /in der Fügung *Trab rennen*/↑ Trab laufen

renovieren: er will das Haus renovieren, aber: das Renovieren des Hauses ist teuer. *Weiteres* ↑ 15 f.

rentabel (↑ 18 ff.): dieses Geschäft war am rentabelsten, alles/das Rentable vorziehen; das Rentabelste, was man sich vorstellen kann, aber (↑ 21): das rentabelste der Geschäfte; etwas/nichts Rentables

Rente (↑ 13): auf Rente setzen

reparieren: er kann das Auto reparieren, aber: das/beim Reparieren des Autos. *Weiteres* ↑ 15 f.

repräsentativ: a) (↑ 40) (Sprachw.) ein repräsentatives Corpus, eine repräsentative Demokratie, eine repräsentative Umfrage. **b)** (↑ 18 ff.) diese Räume sind am repräsentativsten, alles/das Repräsentative bevorzugen; das Repräsentativste, was er finden konnte, aber (↑ 21): das repräsentativste der Häuser; etwas/nichts Repräsentatives

repressiv (↑ 40): eine repressive Maßnahme

reproduktiv (↑ 40): die reproduktive Phase

republikanisch (↑ 39): die Republikanische Partei (in den USA), der Republikanische Schutzbund (1924 – 1933 in Österreich)

reservieren: er will Plätze reservieren, aber: das Reservieren der Plätze. *Weiteres* ↑ 15 f.

reserviert (↑ 18 ff.): er war am reserviertesten, alles/das Reservierte nicht antasten; er war der Reservierteste, der ihm bekannt war, aber (↑ 21): das reservierteste seiner Kollegen; etwas/nichts Reserviertes

resistent ↑ widerstandsfähig

resolut (↑ 18 ff.): sie ist am resolutesten, alles/das Resolute ablegen; der Resoluteste, den er kannte, aber (↑ 21): der resoluteste seiner Söhne; etwas/nichts Resolutes

respektabel (↑ 18 ff.): seine Leistung ist am respektabelsten, alles/das Respektable; das Respektabelste, was er vorfand, aber (↑ 21): das respektabelste der Gebäude; etwas/nichts Respektables

respektieren: sie wollen den Beschluß respektieren, aber: das Respektieren des Beschlusses. *Weiteres* ↑ 15 f.

restaurieren: sie wollen das Schloß restaurieren, aber: das Restaurieren des Schlosses. *Weiteres* ↑ 15 f.

restriktiv (↑ 40): (Sprachw.) eine restriktive Konjunktion, restriktives Verhalten

resultativ (↑ 40): (Sprachw.) die resultative Aktionsart, resultative Verben

resümieren: er soll die Ergebnisse resümieren, aber: das Resümieren der bisherigen Ergebnisse. *Weiteres* ↑ 15 f.

retikuliert (↑ 40): retikulierte (netzförmige) Gläser

retrograd (↑ 40): (Med.) die retrograde Amnesie, (Sprachw.) eine retrograde Bildung

retten: er will das Haus vor dem Verfall retten, aber: das Retten Verunglückter ist Pflicht. *Weiteres* ↑ 15 f.

reuevoll ↑ reuig

reuig (↑ 18 ff.): er zeigte sich am reuigsten, alle/die Reuigen; der Reuige, der ihm bekannt war, aber (↑ 21): der reuigste der Sünder

reumütig ↑ reuig

Reußer (*immer groß*, ↑ 28)

revidieren: sie wollen den Vertrag revidieren, aber: das Revidieren des Vertrages ist erforderlich. *Weiteres* ↑ 15 f.

revolutionär: a) (↑ 40) revolutionärer Weltprozeß (DDR). **b)** (↑ 18 ff.) er gebärdete sich am revolutionärsten, alles/das Revolutionäre fördern; das Revolutionärste, was er je geschrieben hat, aber (↑ 21): das revolutionärste seiner Bücher; etwas/nichts Revolutionäres

rezensieren: er will das Buch rezensieren, aber: das Rezensieren des Buches übernimmt er. *Weiteres* ↑ 15 f.

rezent (↑ 40): rezente (altertümliche) Kulturen

reziprok (↑ 40): (Math.) eine reziproke Gleichung, (Biol.) die reziproke Kreuzung, (Sprachw.) ein reziprokes Pronomen, (Math.) ein reziproker Wert, reziproke Zahlen

rezitieren: er wird Gedichte rezitieren, aber: das/durch Rezitieren von Gedichten. *Weiteres* ↑ 15 f.

rheinisch (↑ 39 f.): die Rheinischen Braunkohlenwerke AG, der Rheinische Bund (13. Jh.), die Rheinische Elektrizitäts-AG, das Rheinisch-Westfälische Elektrizitätswerk AG, das rheinische Format, das Rheinisch-Westfälische Industriegebiet, Rheinisch-Westfälische Kalkwerke AG, Union Rheinische Braunkohlen Kraftstoff AG, der Rheinisch-Bergische Kreis, der Rheinische Merkur (eine Zeitschrift), die Rheinische Missionsgesellschaft, die rheinischen Mundarten, das „Rheinische Osterspiel" (15. Jh.; ↑ 2 ff.), die Rheinische Post (eine Tageszeitung), die rheinische Richtung (Geologie), das Rheinische Schiefergebirge, die „Rheinische Sinfonie" (von R. Schumann; ↑ 2 ff.), die Rheinischen Stahlwerke, der Rheinische Städtebund (13. Jh.); ein rheinisches Wörterbuch, aber: das „Rheinische Wörterbuch" (von Müller; ↑ 2 ff.)

rheinländisch ↑ rheinisch

rheinland-pfälzisch (↑ 40): die rheinland-pfälzischen Gemeinden, die rheinland-pfälzische Landesregierung, die rheinland-pfälzischen Weinbaugebiete

rhetorisch (↑ 40): (Rhet.) rhetorische Figuren/Fragen

rhodesisch (↑ 40): der rhodesische Kupferbergbau, rhodesisches Pfund (Währung), die rhodesische Regierung, rhodesischer Tabak, die rhodesischen Truppen, die rhodesische Unabhängigkeitserklärung

rhythmisch (↑ 40): (Poetik) rhythmische Dichtung/Prosa, rhythmische Gymnastik, (Architektur) die rhythmische Travée

richten: er muß die Antenne richten, aber: das Richten der Antenne. *Weiteres* ↑ 15 f.

richterlich (↑ 40): (Rechtsw.) das richterliche Prüfungsrecht

richtig

1 *Als Attribut beim Substantiv* (↑ 40): die richtige Aussprache eines Wortes, er ist ein richtiger Berliner, etwas am richtigen Ende anfassen, auf der richtigen Fährte/im richtigen Fahr-

wasser sein, das richtige Gefühl für etwas haben, das sind nicht ihre richtigen Kinder, etwas ins richtige Licht rücken, der richtige Mann am richtigen Platz, den richtigen Moment wählen, er kam im richtigen Moment, sein richtiger Name lautet anders, etwas beim richtigen Namen nennen, das richtige Parteibuch haben, auf das richtige Pferd setzen, auf der richtigen Seite sein, sein richtiger Vater, die richtige Wahl treffen, den richtigen Zeitpunkt wählen **2** *Alleinstehend oder nach Artikel, Pronomen, Präposition usw.* (↑18ff.): **Richtiges** und Falsches; alles Richtige; das ist **am** richtigsten, aber: an den Richtigen geraten/kommen; auf das/aufs Richtige ausgehen, sie will auf den Richtigen warten; es ist **das** richtige (richtig)/das richtigste (am richtigsten), sofort zu gehen, dieser Hut ist genau das richtige (richtig) für mich, wir halten es für das richtigste (am richtigsten), wenn er jetzt geht, aber: tue das Richtige, er hat das Richtige getroffen; sie wartet, bis **der** Richtige kommt; du bist mir der Richtige!, sie ist nicht die Richtige für ihn, etwas Richtigeres, etwas Richtiges lernen, Falsches **für** Richtiges ausgeben, für/gegen das Richtige sein, genug/irgend etwas Richtiges, neben dem Richtigen das Falsche sehen, er kann nichts Richtiges, **nur** Richtiges unterstützen, ohne das Richtige, er hat im Lotto sechs Richtige (richtige Zahlen), daran ist viel/wenig Richtiges, schließlich hat sie doch noch zum Richtigen gefunden. (↑21) Damals wurden mehrere Entscheidungen getroffen. Es ist nicht leicht, ·die richtigen [Entscheidungen] von den falschen [Entscheidungen] zu trennen. – Auf diese Frage gibt es mehrere richtige Antworten. Die richtigste und beste von allen/unter ihnen war schwer zu finden. – Man hörte nur eine richtige, aber viele falsche Antworten. – Dies war die richtigere/richtigste seiner Entscheidungen/von den Entscheidungen/unter den Entscheidungen
Richtung nehmen ↑ Abstand nehmen
richtungweisend (↑18ff.): seine Ideen waren am richtungweisendsten, alles/das Richtungweisende seiner Gedanken; das Richtungweisende, was in letzter Zeit erschienen ist, aber (↑21): das richtungweisendste seiner Bücher; etwas/nichts Richtungweisendes
Rigaer (*immer groß,* ↑28)
rigaisch (↑39) Rigaischer Meerbusen
rigoros (↑18ff.): er griff am rigorosesten durch, alles/das Rigorose seines Handelns; der Rigoroseste, den er kennengelernt hatte, aber (↑21): der rigoroseste der Männer; etwas/nichts Rigoroses
ringen: er will ringen, aber: das Ringen ist seine Stärke. *Weiteres* ↑15f.
rings (↑34): rings um die Stadt
ripuarisch/Ripuarisch/Ripuarische (↑40): die ripuarischen Franken, die ripuarische Mundart, das ripuarische Stammesgebiet. *Zu weiteren Verwendungen* ↑ alemannisch/Alemannisch/Alemannische
Risi-Pisi (Gericht, ↑9)
riskant (↑18ff.): dieses Unternehmen ist am riskantesten, alles/das Riskante meiden; das Riskanteste, was er unternommen hatte, aber

(↑21): das riskanteste der Unternehmen; etwas/nichts Riskantes
riskieren: er will es riskieren, aber: das Riskieren. *Weiteres* ↑15f.
ritterlich (↑18ff.): er war am ritterlichsten, alles/das Ritterliche schätzen; der Ritterlichste, dem sie begegnet war, aber (↑21): der ritterlichste der Männer; etwas/nichts Ritterliches
rituell (↑40): ritueller Mord
Riverboatshuffle (Vergnügungsfahrt, ↑9)
Roastbeef (Rostbraten, ↑9)
robust (↑18ff.): dieses Material ist am robustesten, alles/das Robuste bevorzugen; er nahm das Robusteste, was er finden konnte, aber (↑21): das robusteste der Gewebe; die Robusten setzen sich durch, etwas/nichts Robustes
rodeln: er will rodeln, aber: Freude am Rodeln haben, das Rodeln gefällt ihm. *Weiteres* ↑15f.
roh (↑18ff.): er behandelte sie am rohesten, aus dem rohen arbeiten, alles/das Rohe verabscheuen; das Roheste, was man sich vorstellen kann, aber (↑21): der roheste der Burschen; etwas/nichts Rohes, etwas ist im rohen fertig
Rollback (Rückzug, ↑9)
rollen: er muß das Faß rollen, aber: das Rollen des Wagens. *Weiteres* ↑15f.
Roller fahren ↑ Auto fahren
Rollschuh laufen: a) (↑11) er läuft/lief Rollschuh, weil er Rollschuh läuft/lief, er wird Rollschuh laufen, er ist Rollschuh gelaufen, um Rollschuh zu laufen. b) (↑16) das Rollschuhlaufen macht den Kindern Spaß
romanisch/Romanisch/Romanische (↑40): die romanische Buchmalerei, eine romanische Kirche, die romanische Kunst, die romanischen Länder, die romanischen Sprachen, der romanische Stil, die romanischen Völker. *Zu weiteren Verwendungen* ↑ deutsch/Deutsch/Deutsche
romantisch: a) (↑39f.) (Literaturw.) die romantische Ironie, die romantische Schule (im 19.Jh.), die „Romantische Sinfonie" (von A. Bruckner; ↑2ff.), die Romantische Straße. b) (↑18ff.) diese Nacht ist am romantischsten, alles/das Romantische lieben; das Romantischste, was man sich vorstellen kann, aber (↑21): das romantischste der Kostüme; etwas/nichts Romantisches
romantsch/Romantsch/Romantsche ↑ rätoromanisch/Rätoromanisch/Rätoromanische
römisch: a) (↑39f.) das römische **Bad,** das römisch-irische Bad, die Römische Campagna (eine Ebene bei Rom), ein römischer Dichter, die römische **Geschichte,** der römische Grenzwall (Limes), das römische Heer, die römischen Kaiser, „Römischer Karneval" (von H. Berlioz; ↑2ff.), „Römischer Katechismus" (↑2ff.), die römisch/römisch-katholische Kirche, die römische Kunst, die römische **Literatur,** eine römische Perle, das römische Recht, das Römische Reich, das Heilige Römische Reich Deutscher Nation, die römische Religion, die Römischen **Verträge** (der EWG), die römischen Zahlen, die römische Zeitrechnung, das Römisch-Germanische Zentralmuseum

Mainz, die römischen Ziffern. **b)** (↑18ff.) alles/das Römische lieben, nichts/viel Römisches
Rommé spielen ↑Skat spielen
ronkalisch (↑39): die Ronkalischen Felder (Ebene in Italien)
röntgen: wir müssen den Fuß röntgen, aber: das/durch Röntgen des Fußes. *Weiteres* ↑15f.
Rooming-in (↑9)
rosa/Rosa: a) (↑40) das/ein rosa Band, [die] rosa Kleider, (Bundesbahn) rosa Zeiten. **b)** (↑26) ein helles/freundliches Rosa, ein Kleid in Rosa, die Farbe spielt ins Rosa [hinein]. *Zu weiteren Verwendungen* ↑blau/Blau/Blaue
rosé/Rosé (↑26): das Kleid ist rosé, ein zartes Rosé, die Farbe spielt ins Rosé [hinein]. *Zu weiteren Verwendungen* ↑blau/Blau/Blaue (2)
rosig (↑18ff.): sein Gesicht war am rosigsten, (↑21) das rosigste der Babys, sein Gesicht hatte etwas Rosiges
rosten: das Eisen an der Brücke wird rosten, aber: das/durch Rosten des Eisens. *Weiteres* ↑15f.
rösten: er will das Brot rösten, aber: das Rösten des Brotes dauerte lange. *Weiteres* ↑15f.
rostfrei: a) (↑40) rostfreier Stahl. **b)** (↑18ff.) alles/das Rostfreie bevorzugen, etwas/nichts Rostfreies
rostig (↑18ff.): dieses Geländer ist am rostigsten, alles/das Rostige wegwerfen; er nahm das Rostigste, was er fand, aber (↑21): das rostigste der Messer; etwas/nichts Rostiges
Rostocker (*immer groß*, ↑28)
rot/Rot/Rote
1 *Als Attribut beim Substantiv* (↑39ff.): der Rote-Adler-Orden, die Rote Armee, Rote-Armee-Fraktion, das rote As (Spielkarte), rote Augen, rote Backen, die rote Bete, rotes Blut, die roten Blutkörperchen, der rote Brenner (Pflanzenkrankheit), das rote **Daus** (Spielkarte), der Rote Davidstern (israelische Wohlfahrtsorganisation); rote Erde (im Acker), aber: das Land der Roten Erde, die Rote Erde (Westfalen), Rote Erde (Stadtteil von Aachen); der rote **Faden,** wie ein roter Faden, die rote Fahne; rote Farbe, aber (↑2): die Farbe Rot; (Bot.) der Rote Fingerhut (Pflanze), der Rote Fluß (in Vietnam), die Rote Garde (Rußland 1917; China 1966), rotes Gold, die rote Grütze, rote **Haare**; der rote Hahn (Feuer), aber: „Gasthaus zum Roten Hahn", Gasthaus „Zum Roten Hahn", Gasthaus „Roter Hahn"; der Rote Halbmond (mohammedan. Wohlfahrtsverband), keinen roten Heller mehr haben, die roten Husaren, die rote **Internationale,** die rote Johannisbeere, Rote Kapelle (Spionagegruppe), Rotes Kliff (auf Sylt), Rote Khmer, der Rote Knopf (Berg in Osttirol), (Zool.) der Rote Knurrhahn (Fisch), einen roten Kopf bekommen, rote Korallen, das Rote **Kreuz,** Deutsches Rotes Kreuz (DRK), Internationales Rotes Kreuz (IRK), Rote-Kreuz-Schwester, Roter Löwe und Rote Sonne (iranischer Wohlfahrtsverband), der Rote Main (Quellfluß des Mains), der rote Mann (Indianer); „Der rote Mantel" (Ballett von Nono), aber: eine Figur aus dem „Roten Mantel" (↑2ff.); das Rote Meer, (Zool.) der Rote Milan, roter Mohn, ein roter Mund, rote **Nase,** (DDR) Roter Oktober

(Oktoberrevolution), roter Pfeffer (Paprika), er hat keinen roten Pfennig mehr, der rote Planet (Mars), der Rote Platz (in Moskau), die rote Rasse, rote Riesen (Sternart), rote Rosen, die rote Rübe, rote Ruhr (Haustierkrankheit), der Rote **Sand** (Bank in der Nordsee); „Die roten Schuhe" (Märchen von Andersen), aber: das Manuskript der „Roten Schuhe" (↑2ff.); der rote Sechser (preuß. Münze um 1700); „Der rote Stiefel" (Oper von Sutermeister), aber: wir hörten Musik aus dem „Roten Stiefel" (↑2ff.); die rote **Tinte,** die Rote Traun (Quellfluß der Traun), (DDR) roter Treff, das rote Tuch (beim Stierkampf), er wirkt auf sie wie ein rotes Tuch, der Rote Volta (Fluß in Afrika), (Bot.) das Rote Waldvögelein (Orchideenart), die Rote Wand (Berg in Vorarlberg), roter Wein, die rote Welle (im Verkehr), „Rote Wüste" (Film; ↑2ff.)
2 *Alleinstehend oder nach Artikel, Pronomen, Präposition usw.* (↑26): [die Farbe] Rot, Rot ist die Farbe der Liebe; das Kleid ist rot, seine Farbe ist rot (wie ist die Farbe?), aber: meine Lieblingsfarbe ist Rot (was ist meine Lieblingsfarbe?); Rot (rote Schminke) auflegen, Rot ausspielen, er sieht rot (zu: rotsehen „wütend werden"); die Ampel ist rot, aber: die Ampel steht auf Rot/zeigt Rot; rot werden, ihm wurde rot vor den Augen; heute rot, morgen tot; der/die Rote (Rothaarige, Indianer[in]), Roter von Kamerun (Fisch), Roter von Rio (Fisch), auf Rot setzen (im Roulett), bei Rot ist das Überqueren der Straße verboten, ein helles/feuriges/dunkles Rot, in Rot [gekleidet sein]. *Zu weiteren Verwendungen* ↑blau/Blau/Blaue
rotbunt: a) (↑40) die/eine rotbunte Kuh, rotbuntes Niederungsvieh. **b)** (↑19) unsere Rotbunte hat gekalbt
rotfigurig (↑40): eine rotfigurige [griechische] Vase, der rotfigurige Stil
Rotterdamer (*immer groß*, ↑28)
rotwelsch/Rotwelsch/Rotwelsche (↑40): die rotwelsche Sprache, der rotwelsche Wortschatz. *Zu weiteren Verwendungen* ↑deutsch/Deutsch/Deutsche
Round-table-Konferenz (↑9)
routiniert (↑18ff.): er spielte am routiniertesten, alles/das allzu Routinierte nicht mögen; der Routinierteste, der ihm begegnet war, aber (↑21): der routinierteste der Spieler; etwas/nichts Routiniertes
rubenssch (↑27): Rubenssche Bilder, aber: Bilder in rubensschem Stil
ruchlos (↑18ff.): seine Tat war am ruchlosesten, alles/das Ruchlose bestrafen, alle/die Ruchlosen; das Ruchloseste, was man sich vorstellen kann, aber (↑21): das ruchloseste der Verbrechen; etwas/nichts Ruchloses
rückbezüglich (↑40): (Sprachw.) rückbezügliches Fürwort
rückdrehend (↑40): rückdrehender Wind
rücken: er soll etwas rücken, aber: das Rücken des Schrankes. *Weiteres* ↑15f.
rückgängig (↑40): eine rückgängige Entwicklung, rückgängige Geschäfte
Rücksicht (↑13): in/ohne/mit Rücksicht auf
Rücksicht nehmen ↑Abstand nehmen

rücksichtslos (↑18ff.): er benahm sich am rücksichtslosesten, alle/die Rücksichtslosen verurteilen; das rücksichtsloseste (am rücksichtslosesten, sehr rücksichtslos) war, daß er sie auch noch warten ließ, (↑21) das rücksichtsloseste der Mädchen, aber: das Rücksichtsloseste, was ihm je begegnet war; etwas/nichts Rücksichtsloses

rückständig (↑18ff.): sein Betrieb ist am rückständigsten, alles/das Rückständige revolutionieren; das Rückständigste, was man sich vorstellen kann, aber (↑21): das rückständigste der Werke; etwas/nichts Rückständiges

rückwärtig (↑40): rückwärtige Verbindungen

rüde (↑18ff.): sein Ton war am rüdesten, alles/das Rüde ablegen; das Rüdeste, was ich je gehört habe, aber (↑21): das rüdeste der Worte; etwas/nichts Rüdes

Ruder (↑13): am Ruder sein, ans Ruder kommen

rudern: er will rudern, aber: das Rudern gefällt ihm. (Beachte:) zu rudern lernen, aber: das Rudern lernen. *Weiteres* ↑15f.

Rüdesheimer (*immer groß*, ↑28)

rudolfinisch (↑39): die Rudolfinischen Tafeln

rufen: er soll ihn rufen, aber: das Rufen des Kindes, durch Rufen aufmerksam machen. *Weiteres* ↑15f.

rügen: du mußt ihn rügen, aber: das Rügen nützt nichts. *Weiteres* ↑15f.

Rügener (*immer groß*, ↑28)

Ruhe (↑13): in Ruhe lassen, etwas in/mit Ruhe sagen, sich zur Ruhe begeben

Ruhe geben ↑Bescheid geben

Ruhe halten ↑Abstand halten

ruhen: du mußt viel ruhen, aber: das Ruhen tut dir gut. *Weiteres* ↑15f.

ruhend (↑40): er ist der ruhende Pol, das Bild zeigt eine ruhende Venus, der ruhende Verkehr

Ruhestand (↑13): im Ruhestand (i.R.)

ruhig: a) (↑40) eine ruhige Hand haben, (Astron.) das Jahr der ruhigen Sonne. b) (↑18ff.) er blieb am ruhigsten, alles/das Ruhige an ihm, alle/die Ruhigen; er ist der Ruhigste, den ich kenne, aber (↑21): der ruhigste der Männer; etwas/nichts Ruhiges

rühren: du mußt die Suppe rühren, aber: das Rühren der Suppe. *Weiteres* ↑15f.

rührend: a) (↑40) (Poetik) ein rührender Reim. b) (↑18ff.) diese Szene war am rührendsten, alles/das Rührende meiden; das Rührendste, was sie gesehen hatte, aber (↑21): das rührendste der Bilder; etwas/nichts Rührendes

rührig (↑18ff.): er war am rührigsten, alle/die Rührigen wurden belohnt; der Rührigste, der ihm begegnet war, aber (↑21): der rührigste der Männer

rührselig ↑sentimental

ruinieren: er will uns ruinieren, aber: das Ruinieren der Firma. *Weiteres* ↑15f.

rumänisch/Rumänisch/Rumänische: a) (↑40) die rumänische Geschichte, die rumänische Industrie, die rumänische Kunst, die rumänische Literatur, die rumänische Musik, die rumänische Regierung, der rumänische Staat, die rumänische Sprache, das rumänische Volk. **b)** (↑18ff.) alles/das Rumänische lieben, nichts/viel Rumänisches

rund: a) (↑40) ein Gespräch am runden Tisch. **b)** (↑18ff.) alles/das Runde bevorzugen, etwas/nichts Rundes

runzeln: du sollst nicht die Stirn runzeln, aber: das Runzeln der Stirn. *Weiteres* ↑15f.

rüpelhaft (↑18ff.): er benahm sich am rüpelhaftesten, alles/das Rüpelhafte seines Benehmens; der Rüpelhafteste, der ihr je begegnet war, aber (↑21): der rüpelhafteste der Burschen; etwas/nichts Rüpelhaftes

ruppig ↑rüpelhaft

Ruppiner (*immer groß*, ↑28)

Rush-hour (Hauptverkehrszeit, ↑9)

russisch/Russisch/Russische

1 *Als Attribut beim Substantiv* (↑39f.): das russische Alphabet, russisch-römisches Bad, das russische Ballett, Russisch Brot, russische Eier (Speise), die russische Geschichte. der russische Kaviar, die russische Kirche, die russisch-orthodoxe Kirche, der Russisch-Japanische Krieg, der Russisch-Türkische Krieg, die russische Kunst, Russisch Leder, die russische Literatur, die russische Musik, die russische Oper, ein russischer Pelz, das Russische Recht (11./12.Jh.), russisches Roulett, der russische Salat, die russische Schrift, die russischen Sekten, die Russische Sozialistische Föderative Sowjetrepublik (RSFSR), die russische Sprache, die russischen Städte, das russische Volk, russischer Windhund (Barsoi)

2 (↑25) **a)** *Alleinstehend beim Verb:* wir haben jetzt Russisch in der Schule; können Sie Russisch?, sie kann kein/gut/[nur] schlecht/fließend Russisch; er schreibt ebensogut russisch wie deutsch (wie schreibt er?), aber: er schreibt ebensogut Russisch wie Deutsch (was schreibt er?); der Redner spricht russisch (wie spricht er? er hält seine Rede in russischer Sprache), aber: mein Freund spricht [gut] Russisch (was spricht er? er kann die russische Sprache; verstehen Sie [kein] Russisch? **b)** *Nach Artikel, Pronomen, Präposition usw.:* auf russisch (in russischer Sprache, russischem Wortlaut); er hat aus dem Russischen ins Deutsche übersetzt; das Russisch Dostojewskis (Dostojewskis besondere Ausprägung der russischen Sprache), das Russische in Mussorgskis Kompositionen; *(immer mit dem bestimmten Geschlechtswort:)* das Russische (die Sprache allgemein), **dein** Russisch ist schlecht; er kann/spricht/versteht etwas Russisch; er hat etwas Russisches in seinem Wesen; ein Lehrstuhl für Russisch, er hat für Russisch/für das Russische nichts übrig; in russisch (in russischer Sprache, russischem Wortlaut), Prospekte in russisch, eine Zusammenfassung in russisch, aber: in Russisch (in der Sprache Russisch), Prospekte in Russisch, eine Zusammenfassung in Russisch, *(nur groß:)* er hat eine Zwei in Russisch (im Schulfach Russisch), er übersetzt ins Russische. *Zu weiteren Verwendungen* ↑deutsch/Deutsch/Deutsche

Rüste (↑13): zur Rüste gehen

rüsten: du mußt dich gut rüsten, aber: das Rüsten soll beschränkt werden. *Weiteres* ↑ 15 f.

rüstig (↑ 18 ff.): er ist noch am rüstigsten, alle/die Rüstigen mußten arbeiten; der Rüstigste, der ihm begegnet war, aber (↑ 21): der rüstigste der Männer; ein Rüstiger

rustikal (↑ 18 ff.): er wirkte am rustikalsten, alles/das Rustikale mögen; der Rustikalste, der ihm begegnet war, aber (↑ 21): der rustikalste der Burschen; etwas/nichts Rustikales

ruthenisch (↑ 40): die ruthenische Kirche, das ruthenische Volk

rutschen: du sollst nicht rutschen, aber: das/durch Rutschen des Wagens. *Weiteres* ↑ 15 f.

S

s/S (↑ 36): der Buchstabe klein s/groß S, das s in Hase, ein verschnörkeltes S, S wie Samuel/Santiago (Buchstabiertafel); das Muster hat die Form eines S, S-förmig, S-Kuchen, S-Kurve, das Fugen-s, ↑ a/A

Saarbrücker/Saarländer (*immer groß,* ↑ 28)

saarländisch (↑ 39 f.): der saarländische Bergbau, die saarländische Industrie, die saarländische Kohle, die saarländische Regierung, der Saarländische Rundfunk

Saazer (*immer groß,* ↑ 28)

Säbel fechten ↑ Florett fechten

sabotieren: sie wollen alle Rüstungsbetriebe sabotieren, aber: das Sabotieren der Rüstungsbetriebe androhen. *Weiteres* ↑ 15 f.

Sache (↑ 13): gut bei Sache sein, die Akten in Sachen Müller gegen Meier, zur Sache

sachkundig (↑ 18 ff.): er ist am sachkundigsten, alle/die Sachkundigen zu Rate ziehen; der Sachkundigste, den er getroffen hat, aber (↑ 21): der sachkundigste der Männer; ein Sachkundiger

sachlich: a) (↑ 40) sachliche Angaben, eine sachliche Kritik, ein sachlicher Ton, sachliche Unterschiede. **b)** (↑ 18 ff.) er ist immer am sachlichsten, alle/die Sachlichen schätzen; der Sachlichste, dem er begegnet war, aber (↑ 21): der sachlichste der Gesprächspartner; etwas/nichts Sachliches vorbringen

sächsisch/Sächsisch/Sächsische (↑ 39 f.): die sächsische Geschichte, die sächsischen Herzogtümer, die sächsischen Könige, die sächsische Mundart, die Sächsische Saale, die Sächsische Schweiz, das sächsische Volksrecht (9. Jh.), die „Sächsische Weltchronik" (13. Jh.; ↑ 2 ff.). *Zu weiteren Verwendungen* ↑ alemannisch/Alemannisch/Alemannische

sachverständig ↑ sachkundig

Sack (↑ 13): keinen Heller im Sack haben, in Sack und Asche gehen, mit Sack und Pack

Säckinger (*immer groß,* ↑ 28)

säen: er muß jetzt säen, aber: das Säen des Korns. *Weiteres* ↑ 15 f.

saftig (↑ 18 ff.): diese Pfirsiche sind am saftigsten, alles/das Saftige; das Saftigste, was er gegessen hatte, aber (↑ 21): die saftigsten der Früchte; etwas/nichts Saftiges mögen

saftlos ↑ saftig

sagen ↑ Bescheid sagen

sägen: er muß das Holz sägen, aber: das Sägen des Holzes. *Weiteres* ↑ 15 f.

Saint/Sainte (*als Bestandteil von Namen immer groß,* ↑ 39)

sakral (↑ 18 ff.): alles/das Sakrale betonen, der Raum hat etwas/nichts Sakrales

sakramental (↑ 40): (Rel.) der sakramentale Segen

säkular ↑ profan

salbungsvoll (↑ 18 ff.): er sprach am salbungsvollsten, alles/das Salbungsvolle ablehnen; der Salbungsvollste, den er gehört hatte, aber (↑ 21): der salbungsvollste der Redner; etwas/nichts Salbungsvolles

Salesmanship (Verkaufslehre, ↑ 9)

Sales-promoter (Vertriebskaufmann, ↑ 9)

Sales-promotion (Verkaufswerbung, ↑ 9)

salisch (↑ 39 f.): die salischen Franken, die salischen Gesetze, aber: das Salische Gesetz (über die Thronfolge)

salomonisch (↑ 27): die Salomonischen Schriften, aber: ein salomonisches Urteil, die salomonische Weisheit

Salonik[i]er (*immer groß,* ↑ 28)

salopp (↑ 18 ff.): seine Kleidung war am saloppsten, alles/das Saloppe bevorzugen; der Saloppste, der ihm begegnet war, aber (↑ 21): der saloppste der Anzüge; etwas/nichts Saloppes mögen

Salurner (*immer groß,* ↑ 28)

salutieren: die Soldaten müssen salutieren, aber: das Salutieren der Soldaten. *Weiteres* ↑ 15 f.

salvatorisch (↑ 40): (Rechtsspr.) die salvatorische Klausel

Salzburger (*immer groß,* ↑ 28)

salzen: du mußt die Suppe salzen, aber: das/durch Salzen der Suppe. *Weiteres* ↑ 15 f.

salzig (↑ 18 ff.): dieses Wasser ist am salzigsten, alles/das Salzige ablehnen; das Salzigste, was er gegessen hatte, aber (↑ 21): das salzigste der Mineralwässer; etwas/nichts Salziges mögen, er darf viel/nur wenig Salziges essen

samaritanisch (↑ 40): der samaritanische Pentateuch

sammeln: er will Briefmarken sammeln, aber: das Sammeln von Briefmarken gefällt ihm. *Weiteres* ↑ 15 f.

Samstag ↑ Dienstag

Samstagabend usw. ↑ Dienstagabend

samstags ↑ dienstags

sämtlich
1 *Als einfaches Pronomen klein* (↑ 32): in dem

Hause wohnten zehn Familien, und er kannte sämtliche; sämtliche dieser Bücher, sämtliche von/unter diesen Büchern/ihnen, er achtet auf sämtliches
2 *Schreibung des folgenden Wortes:* **a)** *Pronomen* (↑32): sämtliches andere. **b)** *Adjektive und Partizipien* (↑20): sämtliche Anwesenden, sämtliche Gefangenen, sämtliches groß Geschriebene, mit sämtlichem Neuen, sämtliche Schöne, sämtliches klein zu Schreibende, sämtliche Stimmberechtigten. (↑21) Die vier silbrigen Fische gehörten Markus, sämtliche schwarzen aber Barbara. **c)** *Partikeln und Interjektionen* (↑35): sämtliches Für und Wider, sämtliches Hin und Her, sämtliches Weh und Ach, sämtliches Wenn und Aber
San (*als Bestandteil von Namen immer groß,* ↑39)
sanft ↑sanftmütig
sanftmütig (↑18ff.): sie ist am sanftmütigsten, alle/die Sanftmütigen; die Sanftmütigste, die ihm je begegnet war, aber (↑21): die sanftmütigste der Frauen; sie hat etwas/nichts Sanftmütiges in ihrem Wesen
sanguinisch (↑40): ein sanguinisches Temperament
sanieren: er will den Betrieb sanieren, aber: das Sanieren des Betriebes. *Weiteres* ↑15f.
sanitär (↑40): sanitäre Anlagen
Sankt (*als Bestandteil von Namen immer groß,* ↑39)
Sankt Gall[en]er (*immer groß,* ↑9)
sanktionieren: sie wollen sein Vorgehen nicht sanktionieren, aber: das Sanktionieren seines Vorgehens. *Weiteres* ↑15f.
Sanskrit (*immer groß,* ↑25): können Sie Sanskrit?, dieser Text ist Sanskrit, wie heißt das auf/im/in Sanskrit?, er hat aus dem Sanskrit übersetzt
Sant'/Santa/Sante/Santi/Santo/Sâo (*als Bestandteil von Namen immer groß,* ↑39)
sapphisch (↑27): die Sapphischen Gedichte, aber: die sapphische Strophe, der sapphische Vers
sardonisch (↑40): (Med.) ein sardonisches Lachen
sarkastisch (↑18ff.): er ist am sarkastischsten, alles/das Sarkastische meiden; der Sarkastischste, den er kennt, aber (↑21): der sarkastischste der Kritiker; etwas/nichts Sarkastisches
satanisch ↑diabolisch (b)
satirisch (↑18ff.): seine Stücke sind am satirischsten, alles/das Satirische nicht mögen; das Satirischste, was er gelesen hatte, aber (↑21): das satirischste der Stücke; etwas/nichts Satirisches schreiben
satt (↑18ff.): diese Farben sind am sattesten, alle/die Satten, (↑21) die satteste der Farben
satteln: er soll die Pferde satteln, aber: das Satteln der Pferde. *Weiteres* ↑15f.
saturnisch (↑39ff.): die „Saturnischen Gedichte" (von Verlaine, ↑2ff.), (Poetik) der saturnische Vers, das Saturnische Zeitalter (das Goldene Zeitalter)
sauber (↑18ff.): seine Hände waren am saubersten, alles/das Saubere schätzen; das Sauberste, was man sich vorstellen kann, aber

(↑21): das sauberste der Taschentücher; etwas/nichts Sauberes tragen
saubermachen: sie muß noch saubermachen, aber: das/zum Saubermachen der Wohnung. *Weiteres* ↑15f.
säubern: er will die Polster säubern, aber: das Säubern der Wohnung. *Weiteres* ↑15f.
Sauce béarnaise/hollandaise (↑9)
sauer: a) (↑40) (Landwirtsch.) saurer Boden, (Geol.) saure Erze, saure Gurken/Heringe, (Technik) ein saures Schmelzverfahren. **b)** (↑18ff.) diese Trauben sind am sauersten, alles/das Saure mögen; das Sauerste, was er gegessen hat, aber (↑21): die sauersten der Heringe; etwas/nichts Saures mögen; gib ihm Saures (prügle ihn)
Sauerländer (*immer groß,* ↑28)
¹**saugen:** der Apparat wird gut saugen, aber: das Saugen des Staubes vom Teppich, durch Saugen entfernen. *Weiteres* ↑15f.
²**saugen** ↑Staub saugen
säugen: ein Hund wird den kleinen Löwen säugen, aber: das Säugen der Tiere. *Weiteres* ↑15f.
säumen: sie will das Kleid säumen, aber: das Säumen des Kleides. *Weiteres* ↑15f.
säumig (↑18ff.): er ist am säumigsten, alle/die Säumigen mahnen; der Säumigste, der ihm begegnet ist, aber (↑21): der säumigste der Schüler; ein Säumiger
saumselig ↑säumig
Saus (↑13): in Saus und Braus
Savoyer (*immer groß,* ↑28)
S-Bahn fahren ↑Auto fahren
schaben: er muß die Rüben schaben, aber: das Schaben der Rüben. *Weiteres* ↑15f.
schäbig (↑18ff.): seine Kleidung war am schäbigsten, alles/das Schäbige ablegen; das Schäbigste, was man sich denken kann, aber (↑21): das schäbigste der Kleider; etwas/nichts Schäbiges tragen
Schach (↑13): in/im Schach halten
Schach bieten ↑Schach spielen
Schach spielen: a) (↑11) er spielt Schach, weil er Schach spielte, er wird Schach spielen, er hat Schach gespielt, um Schach zu spielen. **b)** (↑16) das Schachspielen macht Freude
schade ↑Schaden/schade (a)
Schaden/schade: a) (↑10) der Schaden, Schaden tun, es ist sein eigener Schaden, aber: schade, daß er nicht kommt; o wie schade!, er ist sich dafür zu schade, es ist schade um jmdn./etwas. **b)** (↑13) weg mit Schaden!, ohne Schaden, zu Schaden kommen, zum Schaden gereichen
schade sein (↑10): es ist/war schade, weil es schade ist/war, es wird schade sein, es ist schade gewesen, aber: [großen] Schaden tun
schadhaft (↑18ff.): dieser Teppich ist am schadhaftesten, alles/das Schadhafte auswechseln; das Schadhafteste, was er getragen hat, aber (↑21): das schadhafteste der Gewebe; etwas/nichts Schadhaftes tragen
schädigen: er darf nie nicht schädigen, aber: das Schädigen der Gesundheit. *Weiteres* ↑15f.
schädlich: a) (↑40) der schädliche Raum (Technik). **b)** (↑18ff.) dieser Stoff ist am schädlichsten, alles/das Schädliche meiden; das

Schädlichste, was man sich denken kann, aber (↑21): der schädlichste der Werkstoffe; etwas/nichts Schädliches

Schaf[s]kopf spielen ↑Skat spielen

schal (↑40): schales Bier, ein schaler Witz

schälen: sie muß die Kartoffeln schälen, aber: das Schälen der Kartoffeln. *Weiteres* ↑15f.

schalten: du mußt viel schalten, aber: das Schalten beim Fahren. (Beachte:) zu schalten lernen, aber: das Schalten lernen. *Weiteres* ↑15f.

schamlos (↑18ff.): sein Verhalten war am schamlosesten, alles/das Schamlose verabscheuen; das Schamloseste, was er gehört hatte, aber (↑21): die schamloseste der Frechheiten; etwas/nichts Schamloses

Schande (↑13f.): in Schande geraten/leben/bringen, in Schmach und Schande, mit Schande beladen, mit Schimpf und Schande, zu seiner Schande, aber (↑34): zuschanden machen/werden

Schande machen ↑Platz machen

schändlich (↑18ff.): dieses Verbrechen war am schändlichsten, alles/das Schändliche verurteilen; das Schändlichste, was er erlebt hatte, aber (↑21): das schändlichste der Vergehen; etwas/nichts Schändliches begehen

scharf (↑18ff.): dieses Gewürz ist am schärfsten, etwas aufs schärfste zurückweisen, alles/das Scharfe/Schärfere meiden; das Schärfste, was er gegessen hatte, aber (↑21): das schärfste der Gerichte; etwas/nichts Scharfes mögen, er ist ein Scharfer

schärfen: er soll das Messer schärfen, aber: das Schärfen des Messers. *Weiteres* ↑15f.

schärfer/schärfste ↑scharf

scharlachen/Scharlach
1 *Als Attribut beim Substantiv* (↑40): scharlachene Gewänder, ein scharlachener Streifen
2 *Alleinstehend oder nach Artikel, Pronomen, Präposition usw.* (↑26): der Scharlach, [die Farbe] Scharlach; das Band ist scharlachen, seine Farbe ist scharlachen (wie ist die Farbe?), aber: die vorherrschenden Farben waren Scharlach und Gelb (was waren die vorherrschenden Farben?); Goldstickerei auf Scharlach, in Scharlach und Grün; schwarzes, mit Scharlach abgesetztes Leder. *Zu weiteren Verwendungen* ↑blau/Blau/Blaue

scharren: du sollst nicht scharren, aber: das Scharren des Pferdes. *Weiteres* ↑15f.

schattig (↑18ff.): diese Stelle ist am schattigsten, (↑21) der schattigste der Plätze

schätzen: er läßt das Bild schätzen, aber: das Schätzen des Bildes. *Weiteres* ↑15f.

Schau (↑13): zur Schau stehen/stellen/tragen

schauderhaft ↑schauerlich

schauerlich (↑18ff.): diese Geschichte war am schauerlichsten, alles/das Schauerliche; das Schauerlichste, was er gehört hatte, aber (↑21): das schauerlichste der Erlebnisse; etwas/nichts Schauerliches

schaudervoll ↑schauerlich

schaufeln: er muß den Sand schaufeln, aber: das Schaufeln der Kohlen. *Weiteres* ↑15f.

schaukeln: du sollst nicht schaukeln, aber: das Schaukeln gefällt ihm.

schäumen: das Waschmittel muß schäumen, aber: das Schäumen des Wassers. *Weiteres* ↑15f.

schaurig ↑schauerlich

scheckig (↑18ff.): dieses Fell ist am scheckigsten, alles/das Scheckige bevorzugen; das Scheckigste, was er finden konnte, aber (↑21): das scheckigste der Tiere; etwas/nichts Scheckiges mögen

schedelsch (↑27): das Schedelsche Liederbuch, die Schedelsche Weltchronik

scheel (↑40): scheeler Blick, scheeles Grün

scheinbar (↑40): (Astron.) der scheinbare Durchmesser, (Optik) die scheinbare Größe

scheinen: die Sonne wird scheinen, aber: das Scheinen der Sonne. *Weiteres* ↑15f.

scheinheilig (↑18ff.): er ist am scheinheiligsten, alle/die Scheinheiligen verabscheuen; der Scheinheiligste, den man sich denken kann, aber (↑21): der scheinheiligste der Anwesenden; etwas/nichts Scheinheiliges

Scheitel (↑13): im Scheitel stehen, vom Scheitel bis zur Sohle

scheitern: er wird damit scheitern, aber: das Scheitern der Verhandlungen. *Weiteres* ↑15f.

schellen: er soll dreimal schellen, aber: das Schellen überhören. *Weiteres* ↑15f.

schelten: du mußt ihn schelten, aber: das Schelten nützt nichts. *Weiteres* ↑15f.

schematisch (↑18ff.): diese Arbeit ist am schematischsten, alles/das Schematische nicht mögen; das Schematischste, was man sich denken kann, aber (↑21): die schematischste der Darstellungen

¹schenken: er will ihm etwas schenken, aber: das Schenken fällt ihm schwer, durch Schenken Freude bereiten. *Weiteres* ↑15f.

²schenken /in der Fügung *Gehör schenken/*↑Gehör finden

Scherz (↑13): etwas aus/im/zum Scherz sagen; ohne Scherz, das ist so

scherzen: du sollst nicht scherzen, aber: das Scherzen liegt ihm, das ist nicht zum Scherzen. *Weiteres* ↑15f.

scheu (↑18ff.): diese Tiere sind am scheuesten, alle/die Scheuen herbeiholen; der Scheueste, der ihm begegnet war, aber (↑21): der scheueste der Knaben; etwas/nichts Scheues

scheuen: die Pferde werden scheuen, aber: das Scheuen der Pferde. *Weiteres* ↑15f.

scheuern: sie will den Boden scheuern, aber: das Scheuern des Bodens. *Weiteres* ↑15f.

scheußlich ↑häßlich

Schicht (↑13): zur Schicht gehen

schick (↑18ff.): sie ist immer am schicksten, alles/das Schicke bewundern; das Schickste, was sie je gesehen hatte, aber (↑21): das schickste der Kleider, etwas/nichts Schickes tragen

schicken: er will ein Paket schicken, aber: das Schicken der Pakete einstellen, das In-den-April-Schicken. *Weiteres* ↑15f.

schicklich (↑18ff.): sein Verhalten war am schicklichsten, alles/das Schickliche in seinem Verhalten; das schicklichste (am schicklichsten) wäre, bei dem Besuch Blumen mitzubringen, (↑21) die schicklichste der Antworten, aber: das Schicklichste, was man sich denken kann; etwas/nichts Schickliches

¹**schieben:** du mußt den Wagen schieben, aber: das Schieben des Wagens, sich beim Schieben überanstrengen. *Weiteres* ↑ 15 f.

²**schieben** ↑ kegelschieben

schief (↑ 39 f.): ein schiefer Blick, (Physik) die schiefe Ebene, ein schiefes Gesicht machen, in ein schiefes Licht geraten, der Schiefe Turm von Pisa, ein schiefer Vergleich, ein schiefer Winkel

schielen: du sollst nicht schielen, aber: das Schielen des Kindes. *Weiteres* ↑ 15 f.

schienen: er muß das Bein schienen, aber: das Schienen des Beines. *Weiteres* ↑ 15 f.

schießen: du darfst nicht schießen, aber: das Schießen einstellen. *Weiteres* ↑ 15 f.

Schi fahren ↑ Auto fahren

Schiff (↑ 13): zu Schiff kommen

Schiffchen fahren ↑ Auto fahren

schikanieren: er kann nur schikanieren, aber: das Schikanieren der Mieter. *Weiteres* ↑ 15 f.

Schi laufen ↑ Rollschuh laufen

schillern: der Stoff wird schillern, aber: das Schillern des Stoffes. *Weiteres* ↑ 15 f.

schiller[i]sch (↑ 27): die Schillerschen Balladen, aber: Gedichte von schillerschem Pathos

schillsch (↑ 27): die Schillschen Offiziere

schimmelig (↑ 18 ff.): dieses Brot ist am schimmeligsten, alles/das Schimmelige entfernen; das Schimmeligste, was dabei war, aber (↑ 21): das schimmeligste der Brote; etwas/nichts Schimmeliges

Schimpf (↑ 13): mit Schimpf überschütten, mit Schimpf und Schande

schimpfen: er soll nicht schimpfen, aber: das Schimpfen nützt nichts. *Weiteres* ↑ 15 f.

schinden: er soll die Pferde nicht schinden, aber: das Schinden der Pferde. *Weiteres* ↑ 15 f.

schizothym (↑ 40): (Psych.) ein schizothymer Typus

schlachten: er wird ein Schwein schlachten, aber: das Schlachten des Schweines. *Weiteres* ↑ 15 f.

Schlaf (↑ 13): im Schlaf, in Schlaf fallen

schlafen: er soll viel schlafen, aber: das Schlafen ist gesund, sich durch Schlafen erholen. *Weiteres* ↑ 15 f.

Schlafittchen (↑ 13): am/beim Schlafittchen nehmen

¹**schlagen:** er soll nicht schlagen, aber: das Schlagen ist verboten, das In-den-Wind-Schlagen, am Schlagen hindern. *Weiteres* ↑ 15 f.

²**schlagen:** ↑ Topf schlagen; /in Fügungen wie *Krach schlagen*/ ↑ Lärm schlagen; /in der Zusammensetzung *radschlagen*/ ↑ radfahren

schlagend (↑ 40): schlagende Verbindungen (student. Korporationen), (Bergmannsspr.) schlagende Wetter

Schlagzeug spielen ↑ Geige spielen

Schlange stehen ↑ Posten stehen

schlank (↑ 18 ff.): sie ist am schlanksten, alle/die Schlanken beneiden; die Schlankste, die ihm begegnet war, aber (↑ 21): die schlankste der Damen; eine Schlanke

schlau: a) (↑ 2 ff.) „Das schlaue Füchslein" (Oper von Janáček), aber: eine Partie aus dem „Schlauen Füchslein". **b)** (↑ 18 ff.) er ist immer am schlausten, alle/die Schlauen; der Schlauste, den man sich denken kann, aber (↑ 21): der schlauste der Diebe; ein Schlauer

schlecht

1 *Als Attribut beim Substantiv* (↑ 40): schlechtes Deutsch, jmdm. einen schlechten Dienst erweisen, nicht von schlechten Eltern, ein schlechtes Ende nehmen, in schlechte Hände geraten, (Jägerspr.) schlechter Hirsch, einen schlechten Ruf haben, schlechte Ware, schlechtes Wetter, ein schlechtes Zeichen, schlechte Zeiten

2 *Alleinstehend oder nach Artikel, Pronomen, Präposition usw.* (↑ 18 ff.): gut und schlecht, aber: Gutes und Schlechtes, Gute und Schlechte, Schlechtes tun; allerhand Schlechtes, alles Schlechte, dies ist am schlechtesten, sich an das/ans Schlechte halten, auf das/aufs Schlechte schimpfen; es wäre das schlechteste (sehr schlecht), gleich zu schimpfen, aber: er verfiel auf das Schlechteste; der Schlechteste in der Klasse, etwas Schlechtes, gegen das Schlechte vorgehen, genug Schlechtes, im Schlechten und im Guten, jener Schlechte, mehr Schlechtes als Gutes, nur Schlechtes, sämtliches Schlechte, trotz des Schlechten, viel Schlechtes, weniges Schlechte, sich zum Schlechten wenden. (↑ 21) Der Korb war voller Früchte. Sie aßen die guten [Früchte], die schlechten [Früchte] warfen sie weg. – Die Klasse hat viele Schüler. Die schlechtesten von ihnen wurden nicht versetzt. – Dies ist die schlechtere der Arbeiten/von den Arbeiten/unter den Arbeiten

Schleck-in (gemeinsames Eissessen, ↑ 9)

schleichen: du darfst nur schleichen, aber: das Schleichen der Katze. *Weiteres* ↑ 15 f.

schleichend (↑ 40): die schleichende Inflation, eine schleichende Krankheit

schleifen: du mußt die Platte schleifen, aber: das Schleifen des Steines, durch Schleifen polieren. *Weiteres* ↑ 15 f.

Schleizer (*immer groß*, ↑ 28)

schleppen: du kannst das nicht schleppen, aber: das Schleppen der Säcke, das Seil ist beim Schleppen gerissen. *Weiteres* ↑ 15 f.

schlesisch/Schlesisch/Schlesische (↑ 39 ff.): die schlesischen Dichterschulen, das schlesische Himmelreich (eine Speise), der Erste Schlesische Krieg, der Zweite Schlesische Krieg, der Dritte Schlesische Krieg, die Schlesischen Kriege, der Schlesische Landrücken, die schlesische Mundart, die Schlesische Neiße; ein schlesisches Wörterbuch, aber: das „Schlesische Wörterbuch" (von W. Mitzka; ↑ 2 ff.). *Zu weiteren Verwendungen* ↑ alemannisch/Alemannisch/Alemannische

Schleswiger/Schleswig-Holsteiner (*immer groß*, ↑ 28)

schleudern: du darfst den Stein nicht schleudern, aber: das Schleudern des Wagens, ins Schleudern geraten. *Weiteres* ↑ 15 f.

schlicht: a) (↑ 40) eine schlichte Funktion (Math.), ein schlichtes Gewand, schlichte Leute. **b)** (↑ 18 ff.) ihre Kleider sind am schlichtesten, alles/das Schlichte bevorzugen; das Schlichteste, was sie finden konnte, aber (↑ 21):

das schlichteste der Gewänder; etwas/nichts Schlichtes tragen

schlichten: er will den Streit schlichten, aber: das/beim Schlichten des Streits. *Weiteres* ↑ 15 f.

schließen: du sollst die Tür schließen, aber: das Schließen der Tür, beim Schließen der Tür den Finger einklemmen. *Weiteres* ↑ 15 f.

schlimm: a) (↑ 40) im schlimmsten Falle, eine schlimme Lage, schlimme Zeiten. **b)** (↑ 18 ff.) er war am schlimmsten dran, auf das/aufs Schlimmste gefaßt sein; das schlimmste (am schlimmsten, sehr schlimm) war, daß er plötzlich krank wurde, (↑ 21) das schlimmste des Verbrechens, aber: das Schlimmste, was er erlebt hatte, das Schlimmste [be]fürchten; etwas/nichts Schlimmes tun, sich zum Schlimmen wenden, es kam nicht zum Schlimmsten

Schlitten fahren ↑ Auto fahren

Schlittschuh fahren ↑ Auto fahren

Schlittschuh laufen ↑ Rollschuh laufen

schluchzen: sie konnte nur schluchzen, aber: das Schluchzen war herzergreifend. *Weiteres* ↑ 15 f.

schlucken: er kann nicht schlucken, aber: das Schlucken tut ihm weh, beim Schlucken Schmerzen haben. *Weiteres* ↑ 15 f.

schlud[e]rig (↑ 18 ff.): er ist am schludrigsten von allen, alles/das Schludrige ablehnen; das Schludrigste, was man sich denken kann, aber (↑ 21): das schludrigste der Mädchen, etwas/nichts Schludriges

schlurfen: du sollst nicht so schlurfen, aber: das Schlurfen ist häßlich. *Weiteres* ↑ 15 f.

schlürfen: du sollst nicht schlürfen, aber: das Schlürfen der Milch. *Weiteres* ↑ 15 f.

Schluß-e (↑ 36)

schlüssig (↑ 40): ein schlüssiger Beweis, eine schlüssige Folgerung

Schluß-s (↑ 36)

Schmach (↑ 13): in Schmach und Schande, mit Schmach bedeckt

schmackhaft (↑ 18 ff.): dieses Gericht ist am schmackhaftesten, alles/das Schmackhafte bevorzugen; das Schmackhafteste, was er gegessen hatte, aber (↑ 21): die schmackhafteste der Suppen; etwas/nichts Schmackhaftes zu essen haben

schmal ↑ schlank

Schmalkaldener (*immer groß*, ↑ 28)

schmalkaldisch (↑ 39): die Schmalkaldischen Artikel, der Schmalkaldische Bund, der Schmalkaldische Krieg

schmatzen: du sollst nicht schmatzen, aber: das Schmatzen des Kindes. *Weiteres* ↑ 15 f.

schmeicheln: du sollst nicht schmeicheln, aber: das Schmeicheln ist seine Art, mit Schmeicheln Erfolg haben. *Weiteres* ↑ 15 f.

schmeichlerisch ↑ untertänig

schmelzen: der Schnee wird schmelzen, aber: das Schmelzen des Schnees, der Schnee ist am Schmelzen. *Weiteres* ↑ 15 f.

Schmerz (↑ 13): mit Schmerz erfüllt, von Schmerz gebeugt, vor Schmerz die Zähne zusammenbeißen

schmerzlich: a) (↑ 40) schmerzlicher Verlust. **b)** (↑ 18 ff.) dieser Verlust war ihm am schmerzlichsten, alles/das Schmerzliche; das schmerzlichste (am schmerzlichsten, sehr schmerzlich) war, daß er beide Eltern verlor, (↑ 21) der schmerzlichste der Verluste, aber: das Schmerzlichste, was er erlebt hatte; etwas/nichts Schmerzliches

schmerzlos (↑ 40): eine schmerzlose Geburt

schmieden: er will das Eisen schmieden, aber: das Schmieden neuer Pläne. *Weiteres* ↑ 15 f.

schmieren: du mußt die Maschine schmieren, aber: das Schmieren der Butterbrote. *Weiteres* ↑ 15 f.

schminken: ich werde sie/mich schminken, aber: das Schminken/Sichschminken dauert lange, durch Schminken verdecken. *Weiteres* ↑ 15 f.

schmirgeln: du mußt die Platte schmirgeln, aber: das Schmirgeln der Herdplatte, durch Schmirgeln säubern. *Weiteres* ↑ 15 f.

schmollen: du sollst nicht schmollen, aber: das Schmollen ist nicht schön. *Weiteres* ↑ 15 f.

schmoren: sie will den Braten schmoren, aber: das Schmoren des Bratens, der Braten ist am Schmoren. *Weiteres* ↑ 15 f.

Schmu (↑ 11): Schmu machen

schmücken: wir wollen die Straße schmücken, aber: das Schmücken der Straße, sie sind am Schmücken. *Weiteres* ↑ 15 f.

schmucklos (↑ 18 ff.): dieser Raum ist am schmucklosesten, alles/das Schmucklose bevorzugen; das Schmruckloseste, was er gesehen hatte, aber (↑ 21): das schmuckloseste der Kleider; etwas/nichts Schmuckloses

schmuggeln: er will schmuggeln, aber: das Schmuggeln erschweren. *Weiteres* ↑ 15 f.

schmunzeln: er wird darüber schmunzeln, aber: das Schmunzeln war seine Reaktion. *Weiteres* ↑ 15 f.

Schmus (↑ 11): Schmus reden

schmutzig: a) (↑ 2 ff.) „Die schmutzigen Hände" (von Sartre), aber: eine Figur aus den „Schmutzigen Händen", „Schmutziger Lorbeer" (Film). **b)** (↑ 18 ff.) seine Schuhe waren am schmutzigsten, alles/das Schmutzige waschen; das Schmutzigste, was man sich denken kann, aber (↑ 21): das schmutzigste der Bücher; etwas/nichts Schmutziges

schnalzen: er will mit dem Finger schnalzen, aber: das Schnalzen mit den Fingern. *Weiteres* ↑ 15 f.

schnarchen: er wird schnarchen, aber: das Schnarchen ist unerträglich. *Weiteres* ↑ 15 f.

schnattern: die Gänse werden schnattern, aber: das Schnattern der Gänse. *Weiteres* ↑ 15 f.

schnaufen: er muß sehr schnaufen, aber: das Schnaufen fällt ihm schwer. *Weiteres* ↑ 15 f.

schnauzen: er soll nicht so schnauzen, aber: das Schnauzen kann er nicht lassen. *Weiteres* ↑ 15 f.

Schneeschuh laufen ↑ Rollschuh laufen

schneiden: er muß das Papier schneiden, aber: das Schneiden der Reben, hier ist die Luft zum Schneiden. *Weiteres* ↑ 15 f.

schneien: es wird bald schneien, aber: das Schneien hat aufgehört. *Weiteres* ↑ 15 f.

schnell: a) (↑ 39 f.) schneller Brüter, die Schnelle Köros (Fluß in Ungarn), auf die

schnelle [Tour]. **b)** (↑18ff.) er läuft am schnellsten, alle/die Schnellen beneiden; der Schnellste, der ihm begegnet war, aber (↑21): der schnellste der Läufer; auf die schnelle [Tour]
Schnellzug fahren ↑Auto fahren
Schnickschnack (↑11): Schnickschnack reden

schnippisch (↑18ff.): sie ist am schnippischsten von allen, alle/die Schnippischen nicht mögen; die Schnippischste, die man sich denken kann, aber (↑21): die schnippischste der Frauen; etwas/nichts Schnippisches
schnitzen: er will jemandem ein Reh ins Bein schnitzen, aber: das Schnitzen eines Kruzifixes. *Weiteres* ↑15f.

schnöde (↑40): schnöder Gewinn, schnöder Mammon
schnuppern: der Hund will schnuppern, aber: das Schnuppern des Hundes. *Weiteres* ↑15f.

schön
1 *Als Attribut beim Substantiv* (↑39ff.): ein schönes (hohes) **Alter** erreichen, jmdm. schöne Augen machen; das sind ja schöne Aussichten, aber: „Hotel Schöne Aussicht", wir essen heute in der „Schönen Aussicht"; das ist eine schöne Bescherung, schönen/schönsten Dank, schönste **Frau**, schönes Fräulein, du bist mir ein schöner Freund; „Die schöne Galathee" (Operette von F. v. Suppé), aber: ein Duett aus der „Schönen Galathee" (↑2ff.); eine schöne Geschichte, das schöne (weibliche) Geschlecht, schöne Grüße, die schöne (rechte) **Hand**; die schöne Helena (Sagengestalt), „Die schöne Helena" (Operette von J. Offenbach), aber: eine Arie aus der „Schönen Helena" (↑2ff.); die schönen Künste, die schöne Literatur; das ist eine schöne **Madonna**, aber: Schöne Madonnen (bestimmte Gruppe spätgot. Madonnen); „Die schöne Magelone" (Volksbuch; Liederzyklus), aber: ein Lied aus der „Schönen Magelone" (↑2ff.); „Die schöne Müllerin" (Liederzyklus), aber: ein Lied aus der „Schönen Müllerin" (↑2ff.); das sind doch nur schöne **Reden**, es war ein schöner Reinfall, Schön Rotraud, „Bekenntnisse einer schönen Seele" (Goethe; ↑2ff.), das kostet ein schönes Stück Geld, eine schöne Summe, eine schöne **Überraschung**, das ist ja eine schöne Wirtschaft, die schönen **Wissenschaften**, schöne Worte machen, das waren schöne/schönere Zeiten; Philipp **der Schöne**, die Taten Philipps **des Schönen**
2 *Alleinstehend oder nach Artikel, Pronomen, Präposition usw.* (↑18ff.): Schönes verehren, Schönes und Häßliches; jmdm. allerhand Schönes sagen, ich wünsche Ihnen alles Schöne und Gute; dies Kleid ist am schönsten, aber: am Schönen/Schönsten vorübergehen; das Barometer steht auf „schön" (↑37); sie war auf das/aufs schönste geputzt, aber: sie wollte nicht auf das Schönste verzichten; er war bei der Schönen, das ist das Schöne an der Sache, das Gefühl für das Schöne und Gute; es wäre das schönste (am schönsten), wenn du dableiben könntest, aber: das Schönste, was ich je gesehen habe; sie ist die Schönste im Saal, eine junge Schöne, etwas Schöneres/Schönes; für

das/fürs Schöne; nun, ihr Schönen; irgend etwas Schönes, manche Schöne, manches Schöne, nichts/nur Schöneres/Schönes, trotz des Schönen, viel/wenig Schönes, wegen der Schönen. (↑21) Die Kinder pflückten Erdbeeren. Die schönen [Erdbeeren] aßen sie gleich auf. – Er beobachtete die Damen im Saal. Die schönste von allen/unter ihnen war sie. – Sie ist die schönste/Schönste der Schönen. – Das schönste aus dem häßlichste Bild hingen nebeneinander. – Sie ist die schönere/schönste seiner Töchter/unter seinen Töchtern/von seinen Töchtern

schonungslos ↑rücksichtslos
schopenhauer[i]sch (↑27): die Schopenhauerschen Werke, aber: ein Werk in schopenhauerschem Geiste
schöpfen ↑Atem schöpfen
schöpferisch (↑18ff.): er war am schöpferischsten, alles/das Schöpferische bewundern; der Schöpferischste, der ihm begegnet war, aber (↑21): der schöpferischste der Künstler; etwas/nichts Schöpferisches
Schöppenstedter (*immer groß,* ↑28)
schottisch (↑39ff.): die Schottischen Hochlande, die schottischen Inseln, die schottische Kirche, die schottische Literatur, die schottische Musik, der schottische Schäferhund, die schottische Schule, die „Schottische Sinfonie" (von Mendelssohn Bartholdy; ↑2ff.), die schottische Sprache (Gälisch), ein schottischer Tanz, der schottische Terrier, die schottische Volksmusik. *Zu weiteren Verwendungen* ↑deutsch/Deutsch/Deutsche
schraffieren: er will den Hintergrund schraffieren, aber: das Schraffieren des Hintergrundes. *Weiteres* ↑15f.
schräg (↑40): schräge Musik, er ist ein schräger Typ/Vogel
schral (↑40): ein schraler (ungünstiger) Wind (Seemannsspr.)
schrauben: du mußt die Stäbe schrauben, aber: das Schrauben der Stäbe, beim Schrauben überdrehen. *Weiteres* ↑15f.
Schrecken (↑13): in Schrecken versetzen, vor Schrecken wie gelähmt
schrecklich (↑18ff.): sein Ende war am schrecklichsten, alles/das Schreckliche; das Schrecklichste, was er erlebt hatte, aber (↑21): das schrecklichste der Erlebnisse; etwas/nichts Schreckliches
¹schreiben: er kann gut schreiben, aber: das Schreiben legt ihm, beim Schreiben Fehler machen. *Weiteres* ↑15f.
²schreiben ↑Blockschrift schreiben, ↑maschinenschreiben
schreibend (↑40): schreibender (schriftstellerisch tätiger) Arbeiter (DDR)
schreien: du sollst nicht schreien, aber: das Schreien des Kindes, durch Schreien wach werden, das ist zum Schreien. *Weiteres* ↑15f.
schriftlich (↑18ff.): alles/das Schriftliche beurteilen, etwas/nichts Schriftliches
Schritt (↑13): auf Schritt und Tritt, im Schritt bleiben/fahren/gehen
Schritt fahren: a) (↑11) er fährt/fuhrSchritt, weil er Schritt fährt/fuhr, er muß Schritt fahren, er ist Schritt gefahren; er glaubte, Schritt

zu fahren. **b)** (↑16) das Schrittfahren ärgert ihn, vom Schrittfahren ermüdet sein
Schritt halten ↑ Abstand halten
schroff (↑18 ff.): seine Worte waren am schroffsten, alles/das Schroffe vermeiden; das Schroffste, was er gehört hatte, aber (↑21): der schroffste der Felsen; etwas/nichts Schroffes mögen
schrubben: sie will den Boden schrubben, aber: das Schrubben des Bodens kostet Kraft. *Weiteres* ↑ 15 f.
schrullenhaft ↑ schrullig
schrullig (↑18 ff.): er war am schrulligsten von allen, alle/die Schrulligen belächeln; der Schrulligste, dem er begegnet war, aber (↑21): der schrulligste der Männer; etwas/nichts Schrulliges
schrumpfen: das Material wird bei Feuchtigkeit schrumpfen, aber: das Schrumpfen des Materials verhindern. *Weiteres* ↑ 15 f.
schüchtern (↑18 ff.): er war am schüchternsten von allen, alle/die Schüchternen ermuntern; der Schüchternste, der ihm begegnet war, aber (↑21): der schüchternste der Schüler; ein Schüchterner
Schuld: a) (↑10) jmdm. die Schuld geben, ihn trifft keine Schuld, die Schuld bei sich selbst suchen, [die] Schuld haben/tragen, nach der Schuld fragen, aber: jmdm. schuld geben, er ist/hat schuld daran, schuld haben/sein. **b)** (↑13 f.) in Schulden geraten, frei von Schuld/Schulden, aber (↑34) ↑ zuschulden
schulden /in der Fügung *Dank schulden*/ ↑ Dank abstatten
schuld geben ↑ schuld haben
schuld haben: a) (↑10) er hat schuld daran, weil er schuld daran hat, er wird schuld daran haben, er hat schuld daran gehabt, um nicht schuld daran zu haben, aber: [die/große] Schuld haben. **b)** (↑16) das Schuldhaben. (Entsprechend:) *schuld geben/sein*
schuldig: a) (↑40) der schuldige Teil. **b)** (↑18 f.) alle/die Schuldigen bestrafen, auf schuldig plädieren, einen Schuldigen finden, jmdn. schuldig sprechen
schuld sein ↑ schuld haben
Schule (↑13): zur Schule gehen
Schule machen ↑ Platz machen
schulen: sie wollen uns schulen, aber: das Schulen dauert ein Jahr, durch Schulen zum Fachmann ausbilden. *Weiteres* ↑ 15 f.
schulmäßig (↑18 ff.): seine Methode war am schulmäßigsten, alles/das Schulmäßige ablehnen; das Schulmäßigste, was man sich denken kann, aber (↑21): das schulmäßigste der Verfahren; etwas/nichts Schulmäßiges
schultern: sie müssen das Gewehr schultern, aber: das Schultern der Gewehre. *Weiteres* ↑ 15 f.
schunkeln: wir wollen schunkeln, aber: das Schunkeln gefällt ihm, zum Schunkeln auffordern. *Weiteres* ↑ 15 f.
schupsen: du sollst ihn nicht schupsen, aber: das Schupsen hatte böse Folgen, durch Schupsen fallen. *Weiteres* ↑ 15 f.
schürfen: er will nach Gold schürfen, aber: das Schürfen nach Gold. *Weiteres* ↑ 15 f.
Schuß (↑13): im/in Schuß sein, eine Weiße

mit Schuß, weit vom Schuß, zum Schuß kommen
Schutt (↑13): eine Stadt in Schutt [und Asche] legen
schütteln: er will den Baum schütteln, aber: das Schütteln der Bäume, er will durch Schütteln das Wasser entfernen. *Weiteres* ↑ 15 f.
Schutz (↑13): in Schutz nehmen
schützen: er will ihn schützen, aber: das Schützen der Kinder. *Weiteres* ↑ 15 f.
Schwabacher (*immer groß*, ↑28)
schwäbisch/Schwäbisch/Schwäbische (↑39 ff.): die Schwäbische Alb, der Schwäbische Bund, der Schwäbische Dichterbund, Schwäbisch Gmünd, Schwäbisch Hall, der Schwäbische Jura, der Schwäbische Kreis, das Schwäbische Meer (Bodensee), die schwäbische Mundart, die Schwäbische Rezat (ein Fluß), der Schwäbische Städtebund, die Schwäbische Türkei (Gebiet an Donau und Drau), die Schwäbisch-Fränkische Waldberge; ein schwäbisches Wörterbuch, aber: „Schwäbische Wörterbuch" (von H. Fischer; ↑2 ff.) Zu weiteren Verwendungen ↑ alemannisch/Alemannisch/Alemannische
schwach: a) (↑40) das schwache Geschlecht (die Frauen), (Sprachw.) die schwache Deklination, eine schwache Hoffnung, ein schwaches Verb/Zeitwort. **b)** (↑18 ff.) dieser Schüler war am schwächsten, alle/die Schwachen unterstützen; der Schwächste, der ihm begegnet war, aber (↑21): der schwächste der Schüler; ein Schwacher
schwächen: er wird dadurch seine Position schwächen, aber: das Schwächen des Gegners. *Weiteres* ↑ 15 f.
schwächlich/schwachsichtig/schwachsinnig ↑ schwach (b)
Schwälmer (*immer groß*, ↑28)
schwanken: der Turm wird leicht schwanken, aber: das Schwanken des Turmes, der Turm wird ins Schwanken kommen. *Weiteres* ↑ 15 f.
schwänzen: du sollst die Schule nicht schwänzen, aber: beim Schwänzen auffallen, das Schwänzen der Schule wird häufiger. *Weiteres* ↑ 15 f.
schwapp/schwaps: a) (↑34) schwipp, schwapp, schwupp/schwips, schwaps, schwups, das Wasser schwappte über. **b)** (↑35) der Schwapp/Schwaps, ein Schwapp/Schwaps Wasser, das war ein Schwapp/Schwaps
schwaps/Schwaps ↑ schwapp/schwaps
schwarz/Schwarz/Schwarze
1 *Als Attribut beim Substantiv* (↑39 ff.): der Schwarze-Adler-Orden, die Schwarze Aist (Quellfluß der Aist); „Die schwarze Akte" (Film), aber: eine Szene aus der „Schwarzen Akte" (↑2 ff.); der schwarze Anzug, schwarze Augen, die Schwarzen Berge (bei Hamburg und in der Rhön), die schwarzen Blattern, der schwarze Brand (Krankheit), das Schwarze Brett (Anschlagbrett), schwarze **Diamanten** (Kohlen), die Schwarze Elster (Nebenfluß der Elbe), der Schwarze Erdteil (Afrika); schwarze Farbe, aber (↑2): die Farbe Schwarz; die schwarzen Felder (auf dem Spielbrett), (Zool.) die Schwarze Fliege (Insekt), der Schwarze

Fluß (in Vietnam); ein schwarzer Freitag, aber: Schwarzer Freitag (Name eines Freitags mit großen Börsenstürzen in den USA); schwarze **Gedanken,** ein schwarzes Geschäft, der Schwarze Grat (Berg in Baden-Württemberg), der Schwarze Grund (im Ostsee), die Schwarze Hand (serbischer Geheimbund), schwarzer Humor, die schwarzen Husaren, die schwarze **Johannisbeere,** schwarzer Kaffee, schwarze Kirschen, der Schwarze Kontinent (Bez. für: Afrika), (Physik) der schwarze Körper, der schwarze Kreis (Wohnungswirtschaft), die Schwarze Kunst (Buchdruck, auch: Zauberei), die Schwarze **Laber/Laaber** (Nebenfluß der Donau), die schwarze Liste, die Schwarze Lütschine (Quellfluß der Lütschine, Schweiz); eine schwarze **Madonna** (Typ des Madonnenbildes), aber: die Schwarze Madonna von Tschenstochau (↑2ff.); Schwarze Magie (böse Zauberei), (Zool.) Schwarze Mamba (Schlange); der schwarze Mann (Schreckgestalt; Schornsteinfeger), aber: der Schwarze Mann (Berg in der Schneifel); das Spiel „Wer hat Angst vorm schwarzen Mann?" (↑2ff.); der schwarze Markt, das Schwarze Meer, eine schwarze Messe, Schwarzer Peter (Spiel; ↑2ff.), jmdm. den Schwarzen Peter zuspielen, die schwarzen Pocken, der Schwarze Prinz (Eduard, Prinz von Wales, 14.Jh.), schwarzes Pulver (Schießpulver), Schwarze Pumpe (Industrieort bei Spremberg), ein Brief mit schwarzem **Rand,** die schwarze Rasse, der Schwarze Regen (Quellfluß des Regens), das schwarze Schaf, er war das schwarze Schaf der Familie, die Schwarze Schar (das Freikorps Lützow), der Schwarze Schöps (Nebenfluß der Spree), (Zool.) der Schwarze Schwan, der Schwarze See (im Böhmerwald); Schwarzer September (palästinens. Untergrundorganisation), der schwarze **Star** (Augenkrankheit), ein schwarzer Stein (im Brettspiel), (Physik) der schwarze Strahler, die Schwarze Sulm (Quellfluß der Sulm, Steiermark), ein schwarzer **Tag,** schwarzer Tee, der Schwarze Tod (Pest), schwarzer Undank, ein schwarzer Verdacht, der Schwarze Volta (Fluß in Westafrika), die Schwarze Waag (Quellfluß der Waag, Slowakei), (Zool.) die Schwarze Witwe (Giftspinne)

2 *Alleinstehend oder nach Artikel, Pronomen, Präposition usw.* (↑26): [die Farbe] Schwarz; Schwarz bietet Schach, Schwarz ist die Farbe der Trauer; das Kleid ist schwarz, seine Farbe ist schwarz (wie ist die Farbe?), aber: ihre Lieblingsfarbe ist Schwarz (was ist ihre Lieblingsfarbe?); Schwarz ausspielen, ich sehe schwarz (zu: schwarzsehen „ungünstig beurteilen, ohne amtl. Genehmigung fernsehen"), sie trägt Schwarz (geht in Trauer), auf Schwarz setzen (im Glücksspiel), schwarz werden, bis er schwarz wird, da steht es schwarz auf weiß, etwas schwarz auf weiß besitzen, aus schwarz weiß machen wollen (die Tatsachen verdrehen), das Schwarze unterm Nagel, der Schwarze (Teufel), der/die Schwarze (Schwarzhaarige, Neger[in]), ein Schwarzer (kath. Kleriker, Katholik, CDU-Anhänger), ein tiefes/düsteres Schwarz, Frankfurter Schwarz (Farbe), in Schwarz gehen/gekleidet sein, ins Schwarze

treffen, das kleine Schwarze (festliches schwarzes Kleid), Verständigung zwischen Schwarz und Weiß. *Zu weiteren Verwendungen* ↑blau/Blau/Blaue

Schwarzauer (*immer groß,* ↑28)

schwarzbunt: a) (↑40) eine/die schwarzbunte Kuh, schwarzbuntes Niederungsvieh. **b)** (↑19) unsere Schwarzbunte hat gekalbt

schwärzen: du mußt das Papier schwärzen, aber: das/durch Schwärzen des Papiers. *Weiteres* ↑15f.

Schwarzer Peter spielen ↑Skat spielen

schwarzfigurig (↑40): eine schwarzfigurige [griechische] Vase, der schwarzfigurige Stil

schwarzrotgolden/Schwarz-Rot-Gold (↑26): die schwarzrotgoldene Fahne, aber: die Fahne Schwarz-Rot-Gold; deutsche Farben: Schwarz-Rot-Gold

schwarzsehen: wir dürfen nicht schwarzsehen, aber: ein Gesetz gegen Schwarzsehen. *Weiteres* ↑15f.

Schwarzwälder (*immer groß,* ↑28)

schwarzweißrot/Schwarz-Weiß-Rot (↑26): die schwarzweißrote Fahne, aber: die Fahne Schwarz-Weiß-Rot

schwatzen/schwätzen: sie kann nur schwatzen, aber: das Schwatzen nicht lassen können, sie ist schon wieder beim Schwatzen.

Weiteres ↑15f.

schwätzerisch ↑schwatzhaft

schwatzhaft (↑18f.): sie war am schwatzhaftesten, alle/die Schwatzhaften nicht mögen; der Schwatzhafteste, den man sich denken kann, aber (↑21): der schwatzhafteste der Tischgenossen; etwas/nichts Schwatzhaftes

schweben: das Flugzeug kann schweben, aber: das Schweben des Vogels. *Weiteres* ↑15f.

schwedisch/Schwedisch/Schwedische (↑39f.): ein schwedischer Film, schwedische Gardinen, die schwedische Gymnastik, die schwedische Kirche, der schwedische König, schwedische Krone (Währung; skr), die schwedische Kunst, die schwedische Literatur, die schwedischen Möbel, die schwedische Musik, die Schwedische Reichsbank, die schwedische Sprache, das schwedische Volk. *Zu weiteren Verwendungen* ↑deutsch/Deutsch/Deutsche

schweigen: du sollst schweigen, aber: das Schweigen im Walde, durch Schweigen mehr erreichen; Reden ist Silber, Schweigen ist Gold; der Rest ist Schweigen. *Weiteres* ↑15f.

schweigsam: a) (↑12ff.) „Die schweigsame Frau" (Oper von R. Strauss): eine Partie aus der „Schweigsamen Frau". **b)** (↑18ff.) sie ist am schweigsamsten, alle/die Schweigsamen; der schweigsamste, der unter ihnen war, aber (↑21): der schweigsamste der Schüler

Schweinfurter (*immer groß,* ↑28)

Schweiß (↑13): im Schweiße deines Angesichtes, in Schweiß kommen

schweißen: du mußt dies schweißen, aber: das Schweißen der Schienen, beim Schweißen eine Brille tragen. *Weiteres* ↑15f.

Schweizer (*immer groß,* ↑28)

schweizerisch/Schweizerisch/Schweizerische (↑39ff.): die Schweizerische Aluminium AG, die Schweizerische Bankgesellschaft, der Schweizerische Bankverein, die Schweizerischen Bundesbahnen, die schweizerische Bundesregierung, die Schweizerische Depeschenagentur AG (Nachrichtenagentur), die Schweizerische Eidgenossenschaft, die schweizerischen Eisenbahnen, die schweizerischen Gewerkschaften, „Schweizerisches Idiotikon" (↑2ff.), der Schweizerische Evangelische Kirchenbund, die Schweizerische Kreditanstalt, die schweizerische Literatur, die Schweizerische Nationalbank, die schweizerische Post, die Schweizerische Rückversicherungs-Gesellschaft, die Schweizerische Schokolade, die Schweizerische Verkehrszentrale, die Schweizerische Volksbank, das Schweizerische Zivilgesetzbuch. *Zu weiteren Verwendungen* ↑ deutsch/Deutsch/Deutsche

schwelen: das Feuer wird noch schwelen, aber: das Schwelen des Feuers verhindern. *Weiteres* ↑ 15 f.

schwelgen: er kann nur in Erinnerungen schwelgen, aber: das Schwelgen in Erinnerungen. *Weiteres* ↑ 15 f.

schwellen: die Hand wird schwellen, aber: das Schwellen der Augen hat aufgehört. *Weiteres* ↑ 15 f.

schwer: a) (↑ 40) schwere Artillerie, schwerer Boden, ein schwerer Junge (Gewaltverbrecher), ein schwerer Kreuzer, schwere Musik, schwere Panzer, das war ein schwerer Schlag, schwere Seen, schwere Seide, schwere Speisen, (Chemie) schweres Wasser, (Chemie) schwerer Wasserstoff, schwerer Wein, (Bergmannsspr.) schwere Wetter, schwere Wörter, mit schwerer Zunge sprechen. **b)** (↑ 18 ff.) Leichtes und Schweres, Schweres durchmachen/erleiden; alles Schwere, dies ist am schwersten; das schwerste (am schwersten, sehr schwer) wäre, ihn jetzt zu verlieren, (↑ 21) das schwerste der Pakete, aber: er hat das Schwerste hinter sich; der/die Schwerste, etwas Schwereres/Schweres, nichts Schweres, viel/wenig Schweres

schwererziehbar (↑ 40): schwererziehbare Kinder

schwerfällig (↑ 18 ff.): er ist am schwerfälligsten, alle/die Schwerfälligen aufmuntern; der Schwerfälligste, der ihm begegnet war, aber (↑ 21): der schwerfälligste der Knaben; etwas/nichts Schwerfälliges

schwerhörig (↑ 18 ff.): er ist am schwerhörigsten, alle/die Schwerhörigen bedauern; der Schwerhörigste, der ihm begegnet war, aber (↑ 21): der schwerhörigste der alten Männer; ein Schwerhöriger

Schweriner (*immer groß,* ↑ 28)

schwermütig (↑ 18 ff.): er war am schwermütigsten, alle/die Schwermütigen bedauern; der Schwermütigste, der ihm begegnet war, aber (↑ 21): der schwermütigste der Kranken

Schwetzinger/Schwiebus[s]er (*immer groß,* ↑ 28)

schwierig: a) (↑ 40) schwierige Wörter. **b)** (↑ 18 ff.) diese Arbeit ist am schwierigsten, alles/das Schwierige meiden; das Schwierigste, was man sich denken kann, aber (↑ 21): das schwierigste der Probleme, etwas/nichts Schwieriges

schwimmen: er will schwimmen, aber: das

Schwimmen gefällt ihm, beim Schwimmen ertrinken, ins Schwimmen geraten. (Beachte:) zu schwimmen lernen, aber: das Schwimmen lernen. *Weiteres* ↑ 15 f.

schwindeln: du sollst nicht schwindeln, aber: das Schwindeln ist nicht lassen, nur durch Schwindeln weiterkommen. *Weiteres* ↑ 15 f.

schwinden: bald wird die Hoffnung schwinden, aber: das Schwinden der Hoffnung. *Weiteres* ↑ 15 f.

schwipp/schwips: a) (↑ schwapp/schwaps [a]). **b)** (↑ 35) der Schwips, er hat einen Schwips

schwitzen: du wirst schwitzen, aber: das Schwitzen ist unangenehm, durch Schwitzen die Grippe überwinden. *Weiteres* ↑ 15 f.

schwören: du sollst nicht schwören, aber: das Schwören eines Eides. *Weiteres* ↑ 15 f.

Schwung (↑ 13): in Schwung kommen

schwupp/schwups: a) (↑ schwapp/schwaps [a]). **b)** (↑ 35) der Schwupp/Schwups war sehr stark, ein starker Schwupp/Schwups

Schwyzer (*immer groß,* ↑ 28)

Science-fiction[-Roman] (↑ 9)

sechs: a) (↑ 29) wo sechs essen, wird auch der siebte/siebente satt (↑ acht (1). **b)** (↑ 30) er hat eine Sechs/drei Sechsen gewürfelt, er hat in Latein eine Sechs geschrieben, er hat die Note „Sechs" bekommen, die japanische Sechs (Volleyballmannschaft) liegt in Führung; ↑ acht (2). **c)** (↑ 21) „Die sechs Schwäne" (Märchen), aber *(als erstes Wort):* das Märchen von den „Sechs Schwänen", „Sechs Personen suchen einen Autor" (von L. Pirandello), „Sechse kommen durch die ganze Welt" (Märchen)

Sechser: a) (↑ Achter). **b)** (↑ 9) er hat nicht für einen Sechser Verstand, ich gebe keinen Sechser für sein Leben, er gab dem Bettler einen Sechser

sechsfach/Sechsfache ↑ dreifach

sechshundert ↑ hundert

sechsjährig ↑ achtjährig

sechstausend ↑ hundert

sechste: a) (↑ achte). **b)** (↑ 40) der sechste Kontinent, er hat den sechsten Sinn dafür. **c)** (↑ 2 ff.) „Im Morgengrauen des sechsten Juni" (Film)

sechstel ↑ viertel

sechsundsechzig (↑ 29): sechsundsechzig Jahre, aber (↑ 2 ff.): wir spielen Sechsundsechzig (Kartenspiel)

sechzehn ↑ acht

sechzehnfach/Sechzehnfache ↑ dreifach

sechzehnjährig ↑ achtjährig

sechzehnte ↑ achte

sechzig: a) (↑ achtzig). **b)** *Rechnen:* ↑ acht (1, d)

sechziger ↑ achtziger

sechzigfach/Sechzigfache ↑ dreifach

sechzigjährig ↑ achtjährig

sechzigste ↑ achte

See (↑ 13): er ist auf See geblieben, in See stechen, über See fahren (↑ Übersee), zur See fahren

seelisch: a) (↑ 40) das seelische Gleichgewicht, seelische Kräfte, (Med.) seelische

Krankheiten, seelische Schmerzen. **b)** (↑ 18 ff.)
alles/das Seelische berühren, etwas/nichts See-
lisches
Segel (↑ 13): unter Segel sein
segeln: er kann segeln, aber: das Segeln gefällt ihm, zum Segeln fahren. (Beachte:) zu segeln lernen, aber: das Segeln lernen. *Weiteres*
↑ 15 f.
segnen: der Priester wird sie segnen, aber:
das Segnen der Früchte. *Weiteres* ↑ 15 f.
sehen: er kann ihn sehen, aber: das Sehen
läßt bei ihm nach, das Auf-die-Finger-Sehen.
Weiteres ↑ 15 f.
sehenswert (↑ 18 ff.): dieses Monument ist
am sehenswertesten, alles/das Sehenswerte betrachten; das Sehenswerteste, was es gibt, aber
(↑ 21): das sehenswerteste der Gebäude; et-
was/nichts Sehenswertes finden
sehr gut (↑ 37): er hat [die Note] „sehr gut“
erhalten, er hat mit [der Note] „sehr gut“/mit
einem glücklichen „sehr gut“ bestanden, er hat
zwei „sehr gut“ in seinem Zeugnis
Seide (↑ 13): aus Seide, in Seide gekleidet
seiden: a) (↑ 2 ff.) „Die seidene Leiter“ (Oper
von Rossini), „Der seidene Schuh“ (von Clau-
del), aber: eine Szene aus dem „Seidenen
Schuh“. **b)** (↑ 18 ff.) alles/das Seidene bevorzugen, etwas/nichts Seidenes
Seil ziehen ↑ Tau ziehen
¹**sein:** es kann sein, aber: das wahre Sein, Sein
und Schein; Sein oder Nichtsein, das ist hier
die Frage. *Weiteres* ↑ 15 f.
²**sein** ↑ angst sein, bange sein, ernst sein, gram
sein, schade sein, ↑ Mode sein; /in den Fügungen *feind sein, freund sein*/ ↑ feind bleiben; /in
den Fügungen *leid sein, not sein*/ ↑ leid tun, not
tun; /in den Fügungen *bankrott sein, pleite
sein*/ ↑ bankrott gehen, pleite gehen; /in den
Fügungen *recht sein, schuld sein*/ ↑ recht haben,
schuld haben; /in der Fügung *wehe sein*/
↑ bange sein
sein/seine/sein
1 *Als einfaches Pronomen klein* (↑ 32): sein Vater, seine Mutter, sein Kind; wessen Garten?
seiner, wessen Uhr? seine, wessen Kind?
sein[e]s; das ist nicht mein Problem, sondern
sein[e]s; ich habe meine Sachen wiedergefunden, doch seine blieben verloren
2 *In Höflichkeitsanreden groß* (↑ 7): Seine (S[e].)
Heiligkeit (der Papst), Seiner (Sr.) Exzellenz
3 *Nach Artikel* (↑ 33): das Seine/Seinige (seine
Habe, das ihm Zukommende), jedem das Sei-
ne/Seinige, er muß das Seine/Seinige (sein[en]
Teil) dazu tun, einer der Seinen/Seinigen, die
Seinen/Seinigen (seine Angehörigen), er sorgt
für die Seinen/Seinigen. (↑ 32) wessen Garten?
der seine/seinige, wessen Uhr? die seine/seini-
ge, wessen Kind? das seine/seinige; das ist
nicht mein Problem, sondern das seine/seini-
ge
4 *Schreibung des folgenden Wortes:* **a)** (↑ 29 ff.
und 32 f.) sie ist doch sein ein und [sein] alles,
sein [anderes] Ich; das sind seine drei [Kinder].
b) (↑ 16) sein Singen. **c)** (↑ 19 und 23) er muß
sein Bestes tun, aber: sein möglichstes tun.
(↑ 25) sein Deutsch. (↑ 21) seine alten und unsere neuen Bücher. **d)** (↑ 35) sein [ständiges]
Weh und Ach, sein [ewiges] Wenn und Aber

seiner ↑ er, ↑ es
seinige ↑ sein/seine/sein (3)
seit (↑ 34): **a)** (↑ 13) seit Anfang usw. ↑ Anfang
usw. **b)** (↑ 16) seit Bestehen der Firma. **c)** (↑ 23)
seit kurzem, seit langem, seit neuestem. **d)**
(↑ 29 ff. und 32) seit drei [Uhr] warten wir
schon. **e)** (↑ 34) seit wann? seit alters, seit damals, seit gestern, seit heute
seit alters ↑ alters
seit Anbeginn/seit Anfang ↑ Anbeginn/
Anfang
Seite (↑ 13 f.): zur Seite stehen, auf/von/zu der
Seite, aber: auf/von/zu seiten; (↑ 34) ↑ beiseite
seit Ende usw. ↑ Ende usw.
seitens (↑ 34): seitens des Angeklagten
seit Ostern/Weihnachten/Pfingsten
↑ Ostern
sekundär: a) (↑ 40) (Med.) die sekundäre Anämie, ein sekundäres Geschlechtsmerkmal;
(Biol.) sekundärer Bast, sekundäres Dickenwachstum, sekundäre Rinde; (Med.) eine sekundäre Schrumpfniere, (Bot.) sekundäre
Wurzeln. **b)** (↑ 18 ff.) alles/das Sekundäre zu-
rückstellen, etwas/nichts Sekundäres beachten
selbst/selber: a) (↑ 32) das versteht sich von
selbst/selber, er hat es selbst/selber gesagt. **b)**
(↑ 33) das Selbst, des Selbst; ein Stück meines
Selbst
selbständig: a) (↑ 39 f.) selbständige Berufs-
lose (Bez. in der amtl. Statistik), die Selbständige evangelisch-lutherische Kirche. **b)**
(↑ 18 ff.) er war am selbständigsten, alle/die
Selbständigen; der Selbständigste, der ihm begegnet war, aber (↑ 21): der selbständigste der
Knaben; etwas/nichts Selbständiges
selbstbewußt (↑ 18 ff.): er ist am selbstbe-
wußtesten, alle/die Selbstbewußten; der
Selbstbewußteste, den man sich denken kann,
aber (↑ 21): der selbstbewußteste der Knaben;
etwas/nichts Selbstbewußtes
selbstgefällig/selbstherrlich ↑ selbstbewußt
selbstlos (↑ 18 ff.): sie ist am selbstlosesten,
alle/die Selbstlosen bewundern; die Selbstloseste, die man sich denken kann, aber (↑ 21): die
selbstloseste der Frauen; etwas/nichts Selbstlo-
ses
selbstsicher/selbstsüchtig ↑ selbstbewußt
selbstverständlich (↑ 18 ff.): es ist das
selbstverständlichste (am selbstverständlich-
sten), daß wir ihm helfen, (↑ 21) das selbstverständlichste der Entgegenkommen, aber:
das Selbstverständlichste, was man sich denken kann; das ist etwas/nichts Selbstverständli-
ches
selbstzufrieden ↑ selbstbewußt
selig (↑ 40): ein seliges Ende haben, selige
Weihnachtszeit
selten: a) (↑ 40) (Chemie) seltene Erden, seltene Erdmetalle, seltene Metalle. **b)** (↑ 18 ff.)
diese Pflanze ist am seltensten, alles/das Seltene sammeln; das Seltenste, was man sich
denken kann, aber (↑ 21): das seltenste der Kristalle; etwas/nichts Seltenes
seltsam (↑ 18 ff.): diese Geschichte war am
seltsamsten, alles/das Seltsame meiden; das
Seltsamste, was man sich denken kann, aber

(↑21): das seltsamste der Kinder; etwas/nichts Seltsames

semipermeabel (↑40): semipermeable Membran

semitisch/Semitisch/Semitische (↑40): die semitischen Sprachen, die semitischen Völker. *Zu weiteren Verwendungen* ↑deutsch/ Deutsch/Deutsche

senckenbergisch (↑39): die Senckenbergische Naturforschende Gesellschaft, die Senckenbergische Stiftung

senden: sie werden Musik senden, aber: das Senden der Nachrichten. *Weiteres* ↑15f.

senken: du mußt die Fahne senken, aber: das/durch Senken der Steuern. *Weiteres* ↑15f.

senkrecht (↑40): das senkrechte Lot, eine senkrechte Wand

sensationell (↑18ff.): diese Nachricht war am sensationellsten, alles/das Sensationelle aufgreifen; das sensationellste (am sensationellsten, sehr sensationell) war, daß er die Medaille gewann, (↑21) das sensationellste der Ereignisse, aber: das Sensationellste, was er erlebt hatte; etwas/nichts Sensationelles

sensibel: a) (↑40) sensible Nerven. **b)** (↑18ff.) dieses Kind ist am sensibelsten, alle/die Sensiblen litten darunter; der Sensibelste, der ihm begegnet war, aber (↑21): der sensibelste der Künstler; etwas/nichts Sensibles

sentimental (↑18ff.): diese Lieder sind am sentimentalsten, alles/das Sentimentale nicht mögen; der Sentimentalste, den man sich vorstellen kann, aber (↑21): der sentimentalste der Schlager; etwas/nichts Sentimentales mögen

sentimentalisch (↑40): (Literaturw.) die sentimentalische Dichtung

serbisch/Serbisch/Serbische (↑39f.): die serbische Bevölkerung, die serbische Kirche, die serbische Kunst, die Serbische Morava (ein Quellfluß), die serbische Sprache, das serbische Volk. *Zu weiteren Verwendungen* ↑deutsch/Deutsch/Deutsche

serbokroatisch/Serbokroatisch/Serbokroatische (↑40): die serbokroatische Literatur, die serbokroatische Sprache. *Zu weiteren Verwendungen* ↑deutsch/Deutsch/Deutsche

seriell (↑40): die serielle Musik

seriös ↑ernst (a)

servieren: du mußt die Suppe servieren, aber: das Servieren der Getränke, beim Servieren helfen. *Weiteres* ↑15f.

servil ↑untertänig

Sesenheimer (*immer groß*, ↑28)

seßhaft (↑18ff.): er war am seßhaftesten, alle/die Seßhaften beneiden; der Seßhafteste, den man sich denken kann, aber (↑21): der seßhafteste der Bauern

setzen: du kannst Blumen setzen, sie will sich setzen, aber: das Setzen von Bäumen, das Sichsetzen geschieht auf besonderes Zeichen. *Weiteres* ↑15f.

Sex-Appeal (sexuelle Anziehungskraft, ↑9)

Sexboutique/Sexshop (↑9)

sexuell: a) (↑40) sexuelle Neurasthenie (Psych.). **b)** (↑18ff.) alles/das Sexuelle betonen, etwas/nichts Sexuelles

S-förmig (↑36)

shakespearisch (↑27): Shakespearische Dramen, aber: Figuren von shakespearischem Format

Shopping-Center (Einkaufszentrum, ↑9)

Short story (Kurzgeschichte, ↑9)

Showbusineß (Vergnügungsindustrie, ↑9)

Showdown (Entscheidungskampf, ↑9)

Showmaster (↑9)

siamesisch (↑40): die siamesischen Zwillinge

sibirisch (↑40): die sibirische Industrie, eine sibirische Kälte, die sibirische Tundra, die sibirischen Weiten

sibyllinisch (↑27): die Sibyllinischen Bücher (der Sibylle von Cumae), das Sibyllinische Orakel

sich (↑32): sie gefiel/gefielen sich in dieser Rolle, er hat/sie hatten sich gewaschen, an [und für] sich, er ist immer nur für sich; (*auch bei Bezug auf die Höflichkeitsanrede „Sie" klein,* ↑6): Haben Sie sich Ruhe gegönnt?, Haben Sie sich an dem Tisch gestoßen?

Sichamüsieren usw. ↑amüsieren usw.

sicher: a) (↑40) sicheres (freies) Geleit, eine sichere Hand haben, aus sicherer Quelle. **b)** (↑18ff.) Sicheres und Unsicheres, Sicheres bevorzugen; alles Sichere, das ist am sichersten, sich an das/ans Sicherste halten; das sicherste (am sichersten), früher aufzubrechen, (↑21) das sicherste und das unsicherste Verfahren, aber: dies ist das Sicherste, was du tun kannst; etwas Sicheres, für das Sichere sein, im sichern (geborgen) sein, nichts Sicheres/Sichereres, Nummer Sicher, nur Sicheres, wenig Sicheres

Sicherheit (↑13): in Sicherheit sein, mit Sicherheit sagen, ohne Sicherheit

sichern: du mußt das Fahrrad sichern, aber: das Sichern des Autos. *Weiteres* ↑15f.

Sichfreuen usw. ↑freuen usw.

Sicht (↑13): auf/außer/bei/in/nach Sicht

¹sichten: du mußt das Material sichten, aber: das Sichten des Materials, er ist noch beim Sichten der Akten. *Weiteres* ↑15f.

²sichten ↑Land sichten

Sichweigern usw. ↑weigern usw.

Sideboard (Anrichte, ↑9)

siderisch (↑39f.): ein siderisches Jahr, ein siderischer Monat, das Siderische Pendel, (Astron.) die siderische Umlaufzeit

sie

1 *Als einfaches Pronomen klein* (↑32): sie alle, sie beide, sie kommt, sie kommen; da wohnten beide - er ein Lump und sie nichts wert; sie spotteten/spottete **ihrer** selbst, er nimmt sich ihrer an, er gedachte ihrer, es waren ihrer sieben; er gab **ihr/ihnen** das Geld, er kommt heute zu ihr/ihnen; er hatte **sie** gesehen, als sie sich gerade umblickte/umblickten; sie denkt an sie, sie sorgt für sie

2 *In Filmtiteln u.ä.* (↑2ff.): „Er ein Dieb, sie eine Diebin" (Film), „Und dennoch leben sie" (Film), aber *(als erstes Wort):* „Sie küßten und sie schlugen ihn" (Film)

3 *Als Höflichkeitsanrede an eine oder mehrere Personen groß* (↑6): Haben Sie alles besorgen können? Wir übersenden Ihnen hiermit alle verfügbaren Unterlagen. Hat die Tante sich Ih-

rer angenommen? – Haben Sie sich gut erholt? – Ich habe Sie alle/beide gesehen. – jmdn. Sie nennen. (↑33) das steife Sie
4 *Als veraltete Anrede an eine Person weiblichen Geschlechts groß* (↑5): höre Sie!, jmdn. Sie nennen. (↑33) das veraltete Sie
5 *Substantivisch gebraucht groß* (↑33): die Sie (Mensch oder Tier weiblichen Geschlechts), der Sie, die Sies; es ist eine Sie, ein Er und eine Sie saßen dort. *(Werbung:)* das passende Geschenk für Sie (die Frau) und das passende Geschenk für Ihn (den Mann)
¹**sieben:** du mußt das Mehl sieben, aber: das Sieben des Sandes. *Weiteres* ↑15f.
²**sieben**
1 *Als einfaches Zahladjektiv klein* (↑29): sieben auf einen Streich
2 *Substantivisch gebraucht groß* (↑30): der Zug der Sieben gegen Theben, die Sieben ist eine heilige Zahl, die/eine böse Sieben, die finnische Sieben (Wasserballmannschaft) liegt in Führung. *Zu weiteren Verwendungen* ↑acht
3 *In Namen und festen Begriffen* (↑39f.): Sieben Berge (in Niedersachsen), die sieben Bitten des Vaterunsers, Sieben Dörfer (die zur heutigen Stadt Săcele vereinigten Orte), um sieben Ecken mit jmdm. verwandt sein, Sieben Gemeinden (in Venetien), die Sieben Hügel (Roms), die sieben fetten und die sieben mageren Jahre, Sieben Kastelle (in Kroatien), die Sieben Freien Künste, die sieben Sakramente, die sieben Schmerzen Mariä, die Sieben Schwaben (Helden eines mittelalterlichen Schwanks), ein Buch mit sieben Siegeln, in sieben Sprachen schweigen, die sieben Todsünden, die Sieben Weisen Griechenlands, die sieben Weltmeere, die Sieben Weltwunder, die sieben Wochentage, die sieben Worte Jesu am Kreuz
4 *In Buchtiteln u. ä.* (↑2ff.): „Das Fähnlein der sieben Aufrechten" (von G. Keller), „Der Wolf und die sieben Geißlein", „Die sieben Raben" (Märchen), „Die sieben Säulen der Weisheit" (T. E. Lawrence), aber *(als erstes Wort):* ich habe das Märchen von den „Sieben Raben" gelesen; das Märchen „Die Sieben Schwaben" kenne ich nicht; „Über sieben Brücken mußt du gehn" (Lied)
Siebenbürger *(immer groß,* ↑28)
siebenbürgisch (↑39): das Siebenbürgische Hochland
Siebener: a) (↑Achter). **b)** (↑9) er hat im letzten Handballspiel zwei Siebener (Siebenmeter) verwandelt, (altdeutsches Rechtswesen:) die Siebener, einen Siebener (einen Riß) in der Hose haben
siebenfach/Siebenfache ↑dreifach
siebenhundert ↑hundert
siebenjährig: a) (↑achtjährig). **b)** (↑39) der Siebenjährige Krieg (1756–1763)
siebentausend ↑hundert
siebente ↑siebte
siebentel ↑viertel
siebte/siebente: a) (↑achte). **b)** (↑29) wo sechs essen, wird auch der siebte/siebente satt (↑achte [1]). **c)** (↑39f.) die siebte/siebente Bitte (des Vaterunsers); im siebten Himmel schwe-

ben, aber (Islam): der Siebente Himmel; der siebte Sinn (Gespür für richtiges Autofahren; ↑d). **d)** (↑2ff.) „Das siebte Kreuz" (Buch), „Das siebente Siegel" (Film), die Sendung „Der siebte Sinn" (↑c), aber *(als erstes Wort):* wir haben den „Siebten Sinn" gesehen
siebtel ↑viertel
siebzehn ↑acht
siebzehnfach/Siebzehnfache ↑dreifach
siebzehnjährig ↑achtjährig
siebzehnte: a) (↑achte). **b)** (↑39f.) der siebzehnte Breitengrad (in Vietnam); der siebzehnte April, aber: Siebzehnter (17.) Juni (Tag des Gedenkens an den 17. Juni 1953, den Tag des Aufstandes in der DDR)
siebzehn und vier (↑29): siebzehn und vier ist einundzwanzig, aber (↑2ff.): wir spielen „Siebzehn und vier" (Kartenspiel)
siebzig: a) (↑achtzig). **b)** *Rechnen:* ↑acht (1, d). **c)** (↑2ff.) „Siebzig mal sieben" (Film)
siebziger ↑achtziger
siebzigfach/Siebzigfache ↑dreifach
siebzigjährig ↑achtjährig
siebzigste ↑achte
siebzigstel ↑viertel
sieden: das Wasser wird gleich sieden, aber: das Sieden des Wassers. *Weiteres* ↑15f.
Siegburger *(immer groß,* ↑28)
siegen: er wird siegen, aber: das Siegen wird ihm schwergemacht. *Weiteres* ↑15f.
Siegerländer *(immer groß,* ↑28)
Sightseeing (Besichtigung, ↑9)
Sigmaringer *(immer groß,* ↑28)
signieren: er will das Buch signieren, aber: das Signieren des Buches. *Weiteres* ↑15f.
silbern/Silber/Silberne
1 *Als Attribut beim Substantiv* (↑39f.): der silberne Becher, silbernes Besteck, die silberne Hochzeit, ein silbernes Lachen, mit silbernen Kugeln schießen (etwas durch Geld erreichen wollen), die silberne Latinität, das Silberne Lorbeerblatt (Sportauszeichnung), die silberne Münze, der Silberne Sonntag (verkaufsoffener Sonntag vor Weihnachten), das silberne Zeitalter
2 *Alleinstehend oder nach Artikel, Pronomen, Präposition usw.* (↑26): [die Farbe] Silber; das Band ist silbern, seine Farbe ist silbern (wie ist die Farbe?), aber: die vorherrschenden Farben waren Blau und Silber (was waren die vorherrschenden Farben?); Perlstickerei auf Silber, ein mattes/glänzendes Silber, in Silber gekleidet sein, in Silber und Rot; blaues, mit Silber abgesetztes Leder. *Zu weiteren Verwendungen* ↑blau/Blau/Blaue
Simmentaler *(immer groß,* ↑28)
simulieren: sie werden die Schwerelosigkeit simulieren, aber: das Simulieren kosmischer Verhältnisse. *Weiteres* ↑15f.
sinfonisch (↑40): (Musik) eine sinfonische Dichtung, „Sinfonische Metamorphosen über Themen von C. M. von Weber" (von P. Hindemith; ↑2ff.)
¹**singen:** er kann gut singen, aber: das/beim Singen der Wanderlieder. *Weiteres* ↑15f.
²**singen** /in Fügungen wie *Sopran singen*/ ↑Alt singen
singend (↑39ff.): (Musik) die Singende Säge;

„Das singende, springende Löweneckerchen" (Märchen), „Der singende Knochen" (Märchen), aber: das Märchen vom „Singenden, springenden Löweneckerchen" (↑2ff.)

Singener (*immer groß*, ↑28)

singulär (↑18ff.): alles/das Singuläre zusammensuchen, etwas/nichts Singuläres

sinken: das Schiff wird sinken, aber: das Sinken des Schiffes. *Weiteres* ↑15f.

Sinn (↑13): bei Sinnen sein, er hat im Sinn abzureisen, der Plan liegt mir immer im Sinn, von Sinnen sein

sinnbildlich (↑18ff.): alles/das Sinnbildliche deuten, etwas/nichts Sinnbildliches

sinnfällig (↑18ff.): er wußte es am sinnfälligsten darzustellen, alles/das Sinnfällige bevorzugen, (↑21) der sinnfälligste der Vergleiche, etwas/nichts Sinnfälliges

sinnieren: du sollst nicht sinnieren, aber: das Sinnieren. *Weiteres* ↑15f.

sinnlich (↑18ff.): ihr Mund war am sinnlichsten, alles/das Sinnliche betonen, etwas/nichts Sinnliches

sinnlos (↑18ff.): ihre Arbeit war am sinnlosesten, alles/das Sinnlose erkennen; das sinnloseste (am sinnlosesten, sehr sinnlos) wäre es, das Vorhaben weiterzuführen, (↑21) das sinnloseste der Vorhaben, aber: das Sinnloseste, was er tun konnte; etwas/nichts Sinnloses

sinnvoll ↑sinnlos

Sitar spielen ↑Geige spielen

Sit-in (Sitzstreik, ↑9)

sittsam (↑18ff.): sie war am sittsamsten, alles/das Sittsame, (↑21) die sittsamste der Frauen, etwas/nichts Sittsames

sitzen: er kann nicht sitzen, aber: das Sitzen ist ihm zu langweilig, beim Sitzen Schmerzen haben, nicht zum Sitzen kommen. *Weiteres* ↑15f.

sitzenbleiben: er wird diesmal sitzenbleiben, aber: das Sitzenbleiben ist keine Blamage. *Weiteres* ↑15f.

sixtinisch: a) (↑27) die Sixtinische Kapelle. **b)** (↑2ff.) die „Sixtinische Madonna" (Gemälde von Raffael)

sizilianisch (↑39ff.): Sizilianische Vesper (Volksaufstand in Palermo 1282), aber: „Die sizilianische Vesper" (Oper von Verdi; ↑2ff.)

skandalös (↑18ff.): ihr Verhalten war am skandalösesten, alles/das Skandalöse meiden; das Skandalöseste, was ihnen je vorgekommen war, aber (↑21): das skandalöseste der Ereignisse; etwas/nichts Skandalöses

skandinavisch (↑40): skandinavische Kunst, die skandinavischen Länder, skandinavische Möbel, die skandinavischen Monarchien, die skandinavischen Sprachen

Skateboard (Rollerbrett, ↑9): Skateboard fahren ↑Auto fahren

Skateboarder (↑9)

Skat spielen: a) (↑11) er spielt Skat, weil er Skat spielt, er wird Skat spielen, er hat Skat gespielt, um Skat zu spielen. **b)** (↑16) das Skatspielen macht ihm Freude

skeptisch (↑18ff.): er blickte am skeptischsten, alle/die Skeptischen überzeugen; der Skeptischste, der ihm begegnet war, aber (↑21): der skeptischste der Männer

skizzieren: er soll den Entwurf skizzieren, aber: das Skizzieren des Entwurfs. *Weiteres* ↑15f.

Skooter fahren ↑Auto fahren

Skriptgirl (Film, ↑9)

skrupellos (↑18ff.): er ist am skrupellosesten, alles/das Skrupellose seines Vorgehens; das Skrupelloseste, was ich je erlebt habe, aber (↑21): das skrupelloseste der Verbrechen, etwas/nichts Skrupelloses

S-Kuchen (↑36)

skurril (↑18ff.): seine Einfälle sind am skurrilsten, Sinn für alles/das Skurrile haben; das Skurrilste, was man sich vorstellen kann, aber (↑21): das skurrilste der Bilder; etwas/nichts Skurriles

S-Kurve (↑36)

Skylight (Seemannsspr.: Oberlicht, ↑9)

Skyline (Horizont, ↑9)

skythisch (↑40): die skythische Kunst, das skythische Reitervolk, der skythische Tierstil

Slang sprechen ↑Dialekt sprechen

Slapstick (Gag, ↑9)

S-Laut (↑36)

slawisch (↑40): die slawischen Länder, die slawische Literatur, die slawische Musik, die slawische Mythologie und Religion, die slawische Philologie, die slawischen Sprachen, die slawischen Völker

slowakisch/Slowakisch/Slowakische (↑39f.): die slowakische Bevölkerung, das Slowakische Erzgebirge, der Slowakische Karst, der slowakische Landesteil, die slowakische Literatur, Slowakische Sozialistische Republik (SSR), die slowakische Sprache, das slowakische Volk. *Zu weiteren Verwendungen* ↑deutsch/Deutsch/Deutsche

slowenisch/Slowenisch/Slowenische (↑40): die slowenische Bevölkerung, die slowenische Literatur, die slowenische Sprache, das slowenische Volk. *Zu weiteren Verwendungen* ↑deutsch/Deutsch/Deutsche

Slowfox (Tanz, ↑9): Slowfox tanzen ↑Walzer tanzen

smart (↑18ff.): er trat am smartesten auf, alles/das Smarte nicht mögen; der Smarteste, den er kannte, aber (↑21): der smarteste der Verkäufer; etwas/nichts Smartes

Smyrnaer (*immer groß*, ↑28)

Snackbar (Imbißstube, ↑9)

snobistisch ↑smart

Soester/Sofiaer (*immer groß*, ↑28)

sofortig (↑40): (Rechtsw.) eine sofortige Beschwerde

Soft Drink (alkoholfreies Getränk, ↑9)

Soft-Eis (Weicheis, ↑9)

Software (Datenverarbeitung, ↑9)

Sohle (↑13): vom Scheitel bis zur Sohle

sohlen: er soll die Schuhe sohlen, aber: das Sohlen der Schuhe. *Weiteres* ↑15f.

soigniert ↑smart

sokratisch (↑27): die Sokratische Philosophie, aber: die sokratische Lehrart/Methode

solch

1 *Als einfaches Pronomen klein* (↑32): solche gibt es viele; als er die Briefmarken sah, sagte er, solche wolle er auch haben; Lehrer und solche, die es waren; die Sache als solche, auf solche kommt es an, ein solcher/eine solche ist das also, ein solches hätte ich gern, unter den Telegrammen ist ein solches aus London, gegen solche kommt er nicht an, mit solchen kann man gut auskommen **2** *Schreibung des folgenden Wortes:* **a)** *Pronomen* (↑32): solch eine, solch einer, solch eines. **b)** *Infinitive* (↑16): solches Arbeiten bin ich nicht gewohnt, der Unsinn solchen Plänemachens, solch dummes Reden/solches Reden gefällt mir nicht. **c)** *Adjektive und Partizipien* (↑20): solche Armen, solche Gefangenen, solche Reisende, solch Schönes, solches Schöne. (↑21) Barbara hatte schwarze Fische. Markus wollte solche schwarzen auch haben. **d)** *Partikeln und Interjektionen* (↑35): ein solches Für und Wider und Wenn und Aber hatte er nicht erwartet, solches Hin und Her ist sehr störend, solches Weh und Ach hatte er noch nicht gehört

solide (↑18ff.): diese Schuhe sind am solidesten gearbeitet, alles/das Solide bevorzugen; das Solideste, was er finden konnte, aber (↑21): das solideste der Mädchen; etwas/nichts Solides

Solinger (*immer groß*, ↑28)

soll (↑17): er darf? er soll, aber: das Soll, das Soll und [das] Haben, das Soll und das Muß

sollen: er soll turnen, er wird lesen sollen. *Weiteres* ↑15f.

Solnhof[en]er (*immer groß*, ↑28)

solo: a) (↑34) solo tanzen. **b)** (↑35) einen Solo tanzen

solonisch (↑27): die Solonische Gesetzgebung, aber: mit solonischer Weisheit

Solothurner (*immer groß*, ↑28)

somatisch (↑40): (Biol.) die somatische Aposporie, das somatische Blatt, der somatische Kern, die somatische Parthenogenese, somatische Zellen

Sommer (↑9): Sommer wie Winter; die ersten Monate des Sommers, im Laufe des Sommers, der Beginn eines Sommers, ↑aber sommers

sommerfeldsch (↑27): (Physik) das Sommerfeldsche Atommodell, die Sommerfeldsche Feinstrukturkonstante, die Sommerfeldsche Phasenbedingung

sömmerig (↑40): sömmerige Karpfen

sommers (↑34): sommers wie winters, er geht sommers viel baden, aber (↑Sommer): des/eines Sommers

Sommertag (↑9): alle Sommertage, die Sommer- und Wintertage; der Verlauf dieses Sommertags, eines [schönen] Sommertags, ↑aber sommertags

sommertags (↑34): sommer- wie wintertags, sommertags hat er viel Zeit, aber (↑Sommertag): des/eines Sommertags

sonderbar (↑18ff.): er benahm sich am sonderbarsten, alles/das Sonderbare seines Benehmens; das Sonderbarste, was ich je gehört habe, aber (↑21): das sonderbarste der Ereignisse; etwas Sonderbares

sonderlich (↑20): nichts Sonderliches

sondieren: er will erst sondieren, aber: das Sondieren. *Weiteres* ↑15f.

Sonnabend ↑Dienstag

Sonnabendabend usw. ↑Dienstagabend

sonnabends ↑dienstags

sonnig ↑schattig

Sonntag ↑Dienstag

Sonntagabend usw. ↑Dienstagabend

sonntags ↑dienstags

sonor ↑klangvoll

sonstig (↑18ff.): sonstiges (anderes) war nicht zu berichten, alles sonstige (andere) später

Sonthofener (*immer groß*, ↑28)

sophokleisch (↑27): die Sophokleischen Tragödien, aber: sophokleisches Denken

Sopran singen ↑Alt singen

sorbisch/Sorbisch/Sorbische (↑40): das sorbische Gebiet, die sorbische Literatur, die sorbische Sprache. *Zu weiteren Verwendungen* ↑deutsch/Deutsch/Deutsche

Sorge (↑13): in Sorge sein, mit/ohne Sorge in die Zukunft blicken, vor Sorge nicht aus noch ein wissen

sorgen: du mußt dafür sorgen, aber: das Sorgen für die Familie. *Weiteres* ↑15f.

Sorge tragen (↑11): er trägt/trug dafür Sorge, weil er dafür Sorge trägt/trug, er wird dafür schon Sorge tragen, er hat dafür Sorge getragen, um dafür Sorge zu tragen

sorgfältig (↑18ff.): er ist am sorgfältigsten, alle/die Sorgfältigen schätzen; der Sorgfältigste, der ihm begegnet war, aber (↑21): der sorgfältigste der Schüler

sorglos (↑18ff.): seine Jugend war am sorglosesten, alles/das Sorglose seines Wesens, alle/die Sorglosen beneiden; der Sorgloseste, der ihm begegnet war, aber (↑21): der sorgloseste der Brüder

sorgsam ↑sorgfältig

soufflieren: du sollst soufflieren, aber: das Soufflieren darf man nicht hören. *Weiteres* ↑15f.

soundsovielte (↑32f.): der soundsovielte Mai, aber: am Soundsovielten dieses Monats

souverän: a) (↑40) ein souveräner Herrscher, ein souveräner Staat. **b)** (↑18ff.) er war am souveränsten, alles/das Souveräne seines Auftretens; der Souveränste, der ihm begegnet war, aber (↑21): der souveränste der Redner; etwas/nichts Souveränes

sowjetisch (↑39f.): die sowjetischen Gewerkschaften, die sowjetische Intervention, die Sowjetische Militäradministration in Deutschland (1945–1949), die sowjetische Regierung, das sowjetische Veto, das sowjetische Zentralkomitee

sowohl als auch: a) (↑34) sowohl der Vater als auch die Mutter. **b)** (↑35) das Sowohl-Als-auch; hier gibt es kein Sowohl-Als-auch, sondern nur ein Entweder-Oder

sozial: a) (↑40) die soziale Dichtung, die soziale Frage, (Rechtsw.) die soziale Indikation, (Zool.) soziale Insekten, ein soziales Jahr (freiwilliger Hilfsdienst für die Dauer von 6–12 Monaten), die soziale Marktwirtschaft, das soziale Mietrecht, (Soziologie) die soziale Mobilität, die soziale Sicherheit, (Psychol.) ein sozialer Typus, der soziale Wohnungsbau. **b)** (↑18ff.) er verhält sich am sozialsten, alles/das Soziale fördern; der Sozialste, der ihm begegnet war, aber (↑24): der sozialste der Brüder; etwas/nichts Soziales

sozialdemokratisch (↑39): die Sozialdemokratische Partei Deutschlands (SPD)

sozialisieren: sie wollen den Bergbau sozialisieren, aber: das Sozialisieren der Schwerindustrie. *Weiteres* ↑15f.

sozialistisch (↑39f.): (DDR) die Sozialistische Einheitspartei Deutschlands (SED), die Sozialistische Internationale, (DDR) die sozialistische Kooperation/Moral/Nationalkultur, (DDR) die Große Sozialistische Oktoberrevolution, die Sozialistische Partei Österreichs (SPÖ), (bild. Kunst, Literaturw.) der sozialistische Realismus, die Sozialistische Reichspartei (1949–1952, SRP), die Tschechoslowakische Sozialistische Republik (ČSSR), der Sozialistische Deutsche Studentenbund (SDS), (DDR) der sozialistische Wettbewerb

spachteln: du mußt das Holz spachteln, aber: das Spachteln der Fugen, durch Spachteln ausfüllen. *Weiteres* ↑15f.

spalten: du mußt das Holz spalten, aber: das Spalten des Holzes, sich beim Spalten verletzen. *Weiteres* ↑15f.

spanisch/Spanisch/Spanische
1 *Als Attribut beim Substantiv* (↑39f.): der Spanische Erbfolgekrieg; spanische Fliegen (Präparat), aber (Zool.): die Spanische Fliege (Insekt); die spanische Kunst, die spanische Landschaft, die spanische Literatur, die Spanische Mark (Grenzmark im Reich Karls des Großen), die spanische Musik, (Med.) spanischer Kragen, spanischer Pfeffer, spanische Reiter (militärisches Hindernis), die Spanische Reitschule (in Wien), spanisches Rohr, die Spanische Sahara, der Spanische Staat (amtliche Bezeichnung), der spanische Stiefel (Foltergerät); „Die spanische Stunde" (Oper von Ravel), aber: wir hörten Musik aus der „Spanischen Stunde" (↑2ff.); die spanische Tracht, die spanische Wand
2 (↑25) **a)** *Alleinstehend beim Verb:* wir haben jetzt Spanisch in der Schule; können Sie Spanisch?, sie kann kein/gut/[nur] schlecht Spanisch; er schreibt ebensogut spanisch wie deutsch (wie schreibt er?), aber: er schreibt ebensogut Spanisch wie Deutsch (was schreibt er?); der Redner spricht spanisch (wie spricht er? er hält seine Rede in spanischer Sprache), aber: mein Freund spricht [gut] Spanisch (was spricht er? er kann die spanische Sprache); verstehen Sie [kein] Spanisch?; er war mißtrauisch, weil ihm dies spanisch (seltsam verdächtig) vorkam; das kommt mir spanisch vor. **b)** *Nach Artikel, Pronomen, Präposition usw.:* **auf** spanisch (in spanischer Sprache, spanischem Wortlaut), er hat aus dem Spanischen ins Deutsche übersetzt; das Spanisch Lope de Vegas (Lope de Vegas besondere Ausprägung der spanischen Sprache), das Spanische in Goyas Bildern; *(immer mit dem bestimmten Artikel:)* das Spanische (die spanische Sprache allgemein); **dein** Spanisch ist schlecht; er kann/spricht/versteht etwas Spanisch, er hat etwas Spanisches in seinem Wesen; ein Lehrstuhl für Spanisch, er hat für Spanisch/für das Spanische nichts übrig; **in** spanisch (in spanischer Sprache, spanischem Wortlaut), Prospekte in spanisch, eine Zusammenfassung in spanisch, aber: in Spanisch (in der Sprache Spanisch), Prospekte in Spanisch, eine Zusammenfassung in Spanisch, *(nur groß:)* er hat eine Zwei in Spanisch (im Schulfach Spanisch), er übersetzt ins Spanische. *Zu weiteren Verwendungen* ↑deutsch/Deutsch/Deutsche

spannen: du mußt das Seil spannen, aber: das Spannen des Drahtes. *Weiteres* ↑15f.

spannend (↑18ff.): dieser Roman ist am spannendsten, alles/das Spannende mögen; das war das Spannendste, was ich je gelesen habe, aber (↑21): das spannendste der Bücher; etwas/nichts Spannendes

¹**sparen:** du mußt jetzt sparen, aber: das Sparen behagt ihm nicht, zum Sparen anleiten. *Weiteres* ↑15f.

²**sparen** /in Fügungen wie *Geld sparen/*↑Zeit sparen

sparsam (↑18ff.): er ist am sparsamsten, alle/die Sparsamen kamen am weitesten; der Sparsamste, den er kannte, aber (↑21): der sparsamste der Brüder; ein Sparsamer

spartanisch (↑40): die spartanische Einfachheit, die spartanische Strenge, die spartanische Zucht

Spaß (↑13): etwas aus/im/zum Spaß sagen; ohne Spaß, das ist so

spaßen: du sollst nicht spaßen, aber: das Spaßen ist deine Art. *Weiteres* ↑15f.

spaßig (↑18ff.): seine Geschichte war am spaßigsten, alles/das Spaßige hervorheben; das Spaßigste, was er gehört hatte, aber (↑21): das spaßigste der Erlebnisse; etwas/nichts Spaßiges

Spaß machen ↑Platz machen

spät: **a)** (↑40) eine späte Sorte Äpfel, ein später Sommer. **b)** (↑18ff.) er kam am spätesten, der Brief muß zum spätesten (spätestens bis) morgen erledigt werden. **c)** (↑34) abends spät, aber: eines späten Abends, ↑auch spätabends, Spätabend; von früh bis spät

Spätabend (↑9): an einem Spätabend; eines Spätabends, ↑aber spätabends

spätabends (↑34): er kam erst spätabends nach Hause, aber (↑Spätabend): eines Spätabends

Spätnachmittag ↑Spätabend

spätnachmittags ↑spätabends

Speedwayrennen (Motorsport, ↑9)

speichern: er will Getreide speichern, aber: das Speichern elektrischer Energie. *Weiteres* ↑15f.

speisen ↑essen

spektakulär (↑18ff.): dieses Ereignis war am spektakulärsten, alles/das Spektakuläre meiden; das Spektakulärste, was sich ereignete, aber (↑21): das spektakulärste der Ereignisse; etwas/nichts Spektakuläres

spekulativ (↑40): die spekulative Theologie

spekulieren: er will spekulieren, aber: das Spekulieren ist seine Methode, beim Spekulieren Geld verlieren. *Weiteres* ↑15f.

spendabel ↑großzügig

spenden: wir wollen Geld spenden, aber: zum Spenden aufrufen. *Weiteres* ↑15f.

spendieren ↑spenden

sperren: du mußt die Straße sperren, aber: das/durch Sperren der Tür. *Weiteres* ↑ 15 f.

sperrig (↑ 18 ff.): diese Gepäckstücke sind am sperrigsten, alles/das Sperrige zurücklassen; das Sperrigste, was verladen werden sollte, aber (↑ 21): das sperrigste der Stücke; etwas/nichts Sperriges verladen

Spey[e]rer (*immer groß*, ↑ 28)

spezialisieren, sich: er will sich spezialisieren, aber: das Spezialisieren/Sichspezialisieren ist notwendig. *Weiteres* ↑ 15 f.

speziell (↑ 18 ff.): alles/das Spezielle später behandeln; das Speziellste, was es darüber gibt, aber (↑ 21): das speziellste der Themen; etwas/nichts Spezielles

spezifisch (↑ 40): (Physik) das spezifische Gewicht, die spezifische Ladung/Masse/Stromstärke, das spezifische Volumen, die spezifische Wärme, der spezifische Widerstand

spezifizieren: du mußt die Themen spezifizieren, aber: das Spezifizieren der Rechnung. *Weiteres* ↑ 15 f.

sphärisch (↑ 40): (Optik) die sphärische Aberration, ein sphärisches Dreieck/Pendel, die sphärische Trigonometrie

spiegeln: die Scheibe wird spiegeln, aber: das Spiegeln der Scheibe. *Weiteres* ↑ 15 f.

Spiel (↑ 13): seine Hände im Spiel haben, die Arbeit wird ihm zum Spiel

¹spielen: er will spielen, aber: das/beim Spielen der Kinder. *Weiteres* ↑ 15 f.

²spielen ↑ Räuber und Gendarm spielen, Schach spielen, Siebzehn und vier spielen, Theater spielen; /in Fügungen wie *Tennis spielen*/↑ Fußball spielen; /in Fügungen wie *Klavier spielen*/↑ Geige spielen; /in Fügungen wie *Karten spielen*/↑ Skat spielen; /in Fügungen wie *Blindekuh spielen*/↑ Versteck spielen

spielerisch (↑ 18 ff.): das/alles Spielerische betonen, etwas/nichts Spielerisches

spießbürgerlich/spießerhaft ↑ spießig

spießig (↑ 18 ff.): er war am spießigsten, alles/das Spießige ablehnen; der Spießigste, den er je kennengelernt hatte, aber (↑ 21): der spießigste seiner Kollegen; etwas/nichts Spießiges

Spießruten laufen: a) (↑ 11) er läuft/lief Spießruten, weil er Spießruten läuft/lief, er muß Spießruten laufen, er ist Spießruten gelaufen, um Spießruten zu laufen. **b)** (↑ 16) das Spießrutenlaufen ist peinlich

spinal (↑ 40): spinale Kinderlähmung

spinozaisch (↑ 27): die Spinozaischen Schriften, aber: die spinozaische Lehre

spionieren: er will spionieren, aber: das Spionieren verbieten, ihn beim Spionieren überraschen. *Weiteres* ↑ 15 f.

spitz: a) (↑ 40) (Math.) ein spitzer Winkel, eine spitze Zunge haben. **b)** (↑ 18 ff.) dieser Bleistift ist am spitzesten, alles/das Spitze; das Spitzeste, was sie finden konnte, aber (↑ 21): das spitzeste der Messer; etwas/nichts Spitzes

Spitze (↑ 9): das ist einsame, absolute Spitze

spitze (↑ 18): ein spitze Schwimmbad; er hat spitze gespielt; er/das ist spitze

spitzen: er soll die Ohren spitzen, aber: das Spitzen des Bleistifts. *Weiteres* ↑ 15 f.

spontan: a) (↑ 40) (Med.) ein spontaner Abort, (Physik) die spontane Emission,

(Sprachw.) der spontane Lautwandel. **b)** (↑ 18 ff.) er reagierte am spontansten, alles/das Spontane einer Reaktion; der Spontanste, den er kennengelernt hatte, aber (↑ 21): der spontanste der Einfälle; etwas/nichts Spontanes

sportlich (↑ 18 ff.): er ist/fährt am sportlichsten, alles/das Sportliche bevorzugen; sie nahm das Sportlichste, was sie finden konnte, aber (↑ 21): das sportlichste der Kleider; etwas/nichts Sportliches suchen

Sport treiben ↑ Spott treiben

Spotlight (Bühnenlicht, ↑ 9)

Spott (↑ 13): zum Spott der Leute

spötteln: er kann nur spötteln, aber: das Spötteln lassen, durch Spötteln ihn reizen. *Weiteres* ↑ 15 f.

spotten: du sollst nicht spotten, aber: das Spotten lassen. *Weiteres* ↑ 15 f.

Spott treiben: a) (↑ 11) er treibt/trieb Spott, weil er Spott treibt/trieb, er muß immer Spott treiben, er hat Spott getrieben, um Spott zu treiben. **b)** (↑ 16) das Spotttreiben ist seine zweite Natur

Sprache (↑ 13): zur Sprache kommen

sprayen: du mußt einen Duftstoff sprayen, aber: das Sprayen von Duftstoffen. *Weiteres* ↑ 15 f.

¹sprechen: er soll sprechen, aber: das Sprechen liegt ihm, am Sprechen hindern, zum Sprechen bringen. *Weiteres* ↑ 15 f.

²sprechen /in Fügungen wie *Mundart sprechen*/↑ Dialekt sprechen; /in der Fügung *Recht sprechen*/↑ Recht finden; /↑ hohnsprechen

Spreewälder (*immer groß*, ↑ 28)

spreizen: du mußt die Finger spreizen, aber: das Spreizen der Finger. *Weiteres* ↑ 15 f.

sprengen: sie wollen die Brücke sprengen, aber: das Sprengen der Brücke, durch Sprengen zerstören. *Weiteres* ↑ 15 f.

sprichwörtlich (↑ 40): sprichwörtliche Redensart

sprießen: die Blumen werden sprießen, aber: das Sprießen der Blumen, sie sind am Sprießen. *Weiteres* ↑ 15 f.

¹springen: du mußt springen, aber: das Springen strengt mich an, beim Springen fallen. *Weiteres* ↑ 15 f.

²springen /in Fügungen wie *Seil springen*/↑ Bock springen

sprinten: er will sprinten, aber: das Sprinten ist seine Stärke. *Weiteres* ↑ 15 f.

spritzen: du sollst nicht spritzen, aber: das Spritzen der Bäume. *Weiteres* ↑ 15 f.

spröd[e] (↑ 18 ff.): dieses Material ist am sprödesten, alles/das Spröde; die Sprödeste, die er kannte, aber (↑ 21): die sprödeste der Frauen; etwas/nichts Sprödes

sprudeln: das Wasser wird gleich sprudeln, aber: das Sprudeln. *Weiteres* ↑ 15 f.

sprühen: die Funken werden sprühen, aber: das Sprühen der Funken ist gefährlich. *Weiteres* ↑ 15 f.

spucken: du sollst nicht spucken, aber: das Spucken ist unanständig. *Weiteres* ↑ 15 f.

spülen: wir wollen das Geschirr spülen, aber: das Spülen des Geschirrs, sich beim Spülen naß machen. *Weiteres* ↑ 15 f.

spurten: du mußt spurten, aber: das Spurten

nützte nichts mehr, beim Spurten überholen. *Weiteres* ↑ 15 f.

ß: *immer klein; bei Verwendung von Großbuchstaben steht für ß SS, z. B. STRASSE, wo Mißverständnisse möglich sind, SZ, z. B. MASSE, aber: MASZE, in Familiennamen, etwa in Pässen, auch ß, z. B. AßMANN*

Staat (↑ 13): von Staats wegen

staatlich (↑ 41): staatliche Gymnasien, aber: das Staatliche Gymnasium Neustadt

Staat machen ↑ Platz machen

staatsbürgerlich (↑ 40): die staatsbürgerlichen Pflichten/Rechte

stabil: a) (↑ 40) (Physik) stabiles Gleichgewicht, (Med.) die stabile Seitenlage. b) (↑ 18 ff.) dieses Spielzeug ist am stabilsten, alles/das Stabile bevorzugen; sie nahm das Stabilste, was sie finden konnte, aber (↑ 21): das stabilste der Häuser; etwas/nichts Stabiles

stabilisieren: er will die Währung stabilisieren, aber: das Stabilisieren der Währung ist sein Ziel. *Weiteres* ↑ 15 f.

städtisch: a) (↑ 40 f.) die städtische Agglomeration; die städtischen Gymnasien, aber: das Städtische Gymnasium Neustadt; die städtische Verwaltung. b) (↑ 18 ff.) ihre Umgebung ist am städtischsten, alles/das Städtische lieben, etwas/nichts Städtisches

staffeln: er will die Preise staffeln, aber: das Staffeln der Steuern. *Weiteres* ↑ 15 f.

stagnieren: der Umsatz wird stagnieren, aber: das Stagnieren der Wirtschaft überwinden. *Weiteres* ↑ 15 f.

stählern (↑ 40): stählerner Wille

stämmig ↑ kräftig

stampfen: du sollst nicht auf den Boden stampfen, aber: das Stampfen mit den Füßen. *Weiteres* ↑ 15 f.

Stand (↑ 13 f.): aus dem Stand schießen, er ist gut im Stande (bei guter Gesundheit), etwas gut im Stande (in gutem Zustande) erhalten; jmdn. in den Stand setzen, etwas zu tun; ein Mann von Stand, aber (↑ 34): außerstand setzen, außerstande sein, imstande sein, instand halten, instand setzen, zustande bringen/kommen

standesamtlich (↑ 40): die standesamtliche Trauung

standhaft: a) (↑ 2 ff.) „Der standhafte Zinnsoldat" (Märchen von Andersen), aber: er liest den „Standhaften Zinnsoldaten". b) (↑ 18 ff.) er war am standhaftesten, alle/die Standhaften belohnen; der Standhafteste, den er kannte, aber (↑ 21): der standhafteste der Bürger; ein Standhafter

standhalten ↑ haushalten

ständig (↑ 39 f.): sein ständiger Aufenthalt, der Ständige Beirat [des Bundesratspräsidiums], der Ständige Internationale Gerichtshof, die Ständige Gruppe (Exekutivorgan des NATO-Militärausschusses), die Ständige Konferenz der Kultusminister der Länder, der Ständige Militärausschuß (Organ des NATO-Militärausschusses ohne Exekutivgewalt), er ist ständiges Mitglied, der Ständige Schiedshof, die Ständige Tarifkommission [der Deutschen Bundesbahn], ständige Wohnung

stanzen: er will das Blech stanzen, aber: das Stanzen des Leders. *Weiteres* ↑ 15 f.

Stapel (↑ 13): ein Schiff auf Stapel legen, von/vom Stapel gehen/lassen/laufen

stapeln: du mußt die Pakete stapeln, aber: das Stapeln der Pakete, durch Stapeln Platz sparen. *Weiteres* ↑ 15 f.

stapfen: du sollst nicht durch den Schlamm stapfen, aber: das Stapfen der Kinder. *Weiteres* ↑ 15 f.

stark: a) (↑ 40) das starke (männliche) Geschlecht; (Sprachw.) die starke Deklination, ein starkes Verb/Zeitwort. b) (↑ 18 ff.) er ist am stärksten, alle/die Starken bewundern; der Stärkste, den er kennengelernt hatte, aber (↑ 21): der stärkste der Männer; ein Starker

stärken: du mußt deine Muskeln stärken, aber: das Stärken der Muskeln. *Weiteres* ↑ 15 f.

stärker/stärkste ↑ stark

Starnberger (*immer groß,* ↑ 28)

starr (↑ 40): (Physik) ein starrer Körper; ein starres Gesetz/Prinzip

starren: du sollst nicht auf ihn starren, aber: das Starren der Zuschauer. *Weiteres* ↑ 15 f.

starrköpfig (↑ 18 ff.): er ist am starrköpfigsten, alle/die Starrköpfigen überreden; der Starrköpfigste, den er kannte, aber (↑ 21): der starrköpfigste seiner Brüder; etwas/nichts Starrköpfiges

starrsinnig ↑ starrköpfig

starten: du mußt schneller starten, aber: das Starten der Rennwagen, beim Starten Schwierigkeiten haben. *Weiteres* ↑ 15 f.

stationär (↑ 40): (Med.) stationäre Behandlung

stationieren: sie wollen Truppen stationieren, aber: das Stationieren der Truppen. *Weiteres* ↑ 15 f.

statisch (↑ 40): (Technik) die statische Bestimmtheit, statische Gesetze, (Med.) die statischen Organe, der statische Sinn

statistisch (↑ 39 ff.): ein statistisches Amt, aber: das Statistische Bundesamt (in Wiesbaden); (Physik) die statistische Mechanik; eine statistische Reihe

statt (↑ 34): statt meiner wird mein Bruder kommen

Statt (↑ 13 f.): an Eides/meiner/Kindes/Zahlungs Statt, aber (↑ 34): anstatt der Zahlung kam eine Beschwerde, ↑ vonstatten

stattfinden (↑ 12): es findet/fand statt, weil es stattfindet/stattfand, es wird stattfinden, es hat stattgefunden, um stattzufinden

stattgeben (↑ 12): er gibt/gab der Bitte statt, weil er der Bitte stattgibt/stattgab, er wird der Bitte stattgeben, nur hat der Bitte stattgegeben, um der Bitte stattzugeben

stattlich (↑ 18 ff.): er ist am stattlichsten, alle/die Stattlichen lieben; der Stattlichste, den er kennengelernt hatte, aber (↑ 21): der stattlichste der Männer

Statur (↑ 13): sie ist klein von Statur

Status quo [ante] (↑ 9)

Stau (↑ 13): im Stau sein

Staub (↑ 13): im Staub kriechen, in Staub zerfallen, in Staub und Asche versinken, zu Staub werden

staubig (↑18ff.): diese Bücher sind am staubigsten, alles/das Staubige säubern; das Staubige, was man sich vorstellen kann, aber (↑21): das staubigste der Bücher; etwas/nichts Staubiges

Staub saugen/staubsaugen: a) (↑13) er saugt Staub/staubsaugt, weil er Staub saugte/staubsaugte, er muß Staub saugen/staubsaugen, er hat Staub gesaugt/staubgesaugt, um Staub zu saugen/staubzusaugen. **b)** (↑16) das Staubsaugen ist langweilig

stauen: man will den Fluß stauen, aber: das Stauen des Flusses planen, durch Stauen einen See entstehen lassen. *Weiteres* ↑15f.

staunen: du wirst staunen, aber: das Staunen der Menschen, aus dem Staunen nicht mehr herauskommen. *Weiteres* ↑15f.

stechen: die Biene kann stechen, aber: das Stechen der Bienen. *Weiteres* ↑15f.

stecken: der Schlüssel wird noch stecken, aber: das Stecken der Bohnen, das Den-Kopf-in-den-Sand-Stecken. *Weiteres* ↑15f.

Steeplechase (Jagdrennen, ↑9)

¹**stehen:** wir müssen stehen, aber: das Stehen macht mich müde, im Stehen schlafen können, den Wagen zum Stehen bringen. *Weiteres* ↑15f.

²**stehen** /in Fügungen wie *Schlange stehen*/↑ Posten stehen; ↑ kopfstehen

stehenbleiben: du darfst hier nicht stehenbleiben, aber: das Stehenbleiben erregt Verdacht. *Weiteres* ↑15f.

stehend: a) (↑40) stehenden Fußes, stehende Gewässer, das stehende Heer, das ist seine stehende Rede, (Sport) stehender Start. **b)** (↑18ff.) alles in seiner Macht Stehende

stehlen: du darfst nicht stehlen, aber: das Stehlen kann er nicht lassen, beim Stehlen überraschen. *Weiteres* ↑15f.

Steiermärker (*immer groß,* ↑28)

steif (↑40): ein steifer Gang, einen steifen Grog trinken, er hat einen steifen Hals, ein steifer Wind

steigen: wir müssen noch steigen, aber: das Steigen strengt mich an, beim Steigen schwer atmen. *Weiteres* ↑15f.

steigern: wir müssen die Produktion steigern, aber: das Steigern der Produktion. *Weiteres* ↑15f.

steil: a) (↑40) der steile Pfad der Tugend, sie ist ein steiler Zahn. **b)** (↑18ff.) dieser Weg ist am steilsten, (↑21) die steilste der Treppen, etwas/nichts Steiles

steinern (↑39f.): ein steinernes Haus bauen, aber: das Steinerne Haus (Museum in Frankfurt); ein steinernes Herz haben, das Steinerne Meer (Gebirgsmassiv in den Kalkalpen)

Steinhuder/Steirer (*immer groß,* ↑28)

Stelle (↑13f.): an Stelle [/anstelle] /an die Stelle des Vaters treten, an Ort und Stelle, zur Stelle sein, aber (↑34): anstelle [/an Stelle] des Vaters

stellen: er will ihm eine Falle stellen, aber: das Stellen der Weichen, das Auf-den-Kopf-Stellen der Wohnung. *Weiteres* ↑15f.

Stellung nehmen ↑ Abstand nehmen

stellvertretend (↑40): der stellvertretende Vorsitzende

Stelzen laufen ↑ Rollschuh laufen

stemmen: er kann gut stemmen, aber: das Stemmen der Gewichte, sich beim Stemmen den Arm verrenken. *Weiteres* ↑15f.

stempeln: er geht stempeln, aber: das Stempeln der Ausweise. *Weiteres* ↑15f.

stenographieren/stenografieren: er kann stenographieren, aber: das Stenographieren ist Bedingung, beim Stenographieren Fehler machen. (Beachte:) zu stenographieren lernen, aber: das Stenographieren lernen. *Weiteres* ↑15f.

sterben: er wird sterben, aber: das Sterben alter Kulturen, sie liegt im Sterben, es geht um Leben und Sterben, zum Leben zuwenig, zum Sterben zuviel. *Weiteres* ↑15f.

stereotyp (↑18ff.): seine Fragen sind am stereotypsten, alles/das Stereotype nicht mögen; das Stereotypste, was man sich vorstellen kann, aber (↑21): die stereotypsten der Antworten; etwas/nichts Stereotypes

steril (↑18ff.): dort ist die Atmosphäre am sterilsten, alles/das Sterile nicht mögen; das Sterilste, was man sich vorstellen kann, aber (↑21): der sterilste der Verbandsstoffe; etwas/nichts Steriles

sterilisieren: sie will Obst sterilisieren, aber: das Sterilisieren des Obstes, durch Sterilisieren haltbar machen. *Weiteres* ↑15f.

stetig (↑40): (Math.) eine stetige Abbildung/Funktion, die stetige Teilung

Stettiner (*immer groß,* ↑28)

steuerbegünstigt (↑40): steuerbegünstigtes Sparen

Steuerbord ↑ Backbord

steuerbord[s] ↑ backbord[s]

steuerfrei (↑40): ein steuerfreier Betrag

steuern: er will das Auto steuern, aber: das Steuern des Wagens übernehmen, beim Steuern aufpassen. *Weiteres* ↑15f.

Steuern zahlen (↑11)

Stich (↑13): im Stich lassen

sticheln: er will immer sticheln, aber: das Sticheln kann er nicht lassen, durch Sticheln verärgern. *Weiteres* ↑15f.

Stich halten (↑11): es hält/hielt Stich, weil es Stich hält/hielt, es wird Stich halten, es hat Stich gehalten, um Stich zu halten

stichhaltig (↑18ff.): seine Argumente waren am stichhaltigsten, alles/das Stichhaltige seiner Argumentation; das Stichhaltigste, was vorgebracht wurde, aber (↑21): das stichhaltigste der Argumente; etwas/nichts Stichhaltiges vorbringen

stichisch (↑40): (Poetik) stichische Gedichte

sticken: sie will eine Decke sticken, aber: das Sticken der Decke. *Weiteres* ↑15f.

stiften: er will einen Preis stiften, er geht stiften, aber: das/durch Stiften eines Preises. *Weiteres* ↑15f.

still: a) (↑39f.) (Wirtsch.) stille Beteiligung, (Med.) die stille Feiung, der Stille Freitag (Karfreitag), (Wirtsch.) eine stille Gesellschaft, (Rel.) eine stille Messe, das stille Örtchen (Toilette), der Stille Ozean, (Wirtsch.) stille Reserven/Rücklagen, ein stiller Teilhaber, die Stille Woche (Karwoche), (Wirtsch.) eine stille Zession. **b)** (↑18ff.) er ist am stillsten, alle/die Stillen aufmuntern; der Stillste, den er kannte, aber (↑21): der stillste der Schüler; etwas/nichts Stilles suchen, im stillen (unbemerkt)

stillegen: sie wollen die Strecke stillegen, aber: das/zum Stillegen der Strecke. *Weiteres* ↑15f.

stillgestanden (↑18): Alles stillgestanden!

stillhalten: wir werden stillhalten, aber: das Stillhalten in diesem Falle wäre Verrat. *Weiteres* ↑15f.

stillos (↑18ff.): diese Einrichtung ist am stillosesten, alles/das Stillose; das Stilloseste, was man sich vorstellen kann, aber (↑21): das stilloseste der Kleider; etwas/nichts Stillose

stilvoll/stilwidrig ↑stillos

Stimme (↑13): bei Stimme sein

stimmen: du mußt das Klavier stimmen, aber: das Stimmen der Instrumente. *Weiteres* ↑15f.

stocken: der Verkehr wird bald stocken, aber: das Stocken des Verkehrs verhindern, ins Stocken geraten. *Weiteres* ↑15f.

Stockholmer (*immer groß*, ↑28)

stöhnen: er kann nur stöhnen, aber: das Stöhnen regt mich auf, mit Stöhnen nichts erreichen. *Weiteres* ↑15f.

stoisch: a) (↑40) eine stoische Ruhe. **b)** (↑18ff.) seine Haltung ist am stoischsten, alles/das Stoische seines Verhaltens; der Stoischste, den er kannte, aber (↑21): der stoischste seiner Kollegen; etwas/nichts Stoisches

stolz (↑18ff.): sie ist am stolzesten von allen, alle/die Stolzen; der Stolzeste, den er kannte, aber (↑21): der stolzeste der Männer; etwas/nichts Stolzes

stolzesch/stolzisch (↑27): die Stolzesche Stenographie

stop (halt!, [Telegraphenverkehr] Punkt; ↑34)

stopfen: sie will Strümpfe stopfen, aber: das Stopfen der Strümpfe. *Weiteres* ↑15f.

stopp (halt!; ↑34)

Stopp (↑9): der Stopp der Produktion

stoppen: er will das Auto stoppen, aber: das Stoppen der Autos. *Weiteres* ↑15f.

stören: er soll nicht stören, aber: das Stören der Sendung. *Weiteres* ↑15f.

störrisch (↑18ff.): er war am störrischsten, alle/die Störrischen zähmen; der Störrischste, der ihm je begegnet war, aber (↑21): der störrischste der Knaben; etwas/nichts Störrisches

stoßen: du sollst ihn nicht stoßen, aber: das Stoßen des Gegners, das Vor-den-Kopf-Stoßen. *Weiteres* ↑15f.

stottern: er kann nur stottern, aber: das Stottern ist peinlich. *Weiteres* ↑15f.

strafbar (↑40): eine strafbare Handlung

Strafe (↑13): bei Strafe verboten, in Strafe verfallen, unter Strafe stellen, Furcht vor Strafe

strafen: du mußt ihn strafen, aber: das Strafen nützte nichts. *Weiteres* ↑15f.

straffen: du mußt das Seil straffen, aber: das Straffen des Seils. *Weiteres* ↑15f.

straflos (↑40): (Rechtsw.) eine straflose Nachtat

Stralsunder (*immer groß*, ↑28)

stramm (↑40): ein strammer Junge, strammer Max (Gericht)

stranden: das Schiff darf nicht stranden, aber: das Stranden des Schiffes verhindern. *Weiteres* ↑15f.

strapazieren: du sollst die Kleider nicht so stark strapazieren, aber: das/durch Strapazieren der Kleider. *Weiteres* ↑15f.

strapaziös (↑18ff.): diese Reise war am strapaziösesten, alles/das Strapaziöse meiden; das Strapaziöseste, was man sich vorstellen kann, aber (↑21): das strapaziöseste der Unternehmen; etwas/nichts Strapaziöses

Straßburger (*immer groß*, ↑28)

Straßenbahn fahren ↑Auto fahren

sträuben, sich: er wird sich sträuben, aber: das Sträuben/Sichsträuben nützt nichts. *Weiteres* ↑15f.

straucheln: er wird wieder straucheln, aber: das Straucheln der Jugendlichen. *Weiteres* ↑15f.

streben: du sollst nicht nach Macht streben, aber: das Streben nach Macht. *Weiteres* ↑15f.

streberisch ↑strebsam

strebsam (↑18ff.): er ist am strebsamsten, alle/die Strebsamen tadeln; der Strebsamste, den er kannte, aber (↑21): der strebsamste der Schüler; ein Strebsamer

Strecke (↑13): zur Strecke bringen

strecken: du mußt die Beine strecken, aber: das/beim Strecken der Arme. *Weiteres* ↑15f.

Streich (↑13): zu Streich kommen

streicheln: er will den Hund streicheln, aber: das/beim Streicheln der Tiere. *Weiteres* ↑15f.

streichen: du mußt diesen Abschnitt streichen, aber: das Streichen der Türen, er ist am Streichen. *Weiteres* ↑15f.

streifen: du darfst ihn nicht streifen, aber: das Streifen des Wagens. *Weiteres* ↑15f.

Streik (↑13): in Streik treten

streiken: sie wollen streiken, aber: das Streiken der Arbeiter ist legal, durch Streiken die Ziele erreichen. *Weiteres* ↑15f.

streitbar ↑streitsüchtig

streiten: sie sollen nicht streiten, aber: das Streiten endlich beenden. *Weiteres* ↑15f.

streitig (↑40): (Rechtsspr.) die streitige Gerichtsbarkeit

streitsüchtig (↑18ff.): er ist am streitsüchtigsten, alle/die Streitsüchtigen tadeln; der Streitsüchtigste, den er kannte, aber (↑21): der streitsüchtigste seiner Kollegen; etwas/nichts Streitsüchtiges

streng (↑18ff.): sein Lehrer ist am strengsten, alles/das allzu Strenge ablehnen, etwas auf das/aufs strengste verurteilen; der Strengste, den er kannte, aber (↑21): der strengste der Lehrer; etwas/nichts Strenges

streuen: wir müssen streuen, aber: das Streuen ist Vorschrift. *Weiteres* ↑15f.

streunen: er soll nicht streunen, aber: das Streunen der Hunde. *Weiteres* ↑15f.

Strich (↑15): überm/unterm Strich

stricken: sie will eine Weste stricken, aber: das Stricken kostet Zeit. *Weiteres* ↑15f.

striegeln: du mußt das Pferd striegeln, aber: das Striegeln der Pferde.

Striptease (↑9)
strittig (↑18ff.): dieser Punkt ist am strittigsten, alles/das Strittige klären; das Strittigste, was vorlag, aber (↑21): das strittigste der Probleme; etwas/nichts Strittiges
strudeln: das Wasser wird bald strudeln, aber: das Strudeln des Wassers. *Weiteres* ↑15f.
strukturell (↑40): die strukturelle Musik, (Geol.) strukturelle Ölfalle
Stück (↑13): im/pro Stück, in Stücke
stückeln: du sollst nicht stückeln, aber: das Stückeln hat keinen Sinn. *Weiteres* ↑15f.
studentisch (↑40): die studentische Selbstverwaltung, eine studentische Verbindung
studieren: du sollst studieren, aber: das Studieren kostet Geld, weil Probieren über Studieren geht, ihm beim Studieren helfen. *Weiteres* ↑15f.
Stuhl (↑13): vom Stuhl fallen, zu Stuhl[e] kommen
stumm (↑40): (Numismatik) stumme Münzen
stümperhaft (↑18ff.): seine Arbeit war am stümperhaftesten, alles/das Stümperhafte mißbilligen; das Stümperhafteste, was man sich vorstellen kann, aber (↑21): das stümperhafteste der Spiele; etwas/nichts Stümperhaftes
stumpf: a) (↑40) (Poetik) der stumpfe Versschluß, (Math.) ein stumpfer Winkel. **b)** (↑18ff.) dieses Messer ist am stumpfsten, alles/das Stumpfe, (↑21) das stumpfste der Messer, etwas/nichts Stumpfes
stumpfsinnig (↑18ff.): diese Arbeit ist am stumpfsinnigsten, alles/das Stumpfsinnige meiden; das Stumpfsinnige, was man sich vorstellen kann, aber (↑21): das stumpfsinnigste der Spiele; etwas/nichts Stumpfsinniges
Stunde (↑13): von Stund an, zur Stunde
stunden: er soll den Betrag stunden, aber: das Stunden der Rückzahlung. *Weiteres* ↑15f.
Stuntman (Double, ↑9)
stupid[e] ↑stumpfsinnig
stur (↑18ff.): er war am stursten, auf stur schalten, alles/das Sture ablehnen, alle/die Sturen; das Sturste, was man sich vorstellen kann, aber (↑21): das sturste der Kinder; etwas/nichts Stures
stürmen: die Mannschaft muß stürmen, aber: das Stürmen brachte nichts ein. *Weiteres* ↑15f.
Sturm laufen (↑11): er läuft/lief Sturm, weil er Sturm läuft/lief, er wird Sturm laufen, er ist Sturm gelaufen, um Sturm zu laufen
Sturm läuten ↑Sturm laufen
stürzen: sie wollen ihn stürzen, aber: das Stürzen der Regierung ist mißlungen, sich beim Stürzen verletzen. *Weiteres* ↑15f.
Stuttgarter (*immer groß*, ↑28)
stutzen: du mußt die Hecken stutzen, aber: das Stutzen der Hecken. *Weiteres* ↑15f.
stützen: wir müssen die Mauer stützen, aber: das/durch Stützen der Wand. *Weiteres* ↑15f.
Suaheli (*immer groß*, ↑25): können sie Suaheli?, der Redner spricht Suaheli/in Suaheli (er hält seine Rede in der Sprache Suaheli), mein Freund spricht [gut] Suaheli (er kann die

Sprache Suaheli), wie heißt das auf/im/in Suaheli?, er hat aus dem/ins Suaheli übersetzt
subaltern (↑18ff.): er ist am subalternsten, alles/das Subalterne verachten; der Subalternste, den er kannte, aber (↑21): der subalternste seiner Kollegen; etwas/nichts Subalternes
subarktisch (↑40): (Geogr.) die subarktische Zone
subjektiv: a) (↑40) (Rechtsspr.) die subjektive Klagenhäufung, das subjektive Recht, die subjektive Unmöglichkeit. **b)** (↑18ff.) sein Urteil ist am subjektivsten, alles/das Subjektive ausschalten; das Subjektivste, was man sich vorstellen kann, aber (↑21): das subjektivste der Urteile; etwas/nichts Subjektives
subordinierend (↑40): (Sprachw.) subordinierende Konjunktion
subskribieren: ich will das Buch subskribieren, aber: das/durch Subskribieren des Buches. *Weiteres* ↑15f.
substantivieren: du sollst das Verb substantivieren, aber: das/durch Substantivieren der Verben. *Weiteres* ↑15f.
subtil (↑18ff.): seine Darstellung ist am subtilsten, alles/das Subtile; das Subtilste, was man sich vorstellen kann, aber (↑21): das subtilste seiner Werke; etwas/nichts Subtiles
subtrahieren ↑dividieren
subventionieren: sie wollen das Theater subventionieren, aber: das Subventionieren ist nicht mehr nötig. *Weiteres* ↑15f.
¹suchen: wir müssen ihn suchen, aber: das Suchen einstellen, beim Suchen einer Stellung helfen. *Weiteres* ↑15f.
²suchen /in Fügungen wie *Erholung suchen*/↑*Trost suchen*, /in der Fügung *Recht suchen*/↑*Recht finden*
süchtig (↑18ff.): sie war am süchtigsten, alle/die Süchtigen heilen; der Süchtigste, der unter ihnen war, aber (↑21): der süchtigste der Männer; etwas/nichts Süchtiges
Süd/Süden ↑Nord/Norden
südafrikanisch (↑39f.): die südafrikanische Literatur, die südafrikanische Rassentrennung, die Südafrikanische Republik (früher für: Transvaal), die südafrikanischen Städte, die Südafrikanische Union (früher für: Republik Südafrika)
südamerikanisch (↑40): der südamerikanische Bevölkerungszuwachs, der südamerikanische Fußballstil, der südamerikanische Kontinent, die südamerikanischen Kulturen, die südamerikanische Musik, die südamerikanischen Republiken, die südamerikanischen Staaten
sudanesisch (↑40): sudanesisches Pfund (Währung), die sudanesischen Sprachen, der sudanesische Staat
sudanisch ↑sudanesisch
südarabisch (↑39f.): die Südarabische Föderation, die südarabischen Scheichtümer
südatlantisch (↑39): die Südatlantische Schwelle
südchinesisch (↑39f.): das Südchinesische Meer, die südchinesischen Provinzen
süddeutsch (↑39f.): süddeutsches Kaltblut (eine Pferderasse), die Süddeutsche Klassen-

lotterie, der Süddeutsche Rundfunk, die Süddeutsche Zeitung, die Süddeutsche Zucker-AG

Süden/Süd ↑ Nord/Norden

sudetendeutsch (↑40): die sudetendeutsche Bevölkerung, das sudetendeutsche Gebiet, die sudetendeutsche Landsmannschaft, die Sudetendeutsche Partei (SDP), die sudetendeutsche Volksgruppe

südeuropäisch (↑39f.): die südeuropäischen Länder, die Südeuropäische Pipeline (von Marseille nach Karlsruhe)

südlich: a) (↑39f.) der Südliche Apennin (Gebirgszug in Italien), das Südliche Brasilianische Becken (Tiefseebecken), 50 Grad südlicher Breite (s[üdl]. Br.), der Südliche Golf von Euböa, die südliche Halbkugel, die Südlichen Hochländer (Provinz in Tanganjika), die Südlichen Kalkalpen, das Südliche Kreuz (Sternbild), die Südliche Krone (Sternbild), die Südliche Morava (Quellfluß der Morava), der Südliche Pindos (Gebirge in Nordgriechenland), die Südliche Schlickbank (Fischgründe in der Deutschen Bucht), die Südlichen Sporaden (Inselgruppe im Ägäischen Meer), der südliche Sternenhimmel, die Südliche Wüste (Teil der Libyschen Wüste). **b)** (↑18ff.) Nördliches und Südliches; alles/das/manches Südliche. (↑21) Das Land ist in zwei Teile gespalten, einen südlichen [Teil] und einen nördlichen [Teil]. – In dieser Zone gibt es viele Inseln. Die südlichste von allen/unter ihnen ist unbewohnt. – Die südlichste und die nördlichste Insel der Inselkette sind unbewohnt. – Dies ist der südlichste dieser Gebirgszüge/von diesen Gebirgszügen

südpazifisch (↑39): das Südpazifische Bekken, der Südpazifische Rücken

süffisant (↑18ff.): sein Lächeln war am süffisantesten, alles/das Süffisante nicht mögen; das Süffisanteste, was man sich vorstellen kann, aber (↑21): das süffisanteste der Worte; etwas/nichts Süffisantes

suggerieren: er will ihm das suggerieren, aber: das Suggerieren von Angst, durch Suggerieren ihm eingeben. *Weiteres* ↑15f.

suggestiv: a) (↑40) suggestive Frage. **b)** (↑18ff.) seine Fragen sind am suggestivsten, alles/das Suggestive vermeiden, etwas/nichts Suggestives

sühnen: er soll die Tat sühnen, aber: das/durch Sühnen dieser Tat. *Weiteres* ↑15f.

sumerisch/Sumerisch/Sumerische (↑40): die sumerischen Bewohner, die sumerische Kunst, die sumerische Sprache, das sumerische Volk. *Zu weiteren Verwendungen* ↑ deutsch/Deutsch/Deutsche

summ: a) (↑34) summ, summ, die Bienen flogen heran. **b)** (↑35) die Bienen flogen mit einem leisen Summsumm heran

summen: der Motor darf nicht summen, aber: das Summen der Biene. *Weiteres* ↑15f.

sündhaft ↑sündig

sündig (↑18ff.): seine Gedanken waren am sündigsten, alles/das Sündige seines Handelns, (↑21) der sündigste der Gedanken, etwas/nichts Sündiges

sündigen: du sollst nicht sündigen, aber: das Sündigen wird dir noch vergehen. *Weiteres* ↑15f.

super (↑18): das ist super, er hat super gespielt, eine super Schau

Super (↑9): er tankt Super

surrealistisch (↑18ff.): seine Bilder sind am surrealistischsten, alles/das Surrealistische lieben; das Surrealistischste, was er je gesehen hat, aber (↑21): das surrealistischste der Bilder; etwas/nichts Surrealistisches

surren: die Maschine darf nicht surren, aber: das Surren der Maschine. *Weiteres* ↑15f.

suspekt (↑18ff.): seine Pläne waren ihr am suspektesten, alles/das Suspekte meiden; das Suspekteste, was man sich vorstellen kann, aber (↑21): das suspekteste der Angebote; etwas/nichts Suspektes

suspendieren: sie wollen ihn suspendieren, aber: das Suspendieren des Direktors von seinem Posten. *Weiteres* ↑15f.

süß: a) (↑40) das süße Leben; „Das süße Leben" (Film), aber: „Süßer Vogel Jugend" (Film; ↑2ff.). **b)** (↑18ff.) diese Früchte sind am süßesten, alles/das Süße mögen; das Süßeste, was er finden konnte, aber (↑21): das süßeste der Gesichter; etwas/nichts Süßes

süßen: er will das Kompott süßen, aber: das Süßen der Marmelade. *Weiteres* ↑15f.

Sweatshirt (Pullover, ↑9)

Swimmingpool/Swimming-pool (↑9)

Swing/Swingfox tanzen ↑ Walzer tanzen

symbolisch: a) (↑40) eine symbolische Adresse (in der Datenverarbeitung), (Rel.) die symbolischen Bücher, (Philos.) die symbolische Logik, symbolischer Realismus. **b)** (↑18ff.) alles/das Symbolische des Werkes, etwas/nichts Symbolisches

symmachianisch (↑27): (Rel.) die Symmachianischen Fälschungen

symmetrisch: a) (↑40) (Math.) eine symmetrische Funktion/Gruppe, ein symmetrischer Kern, eine symmetrische Matrix, ein symmetrisches Polynom, eine symmetrische Relation. **b)** (↑18ff.) alles/das Symmetrische der Anordnung, etwas/nichts Symmetrisches

sympathetisch (↑40): eine sympathetische Kur (Wunderkur), ein sympathetisches Mittel (Geheimmittel), sympathetische Tinte (unsichtbare Geheimtinte)

sympathisch: a) (↑40) (Med.) eine sympathische Augenentzündung/Ophthalmie, das sympathische Nervensystem, (Physik) ein sympathisches Pendel. **b)** (↑18ff.) er ist am sympathischsten, alles/das Sympathische an ihm hervorheben; der Sympathischste, den er traf, aber (↑21): das sympathischste der Mädchen; etwas/nichts Sympathisches

sympathisieren: sie werden mit den Reformern sympathisieren, aber: das Sympathisieren der Mehrheit mit den Reformern. *Weiteres* ↑15f.

symphonisch ↑sinfonisch

symptomatisch: a) (↑40) (Med.) eine symptomatische Behandlung, eine symptomatische Psychose. **b)** (↑18ff.) alles/das Symptomatische erkennen, etwas/nichts Symptomatisches

synchronisieren: sie werden den Film syn-

chronisieren, aber: das Synchronisieren des Getriebes. *Weertes* ↑ 15 f.
synodisch (↑ 40): (Astron.) ein synodischer Monat, die synodische Umlaufzeit
synoptisch (↑ 40): die synoptische Darstellung, (Rel.) die synoptischen Evangelien, die synoptische Frage
synthetisch: a) (↑ 40) ein synthetischer Alexandrit (Schmuckstein), (Math.) die synthetische Geometrie, (Philos.) ein synthetisches Urteil. **b)** (↑ 18 ff.) alles/das Synthetische ablehnen, etwas/nichts Synthetisches kaufen
Syrakuser (*immer groß*, ↑ 28)

syrisch/Syrisch/Syrische (↑ 39 f.): die syrische Kirche, syrisches Pfund (Währung), die syrische Regierung, der syrische Ritus, die syrische Sprache, die Syrische Wüste. *Zu weiteren Verwendungen* ↑ deutsch/Deutsch/Deutsche
systematisch: a) (↑ 40) die systematische Theologie (Rel.). **b)** (↑ 18 ff.) er arbeitet am systematischsten, etwas/das Systematische schätzen, (↑ 21) die systematischste der Methoden, etwas/nichts Systematisches, viel/wenig Systematisches
systolisch (↑ 40): (Med.) systolischer Blutdruck

T

t/T (↑ 36): der Buchstabe klein t/groß T, das t in Rate, ein verschnörkeltes T, T wie Theodor/Tripoli (Buchstabiertafel); der Träger hat die Form eines T, T-förmig, T-Träger, Doppel-T-Eisen, Doppel-T-Meßbrücke, das Endungs-t. ↑ a/A
Tabak rauchen ↑ Zigaretten rauchen
tabellieren: er soll die Daten tabellieren, aber: das Tabellieren der Daten. *Weiteres* ↑ 15 f.
Tabula rasa (↑ 9): das ist für ihn eine Tabula rasa, aber: tabula rasa (reinen Tisch) machen
Tadel (↑ 13): ein Mann ohne Tadel, ein Ritter ohne Furcht und Tadel
tadeln: du mußt ihn tadeln, aber: das Tadeln der Schüler. *Weiteres* ↑ 15 f.
tafeln: sie wollen tafeln, aber: das Tafeln war ein Erlebnis. *Weiteres* ↑ 15 f.
täfeln: er will die Wand täfeln, aber: das Täfeln der Wände. *Weiteres* ↑ 15 f.
Tag (↑ 13 f.): am Tage vor seiner Ankunft, bei Tage, seit Tagen, über/unter Tags (↑ tags), über Tag, unter Tage arbeiten, unter Tags, vor Tage, zu dem/diesem Tage, aber (↑ 34): zutage bringen/fördern/treten, heutzutage
tagaus, tagein (↑ 34)
tagen: sie wollen nochmals tagen, aber: das Tagen der Parteimitglieder, sie sind noch am Tagen. *Weiteres* ↑ 15 f.
täglich (↑ 39 f.): das tägliche Brot, (Rel.) die Täglichen Gebete, (Bankw.) tägliche Zinsen
tags (↑ 34): tags darauf/zuvor; tagsüber, heutigentags, aber (↑ Tag): über/unter Tags
tagsüber ↑ tags
taktieren: er kann gut taktieren, aber: das Taktieren des Regierungschefs. *Weiteres* ↑ 15 f.
taktlos (↑ 18 ff.): er ist immer am taktlosesten, alle/die Taktlosen; das taktloseste (am taktlosesten, sehr taktlos) wäre gewesen, von seiner Vergangenheit zu sprechen, (↑ 21) das taktloseste der Worte, aber: das Taktloseste, was er gehört hatte; etwas/nichts Taktloses
taktvoll ↑ taktlos
Tal (↑ 13): ins Tal hinein, zu Tal[e] fahren
talentiert (↑ 18 ff.): er ist am talentiertesten, alle/die Talentierten fördern; der Talentierte-

ste, dem er begegnet war, aber (↑ 21): der talentierteste seiner Söhne; ein Talentierter
Talk-Show (Unterhaltungssendung, ↑ 9)
tändeln: ihr sollt nicht tändeln, aber: das Tändeln führt zu nichts. *Weiteres* ↑ 15 f.
Tandem fahren ↑ Auto fahren
tangieren: wir dürfen nicht seinen Interessensbereich tangieren, aber: das Tangieren verschiedener Interessensbereiche. *Weiteres* ↑ 15 f.
Tango tanzen ↑ Walzer tanzen
tanken: ich muß tanken, aber: das/beim Tanken von Benzin. *Weiteres* ↑ 15 f.
¹**tanzen:** er kann gut tanzen, aber: das Tanzen der Paare beobachten, sich beim Tanzen unterhalten. *Weiteres* ↑ 15 f.
²**tanzen** /in Fügungen wie *Tango tanzen*/↑ Walzer tanzen
Tapet (↑ 13): aufs Tapet bringen
tapezieren: er will selbst tapezieren, aber: das Tapezieren der Zimmer, sie sind am Tapezieren. *Weiteres* ↑ 15 f.
tapfer: a) (↑ 2 ff.) „Das tapfere Schneiderlein" (Märchen), aber (*als erstes Wort*): ein Abenteuer aus dem „Tapferen Schneiderlein". **b)** (↑ 18 ff.) er war immer am tapfersten, alle/die Tapferen bewundern; der Tapferste, der ihm begegnet war, aber (↑ 21): der tapferste der Männer
Tarenter/Tarentiner (*immer groß*, ↑ 28)
tarnen: er muß alles tarnen, aber: das Tarnen der Truppen, durch Tarnen unsichtbar machen. *Weiteres* ↑ 15 f.
Tarock spielen ↑ Skat spielen
tarpejisch (↑ 40): der Tarpejische Fels/Felsen (in Rom)
Tat (↑ 13): mit Rat und Tat, Mut zur Tat
tatarisch/Tatarisch/Tatarische (↑ 39 f.): die Tatarische ASSR (Autonome Sozialistische Sowjetrepublik), die tatarischen Sprachen, der Tatarische Sund (Meeresstraße). *Zu weiteren Verwendungen* ↑ deutsch/Deutsch/Deutsche
Tätigkeit (↑ 13): außer Tätigkeit setzen, in Tätigkeit sein/setzen
tatkräftig (↑ 18 ff.): er ist am tatkräftigsten, alle/die Tatkräftigen bewundern; der Tatkräf-

tigste, den er kannte, aber (↑21): der tatkräftigste der Männer; etwas/nichts Tatkräftiges haben

tätowieren: er will den Arm tätowieren, aber: das Tätowieren des Körpers. *Weiteres* ↑15f.

tätscheln: er will immer tätscheln, aber: er kann das Tätscheln nicht lassen. *Weiteres* ↑15f.

taub (↑40): (Bergmannsspr.) taubes Gestein, taube Nuß

tauchen: er will beim Schwimmen tauchen, aber: das Tauchen ist gefährlich, beim Tauchen Wasser schlucken. *Weiteres* ↑15f.

tauen: der Schnee wird bald tauen, aber: das Tauen des Eises. *Weiteres* ↑15f.

taufen: er will ihn taufen, aber: das Taufen des Kindes, beim Taufen Pate sein. *Weiteres* ↑15f.

tauglich (↑18ff.): er ist am tauglichsten für die Arbeit, alle/die Tauglichen auswählen; der Tauglichste, den er kennengelernt hatte, aber (↑21): der tauglichste der Bewerber; ein Tauglicher

taumeln: er wird bald taumeln, aber: das Taumeln des Boxers. *Weiteres* ↑15f.

tauschen: er will Geld tauschen, aber: das Tauschen des Geldes ist verboten, beim Tauschen Geld verlieren. *Weiteres* ↑15f.

täuschen: du darfst ihn nicht täuschen, aber: das Täuschen der Kunden, sich durch Täuschen Vorteile verschaffen. *Weiteres* ↑15f.

tausend ↑hundert

tausender ↑hunderter

tausendfach/Tausendfache ↑dreifach

tausendjährig (↑39f.): das tausendjährige Reich (iron. für die Zeit der nationalsoz. Herrschaft), aber: das Tausendjährige Reich (in der Bibel)

tausendste ↑hundertste

tausendstel ↑viertel

Tau ziehen: a) (↑11) wir ziehen/zogen Tau, während wir Tau ziehen/zogen, wir wollen Tau ziehen, wir haben Tau gezogen, während wir Tau ziehen. **b)** (↑16) das Tauziehen stärkt die Muskeln

taxieren: er kann gut taxieren, aber: das/zum Taxieren der Wertgegenstände. *Weiteres* ↑15f.

Teach-in (Protestdiskussion, ↑9)

Teamwork (Gemeinschaftsarbeit, ↑9)

Tea-Room (Teestube, ↑9)

technisch: a) (↑39ff.) technische (von einer Maschine gelieferte) **Arbeit,** (Technik) die technische Arbeitsfähigkeit; sie ist technische Assistentin, aber: Anna Nikolaus, Technische Assistentin; technische Atmosphäre, ein technischer Ausdruck (Fachwort), das technische Bildungswesen; er ist technischer Direktor/Leiter, aber: Fritz Müller, Technischer Direktor/Leiter; technisches Eisen (Eisen mit Gehalt an Kohlenstoff u. a.), das Technische **Hilfswerk** (THW); eine technische Hochschule, aber: die Technische Hochschule (TH) Stuttgart; technischer Holzkaufmann (Berufsbez.), ein technisches Maßsystem, die Technische Nothilfe, (milit.) eine technische Truppe; eine technische **Universität,** aber: die Technische Universität (TU) Berlin; der Technische

Überwachungs-Verein (TÜV), der Deutsche Verband technisch-wissenschaftlicher Vereine (DVT), technisches Zeichnen; er ist von Beruf technischer Zeichner, aber: Hans Meyer, Technischer Zeichner. **b)** (↑18ff.) alles/das Technische verstehen, etwas/nichts Technisches, er hat keinen Sinn für das/fürs Technische

teeren: sie wollen die Straße teeren, aber: das Teeren der Straße. *Weiteres* ↑15f.

Tegernseer (*immer groß,* ↑28)

Teil (↑13): zum Teil (z. T.), aber (↑34): zuteil werden

teilen: er will das Grundstück teilen, aber: das Teilen des Landes, durch Teilen einen Kompromiß erzielen. *Weiteres* ↑15f.

teilerfremd (↑40): teilerfremde Zahlen (Math.)

teilhaben: a) (↑12) er hat teil, weil er teilhat, er wird teilhaben, er hat teilgehabt, um teilzuhaben. **b)** (↑16) sein Ziel ist das Teilhaben. (Entsprechend:) *teilnehmen*

teilnahmslos (↑18ff.): er war am teilnahmslosesten, alle/die Teilnahmslosen; der Teilnahmsloseste, den er kennengelernt hatte, aber (↑21): der teilnahmsloseste der Gefangenen

teilnahmsvoll ↑teilnahmslos

teilnehmen ↑teilhaben

teilnehmend (↑40): die teilnehmende Beobachtung

teils (↑34): teils gut, teils schlecht; anderenteils, einsteils, großenteils, größtenteils, meinesteils, meistenteils

T-Eisen (↑36)

tektonisch (↑40): (Geol.) eine tektonische [Öl]falle, ein tektonischer Zyklus

telefonieren ↑telephonieren

telegraphieren/telegrafieren: er will telegraphieren, aber: das/durch Telegraphieren einer Nachricht. *Weiteres* ↑15f.

teleologisch (↑40): (Philos.) der teleologische Gottesbeweis

telephonieren: ich muß telephonieren, aber: das Telephonieren ist billiger, beim Telephonieren mithören. *Weiteres* ↑15f.

tellurig (↑40): (Chemie) tellurige Säure

tellurisch (↑40): (Geol.) tellurische Kräfte

Teltower (*immer groß,* ↑28)

temperamentvoll (↑18ff.): sie ist am temperamentvollsten, alle/die Temperamentvollen; der Temperamentvollste, den man sich denken kann, aber (↑21): der temperamentvollste der Jungen

temporal (↑40): (Sprachw.) temporale Konjunktion

ten: ten Humberg ↑von (2)

tendenziös (↑18ff.): seine Schriften sind am tendenziösesten, alles/das Tendenziöse ablehnen; das Tendenziöseste, was es gelesen hatte, aber (↑21): das tendenziöseste der Bücher; etwas/nichts Tendenziöses schreiben

tendieren: sie werden nach links tendieren, aber: das Tendieren nach rechts ist zu beobachten. *Weiteres* ↑15f.

Tennis spielen ↑Fußball spielen

Tenor singen ↑Alt singen

Terminus technicus (Fachwort, ↑9)

Terra incognita (Unerforschtes, ↑9)

terrestrisch (↑40): ein terrestrisches Beben

(Erdbeben), (Astron.) ein terrestrisches Fernrohr, terrestrische Linien, terrestrische Strahlungsintensität

terrorisieren: sie werden das Volk terrorisieren, aber: das/durch Terrorisieren des Volkes. *Weiteres* ↑ 15 f.

Tessiner (*immer groß*, ↑ 28)

testamentarisch (↑ 18 ff.): alles/das Testamentarische, etwas/nichts Testamentarisches hinterlassen

testen: wir wollen den Wagen testen, aber: das Testen des Autos, beim Testen gut abschneiden. *Weiteres* ↑ 15 f.

Tête-à-tête (vertrauliches Gespräch, ↑ 9)

teuer (↑ 18 ff.): dieses Geschäft ist am teuersten, alles/das Teure ausschließen; das Teuerste, was er je gekauft hatte, aber (↑ 21): das teuerste der Schmuckstücke, das Teuerste vom Teuren; etwas/nichts Teures

teuflisch ↑ diabolisch (b)

Teutoburger (*immer groß*, ↑ 28)

texten: er soll eine Anzeige texten, aber: das Texten von Anzeigen. *Weiteres* ↑ 15 f.

T-förmig (↑ 36)

thailändisch: a) (↑ 40) das thailändische Königshaus, die thailändische Regierung, das thailändische Volk. **b)** (↑ 18 ff.) alles/das Thailändische lieben, nichts/viel Thailändisches

Theater spielen: a) (↑ 11) sie spielen Theater, weil sie Theater spielen, sie werden Theater spielen, sie haben Theater gespielt, um Theater zu spielen. **b)** (↑ 16) das Theaterspielen bereitet ihm Freude

theatralisch (↑ 18 ff.): er ist immer am theatralischsten, alles/das Theatralische vermeiden, (↑ 21) der theatralischste der Auftritte, etwas/nichts Theatralisches

thebaisch (↑ 39): die Thebaische Legion

thematisch (↑ 40): (Psych.) ein thematischer Apperzeptionstest, (Kartographie) thematische Karten, thematische Teppiche (Teppiche mit mythol. oder literar. Darstellungen), (Musik) thematisches Verzeichnis

theokritisch (↑ 27): die Theokritischen Idyllen, aber: Dichtungen im theokritischen Stil

theologisch (↑ 40 f.): theologische Hochschulen, aber: die Theologische Hochschule Münster; (Rel.) die theologischen Tugenden

theoretisch: a) (↑ 40) theoretische Physik, (Psych.) ein theoretischer Typus. **b)** (↑ 18 ff.) alles/das Theoretische bevorzugen, etwas/nichts Theoretisches lesen

theosophisch (↑ 39): die Theosophische Gesellschaft (1875 gegründet)

theresianisch (↑ 39): die Theresianische Akademie (in Wien)

thermionisch (↑ 40): (Physik) eine thermionische Diode, ein thermionischer Energiewandler, ein thermionischer Generator, ein thermionischer Konverter

thermisch (↑ 40): (Chemie) eine thermische Analyse, eine thermische Anregung, der thermische Äquator, thermische Ausdehnung, (Physik) die thermische Bewegung, eine thermische Effusion, eine thermische Elektronenemission, die thermische Energie, thermische Leitfähigkeit, thermische Neutronen, (Meteor.) die thermischen Winde

thermodynamisch (↑ 40): (Chemie) thermodynamische Entspannung, thermodynamisches Gleichgewicht, thermodynamische Temperaturskala

thermoelektrisch (↑ 40): (Technik) thermoelektrische Effekte, eine thermoelektrische Konversion, die thermoelektrische Kühlung, thermoelektrischer Strom

thermomagnetisch (↑ 40): (Technik) thermomagnetische Effekte

thermonuklear (↑ 40): (Physik) eine thermonukleare Reaktion

thrakisch/Thrakisch/Thrakische (↑ 39 f.): das Thrakische Meer (im Ägäischen Meer), thrakische Sprache. *Zu weiteren Verwendungen* ↑ deutsch/Deutsch/Deutsche

Thuner/Thurgauer/Thüringer (*immer groß*, ↑ 28)

thüringisch/Thüringisch/Thüringische: a) (↑ 40 ff.) die thüringischen Mundarten; ein thüringisches Wörterbuch, aber: das „Thüringische Wörterbuch" (von K. Spangenberg; ↑ 2 ff.). **b)** (↑ 18 ff.) ins Thüringische fahren. *Zu weiteren Verwendungen* ↑ alemannisch/Alemannisch/Alemannische

tibetisch/Tibetisch/Tibetische (↑ 40): die tibetische Literatur, die tibetische Sprache, das tibetische Totenbuch, das tibetische Volk. *Zu weiteren Verwendungen* ↑ deutsch/Deutsch/Deutsche

ticken: die Uhr wird ticken, aber: das Ticken der Uhr hören. *Weiteres* ↑ 15 f.

ticktack: a) (↑ 34) die Uhr machte ticktack. **b)** (↑ 35) das Ticktack dieser Uhr ist zu laut, das ist eine Ticktack

Tie-Break (Tennis, ↑ 9)

tief
1 *Als Attribut beim Substantiv* (↑ 39 f.): ein tiefer Baß; „Gasthaus zum Tiefen Keller", Gasthaus „Zum Tiefen Keller", Gasthaus „Tiefer Keller"; tiefstes Mitgefühl, im tiefsten Mittelalter, ein tiefer Schmelzpunkt, eine tiefe Stimme, ein tiefes Tal, ein tiefer Teller, ein tiefer Ton, tiefes Wasser, im tiefsten Winter, eine tiefe Wunde
2 *Alleinstehend oder nach Artikel, Pronomen, Präpostion usw.* (↑ 18 ff.): Hohes und Tiefes, Tiefes fürchten; das Tiefe fürchten, dieser See ist am tiefsten; an das Tiefste/ans Tiefste im Menschen glauben; etwas auf das/aufs tiefste (sehr tief) bedauern, aber: auf das Tiefste im Menschen vertrauen; das Tiefe/Tiefste verehren, etwas Tiefes/Tieferes, manches Tiefe, nichts Tiefes, wenig Tiefes. (↑ 21) Es gab in jener Gegend mehrere Seen. Die tiefsten [Seen] waren kalt, die weniger tiefen [Seen] waren warm. – Es gab einige tiefe Gräben. Die tiefsten von allen/unter ihnen waren mit Wasser gefüllt. – Dies ist das tiefere/tiefste der Flußbetten/von den Flußbetten/unter den Flußbetten

Tief (↑ 9): das Tief, des Tiefs, die Tiefs

Tiefe (↑ 9): die Tiefe ausloten

tiefgründig (↑ 18 ff.): seine Worte waren am tiefgründigsten, alles/das Tiefgründige suchen; das Tiefgründigste, was er gelesen hat, aber (↑ 21): das tiefgründigste seiner Bücher; etwas/nichts Tiefgründiges

tiefschürfend/tiefsinnig ↑ tiefgründig

tierärztlich (↑41): eine tierärztliche Hochschule, aber: die Tierärztliche Hochschule Hannover
tierisch: a) (↑40) der tierische Magnetismus, tierische Stärke (Glykogen). **b)** (↑18 ff.) alles/das Tierische, etwas/nichts Tierisches essen
tilgen: er muß die Schulden tilgen, aber: das Tilgen der Schulden. *Weiteres* ↑15 f.
Tilsiter/Timmendorfer (*immer groß,* ↑28)
tippen: er will wieder tippen, aber: durch Tippen Geld gewinnen. *Weiteres* ↑15 f.
Tiroler (*immer groß,* ↑28)
tirolisch/Tirolisch/Tirolische (↑39 f.): die Tirolisch-Bayerischen Kalkalpen, tirolische Mundarten. *Zu weiteren Verwendungen* ↑alemannisch/Alemannisch/Alemannische
tironisch (↑27): die Tironischen (von Tiro stammenden) Noten
Tisch (↑13): am Tisch sitzen, bei Tisch sein, nach Tisch, vom Tisch nehmen, getrennt von Tisch und Bett, vor Tisch, zu Tisch[e] sitzen, zum Tisch des Herrn gehen
Tischtennis spielen ↑Fußball spielen
tizianisch (↑27): die Tizianischen Gemälde, aber: Malerei im tizianischen Stil
T-Nute (↑36)
toasten: sie will toasten, aber: das Toasten des Brotes. *Weiteres* ↑15 f.
toben: sie wollen toben, aber: das Toben der Kinder. *Weiteres* ↑15 f.
Tod (↑13): zu/zum Tode
tödlich: a) (↑2 ff.) „Die tödliche Falle" (Film), „Die tödlichen Wünsche" (Oper von Klebe), aber: „Tödliche Leidenschaft" (Film), eine Partie aus den „Tödlichen Wünschen". **b)** (↑18 ff.) das Tödliche dieses Giftes, (↑21) die tödlichste der Gefahren, etwas/nichts Tödliches
töff, töff: a) (↑34) das Auto machte töff, töff. **b)** (↑35) das Töfftöff knatterte über die Straße
Tokaier/Tokajer/Tokio[t]er/Toledaner (*immer groß,* ↑28)
tolerant (↑18 ff.): er war immer am tolerantesten, alle/die Toleranten schätzen; der Toleranteste, dem er begegnet war, aber (↑21): der toleranteste der Lehrer; etwas/nichts Tolerantes
tolerieren: er muß andere Meinungen tolerieren, aber: das Tolerieren fällt ihm schwer. *Weiteres* ↑15 f.
tollen ↑toben
tolpatschig ↑tölpelhaft
tölpelhaft (↑18 ff.): er war am tölpelhaftesten, alle/die Tölpelhaften bedauern; der Tölpelhafteste, den man sich denken kann, aber (↑21): der tölpelhafteste der Schüler; etwas/nichts Tölpelhaftes
Ton (↑13): aus Ton, mit Ton modellieren
tönen: sie will das Haar tönen, aber: das Tönen des Haares, durch Tönen die Farbe ändern. *Weiteres* ↑15 f.
tonisch (↑40): (Musik) ein tonischer Dreiklang
Topf schlagen: a) (↑11) wir schlagen/schlugen Topf, während wir Topf schlagen/schlugen, wir wollen Topf schlagen, wir haben ge-

stern Topf geschlagen. **b)** (↑16) das Topfschlagen macht Freude
topless (oben ohne, ↑34)
Topmanagement/Topmanager (↑9)
topographisch (↑40 ff.): topographische Anatomie, „Topographische Karten/Übersichtskarte" (Kartenwerke; ↑2 ff.)
topologisch (↑40): die topologische Psychologie, (Math.) der topologische Raum, die topologische Struktur
top-secret (streng geheim, ↑18)
Torgauer (*immer groß,* ↑28)
töricht (↑18 ff.): seine Reden waren am törichtsten, alle/die Törichten meiden; das Törichtste, was er gehört hatte, aber (↑21): das törichtste der Argumente; etwas/nichts Törichtes reden
torpedieren: sie wollen die Verhandlungen torpedieren, aber: das Torpedieren der Verhandlungen. *Weiteres* ↑15 f.
torricellisch (↑27): die Torricellische Leere (im Luftdruckmesser)
Torschluß (↑13): nach/vor Torschluß
tosen: der Sturm wird tosen, aber: das Tosen des Wassers. *Weiteres* ↑15 f.
tosisch (↑27): das Tosische Schloß (Sicherheitsschloß)
Toskaner (*immer groß,* ↑28)
toskanisch/Toskanisch/Toskanische (↑39 f.): der Toskanische Apennin, der Toskanische Archipel, die toskanische Mundart, die toskanische Ordnung (Säulenordnung). *Zu weiteren Verwendungen* ↑deutsch/Deutsch/Deutsche
tot
1 *Als Attribut beim Substantiv* (↑39 f.): „Die toten Augen" (d'Albert), aber: sie hörten eine Partie aus den „Toten Augen" (↑2 ff.); toter Briefkasten, der tote Buchstabe, ein toter Flußarm, (Technik) ein toter Gang, das Tote Gebirge (Gebirgsstock der Kalkalpen), totes Gestein, totes Gewicht (Eigengewicht eines Fahrzeugs), das tote Gleis, Vermögen der Toten **Hand** (unveräußerliches Eigentum einer Körperschaft), totes Kapital, (Bankw.) ein totes Konto, eine tote (nicht funktionierende) Leitung; ein toter **Mann** (beim Schmelzen von Blei vorkommende Zone ungeschmolzenen Materials; abgebaute Teile einer Grube), Toter Mann (Höhe bei Verdun); das Tote Meer, der tote **Punkt,** (Sport) ein totes (unentschiedenes) Rennen; „Die toten Seelen" (Gogol), aber: eine Figur aus den „Toten Seelen" (↑2 ff.); eine tote Sprache; „Die tote Stadt" (Oper), aber: eine Partie aus der „Toten Stadt" (↑2 ff.); die Tote **Weichsel** (Mündungsarm der Weichsel), (Seemannsspr.) das tote Werk, der tote Winkel, eine tote (ruhige) Zeit, tote Zone (Geländestreifen an den Grenzen)
2 *Alleinstehend oder nach Artikel, Pronomen, Präposition usw.* (↑18 ff.): das Tote und Lebendige, Totes und Lebendiges, Totes entfernen; alle Toten, alles Tote, das/der/die Tote, ein Toter, etwas Totes, nichts Totes
totalitär (↑40): ein totalitäres System
töten: er wollte ihn töten, aber: das/durch Töten des Gegners. *Weiteres* ↑15 f.

toupieren: sie will das Haar toupieren, aber: das Toupieren des Haares. *Weiteres* ↑ 15 f.

Tour (↑ 13): auf Touren kommen

Trab (↑ 13): in Trab

Trab laufen: a) (↑ 11) er läuft/lief Trab, weil er Trab läuft/lief, er wird Trab laufen, er ist Trab gelaufen, um Trab zu laufen. **b)** (↑ 16) das Trablaufen macht Spaß

Trab reiten/rennen ↑ Trab laufen

traditionell (↑ 18 ff.): alles/das Traditionelle betonen, das Traditionellste, was er gesehen hatte, aber (↑ 21): das traditionellste der Feste; etwas/nichts Traditionelles

träge: a) (↑ 40) (Physik) die träge Masse. **b)** (↑ 18 ff.) er ist am trägsten von allen, alle/die Trägen aufmuntern; der Trägste, den er kannte, aber (↑ 21): der trägste der Schüler; etwas/nichts Träges

¹**tragen:** er kann es nicht tragen, aber: das Tragen strengt mich an, beim Tragen schwitzen, zum Tragen kommen. *Weiteres* ↑ 15 f.

²**tragen** ↑ Sorge tragen

tragisch (↑ 18 ff.): ihr Ende war am tragischsten, alles/das Tragische der Situation; das Tragischste, was geschehen war, aber (↑ 21): das tragischste der Ereignisse; etwas/nichts Tragisches

trainieren: er muß mehr trainieren, aber: das Trainieren der Mannschaft, sich beim Trainieren verletzen. *Weiteres* ↑ 15 f.

Trakehner (*immer groß*, ↑ 28)

traktieren: er wird ihn traktieren, aber: das Traktieren seiner Angestellten. *Weiteres* ↑ 15 f.

Traminer (*immer groß*, ↑ 28)

trampeln: du sollst nicht trampeln, aber: das Trampeln der Studenten, beim Trampeln zittert der Boden. *Weiteres* ↑ 15 f.

tranchieren: sie will das Fleisch tranchieren, aber: das Tranchieren des Fleisches, Besteck zum Tranchieren. *Weiteres* ↑ 15 f.

Träne (↑ 13): in/mit/unter Tränen, zu Tränen rühren

Trans-Europ-Express (TEE, ↑ 9)

transferieren: man darf das Geld transferieren, aber: das Transferieren des Geldes ist erlaubt. *Weiteres* ↑ 15 f.

transkribieren: er soll das Wort transkribieren, aber: das Transkribieren des Wortes. *Weiteres* ↑ 15 f.

transliterieren: er soll den Namen transliterieren, aber: das Transliterieren des Namens. *Weiteres* ↑ 15 f.

transparent (↑ 18 ff.): dieses Material ist am transparentesten, alles/das Transparente vorziehen; das Transparenteste, was er finden konnte, aber (↑ 21): das transparenteste der Materialien; etwas/nichts Transparentes

transpirieren: er wird stark transpirieren, aber: das Transpirieren ist unangenehm. *Weiteres* ↑ 15 f.

transplantieren: er will das Herz transplantieren, aber: das Transplantieren von Organen. *Weiteres* ↑ 15 f.

transportabel (↑ 18 ff.): alles/das Transportable bevorzugen, etwas/nichts Transportables kaufen

transportieren: er kann die Möbel transportieren, aber: das/beim Transportieren der Möbel. *Weiteres* ↑ 15 f.

transsibirisch (↑ 39): die Transsibirische Eisenbahn

transsilvanisch (↑ 39): die Transsilvanischen Alpen

transzendent: a) (↑ 40) (Math.) eine transzendente Funktion, eine transzendente Gleichung, eine transzendente Kurve, transzendente Zahlen. **b)** (↑ 18 ff.) alles/das Transzendente, etwas/nichts Transzendentes

transzendental (↑ 40): (Philos.) die transzendentale Logik

trara: a) (↑ 34) trara, trara. **b)** (↑ 35) das Trara, mach nicht solches Trara um die Geschichte

trasimenisch (↑ 39): der Trasimenische See

tratschen: sie kann nur tratschen, aber: sie kann das Tratschen nicht lassen. *Weiteres* ↑ 15 f.

Trauer (↑ 13): in/mit Trauer

trauern: er wird trauern, aber: das Trauern um die Angehörigen. *Weiteres* ↑ 15 f.

träufeln: sie muß Tropfen in die Augen träufeln, aber: das Träufeln der Augentropfen. *Weiteres* ↑ 15 f.

Traum (↑ 13): im Traum

träumen: du sollst nicht träumen, aber: das Träumen von einer großen Zukunft. *Weiteres* ↑ 15 f.

traurig (↑ 18 ff.): er war am traurigsten über den Verlust, alle/die Traurigen aufmuntern; der Traurigste, den er kannte, aber (↑ 21): der traurigste der Anlässe; etwas/nichts Trauriges erleben

Travellerscheck (↑ 9)

treffend (↑ 18 ff.): seine Formulierung war am treffendsten; das Treffendste, was er gehört hatte, aber (↑ 21): das treffendste der Urteile; etwas Treffendes sagen

¹**treiben:** du sollst keinen Unsinn treiben, aber: das Treiben von Sport empfehlen. *Weiteres* ↑ 15 f.

²**treiben** /in Fügungen wie *Sport treiben*/ ↑ Spott treiben

Trenchcoat (Mantel, ↑ 9)

Trendsetter (jmd., der den Kurs bestimmt, ↑ 9)

trennen: er will die Bereiche trennen, aber: das Trennen der Bereiche. *Weiteres* ↑ 15 f.

¹**treten:** er muß etwas auf die Seite treten, aber: das/beim Treten des Freistoßes. *Weiteres* ↑ 15 f.

²**treten** /in Fügungen wie *Wasser treten*/ ↑ Pflaster treten

treu: a) (↑ 40) jmdm. etwas zu treuen Händen übergeben. **b)** (↑ 18 ff.) er war am treuesten, alle/die Treuen; der Treueste, den er kennt, aber (↑ 21): der treueste der Freunde, der treueste der Treue

Treue (↑ 13): auf Treu und Glauben, in Treue

treuherzig (↑ 18 ff.): er ist am treuherzigsten, alle/die Treuherzigen; der Treuherzigste, den er kannte, aber (↑ 21): der treuherzigste der Knaben; er hat etwas/nichts Treuherziges im Blick

treulos ↑ treu (b)

Tridentiner (*immer groß,* ↑28)
tridentinisch (↑39): das Tridentinische Glaubensbekenntnis, das Tridentinische Konzil
triebhaft (↑18 ff.): er ist am triebhaftesten, alles/das Triebhafte zügeln; der Triebhafteste, den er kennengelernt hatte, aber (↑21): der triebhafteste der Männer; etwas/nichts Triebhaftes
Trierer/Triester (*immer groß,* ↑28)
trigonometrisch (↑40): (Math.) trigonometrische Funktionen, trigonometrische Punkte, ein trigonometrischer Pythagoras, eine trigonometrische Reihe
trillern: du sollst nicht trillern, aber: das Trillern mit der Pfeife. *Weiteres* ↑15 f.
Trimm-Aktion (↑9)
Trimm-dich-Pfad (↑9)
trinken: er kann viel trinken, aber: das Trinken einstellen, jetzt fängt er noch mit [dem] Trinken an. *Weiteres* ↑15 f.
trist ↑traurig
Tritt (↑13): auf Schritt und Tritt, ohne Tritt
Tritt fassen ↑Wurzel fassen
Tritt halten ↑Abstand halten
triumphieren: er wird triumphieren, aber: das Triumphieren kam zu früh. *Weiteres* ↑15 f.
trivial (↑18 ff.): ihre Worte waren am trivialsten, alles/das Triviale nicht mögen; das Trivialste, was er gehört hatte, aber (↑21): die trivialste der Äußerungen; etwas/nichts Triviales
trocken: a) (↑40) (Med.) trockener Brand, (Bankw.) ein trockener Wechsel. **b)** (↑18 ff.) dieses Holz ist am trockensten, alles/das Trockene aussondern; auf dem Trocknen (auf trocknem Boden) stehen, aber: auf dem trocknen sitzen (in Verlegenheit sein), auf dem trocknen sein (nicht mehr weiterkommen); im Trocknen (auf trockenem Boden) sein, aber: im trocknen (geborgen) sein, sein Schäfchen im trocknen haben (sich gesichert haben), sein Schäfchen ins trockne bringen (sich sichern)
trocknen: du mußt das Papier trocknen, aber: das Trocknen der Wäsche, zum Trocknen aufhängen. *Weiteres* ↑15 f.
trödeln: du sollst nicht trödeln, aber: das Trödeln hat keinen Sinn, durch Trödeln Zeit verlieren. *Weiteres* ↑15 f.
trojanisch (↑39 f.): die trojanischen Helden, der Trojanische Krieg, das Trojanische Pferd
trommeln: er wird trommeln, aber: das Trommeln der Finger. *Weiteres* ↑15 f.
Trompete blasen: a) (↑11) er bläst/blies Trompete, weil er Trompete bläst/blies, er wird Trompete blasen, er hat Trompete geblasen, um Trompete zu blasen. **b)** (↑16) das Trompeteblasen macht Spaß
trompeten: er kann trompeten, aber: das Trompeten gefällt ihm. *Weiteres* ↑15 f.
Trompete spielen ↑Geige spielen
tropfen: der Wasserhahn darf nicht tropfen, aber: das Tropfen der Wasserleitung. *Weiteres* ↑15 f.
tropisch (↑40): (Astron.) ein tropisches Jahr, ein tropischer Monat
Trost (↑13): du bist wohl nicht bei Trost, zum Trost gereichen

trösten: du mußt ihn trösten, aber: das Trösten der Angehörigen. *Weiteres* ↑15 f.
Trost finden ↑Gehör finden
tröstlich (↑18 ff.): seine Worte waren am tröstlichsten, das Tröstliche seines Zuspruchs; das Tröstlichste, was ihm widerfuhr, aber (↑21): das tröstlichste der Worte; etwas/nichts Tröstliches
trostlos (↑18 ff.): diese Gegend war am trostlosesten, alles/das Trostlose seiner Lage; das trostloseste (am trostlosesten) war, daß der Regen nicht aufhören wollte, das trostloseste der Häuser, aber: das Trostloseste, was er je gesehen hatte; etwas/nichts Trostloses
Trost suchen: a) (↑11) er sucht Trost, weil er Trost sucht, er wird Trost suchen, er hat Trost gesucht, um Trost zu suchen. **b)** (↑16) das Trostsuchen
trotz (↑34): trotz des Regens
Trotz (↑13): aus Trotz, zum Trotz
Trotz bieten: a) (↑11) er bietet/bot Trotz, weil er Trotz bietet/bot, er wird Trotz bieten, er hat Trotz geboten, um Trotz zu bieten. **b)** (↑16) das Trotzbieten
trotzen: er wird trotzen, aber: das Trotzen nützt nichts, durch Trotzen nichts erreichen. *Weiteres* ↑15 f.
trotzig (↑18 ff.): dieses Kind war am trotzigsten, alle/die Trotzigen ermahnen; der Trotzigste, den er kennengelernt hatte, aber (↑21): der trotzigste der Schüler; etwas/nichts Trotziges
trüb[e] (↑18 ff.): diese Flüssigkeit ist am trübsten, alles/das Trübe, so trübe man sich denken kann, aber (↑21): das trübste der Gewässer; etwas/nichts Trübes, im trüben fischen
trübselig/trübsinnig ↑traurig
trudeln: das Flugzeug darf nicht trudeln, aber: das Trudeln des Flugzeugs, ins Trudeln kommen. *Weiteres* ↑15 f.
tschau ↑cheerio
tschechisch/Tschechisch/Tschechische (↑39 f.): der tschechische Film, die tschechischen Legionen (im 1. Weltkrieg), die tschechische Literatur, die tschechische Musik, die Tschechische Sozialistische Republik (CSR), die tschechische Sprache. *Zu weiteren Verwendungen* ↑deutsch/Deutsch/Deutsche
tschechoslowakisch: a) (↑39 f.) die Tschechoslowakische Kirche (kath. Nationalkirche), tschechoslowakische Krone (Währung; Kčs), die tschechoslowakische Regierung, die Tschechoslowakische Sozialistische Republik (ČSSR), das tschechoslowakische Volk. **b)** (↑18 ff.) alles/das Tschechoslowakische lieben, nichts/viel Tschechoslowakisches
tscherkessisch/Tscherkessisch/Tscherkessische (↑40): tscherkessische Reiter, die tscherkessische Sprache, die tscherkessische Tracht. *Zu weiteren Verwendungen* ↑deutsch/Deutsch/Deutsche
T-Shirt (Trikothemd, ↑9)
T-Träger (↑36)
Tübinger (*immer groß,* ↑28)
tüchtig (↑18 ff.): er ist am tüchtigsten, alle/die Tüchtigen bewundern; der Tüchtigste, den er kannte, aber (↑21): der tüchtigste der Angestellten

tückisch (↑18ff.): er war am tückischsten, alle/die Tückischen meiden; der Tückischste, den er kennengelernt hatte, aber (↑21): der tückischste der Menschen; etwas/nichts Tückisches

tummeln, sich: sie wollen sich nur tummeln, aber: das Tummeln/Sichtummeln der Kinder beobachten. *Weiteres* ↑15f.

¹**tun:** er kann das tun, aber: das Tun und Lassen. *Weiteres* ↑15f.

²**tun** /in Fügungen wie *Genüge tun*/ ↑Abbruch tun; ↑leid tun, not tun; /in der Fügung *recht tun*/ ↑recht haben; /in der Fügung *wehe tun*/ ↑bange machen

tünchen: er will die Küche tünchen, aber: das Tünchen der Küche. *Weiteres* ↑15f.

Tunes[i]er (*immer groß*, ↑28)

tunesisch: a) (↑40) tunesischer Dinar (Währung), die tunesische Küste, die tunesische Regierung, das tunesische Volk. b) (↑18ff.) alles/das Tunesische lieben, nichts/viel Tunesisches

Tuniser (*immer groß*, ↑28)

tunken: er will das Brot tunken, aber: das Tunken des Brotes, durch Tunken weich machen. *Weiteres* ↑15f.

turbulent (↑18ff.): diese Situation war am turbulentesten, alles/das Turbulente eindämmen; das Turbulente, was man sich vorstellen kann, aber (↑21): das turbulenteste der Ereignisse; etwas/nichts Turbulentes

Turiner (*immer groß*, ↑28)

türkisch/Türkisch/Türkische (↑40): das türkische Bad, türkischer Honig, die türkische Kunst, die türkische Literatur, die türkische Musik, das türkische Pfund (Währung), die türkische Regierung, das türkische Volk, der türkische Weizen (Mais). *Zu weiteren Verwendungen* ↑deutsch/Deutsch/Deutsche

turkmenisch/Turkmenisch/Turkmenische (↑39f.): die turkmenische Sprache, die Turkmenische SSR (Sozialistische Sowjetrepublik), ein turkmenischer Teppich. *Zu weiteren Verwendungen* ↑deutsch/Deutsch/Deutsche

turnen: er will turnen, aber: das Turnen ist gesund, durch Turnen elastisch werden, wir haben heute Turnen, der Schüler ist vom Turnen befreit, sich beim Turnen verletzen. *Weiteres* ↑15f.

tuscheln: ihr sollt nicht tuscheln, aber: das Tuscheln einstellen. *Weiteres* ↑15f.

tuschen: du mußt die Zeichnung tuschen, aber: das Tuschen der Zeichnung. *Weiteres* ↑15f.

Tuttifrutti (Gericht, ↑9)

Twinset (Kleidungsstücke, ↑9)

Twostep (ein Tanz, ↑9): Twostep tanzen ↑Walzer tanzen

tyrannisch (↑18ff.): er ist am tyrannischsten, alles/das Tyrannische ablegen; der Tyrannischste, der ihm begegnet ist, aber (↑21): der tyrannischste der Väter; etwas/nichts Tyrannisches

tyrannisieren: er will alle tyrannisieren, aber: das/durch Tyrannisieren der Mitmenschen. *Weiteres* ↑15f.

tyrrhenisch (↑39): das Tyrrhenische Meer (Teil des Mittelmeers)

U

u/U (↑36): der Buchstabe klein u/groß U, das u in tun, ein verschnörkeltes U, U wie Ulrich/Uppsala (Buchstabiertafel), jmdm. ein X für ein U vormachen; das Muster hat die Form eines U, U-förmig. ↑a/A

ü/Ü (↑36): das ü in über, das Ü ist das Zeichen für einen Umlaut. ↑a/A

U-Bahn fahren ↑Auto fahren

übel: a) (↑40) üble Nachrede (Rechtsw.), übler Ruf. b) (↑18ff.) dort erging es ihm am übelsten, alles/das Üble einer Angelegenheit, er hat ihn auf das/aufs übelste zugerichtet; das übelste (am übelsten, sehr übel) war, daß sie stundenlang in der Kälte stehen mußten, (↑21) das übelste der Machwerke, aber: das Übelste, was man sich vorstellen kann; etwas/nichts/viel Übles tun

Übel (↑13): vom/von Übel sein

übelgelaunt (↑18ff.): er war am übelgelauntesten, alle/die Übelgelaunten meiden; der Übelgelaunteste, den er kannte, aber (↑21): der übelgelaunteste der Verkäufer; ein Übelgelaunter

übelgesinnt/übellaunig ↑übelgelaunt

übelriechend (↑18ff.): dieses Gemisch ist am übelriechendsten, alles/das Übelriechende beseitigen; das Übelriechendste, was man sich vorstellen kann, aber (↑21): das übelriechendste der Gase; etwas/nichts Übelriechendes

¹**üben:** du mußt fleißig üben, aber: das Üben der Truppen, durch Üben Fortschritte erzielen. *Weiteres* ↑15f.

²**üben** /in der Fügung *Verzicht üben*/ ↑Verzicht leisten

über (↑34)

1 *In Namen* (↑42) *und Titeln* (↑2f.): der „Weg über den Feldern", in dem Buch „Bemerkungen über die Entwicklung der deutschen Rechtschreibung", „Bericht über lebendes Wesen" (Film), aber *(als erstes Wort):* der Weg „Über den Feldern", das Buch „Über die Entwicklung der deutschen Rechtschreibung", „Über den Todesspaß" (Film)

2 *Schreibung des folgenden Wortes:* **a)** *Substantive* (↑13): über Bord usw. ↑Bord usw., überm Haus[e] usw. ↑Haus usw., übern Berg usw. ↑Berg usw., übers Gesicht usw. ↑Gesicht usw. **b)** *Infinitive* (↑16): überm/über dem Lesen ist er eingeschlafen, [das] Tennisspielen geht ihm über [das] Schwimmen, weil Probieren über Studieren geht. **c)** *Adjektive und Partizipien* (↑22): über kurz oder lang. **d)** *Zahladjektive* *und Pronomen* (↑29 ff. und 32): das geht mir über alles, Schande über dich, Kinder über drei [Jahre], es waren über dreihundert [Gäste], es kostet über dreihundert [Mark]; er ist über dreißig [Jahre], aber: Menschen über Dreißig; die über Dreißigjährigen, Herr über etwas sein, es kommt über ihn, über jmdn. herfallen, über jmdm. stehen, drei Grad über Null

überanstrengen: du sollst dich nicht überanstrengen, aber: das/durch Überanstrengen/Sichüberanstrengen des Läufers. *Weiteres* ↑15 f.

überbacken (↑18 ff.): alles/das Überbackene mögen, etwas/nichts Überbackenes

überbieten: er will den Rekord überbieten, aber: das Überbieten des Rekords mißlang. *Weiteres* ↑15 f.

überblicken: er muß das Arbeitsgebiet überblicken, aber: das Überblicken der Situation. *Weiteres* ↑15 f.

über Bord ↑Bord

überbringen: du dasfst die Nachricht überbringen, aber: das/beim Überbringen der Nachricht. *Weiteres* ↑15 f.

überdachen: er soll die Rampe überdachen, aber: das Überdachen der Rampe ist nötig. *Weiteres* ↑15 f.

über Deck ↑Deck

überdimensional (↑18 ff.): alles/das Überdimensionale seiner Plastiken, etwas/nichts Überdimensionales schaffen

übereck (↑34): etwas übereck stellen

übereilen: das dürfen wir nicht übereilen, aber: das Übereilen unserer Pläne ist von Nachteil. *Weiteres* ↑15 f.

über Erwarten ↑Erwarten

überfahren: du darfst das Signal nicht überfahren, aber: das/beim Überfahren des Signals. *Weiteres* ↑15 f.

überfällig (↑40): ein überfälliges Flugzeug, ein überfälliger (verfallener) Wechsel

über Feld ↑Feld

überfliegen: du kannst die Zeitung überfliegen, aber: das/beim Überfliegen der Zeitung. *Weiteres* ↑15 f.

überflüssig (↑18 ff.): sein Beitrag war am überflüssigsten, alles/das Überflüssige weglassen; das Überflüssigste, was er sich angeschafft hat, aber (↑21): das überflüssigste der Möbelstücke; etwas/nichts Überflüssiges

überfluten: der Rhein wird das Land überfluten, aber: das/durch Überfluten des Landes. *Weiteres* ↑15 f.

überfordern: du darfst die Schüler nicht überfordern, aber: das/durch Überfordern der Schüler. *Weiteres* ↑15 f.

über Gebühr ↑Gebühr

übergehen: du darfst ihn nicht übergehen, aber: jmdn. durch Übergehen kränken. *Weiteres* ↑15 f.

übergehend (↑40): (Poetik) ein übergehender Reim

übergesetzlich (↑40): der übergesetzliche Notstand

übergossen (↑39): die Übergossene Alm (Gletscher in den Alpen)

überhandnehmen: a) (↑14) es nimmt/nahm

überhand, weil es überhandnimmt/überhandnahm, es wird überhandnehmen, es hat überhandgenommen, um überhandzunehmen. **b)** (↑16) das Überhandnehmen der Verkehrsunfälle mit tödlichen Folgen

überhäufen: sie wird dich mit Vorwürfen überhäufen, aber: das/durch Überhäufen mit Vorwürfen. *Weiteres* ↑15 f.

überheblich (↑18 ff.): er war am überheblichsten, alles/das Überhebliche ablehnen; der Überheblichste, der ihm je begegnet war, aber (↑21): der überheblichste der Redner; etwas/nichts Überhebliches

überholen: du kannst jetzt nicht überholen, aber: das/beim Überholen eines Lastwagens. *Weiteres* ↑15 f.

überholend (↑40): (Rechtsw.) die überholende Kausalität

überirdisch (↑18 ff.): alles/das Überirdische leugnen, etwas/nichts Überirdisches

überkleben: du kannst das Plakat überkleben, aber: das/durch Überkleben des Plakats. *Weiteres* ↑15 f.

über Kopf ↑Kopf

über Kreuz ↑Kreuz

über Land ↑Land

überlassen: du kannst mir das Buch überlassen, aber: das/beim Überlassen des Buches. *Weiteres* ↑15 f.

überleben: wir wollen den Krieg überleben, aber: das/zum Überleben des Krieges. *Weiteres* ↑15 f.

¹**überlegen** (↑18 ff.): er war am überlegensten, alle/die Überlegenen bewundern; der Überlegenste, der unter ihnen war, aber (↑21): der überlegenste der Spieler; etwas/nichts Überlegenes

²**überlegen:** ihr könnt es euch überlegen, aber: das Überlegen/Sichüberlegen des Entschlusses, da gab es kein langes Überlegen. *Weiteres* ↑15 f.

überliefern: die Quellen sollen es so überliefern, aber: das/durch Überliefern der Quellen. *Weiteres* ↑15 f.

Überlinger (*immer groß*, ↑28)

überlisten: er will mich überlisten, aber: das/durch Überlisten des Gegners. *Weiteres* ↑15 f.

überm /aus *über + dem*/ ↑über

übermalen: er soll die Aufschrift übermalen, aber: das/durch Übermalen der Aufschrift. *Weiteres* ↑15 f.

Übermaß (↑13): im Übermaß, bis zum Übermaß

überm Haus[e] ↑Haus

über Mittag ↑Mittag

übermitteln: ich soll dir Grüße übermitteln, aber: das/zum Übermitteln der Grüße. *Weiteres* ↑15 f.

über Mitternacht ↑Mitternacht

übermütig (↑18 ff.): er war am übermütigsten, alle/die Übermütigen zügeln; der Übermütigste, den er kennengelernt hatte, aber (↑21): der übermütigste der Knaben; etwas/nichts Übermütiges

übern /aus *über + den*/ ↑über

über Nacht ↑Nacht

übernachten: wo willst du denn übernachten?, aber: das/zum Übernachten der Gäste. *Weiteres* ↑ 15 f.

übernatürlich ↑ überirdisch

über Ostern/Pfingsten/Weihnachten ↑ Ostern

überprüfen: du mußt das Ergebnis überprüfen, aber: das/beim Überprüfen des Ergebnisses. *Weiteres* ↑ 15 f.

überqueren: du sollst die Straße gerade überqueren, aber: das/beim Überqueren der Straße. *Weiteres* ↑ 15 f.

überraschend (↑ 18 ff.): dieses Ergebnis war am überraschendsten, alles/das Überraschende der Situation; das überraschendste (am überraschendsten, sehr überraschend) war, daß es so schnell ging, (↑ 21) das überraschendste der Ereignisse, aber: das Überraschendste, was geschehen konnte; etwas/nichts Überraschendes

überreichen: er wird ein Geschenk überreichen, aber: das/durch Überreichen eines Geschenks. *Weiteres* ↑ 15 f.

überrollen: sie werden das kleine Land überrollen, aber: das/durch Überrollen des kleinen Landes. *Weiteres* ↑ 15 f.

überrunden: dieser Läufer wird ihn bald überrunden, aber: das/durch Überrunden des Läufers. *Weiteres* ↑ 15 f.

übers /aus *über + das/* ↑ über

übersättigt (↑ 40): (Chemie) übersättigter Dampf, eine übersättigte Lösung

überschätzen: du darfst seine Möglichkeiten nicht überschätzen, aber: das/durch Überschätzen seiner Möglichkeiten.

überschaubar (↑ 18 ff.): diese Tabelle ist am überschaubarsten, alles/das Überschaubare bevorzugen, (↑ 21) das überschaubarste der Gelände, etwas/nichts Überschaubares

überschauen: er kann es noch nicht überschauen, aber: das/zum Überschauen der Situation. *Weiteres* ↑ 15 f.

überschlagen: ich will es im Kopf überschlagen, aber: das/beim Überschlagen der Kosten. *Weiteres* ↑ 15 f.

überschneiden, sich: die Termine werden sich überschneiden, aber: das/beim Überschneiden/Sichüberschneiden der Termine. *Weiteres* ↑ 15 f.

überschwenglich (↑ 18 ff.): er bedankte sich am überschwenglichsten, alles/das Überschwengliche vermeiden; der Überschwenglichste, den er kannte, aber (↑ 21): der überschwenglichste der Gratulanten; etwas/nichts Überschwengliches

über See ↑ See

Übersee (↑ 9): nach Übersee gehen, Waren von Übersee, Briefe für Übersee, aber: über See fahren, ↑ See

übersehen: das durfte er nicht übersehen, aber: das/durch Übersehen dieses Fehlers. *Weiteres* ↑ 15 f.

übersetzen: kannst du diesen Brief übersetzen?, aber: das/durch Übersetzen dieses Briefes. *Weiteres* ↑ 15 f.

übersichtlich ↑ überschaubar

übersinnlich ↑ überirdisch

übers Jahr usw. ↑ Jahr usw.

überspannen: du darfst deine Forderungen nicht überspannen, aber: das/beim Überspannen der Forderungen. *Weiteres* ↑ 15 f.

überspannt: a) (↑ 40) überspannte Anforderungen; ein überspanntes Wesen. **b)** (↑ 18 f.) sie ist am überspanntesten, alle/die Überspannten meiden; der Überspannteste, den er kannte, aber (↑ 21): der überspannteste der Künstler; etwas/nichts Überspanntes

überspielen: er muß diese Unsicherheiten überspielen, aber: das/durch Überspielen dieser Unsicherheiten. *Weiteres* ↑ 15 f.

überspringen: du kannst den Abschnitt überspringen, aber: das/durch Überspringen des Abschnitts. *Weiteres* ↑ 15 f.

überständig (↑ 40): überständige Bäume (Forstw.)

überstehen: wir werden die Krise überstehen, aber: das/nach Überstehen der Krise. *Weiteres* ↑ 15 f.

übersteigen: das Hindernis konnte er nicht übersteigen, aber: das/beim Übersteigen des Hindernisses. *Weiteres* ↑ 15 f.

überstimmen: wir werden sie überstimmen, aber: das/durch Überstimmen der Opposition. *Weiteres* ↑ 15 f.

überstreichen: er will das Plakat überstreichen, aber: das/zum Überstreichen des Plakats. *Weiteres* ↑ 15 f.

überstürzen: du darfst die Angelegenheit nicht überstürzen, aber: das/durch Überstürzen der Angelegenheit. *Weiteres* ↑ 15 f.

über Tag/Tags ↑ Tag

übertariflich (↑ 40): übertarifliche Zahlung

übertönen: seine Stimme konnte den Lärm nicht übertönen, aber: das/zum Übertönen des Lärms. *Weiteres* ↑ 15 f.

übertragen: er soll die Rechnungsposten übertragen, aber: das/nach Übertragen der Rechnungsposten. *Weiteres* ↑ 15 f.

übertreten: du darfst das Gesetz nicht übertreten, aber: das/durch Übertreten des Gesetzes. *Weiteres* ↑ 15 f.

übertrieben (↑ 18 ff.): seine Darstellung war am übertriebensten, alles/das Übertriebene ablehnen, etwas/nichts Übertriebenes

übertrumpfen: kannst du ihn übertrumpfen?, aber: das/durch Übertrumpfen seiner Karte. *Weiteres* ↑ 15 f.

überwachen: wir lassen ihn ständig überwachen, aber: das/zum Überwachen des Verdächtigen. *Weiteres* ↑ 15 f.

überwältigen: wir werden die Angst überwältigen, aber: das/durch Überwältigen der Angst. *Weiteres* ↑ 15 f.

überwältigend (↑ 18 ff.): dieser Anblick war am überwältigendsten, alles/das Überwältigende dieses Erlebnisses; das Überwältigendste, was er je gesehen hatte, aber (↑ 21): das überwältigendste der Erlebnisse; etwas/nichts Überwältigendes

über Wasser ↑ Wasser

überwintern: die Truppe will dort überwintern, aber: das/zum Überwintern der Truppe. *Weiteres* ↑ 15 f.

überzeugend (↑ 18 ff.): das Argument war am überzeugendsten, alles/das Überzeugende ein-

sehen; es war das Überzeugendste, was er gehört hatte, aber (↑21): das überzeugendste der Argumente; etwas/nichts Überzeugendes
Überzeugung (↑13): aus/zur Überzeugung
überzüchtet (↑40): ein überzüchteter Hund
üblich (↑18 ff.): alles/das Übliche erledigen, (↑21) das üblichste der Verfahren, etwas/nichts Übliches; im Rahmen des Üblichen; es ist das Übliche, vom Üblichen abweichen
übrig (↑18 ff.): alles/das übrige (andere) später erledigen, alle/die übrigen (anderen) kommen später, ein übriges (noch etwas, etwas anderes), ein übriges tun (mehr tun, als nötig ist), im übrigen (übrigens, ferner)
uferlos (↑18 ff.): das Uferlose seines Planens; er geriet bei seinen Ausführungen ins Uferlose, aber: seine Pläne gingen ins uferlose (allzu weit)
U-förmig (↑36)
ugrisch (↑40): die ugrischen Sprachen
U-Haken (↑36)
ukrainisch/Ukrainisch/Ukrainische (↑39 f.): die ukrainische Kirche, die ukrainische Literatur, die ukrainische Sprache, die Ukrainische SSR (Sozialistische Sowjetrepublik), das ukrainische Volk. *Zu weiteren Verwendungen* ↑deutsch/Deutsch/Deutsche
ulkig ↑spaßig
Ulmer (*immer groß*, ↑28)
ultramarin/Ultramarin: a) (↑40) ein ultramarines Tuch. **b)** (↑26) das Tuch ist ultramarin, ein kräftiges Ultramarin, die Farbe spielt ins Ultramarin [hinein]. *Zu weiteren Verwendungen* ↑blau/Blau/Blaue
ultraviolett (↑40): die ultravioletten Strahlen
um (↑34)
1 *In Namen* (↑42) *und Titeln* (↑2 f.): „Allee um das Schloß", die Broschüre „Bemühungen um eine einheitliche Rechtschreibregelung", „In achtzig Tagen um die Welt" (Buch), „Der Kampf ums Leben" (Film), aber *(als erstes Wort)*: die Straße „Um das Schloß", das Buch „Um eine einheitliche Rechtschreibregelung", „Um Mitternacht" (Film), „Ums nackte Leben" (Film)
2 *Schreibung des folgenden Wortes:* **a)** *Substantive* (↑13): um Aufschub usw. ↑Aufschub usw., ums Herz ↑Herz. **b)** *Infinitive* (↑16): er bemüht sich sehr um das Autofahren, aber: er kommt, um das Auto zu fahren/um Auto zu fahren; er kommt ums/um das Einstandgeben nicht herum, aber: er kommt heute, um den Einstand zu geben; es geht ums Gewinnen. **c)** *Adjektive und Partizipien* (↑23): um ein bedeutendes (sehr) zunehmen, um ein beträchtliches (sehr) zunehmen, um ein erkleckliches (sehr) zunehmen, es geht ums Ganze; er hat sich um Großes gebracht, aber: um ein großes (viel) verteuert. **d)** *Zahladjektive und Pronomen* (↑29 ff. und 32): es geht um alles oder nichts, ein Jahr ums andere, ich komme um drei [Uhr], er ist um [die] dreißig [Jahre alt], es waren um [die] dreißig [Gäste] geladen, sich um etwas bemühen, viel Lärm um nichts, um nichts und [um] wieder nichts, um sich schlagen, um vieles sich bemühen
umändern: er will den Anzug umändern,

aber: das Umändern des Anzugs wird teuer. *Weiteres* ↑15 f.
um Antwort ↑Antwort
umarbeiten ↑umändern
umarmen: er wird dich umarmen, aber: das Umarmen des Gastes, beim Umarmen küssen. *Weiteres* ↑15 f.
um Aufschub ↑Aufschub
umbauen: er will den Laden umbauen, aber: das/durch Umbauen des Hauses. *Weiteres* ↑15 f.
umbenennen: sie wollen die Straße umbenennen, aber: das/durch Umbenennen der Straße. *Weiteres* ↑15 f.
umbeschrieben (↑40): ein umbeschriebener Kreis
umbetten: wir müssen die Kranken umbetten, aber: das Umbetten des Kranken ist umständlich. *Weiteres* ↑15 f.
umbrisch/Umbrisch/Umbrische (↑39 f.): der Umbrische Apennin, die umbrische Sprache. *Zu weiteren Verwendungen* ↑deutsch/Deutsch/Deutsche
umdenken: wir müssen umdenken, aber: das Umdenken fällt manchmal schwer. *Weiteres* ↑15 f.
umdeuten: du willst meine Worte umdeuten, aber: das Umdeuten meiner Worte. *Weiteres* ↑15 f.
umdichten: er will die Ballade umdichten, aber: das/durch Umdichten der Ballade. *Weiteres* ↑15 f.
umdirigieren: er soll den Verkehr umdirigieren, aber: das/durch Umdirigieren des Verkehrs. *Weiteres* ↑15 f.
um Erlaubnis ↑Erlaubnis
umfangreich ↑umfassend
umfassend (↑18 ff.): sein Wissen ist am umfassendsten, alles/das Umfassende; dies ist das Umfassendste, was es darüber gibt, aber (↑21): das umfassendste der Werke; etwas/nichts Umfassendes
umfüllen: er soll den Most umfüllen, aber: das/nach Umfüllen des Mostes. *Weiteres* ↑15 f.
umgangssprachlich (↑18 ff.): er drückt sich am umgangssprachlichsten aus, alles/das Umgangssprachliche vermeiden, etwas/nichts Umgangssprachliches
umgehen: wir können das nicht umgehen, aber: das/bei Umgehen der Vorschriften. *Weiteres* ↑15 f.
umgraben: er muß den Garten umgraben, aber: das/beim Umgraben des Gartens. *Weiteres* ↑15 f.
umherirren: du kannst ihn doch nicht umherirren lassen, aber: das/beim Umherirren in der Dunkelheit. *Weiteres* ↑15 f.
um Hilfe ↑Hilfe
um Kasse ↑Kasse
Umlauf (↑13): in Umlauf geben/sein
umleiten: sie mußten den Verkehr umleiten, aber: das/zum Umleiten des Verkehrs. *Weiteres* ↑15 f.
umlernen: du mußt wieder umlernen, aber: das Umlernen eines Erwachsenen. *Weiteres* ↑15 f.
um Mittag ↑Mittag

um Mitternacht ↑ Mitternacht
um　　　　Ostern/Pfingsten/Weihnachten
↑ Ostern
umpflügen: er will den Acker umpflügen, aber: das/durch Umpflügen des Ackers. *Weiteres* ↑ 15 f.
um Rat ↑ Rat
umrühren: du sollst öfter umrühren, aber: das/beim Umrühren des Teigs. *Weiteres* ↑ 15 f.
ums /aus *um* + *das/* ↑ um
umsatteln: er kann noch umsatteln, aber: das/durch Umsatteln auf Mathematik. *Weiteres* ↑ 15 f.
umschalten: wir wollen auf das andere Programm umschalten, aber: das/durch Umschalten auf das andere Programm. *Weiteres* ↑ 15 f.
umschwärmen: alle wollen den Star umschwärmen, aber: das/durch Umschwärmen des Stars. *Weiteres* ↑ 15 f.
Umschweife (↑ 13): ohne Umschweife
umschwenken: er will wieder umschwenken, aber: das/beim Umschwenken seiner Parteigänger. *Weiteres* ↑ 15 f.
umsegeln: er will die Welt umsegeln, aber: das/zum Umsegeln der Welt. *Weiteres* ↑ 15 f.
ums Herz ↑ Herz
umsichtig (↑ 18 ff.): er war am umsichtigsten, alle/die Umsichtigen loben; sie war die Umsichtigste, die er kennengelernt hatte, aber (↑ 21): die umsichtigste der Schwestern
umspulen: du kannst die Bänder umspulen, aber: das/beim Umspulen der Bänder. *Weiteres* ↑ 15 f.
Umstand (↑ 13): in Umständen (schwanger) sein, ohne Umstände, unter Umständen (u. U.)
umständlich (↑ 18 ff.): diese Methode ist am umständlichsten, alles/das Umständliche vermeiden; das Umständlichste, was man sich denken kann, aber (↑ 21): das umständlichste der Verfahren; etwas/nichts Umständliches
umstehend (↑ 18 ff.): im umstehenden (umstehend) finden sich die näheren Erklärungen; er soll umstehendes (jenes [auf der anderen Seite]) beachten, aber: das Umstehende (auf der anderen Seite Gesagte), die Umstehenden. ↑ folgend
umstellen: wir müssen die Möbel umstellen, aber: das/durch Umstellen der Möbel. *Weiteres* ↑ 15 f.
umstimmen: du wirst ihn nicht umstimmen, aber: das/durch Umstimmen des Widerstrebenden. *Weiteres* ↑ 15 f.
umstritten (↑ 18 ff.): sein Buch war am umstrittensten, alles/das Umstrittene seiner Aussage; das Umstrittenste, was er geschrieben hatte, aber (↑ 21): das umstrittenste seiner Bücher; etwas/nichts Umstrittene
umtauschen: du kannst das Geschenk umtauschen, aber: das/beim Umtauschen des Geschenks. *Weiteres* ↑ 15 f.
um Urlaub ↑ Urlaub
umziehen: wir können morgen umziehen, aber: das/beim Umziehen des Nachbarn. *Weiteres* ↑ 15 f.
unabänderlich (↑ 18 ff.): dieser Beschluß ist am unabänderlichsten, alles/das Unabänderli-

che hinnehmen, (↑ 21) der unabänderlichste der Beschlüsse, etwas/nichts Unabänderliches
unabhängig (↑ 18 ff.): er ist am unabhängigsten, alle/die Unabhängigen beneiden, (↑ 21) der unabhängigste der Männer
unabsehbar (↑ 18 ff.): alles/das Unabsehbare dieser Entwicklung, die Kosten steigern sich ins unabsehbare (sehr)
unabwendbar: a) (↑ 40) unabwendbares Ereignis (Rechtsw.). **b)** (↑ 18 ff.) alles/das Unabwendbare gelassen hinnehmen, etwas/nichts Unabwendbares
unaufhaltsam (↑ 18 ff.): das Unaufhaltsame der Entwicklung, etwas/nichts Unaufhaltsames
unaufrichtig (↑ 18 ff.): er war am unaufrichtigsten, alles/das Unaufrichtige nicht mögen; der Unaufrichtigste, den er kannte, aber (↑ 21): der unaufrichtigste der Schüler; etwas/nichts Unaufrichtiges
unaufschiebbar (↑ 18 ff.): alles/das Unaufschiebbare sofort erledigen, (↑ 21) die unaufschiebbarste der Angelegenheiten, etwas/nichts Unaufschiebbares
unausstehlich (↑ 18 ff.): er ist am unausstehlichsten, alles/das Unausstehliche seiner Eigenheiten; das Unausstehlichste, was man sich vorstellen kann, aber (↑ 21): das unausstehlichste der Kinder; etwas/nichts Unausstehliches
unbefleckt (↑ 39): (Rel.) die Unbefleckte Empfängnis
unbeholfen (↑ 18 ff.): er wirkte am unbeholfensten, alles/das Unbeholfene seiner Bewegungen; das Unbeholfenste, was ich je gesehen habe, aber (↑ 21): das unbeholfenste der Kinder
unbeirrbar (↑ 18 ff.): er verfolgte sein Ziel am unbeirrbarsten, alle/die Unbeirrbaren erreichten ihr Ziel; der Unbeirrbarste, den er kannte, aber (↑ 21): der unbeirrbarste der Männer; etwas/nichts Unbeirrbares
unbekannt: a) (↑ 39) das Grab des Unbekannten Soldaten. **b)** (↑ 18 ff.) alles/das Unbekannte fürchten; der große Unbekannte, (↑ 21) der unbekannteste der Schauspieler, etwas/nichts Unbekanntes, ein Verfahren gegen Unbekannt, eine Gleichung mit mehreren Unbekannten
unbekümmert (↑ 18 ff.): er war am unbekümmertsten, alles/das Unbekümmerte seines Wesens; der Unbekümmertste, den er kennengelernt hatte, aber (↑ 21): der unbekümmertste der Schüler; etwas/nichts Unbekümmertes
unberechenbar (↑ 18 ff.): ihre Launen sind am unberechenbarsten, alles/das Unberechenbare seines Wesens; der Unberechenbarste, den er je kennengelernt hatte, aber (↑ 21): der unberechenbarste der Gegner; etwas/nichts Unberechenbares
unbeschrankt (↑ 40): ein unbeschrankter Bahnübergang
unbeschwert (↑ 18 ff.): sie wirkte am unbeschwertesten, alles/das Unbeschwerte jener Zeit; etwas/nichts Unbeschwertes, den er kannte, aber (↑ 21): der unbeschwerteste der Tage; etwas/nichts Unbeschwertes
unbeteiligt (↑ 18 ff.): er wirkte am unbeteiligt-

sten, alle/die Unbeteiligten; der Unbeteiligtste, den er kannte, aber (↑21): de† unbeteiligtste der Zuhörer

unbeugsam (↑18ff.): sein Wille ist am unbeugsamsten, alle/die Unbeugsamen bewundern; der Unbeugsamste, den er kannte, aber (↑21): der unbeugsamste der Männer; etwas/nichts Unbeugsames

unbewältigt (↑40): die unbewältigte Vergangenheit

unbeweglich (↑40): unbewegliche Sachen (Immobilien)

unbezähmbar (↑18ff.): sein Verlangen war am unbezähmbarsten, alles/das Unbezähmbare; der Unbezähmbarste, den er kennengelernt hatte, aber (↑21): der unbezähmbarste der Wünsche; etwas/nichts Unbezähmbares

unbillig (↑40): unbillige Härte (Rechtsspr.)

unblutig (↑40): eine unblutige Revolution

unbotmäßig (↑18ff.): er benahm sich am unbotmäßigsten; alles/das Unbotmäßige seines Verhaltens; das Unbotmäßigste, was man sich denken kann, aber (↑21): die unbotmäßigste der Verhaltensweisen; etwas/nichts Unbotmäßiges

und: a) (↑34) der Vater und die Mutter. **b)** (↑35) hier gibt es kein Und, sondern nur ein Oder. **c)** (↑42 und 2f.) Freie und Hansestadt Hamburg; „Sie küßten und sie schlugen ihn" (Film), aber *(als erstes Wort):* „Und dennoch leben sie" (Film)

undefinierbar (↑18ff.): diese Farbe ist am undefinierbarsten, alles/das Undefinierbare beiseite lassen; das Undefinierbarste, was er je gegessen hatte, aber (↑21): das undefinierbarste der Gerichte; etwas/nichts Undefinierbares

undurchführbar (↑18ff.): seine Pläne sind am undurchführbarsten, alles/das Undurchführbare aufgeben; es war das Undurchführbarste, was ihm je aufgetragen wurde, aber (↑21): der undurchführbarste der Pläne; etwas/nichts Undurchführbares

undurchlässig (↑18ff.): dieser Stoff ist am undurchlässigsten; alles/das Undurchlässige; das Undurchlässigste, was er finden konnte, aber (↑21): das undurchlässigste der Materialien; etwas/nichts Undurchlässiges suchen

unecht: a) (↑40) unechte Brüche (Math.). **b)** (↑18ff.) alles/das Unechte aussondern, etwas/nichts Unechtes kaufen

unedel (↑40): unedle Metalle

unehelich (↑40): ein uneheliches Kind

unehrlich (↑40): unehrliche Gewerbe (im Mittelalter)

uneidlich (↑40): (Rechtsspr.) uneidliche Falschaussage

uneigennützig (↑18ff.): er handelte am uneigennützigsten, alle/die Uneigennützigen belohnen; der Uneigennützigste, den er kennengelernt hatte, aber (↑21): der uneigennützigste der Männer; etwas/nichts Uneigennütziges

uneigentlich (↑40): (Rechtsspr.) uneigentliche Amtsdelikte, (Math.) das uneigentliche Integral, ein uneigentlicher Punkt

uneinbringlich (↑40): (Finanzw.) uneinbringliche Forderungen

unendlich: a) (↑40) eine unendliche Reihe (Math.). **b)** (↑18ff.) das Unendliche; er fragte bis ins unendliche (unaufhörlich, immerfort), von eins bis unendlich (∞), aber: der Weg scheint bis ins Unendliche (bis in die Unendlichkeit) zu führen

unentbehrlich (↑18ff.): dieses Requisit ist am unentbehrlichsten, alles/das Unentbehrliche mitnehmen, (↑21) das unentbehrlichste der Kleidungsstücke, etwas/nichts Unentbehrliches

unentwegt (↑18ff.): er war am unentwegtesten, alle/die Unentwegten kamen, (↑21) der unentwegteste der Besucher

unerbittlich (↑18ff.): er war am unerbittlichsten, alle/die Unerbittlichen, (↑21) der unerbittlichste der Gegner, etwas/nichts Unerbittliches

unerfreulich ↑nachteilig

unergründlich (↑18ff.): sein Wesen ist am unergründlichsten, alle/das Unergründliche seines Wesens, etwas/nichts Unergründliches

unerhört (↑18ff.): das Unerhörte dieser Geschichte, das ist etwas Unerhörtes

unerklärlich (↑18ff.): alles/das Unerklärliche dieser Ereignisse; das Unerklärlichste, was man sich vorstellen kann, aber (↑21): das unerklärlichste der Ereignisse; etwas/nichts Unerklärliches

unerlaubt (↑40): (Rechtsspr.) eine unerlaubte Handlung

unermeßlich (↑18ff.): das Unermeßliche; die Kosten stiegen ins unermeßliche (sehr hoch), aber: der Weltraum verliert sich ins Unermeßliche

unermüdlich (↑18ff.): sie ist am unermüdlichsten, alle/die Unermüdlichen loben; der Unermüdlichste, den er kannte, aber (↑21): der unermüdlichste der Männer

unerquicklich (↑18ff.): dieses Thema ist für ihn am unerquicklichsten, alles/das Unerquickliche meiden; das Unerquicklichste, was ihm begegnete, aber (↑21): das unerquicklichste der Ereignisse; etwas/nichts Unerquickliches

unerreichbar (↑18ff.): dieses Ziel war für ihn am unerreichbarsten, alles/das Unerreichbare, (↑21) das unerreichbarste der Ziele; etwas/nichts Unerreichbares

unerschöpflich (↑18ff.): sein Vorrat schien am unerschöpflichsten zu sein, das Unerschöpfliche seines Reichtums, (↑21) das unerschöpflichste der Themen

unerschrocken (↑18ff.): er reagierte am unerschrockensten, alle/die Unerschrockenen; der Unerschrockenste, den er kannte, aber (↑21): der unerschrockenste der Männer; etwas/nichts Unerschrockenes

unersetzlich (↑18ff.): dieser Verlust war am unersetzlichsten, alles/das Unersetzliche, (↑21) das unersetzlichste der Schmuckstücke; etwas/nichts Unersetzliches

unerträglich (↑18ff.): das Geräusch war am unerträglichsten, alles/das Unerträgliche dieser Situation; es war das Unerträglichste, was man sich vorstellen kann, aber (↑21): das unerträglichste der Geräusche; etwas/nichts Unerträgliches

unerwartet (↑18ff.): dieser Schicksalsschlag

kam am unerwartetsten, alles/das Unerwartete, etwas/nichts Unerwartetes

unerwünscht (↑18ff.): er war dort am unerwünschtesten, alle/die Unerwünschten ausschließen, (↑21) der unerwünschteste der Gäste, etwas/nichts Unerwünschtes

unfaßbar (↑18ff.): alles/das Unfaßbare, (↑21) das unfaßbarste der Ereignisse, etwas/nichts Unfaßbares

unfehlbar (↑40): eine unfehlbare Entscheidung des Papstes

unförmig (↑18ff.): das Paket war am unförmigsten, alles/das Unförmige; das Unförmigste, was man sich vorstellen kann, aber (↑21): das unförmigste der Pakete; etwas/nichts Unförmiges

unfundiert (↑40): das unfundierte Einkommen (Arbeitseinkommen)

ungarisch/Ungarisch/Ungarische (↑39ff.): das Ungarische Erzgebirge, die ungarische Geschichte, der ungarische Hirtenhund; „Die ungarische Hochzeit" (von N. Dostal), aber: eine Szene aus der „Ungarischen Hochzeit" (↑2ff.); die ungarische Königskrone, die ungarische Literatur, das Ungarische Mittelgebirge, die ungarische Musik, die Ungarische Pforte; eine ungarische Rhapsodie, aber: wir hörten die „Ungarischen Rhapsodien" (von F. Liszt; ↑2ff.); ein ungarischer Tanz, aber: wir hörten die „Ungarischen Tänze" (von J. Brahms; ↑2ff.); das Ungarische Tiefland, Großes Ungarisches Tiefland, Kleines Ungarisches Tiefland, das ungarische Volk, die Ungarische Volksrepublik, ein ungarischer Wein. *Zu weiteren Verwendungen* ↑deutsch/Deutsch/Deutsche

ungebührlich (↑18ff.): er lachte am ungebührlichsten, alles/das Ungebührliche seines Benehmens; das Ungebührlichste, was er je erlebt hatte, aber (↑21): das ungebührlichste der Worte; etwas/nichts Ungebührliches

ungefähr (↑18ff.): das Ungefähre seiner Angabe, von ungefähr

ungeheuer (↑18ff.): das Ungeheure, die Kosten steigen ins ungeheure (sehr hoch)

ungeheuerlich (↑18ff.): seine Anschuldigungen waren am ungeheuerlichsten, alles/das Ungeheuerliche dieser Aussage; das Ungeheuerlichste, was er je gehört hatte, aber (↑21): das ungeheuerlichste der Verbrechen; etwas/nichts Ungeheuerliches

ungehörig ↑ungeheuerlich

ungenügend: a) (↑37) er hat [die Note] „ungenügend" erhalten, er hat mit [der Note] „ungenügend"/mit einem knappen „ungenügend" bestanden, er hat zwei „ungenügend" in seinem Zeugnis. **b)** (↑18ff.) einiges Ungenügende, genug Ungenügendes, manches Ungenügende, viel/wenig Ungenügendes

ungepflegt (↑18ff.): er wirkte am ungepflegtesten, alle/die Ungepflegten nicht mögen; der Ungepflegteste, den er kannte, aber (↑21): der ungepflegteste der Männer; etwas/nichts Ungepflegtes

ungerade (↑40): (Math.) eine ungerade Funktion/Zahl

ungerechtfertigt (↑40): (Rechtsspr.) die ungerechtfertigte Bereicherung

ungereimt (↑18ff.): seine Worte waren am ungereimtesten, alles/das Ungereimte seiner Äußerungen; das Ungereimteste, was er je gehört hatte, aber (↑21): die ungereimteste der Äußerungen; etwas/nichts Ungereimtes

ungesättigt (↑40): (Chemie) ungesättigter Dampf, eine ungesättigte Lösung, ungesättigte Verbindungen

ungeschlacht ↑roh

ungeschlechtlich (↑40): (Biol.) die ungeschlechtliche Fortpflanzung

ungesellig (↑18ff.): er war am ungeselligsten, alle/die Ungeselligen; der Ungeselligste, den er kannte, aber (↑21): der ungeselligste der Gäste; etwas/nichts Ungeselliges

ungesetzlich (↑18ff.): alles/das Ungesetzliche seines Tuns, (↑21) die ungesetzlichste der Handlungen, etwas/nichts Ungesetzliches

ungewiß (↑18ff.): seine Lage war am ungewissesten, alles/das Ungewisse seiner Situation, das Gewisse fürs Ungewisse nehmen; im ungewissen (ungewiß) bleiben/lassen/sein, ins ungewisse (planlos) leben, aber: eine Fahrt ins Ungewisse, ins Ungewisse steigern; etwas/nichts Ungewisses

ungewöhnlich (↑18ff.): alles/das Ungewöhnliche dieser Situation; das Ungewöhnlichste, was er erlebt hatte, aber (↑21): das ungewöhnlichste der Erlebnisse; etwas/nichts Ungewöhnliches erleben

ungewohnt (↑18ff.): alles/das Ungewohnte der Situation, (↑21) der ungewohnteste der Anblicke, etwas/nichts Ungewohntes

ungezogen (↑18ff.): der Kleine war am ungezogensten, alle/die Ungezogenen bestrafen; der Ungezogenste, den er kannte, aber (↑21): der ungezogenste der Knaben; etwas/nichts Ungezogenes

ungezwungen (↑18ff.): sie benahm sich am ungezwungensten, alles/das Ungezwungene ihres Wesens; das Ungezwungenste, was man sich vorstellen kann, aber (↑21): das ungezwungenste der Gespräche; etwas/nichts Ungezwungenes

ungläubig (↑40): ein ungläubiger Thomas

unglaublich (↑18ff.): es grenzt ans Unglaubliche, das ist etwas Unglaubliches

Ungnade (↑13): auf Gnade und Ungnade, in Ungnade fallen

Ungunst (↑13f.): zu seinen Ungunsten, aber (↑34: zuungunsten der Armen

unhaltbar (↑18ff.): seine Thesen sind am unhaltbarsten, alles/das Unhaltbare der Situation, (↑21) die unhaltbarste der Behauptungen, etwas/nichts Unhaltbares

unheilbringend (↑18ff.): alles/das Unheilbringende fürchten, etwas/nichts Unheilbringendes

unheilvoll ↑unheilbringend

unheimlich (↑18ff.): dieser Weg war ihr am unheimlichsten, alles/das Unheimliche meiden; das unheimlichste (am unheimlichsten, sehr unheimlich) war, daß niemand antwortete, (↑21) das unheimlichste der Gewässer, aber: das Unheimlichste, was ihm je begegnet war; etwas/nichts Unheimliches

uniert (↑40): die unierten Kirchen

uniformieren: sie wollen das Personal uniformieren, aber: das Uniformieren des Personals. *Weiteres* ↑15 f.

Unio mystica (Rel., ↑9)

unipolar (↑40): unipolare (einpolige) Leitfähigkeit

unitär (↑40): (Math.) eine unitäre Darstellung/Matrix/Transformation, unitärer Raum

unklar (↑18 ff.): seine Auskunft war am unklarsten, alles/das Unklare seiner Aussage; das Unklarste, was er geäußert hatte, aber (↑21): das unklarste der Worte; im unklaren (ungewiß) bleiben/lassen/sein, etwas/nichts Unklares

unkontrollierbar (↑18 ff.): diese Vorgänge waren am unkontrollierbarsten, alles/das Unkontrollierbare dieser Machenschaften; das Unkontrollierbarste, was man sich denken kann, aber (↑21): der unkontrollierbarste der Abläufe; etwas/nichts Unkontrollierbares

unkündbar (↑40): ein unkündbares Darlehen, eine unkündbare Stellung

unlauter (↑40): (Rechtsspr.) unlauterer Wettbewerb

unleserlich (↑18 ff.): er schreibt am unleserlichsten, alles/das Unleserliche zurückweisen; das Unleserlichste, was ihm je vorgekommen war, aber (↑21): das unleserlichste der Schriftstücke; etwas/nichts Unleserliches

unmäßig (↑18 ff.): er trank am unmäßigsten, alles/das Unmäßige ablehnen; der Unmäßigste, den er kennengelernt hatte, aber (↑21): der unmäßigste der Zecher; etwas/nichts Unmäßiges

unmenschlich (↑18 ff.): er handelte am unmenschlichsten, alles/das Unmenschliche dieser Tat; das Unmenschlichste, was er je erlebt hatte, aber (↑21): das unmenschlichste der Verbrechen; etwas/nichts Unmenschliches

unmittelbar (↑40): (Rechtsspr.) unmittelbarer Besitz

unmöglich (↑18 ff.): alles/das Unmögliche versuchen, etwas/nichts Unmögliches

unmoralisch (↑18 ff.): alles/das Unmoralische ablehnen; das Unmoralischste, was man sich vorstellen kann, aber (↑21): das unmoralischste der Bücher; etwas/nichts Unmoralisches tun

unmotiviert (↑18 ff.): seine Handlungen waren am unmotiviertesten, alles/das Unmotivierte seiner Anschuldigungen, (↑21) die unmotivierteste der Handlungen, etwas/nichts Unmotiviertes

unnahbar (↑18 ff.): sie war am unnahbarsten, alles/das Unnahbare ihrer Art; die Unnahbarste, die er kannte, aber (↑21): die unnahbarste der Frauen; etwas/nichts Unnahbares

unnotiert (↑40): (Bankw.) unnotierte Werte

unnütz (↑18 ff.): alles/das Unnütze beiseite lassen, etwas/nichts Unnützes tun

unparteiisch (↑18 ff.): er ist am unparteiischsten, alle/die Unparteiischen, ein Unparteiischer

unpersönlich: a) (↑40) ein unpersönliches Verb/Zeitwort. **b)** (↑18 ff.) dieser Raum wirkt am unpersönlichsten, alles/das Unpersönliche der Atmosphäre, (↑21) das unpersönlichste der Schreiben, etwas/nichts Unpersönliches

unrecht: a) (↑40) in die unrechten Hände fal-

len, in die unrechte Kehle kommen, am unrechten Platze sein. **b)** (↑18 ff.) Unrechtes tun, an den Unrechten kommen, etwas/nichts Unrechtes; ↑recht

Unrecht: a) (↑10) besser Unrecht leiden als Unrecht tun, es geschieht ihm [ein] Unrecht, ein Unrecht begehen, jmdm. ein Unrecht [an]tun, sich/jmdn. ins Unrecht setzen, aber: unrecht bekommen/geben/haben/sein/tun. **b)** (↑13) im Unrecht sein, mit/zu Unrecht; ↑Recht

unrecht haben usw. ↑recht haben

unrein: a) (↑40) das unreine Fach (beim Weben), (Poetik) ein unreiner Reim. **b)** ↑rein (2)

unruhig ↑unstet

uns ↑wir

unscheinbar (↑18 ff.): diese Pflanze ist am unscheinbarsten, alles/das Unscheinbare übersehen; das Unscheinbarste, was man sich vorstellen kann, aber (↑21): das unscheinbarste der Geschöpfe; etwas/nichts Unscheinbares

unschuldig (↑39): Unschuldige Kinder (kath. Fest)

unser ↑wir

unser/unsere/unser

1 *Als einfaches Pronomen klein* (↑32): unser Vater, unsere Mutter, unser Kind; wessen Garten? unserer, wessen Uhr? unsere, wessen Kind? unser[e]s; das ist nicht euer Problem, sondern unser[e]s; ihr habt euere Sachen wiedergefunden, doch unsere blieben verloren

2 *In Buchtiteln* (↑2 f.) *und in Ehrentiteln* (↑7): „Unsere kleine Stadt" (Th. Wilder), Unsere Liebe Frau (Maria, Mutter Jesu), Unser Lieben Frau[en] Kirche

3 *Nach Artikel* (↑33): das Unsere/Unserige (unsere Habe, das uns Zukommende), wir müssen das Unsere/Unserige (unseren Teil) beitragen/tun, es ist einer der Unseren/Unsrigen, die Unseren/Unsrigen (unsere Angehörigen). (↑32) wessen Garten? der unsere/unserige, wessen Uhr? die unsere/unserige, wessen Kind? das unsere/unserige; das ist nicht euer Problem, sondern das unsere/unserige

4 *Schreibung des folgenden Wortes:* **a)** (↑29 f. und 32 f.) er ist unser ein und [unser] alles, unser [anderes] Ich; das sind unsere drei [Kinder]. **b)** (↑16) unser Singen fällt ihm auf die Nerven. **c)** (↑19 und 23) wir müssen unser Bestes tun, aber: wir tun unser möglichstes. (↑25) unser Deutsch. (↑21) dort stehen unsere alten und euere neuen Bücher. **d)** (↑35) unser [ständiges] Weh und Ach, unser [ewiges] Wenn und Aber

unserige ↑unser/unsere/unser (3)

unsicher (↑24): im unsichern (unsicher) sein

unsinnig (↑18 ff.): seine Pläne waren am unsinnigsten, alles/das Unsinnige seines Tuns einsehen; das Unsinnigste, was er tun konnte, aber (↑21): das unsinnigste der Vorhaben; etwas/nichts Unsinniges tun

unsittlich (↑18 ff.): alles/das Unsittliche seiner Handlungsweise; das Unsittlichste, was man sich denken kann, aber (↑21): die unsittlichste der Handlungen; etwas/nichts Unsittliches

unsterblich (↑40): die unsterbliche Garbo, die unsterbliche Seele

unstet (↑18 ff.): er war am unstetesten, alles/das Unstete seines Lebens; der Unsteteste, den er kannte, aber (↑21): der unsteteste der Brüder; etwas/nichts Unstetes

untadelig (↑18ff.): sein Anzug war am untadeligsten, alles/das Untadelige seiner Kleidung, (↑21) die untadeligste der Gesinnungen, etwas/nichts Untadeliges

unteilbar (↑39): das Kuratorium „Unteilbares Deutschland"

unten ↑oben

untenstehend ↑folgend

unter (↑34)

1 *In Namen* (↑42) *und Titeln* (↑2f.): Kirchheim unter Teck; „Allee unter den Platanen", aber *(als erstes Wort):* „Unter den Linden", „Unter dem Himmel von Paris" (Film)

2 *Schreibung des folgenden Wortes:* a) *Substantive* (↑13): unter Aufsicht usw. ↑Aufsicht usw., unterderhand ↑Hand, unterm Strich ↑Strich, unters Wasser ↑Wasser. b) *Infinitive* (↑16): unter Absingen von Liedern zogen sie durch die Stadt, unter Arbeiten versteht er etwas anderes. c) *Adjektive und Partizipien* (↑19): unterm Bösen leiden, ein Gleicher unter Gleichen. d) *Zahladjektive und Pronomen* (↑29ff. und 32): der klügste Schüler unter allen, unter anderem/andern (u.a.), Kinder unter drei [Jahren], es waren unter dreihundert [Gäste], ich kann dies nicht unter dreihundert [Mark] verkaufen; er ist unter dreißig [Jahren], aber: Menschen unter Dreißig, die unter Dreißigjährigen; unter jmdm. stehen, drei Grad unter Null, unter sich sein, das bleibt unter uns, unter uns gesagt

Unter (↑9): der Unter (Spielkarte), des Unters, die Unter

unter Aufsicht usw. ↑Aufsicht usw.

unter Beweis ↑Beweis

unter Bezug ↑Bezug

unterbieten: er will den Preis unterbieten, aber: das Unterbieten des Rekords mißlang. *Weiteres* ↑15f.

unterbreiten: er will dir die Pläne unterbreiten, aber: das Unterbreiten der Pläne. *Weiteres* ↑15f.

unterbrochen (↑40): (Poetik) ein unterbrochener Reim

unter Deck ↑Deck

unterderhand ↑Hand

unter Druck ↑Druck

untere: a) (↑39) Unterer Hauenstein (Juraübergang). b) (↑18ff.) das Unterste zuoberst kehren, aber (↑21): das unterste der Regale; die Unteren/Untersten in der Behörde, aber (↑34): zuunterst

unterernährt (↑18ff.): diese Kinder sind am unterernährtesten, alle/die Unterernährten versorgen; der Unterernährteste, der dabei war, aber (↑21): der unterernährteste der Knaben

untergärig (↑40): untergäriges Bier

unterkellern: er soll das Haus unterkellern, aber: das/beim Unterkellern des Hauses. *Weiteres* ↑15f.

unterkühlt (↑40): (Chemie) eine unterkühlte Lösung

Unterlaß (↑13): ohne Unterlaß

¹**unterlassen** (↑40): (Rechtsspr.) unterlassene Hilfe[leistung]

²**unterlassen:** du sollst diese Albernheiten unterlassen, aber: das/durch Unterlassen der Albernheiten. *Weiteres* ↑15f.

unterläufig (↑40): unterläufige Mahlgänge

¹**unterlegen** ↑überlegen

²**unterlegen:** du mußt ein Holzstück unterlegen, aber: das/durch Unterlegen eines Holzstückes. *Weiteres* ↑15f.

unterm /aus *unter + dem/*↑unter

unter Mittag ↑Mittag

unternehmen: wir müssen etwas unternehmen, aber zum Unternehmen ernster Schritte. *Weiteres* ↑15f.

unter Preis ↑Preis

unter Protest ↑Protest

unterrichten: er wird in Deutsch unterrichten, aber: das/zum Unterrichten in Deutsch. *Weiteres* ↑15f.

unters /aus *unter + das/*↑unter

Untersberger (*immer groß,* ↑28)

unterscheiden: er kann Einzelheiten unterscheiden, aber: das/zum Unterscheiden von Einzelheiten. *Weiteres* ↑15f.

Unterschied (↑13): im Unterschied zu, ohne Unterschied gelten

unterschiedlich (↑18ff.): diese Arbeit wurde am unterschiedlichsten bewertet, alles/das Unterschiedliche ihrer Auffassungen, etwas/nichts Unterschiedliches

unterschlächtig (↑40): ein unterschlächtiges Mühlrad

unterschreiben ↑unterzeichnen

unterschweflig (↑40): eine unterschweflige Säure

unterschwellig (↑18ff.): alles/das Unterschwellige zu ergründen suchen, etwas/nichts Unterschwelliges

unterst ↑untere

unter Strafe ↑Strafe

unterstreichen: wir werden diese Forderungen unterstreichen, aber: das/durch Unterstreichen dieser Forderungen. *Weiteres* ↑15f.

unterstützen: diesen Plan werde ich nicht unterstützen, aber: das/beim Unterstützen dieses Planes. *Weiteres* ↑15f.

unter Tage/Tags ↑Tag

untertan (↑40): er ist ihm untertan

Untertan (↑9): er ist sein Untertan

untertänig (↑18ff.): er grüßte am untertänigsten, alles/das Untertänige hassen; der Untertänigste, den er kannte, aber (↑21): der untertänigste der Beamten; etwas/nichts Untertäniges

unter Verzicht usw. ↑Verzicht usw.

Unterwalden nid dem Wald (Nidwalden, schweizer. Halbkanton; ↑39ff.)

Unterwalden ob dem Wald (Obwalden, schweizer. Halbkanton; ↑39ff.)

unterwandern: man muß die Partei unterwandern, aber: das/durch Unterwandern der Partei. *Weiteres* ↑15f.

unter Wasser ↑Wasser

unterweisen: er wird dich unterweisen, aber: das/zum Unterweisen des Lehrlings. *Weiteres* ↑15f.

unter Wind ↑Wind

unterwürfig ↑untertänig

unterzeichnen: wir werden den Vertrag unterzeichnen, aber: das/beim Unterzeichnen des Vertrages. *Weiteres* ↑ 15 f.

unüberlegt (↑ 18 ff.): diese Tat war am unüberlegtesten, alles/das Unüberlegte seiner Handlungen; das war das Unüberlegteste, was du tun konntest, aber (↑ 21): das unüberlegteste der Unternehmen; etwas/nichts Unüberlegtes

unübersehbar (↑ 18 ff.): alles/das Unübersehbare dieser Schäden, etwas/nichts Unübersehbares

unübersichtlich ↑ überschaubar

unüberwindlich (↑ 18 ff.): dieses Hindernis schien ihm am unüberwindlichsten, alles/das Unüberwindliche, (↑ 21) das unüberwindlichste der Hindernisse, etwas/nichts Unüberwindliches

unverdaulich (↑ 18 ff.): alles/das Unverdauliche ausscheiden, etwas/nichts Unverdauliches

unvereinbar (↑ 18 ff.): ihre Meinungen sind am unvereinbarsten, alles/das Unvereinbare ihrer Auffassungen, etwas/nichts Unvereinbares

unverfälscht (↑ 18 ff.): diese Überlieferung ist am unverfälschtesten, alles/das Unverfälschte bevorzugen; das Unverfälschteste, was er finden konnte, aber (↑ 21): das unverfälschteste der Nahrungsmittel; etwas/nichts Unverfälschtes

unverfroren ↑ unverschämt

unvergoren (↑ 40): unvergorener Süßmost

unverschämt (↑ 18 ff.): er lachte am unverschämtesten, alles/das Unverschämte dieser Forderungen; das unverschämteste (am unverschämtesten, sehr unverschämt) war, daß er auch noch Geld verlangte, (↑ 21) die unverschämteste der Forderungen, aber: das Unverschämteste, was er je gehört hatte; etwas/nichts Unverschämtes

unversöhnlich (↑ 18 ff.): er war am unversöhnlichsten, alle/die Unversöhnlichen; der Unversöhnlichste, den man sich vorstellen kann, aber (↑ 21): der unversöhnlichste der Gegner; etwas/nichts Unversöhnliches

Unverstand (↑ 13): im Unverstand

unverständlich (↑ 18 ff.): seine Worte waren am unverständlichsten, alles/das Unverständliche erklären; das Unverständlichste, was er je gehört hatte, aber (↑ 21): das unverständlichste der Worte; etwas/nichts Unverständliches

unverwüstlich (↑ 18 ff.): dieser Stoff ist am unverwüstlichsten, alles/das Unverwüstliche bevorzugen; das Unverwüstlichste, was er besaß, aber (↑ 21): das unverwüstlichste der Materialien; etwas/nichts Unverwüstliches

unverzeihlich (↑ 18 ff.): sein Verhalten war am unverzeihlichsten, (↑ 21) der unverzeihlichste der Fehler, etwas/nichts Unverzeihliches

unvollkommen: a) (↑ 40) die unvollkommene Metamorphose (Biol.). **b)** ↑ vollkommen (b)

unvollständig: a) (↑ 40) unvollständige Lähmung. **b)** ↑ vollständig (b)

unvorhergesehen (↑ 18 ff.): alles/das Unvorhergesehene, (↑ 21) der unvorhergesehenste der Zwischenfälle, etwas/nichts Unvorhergesehenes

unvorstellbar (↑ 18 ff.): alles/das Unvorstellbare, (↑ 21) die unvorstellbarste der Größen, etwas/nichts Unvorstellbares

unwahrscheinlich (↑ 18 ff.): diese Geschichte ist am unwahrscheinlichsten, alles/das Unwahrscheinliche dieser Erzählung; das Unwahrscheinlichste, was er je gehört hatte, aber (↑ 21): das unwahrscheinlichste der Ereignisse; etwas/nichts Unwahrscheinliches

unwiderruflich (↑ 18 ff.): alles/das Unwiderrufliche hinnehmen, (↑ 21) der unwiderruflichste der Befehle, etwas/nichts Unwiderrufliches

unwiderstehlich (↑ 18 ff.): dorthin zog es ihn am unwiderstehlichsten, alles/das Unwiderstehliche ihres Charmes, (↑ 21) das unwiderstehlichste der Mädchen, etwas/nichts Unwiderstehliches

unwiederbringlich (↑ 18 ff.): alles/das Unwiederbringliche nicht vergessen können, etwas/nichts Unwiederbringliches

unwillkürlich (↑ 40): (Med.) die unwillkürlichen Muskeln

unwirklich (↑ 18 ff.): alles/das Unwirkliche, etwas/nichts Unwirkliches

unwirsch (↑ 18 ff.): er war am unwirschsten, das Unwirsche seines Tones; der Unwirschste, der mir je begegnet war, aber (↑ 21): der unwirschste der Beamten; etwas/nichts Unwirsches

unwirtschaftlich (↑ 18 ff.): diese Methode ist am unwirtschaftlichsten, alles/das Unwirtschaftliche dieses Verfahrens; das ist das Unwirtschaftlichste, was man sich vorstellen kann, aber (↑ 21): das unwirtschaftlichste der Verfahren; etwas/nichts Unwirtschaftliches

unwissend (↑ 18 ff.): er war am unwissendsten, alle/die Unwissenden beihren; der Unwissendste, dem er je begegnet war, aber (↑ 21): der unwissendste der Knaben; etwas/nichts Unwissendes

Unzeit (↑ 13): zur Unzeit

unzertrennlich (↑ 18 ff.): sie waren am unzertrennlichsten, die beiden Unzertrennlichen, (↑ 21) die unzertrennlichsten der Kinder

unzüchtig: a) (↑ 40) unzüchtige Abbildungen/Schriften. **b)** ↑ unsittlich

unzulänglich (↑ 18 ff.): die Verpflegung war am unzulänglichsten, alles/das Unzulängliche bemängeln; das Unzulänglichste, was man sich vorstellen kann, aber (↑ 21): die unzulänglichste der Vorbereitungen; etwas/nichts Unzulängliches

unzulässig (↑ 40): (Rechtsspr.) unzulässige Rechtsausübung

unzusammenhängend (↑ 18 ff.): er redete am unzusammenhängendsten, alles/das Unzusammenhängende seiner Äußerungen; das Unzusammenhängendste, was er je gehört hatte, aber (↑ 21): die unzusammenhängendsten der Worte; etwas/nichts Unzusammenhängendes

Uppercut (Boxen, ↑ 19)

üppig (↑ 18 ff.): diese Mahlzeit war am üppigsten, alles/das Üppige lieben; das Üppigste, was er kannte, aber (↑ 21): das üppigste der Essen; etwas/nichts Üppiges

uralisch (↑ 40): die uralischen Sprachen

urban (↑ 18 ff.): er ist am urbansten, alles/das Urbane schätzen; er war der Urbanste, den er kannte, aber (↑ 21): der urbanste seiner Freunde; etwas/nichts Urbanes

Urlaub (↑40): auf Urlaub gehen/sein, in/im Urlaub sein, um Urlaub bitten
Urlaub nehmen ↑ Abstand nehmen
Urner (*immer groß*, ↑28)
ursprünglich (↑18ff.): dort ist die Natur noch am ursprünglichsten, alles/das Ursprüngliche lieben, (↑21) die ursprünglichste der Landschaften, etwas/nichts Ursprüngliches
Uruguayer (*immer groß*, ↑28)
urwüchsig (↑18ff.): seine Art war am urwüchsigsten, alles/das Urwüchsige mögen; der Urwüchsigste, den er kannte, aber (↑21): der urwüchsigste der Bewohner; etwas/nichts Urwüchsiges
usbekisch (↑39f.): die Usbekische SSR (Sozialistische Sowjetrepublik), die usbekischen Stämme, das usbekische Volk
utopisch: a) (↑40) ein utopischer Roman, der utopische Sozialismus. **b)** (↑18ff.) seine Ideen waren am utopischsten, alles/das Utopische ablehnen; das Utopischste, was er je gehört hatte, aber (↑21): das utopischste der Bücher; etwas/nichts Utopisches
Utrechter (*immer groß*, ↑28)

V

v/V (↑36): der Buchstabe klein v/groß V, das v in brav, ein verschnörkeltes V, V wie Viktor/Valencia (Buchstabiertafel); der Ausschnitt hat die Form eines V, V-Ausschnitt. ↑a/A
vagabundieren: du sollst nicht vagabundieren, aber: das Vagabundieren gefällt ihm. *Weiteres* ↑15f.
vagabundierend (↑40): (Technik) vagabundierende Ströme
vag[e] (↑18ff.): seine Vermutungen waren am vagsten, alles/das Vage ablehnen; das Vagste, was man sich denken kann, aber (↑21): die vagste der Andeutungen; etwas/nichts Vages gelten lassen
variabel: a) (↑40) (Wirtsch.) variable Kosten, (Musik) variable Metren. **b)** (↑18ff.) alles/das Variable; das Variabelste, was man sich vorstellen kann, aber (↑21): die variabelste der Kombinationen, das variabelste der Systeme; etwas/nichts Variables
variieren: du mußt mehr variieren, aber: das Variieren des Themas. *Weiteres* ↑15f.
variskisch (↑39f.): (Geol.) Variskisches Gebirge, die variskische Gebirgsbildung
vaterländisch (↑39f.): vaterländische Dichtung, der Vaterländische Krieg (1812), (DDR) der Große Vaterländische Krieg (der Sowjetunion gegen Deutschland)
väterlich: a) (↑40) väterliche Gewalt (Rechtsspr.). **b)** (↑18ff.) er wirkt am väterlichsten, alles/das Väterliche; der Väterlichste, den er kannte, aber (↑21): der väterlichste der Männer; etwas/nichts Väterliches
vatikanisch (↑39): das Vatikanische Archiv, die Vatikanische Bibliothek, das Erste Vatikanische Konzil, das Zweite Vatikanische Konzil
V-Ausschnitt (↑36)
vedisch ↑ wedisch
vegetativ (↑40): (Med.) eine vegetative Dystonie, das vegetative Nervensystem, (Biol.) eine vegetative Phase, eine vegetative Vermehrung
Veltliner/Vendeer (*immer groß*, ↑28)
venerisch (↑40): (Med.) venerische Krankheiten
Venezianer (*immer groß*, ↑28)

venezianisch (↑40): die venezianischen Gläser, die venezianische Schule (Malerschule)
Venezolaner (*immer groß*, ↑28)
venezolanisch (↑40): das venezolanische Erdöl, der venezolanische Präsident
verabscheuenswert (↑18ff.): seine Handlungsweise ist am verabscheuenswertesten, alles/das Verabscheuenswerte; das Verabscheuenswerteste, was er erlebt hat, aber (↑21): das verabscheuenswerteste der Verbrechen; etwas/nichts Verabscheuenswertes
verabschieden: du kannst dich verabschieden, aber: das/beim Verabschieden/Sichverabschieden seines Vorgängers. *Weiteres* ↑15f.
verachten: er soll nicht alles verachten, aber: das Verachten der Gefahr war verhängnisvoll. *Weiteres* ↑15f.
verächtlich (↑18ff.): seine Reden waren am verächtlichsten, alles/das Verächtliche seines Blickes; das Verächtlichste, was man sich denken kann, aber (↑21): das verächtlichste der Worte; etwas/nichts Verächtliches
verallgemeinern: du darfst nicht alles verallgemeinern, aber: das Verallgemeinern von Einzelfällen. *Weiteres* ↑15f.
veralten: das Buch wird schnell veralten, aber: das Veralten der Einrichtung, durch Veralten wertlos werden. *Weiteres* ↑15f.
veränderlich (↑37): das Barometer steht auf „veränderlich"
verändern: er will die Welt verändern, aber: das Verändern der Voraussetzungen ist unzulässig. *Weiteres* ↑15f.
verankern: sie wollen dieses Recht verankern, aber: das Verankern des Schiffes. *Weiteres* ↑15f.
verantwortlich (↑18ff.): alle/die Verantwortlichen, ein Verantwortlicher
Verantwortung (↑13): zur Verantwortung ziehen
verantwortungslos (↑18ff.): er ist am verantwortungslosesten, alle/die Verantwortungslosen beschuldigen; der Verantwortungsloseste, dem er begegnet war, aber (↑21): der verantwortungsloseste der Männer; etwas/nichts Verantwortungsloses

verantwortungsvoll ↑ verantwortlich
verarbeiten: sie wollen anderes Material verarbeiten, aber: das Verarbeiten hochwertiger Rohstoffe. *Weiteres* ↑ 15 f.
verärgern: er will niemanden verärgern, aber: das Verärgern verschiedener Persönlichkeiten. *Weiteres* ↑ 15 f.
veräußern: er will die ganze Einrichtung veräußern, aber: das Veräußern der Einrichtung verhindern. *Weiteres* ↑ 15 f.
verbannen: sie wollen ihn verbannen, aber: das Verbannen der Gegner, ihn durch Verbannen isolieren. *Weiteres* ↑ 15 f.
verbarrikadieren: er wird den Eingang verbarrikadieren, aber: das Verbarrikadieren des Eingangs. *Weiteres* ↑ 15 f.
verbauen: er soll mir nicht die Aussicht verbauen, aber: das Verbauen der Aussicht ist verboten. *Weiteres* ↑ 15 f.
verbergen: ich werde nichts verbergen, aber: das Verbergen der Kamera unter dem Mantel. *Weiteres* ↑ 15 f.
verbessern: wir müssen die Qualität verbessern, aber: das Verbessern der Qualität ist wichtig. *Weiteres* ↑ 15 f.
verbiegen: du darfst das nicht verbiegen, aber: das/durch Verbiegen des Geländers. *Weiteres* ↑ 15 f.
verbieten: sie wollen hier das Parken verbieten, aber: das Verbieten nützt nichts. *Weiteres* ↑ 15 f.
verbinden: du mußt die Wunde verbinden, aber: das Verbinden der Wunde. *Weiteres* ↑ 15 f.
verbindlich (↑ 18 ff.): seine Art ist am verbindlichsten, alles/das Verbindliche schätzen; der Verbindlichste, den man sich denken kann, aber (↑ 21): der verbindlichste der Verkäufer; etwas/nichts Verbindliches
Verbindung (↑ 13): in Verbindung treten
verblassen: die Farben werden verblassen, aber: das Verblassen der Farben. *Weiteres* ↑ 15 f.
verblüffen: er will ihn verblüffen, aber: das Verblüffen ist eine Methode. *Weiteres* ↑ 15 f.
verblüffend ↑ beachtlich
verblühen: die Blumen werden bald verblühen, aber: das Verblühen der Blumen. *Weiteres* ↑ 15 f.
verbluten: du kannst daran verbluten, aber: das Verbluten des Verletzten verhindern. *Weiteres* ↑ 15 f.
verborgen (↑ 18 ff.): das Verborgene; im verborgenen (unbemerkt) bleiben, aber: im Verborgenen sitzen/wohnen, ins Verborgene sehen
verboten: a) (↑ 40) (Rechtsspr.) verbotene Eigenmacht, verbotene Künste (magische Künste). **b)** (↑ 18 ff.) alles/das Verbotene unterlassen, etwas/nichts Verbotenes
verbrauchen: du sollst das verbrauchen, aber: das/zum Verbrauchen der Ware. *Weiteres* ↑ 15 f.
verbrecherisch (↑ 18 ff.): seine Tat ist am verbrecherischsten, alles/das Verbrecherische seiner Handlungen; das Verbrecherischste, was man sich denken kann, aber (↑ 21): die ver-

brecherischste der Taten; etwas/nichts Verbrecherisches
verbreiten: du darfst nicht die Unwahrheit verbreiten, aber: das Verbreiten der Unwahrheit. *Weiteres* ↑ 15 f.
verbreitern: die Stadt muß die Straße verbreitern, aber: das/beim Verbreitern der Straße. *Weiteres* ↑ 15 f.
verbrennen: du kannst den Karton verbrennen, aber: das/beim Verbrennen des Kartons. *Weiteres* ↑ 15 f.
verbrüdern, sich: wir wollen uns verbrüdern, aber: das Verbrüdern/Sichverbrüdern früherer Gegner. *Weiteres* ↑ 15 f.
verbrühen: du wirst dich verbrühen, aber: das Verbrühen/Sichverbrühen ist schmerzhaft. *Weiteres* ↑ 15 f.
verbuchen: er wird den Gewinn verbuchen, aber: das/zum Verbuchen des Gewinns. *Weiteres* ↑ 15 f.
verbunden (↑ 40): eine verbundene Lebensversicherung/Hausratsversicherung
verbüßen: er muß die Haft verbüßen, aber: das Verbüßen der Haft. *Weiteres* ↑ 15 f.
verchromen: du kannst den Stahl verchromen, aber: das/zum Verchromen des Stahls. *Weiteres* ↑ 15 f.
Verdacht (↑ 13): im/in Verdacht stehen
verdächtig (↑ 18 ff.): sein Verhalten war am verdächtigsten, alle/die Verdächtigen beobachten; das Verdächtigste, was er gehört hatte, aber (↑ 21): der verdächtigste der Männer; etwas/nichts Verdächtiges finden
verdächtigen: du darfst ihn nicht verdächtigen, aber: das Verdächtigen eines Unschuldigen ist strafbar. *Weiteres* ↑ 15 f.
verdammen: wir dürfen keinen Menschen verdammen, aber: das Verdammen eines Menschen. *Weiteres* ↑ 15 f.
verdampfen: das Wasser mußte verdampfen, aber: das Verdampfen des Wassers. *Weiteres* ↑ 15 f.
verdauen: wir wollen das Essen verdauen, aber: das/beim Verdauen. *Weiteres* ↑ 15 f.
Verdener (*immer groß,* ↑ 28)
Verderb (↑ 13): auf Gedeih und Verderb
verderben: er wird ihn noch verderben, aber: das Verderben der Lebensmittel war vermeidbar, gegen Verderben geschützt. (Beachte:) in der Fremde zu verderben und zu sterben ist hart, aber: das Verderben und das Sterben in der Fremde ist hart. *Weiteres* ↑ 15 f.
verderblich (↑ 18 ff.): diese Nahrungsmittel sind am verderblichsten, alles/das Verderbliche aufbrauchen; das Verderblichste, was unter den Vorräten war, aber (↑ 21): das verderblichste der Gerichte; etwas/nichts Verderbliches aufheben
verdeutschen: ich will es dir verdeutschen, aber: das beim Verdeutschen des Textes. *Weiteres* ↑ 15 f.
verdienen: er muß sein Geld sauer verdienen, aber: das/zum Verdienen des Geldes. *Weiteres* ↑ 15 f.
Verdienst (↑ 13): nach/zum Verdienst
verdient (↑ 39 ff.): ein verdienter Mann; (in der DDR Bestandteil vieler Titel) Verdienter Aktivist/Arzt des Volkes usw.

verdolmetschen: soll ich dir die Antwort verdolmetschen?, aber: das/beim Verdolmetschen der Antwort. *Weiteres* ↑ 15 f.

verdoppeln: wir wollen unsere Anstrengungen verdoppeln, aber: das Verdoppeln unserer Anstrengungen.

verdorben (↑ 18 ff.): sie ist am verdorbensten, alles/das Verdorbene wegwerfen, (↑ 21) das verdorbenste der Geschöpfe, etwas/nichts Verdorbenes essen

verdorren: die Blumen müssen verdorren, aber: das Verdorren der Blumen ist unvermeidbar. *Weiteres* ↑ 15 f.

verdrängen: er will den Nebenbuhler verdrängen, aber: das/zum Verdrängen des Nebenbuhlers. *Weiteres* ↑ 15 f.

verdrehen: du sollst die Tatsachen nicht verdrehen, aber: das Verdrehen der Tatsachen. *Weiteres* ↑ 15 f.

verdreifachen: wir können die Erträge verdreifachen, aber: das/zum Verdreifachen der Erträge. *Weiteres* ↑ 15 f.

verdrießlich (↑ 18 ff.): er ist immer am verdrießlichsten, alle/die Verdrießlichen meiden; der Verdrießlichste, den man sich denken kann, (↑ 21) das verdrießlichste der Gesichter; etwas/nichts Verdrießliches

verdrossen ↑ verdrießlich

verdunkeln: wir wollen das Fenster verdunkeln, aber: das/beim Verdunkeln des Fensters. *Weiteres* ↑ 15 f.

verdünnen: er soll die Säure verdünnen, aber: das/beim Verdünnen der Säure. *Weiteres* ↑ 15 f.

verdunsten: das Wasser wird bald verdunsten, aber: das/zum Verdunsten des Wassers. *Weiteres* ↑ 15 f.

veredeln: er muß den Baum noch veredeln, aber: das/beim Veredeln des Baumes. *Weiteres* ↑ 15 f.

verehren: du kannst diese Frau verehren, aber: das Verehren dieser Frau. *Weiteres* ↑ 15 f.

vereidigen: er wird den Minister vereidigen, aber: das/beim Vereidigen des Ministers. *Weiteres* ↑ 15 f.

vereidigt (↑ 40): ein vereidigter Sachverständiger

Verein (↑ 13): im Verein mit

vereinbaren: wir können das nicht miteinander vereinbaren, aber: das Vereinbaren eines neuen Termins. *Weiteres* ↑ 15 f.

vereinfachen: er will die Sache vereinfachen, aber: das Vereinfachen der Sache. *Weiteres* ↑ 15 f.

vereinigen: sie wollen ihre Unternehmen vereinigen, aber: das Vereinigen ihrer Unternehmen. *Weiteres* ↑ 15 f.

vereinigt (↑ 39): Vereinigte Arabische Emirate, die Vereinigte Arabische Republik (VAR), die Vereinigte Evangelisch-Lutherische Kirche Deutschlands, die Vereinigten Evangelischen Großlogen von Deutschland, das Vereinigte Königreich Großbritannien und Nordirland, die Vereinigte Protestantisch-Evangelisch-Christliche Kirche der Pfalz, die Vereinigten Staaten [von Amerika]

vereint (↑ 39 f.): mit vereinten Kräften, die Vereinten Nationen (UN, UNO)

vereisen: er will die Wunde vereisen, aber: das Vereisen der Wunde. *Weiteres* ↑ 15 f.

vereiteln: du mußt diesen Plan vereiteln, aber: das Vereiteln dieses Planes. *Weiteres* ↑ 15 f.

Verfall (↑ 13): in Verfall geraten

verfälschen: wir dürfen die Wahrheit nicht verfälschen, aber: das/durch Verfälschen der Wahrheit. *Weiteres* ↑ 15 f.

verfänglich (↑ 18 ff.): diese Situation war am verfänglichsten, alles/das Verfängliche vermeiden, (↑ 21) die verfänglichste der Fragen, etwas/nichts Verfängliches

verfärben, sich: der Stoff wird sich verfärben, aber: das Verfärben/Sichverfärben des Stoffes. *Weiteres* ↑ 15 f.

verfassen: er will einen Roman verfassen, aber: das/beim Verfassen eines Romans. *Weiteres* ↑ 15 f.

verfaulen: das Obst wird verfaulen, aber: das/beim Verfaulen des Obstes. *Weiteres* ↑ 15 f.

verfechten: ich werde diese Meinung verfechten, aber: das Verfechten dieser Meinung. *Weiteres* ↑ 15 f.

verfehlen: du darfst den Rekord nicht verfehlen, aber: das Verfehlen des Rekords. *Weiteres* ↑ 15 f.

verfeuern: du kannst das Holz verfeuern, aber: das Verfeuern des Holzes. *Weiteres* ↑ 15 f.

verfilmen: er will den Stoff verfilmen, aber: das/beim Verfilmen des Stoffes. *Weiteres* ↑ 15 f.

verflüssigen: er will den Wasserdampf verflüssigen, aber: das/durch Verflüssigen des Wasserdampfes. *Weiteres* ↑ 15 f.

Verfolg (↑ 13): in/im Verfolg der Sache

verfolgen: wir müssen den Dieb verfolgen, aber: das/beim Verfolgen des Diebes. *Weiteres* ↑ 15 f.

verformen: der Druck wird den Rahmen verformen, aber: das/durch Verformen des Rahmens. *Weiteres* ↑ 15 f.

verfügbar (↑ 18 ff.): alles/das Verfügbare in Anspruch nehmen, etwas/nichts Verfügbares finden

Verfügung (↑ 13): zur Verfügung

verführen: er wollte das Mädchen verführen, aber: das Verführen des Mädchens. *Weiteres* ↑ 15 f.

verführerisch (↑ 18 ff.): dieses Angebot war am verführerischsten, alles/das Verführerische des Anblicks; das Verführerischste, was er gesehen hatte, aber (↑ 21) die verführerischste der Mädchen; etwas/nichts Verführerisches

verfüttern: du mußt den Klee verfüttern, aber: das Verfüttern des Klees. *Weiteres* ↑ 15 f.

vergänglich (↑ 18 ff.): dieser Besitz ist am vergänglichsten, alles/das Vergängliche; das Vergänglichste, was man sich denken kann, aber (↑ 21) das vergänglichste der Güter; etwas/nichts Vergängliches

vergeblich (↑ 18 ff.): sein Versuch war am vergeblichsten, alles/das Vergebliche an der Sache, (↑ 21) der vergeblichste der Versuche, etwas Vergebliches

vergelten: das werden wir ihm vergelten,

aber: das Vergelten einer guten Tat. *Weiteres* ↑ 15 f.

vergesellschaften: der Sozialismus will das Privateigentum vergesellschaften, aber: das/durch Vergesellschaften des Privateigentums. *Weiteres* ↑ 15 f.

vergessen: du sollst deinen Schlüssel nicht vergessen, aber: das/durch Vergessen des Schlüssels. *Weiteres* ↑ 15 f.

vergeßlich (↑ 18 ff.): er ist am vergeßlichsten, alle/die Vergeßlichen ermahnen; der Vergeßlichste, den man sich denken kann, aber (↑ 21): der vergeßlichste der alten Männer

vergeuden: du darfst deine Kräfte nicht vergeuden, aber: das Vergeuden der Kräfte. *Weiteres* ↑ 15 f.

vergiften: sie wollte ihn vergiften, aber: das Vergiften eines Hundes. *Weiteres* ↑ 15 f.

verglast (↑ 40): mit verglasten Augen

Vergleich (↑ 13): im/in Vergleich mit/zu

vergleichbar (↑ 18 ff.): alles/das Vergleichbare heranziehen, etwas/nichts Vergleichbares finden

vergleichen: du kannst die Bilder ja vergleichen, aber: das/beim Vergleichen der Bilder. *Weiteres* ↑ 15 f.

vergleichend (↑ 40): die vergleichende Erziehungswissenschaft/Literaturwissenschaft/Sprachwissenschaft

verglimmen: die Kerze muß bald verglimmen, aber: das Verglimmen der Kerze, die Kerze ist am Verglimmen. *Weiteres* ↑ 15 f.

verglühen: das Feuer wird bald verglühen, aber: das/nach Verglühen des Feuers. *Weiteres* ↑ 15 f.

vergnügt (↑ 18 ff.): er war am vergnügtesten, alle/die Vergnügten; der Vergnügteste, den er kennengelernt hat, aber (↑ 21): der vergnügteste der Jungen; etwas/nichts Vergnügtes

vergolden: er soll die Kanne vergolden, aber: das/durch Vergolden der Kanne. *Weiteres* ↑ 15 f.

vergraben: er wollte die Beute vergraben, aber: das/beim Vergraben der Beute. *Weiteres* ↑ 15 f.

vergrämen: er wollte das Wild nicht vergrämen, aber: das/durch Vergrämen des Wildes. *Weiteres* ↑ 15 f.

vergrößern: er kann seinen Hof vergrößern, aber: das/durch Vergrößern des Hofes. *Weiteres* ↑ 15 f.

vergüten: er wird dir die Fahrkosten vergüten, aber: das/nach Vergüten der Fahrkosten. *Weiteres* ↑ 15 f.

verhaften: sie wollen ihn verhaften, aber: das Verhaften des Diebes. *Weiteres* ↑ 15 f.

verhandeln: wir müssen mit ihm verhandeln, aber: das/durch Verhandeln mit dem Beauftragten. *Weiteres* ↑ 15 f.

verhangen (↑ 40): ein verhangener Himmel

verhängnisvoll (↑ 18 ff.): diese Entwicklung war am verhängnisvollsten, alle/das Verhängnisvolle an der Sache, (↑ 21) das verhängnisvollste der Ereignisse, etwas/nichts Verhängnisvolles

verhätscheln: du darfst ihn nicht verhätscheln, aber: das/durch Verhätscheln des Kindes. *Weiteres* ↑ 15 f.

verheerend (↑ 18 ff.): diese Katastrophe war am verheerendsten, alles/das Verheerende; das Verheerendste, was man sich vorstellen kann, aber (↑ 21): das verheerendste der Unwetter; etwas/nichts Verheerendes

verheilen: die Wunde muß erst verheilen, aber: das/zum Verheilen der Wunde. *Weiteres* ↑ 15 f.

verheimlichen: du willst mir etwas verheimlichen, aber: das/durch Verheimlichen des Diebstahls. *Weiteres* ↑ 15 f.

verheißungsvoll (↑ 18 ff.): sein Beginn war am verheißungsvollsten, alles/das Verheißungsvolle der Ankündigung; das Verheißungsvollste, was er gehört hatte, aber (↑ 21): das verheißungsvollste der Versprechen; etwas/nichts Verheißungsvolles

verheizen: du darfst die Briketts verheizen, aber: das/durch Verheizen der Briketts. *Weiteres* ↑ 15 f.

verherrlichen: eine edle Tat darf man verherrlichen, aber: das/durch Verherrlichen einer edlen Tat. *Weiteres* ↑ 15 f.

verhindern: er konnte den Treffer nicht verhindern, aber: das/durch Verhindern des Treffers. *Weiteres* ↑ 15 f.

verhören: er wird den Angeklagten selbst verhören, aber: das/beim Verhören des Angeklagten. *Weiteres* ↑ 15 f.

verhungern: hier wird keiner verhungern, aber: das Verhungern der Kinder, vor Verhungern gesichert. *Weiteres* ↑ 15 f.

verhüten: du mußt das Unglück verhüten, aber: das/durch Verhüten des Unglücks. *Weiteres* ↑ 15 f.

verhütten: sie werden das Erz verhütten, aber: das/beim Verhütten des Erzes. *Weiteres* ↑ 15 f.

verifizieren: er will diese Pläne verifizieren, aber: das Verifizieren solcher Pläne ist schwierig. *Weiteres* ↑ 15 f.

verirren, sich: sie wird sich verirren, aber: das Verirren/Sichverirren in der Stadt. *Weiteres* ↑ 15 f.

verjagen: er konnte den Dieb verjagen, aber: das Verjagen des Diebes. *Weiteres* ↑ 15 f.

Verkauf (↑ 13): zum Verkauf

verkaufen: er will mir das Haus verkaufen, aber: das Verkaufen des Hauses. *Weiteres* ↑ 15 f.

verkäuflich (↑ 18 ff.): alles/das Verkäufliche, etwas/nichts Verkäufliches

verkauft (↑ 21 ff.): „Die verkaufte Braut" (Smetana), aber: eine Arie aus der „Verkauften Braut"

Verkehr (↑ 13): im Verkehr mit, in Verkehr treten, zum Verkehr zulassen

verkehrt: a) (↑ 40) Kaffee verkehrt. b) (↑ 18 ff.) seine Verhaltensweise war am verkehrtesten, alles/das Verkehrte einsehen; das Verkehrteste, was er tun konnte, aber (↑ 21): die verkehrteste der Methoden; etwas/nichts Verkehrtes tun

verkennen: du darfst die Lage nicht verkennen, aber: das/durch Verkennen der Lage. *Weiteres* ↑ 15 f.

verketten: das kannst du nicht miteinander

verketten, aber: das/durch Verketten unglücklicher Umstände. *Weiteres* ↑ 15 f.

verklagen: sie wollen ihn verklagen, aber: das Verklagen des Geschäftsmannes. *Weiteres* ↑ 15 f.

verkleiden: wir wollen die Wand verkleiden, aber: das/beim Verkleiden der Wand. *Weiteres* ↑ 15 f.

Verkleiden spielen ↑ Versteck spielen

verkleinern: er muß das Geschäft verkleinern, aber: das/durch Verkleinern des Geschäfts. *Weiteres* ↑ 15 f.

verknoten: du sollst die Schnur gut verknoten, aber: das/durch Verknoten der Schnur. *Weiteres* ↑ 15 f.

verknüpfen ↑ verknoten

verkommen (↑ 18 ff.): er wirkte am verkommensten, alle/die Verkommenen meiden; der Verkommenste, den man sich vorstellen kann, aber (↑ 21): der verkommenste der Männer; etwas/nichts Verkommenes

verkrampft (↑ 18 ff.): er wirkte am verkrampftesten, alles/das Verkrampfte meiden; der Verkrampfteste, den er kannte, aber (↑ 21): der verkrampfteste der Spieler; etwas/nichts Verkrampftes

verkünden: er wird das Aufgebot verkünden, aber: das/nach Verkünden des Aufgebots. *Weiteres* ↑ 15 f.

verkürzen: sie will den Rock verkürzen, aber: das/durch Verkürzen des Rocks. *Weiteres* ↑ 15 f.

verlagern: die Gewichte werden sich verlagern, aber: das/durch Verlagern/Sichverlagern der Gewichte. *Weiteres* ↑ 15 f.

verlängert (↑ 40): (Med.) das verlängerte Mark, das verlängerte Rückgrat

¹**verlassen** (↑ 18 ff.): an diesem Ort war er am verlassensten, alle/die Verlassenen bedauern, (↑ 21) der verlassenste der Menschen

²**verlassen:** sie wird ihn verlassen, aber: das/bei Verlassen des Hauses. *Weiteres* ↑ 15 f.

Verlaub (↑ 13): mit Verlaub

Verlauf (↑ 13): im Verlauf dieser Sache, nach Verlauf mehrerer Stunden

verlaufen: die Grenze soll dort drüben verlaufen, aber: das Verlaufen der Grenze. *Weiteres* ↑ 15 f.

¹**verlegen** (↑ 18 ff.): er wirkte am verlegensten, alle/die Verlegenen; der Verlegenste, den er kannte, aber (↑ 21): der verlegenste der Knaben; etwas/nichts Verlegenes

²**verlegen:** er will das Buch verlegen, aber: das Verlegen des Buches. *Weiteres* ↑ 15 f.

verleihen: er will ihm einen Orden verleihen, aber: das/zum Verleihen des Ordens. *Weiteres* ↑ 15 f.

verlesen: das Urteil wird jetzt verlesen, aber: das Verlesen des Urteils. *Weiteres* ↑ 15 f.

verletzen: du darfst ihn nicht verletzen, aber: das/durch Verletzen seines Freundes. *Weiteres* ↑ 15 f.

verletzend (↑ 18 ff.): seine Worte waren am verletzendsten, alles/das Verletzende vermeiden; das Verletzendste, was er gehört hatte, aber (↑ 21): das verletzendste der Worte; etwas/nichts Verletzendes sagen

verleumderisch (↑ 18 ff.): seine Reden waren am verleumderischsten, alles/das Verleumderische seiner Worte; das Verleumderischste, was er je gehört hatte, aber (↑ 21): die verleumderischste der Behauptungen; etwas/nichts Verleumderisches sagen

verlockend (↑ 18 ff.): sein Angebot war am verlockendsten, alles/das Verlockende von sich weisen; das Verlockendste, was ihm angeboten worden war, aber (↑ 21): das verlockendste der Angebote; etwas/nichts Verlockendes

verlogen (↑ 18 ff.): er war am verlogensten, alles/das Verlogene verabscheuen; der Verlogenste, dem er begegnet war, aber (↑ 21): der verlogenste der Schüler; etwas/nichts Verlogenes

verloren: a) (↑ 40) verlorene Eier (ein Gericht), die verlorene Generation, auf verlorenem Posten, das Gleichnis vom verlorenen Sohn. **b)** (↑ 18 ff.) er fühlte sich am verlorensten, alle/die Verlorenen zu retten suchen

verlosen: sie werden ein Schwein verlosen, aber: das/durch Verlosen eines Schweines. *Weiteres* ↑ 15 f.

vermachen: er wird dir alles vermachen, aber: durch Vermachen des gesamten Vermögens. *Weiteres* ↑ 15 f.

vermehren: du mußt deine Anstrengungen vermehren, aber: das Vermehren der Anstrengungen. *Weiteres* ↑ 15 f.

vermeidbar (↑ 18 ff.): alles/das Vermeidbare lassen, (↑ 21) das vermeidbarste der Übel, etwas/nichts Vermeidbares

vermeiden: wir wollen einen Skandal vermeiden, aber: das/zum Vermeiden eines Skandals. *Weiteres* ↑ 15 f.

vermengen: das darfst du nicht vermengen, aber: das Vermengen von Pflicht und Neigung. *Weiteres* ↑ 15 f.

vermessen: wir werden die Wohnung vermessen, aber: das/beim Vermessen der Wohnung. *Weiteres* ↑ 15 f.

vermieten: sie will ein Zimmer vermieten, aber: das/durch Vermieten eines Zimmers. *Weiteres* ↑ 15 f.

vermindern: du sollst die Geschwindigkeit vermindern, aber: das/durch Vermindern der Geschwindigkeit. *Weiteres* ↑ 15 f.

vermischen: das darf man nicht miteinander vermischen, aber: das/durch Vermischen gegensätzlicher Dinge. *Weiteres* ↑ 15 f.

vermitteln: er will in dem Zwist vermitteln, aber: das/durch Vermitteln in dem Zwist. *Weiteres* ↑ 15 f.

vermodern: die Blätter werden vermodern, aber: die Blätter sind am Vermodern. *Weiteres* ↑ 15 f.

vermögend (↑ 18 ff.): er ist am vermögendsten von allen, alle/die Vermögenden beneiden; der Vermögendste, den er kennengelernt hatte, aber (↑ 21): der vermögendste der Industriellen

vernehmen: sie wollen ihn jetzt vernehmen, aber: das/beim Vernehmen des Zeugen. *Weiteres* ↑ 15 f.

verneigen, sich: du mußt dich vor einer Dame verneigen, aber: das/durch Verneigen/Sichverneigen vor einer Dame. *Weiteres* ↑ 15 f.

verneinen: ich muß diese Frage verneinen,

aber: das/durch Verneinen dieser Frage. *Weiteres* ↑15 f.

vernersch (↑27): (Sprachw.) das Vernersche Gesetz

vernichten: du kannst seine Hoffnungen vernichten, aber: das/durch Vernichten seiner Hoffnungen. *Weiteres* ↑15 f.

vernünftig (↑18 ff.): dieses Kind ist am vernünftigsten, alle/die Vernünftigen loben; das vernünftigste (am vernünftigsten) wäre, gleich aufzubrechen, (↑21) das vernünftigste der Urteile, aber: der Vernünftigste, der unter ihnen war; etwas/nichts Vernünftiges tun

veröden: das Dorf wird allmählich veröden, aber: das/durch Veröden des Dorfes. *Weiteres* ↑15 f.

Veroneser (*immer groß*, ↑28)

verordnen: er mußte ein anderes Mittel verordnen, aber: das/durch Verordnen eines Mittels. *Weiteres* ↑15 f.

verpachten: er will das Grundstück verpachten, aber: das/durch Verpachten des Grundstücks. *Weiteres* ↑15 f.

verpacken: ich soll das Buch verpacken, aber: das/zum Verpacken des Buches. *Weiteres* ↑15 f.

Verpackung (↑13): mit/ohne Verpackung

verpassen: du wirst den Zug verpassen, aber: das/durch Verpassen des Zuges. *Weiteres* ↑15 f.

verpflanzen: wir wollen den Strauch verpflanzen, aber: das/durch Verpflanzen des Strauches. *Weiteres* ↑15 f.

verpflegen: sie wird ihn gut verpflegen, aber: das Verpflegen des Patienten. *Weiteres* ↑15 f.

verpflichten: er will dich zum Stillschweigen verpflichten, aber: das/durch Verpflichten zum Stillschweigen. *Weiteres* ↑15 f.

verplanen: er wird das Geld schon verplanen, aber: das/beim Verplanen des Geldes. *Weiteres* ↑15 f.

verquer (↑34): es geht mir etwas verquer, verquer gehen

verquicken: das kann man nicht miteinander verquicken, aber: das/durch Verquicken dieser Dinge. *Weiteres* ↑15 f.

verquollen (↑40): verquollene Augen, verquollenes Holz

verraten: du darfst das Versteck nicht verraten, aber: das/durch Verraten des Verstecks. *Weiteres* ↑15 f.

Verräter (↑13): zum Verräter werden

verräterisch (↑18 ff.): sein Verhalten war am verräterischsten, alles/das Verräterische vermeiden; das verräterischste (am verräterischsten) war, daß er so viele Fragen stellte, (↑21) die verräterischste der Äußerungen, aber: der Verräterischste, den man sich denken kann; etwas/nichts Verräterisches

verräuchern: mußt du die ganze Stube verräuchern?, aber: das/durch Verräuchern der Stube. *Weiteres* ↑15 f.

verrechnen: wir werden beide Forderungen miteinander verrechnen, aber: das/durch Verrechnen beider Forderungen. *Weiteres* ↑15 f.

verreiben: du mußt die Salbe gut verreiben, aber: das/durch Verreiben der Salbe. *Weiteres* ↑15 f.

verreisen: wir wollen morgen verreisen, aber: das Verreisen ins Ausland. *Weiteres* ↑15 f.

verringern: deine Chancen werden sich verringern, aber: das/beim Verringern/Sichverringern deiner Chancen. *Weiteres* ↑15 f.

verrosten: das Besteck wird verrosten, aber: das Verrosten des Bestecks. *Weiteres* ↑15 f.

verrückt (↑18 ff.): ihr Hut war am verrücktesten, alles/das Verrückte mißbilligen; das Verrückteste, was er gesehen hatte, aber (↑21) das verrückteste der Kostüme; etwas/nichts Verrücktes

Verruf (↑13): in Verruf bringen

verrufen (↑18 ff.): dieses Viertel ist am verrufensten, alle/die Verrufenen meiden; der Verrufenste, den er kannte, aber (↑21) der verrufenste der Stadtteile; etwas/nichts Verrufenes

verrutschen: die Frisur wird verrutschen, aber: das/durch Verrutschen der Frisur. *Weiteres* ↑15 f.

Versailler (*immer groß*, ↑28)

versäumen: du wirst die Sitzung versäumen, aber: das/bei Versäumen der Sitzung. *Weiteres* ↑15 f.

verschärfen: das würde die Lage unnötig verschärfen, aber: das/durch Verschärfen der Lage. *Weiteres* ↑15 f.

verscheuchen: du mußt die Vögel verscheuchen, aber: das/durch Verscheuchen der Vögel. *Weiteres* ↑15 f.

verschicken: du mußt die Einladungen verschicken, aber: das/durch Verschicken der Einladungen. *Weiteres* ↑15 f.

verschieden (↑18 ff.): verschiedene (einige) haben dagegen gestimmt, verschiedenes (manches) war unklar; diese Vorschriften lassen Verschiedenes (Dinge verschiedener Art) zu, aber: diese Vorschriften lassen verschiedenes (manches) zu; Ähnliches und Verschiedenes, ihre Auffassungen waren am verschiedensten, alle/die Verschiedenen auseinanderhalten, (↑21) die verschiedensten der Auffassungen wurden laut, etwas/nichts Verschiedenes

Verschiß (↑13): in Verschiß geraten

verschlafen (↑18 ff.): er war noch am verschlafensten, alle/die Verschlafenen, (↑21) das verschlafenste der Städtchen, etwas/nichts Verschlafenes

verschlagen (↑18 ff.): er war am verschlagensten, alles/das Verschlagene verabschscheut; der Verschlagenste, der ihm begegnet war, aber (↑21) der verschlagenste der Gegner; etwas/nichts Verschlagenes

verschlechtern: das Wetter wird sich verschlechtern, aber: das/beim Verschlechtern/Sichverschlechtern des Wetters. *Weiteres* ↑15 f.

verschleiern: er will die Wahrheit verschleiern, aber: das/durch Verschleiern der Wahrheit. *Weiteres* ↑15 f.

verschleppen: er sollte die Verhandlung verschleppen, aber: das/durch Verschleppen der Verhandlung. *Weiteres* ↑15 f.

verschleudern: er wollte die Sammlung verschleudern, aber: das/durch Verschleudern der Sammlung. *Weiteres* ↑15 f.

Verschluß (↑13): hinter/unter Verschluß

verschlüsseln: wir werden den Text verschlüsseln, aber: das/zum Verschlüsseln des Textes. *Weiteres* ↑ 15 f.

verschmähen: ich werde das Angebot nicht verschmähen, aber: das Verschmähen des Angebots. *Weiteres* ↑ 15 f.

verschmitzt ↑ verschlagen

verschmutzt (↑ 18 ff.): alles/das Verschmutzte, etwas/nichts Verschmutztes

verschnörkelt (↑ 18 ff.): sein Stil war am verschnörkeltsten, alles/das Verschnörkelte ablehnen; das Verschnörkeltste, was er gesehen hatte, aber (↑ 21): das verschnörkeltste der Muster; etwas/nichts Verschnörkeltes

verschnüren: wir werden das Paket verschnüren, aber: das/zum Verschnüren des Pakets. *Weiteres* ↑ 15 f.

verschönern: sie wollen die Stadt verschönern, aber: das/durch Verschönern der Stadt. *Weiteres* ↑ 15 f.

verschränkt (↑ 40): (Poetik) ein verschränkter Reim

verschrauben: er will die Einzelteile miteinander verschrauben, aber: das/durch Verschrauben der Einzelteile. *Weiteres* ↑ 15 f.

verschroben (↑ 18 ff.): er ist am verschrobensten von allen, alles/das Verschrobene seiner Ansichten; der Verschrobenste, der ihm begegnet war, aber (↑ 21): der verschrobenste seiner Bekannten; etwas/nichts Verschrobenes

verschrotten: den Wagen kannst du verschrotten, aber: das/zum Verschrotten des Wagens. *Weiteres* ↑ 15 f.

verschüchtert (↑ 18 ff.): sie wirkte am verschüchtertsten, alle/die Verschüchterten ermuntern; die Verschüchtertsten, die er kennengelernt hatte, aber (↑ 21): das verschüchtertste der Kinder; etwas/nichts Verschüchtertes

Verschulden (↑ 13): ohne Verschulden

verschuldet (↑ 18 ff.): er ist am verschuldetsten, alle/die Verschuldeten; der Verschuldetste, den er kannte, aber (↑ 21): der verschuldetste der Kunden

verschweigen: du willst uns etwas verschweigen, aber: das/durch Verschweigen dieser Tatsache. *Weiteres* ↑ 15 f.

verschwenderisch (↑ 18 ff.): er ist am verschwenderischsten, alle/die Verschwenderischen tadeln; der Verschwenderischste, den man sich vorstellen kann, aber (↑ 21): der verschwenderischste der Männer; etwas/nichts Verschwenderisches

verschwiegen (↑ 18 ff.): er ist am verschwiegensten, alle/die Verschwiegenen vorziehen; der Verschwiegenste, den er kannte, aber (↑ 21): der verschwiegenste der Freunde; etwas Verschwiegenes

verschwinden: er wollte gerade verschwinden, aber: das Verschwinden des Jungen. *Weiteres* ↑ 15 f.

verschwommen (↑ 18 ff.): seine Vorstellungen waren am verschwommensten, alles/das Verschwommene ablehnen; das Verschwommenste, was man sich denken kann, aber (↑ 21): das verschwommenste der Bilder; etwas/nichts Verschwommenes.

verschwören, sich: sie wollen sich gegen den Staat verschwören, aber: das/zum Verschwören/Sichverschwören dieser Gruppe. *Weiteres* ↑ 15 f.

Versehen (↑ 13): aus Versehen

versenden: du kannst die Warenproben versenden, aber: das/zum Versenden der Warenproben. *Weiteres* ↑ 15 f.

versenkbar (↑ 40): eine versenkbare Nähmaschine

versenken: man kann das Wagenfenster versenken, aber: das/durch Versenken des Wagenfensters. *Weiteres* ↑ 15 f.

versetzen: sie werden ihn nicht versetzen, aber: das Versetzen des Schülers. *Weiteres* ↑ 15 f.

versichern: ich kann dir das Gegenteil versichern, aber: das/durch Versichern des Gegenteils. *Weiteres* ↑ 15 f.

versiegeln: sie werden die Wohnung versiegeln, aber: das/durch Versiegeln der Wohnung. *Weiteres* ↑ 15 f.

versiert (↑ 18 ff.): er ist am versiertesten von allen, alle/die Versierten schätzen; der Versierteste, den er finden konnte, aber (↑ 21): der versierteste der Techniker

versilbern: wir wollen die Becher versilbern lassen, aber: das/durch Versilbern der Becher. *Weiteres* ↑ 15 f.

versnobt (↑ 18 ff.): er ist am versnobtesten, alle/die Versnobten nicht mögen; der Versnobteste, den er kannte, aber (↑ 21): der versnobteste der Twens; etwas/nichts Versnobtes

versöhnen: die Freunde wollen sich wieder versöhnen, aber: das/zum Versöhnen/Sichversöhnen der Freunde. *Weiteres* ↑ 15 f.

versöhnlich ↑ tolerant

versorgen: du sollst ihn gut versorgen, aber: das/zum Versorgen des Kranken. *Weiteres* ↑ 15 f.

versperren: du kannst ihm den Zugang versperren, aber: das/durch Versperren des Zugangs. *Weiteres* ↑ 15 f.

verspielt (↑ 18 ff.): dieses Kind ist am verspieltesten, alles/das Verspielte ablegen, (↑ 21) das verspielteste der Kinder, etwas/nichts Verspieltes

verspotten: sie sollen ihn nicht verspotten, aber: das/durch Verspotten des Spielgefährten. *Weiteres* ↑ 15 f.

versprechen: er will ihm eine Belohnung versprechen, aber: das/durch Versprechen einer Belohnung. (Beachte:) denn zu versprechen und zu halten ist zweierlei, aber denn das Versprechen und das Halten ist zweierlei. *Weiteres* ↑ 15 f.

versprühen: man muß die Doseninhalt versprühen, aber: das Versprühen des Doseninhalts. *Weiteres* ↑ 15 f.

verstaatlichen: man könnte die Großbetriebe verstaatlichen, aber: das/durch Verstaatlichen der Großbetriebe. *Weiteres* ↑ 15 f.

Verstand (↑ 13): bei Verstand sein, etwas mit Verstand tun, das zeugt von Verstand, zu Verstand kommen

verständig (↑ 18 ff.): er wirkt am verständigsten, alle/die Verständigen loben; der Verständigste, dem er begegnet war, aber (↑ 21): der verständigste der Knaben; etwas/nichts Verständiges

verständigen: er wird uns verständigen, aber: das/durch Verständigen der Teilnehmer. *Weiteres* ↑ 15 f.

verständnisvoll (↑ 18 ff.): er war am verständnisvollsten, alle/die Verständnisvollen; der Verständnisvollste, den man sich denken kann, aber (↑ 21): der verständnisvollste der Vorgesetzten; etwas/nichts Verständnisvolles

verstärken: wir müssen den Damm verstärken, aber: das/durch Verstärken des Dammes. *Weiteres* ↑ 15 f.

verstauchen: du wirst dir den Fuß verstauchen, aber: das/durch Verstauchen des Fußes. *Weiteres* ↑ 15 f.

verstecken: warum willst du dein Geld verstecken?, aber: das/zum Verstecken des Geldes. *Weiteres* ↑ 15 f.

Verstecken spielen ↑ Versteck spielen

Versteck spielen: a) (↑ 11) sie spielen Versteck, weil sie Versteck spielen, sie werden Versteck spielen, sie haben Versteck gespielt, um Versteck zu spielen. **b)** (↑ 16) das Versteckspielen liebt er

versteigern: er will die Bilder versteigern, aber: das/zum Versteigern der Bilder. *Weiteres* ↑ 15 f.

versteuern: du mußt die Überstunden versteuern, aber: das/beim Versteuern der Überstunden. *Weiteres* ↑ 15 f.

verstockt (↑ 18 ff.): er war am verstocktesten, alle/die Verstockten meiden; der Verstockteste, den man sich denken kann, aber (↑ 21): der verstockteste der Schüler; etwas/nichts Verstocktes

verstört (↑ 18 ff.): er wirkte am verstörtesten, alles/das Verstörte seines Wesens; der Verstörteste, der im Saal war, aber (↑ 21): der verstörteste der Reisenden; etwas/nichts Verstörtes

verstummen: da mußte er verstummen, aber: das Verstummen des Prahlers. *Weiteres* ↑ 15 f.

versuchen: du mußt es mit Güte versuchen, aber: das/durch Versuchen mit Güte. *Weiteres* ↑ 15 f.

verteidigen: willst du das Verbrechen verteidigen?, aber: das/durch Verteidigen des Verbrechens. *Weiteres* ↑ 15 f.

verteilen: wir dürfen unsere Kräfte nicht verteilen, aber: das/durch Verteilen unserer Kräfte. *Weiteres* ↑ 15 f.

verträglich (↑ 18 ff.): er ist am verträglichsten, alle/die Verträglichen vorziehen; der Verträglichste, den er kannte, aber (↑ 21): der verträglichste seiner Freunde; etwas/nichts Verträgliches

vertrauensselig (↑ 18 ff.): er war am vertrauensseligsten, alle/die Vertrauensseligen betrügen; der Vertrauensseligste, den man sich denken kann, aber (↑ 21): der vertrauensseligste der Käufer; etwas/nichts Vertrauensseliges

vertrauensvoll/vertrauenswürdig ↑ vertrauensselig

vertraut (↑ 18 ff.): sie waren am vertrautesten miteinander, alles/das Vertraute vermissen, (↑ 21) der vertrauteste der Freunde, etwas/nichts Vertrautes finden

vertreiben: er konnte den Dieb vertreiben, aber: das/durch Vertreiben des Diebes. *Weiteres* ↑ 15 f.

vertretbar: a) (↑ 40) (Rechtsspr.) eine vertretbare Handlung, eine vertretbare Sache. **b)** (↑ 18 ff.) seine Haltung ist am vertretbarsten, (↑ 21) die vertretbarste der Meinungen, etwas/nichts Vertretbares

Vertretung (↑ 13): in Vertretung (i. V. oder I. V. /Klein- oder Großschreibung entsprechend *i.A.;* ↑ Auftrag)

verunglimpfen: du darfst ihn nicht verunglimpfen, aber: das/durch Verunglimpfen des Gegners. *Weiteres* ↑ 15 f.

verunreinigen: Hunde dürfen den Gehweg nicht verunreinigen, aber: das/durch Verunreinigen des Gehweges. *Weiteres* ↑ 15 f.

verunstalten: diese Bauten werden die Innenstadt verunstalten, aber: das Verunstalten der Innenstadt. *Weiteres* ↑ 15 f.

veruntreuen: er wollte das Geld veruntreuen, aber: das/durch Veruntreuen des Geldes. *Weiteres* ↑ 15 f.

verurteilen: sie werden ihn zu einer Geldstrafe verurteilen, aber: das/durch Verurteilen zu einer Geldstrafe. *Weiteres* ↑ 15 f.

vervielfachen: du mußt deine Anstrengungen vervielfachen, aber: das Vervielfachen der Anstrengungen. *Weiteres* ↑ 15 f.

vervielfältigen: er soll das Blatt vervielfältigen, aber: das/durch Vervielfältigen des Blattes. *Weiteres* ↑ 15 f.

vervollständigen: ich möchte meine Sammlung vervollständigen, aber: das/zum Vervollständigen der Sammlung. *Weiteres* ↑ 15 f.

Verwahr (↑ 13): in Verwahr

verwahrlosen (↑ 18 ff.): er war am verwahrlosesten, alle/die Verwahrlosten betreuen; der Verwahrloseste, dem er begegnet ist, aber (↑ 21): der verwahrloseste der Männer; etwas/nichts Verwahrlostes

Verwahrung (↑ 13): in Verwahrung

verwarnen: er mußte ihn verwarnen, aber: das/nach Verwarnen des Kraftfahrers. *Weiteres* ↑ 15 f.

verwechseln: wie konntest du die verwechseln?, aber: das/durch Verwechseln der Haustür. *Weiteres* ↑ 15 f.

verwegen (↑ 18 ff.): er war am verwegensten, alles/das Verwegene bewundern; der Verwegenste, den er kannte, aber (↑ 21): der verwegenste der Männer; etwas/nichts Verwegenes

verweigern: ich werde die Aussage verweigern, aber: das/durch Verweigern der Aussage. *Weiteres* ↑ 15 f.

verwenden: er kann seine Zeit besser verwenden, aber: das Verwenden seiner Zeit. *Weiteres* ↑ 15 f.

Verwendung (↑ 13): zur Verwendung

verwerfen: sie müssen die Revision verwerfen, aber: das Verwerfen der Revision. *Weiteres* ↑ 15 f.

verwerflich (↑ 18 ff.): seine Tat war am verwerflichsten, alles/das Verwerfliche seines Tuns; das Verwerflichste, was man sich denken kann, aber (↑ 21): das verwerflichste der Mittel; etwas/nichts Verwerfliches

verwerten: er wird deine Anregung verwerten, aber: das/durch Verwerten der Anregung. *Weiteres* ↑ 15 f.

verwickelt (↑ 18 ff.): diese Angelegenheit war am verwickeltsten, alles/das Verwickelte entwirren; das Verwickelste, was man sich vorstellen kann, aber (↑ 21): das verwickeltste der Probleme; etwas/nichts Verwickeltes

verwildert ↑ verwahrlost

verwirklichen: diese Hoffnung kannst du nie verwirklichen, aber: das/zum Verwirklichen der Hoffnung. *Weiteres* ↑ 15 f.

verwirren: laß dich nicht verwirren!, aber: das/durch Verwirren des Schülers. *Weiteres* ↑ 15 f.

verwischen: diese Unterschiede kann man nicht verwischen, aber: das/durch Verwischen der Unterschiede. *Weiteres* ↑ 15 f.

verwöhnt (↑ 18 ff.): er ist am verwöhntesten, alle/die Verwöhnten nicht mögen; der Verwöhnteste, den er kannte, aber (↑ 21): der verwöhnteste der Knaben

verworren (↑ 18 ff.): diese Ideen waren am verworrensten, alles/das Verworrene auflösen; das Verworrenste, was man sich denken kann, aber (↑ 21): der verworrenste der Träume; etwas/nichts Verworrenes

verwüsten: sie wollten das Haus verwüsten, aber: das/durch Verwüsten des Hauses. *Weiteres* ↑ 15 f.

verzagt (↑ 18 ff.): er ist immer am verzagtesten, alle/die Verzagten aufmuntern; der Verzagteste, der ihm begegnet war, aber (↑ 21): der verzagteste der Männer

verzaubern: Musik soll uns verzaubern, aber: das/zum Verzaubern durch Musik. *Weiteres* ↑ 15 f.

verzeichnen: er konnte einen großen Erfolg verzeichnen, aber: das/nach Verzeichnen eines großen Erfolges. *Weiteres* ↑ 15 f.

verzerren: du sollst den Mund nicht so verzerren, aber: das/durch Verzerren des Mundes. *Weiteres* ↑ 15 f.

Verzicht (↑ 13) ↑ unter Verzicht auf

verzichten: er will auf sein Erbe verzichten, aber: das Verzichten auf sein Erbe. *Weiteres* ↑ 15 f.

Verzicht leisten: a) (↑ 11) er leistete Verzicht, weil er Verzicht leistete, er wird Verzicht leisten, er hat Verzicht geleistet, um Verzicht zu leisten. **b)** (↑ 16) das Verzichtleisten fällt ihm schwer

Verzicht üben ↑ Verzicht leisten

verziehen: du wirst deinen Sohn verziehen, aber: das Verziehen des Sohnes. *Weiteres* ↑ 15 f.

verzieren: sie muß die Torte noch verzieren, aber: das/zum Verzieren der Torte. *Weiteres* ↑ 15 f.

verzögern: seine Ankunft wird sich verzögern, aber: das Verzögern/Sichverzögern seiner Ankunft. *Weiteres* ↑ 15 f.

Verzückung (↑ 13): in Verzückung geraten

Verzug (↑ 13): bei Verzug der Zahlung, im Verzug sein, in Verzug geraten/kommen, ohne Verzug

verzweifelt (↑ 18 ff.): er war am verzweifelt-

sten, alle/die Verzweifelten trösten, (↑ 21) der verzweifeltste der Versuche

Verzweiflung (↑ 13): zur Verzweiflung

verzwickt ↑ verwickelt

Vespa fahren ↑ Auto fahren

vespern: wir wollen jetzt vespern, aber: sie sind beim Vespern. *Weiteres* ↑ 15 f.

Via Appia/Mala (↑ 39)

vibrieren: das Mikrophon darf nicht vibrieren, aber: das Vibrieren des Mikrophons beseitigen. *Weiteres* ↑ 15 f.

viel

1 *Alleinstehend oder nach Artikel, Pronomen, Präposition usw.* (↑ 32 f.): vierzig Gäste waren eingeladen, doch viele kamen nicht; viele sind berufen, viele sagen, viele dieser Menschen, viele von/unter den Menschen/ihnen, das wissen viele, solche gibt es viele, der Beifall vieler, viel[es] erreichen/erreichte, viel mehr wissen, vieles tun; das ist ein bißchen viel, die vielen, viele Wenig machen ein Viel, er ist gegen vieles, es waren ihrer viele, in vielem recht haben, sich in vielem unterscheiden, er ist mit vielen derselben Meinung, sich mit vielem vertraut machen, mit viel[em] auskommen; ich meine nicht vieles, sondern viel; das ist nicht viel, nur vieles, das ist recht viel, das ist sehr viel, einer statt viele, um vieles mehr, in Gegenwart von vielen, das ist ziemlich viel

2 *Schreibung des folgenden Wortes:* **a)** *Pronomen* (↑ 32): und viele[s] andere (u. v. a.). **b)** *Infinitive* (↑ 16): das kommt vom vielen Autofahren, vieles Lesen schadet den Augen. **c)** *Adjektive und Partizipien* (↑ 20): viele Fremde, viel Gutes, mit vielem Neuen, viele Schlechte, viel Seltsames, viele Seltsame, viele Untergebene. (↑ 21) In dem Aquarium schwammen die verschiedensten Fische: viele silbrige und ein paar rote. **d)** *Partikeln und Interjektionen* (↑ 35): es gab viel Drum und Dran, vieles Für und Wider, vieles Weh und Ach, vieles Wenn und Aber war zu bedenken. ↑ mehr, ↑ meist

vielerlei ↑ allerlei

vielfach/Vielfache ↑ dreifach

vier

1 *Als einfaches Zahladjektiv klein* (↑ 29): auf allen vieren, alle viere von sich strecken, (Kartenspiel) Grand mit vier[en], wir sind zu vieren

2 *Substantivisch gebraucht groß* (↑ 30): eine Vier/drei Vieren würfeln, er hat in Latein eine Vier geschrieben, er hat die Abschlußprüfung mit der Note „Vier" bestanden. *Zu weiteren Verwendungen* ↑ acht

3 *In Namen und festen Begriffen* (↑ 39 f.): die vier Alliierten, etwas unter vier Augen besprechen, sich auf seine vier Buchstaben setzen, die vier Elemente, die vier Evangelisten, die vier Jahreszeiten, die vier Besatzungsmächte, Vier Tore (östr. Paß), in seinen vier Wänden, etwas in alle vier Winde [zer]streuen

4 *In Operntiteln u. ä.* (↑ 2 f.): „Die vier Grobiane" (Oper), „Die vier Söhne der Katie Elder" (Film), „Die vier Temperamete" (von P. Hindemith), (Kartenspiel) „Alle vier Farben", aber *(als erstes Wort):* ich habe die Oper von den „Vier Grobianen" gehört, „Vier Schritte in die Wolken" (Film)

vierblätterig (↑40): ein vierblätteriges Kleeblatt
Vierer ↑Achter
vierfach/Vierfache ↑dreifach
vierhundert ↑hundert
vierjährig ↑achtjährig
viertausend ↑hundert
vierte: a) (↑achte). **b)** (↑39f.) die vierte Dimension, vierter Fall, (Med.) die vierte Geschlechtskrankheit, (Med.) vierte Krankheit, die Vierte Republik (in Frankreich, 1945 bis 1958), der vierte Stand
viertel (↑31): **a)** ein viertel Kilo, ein viertel Liter; eine viertel Stunde (¼ einer Stunde), aber: eine Viertelstunde (eine Zeitspanne von 15 Minuten); in drei viertel Stunden (¾ Stunden), aber: in [einer] dreiviertel Stunde; ein viertel Zentner, ein/zwei/drei viertel Zentner, aber *(als Maß):* ein Viertelliter/Viertelpfund, ein Viertelzentner. **b)** wir treffen uns um Viertel/drei Viertel acht, es ist fünf Minuten vor drei Viertel [acht], es ist ein Viertel bis eins/acht [Uhr], die Uhr schlägt ein Viertel, es hat ein Viertel [auf] eins/acht geschlagen, es ist ein Viertel auf eins/acht [Uhr], es ist ein Viertel nach eins/acht [Uhr], es ist ein Viertel vor eins/acht [Uhr], wir treffen uns um Viertel acht. **c)** das Viertel, in drei Vierteln aller Geschäfte, ein Viertel des Ganzen, ein Viertel vom Kilo/des Kilos, ein Viertel Mehl, ein Viertel Mettwurst, ein Viertel Rotwein, ein Viertel des Weges, ein Viertel Wein, ein/das Viertel vom Zentner. ↑dreiviertel
Viertelliter ↑viertel (a)
vierteln: er will das Gelände vierteln, aber: das Vierteln des Geländes. *Weiteres* ↑15f.
Viertelpfund/Viertelstunde/Viertelzentner ↑viertel (a)
viertürig (↑40): ein viertüriges Auto
vierzehn: a) (↑acht). **b)** (↑39f.) die Vierzehn Nothelfer, die Vierzehn Punkte (in 14 Punkte gegliedertes Programm des Weltfriedens von W. Wilson), nach vierzehn Tagen
vierzehnfach/Vierzehnfache ↑dreifach
vierzehnjährig ↑achtjährig
vierzehnte ↑achte
vierzig: a) (↑achtzig). **b)** *Rechnen:* ↑acht (1, d). **c)** (↑2ff.) „Ali Baba und die vierzig Räuber", aber *(als erstes Wort):* „Vierzig Karat" (Theaterstück)
vierziger ↑achtziger
vierzigfach/Vierzigfache ↑dreifach
vierzigjährig ↑achtjährig
vierzigste ↑achte
vierzigstel ↑viertel
vietnamesisch/Vietnamesisch/Vietnamesische (↑40): die vietnamesische Bevölkerung, der vietnamesische Bürgerkrieg, die vietnamesische Regierung, die vietnamesische Sprache, die vietnamesische Teilung, die vietnamesische Unabhängigkeit, das vietnamesische Volk. *Zu weiteren Verwendungen* ↑deutsch/Deutsch/Deutsche
viktorianisch (↑27): die Viktorianische Zeit
vindelizisch (↑39): das Vindelizische Gebirge
violett/Violett/Violette: a) (↑40) ein violettes Kleid, violette Stoffe. **b)** (↑26) das Kleid ist violett, ein kräftiges/leuchtendes Violett, die Farbe spielt ins Violett[e] [hinein]. *Zu weiteren Verwendungen* ↑blau/Blau/Blaue
Violine/Violoncello spielen ↑Geige spielen
virtuell (↑40): (Physik) virtuelle Arbeit, (Optik) ein virtuelles Bild, (Physik) ein virtueller Prozeß, virtuelle Teilchen, eine virtuelle Verrückung, ein virtueller Zustand
virtuos (↑18ff.): er spielt am virtuosesten, alles/das Virtuose bewundern; der Virtuoseste, den er je gehört hatte, aber (↑21): der virtuoseste der Geiger; etwas/nichts Virtuoses hören wollen
vis-à-vis (↑34): er saß mir vis-à-vis
Visavis (↑9): er war mein Visavis
viskös (↑40): (Psych.) ein visköses Temperament
visuell (↑40): (Psych.) ein visueller Typ
vital (↑18ff.): er ist am vitalsten, alle/die Vitalen beneiden; der Vitalste, der ihm begegnet war, aber (↑21): der vitalste der Künstler; etwas/nichts Vitales
vivat: a) (↑34) vivat rufen; vivat, vivat, er lebe hoch. **b)** (↑35) ein Vivat ausbringen/rufen
Völkerball spielen ↑Fußball spielen
volkseigen (↑41): (DDR) ein volkseigener Betrieb, aber: Volkseigener Betrieb (VEB) Leipziger Druckhaus
volkskundlich (↑18ff.): alles/das Volkskundliche schätzen, etwas/nichts Volkskundliches lesen
volkstümlich (↑18ff.): er ist am volkstümlichsten, alles/das Volkstümliche schätzen; das Volkstümlichste, was er finden konnte, aber (↑21): das volkstümlichste der Stücke; etwas/nichts Volkstümliches
volkswirtschaftlich (↑40): eine volkswirtschaftliche Gesamtplanung, eine volkswirtschaftliche Gesamtrechnung
voll: a) (↑40) (Poetik) ein voller Versschluß. **b)** (↑18ff.) alles/das Volle, etwas/nichts Volles, aus dem vollen schöpfen, im vollen leben, in die vollen (9 Kegel) gehen, ins volle greifen, zehn Minuten nach voll
Vollbesitz (↑13): im Vollbesitz seiner Kräfte
vollbringen: du wirst das Werk vollbringen, aber: das/zum Vollbringen des Werkes. *Weiteres* ↑15f.
vollenden ↑vollbringen
vollendet: a) (↑40) (Sprachw.) die vollendete Gegenwart, die vollendete Vergangenheit, die vollendete Zukunft. **b)** (↑18ff.) seine tänzerische Grazie ist am vollendetsten; das Vollendetste, was er geschaffen hat, aber (↑21): das vollendetste der Kunstwerke; etwas/nichts Vollendetes
volley (↑34): einen Ball volley nehmen
Volley (↑9): das ist ein Volley
Volleyball spielen ↑Fußball spielen
Vollgefühl (↑13): im Vollgefühl
vollkommen: a) (↑40) (Biol.) eine vollkommene Verwandlung, (Math.) eine vollkommene Zahl. **b)** (↑18ff.) ihre Schönheit war am vollkommensten, alles/das Vollkommene bewundern; das Vollkommenste, was man sich vor-

stellen kann, aber (↑21): das vollkommenste der Kunstwerke; etwas/nichts Vollkommenes finden

Vollmacht (↑13): in Vollmacht (i. V. oder I. V. /Klein- oder Großschreibung entsprechend i. A.; ↑Auftrag/)

Vollsinn (↑13): im Vollsinn des Wortes

vollständig: a) (↑40) vollständige Lähmung. **b)** (↑18 ff.) seine Sammlung war am vollständigsten, alles/das Vollständige anstreben; das Vollständigste, was man sich denken kann, aber (↑21): das vollständigste der Verzeichnisse; etwas/nichts Vollständiges

vollstock (↑34): vollstock flaggen, auf vollstock stehen

vollstreckbar (↑40): (Rechtsspr.) vollstreckbare Titel, vollstreckbare Urkunden

vollstrecken: er soll das Testament vollstrekken, aber: das/bei Vollstrecken des Testaments. *Weiteres* ↑15 f.

vollsynchronisiert (↑40): (Technik) ein vollsynchronisiertes Getriebe

vollziehen: er will die Trauung vollziehen, aber: das/nach Vollziehen der Trauung. *Weiteres* ↑15 f.

vollziehend (↑40): die vollziehende Gewalt (die Exekutive)

volontieren: er will volontieren, aber: das Volontieren dauert zwei Jahre, ihn zum Volontieren einstellen. *Weiteres* ↑15 f.

voluminös ↑dick

vom /aus *von* + *dem*/ ↑von

vom Bau/vom Fach usw. ↑Bau/Fach usw.

vom Kurs/vom Lager usw. ↑Kurs/Lager usw.

vom Schuß/vom Stapel usw. ↑Schuß/Stapel usw.

von (↑34)
1 *In Titeln von Büchern u. ä.* (↑2 ff.): „Das Märchen vom verwunschenen Kranich", „Der letzte Zug von Gun Hill" (Film), aber *(als erstes Wort):* das Märchen „Vom verwunschenen Kranich", das Buch „Von Tieren und Pflanzen", „Von Liebe besessen" (Film)
2 *In Familiennamen* (↑42): er heißt von Gruber; *(am Satzanfang,* ↑1:) Von Gruber ist sein Name; *(als Abkürzung am Satzanfang klein:)* v. Gruber ist sein Name
3 *Schreibung des folgenden Wortes:* **a)** *Substantive* (↑13 f.): von Adel usw. ↑Adel usw., von Bau usw. ↑Bau usw., ↑vonnöten, von seiten ↑Seite, ↑vonstatten. **b)** *Infinitive* (↑16): vom/von dem [schnellen] Fahren ermüdet, vom Laufen erhitzt, ich kenne ihn nur vom Sehen, das kommt vom Trinken. **c)** *Adjektive und Partizipien* (↑19 und 23): vom Einzelnen (von der Einzelform, der Einzelheit) ins Ganze gehen, vom Einzelnen zum Allgemeinen; von folgendem (diesem), aber: von dem/vom Folgenden (dem später Erwähnten), Geschehenden, den folgenden Ausführungen); Gleiches von Gleichem bleibt Gleiches, vom Guten das Beste, vom Hauswirtschaftlich-Technischen her, vom Kleinen aufs/auf das Große schließen, von neuem, von weitem, von weit her. (↑22) von nah und fern. (↑24) von klein an/auf. **d)** *Zahladjektive und Partizipien* (↑29 ff. und 32): von

drei bis dreihundert zählen, von drei bis vier [Uhr], Kinder von drei [Jahren], ein Mann von dreißig [Jahren], er hat es von einigen gehört, von mir aus, von nichts kommt nichts. **e)** *Adverbien* (↑34): von alters her, von dannen gehen, von dort [her], von drüben, eine Frau von heute, von hier aus, von hinten, von jeher, von jetzt an, von links, die Mode von morgen, von morgen usw. an, von oben (v. o.), von oben bis unten, von rechts, von unten (v. u.), von vorn[e], von vornherein, von wegen, von wo?, von woher?

von Adel ↑Adel
von alters her ↑alters
von Anbeginn usw. ↑Anbeginn usw.
von der Hand ↑Hand
von Ehre usw. ↑Ehre usw.
von Grund auf ↑Grund
von Haus[e] ↑Haus
von Jugend auf usw. ↑Jugend usw.
von Norden ↑Nord/Norden
vonnöten (↑34): vonnöten sein
von Nutzen ↑Nutzen
von Rechts wegen ↑Recht
von seiten ↑Seite
von Sinnen ↑Sinn
vom Stapel ↑Stapel
vonstatten (↑34): vonstatten gehen
von Zeit zu Zeit ↑Zeit

vor (↑34)
1 *In Namen* (↑42) *und Titeln* (↑2 f.): Bad Homburg v. d. H. (vor der Höhe); „Alle vor dem Schloß", aber *(als erstes Wort):* die Straße „Vor dem Schloß", „Vor dem Gesetz" (von Kafka), „Vor uns die Hölle" (Film)
2 *Schreibung des folgenden Wortes:* **a)** *Substantive* (↑13 f.): vor Angst usw. ↑Angst usw., ↑vorderhand, ↑vorhanden, vorm Haus[e] usw. ↑Haus usw., vors Haus ↑Haus, vorzeiten ↑Zeit. **b)** *Infinitive* (↑16): vor lauter Fahren kam er nicht zum Schlafen, er konnte sich vor Lachen nicht halten. **c)** *Adjektive und Partizipien* (↑19 und 23): jmdn. vorm/vor dem Äußersten bewahren, vor kurzem. **d)** *Zahladjektive und Pronomen* (↑29 ff. und 32 f.): vor allem, vor diesem, fünf Minuten vor drei [Uhr]; vorm ersten Mai konnte er nicht kommen, aber: vorm Ersten (ersten Tag des Monats) konnte er die Rechnung nicht bezahlen; vor jmdm. erscheinen; er fürchtet sich vor nichts, aber: vor dem Nichts erschrecken. **e)** *Adverbien* (↑34): vor alters, vor morgen kann er nicht bezahlen

vor alters ↑alters
vorangehend ↑folgend
vor Angst ↑Angst
vor Anker ↑Anker
vorarbeiten: wir müssen für die freien Tage vorarbeiten, aber: das Vorarbeiten wird verlangt. *Weiteres* ↑15 f.
Vorarlberger *(immer groß,* ↑28)
vor Augen ↑Auge
voraus: a) (↑34) er war allen voraus, im voraus, zum voraus. **b)** (↑35) der Voraus (vorab zufallendes Erbteil)
vorausdatieren: du sollst den Brief vorausdatieren, aber: das Vorausdatieren eines Briefes. *Weiteres* ↑15 f.

vorausgehend ↑ folgend
voraussagen: das kann niemand voraussagen, aber: das Voraussagen des Wetters. *Weiteres* ↑ 15 f.
Vorbehalt (↑ 13): mit/ohne/unter Vorbehalt
vorbehaltlos (↑ 18 ff.): sein Lob war am vorbehaltlosesten, alles/das Vorbehaltlose, (↑ 21) die vorbehaltloseste der Anmerkungen, etwas/nichts Vorbehaltloses
vorbeten: der Priester wird vorbeten, aber: das Vorbeten übernimmt ein Laie. *Weiteres* ↑ 15 f.
vorbeugen: wir wollen vorbeugen, aber: das Vorbeugen ist wichtig. (Beachte:) das Vorbeugen ist besser als das Heilen, aber: vorzubeugen ist besser, als zu heilen. *Weiteres* ↑ 15 f.
vorbildlich (↑ 18 ff.): sein Verhalten war am vorbildlichsten, alles/das Vorbildliche loben; das Vorbildlichste, was man finden konnte, aber (↑ 21): die vorbildlichste der Arbeiten; etwas/nichts Vorbildliches
vorbohren: die Löcher werden wir vorbohren, aber: das Vorbohren der Löcher. *Weiteres* ↑ 15 f.
vorbringen: sie will einen Einwand vorbringen, aber: das Vorbringen eines Einwandes. *Weiteres* ↑ 15 f.
vor Christi Geburt/Christus ↑ Christus
Vor-den-Kopf-Stoßen ↑ stoßen
vordere: a) (↑ 39 f.) in vorderster Front/Linie stehen, der Vordere Orient. **b)** (↑ 18 ff.) die Vorderen/Vordersten in der Kolonne, aber (↑ 21): die vorderen/Vordersten der Soldaten; er will immer der Vorderste sein, aber (↑ 34): zuvorderst
vordergründig (↑ 18 ff.): dieser Aspekt ist am vordergründigsten, alles/das Vordergründige ablehnen; das Vordergründigste, was man sich denken kann, aber (↑ 21): das vordergründigste der Urteile; etwas/nichts Vordergründiges
vorderhand (↑ 34): vorderhand (einstweilen) will er nichts unternehmen
vorderst ↑ vordere
vordrängen: er will sich überall vordrängen, aber: das Vordrängen in der Reihe ist unfair. *Weiteres* ↑ 15 f.
vordringen: er soll nicht so weit vordringen, aber: das Vordringen beobachten. *Weiteres* ↑ 15 f.
voreilig (↑ 18 ff.): er war am voreiligsten, alle/die Voreiligen warnen; der Voreiligste, den man sich denken kann, aber (↑ 21): der voreiligste der Käufer; etwas/nichts Voreiliges
vor Einbruch ↑ Einbruch
voreingenommen (↑ 18 ff.): er war am voreingenommensten, alle/die Voreingenommenen überzeugen; der Voreingenommenste, den er kannte, aber (↑ 21): der voreingenommenste der Betrachter; etwas/nichts Voreingenommenes
vor Eintritt ↑ Eintritt
vorexerzieren: du mußt es ihm vorexerzieren, aber: das/beim Vorexerzieren des Trainers. *Weiteres* ↑ 15 f.
vor Freude ↑ Freude
vorfristig (↑ 40): vorfristige Planerfüllung (DDR)

vorführen: er wird den Film vorführen, aber: das/beim Vorführen des Films. *Weiteres* ↑ 15 f.
vor Furcht usw. ↑ Furcht usw.
vorgestern ↑ gestern
vorgreifen: ich will dir nicht vorgreifen, aber: das Vorgreifen in diesem Falle ist unstatthaft. *Weiteres* ↑ 15 f.
vorhanden (↑ 34): vorhanden sein
vorher: a) (↑ 34) er kam vorher. **b)** (↑ 35) Vorher ist wichtiger als das Nachher
vorhergehend ↑ folgend
vorig ↑ folgend
vor Jahren ↑ Jahr
vorkämpfen, sich: er mußte sich durch das Gewühl vorkämpfen, aber: das/das Vorkämpfen/Sichvorkämpfen. *Weiteres* ↑ 15 f.
vorkommen: dieser Fall wird selten vorkommen, aber: das Vorkommen dieses Falles. *Weiteres* ↑ 15 f.
vor Kummer ↑ Kummer
vorlesen: ich will dir den Artikel vorlesen, aber: das/beim Vorlesen des Artikels. *Weiteres* ↑ 15 f.
vorletzte ↑ letzte
vorliegend ↑ folgend
vorm /aus *vor* + *dem*/ ↑ vor
vormerken: er wird sich ihn vormerken, aber: das Vormerken/Sichvormerken des Termins. *Weiteres* ↑ 15 f.
vorm Haus[e] ↑ Haus
vormittag (↑ 34): gestern/heute/morgen vormittag, aber (↑ Vormittag): der gestrige/heutige/morgige Vormittag; [am] Dienstag vormittag treffen wir uns, aber (↑ vormittags): Dienstag/dienstags vormittags gehen wir immer ins Kino, (↑ Dienstagabend) am/an diesem/an einem Dienstagvormittag
vor Mittag ↑ Mittag
Vormittag (↑ 9): der gestrige/heutige/morgige Vormittag, aber (↑ vormittag): gestern/heute/morgen vormittag; im Laufe des Vormittags, des/eines Vormittags [um] zehn Uhr, ↑ Abend vormittags; ↑ Abend, ↑ Dienstagabend
vormittags (↑ 34): vormittags [um] zehn Uhr, zehn Uhr vormittags, aber (↑ Vormittag): des/eines Vormittags [um] zehn Uhr; bis vormittags, von vormittags an; Dienstag/dienstags vormittags [um zehn Uhr], Dienstag/dienstags vormittags gehen wir immer ins Kino, aber (↑ vormittag): [am] Dienstag vormittag treffen wir uns, (↑ Dienstagabend) am/an diesem Dienstagvormittag
vor Mitternacht ↑ Mitternacht
vorn (↑ 34): nach/von vorn; Bodenblech, vorn
vornehm (↑ 18 ff.): vornehm und gering (jedermann) hatte Zutritt, aber: Vornehme und Geringe waren gekommen; er ist am vornehmsten, alles/das Vornehme seiner Gesinnung; der Vornehmste, dem er begegnet ist, aber (↑ 21): der vornehmste der Menschen; etwas/nichts Vornehmes
vor Neid ↑ Neid
vornherein (↑ 34): von vornherein
vor Ostern/Pfingsten/Weihnachten ↑ Ostern
vorrangig (↑ 18 ff.): diese Arbeit ist am vor-

rangigsten, alles/das Vorrangige in Angriff nehmen, (↑21) die vorrangigste der Arbeiten, etwas/nichts Vorrangiges
vorrätig (↑18ff.): alles/das Vorrätige verkaufen, etwas/nichts Vorrätiges
vor Recht ↑Recht
vors /aus *vor* + *das*/ ↑vor
vorsätzlich (↑18ff.): alles/das Vorsätzliche seiner Tat, etwas/nichts Vorsätzliches
Vorschein (↑13): zum Vorschein kommen
¹**vorschießen:** er wird dir den Betrag vorschießen, aber: das/durch Vorschießen des Betrages. *Weiteres* ↑15f.
²**vorschießen** /in der Fügung *Kredit vorschießen/* ↑Kredit vorschießen
vorschreiben: das kannst du ihm nicht vorschreiben, aber: das/durch Vorschreiben der Arbeit. *Weiteres* ↑15f.
vorschriftsmäßig (↑18ff.): sein Verhalten war am vorschriftsmäßigsten, alles/das Vorschriftsmäßige seiner Ausrüstung; das Vorschriftsmäßigste, was er angetroffen hatte, aber (↑21): das vorschriftsmäßigste der Verhalten; etwas/nichts Vorschriftsmäßiges
Vorschub leisten ↑Verzicht leisten
vorsichtig (↑18ff.): er war am vorsichtigsten, alle/die Vorsichtigen loben; der Vorsichtigste, der ihm begegnet ist, aber (↑21): der vorsichtigste der Knaben
vor Sorge ↑Sorge
vorspiegeln: er will uns ehrliche Absichten vorspiegeln, aber: das/durch Vorspiegeln ehrlicher Absichten. *Weiteres* ↑15f.
vorstehend ↑folgend
vorstellen: du wirst dich heute vorstellen, aber: das Vorstellen/Sichvorstellen des Bewerbers. *Weiteres* ↑15f.
vor Tage ↑Tag
Vorteil (↑13): im Vorteil sein, von Vorteil sein, zum Vorteil gereichen
Vortrag (↑13): zum Vortrag
vortragen: du sollst ihm jetzt deine Bitte vortragen, aber: das/beim Vortragen deiner Bitte. *Weiteres* ↑15f.
vortrefflich ↑vorbildlich
vorübergehend (↑18ff.): alles/das Vorübergehende in Kauf nehmen, das ist etwas/nichts Vorübergehendes
vorvorgestern ↑gestern
vorwärmen: sie wird das Essen vorwärmen, aber: das/durch Vorwärmen des Essens. *Weiteres* ↑15f.
vorwitzig (↑18ff.): er war am vorwitzigsten, alle/die Vorwitzigen ermahnen; der Vorwitzigste, der ihm begegnet war, aber (↑21): der vorwitzigste der Schüler; etwas/nichts Vorwitziges
vorwurfsvoll (↑18ff.): sein Blick war am vorwurfsvollsten, alles/das Vorwurfsvolle; das Vorwurfsvollste, was er gehört hatte, aber (↑21): der vorwurfsvollste der Blicke; etwas/nichts Vorwurfsvolles
vor Wut ↑Wut
vorzeigen: man muß die Karte vorzeigen, aber: das/beim Vorzeigen der Karte. *Weiteres* ↑15f.
vorzeiten ↑Zeit
vor Zeugen ↑Zeuge
vor Zorn ↑Zorn
vorzüglich (↑18ff.): dieser Wein schmeckt am vorzüglichsten, alles/das Vorzügliche schätzen; das Vorzüglichste, was er gegessen hatte, aber (↑21): das vorzüglichste der Menüs; etwas/nichts Vorzügliches
vossisch (↑39): die Vossische Zeitung
vulgär (↑18ff.): seine Sprache war am vulgärsten, alles/das Vulgäre verabscheuen; das Vulgärste, was er gehört hatte, aber (↑21): das vulgärste der Wörter; etwas/nichts Vulgäres
vulkanisch (↑40): vulkanisches Gestein
vulkanisieren: er will die Reifen vulkanisieren, aber: das Vulkanisieren der Reifen. *Weiteres* ↑15f.

W

w/W (↑36): der Buchstabe klein w/groß W, das w in Löwe, ein verschnörkeltes W, W wie Wilhelm/Washington (Buchstabiertafel); das Muster hat die Form eines W, W-förmig. ↑a/A
Waadtländer (*immer groß,* ↑28)
waag[e]recht (↑40): (Biol.) waagerechter Zahnwechsel
Wache (↑13): auf Wache sein, zur Wache
Wache halten ↑Abstand halten
wachen: du sollst wachen, aber: das Wachen des Hundes. *Weiteres* ↑15f.
Wache stehen ↑Posten stehen
wachsam (↑18ff.): sein Hund ist am wachsamsten, alle/die Wachsamen; der Wachsamste, der ihm begegnet war, aber (↑21): der wachsamste der Hunde

¹**wachsen** (größer werden): du mußt noch wachsen, aber: das Wachsen der Bäume. *Weiteres* ↑15f.
²**wachsen** (mit Wachs einreiben): sie will den Boden wachsen, aber: das Wachsen des Bodens. *Weiteres* ↑15f.
wackeln: der Tisch wird wackeln, aber: das Wackeln der Wände. *Weiteres* ↑15f.
wacklig (↑18ff.): dieser Stuhl ist am wackligsten, alles/das Wacklige reparieren, (↑21) der wackligste der Tische, etwas/nichts Wackliges
wagemutig (↑18ff.): er ist am wagemutigsten, alle/die Wagemutigen bewundern; der Wagemutigste, der ihm begegnet war, aber (↑21): der wagemutigste der Männer; etwas/nichts Wagemutiges
wagen: du kannst es wagen, aber: das Wagen

eines Angriffs, durch Wagen gewinnen. *Weiteres* ↑ 15 f.
Waggon (↑ 13): ab Waggon
waghalsig ↑ wagemutig
wagnersch (↑ 27): eine Wagnersche Oper, aber: Musik im wagnerschen Stil
Wahl (↑ 13): ohne Wahl, zur Wahl
wählen: du darfst noch nicht wählen, aber: das Wählen geschieht geheim. *Weiteres* ↑ 15 f.
wählerisch (↑ 18 ff.): sie ist am wählerischsten, alle/die Wählerischen; der Wählerischste, der ihm begegnet war, aber (↑ 21): der wählerischste der Gäste
wahnsinnig ↑ wahnwitzig
wahnwitzig (↑ 18 ff.): dieser Plan ist am wahnwitzigsten, alles/das Wahnwitzige seines Vorhabens; das Wahnwitzigste, was ich je erlebt habe, aber (↑ 21): das wahnwitzigste der Vorhaben; etwas/nichts Wahnwitziges
wahr: a) (↑ 40) sein wahres Gesicht zeigen, der wahre Jakob, (Seew.) der wahre Standort, das ist ein wahres Wort, (Astron.) die wahre Zeit.
b) (↑ 18 ff.) alles/das Wahre dieser Erzählung, (↑ 21) das wahrste der Worte, daran ist etwas/nichts Wahres, etwas für wahr halten
wahren: er will seine Autorität wahren, aber: das Wahren der Interessen steht über allem. *Weiteres* ↑ 15 f.
währen: der Friede wird nicht lange währen, aber: das Währen des Friedens war nur von kurzer Dauer. *Weiteres* ↑ 15 f.
Wahrheit (↑ 13): in Wahrheit, zur Wahrheit
wahrheitsgetreu (↑ 18 ff.): seine Darstellung ist am wahrheitsgetreusten, alles/das Wahrheitsgetreue, (↑ 21) die wahrheitsgetreuste der Schilderungen, etwas/nichts Wahrheitsgetreues
wahrnehmen: du kannst etwas wahrnehmen, aber: das/durch Wahrnehmen eines Lichtscheins. *Weiteres* ↑ 15 f.
Waiblinger/Waldecker/Waldenburger (*immer groß*, ↑ 28)
walisisch/Walisisch/Walisische (↑ 25): die walisische Bevölkerung, die walisische Literatur, die walisische Sprache. *Zu weiteren Verwendungen* ↑ deutsch/Deutsch/Deutsche
Walkie-talkie (Funksprechgerät, ↑ 9)
Walliser (*immer groß*, ↑ 28)
wallonisch/Wallonisch/Wallonische (↑ 40): die wallonische Bevölkerung, der wallonische Landesteil, die wallonischen Mundarten, die wallonische Sprache. *Zu weiteren Verwendungen* ↑ deutsch/Deutsch/Deutsche
walten: es muß endlich Vernunft walten, aber: das Walten der Naturgesetze. *Weiteres* ↑ 15 f.
walzen: sie werden die Straße walzen, aber: das Walzen des Blechs, durch Walzen plätten. *Weiteres* ↑ 15 f.
Walzer spielen ↑ Geige spielen
Walzer tanzen: a) (↑ 11) er tanzt Walzer, weil er Walzer tanzt, er wird Walzer tanzen, er hat Walzer getanzt, um Walzer zu tanzen. b) (↑ 16) das Walzertanzen macht Spaß, Freude am Walzertanzen
wandeln, sich: vieles wird sich wandeln, aber: das Wandeln/Sichwandeln der Mode. *Weiteres* ↑ 15 f.

wandern: er will wandern, aber: das Wandern ist des Müllers Lust, beim Wandern singen. *Weiteres* ↑ 15 f.
Wandsbecker (*immer groß*, ↑ 28)
wankelmütig (↑ 18 ff.): er ist am wankelmütigsten, alle/die Wankelmütigen; der Wankelmütigste, der ihm begegnet war, aber (↑ 21): der wankelmütigste seiner Freunde; etwas/nichts Wankelmütiges
wanken: der Turm wird wanken, aber: das Wanken des Turmes, ins Wanken geraten. *Weiteres* ↑ 15 f.
wann: a) (↑ 34) bis/seit wann?, von wann an?, dann und wann. b) (↑ 35) das Wann ist wichtig, nicht das Wo; erzähle mir das Wie, Wo und das Wann
warm
1 *Als Attribut beim Substantiv* (↑ 39 ff.): ein warmer Bruder (Homosexueller), ein warmer Empfang, warmes Essen, (Jägerspr.) eine warme Fährte, warme Farben, die Warme Fischa (Nebenfluß der Leitha), ein warmes Gefühl, ein warmes Grün; „Gasthaus zur Warmen Herberge“, Gasthaus „Zur Warmen Herberge“, Gasthaus „Warme Herberge“, ein warmes Herz, warme Länder, warme Miete (Miete einschließlich Heizungszuschlag), die Warme Moldau (Quellfluß der Moldau), in einem warmen Nest sitzen, warme Quellen, ein warmer Regen, die Ware geht weg wie warme Semmeln, warme Speisen, (Jägerspr.) eine warme Spur, der Warme Szamos (Quellfluß des Kleinen Szamos), ein warmer Ton, warme Würstchen, die warme Zone
2 *Alleinstehend nach Artikel, Pronomen, Präposition usw.* (↑ 18 ff.): warm und kalt, aber: Warmes und Kaltes; Warmes benötigen; allerhand Warmes, allerlei Warmes, alles Warme/Wärme; heute ist es am wärmsten, aber: es fehlt ihr am Wärmsten für die kalte Jahreszeit; sich an das/ans Warme halten, etwas auf das/aufs wärmste empfehlen, die Heizung steht auf „warm“ (↑ 37), das Warme und das Kalte, das Wärmere vorziehen, etwas Wärmes essen/zu sich nehmen, etwas Wärmeres anziehen, genug Warmes, im Warmen sitzen, irgend etwas Warmes, mehr Warmes, nichts Warmes, nur Warmes, ohne Warmes, viel Warmes, vielerlei Warmes, wenig Warmes. (↑ 21) Auf dem Tisch standen verschiedene Speisen, z. B. waren warme [Speisen] und kalte [Speisen]. – Es waren mehrere Kleidungsstücke vorhanden. Die wärmsten von ihnen/unter ihnen waren aus Wolle. – Der Juli war der wärmste, der Dezember war der kälteste Monat des Jahres. – Dies ist der wärmere/wärmste meiner Mäntel/von meinen Mänteln/unter meinen Mänteln
wärmen: er soll das Essen wärmen, aber: das Wärmen des Essens, etwas zum Wärmen übriglassen. *Weiteres* ↑ 15 f.
wärmer ↑ warm
warmherzig (↑ 18 ff.): sie ist am warmherzigsten, (↑ 21) die warmherzigste der Schwestern, etwas/nichts Warmherziges
wärmste ↑ warm
warnen: du mußt ihn warnen, aber: das/durch Warnen der Bevölkerung. *Weiteres* ↑ 15 f.

Warschauer (*immer groß*, ↑28)
warten: er will nicht warten, aber: das Warten fällt ihm schwer, beim Warten ungeduldig werden. *Weiteres* ↑15f.
warum: a) (↑34) warum nicht? **b)** (↑35) das Warum und Weshalb einer Sache ergründen, jedes Warum hat sein Darum, jedes Warum und Wie überlegen, nach dem Warum fragen
was
1 *Alleinstehend oder nach Artikel, Präposition usw.* (↑32f.): was auch immer, wer versteht schon [irgend]was davon?, du kannst was erleben, jmdm. [irgend]was sagen, besser [irgend]was als nichts, an was denkst du?; nicht das Was, sondern das Wie ist wichtig; auf das Was kommt es an, um was geht es?, von was willst du leben?, zu was ist das nütze?
2 *Schreibung des folgenden Wortes:* **a)** (↑32) was alles, [irgend]was anderes. **b)** (↑20) so was Komfortables, gibt es [irgend]was Neues?, was für Schlechtes bringst du?, sich was Schönes einbrocken, so was Ziviles
waschen: er will den Wagen waschen, aber: das Waschen des Wagens kostet 5 DM, beim Waschen. *Weiteres* ↑15f.
Wasser (↑9): ins Wasser gehen, nach Wasser bohren, sich über Wasser halten, unter Wasser stehen, den Kopf unters Wasser stecken, zu Wasser und zu Lande, zum Wasser
wassergekühlt (↑40): ein wassergekühlter Motor
wässern: du mußt die Heringe wässern, aber: das/durch Wässern der Heringe. *Weiteres* ↑15f.
wasserscheu (↑18ff.): der Kleine ist am wasserscheusten, alle/die Wasserscheuen auslachen; der Wasserscheuste, der ihm begegnet war, aber (↑21): der wasserscheuste der Knaben
Wasser treten ↑Pflaster treten
waten: du sollst nicht durch den Schlamm waten, aber: das Waten durch das Wasser gefällt ihm. *Weiteres* ↑15f.
wau: a) (↑34) wau, wau machen. **b)** (↑35) mit lautem Wauwau stürzte der Hund auf ihn zu, ein Wauwau
weben: sie will einen Teppich weben, aber: das Weben der Stoffe. *Weiteres* ↑15f.
wechselbezüglich (↑40): (Sprachw.) ein wechselbezügliches Fürwort
wechseln: er soll mir Geld wechseln, aber: das Wechseln der Stellung, Wäsche zum Wechseln haben. *Weiteres* ↑15f.
wecken: du mußt mich wecken, aber: das Wecken von Mißtrauen, beim Wecken sofort aufstehen. *Weiteres* ↑15f.
wedeln: du sollst nicht mit dem Staubtuch wedeln, aber: das Wedeln des Hundes mit dem Schwanz. *Weiteres* ↑15f.
weder noch: a) (↑34) weder der Vater noch die Mutter. **b)** (↑35) hier gibt es doch kein Weder-Noch, nur ein Sowohl-Als-auch
wedisch (↑40): die wedische Religion
Weekend (Wochenende, ↑9)
Weekendhaus (Wochenendhaus, ↑9)
Weg (↑13f.): am Wege sitzen, auf Weg und Steg, nicht gut bei Wege sein, im Weg[e] sein/stehen, vom Weg, aber (↑34): ↑zuwege

wegen (↑34): von wegen
wegrücken: du kannst den Tisch wegrücken, aber: das/beim Wegrücken des Tisches. *Weiteres* ↑15f.
weh[e] (↑10): weh[e] sein/tun, es ist mir weh ums Herz
Weh (↑10): es ist sein ständiges Weh und Ach, alles Weh und Ach, das Wohl und Weh
Wehe (↑9): in Wehen liegen
wehen: es wird ein kalter Wind wehen, aber: das Wehen der Fahnen. *Weiteres* ↑15f.
wehe sein ↑bange sein
wehe tun ↑bange machen
wehleidig (↑18ff.): er ist am wehleidigsten, alle/die Wehleidigen; der Wehleidigste, der ihm begegnet war, aber (↑21): der wehleidigste seiner Freunde; etwas/nichts Wehleidiges
wehmütig/wehmutsvoll ↑wehleidig
Wehr (↑13): sich zur Wehr setzen
wehrlos (↑18ff.): er war am wehrlosesten, alle/die Wehrlosen beschützen; der Wehrloseste, der ihnen in die Hände gefallen war, aber (↑21): der wehrloseste der Gefangenen
weiblich: a) (↑40) (Poetik) ein weiblicher Reim. **b)** (↑18ff.) diese Mode ist am weiblichsten, alles/das Weibliche betonen, (↑21) der weiblichste der Berufe, etwas/nichts Weibliches
weich: a) (↑40) (Med.) die weiche Hirnhaut, weiche Landung, weicher Schanker, (bild. Kunst) der weiche Stil, (Finanzw.) eine weiche Währung. **b)** (↑18ff.) diese Polster sind am weichsten, alles/das Weiche bevorzugen; er nahm das Weichste, was er finden konnte, aber (↑21): der weichste der Sitze; etwas/nichts Weiches
weichherzig ↑warmherzig
weichlich (↑18ff.): er ist am weichlichsten, alles/das Weichliche seines Wesens; der Weichlichste, den er kannte, aber (↑21): der weichlichste der Männer, etwas/nichts Weichliches
weiden: die Kühe sollen weiden, aber: das Weiden der Kühe, zum Weiden hinaustreiben. *Weiteres* ↑15f.
weidmännisch (↑18ff.): sich für alles/das Weidmännische begeistern, etwas/nichts Weidmännisches
weigern, sich: er wird sich weigern, aber: das Weigern/Sichweigern des Mitarbeiters. *Weiteres* ↑15f.
weihen: er wird die Kirche weihen, aber: das Weihen der Kirche. *Weiteres* ↑15f.
weihevoll (↑18ff.): diese Feier war am weihevollsten, alle/das Weihevolle des Raumes; das Weihevollste, was man sich vorstellen kann, aber (↑21): das weihevollste der Feste; etwas/nichts Weihevolles
Weihnachten ↑Ostern
weihnachtlich (↑18ff.): dieser Zimmerschmuck ist am weihnachtlichsten, alles/das Weihnachtliche lieben, etwas/nichts Weihnachtliches
Weile (↑13f.): eile mit Weile, aber (↑34): ↑bisweilen, ↑zuweilen
weilen: er will noch etwas bei ihm weilen, aber: das Weilen der Zuschauer. *Weiteres* ↑15f.

Weimarer (*immer groß*, ↑ 28)

weinen: du sollst nicht weinen, aber: das Weinen des Kindes. *Weiteres* ↑ 15 f.

weinerlich (↑ 40): (Literaturw.) das weinerliche Lustspiel (la Comédie larmoyante)

Weinfelder/Weingartner/Weinheimer (*immer groß*, ↑ 28)

weise: a) (↑ 40) die weise Frau (Hebamme). **b)** (↑ 18 ff.) er ist am weisesten, alle/die Weisen; der Weiseste, dem er begegnete, aber (↑ 21): der weiseste der Einsiedler; die Weisen aus dem Morgenland, die Sieben Weisen Griechenlands

weisen: er kann ihnen den Weg weisen, aber: das Weisen des Weges. *Weiteres* ↑ 15 f.

weiß/Weiß/Weiße

1 *Als Attribut beim Substantiv* (↑ 39 ff.): die Weiße Aist (Nebenfluß der Waldaist, Österreich), weiße Ameisen (Termiten), die Weiße Bank (in der Deutschen Bucht), der Weiße Berg (bei Prag), die weißen Blutkörperchen, weiße Bohnen, der weiße Brand (Krankheit), weißer Bruch (Weinfehler); „Die weiße **Dame**" (Oper von Boieldieu); aber: wir hörten Musik aus der „Weißen Dame" (↑ 2 ff.); die Weiße Elster (Nebenfluß der Saale), die weiße Fahne hissen; weiße Farbe, aber (↑ 2): die Farbe Weiß; die weißen Felder (auf dem Spielbrett), ein weißer Fleck auf der Landkarte (unerforschtes Gebiet), der weiße Fluß (Krankheit), die Weiße Frau (Spukgestalt), der weiße **Gürtel** (Rangabzeichen beim Judo), weißes Haar; ein weißes Haus, aber: das Weiße Haus (Amtssitz des Präsidenten in Washington); ein weißer Hirsch, aber: Weißer Hirsch (Stadtteil von Dresden); die Weiße Insel (im Nordpolarmeer), die weißen **Jahrgänge**, die Weißen Karpaten (Teil der Westkarpaten), die weiße Kohle (Wasserkraft), der weiße Kreis (ohne Wohnungszwangswirtschaft), das Weiße Kreuz (Fürsorgeorganisation), Christkönigsgesellschaft vom Weißen Kreuz (kath. Vereinigung), die weiße Kükenruhr (Geflügelkrankheit), das weiße **Leghorn** (Hühnerrasse), die weiße Linie (im Pferdehuf), Weißer Lotos (chines. Geheimsekte), die Weiße Lütschine (Quellfluß der Lütschine, Schweiz), die Weiße Magie (gute Zauberei), der Weiße Main (Quellfluß des Mains), die weiße Maus (Tier; Verkehrspolizist), weiße Mäuse sehen, das Weiße Meer, der Weiße **Nil** (Quellfluß des Nils), weiße[s] Ostern, ein weißer Rabe (Seltenheit), die weiße Rasse, der Weiße Regen (Quellfluß des Regens); weiße Riesen (Kaninchenrasse), aber: der Weiße Riese (Waschmittelwerbung); weiße Rosen, aber: die Weiße Rose (Name einer stud. Widerstandsgruppe); „Die weiße Rose" (Ballettmusik von Fortner), aber: wir hörten Musik aus der „Weißen Rose", „Im Weißen Rößl" (Operette; ↑ 2 ff.); der Weiße **Schöps** (Nebenfluß des Schwarzen Schöps), die Weißen Schwestern (Missionsorden), der Weiße See (UdSSR), (Bot.) der Weiße Senf (Pflanze), der Weiße Sonntag (Sonntag nach Ostern), die Weiße Spitze (Berg in Tirol), der weiße Sport (Tennis, Schisport), ein weißer Stein (im Brettspiel), (Zool.) der Weiße Storch, die weiße Substanz (im Gehirn), die Weiße Sulm (Quell-

fluß der Sulm, Steiermark), weiße Tankstellen, weißer **Temperguß**, der Weiße Tod (in Schnee und Eis), die Weiße Traun (Quellfluß der Traun, Bayern), die Weißen Väter (Missionsorden), die Weiße Waag (Quellfluß der Waag, Slowakei), weiße Wäsche, weiße[s] Weihnachten, eine weiße Weste haben, die Weiße Woche (Sonderverkauf von Weißwaren), weißer Zimt (Gewürz), weiße Zwerge (Sternart)

2 *Alleinstehend oder nach Artikel, Pronomen, Präposition usw.* (↑ 26): [die Farbe] Weiß, Weiß hat den ersten Zug (beim Schach), Weiß auflegen (weiße Schminke), Weiß ist die Farbe der Unschuld; das Kleid ist weiß, seine Farbe ist weiß (wie ist die Farbe?), aber: meine Lieblingsfarbe ist Weiß (was ist meine Lieblingsfarbe?); aus schwarz weiß machen wollen (die Tatsachen verdrehen); da steht es schwarz auf weiß, etwas schwarz auf weiß besitzen (etwas schriftlich haben), aber: schwarze Linien auf Weiß (auf weißem Untergrund), das Weiße im Auge/im Ei, der/die Weiße (Mensch der weißen Rasse), ein sanftes/kremiges/strahlendes Weiß, Kremser Weiß, eine [Berliner] Weiße (Weißbier), in Weiß [gehen, gekleidet sein], Verständigung zwischen Schwarz und Weiß. *Zu weiteren Verwendungen* ↑ blau/Blau/Blaue

weissagen: er kann weissagen, aber: das Weissagen von Unglücken. *Weiteres* ↑ 15 f.

weißen: er will die Wand weißen, aber: das Weißen der Wände. *Weiteres* ↑ 15 f.

weißrussisch/Weißrussisch/Weißrussische (↑ 39 f.): die weißrussische Kunstdichtung, das weißrussische Schrifttum, die weißrussische Sprache, die Weißrussische SSR (Sozialistische Sowjetrepublik), das weißrussische Volk. *Zu weiteren Verwendungen* ↑ deutsch/Deutsch/Deutsche

weit

1 *Als Attribut beim Substantiv* (↑ 39 ff.): ein weiter Ärmel, ein weiter Begriff, einen weiten Blick haben, die weite Ebene, das ist ein weites Feld, einen weiten Gesichtskreis haben, er hat ein weites Gewissen, in der weiteren Heimat, er hat ein weites Herz, einen weiten Horizont haben, in weiten Kreisen der Bevölkerung, das weite Meer, ein weiter Rock, im weitesten Sinn, weite Straßen/Täler; „Gasthaus zum Weiten Tal", Gasthaus „Zum Weiten Tal", Gasthaus „Weites Tal"; im weiteren Verlauf, die weite Welt

2 *Alleinstehend oder nach Artikel, Pronomen, Präposition usw.* (↑ 18 ff.): **Weiteres** veranlassen, Weiteres ist dort nachzulesen; **alles** Weitere demnächst, alles Weiteren enthoben sein, als Weiteres (weitere Sendungen) erhalten Sie fünf Freiexemplare, damit kommt man am weitesten, sie wohnt am weitesten; er ist bis auf weiteres (auf unbestimmte Zeit) vereist, aber: auf das/aufs Weitere verzichten; er ist **bei** weitem (weitaus) der Älteste, bis auf weiteres, das Weite suchen (sich [rasch] fortbewegen), das Weitere wird sich finden, diese Reise ist das Weiteste, was wir haben; des weiteren (weiterhin) erfuhren wir von seinem Kommen, aber: sich im Weiten/ins Weite verlieren; irgend etwas Weites, **nichts** Weites; er hat sich ohne weiteres (ohne Zögern) bereit erklärt, aber:

ohne Weiteres/das Weitere zu beachten; sämtliches Weitere, viel Weiteres; jmdn. von weitem (von ferne) erkennen/grüßen, aber: von Weiterem absehen; wenig Weites/Weiteres. (↑21) Es gab in dem Textilgeschäft Kleider in allen Größen. Die weiten [Kleider] hingen hinten, die engen [Kleider] weiter vorn. – Sie probierte viele Röcke an. Der weiteste von allen/unter ihnen paßte schließlich. – Sie lief einmal die weiteste und einmal die kürzeste Strecke. – das ist der weitere/weiteste ihrer Pullover/von den Pullovern/unter den Pullovern
weitblickend (↑18ff.): er war am weitblickendsten, alle/die Weitblickenden; der Weitblickendste, den er begegnet war, aber (↑21): der weitblickendste der Politiker
Weite (↑9): die Weite (das Weitsein; die Ferne), der Weite, die Weiten
weiten: er will den Schuh weiten, aber: das Weiten der Schuhe, durch Weiten passend machen. *Weiteres* ↑15f.
weiterführend (↑40): die weiterführenden Schulen
weitläufig (↑18ff.): dieses Gelände ist am weitläufigsten, alles/das Weitläufige schätzen, (↑21) die weitläufigste der Anlagen, etwas/nichts Weitläufiges
weitschweifig (↑18ff.): er erzählte am weitschweifigsten, alles/das Weitschweifige seines Berichts; seine Ausführungen waren das Weitschweifigste, was er je gehört hatte, aber (↑21): der weitschweifigste der Vorträge; etwas/nichts Weitschweifiges
welch
1 *Als einfaches Pronomen klein* (↑32): wenn Zigaretten fehlten, mußte Albert welche ziehen; [irgend]welcher deiner Bekannten, [irgend]welcher von/unter deinen Bekannten/ihnen, welcher von beiden, welche/welches ist die beste Übersetzung?, [irgend]welche (einige) hielten die Dame für eine Schauspielerin. – Sind schon Kinder hier? Es sind schon welche (einige) da. – Hat jemand Brot? Ich habe welches (etwas). – Er hat Freunde, aber was für welche!
2 *Schreibung des folgenden Wortes:* **a)** *Zahladjektive und Pronomen* (↑29ff. und 32): welche alle, [irgend]welches andere, [irgend]welche drei, welch letzterer. **b)** *Infinitive* (↑16): welches Arbeiten ist dafür notwendig! **c)** *Adjektive und Partizipien* (↑20): mit [irgend]welchem Neuen, welch Reisender, [irgend]welcher Reisende, [irgend]welches Schöne, [irgend]welchem Stimmberechtigten. (↑21) Ich habe die schwarzen Fische aus dem Aquarium genommen. – Welche schwarzen? **d)** *Partikeln und Interjektionen* (↑35): welches Drum und Dran, welches Hin und Her herrschte hier!, welches Wenn und Aber gibt es denn noch?
welk: a) (↑40) welke Blätter, eine welke Haut haben. **b)** (↑18ff.) diese Blumen sind am welksten, alles/das Welke entfernen, (↑21) die welksten der Blüten, etwas/nichts Welkes
welken: die Blumen werden welken, aber: das Welken der Blumen. *Weiteres* ↑15f.
welsch (↑40): „Der welsche Gast" (Lehrgedicht), aber: wir haben den „Welschen Gast" gelesen (↑2ff.); die welsche Haube (Turmauf-

bau), welsche Nuß, die welsche Schweiz (französischsprachige Schweiz)
weltbewegend (↑18ff.): alles/das Weltbewegende, (↑21) das weltbewegendste der Ereignisse, etwas/nichts Weltbewegendes
weltfremd (↑): er ist am weltfremdesten, alle/die Weltfremden; der Weltfremdeste, den er kannte, aber (↑21): der weltfremdeste der Brüder; etwas/nichts Weltfremdes
weltläufig ↑weltfremd
weltlich: a) (↑40) weltliche Institute (Rel.). **b)** (↑18ff.) alles/das Weltliche überwinden, (↑21) die weltlichste der Freuden, etwas/nichts Weltliches
weltmännisch ↑weltfremd
Welzheimer (*immer groß,* ↑28)
wem/wen ↑wer
wenden: ich muß den Wagen wenden, aber: das Wenden des Autos, beim Wenden gegen einen Pfosten stoßen. *Weiteres* ↑15f.
wendig (↑18ff.): dieser Wagen ist am wendigsten; der Wendigste, der unter ihnen war, aber (↑21): der wendigste der Fahrer
wendisch/Wendisch/Wendische ↑sorbisch/Sorbisch/Sorbische
wenig
1 *Alleinstehend oder nach Artikel, Pronomen, Präposition usw.* (↑32f.): vierzig Gäste waren eingeladen, doch **wenige** kamen; wenige sind auserwählt, wenige sagen, wenige dieser Menschen, wenige von/unter den Menschen/ihnen, das wissen wenige, solche gibt es wenige, der Beifall weniger, weniger wäre mehr, weniges genügt, weniges erfahren, er ärgert sich wenig, das ist weniger als nichts; das ist mir mehr oder weniger gleichgültig, aber: das Mehr oder Weniger; **am** wenigsten, er beschränkt sich auf das/aufs wenigste; das ist ein bißchen wenig; das wenige, was ich besitze; er ist das wenigste; das wenigste, was du tun kannst; das ist den wenigsten bekannt, **die** wenigen, die wenigsten dieser Menschen, die wenigsten von/unter ihnen; dies/dieses wenige, aber: dieses Weniger an Freundlichkeit machte ihn stutzig; wir kennen uns nur **ein** wenig, mit ein wenig Geduld, das trägt ein weniges dazu bei, aber: ein Weniger an Herzlichkeit wäre glaubhafter gewesen; einige wenige, einiges wenige ist noch zu tun, ein ganz klein wenig, es waren **ihrer** wenige; in dem wenigen, das erhalten ist; sich in wenigem unterscheiden, ein klein wenig, mit wenigem auskommen, sich mit wenigem begnügen, er ärgerte sich **nicht** wenig, das ist nicht wenig, nichts weniger als, nicht[s] mehr und nicht[s] weniger, das ist nur wenige bekannt; in dem Hause wohnten zehn Familien, doch er kannte nur wenige; er hat nur wenig[es] erreicht, das ist recht wenig, das ist **sehr** wenig, viele Wenig machen ein Viel, um weniges mehr, er weiß viel weniger als du, in Gegenwart von wenigen, wie wenig, das ist ziemlich wenig, zum wenigsten
2 *Schreibung des folgenden Wortes:* **a)** *Pronomen* (↑32): wenig anderes, weniges andere. **b)** *Infinitive* (↑16): schon weniges Autofahren ermüdet ihn, weniges Lesen schadet den Augen nicht. **c)** *Adjektive und Partizipien* (↑20): we-

nige Auserwählte, wenige Gute, wenig Gutes, weniges Gutes, mit wenigem Neuen. (↑21) Im Aquarium schwammen viele rote Fische, aber wenige schwarze. **d)** *Partikeln und Interjektionen* (↑35): mit wenig Drum und Dran, nur wenig Für und Wider, wenig Weh und Ach, wenig Wenn und Aber

wenn: a) (↑34) wenn er doch käme. **b)** (↑35) das/alles Wenn und Aber, es gab noch einiges Wenn und Aber, die/viele Wenn und Aber

wer
1 *Als einfaches Pronomen klein* (↑32): wer ist da?, wer (derjenige, welcher) das tut, wer auch immer, er kann dir wer weiß was erzählen, [irgend]wer von/unter diesen Männern/euch; ist [irgend]wer (jemand) gekommen?, ist da [irgend]wer (jemand)?, da ist [irgend]wer (jemand) ins Wasser gesprungen, wir sind doch heute schon wieder wer; **wessen** Buch?, **wem** soll ich das Buch geben?, er hat es irgendwem gegeben, von wem ist der Zettel?, an **wen** denkst du?, irgendwen wird er schicken
2 *Schreibung des folgenden Wortes:* **a)** (↑32) wer alles, wer anderer, wer anders. **b)** (↑20) wer Bekannter, wen Bekanntes

werben: wir müssen mehr werben, aber: das Werben ist teuer, durch Werben den Absatz fördern. *Weiteres* ↑15f.

¹**werden:** er kann nichts werden, aber: das Werden des Bildes beobachten, etwas ist im Werden. *Weiteres* ↑15f.

²**werden** /in den Fügungen *angst werden, bange werden , ernst werden*/↑ angst sein usw.; /in den Fügungen *bankrott werden, pleite werden*/↑ bankrott gehen, pleite gehen; /in den Fügungen *feind werden, freund werden*/↑ feind bleiben; /in den Fügungen *leid werden, not werden*/ ↑ leid tun, not tun

werdend (↑40): eine werdende Mutter

Werdenfelser (*immer groß*, ↑28)

¹**werfen:** du darfst nicht mit Steinen werfen, aber: das Werfen der Pakete ist verboten, eine Scheibe durch Werfen zerstören. *Weiteres* ↑15f.

²**werfen** ↑ Anker werfen

Werk (↑13): ab Werk, am Werk[e] sein, ans Werk gehen, ins Werk setzen, zu Werke

werken: sie wollen werken, aber: das Werken als Unterrichtsfach einführen, sie sind beim Werken. *Weiteres* ↑15f.

Werktag (↑9): an Sonn- und Werktagen; die Mühen des/eines Werktags, ↑ aber werktags

werktags (↑34): sonn- und werktags, werktags hat er keine Zeit, aber (↑ Werktag): des/eines Werktags

werktätig (↑18ff.): alle/die Werktätigen versammelten sich, ein Werktätiger

wert (↑18ff.): wert sein, keinen Heller/Schuß wert sein, das ist nicht der Mühe/Rede wert, für wert achten/halten

Wert (↑9): auf etwas Wert legen, von Wert

wertbeständig (↑18ff.): alles/das Wertbeständige bevorzugen; das Wertbeständigste, was er finden konnte, aber (↑21): das wertbeständigste der Geschenke; etwas/nichts Wertbeständiges kaufen

wertvoll (↑18ff.): ihr Schmuck ist am wertvollsten, alles/das Wertvolle bevorzugen; das

Wertvollste, was er finden konnte, aber (↑21): das wertvollste der Bücher; etwas/nichts Wertvolles kaufen

wesentlich (↑18ff.): dieser Unterschied ist am wesentlichsten, alles/das Wesentliche hervorheben; das wesentlichste (am wesentlichsten, sehr wesentlich) ist, daß man sich völlig entspannt, (↑21) das wesentlichste der Argumente, aber: das Wesentlichste, was vorgebracht wurde; etwas/nichts Wesentliches, wesentliche

weshalb: a) (↑34) weshalb nicht? **b)** (↑35) das Warum und Weshalb einer Sache ergründen, nach dem Weshalb fragen

wessen ↑ wer

Wessobrunner (*immer groß,* ↑28)

West/Westen ↑ Nord/Norden

westaustralisch (↑39): das Westaustralische Becken

Westberliner (*immer groß,* ↑28)

westböhmisch (↑39): das Westböhmische Gebiet

westdeutsch (↑39): die Westdeutsche Rektorenkonferenz, der Westdeutsche Rundfunk (WDR)

Westen/West ↑ Nord/Norden

westeuropäisch (↑39f.): die westeuropäischen Länder, die Westeuropäische Union (WEU), die westeuropäische Zeit (WEZ)

westfälisch/Westfälisch/Westfälische (↑39f.): die Westfälische Bucht (Landschaft), eine westfälische Dauerwurst, der Westfälische Friede[n], das westfälische Kohlenrevier, die Westfälische Pforte, der westfälische Schinken, westfälisches Warmblut (Pferderasse). *Zu weiteren Verwendungen* ↑ alemannisch/Alemannisch/Alemannische

westfriesisch (↑39): die Westfriesischen Inseln

westindisch (↑39): die Westindische Föderation (1958–1962), die Westindischen Inseln

westisch (↑40): die westische Kunst, die westische Rasse

westlich: a) (↑39f.) die westlichen Demokratien, die Westliche Dwina (russ.-lett. Fluß), der Große Westliche Erg (Wüstengebiet in Algerien), die Westliche Günz (Nebenfluß der Donau), die westliche Hemisphäre, die Westliche Karwendelspitze, 20 Grad westlicher Länge (w. L.), die Westliche Morava (Quellfluß der Morava), Westliches Rhodopegebirge, der Westliche Sajan (Gebirge in Sibirien), der Westliche Schill (Quellfluß des Jiu), Westliche Seeprovinz (in Tanganjika), die Westlichen Kleinen Sundainseln, die westlichen Verbündeten, die westliche Welt, die Westliche Wüste (Teil der Sahara). **b)** (↑18ff.) Westliches und Östliches; alles/das/manches Westliche. (↑21) Das Land ist in zwei Teile gespalten, einen westlichen [Teil] und einen östlichen [Teil]. – In dieser Zone gibt es viele Inseln. Die westlichste von allen/unter ihnen ist unbewohnt. – Die westlichste und die östlichste Insel der Inselkette sind unbewohnt. – Dies ist der westlichste dieser Gebirgszüge/von diesen Gebirgszügen

westöstlich (↑2ff.): „Der westöstliche Diwan" (von Goethe), aber: wir lasen den „West-östlichen Diwan"

weströmisch (↑39): das Weströmische Reich

westrumänisch (↑39): die Westrumänischen Karpaten

westrussisch (↑39): der Westrussische Landrücken

westsibirisch (↑39): das Westsibirische Tiefland

westsiebenbürgisch (↑39): das Westsiebenbürgische Gebirge

westslowakisch (↑39): das Westslowakische Gebiet

wett (↑34): wett sein

wetteifern: wir wollen mit ihm wetteifern, aber: das Wetteifern der Freunde um ihre Gunst. *Weiteres* ↑15f.

wetten: wir wollen wetten, aber: das Wetten kann er nicht lassen, beim Wetten verlieren. *Weiteres* ↑15f.

Wettiner (*immer groß*, ↑28)

wettinisch (↑39): die Wettinischen Erblande

wetzen: du mußt das Messer wetzen, aber: das Wetzen der Messer. *Weiteres* ↑15f.

W-förmig (↑36)

wichsen: du mußt die Schuhe wichsen, aber: das Wichsen der Schuhe. *Weiteres* ↑15f.

wichtig (↑18ff.): diese Frage war am wichtigsten, alles/das Wichtige zuerst erledigen; das wichtigste (am wichtigsten, sehr wichtig) ist, daß die Impfung frühzeitig vorgenommen wird, (↑21) das wichtigste der Themen, aber: das Wichtigste, was er gehört hatte; etwas/nichts Wichtiges

wichtigtuerisch (↑18ff.): er ist immer am wichtigtuerischsten, alle/die Wichtigtuerischen meiden; der Wichtigtuerischste, der ihm begegnet war, aber (↑21): der wichtigtuerischste der Männer; etwas/nichts Wichtigtuerisches

wickeln: sie muß das Kind wickeln, aber: das Wickeln der Haare.

wider (↑34): a) (↑2ff.) das Buch „Mittel wider den tollen Hundebiß", aber *(als erstes Wort):* das Buch „Wider den tollen Hundebiß". b) (↑35) das Für und/oder [das] Wider, alles Für und [alles] Wider, einiges Für und [einiges] Wider, jedes Für und [jedes] Wider wurde besprochen. c) (↑13) wider Erwarten ↑Erwarten, wider Willen ↑Wille

widerborstig ↑widerspenstig

wider Erwarten ↑Erwarten

widerlich (↑18ff.): dieser Geruch war am widerlichsten, alles/das Widerliche meiden; das widerlichste (am widerlichsten, sehr widerlich) war, daß er nach Knoblauch roch, (↑21) der widerlichste der Anblicke, aber: das Widerlichste, was er gesehen hatte; etwas/nichts Widerliches

widernatürlich: a) (↑40) widernatürliche Unzucht (Rechtsspr.). b) (↑18ff.) alles/das Widernatürliche verurteilen, etwas/nichts Widernatürliches

widerrufen: er wird die These nicht widerrufen, aber: das/durch Widerrufen der These. *Weiteres* ↑15f.

widersetzlich (↑18ff.): er war am widersetzlichsten, alle/die Widersetzlichen strafen; der Widersetzlichste, den man sich denken kann, aber (↑21): der widersetzlichste der Schüler; etwas/nichts Widersetzliches

widerspenstig (↑18ff.): er war am widerspenstigsten; alle/die Widerspenstigen, „Der Widerspenstigen Zähmung" (Shakespeare); der Widerspenstigste, der ihm begegnet war, aber (↑21): der widerspenstigste der Schüler; etwas/nichts Widerspenstiges

widersprüchlich (↑18ff.): seine Aussagen waren am widersprüchlichsten, alles/das Widersprüchliche ausschließen; das Widersprüchlichste, was er gehört hatte, aber (↑21): die widersprüchlichsten der Behauptungen; etwas/nichts Widersprüchliches

widerstandsfähig (↑18ff.): er war am widerstandsfähigsten, alle/die Widerstandsfähigen; der Widerstandsfähigste, der ihm begegnet war, aber (↑21): der widerstandsfähigste der Männer; etwas/nichts Widerstandsfähiges

widerwärtig (↑18ff.): dieser Geruch ist am widerwärtigsten, alles/das Widerwärtige meiden; das Widerwärtigste, was man sich vorstellen kann, aber (↑21): der widerwärtigste der Anblicke; etwas/nichts Widerwärtiges

wider Willen ↑Wille

widmen: er will ihr das Bild widmen, aber: das Widmen solch großer Aufmerksamkeit. *Weiteres* ↑15f.

widrig (↑18ff.): diese Umstände waren am widrigsten, alles/das Widrige meiden; das Widrigste, was ihm begegnet war, aber (↑21): das widrigste der Geschicke; etwas/nichts Widriges

wie: a) (↑34) und wie, wie das? b) (↑35) auf das Wie kommt es an; nicht das Was, sondern das Wie ist wichtig; erzähle mir das Wie, das Wo und das Wann; jedes Wie und Warum überlegen

wiederbeleben: er will das Geschäft wiederbeleben, aber: das/nach Wiederbeleben des Geschäftes. *Weiteres* ↑15f.

wiegen: du mußt den Brief wiegen, aber: das Wiegen der Ware, ein Wiegen verrechnen. *Weiteres* ↑15f.

wiehern: die Pferde werden wiehern, aber: das Wiehern der Pferde. *Weiteres* ↑15f.

wielandsch (↑27): die Wielandschen Werke, aber: Gedichte im wielandschen Stil

Wiener/Wiesbad[e]ner (*immer groß*, ↑28)

wievielte (↑32f.): als wievielter [Läufer] lief er ein?, aber: am Wievielten hatten wir Sonntag?

wild: a) (↑39ff.) eine wilde Ehe, „Wilde Erdbeeren" (Film von I. Bergmann, ↑2ff.), wildes Fleisch, wilde Frauen/Laute/Männer; die Wilde Jagd, der Wilde Jäger, das Wilde Heer (Sagengestalten); (Bergmannsspr.) wildes Gestein, der Wilde Kaiser (Berg in Tirol), Wilde Kreuzspitze; er spielt den wilden Mann, aber (Literaturw.): der Wilde Mann; „Die wilden Schwäne" (Märchen von Andersen), aber: eine Gestalt aus den „Wilden Schwänen" (↑2ff.); ein wilder Streik, wilder Wein, der Wilde Westen. b) (↑18ff.) er ist immer am wildesten,

alle/die Wilden zähmen; der Wildeste, der ihm begegnet war, aber (↑21): der wildeste der Knaben; die Wilden, ein Wilder, einige Wilde
wildern: du sollst nicht wildern, aber: das Wildern ist streng verboten, jmdn. beim Wildern überraschen. *Weiteres* ↑15f.
wilhelminisch (↑27): das Wilhelminische Zeitalter
Wilhelmshavener (*immer groß,* ↑28)
Wille: a) (↑10) voll guten Willens sein, aber: willens sein. b) (↑13) am Willen hat es nicht gefehlt, mit/ohne Willen des Volkes, etwas wider Willen sein/tun/vorstellen müssen, zu Willen sein
willenlos ↑willig
willens ↑Wille (a)
willfährig ↑willig
willig (↑18ff.): er war am willigsten, alle/die Willigen; der Willigste, der ihm begegnet war, aber (↑21): der willigste der Arbeiter
willkommen (↑34): willkommen heißen/sein
Willkomm/Willkommen (↑9): ein herzliches Willkomm[en]
willkürlich (↑18ff.): diese Auswahl war am willkürlichsten, alles/das Willkürliche ausschalten, (↑21) die willkürlichste der Maßnahmen, etwas/nichts Willkürliches
wilsonsch (↑27): (Physik) die Wilsonsche Nebelkammer, (Math.) der Wilsonsche Satz
wimmern: er konnte nur wimmern, aber: das Wimmern. *Weiteres* ↑15f.
Wind (↑13): [hart] am Wind segeln, das Wild hat den Jäger im Wind, mit Wind segeln, jmdn. unter Wind haben
winden: du mußt ein Tuch um das Rohr winden, aber: das Winden der Blumen zu einem Kranz. *Weiteres* ↑15f.
Windesheimer (*immer groß,* ↑28)
Windsurfer/Windsurfing (↑9)
winkeltreu (↑40): (Math.) eine winkeltreue Abbildung
winken: er will winken, aber: das Winken der Kinder. *Weiteres* ↑15f.
winseln: er wird jetzt wieder winseln, aber: das Winseln des Hundes. *Weiteres* ↑15f.
Winter ↑Sommer
winters ↑sommers
Wintertag ↑Sommertag
wintertags ↑sommertags
winzig ↑klein (2)
wippen: du sollst nicht wippen, aber: das Wippen mit dem Stuhl. *Weiteres* ↑15f.
wir: a) (↑32) wir kommen, wir alle, wir anderen, wir beide[n]; er nimmt sich unser an, er spottet unser, wir waren unser vier; er gab uns allen das Geld, es kommt heute noch zu uns beiden, wir dienen uns damit selbst am besten; er hatte uns gesehen, als wir gerade umblickten. b) (↑2ff.) „Heute gehn wir bummeln" (Film), „Ihr da oben – wir da unten" (Buch), „Vor uns die Hölle" (Film), aber *(als erstes Wort):* „Wir Wunderkinder" (Film), „Wir Kinder vom Bahnhof Zoo" (Buch, Film), „Uns beiden gehört Paris" (Film)
¹wirken: das Mittel wird bald wirken, aber: das Wirken des Künstlers. *Weiteres* ↑15f.
²wirken ↑Wunder wirken
wirksam (↑18ff.): seine Methode war am wirksamsten, alles/das Wirksame bevorzugen; das Wirksamste, was man sich denken kann, aber (↑21): das wirksamste der Mittel; etwas/nichts Wirksames finden
wirkungsvoll ↑wirksam
wirr (↑18ff.): seine Ideen waren am wirrsten, alles/das Wirre ablehnen; das Wirrste, was er gehört hatte, aber (↑21): die wirrsten der Gedanken; etwas/nichts Wirres
wirtschaften: du mußt besser wirtschaften, aber: das Wirtschaften liegt ihm nicht. *Weiteres* ↑15f.
wirtschaftlich (↑39): die Deutsche Gesellschaft für wirtschaftliche Zusammenarbeit (Entwicklungsgesellschaft) mbH
wirtshold (↑40): (Biol.) wirtsholde Schmarotzer
wirtsstet/wirtsvage ↑wirtshold
wischen: ich muß noch Staub wischen, aber: das Wischen der Scheiben ist notwendig. *Weiteres* ↑15f.
wißbegierig (↑18ff.): er war am wißbegierigsten von allen, alle/die Wißbegierigen; der Wißbegierigste, dem er begegnet war, aber (↑21): der wißbegierigste der Schüler
¹wissen: du mußt das wissen, aber: das Wissen der Fakten ist die Grundlage, Wissen ist Macht, durch Wissen überzeugen. *Weiteres* ↑15f. (↑13) mit/ohne Wissen
²wissen /in der Fügung *Dank wissen/*↑Dank abstatten
wissenschaftlich: a) (↑39ff.) ein wissenschaftlicher Angestellter, die Wissenschaftliche Buchgesellschaft (in Darmstadt), Wissenschaftlicher Rat (Titel). b) (↑18ff.) dieses Buch ist am wissenschaftlichsten, alles/das Wissenschaftliche, etwas/nichts Wissenschaftliches lesen
wissensdurstig ↑wißbegierig
Wittenberger (*immer groß,* ↑28)
wittenbergisch (↑39): die Wittenbergische Nachtigall (Name für Luther)
wittern: der Hund wird das Wild wittern, aber: das Wittern neuer Gefahren. *Weiteres* ↑15f.
witzeln: du sollst nicht immer witzeln, aber: das Witzeln kann er nicht lassen. *Weiteres* ↑15f.
witzig (↑18ff.): er ist am witzigsten von allen, alle/die Witzigen; das witzigste (am witzigsten) war, daß beide gleichzeitig eintraten, aber (↑21): der witzigste der Gesprächspartner; etwas/nichts Witziges
wo: a) (↑34) wo ist er?, von wo? b) (↑35) das Wo spielt keine Rolle; erzähle mir das Wie, das Wo und das Wann
Wochentag (↑9): alle Wochentage, an Sonn- und Wochentagen; des/eines Wochentags, ↑aber wochentags; an diesem Wochentag
wochentags (↑34): sonn- und wochentags, wochentags ist er immer sehr beschäftigt, aber (↑Wochentag): des/eines Wochentags
wofür: a) (↑34) wofür denn? b) (↑35) das Wofür unserer Arbeit ist wichtig
wogen: das Meer wird mächtig wogen, aber: das Wogen des Meeres. *Weiteres* ↑15f.
woher: a) (↑34) woher denn!, von woher? b) (↑35) das Woher ist wichtig, nicht das Wohin

wohin: a) (↑ 34) wohin des Wegs? **b)** (↑ 35) das Woher ist wichtig, nicht das Wohin

Wohl (↑ 13): zum Wohl[e]

wohlerzogen (↑ 18 ff.): er war am wohlerzogensten, alle/die Wohlerzogenen schätzen; der Wohlerzogenste, dem er begegnet war, aber (↑ 21): der wohlerzogenste der Knaben; etwas/nichts Wohlerzogenes

wohlhabend (↑ 18 ff.): er ist am wohlhabendsten, alle/die Wohlhabenden; der Wohlhabendste, der ihm begegnet war, aber (↑ 21): der wohlhabendste der Männer

wohlklingend (↑ 18 ff.): seine Stimme war am wohlklingendsten, alles/das Wohlklingende bewundern; das Wohlklingendste, was er gehört hatte, aber (↑ 21): das wohlklingendste der Instrumente; etwas/nichts Wohlklingendes

wohlmeinend ↑ wohltätig

wohlriechend (↑ 18 ff.): dieses Parfüm ist am wohlriechendsten, alles/das Wohlriechende bevorzugen; das Wohlriechendste, was man sich denken kann, aber (↑ 21): der wohlriechendste der Düfte; etwas/nichts Wohlriechendes finden

wohlschmeckend (↑ 18 ff.): diese Frucht ist am wohlschmeckendsten, alles/das Wohlschmeckende lieben; das Wohlschmeckendste, was er seit langem gegessen hatte, aber (↑ 21): das wohlschmeckendste der Gerichte; etwas/nichts Wohlschmeckendes

Wohlsein (↑ 13): zum Wohlsein

wohltätig (↑ 18 ff.): alle/die Wohltätigen; der Wohltätigste, der ihm begegnet war, aber (↑ 21): der wohltätigste der Menschen

wohltemperiert (↑ 2 ff.): das „Wohltemperierte Klavier" (von J. S. Bach)

wohltuend (↑ 18 ff.): die Wärme war am wohltuendsten, alles/das Wohltuende; das wohltuendste (am wohltuendsten, sehr wohltuend) war, daß er schwieg, (↑ 21) das wohltuendste der Gefühle, aber (↑ 21) das Wohltuendste, was man sich vorstellen kann; etwas/nichts Wohltuendes

wohlwollend (↑ 18 ff.): er begegnete ihm am wohlwollendsten, alles/das Wohlwollende; der Wohlwollendste, der ihm begegnet war, aber (↑ 21): der wohlwollendste der Kritiker; etwas/nichts Wohlwollendes

wohnen: er will in der Stadt wohnen, aber: das Wohnen im Neubau ist teuer, beim Wohnen auf dem Lande ein Auto benötigen. *Weiteres* ↑ 15 f.

wohnlich (↑ 18 ff.): dieser Raum ist am wohnlichsten, alles/das Wohnliche; das Wohnlichste, was er gesehen hatte, aber (↑ 21): das wohnlichste der Häuser; etwas/nichts Wohnliches

Wolfenbütteler (*immer groß*, ↑ 28)

¹**wollen** (↑ 18 ff.): alles/das Wollene, etwas/nichts Wollenes anziehen

²**wollen:** er will schwimmen, er wird schwimmen wollen, er muß nur wollen, aber: das Wollen allein genügt nicht, durch Wollen manches erreichen. *Weiteres* ↑ 15 f.

wollüstig (↑ 18 ff.): er betrachtete sie am wollüstigsten, alles/das Wollüstige seiner Blicke, etwas/nichts Wollüstiges

wolynisch (↑ 40): (Med.) das wolynische Fieber

Worldcup (Sport, ↑ 9)

Wormser (*immer groß*, ↑ 28)

Wort (↑ 13): aufs Wort, beim Wort nehmen, zu Wort kommen

wortbrüchig (↑ 18 ff.): alle/die Wortbrüchigen bestrafen, ein Wortbrüchiger

Wort halten ↑ Abstand halten

Wörther (*immer groß*, ↑ 28)

wortkarg (↑ 18 ff.): er war am wortkargsten, alle/die Wortkargen aufmuntern; der Wortkargste, der ihm begegnet war, aber (↑ 21): der wortkargste der Männer

wörtlich (↑ 40): die wörtliche Rede

wrack (↑ 18): wrack werden

Wrack (↑ 9): das ist ein Wrack

wuchern: das Unkraut wird wuchern, aber: das/durch Wuchern des Unkrautes. *Weiteres* ↑ 15 f.

wuchten: wir müssen die Schiene auf die Schwellen wuchten, aber: das Wuchten der Schiene ist schwierig. *Weiteres* ↑ 15 f.

wuchtig (↑ 18 ff.): dieser Schrank ist am wuchtigsten; alles/das Wuchtige; das Wuchtigste, was man sich vorstellen kann, aber (↑ 21): das wuchtigste der Möbelstücke; etwas/nichts Wuchtiges

wühlen: ihr sollt nicht wühlen, aber: das Wühlen der Maulwürfe. *Weiteres* ↑ 15 f.

Wunder (↑ 9): Wunder tun, kein Wunder; was Wunder, wenn das stimmt, aber (↑ 34): er glaubt, wunder was getan zu haben; er glaubt, wunder[s] wie geschickt zu sein

wunderbar: a) (↑ 2 ff.) „Der wunderbare Mandarin" (Pantomime von Bartók), aber: eine Szene aus dem „Wunderbaren Mandarin". **b)** (↑ 18 ff.) seine Errettung war am wunderbarsten, alles/das Wunderbare; das Wunderbarste, was er je gehört hatte, aber (↑ 21): das wunderbarste der Bilder; etwas/nichts Wunderbares

wunderlich (↑ 18 ff.): sie ist am wunderlichsten, alles/das Wunderliche seines Wesens; der Wunderlichste, der ihm begegnet war, aber (↑ 21): der wunderlichste der Männer; etwas/nichts Wunderliches

wundern, sich: er wird sich wundern, aber: das Wundern/Sichwundern der Gäste war nicht überraschend. *Weiteres* ↑ 15 f.

wundernehmen (↑ 12): es nimmt/nahm ihn wunder, weil es ihn wundernimmt/wundernahm, es wird ihn wundernehmen, es hat ihn wundergenommen

wunder[s] ↑ Wunder

Wunder tun ↑ Abbruch tun

Wunder wirken (↑ 11): er wirkt Wunder, weil er Wunder wirkt, er wird Wunder wirken, er hat Wunder gewirkt, um Wunder zu wirken

Wunsch (↑ 13): auf/nach Wunsch

¹**wünschen:** wir möchten ihm alles Gute wünschen, aber: das Wünschen besserer Arbeitsbedingungen. *Weiteres* ↑ 15 f.

²**wünschen** ↑ Glück wünschen

wünschenswert (↑ 18 ff.): dies schien ihm am wünschenswertesten, alles/das Wünschenswerte erreichen; das wünschenswerteste (am wünschenswertesten, sehr wünschenswert)

wäre, daß es schnell zu Ende ginge, (↑21) das wünschenswerteste der Ereignisse, aber: das Wünschenswerteste, was man sich denken kann; etwas/nichts Wünschenswertes
Wuppertaler (*immer groß,* ↑28)
würdig (↑18ff.): er war am würdigsten, alles/das Würdige seiner Erscheinung; der Würdigste, der ihm begegnet war, aber (↑21): der würdigste der Männer; etwas/nichts Würdiges
würdigen: man soll seine Leistungen würdigen, aber: das Würdigen der Verdienste. *Weiteres* ↑15f.
würfeln: wir wollen würfeln, aber: das Würfeln mehrerer Einsen, beim Würfeln gewinnen. *Weiteres* ↑15f.
würgen: sie muß vor Ekel würgen, aber: das Würgen an einem Bissen, mit Hängen und Würgen. *Weiteres* ↑15f.
Wurst (↑9): das ist mir Wurst/Wurscht
Württemberger (*immer groß,* ↑28)
württembergisch (↑39f.): die württembergische Geschichte, die Württembergische Metallwarenfabrik, das Württembergische Staats-

theater (in Stuttgart), württembergisches Warmblut (Pferderasse)
Würzburger (*immer groß,* ↑28)
Wurzel fassen: a) (↑11) er faßt Wurzel, er hat Wurzel gefaßt, er wird Wurzel fassen, um Wurzel zu fassen. **b)** (↑16) das Wurzelfassen fällt ihm hier schwer
wurzeln: die Pflanze muß erst wurzeln, aber: das Wurzeln der Bäume. *Weiteres* ↑15f.
würzen: du mußt gut würzen, aber: das Würzen der Speisen, durch Würzen schmackhaft machen. *Weiteres* ↑15f.
wüst: a) (↑40) wüste Marken (Wüstungen). **b)** (↑18ff.) seine Beschimpfungen waren am wüstesten, alles/das Wüste; der Wüsteste, dem er je begegnet war, aber (↑21): der wüsteste der Ausdrücke; etwas/nichts Wüstes
Wut (↑13): aus Wut, in Wut geraten, von Wut erfüllt sein, vor Wut
wüten: er soll nicht so wüten, aber: das Wüten des Feuers. *Weiteres* ↑15f.
wütend ↑rabiat
Wut haben ↑Anteil haben

X/Y

x/X (↑36): der Buchstabe klein x/groß X, das x in Nixe, die gesuchte Größe sei x, ein verschnörkeltes X, X wie Xanthippe (Buchstabiertafel), jmdm. ein X für ein U vormachen; er hat Beine wie ein X, X-Beine, X-beinig, X-Haken; die x-Achse, x-fach, das X-fache, x-mal. ↑a/A
x-Achse (↑36)
Xantener (*immer groß,* ↑28)
X-Beine/X-beinig (↑36)
x-beliebig (↑36): x-beliebig viele, (↑23) jeder x-beliebige
xenophontisch (↑27): die Xenophontischen Schriften, aber: Schriften in xenophontischem Geiste

xerographieren: du kannst den Text xerographieren, aber: das/durch Xerographieren des Textes. *Weiteres* ↑15f.
x-fach (↑36): das hat er x-fach gesehen, das X-fache; ↑dreifach
X-Haken (↑36)
x-mal (↑36)

y/Y (↑36): der Buchstabe klein y/groß Y, das y in Doyen, ein verschnörkeltes Y, Y wie Ypsilon/Yokohama (Buchstabiertafel); die y-Achse. ↑a/A
y-Achse (↑36)

Z

z/Z (↑36): der Buchstabe klein z/groß Z, das z in Gazelle, ein verschnörkeltes Z, Z wie Zacharias/Zürich (Buchstabiertafel), von A bis Z; das Muster hat die Form eines Z, Z-förmig. ↑a/A
zackig (↑18ff.): seine Haltung war am zackigsten, allem/dem Zackigen gegenüber mißtrauisch sein; das zackigste (am zackigsten, sehr zackig) war, als er die Hand an die Mütze legte, (↑21) der zackigste der Soldaten, aber: das Zackigste, was er je erlebt hatte; etwas/nichts Zackiges
zaghaft (↑18ff.): sie war am zaghaftesten, alle/die Zaghaften ermuntern; die Zaghafteste,

die er je gesehen hatte, aber (↑21): die zaghafteste der Frauen; etwas/nichts Zaghaftes
zäh (↑18ff.): der Kleinere war am zähesten; der Zäheste, den er je gesehen hatte, aber (↑21): der zäheste der Spieler; etwas/nichts Zähes
zähflüssig (↑18ff.): seine Rede war am zähflüssigsten; das Zähflüssigste, was er je gehört hatte, aber (↑21): die zähflüssigste der Reden
zählbar (↑18ff.): er glaubt nur an das Zählbare/an etwas Zählbares
zählebig (↑18ff.): diese Katze war am zählebigsten, (↑21) die zählebigste der Katzen
zahlen: du mußt sofort zahlen, aber: das Zah-

len der Gehälter, beim Zahlen quittieren. *Weiteres* ↑15f.
zählen: du sollst bis zehn zählen, aber: das Zählen der Exemplare, beim Zählen einen Fehler machen. *Weiteres* ↑15f.
Zahlung (↑13): an Zahlungs Statt, ↑Statt; gegen Zahlung von, in Zahlung geben
zahlungsfähig (↑18ff.): er war am zahlungsfähigsten, alle/die Zahlungsfähigen; er war der Zahlungsfähigste, den er kannte, aber (↑21): der zahlungsfähigste der Interessenten
zahm (↑18ff.): dies Tier war am zahmsten; das Zahmste, was er je gesehen hatte, aber (↑21): das zahmste der Eichhörnchen; etwas/nichts Zahmes
zähmen: er will ihn zähmen, aber: das Zähmen der Löwen, durch Zähmen zutraulich machen. *Weiteres* ↑15f.
zahnärztlich (↑40): zahnärztliche Behandlung/Praxis
zahnen: das Kind wird bald zahnen, aber: das Zahnen tut weh. *Weiteres* ↑15f.
zanken: wir wollen nicht zanken, aber: das Zanken/Sichzanken der Kinder. *Weiteres* ↑15f.
zänkisch (↑18ff.): sie war am zänkischsten, alle/die Zänkischen tadeln; die Zänkischste, die er kannte, aber (↑21): die zänkischste seiner Töchter; etwas/nichts Zänkisches
zanksüchtig ↑zänkisch
zapp[e]lig (↑18ff.): sie war am zappeligsten, alle/die Zappeligen beruhigen; der Zappeligste, den er je erlebt hatte, aber (↑21): der zappeligste der Söhne; etwas/nichts Zappeliges
zappeln: der Fisch kann noch zappeln, aber: das Zappeln des Fisches, er ist noch am Zappeln. *Weiteres* ↑15f.
zaristisch (↑40): das zaristische Rußland
zart (↑18ff.): der Kleinere war am zartesten, alle/die Zarteren; der Zarteste, den er kannte, aber (↑21): der zarteste der Brüder; etwas/nichts Zartes
zärtlich (↑18ff.): sie war am zärtlichsten; die Zärtlichste, die er kannte, aber (↑21): die zärtlichste der Schwestern; etwas/nichts Zärtliches
zauberhaft (↑18ff.): Melanie war am zauberhaftesten; das zauberhafteste (am zauberhaftesten, sehr zauberhaft) war, daß sie gleich kam, (↑21) das zauberhafteste der Mädchen, aber: sie war das Zauberhafteste, was je gesehen hatte; etwas/nichts Zauberhaftes
zaubern: er kann zaubern, aber: das Zaubern ist eine schwere Kunst. *Weiteres* ↑15f.
zaudern: er soll nicht zaudern, aber: das Zaudern des Regierungschefs, mit Zaudern und Zagen. *Weiteres* ↑15f.
zehn: a) (↑acht). **b)** (↑39f.) sich alle zehn Finger nach etwas lecken, die Zehn Gebote. **c)** (↑2ff.) „H 8 … noch zehn Minuten leben" (Film)
Zehner: a) (↑Achter). **b)** (↑9) den letzten Zehner (Zehnmarkschein) anbrechen, ich habe nur Zehner (Zehnpfennigstücke); du mußt erst die Einer, dann die Zehner zusammenrechnen
zehnfach/Zehnfache ↑dreifach
zehnjährig ↑achtjährig

zehntausend: a) (↑hundert). **b)** (↑30) die oberen Zehntausend
zehnte: a) (↑achte). **b)** (↑30) das weiß der Zehnte nicht, das kann der Zehnte nicht vertragen; der Zehnt/Zehnte (freie Abgabe), den Zehnten fordern. **c)** (↑40) die zehnte Muse (Muse der Kleinkunstbühne). **d)** (↑2ff.) „Der zehnte Mann" (Theaterstück), aber *(als erstes Wort):* wir haben den „Zehnten Mann" gesehen
zehntel ↑viertel
zehren: wir müssen von den Vorräten zehren, aber: das Zehren von Vorräten. *Weiteres* ↑15f.
Zeichen (↑13): im Zeichen, zum Zeichen
zeichnen: er kann gut zeichnen, aber: das/beim Zeichnen der Pläne. *Weiteres* ↑15f.
zeigen: er will ihm sein Haus zeigen, aber: das Zeigen seiner Fähigkeiten. *Weiteres* ↑15f.
zeit (↑34): zeit seines Lebens; ↑Leben
Zeit (↑13f.): auf Zeit, in Zeiten der Not, von Zeit zu Zeit, das Kind kam vor der Zeit, vor langen Zeiten, zu der Zeit, zu Zeiten Karls des Großen, zu einer Zeit/zu allen Zeiten, zur Zeit (z. Z.), aber (↑34): das war vorzeiten (damals) so, zuzeiten (bisweilen), ↑beizeiten
Zeit finden ↑Gehör finden
zeitgemäß (↑18ff.): dies ist am zeitgemäßesten, alles/das Zeitgemäße lieben; das zeitgemäßeste (sehr zeitgemäß, am zeitgemäßesten) wäre gewesen, wenn er den Forderungen stattgegeben hätte, (↑21) die zeitgemäßeste der Reden, aber: das Zeitgemäßeste, was er je gehört hatte; etwas/nichts Zeitgemäßes
zeitgenössisch (↑18ff.): alles/das Zeitgenössische, etwas/nichts Zeitgenössisches
Zeit haben ↑Anteil haben
zeitkritisch ↑kritisch
Zeit lassen ↑Zeit sparen
zeitlebens ↑Leben
zeitlich (↑19): das Zeitliche segnen
zeitlos (↑18ff.): alles/das Zeitlose in der Kunst bewundern, etwas Zeitloses
Zeit nehmen ↑Abstand nehmen
zeitraubend (↑18ff.): das Pflücken der Kirschen war am zeitraubendsten; das zeitraubendste (am zeitraubendsten, sehr zeitraubend) ist, daß man jede einzelne Kirsche in die Hand nehmen muß, (↑21) die zeitraubendste der Arbeiten, aber: das Zeitraubendste, was er je getan hatte
Zeit sparen: a) (↑11) er spart Zeit, weil er Zeit spart, er wird Zeit sparen, er hat Zeit gespart, um Zeit zu sparen. **b)** (↑16) das Zeitsparen, der Zwang zum Zeitsparen. (Entsprechend:) *Zeit lassen*
zelebrieren: er wird die Messe zelebrieren, aber: das/beim Zelebrieren der Messe. *Weiteres* ↑15f.
Zeller (*immer groß,* ↑28)
zelten: wir wollen zelten, aber: das Zelten gefällt ihm, beim Zelten Rheuma bekommen. *Weiteres* ↑15f.
zementieren: wir müssen den Boden zementieren, aber: das/durch Zementieren des Bodens. *Weiteres* ↑15f.
zensieren: er will die Aufsätze schlecht zen-

sieren, aber: das Zensieren der Aufsätze. *Weiteres* ↑ 15 f.

zentral (↑ 39 f.): die Zentrale Kommission für staatliche Kontrolle (DDR), zentrale Lähmung

zentralafrikanisch (↑ 39): der Zentralafrikanische Graben, die Zentralafrikanische Republik

zentralamerikanisch (↑ 39): die Zentralamerikanische Konföderation (1823–38)

zentralasiatisch (↑ 40): die zentralasiatische Kunst

zentralindisch (↑ 39): das Zentralindische Becken, der Zentralindische Rücken

zentralisieren: sie wollen die Verwaltung zentralisieren, aber: das Zentralisieren der Verwaltung. *Weiteres* ↑ 15 f.

zentralistisch (↑ 18 ff.): alles/das Zentralistische ablehnen, (↑ 21) das zentralistischste der Regime, nichts Zentralistisches

zerbrechen: er soll die Scheibe nicht zerbrechen, aber: das Zerbrechen der Scheibe. *Weiteres* ↑ 15 f.

zerbrochen (↑ 2 ff.): „Der zerbrochene Krug" (von Kleist), aber: wir lasen den „Zerbrochenen Krug"

zerbröckeln: du sollst den Kuchen nicht zerbröckeln, aber: das Zerbröckeln des Kuchens. *Weiteres* ↑ 15 f.

Zerbster (*immer groß*, ↑ 28)

zerdrücken: er wird das Glas zerdrücken, aber: das/beim Zerdrücken des Glases. *Weiteres* ↑ 15 f.

zerebral (↑ 40): die zerebrale Kinderlähmung

Zeremonie (↑ 13): ohne Zeremonie

zeremoniell (↑ 18 ff.): alles/das Zeremonielle ablehnen, etwas/nichts Zeremonielles

zerfahren (↑ 18 ff.): er war am zerfahrensten, das Zerfahrene an ihm war erschreckend, (↑ 21) der zerfahrenste der Männer, er hat etwas/nichts Zerfahrenes an sich

zerfallen: die Mauer wird langsam zerfallen, aber: das/nach Zerfallen der Mauer. *Weiteres* ↑ 15 f.

zergliedern: du sollst den Satz zergliedern, aber: das/beim Zergliedern des Satzes. *Weiteres* ↑ 15 f.

zerkauen: du wirst den Bleistift noch zerkauen, aber: das/beim Zerkauen des Bleistifts. *Weiteres* ↑ 15 f.

zerkleinern: du sollst das Holz zerkleinern, aber: das/beim Zerkleinern des Holzes. *Weiteres* ↑ 15 f.

zerknirscht (↑ 18 ff.): er war am zerknirschtesten; er war der Zerknirschteste, den er je erlebt hatte, aber: (↑ 21) der zerknirschteste der Schüler

zerlegen: wir wollen das Fahrrad zerlegen, aber: das/beim Zerlegen des Fahrrads. *Weiteres* ↑ 15 f.

zerplatzen: der Reifen kann zerplatzen, aber: das/beim Zerplatzen des Reifens. *Weiteres* ↑ 15 f.

zerreißen: kannst du die Schnur zerreißen, aber: das/zum Zerreißen der Schnur. *Weiteres* ↑ 15 f.

zerrissen (↑ 18 ff.): seine Kleidung war am zerrissensten, alles/das Zerrissene verbrennen,

(↑ 21) das zerrissenste der Kleider, er hatte nur etwas Zerrissenes

zerschlagen: er wollte die Scheibe zerschlagen, aber: das/durch Zerschlagen der Scheibe. *Weiteres* ↑ 15 f.

zersplittern: die Scheiben werden zersplittern, aber: das/durch Zersplittern der Scheiben. *Weiteres* ↑ 15 f.

zerstören: du willst sein Glück zerstören, aber: das/durch Zerstören seines Glücks. *Weiteres* ↑ 15 f.

zerstreut: a) (↑ 40) ein zerstreuter Professor. **b)** (↑ 18 ff.) er war am zerstreutesten; er war der Zerstreuteste, der ihm je begegnet war, aber (↑ 21): der zerstreuteste der Professoren

zertanzt (↑ 2 ff.): „Die zertanzten Schuhe" (Märchen), aber: sie las das Märchen von den „Zertanzten Schuhen"

zetern: du sollst nicht zetern, aber: das Zetern nützt nichts, mit Zetern ist nichts zu gewinnen. *Weiteres* ↑ 15 f.

Zeuge (↑ 13): etwas vor Zeugen erklären, zum Zeugen anrufen

Z-förmig (↑ 36)

¹ziehen: du mußt fester ziehen, aber: das Ziehen des Wagens, beim Ziehen ist das Seil gerissen. *Weiteres* ↑ 15 f.

²ziehen /in Fügungen wie *Mühle* ziehen/↑ Tau ziehen

zielen: du mußt besser zielen, aber: das Zielen ist schwierig. *Weiteres* ↑ 15 f.

zielend (↑ 40): zielendes Zeitwort (Sprachw.)

zielsicher ↑ zielstrebig

zielstrebig (↑ 18 ff.): er war am zielstrebigsten, das Zielstrebige schätzen; der Zielstrebigste, den er kannte, aber (↑ 21): der zielstrebigere/zielstrebigste der Politiker; etwas/nichts Zielstrebiges

zierlich (↑ 18 ff.): sie war am zierlichsten, alles/das Zierliche schätzen; die Zierlichste, die er je gesehen hatte, aber (↑ 21): das zierlichste der Mädchen; etwas/nichts Zierliches

Zigaretten rauchen: a) (↑ 11) er raucht Zigaretten, weil er Zigaretten raucht, er wird weiterhin Zigaretten rauchen, er hat Zigaretten geraucht, um Zigaretten zu rauchen. **b)** (↑ 16) das Zigarettenrauchen ist schädlich, das kommt vom Zigarettenrauchen

Zigarillos/Zigarren rauchen ↑ Zigaretten rauchen

zigeunerhaft (↑ 18 ff.): alles/das Zigeunerhafte lieben, etwas/nichts Zigeunerhaftes

zigeunerisch/Zigeunerisch/Zigeunerische (↑ 40): zigeunerische Sitten, ein zigeunerisches Wort. *Zu weiteren Verwendungen* ↑ deutsch/Deutsch/Deutsche

Zillertaler (*immer groß*, ↑ 28)

zimbrisch (↑ 39 f.): die Zimbrische Halbinsel (Jütland), die zimbrischen Sprachinseln

zimmerisch (↑ 2): die „Zimmerische Chronik"

zimmern: er will einen Schrank zimmern, aber: das Zimmern des Bootes dauert lange. *Weiteres* ↑ 15 f.

zimolisch (↑ 40): zimolische Erde

zimperlich (↑ 18 ff.): alles/das Zimperliche ablehnen; die Zimperlichste, die er erlebt hatte, aber (↑21): die zimperlichere/zimperlichste der Damen; etwas Zimperliches

zinken: er wird die Karten zinken, aber: das Zinken der Karten. *Weiteres* ↑15f.

zinsgünstig (↑40): ein zinsgünstiges Darlehen

zinslos (↑40): ein zinsloses Darlehen

zirkular (↑40): zirkulare Strömung

zirkulieren: das Blut muß zirkulieren, aber: das Zirkulieren des Blutes. *Weiteres* ↑15f.

zirzensisch (↑40): zirzensische Spiele

zischen: das Wasser wird auf der heißen Platte zischen, aber: das/durch Zischen der Zuschauer. *Weiteres* ↑15f.

zitieren: du mußt richtig zitieren, aber: das/beim Zitieren verschiedener Zeitungen. *Weiteres* ↑15f.

Zittauer (*immer groß*, ↑28)

zitt[e]rig (↑18ff.): seine Stimme war am zitterigsten, (↑21) mit der zitterigsten aller Stimmen

zittern: er wird zittern, aber: das Zittern vor Kälte. *Weiteres* ↑15f.

zivil: a) (↑40) ziviler Bevölkerungsschutz, ziviler Ersatzdienst, zivile Preise. **b)** (↑18ff.) alles/das Zivile anerkennen, etwas/nichts Ziviles, er ist in Zivil

zivilisatorisch (↑18ff.): alles/das Zivilisatorische ablehnen

zivilisieren: sie wollen das Land zivilisieren, aber: das Zivilisieren des Landes dauert lange. *Weiteres* ↑15f.

zögern: er wird noch zögern, aber: das Zögern der Regierungschefs, durch Zögern manche Chance verpassen. *Weiteres* ↑15f.

zollen /in der Fügung *Dank zollen*/↑Dank abstatten

zoologisch (↑41): in Deutschland gibt es viele zoologische Gärten, aber: der Zoologische Garten Frankfurt am Main

Zoon politikon (↑9)

Zorn (↑13): aus Zorn, im/in Zorn, vor Zorn rot werden

zornig: a) (↑40) zornige junge Männer. **b)** (↑18ff.) er war am zornigsten, die Zornigsten schrien am lautesten, (↑21) der zornigste der Männer

zotig (↑18ff.): der Witz war am zotigsten, alles/das Zotige langweilig finden; das Zotigste, was er je gehört hatte, aber (↑21): der zotigste der Witze; etwas/nichts Zotiges

zu (↑34)

1 *In Namen* (↑42) *und Titeln* (↑2f.): „Gasthaus zu der Grünen Linde", „Allee zum Grünen Baum", „Gasthaus zur Alten Post", „Beiträge zur Geschichte der deutschen Sprache" (Buchtitel), aber *(als erstes Wort):* Gasthaus „Zu der Grünen Linde", Straße „Zum Grünen Baum", Gasthaus „Zur Alten Post", „Zur Geschichte einiger grammatischer Theorien" (Buchtitel), „Zur Sache, Schätzchen" (Film)

2 *In Familiennamen:* Familie Zur Nieden/ *(oder:)* Familie zur Nieden

3 *Schreibung des folgenden Wortes:* **a)** *Substantiv* (↑13f.): zu Abend usw. ↑Abend usw., zum Bahnhof usw. ↑Bahnhof usw., zur Bahn usw. ↑Bahn usw., zufolge ↑Folge, zugrunde ↑Grund, zugunsten ↑Gunst, ↑zugute, zuhan-

den ↑Hand, ↑zuhauf, zulande ↑Land, ↑zuleid[e], zuliebe ↑Liebe, ↑zumute, ↑zunichte, zunutze ↑Nutzen, ↑zupaß/zupasse, zurecht ↑Recht, ↑zuschanden, ↑zuschulden, zu seiten ↑Seite, zustande ↑Stand, ↑zustatten, zutage ↑Tag, zuteil ↑Teil, zuungunsten ↑Ungunst, ↑zuwege, ↑zuweilen, zuzeiten ↑Zeit. **b)** *Infinitiv* (↑15f.): er hat nichts zum Anziehen, Lust zum Fahren; das ist zum Lachen, aber: er hat nichts zu lachen; sie ist bei der Arbeit nicht zum Trinken gekommen, aber: er hat viel zu trinken; das ist zum Verrücktwerden, zum Verwechseln ähnlich, das ist zum Weinen. **c)** *Adjektiv und Partizipien* (↑19 und 23): vom Einzelnen zum Allgemeinen, er ist zu alt dafür, es kommt zum Ärgsten, zum Äußersten fähig sein, eine Wendung zum Besseren; nicht zum besten (nicht sehr gut) stehen, aber: eine Spende zum Besten der Armen; zum Bösen neigen, zum Ewigen (zu Gott) beten; zu folgendem (diesem), aber: zu dem/zum Folgenden (dem später Erwähnten, Geschehenden, den folgenden Ausführungen); zum Ganzen streben, ein Hang zum Großen, zum Guten lenken/wenden; das gehört zum Häßlichsten, was ich je gesehen habe; er geht zu weit. (↑24) zum besten haben/halten/stehen. (↑25) lateinisch mensa heißt zu deutsch Tisch. *(Beachte auch:)* der zu versichernde Angestellte, aber: der zu Versichernde; der aufzunehmende Fremde, aber: der Aufzunehmende. **d)** *Zahladjektive und Pronomen* (↑29ff. und 32): zu alledem, zu drei[e]n, bis zu dreißig [Jahren], zu dritt, vier zu eins (4:1); zum ersten, zum zweiten, zum dritten, aber: zum Ersten (ersten Tag des Monats); sechs verhält sich zu zehn wie drei zu fünf; zum ersten, zum zweiten, zum letzten, aber: zum Letzten (letzten Tag des Monats); zu mehr langt es nicht, zum mindesten, zu nichts kommen/nütze sein/werden/bringen, wir sind zu viert, zum wenigsten, zu zwei[e]n, zu zweit

zu Abend usw. ↑Abend usw.

zubereiten: sie will das Essen zubereiten, aber: das/beim Zubereiten des Essens. *Weiteres* ↑15f.

zu Berg[e] usw. ↑Berg usw.

zubilligen: er wird uns dieses Recht nicht zubilligen, aber: das Zubilligen einer Entschädigung. *Weiteres* ↑15f.

zublinzeln: er will mir zublinzeln, aber: das Zublinzeln war das Zeichen, durch Zublinzeln Zeichen geben. *Weiteres* ↑15f.

zu Boden ↑Boden

zu Buch ↑Buch

züchten: er will Rosen züchten, aber: das Züchten von Vögeln. *Weiteres* ↑15f.

züchtig (↑18ff.): ihr Benehmen war am züchtigsten, (↑21) das züchtigste der Mädchen, etwas Züchtiges

züchtigen: du darfst ihn nicht züchtigen, aber: das Züchtigen ist verboten. *Weiteres* ↑15f.

zuchtlos ↑züchtig

zucken: du darfst nicht zucken, aber: das Zucken mit den Achseln. *Weiteres* ↑15f.

zuckern: du mußt das Obst zuckern, aber:

das/durch Zuckern des Weines. *Weiteres*
↑ 15 f.
zu Dank ↑ Dank
zu Diensten ↑ Dienst
zudringlich (↑ 18 ff.): er war am zudringlichsten, alles/das Zudringliche hassen; der Zudringlichste, den er kannte, aber (↑ 21): der zudringlichste ihrer Verehrer; etwas/nichts Zudringliches
zu Ehren usw. ↑ Ehre usw.
Zufall (↑ 13): es geschieht aus Zufall, durch Zufall
zufällig (↑ 18 ff.): allem/dem Zufälligen mißtrauen, etwas/nichts Zufälliges
zu Felde ↑ Feld
zuflüstern: sie will dir etwas zuflüstern, aber: das/durch Zuflüstern einiger Worte. *Weiteres* ↑ 15 f.
zufolge ↑ Folge
zufrieden (↑ 18 ff.): er war am zufriedensten, alle/die Zufriedenen; die Zufriedensten, die er kannte, aber (↑ 21): die zufriedensten der Männer; etwas/nichts Zufriedenes
zu Fuß/Füßen ↑ Fuß
Zug (↑ 13): ein Seil auf Zug beanspruchen, im Zug[e], zum Zuge kommen
zu Gast usw. ↑ Gast usw.
zugehörig (↑ 18 ff.): alles/das Zugehörige berücksichtigen, etwas/nichts Zugehöriges
zügellos (↑ 18 ff.): diese Party war am zügellosesten, alles/das Zügellose; das Zügelloseste, was er je erlebt hatte, aber (↑ 21): die zügelloseste der Partys; etwas/nichts Zügelloses
zügeln: du mußt dein Temperament zügeln, aber: das Zügeln der Pferde. *Weiteres* ↑ 15 f.
zu Gemüt ↑ Gemüt
Zuger (*immer groß,* ↑ 28)
zu Gericht ↑ Gericht
zugesichert (↑ 40): zugesicherte Eigenschaften (Rechtsw.)
zu Gesicht ↑ Gesicht
zugestehen: wir wollen ihm den Punkt zugestehen, aber: das/nach Zugestehen des Punktes. *Weiteres* ↑ 15 f.
Zug fahren ↑ Auto fahren
zugig (↑ 18 ff.): dieses Abteil war am zugigsten, (↑ 21) das zugigste der Abteile, nichts Zugiges
zugkräftig (↑ 18 ff.): seine Überlegungen waren am zugkräftigsten, alles/das Zugkräftige seiner Argumentation; das Zugkräftigste, was er je gesehen hatte, aber (↑ 21): das zugkräftigste der Angebote; etwas/nichts Zugkräftiges
zu Gnaden ↑ Gnade
zugrunde ↑ Grund
zugunsten ↑ Gunst
zugute (↑ 34): zugute halten/kommen
zuhanden/zu Händen ↑ Hand
zuhauf (↑ 34): zuhauf kommen
zu Häupten ↑ Haupt
zu Haus[e]: a) (↑ 13) er ist zu Hause. **b)** (↑ 9) er hat kein Zuhause, das ist sein Zuhause
zu Herzen ↑ Herz
zu Hilfe ↑ Hilfe
zuhinterst ↑ hintere
zuhöchst ↑ hohe (2)
zu Holze ↑ Holz

zuhören: du sollst endlich zuhören, aber: das/beim Zuhören der Schüler. *Weiteres* ↑ 15 f.
zuinnerst ↑ innere (2)
zu Kopf usw. ↑ Kopf usw.
zukünftig (↑ 18 ff.): alles/das Zukünftige voraussagen, meine Zukünftige (Verlobte), mein Zukünftiger (Verlobter)
zulande/zu Lande ↑ Land
zulassen: das können wir nicht zulassen, aber: das Zulassen des Kandidaten zum Examen. *Weiteres* ↑ 15 f.
zulässig (↑ 40): das zulässige Gesamtgewicht
zu Lasten usw. ↑ Last usw.
zuleid[e] ↑ Leid
zuletzt ↑ letzte (2)
zuliebe ↑ Liebe
Zülpicher (*immer groß,* ↑ 28)
zum /aus *zu + dem*/↑ zu
zu Markte ↑ Markt
zum Ausdruck usw. ↑ Ausdruck usw.
zum Behuf[e] ↑ Behuf
zum Beispiel usw. ↑ Beispiel usw.
zu Mittag ↑ Mittag
zum Kauf usw. ↑ Kauf usw.
zum Markt ↑ Markt
zum Narren ↑ Narr
zum Schaden usw. ↑ Schaden usw.
zum Teil usw. ↑ Teil usw.
zumute (↑ 34): mir ist gut/schlecht zumute
zum Verdienst usw. ↑ Verdienst usw.
zu Nacht ↑ Nacht
zünden: sie wollen eine Atombombe zünden, aber: das Zünden der Bombe wurde aufgeschoben. *Weiteres* ↑ 15 f.
zunehmen: die Flut wird rasch zunehmen, aber: das Zunehmen der Flut. *Weiteres* ↑ 15 f.
Zungen-R (↑ 36)
zunichte (↑ 34): zunichte machen/werden
zunutze ↑ Nutzen
zuoberst ↑ obere
zu Ohren ↑ Ohr
zu Ostern/Pfingsten/Weihnachten ↑ Ostern
zu Paaren ↑ Paar
zu Papier ↑ Papier
zupaß/zupasse (↑ 34): zupaß kommen
zupfen: du darfst nicht daran zupfen, aber: das Zupfen der Instrumentensaiten. *Weiteres* ↑ 15 f.
zur /aus *zu + der*/↑ zu
zu Rad ↑ Rad
zu Rande ↑ Rand
zu Rate ↑ Rat
Zürcher ↑ Zür[i]cher
zurecht ↑ recht (b), ↑ zurechtkommen
zu Recht ↑ Recht (b)
zurechtkommen: a) (↑ recht [b]) er kommt/kam zurecht, weil er zurechtkommt/zurechtkam, er wird zurechtkommen, um zurechtzukommen, aber (↑ Recht [b]): zu Recht bestehen. **b)** (↑ 16) das Zurechtkommen
zurechtrücken ↑ zurechtkommen
zureichend (↑ 40): zureichender Grund
zur Einsicht usw. ↑ Einsicht usw.
Zür[i]cher (*immer groß,* ↑ 28)
zur Kirche usw. ↑ Kirche usw.
zur Neige ↑ Neige

zürnen: er soll nicht zürnen, aber: das Zürnen nützt nichts. *Weiteres* ↑ 15 f.

zur Not usw. ↑ Not usw.

zurück: a) (↑ 34) er wird schon zurück sein. **b)** (↑ 35) es gibt kein Zurück

zurückfinden: du wirst den Weg zurückfinden, aber: das/zum Zurückfinden des Weges. *Weiteres* ↑ 15 f.

zurückhaltend ↑ reserviert

zurückschicken: ich werde das Paket zurückschicken, aber: das Zurückschicken des Pakets. *Weiteres* ↑ 15 f.

zur Wache ↑ Wache

zur Wahl ↑ Wahl

zur Zeit ↑ Zeit

zusagen: er wollte für heute zusagen, aber: das Zusagen der Teilnehmer. *Weiteres* ↑ 15 f.

zusagend (↑ 18 ff.): er hat etwas/nichts Zusagendes gefunden

zusammenarbeiten: wir müssen besser zusammenarbeiten, aber: das Zusammenarbeiten klappt nicht. *Weiteres* ↑ 15 f.

zusammengesetzt (↑ 40): ein zusammengesetztes Wort (Sprachw.)

zusammenhängend (↑ 18 ff.): er sprach am zusammenhängendsten, alles/das Zusammenhängende; das Zusammenhängendste, was er je gehört hatte, aber (↑ 21): der zusammenhängendste der Vorträge; etwas/nichts Zusammenhängendes

zusammenhang[s]los ↑ zusammenhängend

zusammenheften: wir wollen die Akten zusammenheften, aber: das/beim Zusammenheften der Akten. *Weiteres* ↑ 15 f.

zusammenleben: sie müssen auf engem Raum zusammenleben, aber: das/beim Zusammenleben auf engem Raum. *Weiteres* ↑ 15 f.

zusammenprallen: die beiden mußten zusammenprallen, aber: das/beim Zusammenprallen der Fahrzeuge. *Weiteres* ↑ 15 f.

zusammenziehend (↑ 40): zusammenziehendes Mittel

zusätzlich (↑ 18 ff.): alles Zusätzliche berechnen, etwas/nichts Zusätzliches

zu Schaden ↑ Schaden

zuschanden ↑ Schande

zuschauen: wir wollen dem Spiel zuschauen, aber: das/durch Zuschauen beim Spiel. *Weiteres* ↑ 15 f.

zu Schiff ↑ Schiff

Zuschlag (↑ 13): ohne Zuschlag und Abschlag

zuschlagfrei ↑ zuschlagspflichtig

zuschlagspflichtig (↑ 40): zuschlagspflichtige Züge

zuschulden (↑ 34): sich etwas zuschulden kommen lassen

zu seiten ↑ Seite

zusichern: er kann die Erfüllung zusichern, aber: das Zusichern der Erfüllung. *Weiteres* ↑ 15 f.

zustande ↑ Stand

zuständig (↑ 18 ff.): er hat keinen Zuständigen gefunden

zustatten (↑ 34): zustatten kommen

zu Staub ↑ Staub

zustellen: wir werden ihm die Rechnung zu-

stellen, aber: das Zustellen der Rechnung. *Weiteres* ↑ 15 f.

zu Streich ↑ Streich

zu Stuhl[e] ↑ Stuhl

zutage ↑ Tag

zu Tal[e] ↑ Tal

zuteil ↑ Teil

zu Tisch[e] usw. ↑ Tisch usw.

zutraulich (↑ 18 ff.): das Eichhörnchen war am zutraulichsten, alle/die Zutraulichen waren; das Zutraulichste, was er je gesehen hatte, aber (↑ 21): das zutraulichste der Kinder; etwas/nichts Zutrauliches

zutreffend (↑ 18 ff.): Zutreffendes ankreuzen/[unter]streichen

zuungunsten ↑ Ungunst

zuunterst ↑ untere

zuverlässig (↑ 18 ff.): er war am zuverlässigsten, alle/die Zuverlässigen; das Zuverlässigste, was er je gesehen hatte, aber (↑ 21): das zuverlässigste der Autos; etwas/nichts Zuverlässiges

zuversichtlich (↑ 18 ff.): er war am zuversichtlichsten, alle/die Zuversichtlichen; er war der Zuversichtlichste, den er kannte, aber (↑ 21): der zuversichtlichste der Politiker; etwas/nichts Zuversichtliches

zu Verstand ↑ Verstand

zuviel: a) (↑ 32) er weiß zuviel, besser zuviel als zuwenig. **b)** (↑ 33) das Zuviel, ein Zuviel ist besser als ein Zuwenig

zuvorderst ↑ vordere

zuvorkommend (↑ 18 ff.): sie war am zuvorkommendsten, alle/die Zuvorkommenden schätzen; der Zuvorkommendste, den er kannte, aber (↑ 21): der zuvorkommendste der Verkäufer; etwas/nichts Zuvorkommendes

zu Wasser ↑ Wasser

zuwege (↑ 34): zuwege bringen, [gut] zuwege sein

zuweilen (↑ 34): zuweilen freute er sich darüber

zuwenig ↑ zuviel

zu Werke ↑ Werk

zuwiderhandeln: du darfst deiner Pflicht nicht zuwiderhandeln, aber: das/durch Zuwiderhandeln des Mannes. *Weiteres* ↑ 15 f.

zu Willen ↑ Wille

zu Wort ↑ Wort

zuzeiten ↑ Zeit

zwanghaft (↑ 18 ff.): alles/das Zwanghafte seines Verhaltens, etwas/nichts Zwanghaftes

zwanglos (↑ 18 ff.): dieser Abend war am zwanglosesten, alles/das Zwanglose schätzen; dieser Abend war das Zwangloseste, was er je erlebt hatte, aber (↑ 21): der zwangloseste der Abende; etwas/nichts Zwangloses

zwangsläufig ↑ zwanghaft

zwanzig: a) (↑ achtzig). **b)** *Uhrzeitangaben:* ↑ acht (1, c). **c)** *Rechnen:* ↑ acht (1, d). **d)** (↑ 2 ff.) „Liebe mit zwanzig" (Film), aber *(als erstes Wort):* „Zwanzig Briefe an einen Freund" (Buch)

zwanziger: a) (↑ achtziger). **b)** (↑ 30) ich habe nur noch einen Zwanziger (Zwanzigmarkschein), die goldenen zwanziger Jahre/Zwanziger

zwanzigfach/Zwanzigfache ↑ dreifach
zwanzigjährig ↑ achtjährig
zwanzigste: a) (↑ achte). **b)** (↑ 39 f.) der zwanzigste April, aber: Zwanzigster (20.) Juli (Tag des Gedenkens an den 20. Juli 1944, den Tag des Attentats auf Hitler)
zwanzigstel ↑ viertel
zweckdienlich ↑ praktisch
zwecklos (↑ 18 ff.): alles/das Zwecklose lassen, etwas Zweckloseres konnte man sich kaum vorstellen
zweckmäßig ↑ praktisch
zwei: a) (↑ 29) wenn zwei sich streiten, freut sich der Dritte; er war eins, zwei, drei damit fertig; ihr zwei beiden, (Kartenspiel) Grand mit zwei[en]. *(In Briefen:)* Ihr lieben zwei!; ↑ acht (1). **b)** (↑ 30) eine Zwei/drei Zweien würfeln, er hat in Latein eine Zwei geschrieben, er hat die Prüfung mit der Note „Zwei" bestanden; ↑ acht (2). **c)** (↑ 40) zwei Gesichter haben, niemand kann zwei[en] Herren dienen, zwei Seelen, alles hat zwei Seiten. **d)** (↑ 2 ff.) „Zwei Tage und zwei Nächte" (Film), „Zwei in Paris" (Film)
zweideutig (↑ 18 ff.): diese Bemerkung war am zweideutigsten, alles/das Zweideutige ablehnen; das Zweideutigste, was er je gehört hatte, aber (↑ 21): die zweideutigste seiner Bemerkungen; etwas/nichts Zweideutiges
zweieiig (↑ 40): zweieiige Zwillinge
Zweier ↑ Achter
zweifach/Zweifache ↑ dreifach
Zweifel (↑ 13): außer Zweifel, im/in Zweifel sein, ohne Zweifel
zweifelhaft (↑ 18 ff.): alles/das Zweifelhafte fürchten, etwas/nichts Zweifelhaftes
zweifeln: du sollst nicht daran zweifeln, aber: das Zweifeln führt ihn nicht weiter. *Weiteres* ↑ 15 f.
zweigestrichen (↑ 40): (Musik) ein zweigestrichenes c
zweihundert ↑ hundert
zweijährig ↑ achtjährig
zweikeimblätt[e]rig (↑ 40): (Bot.) zweikeimblätt[e]rige Pflanzen
zweireihig (↑ 40): ein zweireihiger Anzug
zweischläfrig (↑ 40): ein zweischläfriges Bett (für zwei Personen)
zweispurig (↑ 40): eine zweispurige Fahrbahn
zweitausend ↑ hundert
zweite
1 *Als einfaches Zahladjektiv klein* (↑ 29): er hat wie kein zweiter gearbeitet, zum ersten, zum zweiten, zum dritten
2 *Substantivisch gebraucht groß* (↑ 30): ein Zweites ist noch zu erwähnen
3 *In Namen und festen Begriffen* (↑ 39 f.): zweiter Bildungsweg, zweite Dimension, zweiter Fall, Zweites Deutsches Fernsehen (ZDF), zweites Futur, zweiter Gang (Auto), die zweite Geige spielen, zweiter Geiger, das Zweite Gesicht, ein Verwandter zweiten Grades, aus zweiter Hand (das ist sein zweites Ich, die zweite Kindheit (das hohe Greisenalter), er fährt zweiter Klasse, zweiter Konjunktiv, der Zweite Punische Krieg, der Zweite Schlesische Krieg, der zweite Liebhaber (Schauspielerfach), in

zweiter Linie, zweites Mittelwort/Partizip, ein zweiter Napoleon, das ist ihm zur zweiten Natur geworden, Zweiter Orden, das zweite Programm, der zweite Rang, die Zweite Republik (in Österreich nach 1945), die zweite industrielle Revolution, er singt die zweite Stimme, der zweite Stock, zweite Wahl, der zweite/Zweite Weltkrieg. *Zu weiteren Verwendungen* ↑ achte
zweitklassig (↑ 18 ff.): alles/das Zweitklassige ablehnen, etwas/nichts Zweitklassiges
zweitürig (↑ 40): ein zweitüriges Auto
Zwickauer *(immer groß, ↑ 28)*
zwiefach/Zwiefache ↑ dreifach
zwielichtig (↑ 18 ff.): alles/das Zwielichtige meiden, etwas/nichts Zwielichtiges
zwiespältig (↑ 18 ff.): alles/das Zwiespältige, etwas/nichts Zwiespältiges
zwingen: du sollst ihn nicht zwingen, aber: das Zwingen hat keinen Sinn. *Weiteres* ↑ 15 f.
zwingend (↑ 40): (Rechtsw.) zwingendes Recht
zwinkern: er wird mit den Augen zwinkern, aber: das/durch Zwinkern mit den Augen. *Weiteres* ↑ 15 f.
zwischen (↑ 34): **a)** (↑ 42) der „Weg zwischen den Eichen", aber *(als erstes Wort):* er wohnt auf dem Weg „Zwischen den Eichen", „Zwischen Himmel und Hölle" (Film) (↑ 2 ff.). **b)** (↑ 16) er wählte zwischen Schwimmen und Turnen. **c)** (↑ 19) zwischen Gut und Böse/Gutem und Bösem nicht unterscheiden können. **d)** (↑ 29 ff. und 32) ich stellte mich zwischen beide, zwischen drei und vier [Uhr], sie ist zwischen dreißig und vierzig [Jahre alt], zwischen ihm und mir. **e)** (↑ 34 f.) zwischen gestern und morgen, aber: zwischen [dem] Gestern und [dem] Morgen liegt das Heute
zwischenmolekular (↑ 40): zwischenmolekulare Kräfte (Physik)
zwitschern: die Vögel werden zwitschern, aber: das Zwitschern der Vögel. *Weiteres* ↑ 15 f.
zwo / = zwei/↑ zwei
zwölf: a) (↑ 29) nun hat es aber zwölf geschlagen, es ist fünf [Minuten] vor zwölf; ↑ acht (1). **b)** (↑ 30) die Zahl Zwölf; ↑ acht (2). **c)** (↑ 39 f.) die zwölf Apostel/Jünger, die zwölf Monate, die Zwölf Nächte (nach Weihnachten). **d)** (↑ 2 ff.) „Die zwölf Brüder" (Märchen), „Die zwölf Geschworenen" (Film), aber *(als erstes Wort):* „Zwölf Uhr mittags" (Film), der Film von den „Zwölf Geschworenen"
zwölffach/Zwölffache ↑ dreifach
zwölfjährig ↑ achtjährig
zwölfte: a) (↑ achte). **b)** (↑ 30) die Zwölften (die Zwölf Nächte nach Weihnachten). **c)** (↑ 40) er kam in zwölfter Stunde
zwölftel ↑ viertel
zwote / = zweite/↑ zweite
zynisch (↑ 18 ff.): diese Bemerkung war am zynischsten, alles/das Zynische ablehnen; das Zynischste, was er je erlebt hatte, aber (↑ 21): die zynischste seiner Bemerkungen; etwas/nichts Zynisches
zypriotisch ↑ zyprisch
zyprisch: a) (↑ 40) die zyprische Bevölkerung, die zyprische Geschichte, die zyprische Regierung. **b)** (↑ 18 ff.) alles/das Zyprische lieben, nichts/viel Zyprisches

Skizze der Entwicklung der Großschreibung im Deutschen Regeln und Gebrauch*

Das oben ausführlich dargestellte Regelsystem der Groß- oder Kleinschreibung im Deutschen ist ein Glied innerhalb einer langen Tradition.

Die ersten Versuche, Regeln für die Großschreibung aufzustellen, fallen ins 16. und 17. Jh. Sie werden im ersten Abschnitt dargestellt.

Weil diese Regeln den Gebrauch der Großbuchstaben in der damaligen Zeit widerspiegeln, wird im zweiten Abschnitt die Entwicklung der großen Buchstaben vom Althochdeutschen an bis ins 16./17. Jh. kurz skizziert.

Im dritten und vierten Abschnitt wird dann die Entwicklung der Regeln bis zur Gegenwart aufgezeigt.

1 Die ersten Regeln für die Großschreibung (1527–1653)

Der erste überlieferte Versuch, den Gebrauch der Großbuchstaben in einer Anweisung festzulegen, fällt in das Jahr 1527, und zwar mit dem in der Druckerei des Servatius Kruffter zu Köln erschienenen Büchlein „Formulare vñ duytsche Rethorica ader der schryfftspiegel..."

Es werden die Großbuchstaben (versalia) gefordert (zitiert nach Müller 1882):

> für den Anfang eines neuen Gedankens, eines neuen Satzes: A versal ader dat groiß A. sal in geynem slechten word gebrucht werden wae nit eyn neuwer syn dae mit angefangen (wenn nicht ein neuer Gedanke beginnt).

> im Satzinnern nur für bestimmte Gruppen von Eigennamen: in eyner Oratz ader rede in der mytte in geynem worde gesatz werden/es sy dan eyns lantz/Stat/ader eygen nam eyns fursten ader andern.

Ausdrücklich empfiehlt der Schryfftspiegel gutes Schrifttum als Anschauungsmaterial:

> Will eyn yeder im lesen goder Rethorickischen vnd Cantzleyscher brieff vnd gedicht (so er achtung dair vff hait) gnochsamlich finden vnd vnderricht werden van dem Versall A ... vnd also all andere versalia off capitala gebrucht sullen werden wie dat A versail.

---

* Am Schluß des Artikels finden sich einige weiterführende Literaturhinweise. Angaben wie zitiert nach Tesch 1890 oder ↑Tesch 1890 beziehen sich auf die dort angeführten Titel.

Die ausführliche Belegsammlung von Hagemann, mehr aber noch die von Tesch, bildet die Grundlage dieses Überblicks. Die Zitate aus den Grammatiken und den Orthographien sind, wenn es im Text nicht anders angemerkt wird, nach der Arbeit von Tesch zitiert.

Zur ausführlichen Darstellung ↑Mentrup 1979; für den Zeitraum von 1800–1870 ↑Schäfer 1980.

Entsprechende Regeln wie auch der Hinweis auf das Schrifttum finden sich in dem 1530 in Basel erschienenen Buch „ENchiridion://das ist/Handbůchlin//tütscher Orthographi/h'chtütsche//språch artlich zeschryben/vnd låsen ..." von dem „tüdtsch Leermystern" Johannes Kolroß (zitiert nach Müller 1882):

> Anfang einer Rede, eines Satzes: Zů dem Ersten solt du allweg dz erst wort eyner yegklichen sunderlichen reed mit einem versal bůchstaben anheben.

> Eigennamen: Zů dem anderen solt du ouch alle eygene nammen/es seyen der mannen oder frouwen/vnd was sunst eygen nammen sind/ der lander/stetten/schlóssern/vnd dôrffern ... allweg mit einem versal bůchstaben anheben/also das der erst bůchstab ein versal bůchstab seye ...

Nach einer Aufstellung von Beispielen folgt die dritte Regel, in der Kolroß – über den Schryfftspiegel hinausgehend – eine Sonderregel für die Schreibung des Namens *Gott* empfiehlt:

> Zů dem dritten/diewyl es zierlich ist vnnd hübsch/so man die eygen nammen mit einem versal bůchstaben anhept/Solt man billich den Nammen Gottes (dem allein alle eer zůgehórt) nit allein mit dem ersten bůchstaben groß/sunder das gantz wort mit versal bůchstaben schryben/also GOTT/

Kolroß lockert jedoch diese Regel wieder auf, wenn er fortfährt:

> ... vnd ob man schon nit wolt Gott/noch Herr/mit ytel versal bůchstaben schryben (als ouch nit von nödten) solt man doch allweg den ersten bůchstaben mit eim versal bůchstaben schryben/als Gott vnd Herr ...

Wichtig für spätere Überlegungen ist, daß sich Kolroß auf die Gepflogenheit der Drucker beruft:

> dorumb ouch die trucker Gott zů eeren vnd reuerentz im Alten Testament dz wort Herr/(Gott bedůdtend) allenthalben gar mit versal bůchstaben (also HERR) getruckt haben ...

Daß dem Gebrauch der Großbuchstaben im Schrifttum, auf das Kolroß hinweist, nicht in jeder Hinsicht nachzueifern ist, zeigt die Kritik in der mehr sprachpflegerischen Mahnung des vierten Punktes:

> Zů dem vierden solt du dich verhůten/das du nit in mitten eines worts ein versal bůchstaben setzest/als vAtter vNser dEr ... Sunder allein im anfang wo es nodt ist/vnd ein andrer sententz angodt.

Der fünfte Punkt behandelt, auch unter Berufung auf den vorgefundenen Gebrauch, den ersten Buchstaben ám Anfang eines Buches, eines Kapitels, eines Briefes, der besonders hervorzuheben ist:

> Zů dem fünfften solt du wissen/das Capitel/oder hauptbůchstab ein gantz grosßer bůchstab ist/so im anfang eines bůchs/Capitels/oder brieffs gesetzt/an welchem alle andre bůchstaben desselbigen bůchs/ capitels/oder brieffs als glider an einem houpt stond/Dorumb solt du die selbigen grôsßer dann die versal bůchstaben schryben/

Als drittes Werk ist „Eyn Nutzlich buchlein etlicher gleich stymender worther Aber vngleichs verstandes" zu erwähnen, für den angehenden deutschen Schreibschüler von dem „Rechenmeister vnd deutschen schreyber" Hans Fabritius geschrieben und 1532 in Erfurt erschienen. Auch Fabritius fordert Großbuchstaben für die Eigennamen (Alle namen der man, Frawen [allerdings nur für die Vornamen!], Stedt, Flecken, Dorffer, Schloss, Lender Magstu auch mit versal schreiben, auch von Muntz, gewicht) sowie am Satzanfang (wo sich ain sententz oder ein ander artickel sich in der red wider anhebet, ist von nôten ein versal zu schreiben). Darüber hinaus übt er scharfe Kritik an dem oft unnötigen Gebrauch der Großbuchstaben in seiner Zeit (↑ Fabritius 1895):

> Etliche schreiben zu zeiten versal, dar keyns von nôten ist; wie wol es die schrift zirt, ich bleyb bey diessem grund, wil auch meyne schreibschüler darzu halten, souil mir müglich ist.

Im Kern stimmen die drei genannten Werke überein: Großschreibung des Satzanfangs u. ä. und Großschreibung bestimmter Gruppen der Eigennamen. Unter Eigennamen faßt der Schryfftspiegel die Namen der Länder, der Städte sowie den Eigennamen eines Fürsten und anderer (Personen). Kolroß spricht allgemein von den Namen der Männer und Frauen und stellt zu den Länder- und Städtenamen noch die der Schlösser und Dörfer. Fabritius fügt noch die Namen der „Flecken" (wohl der kleineren Ortschaften) hinzu und schließt auch die Bezeichnungen der Münzen und Gewichte mit ein (↑unten).

Fragt man nach den Gründen für die Großschreibung im obengenannten Umfang, so findet sich bei Kolroß einmal ein ästhetisches Argument (diewyl es zierlich ist vnnd hübsch/so man die eygen nammen mit einem versal bûchstaben anhept; ↑Regel 3). Zum anderen wird die Großschreibung des Namens *Gott* als Ausdruck· der Ehrerbietung gedeutet (↑Regel 3).

Das ästhetische Argument wird von Fabritius auch genannt (wie wol es die schrift zirt), doch reicht es ihm als Rechtfertigung für den nach seiner Ansicht oft unnötigen Gebrauch der Großbuchstaben nicht aus.

Die Großbuchstaben am Anfang eines neuen Gedankens, eines neuen Satzes u. ä. haben offenbar die Funktion, einen Text auch äußerlich zu untergliedern und einen „neuen Sprecheinsatz" (V. Moser, zitiert nach Malige-Klappenbach 1955) zu markieren. Man könnte hier vom Gliederungsprinzip sprechen.

Auch die „Leeßkunst" von Ortholph Fuchßperger, 1542 in Ingolstadt erschienen, stimmt in der ersten Regel mit den bisher genannten Werken überein:

> Auch sol ainer jeden rede oder schriften erster Buchstaben mit ainem versal/oder Groß gemacht werden.

Als zweite Regel jedoch fordert er im Satzinnern die Großschreibung der Wörter, die eine besondere Bedeutung haben:

> Darzu sol man in mitten der rede/die wort/so sonder ding bedeutung haben/mit versal buchstaben anfahen.

Mit dieser Regel wird als neues und viertes Prinzip das der Hervorhebung eingeführt, das ebenso wie das obengenannte Gliederungsprinzip als Lese- und Verständigungshilfe aufgefaßt werden kann. In etwas anderer Form findet es sich wieder in der „Deutschen Sprachlehre" von Gueintz (1641) (Nennwörter/... die einen nachdruck haben) sowie auch in der „Hoochdeutschen Spraach-übung" von Schottel (1651).

Der Vergleich des Schryfftspiegels mit dem Werk des Kolroß und des Fabritius zeigt, daß der Bereich der Eigennamen ständig erweitert wird. Zieht man die 1607 in Basel erschienene „Teutsche Orthography/Vnd Phraseologey" von Johann Rudolf Sattler in die Betrachtung mit ein, so wird diese Tendenz bestätigt. Zu den in den genannten Werken aufgezählten Bereichen finden sich bei Sattler unter dem Begriff Eigenname die Namen der Völker, der Sekten (Christ/Widertäuffer/Arianer), der Ämter (Burgermeister/Schultheiß/Räth) und der Künste (Grammatic/Dialectic/Rethoric). Gueintz führt in seiner „Deutschen Sprachlehre" 1641 als weitere Bereiche ausdrücklich auch die Zunamen sowie die Tugenden, die Laster, die Festtage und die Tiere an, und im „Perfertischen Muusen Schlüssel", Leipzig 1645, wird der Gebrauch der Großbuchstaben auch auf die Namen der Bücher und der Sonn-, Fest-, Werk- und Wochentage ausgedehnt.

Die Abbildung (Seite 241) macht die Ausweitung des Sachbereichs deutlich.

Diese Ausweitung des Bereichs Eigenname auf eine Vielzahl von Fällen, die wesentliche Bereiche der Wortart Substantiv (Hauptwort) abdecken, führt zu Johannes Girbert, der 1653 als erster deutscher Grammatiker auf deutsch die Großschreibung aller Substantive fordert:

> Mit Versal vnd grossen Buchstaben werden geschrieben alle ... Substantiva: Als: Mann/Weib/Stadt/Dorff.

In den weiteren Regeln fordert Girbert den großen Anfangsbuchstaben für alle „Emphatica, vnd die einen Nachtruck haben/als: Er halt es mit den Seinigen/und nicht mit den Meinigen" (Hervorhebungsprinzip), für die Satzanfänge und für Titel und Würdebezeichnungen *(Allerhöchster)* und (wie bereits Gueintz 1641) für die von Eigennamen abgeleiteten Wörter *(Göttlich* von *Gott).*

Girbert hatte seine Vorgänger, allerdings in lateinischer Sprache: so in Johannes Becherer, der 1596 in seiner „Synopsis grammaticae tam Germanicae quam Latinae et Graecae" unter der Regel IX schreibt:

> Initium periodi et plerumque Substantiva, item Adjectiva ex propriis nata majusculis litteris scribuntur ut Gott, Rom, Römisch (zitiert nach Malige-Klappenbach 1955).

Ohne die Einschränkung, die mit dem Wörtchen „plerumque" bei Becherer noch gegeben ist, erhebt M. Stephan Ritter, ebenfalls in lateinischer Sprache, in seiner „Grammatica Germanica Nova", Marburg 1616, dieselbe Forderung. Damit wird zum ersten Mal die Großschreibung mit der grammatischen Kategorie einer bestimmten Wortart verknüpft und das Prinzip verkündet, das noch heute im wesentlichen unsere Großschreibung bestimmt und das man als „grammatisches Prinzip" bezeichnen könnte.

Die zunächst erhobene Forderung, Personen (d. h. Vornamen)- und bestimmte geographische Namen groß zu schreiben, hat eine Art Kettenre-

schryfftspiegel (1527)	KOLROSS (1530)	FABRITIUS (1532)	SATTLER (1607)	GUEINTZ (1641)	Perfertischer Muusen Schlüssel (1645)
					Bücher
					Woche = Tage
					Werktage
				Festtage	Sonntage
				Thiere	Festtage
				Laster	zahm =, wilde Tiehre
			Künste	Tugenden	Laster
		gewicht	Aembter	Künste	Tugenden
		Muntz	Secten	Beambte	Künste
		Flecken	Völcker	Secten	Beamte
	dörffer	Dörffer	Dörffer	Völcker	Völker
	schlösser	Schloss	Schlösser	Dörffer	Dörffer
lant	länder	Lender	Landen	Länder	Länder
Stat	stetten	Stedt	Stätten	Städte	Städte
fursten	mannen	man	Männer	Tauffnahmen	Tauffnahmen
ader andern	frouwen	Frawen	Weiber	Zunahmen	Zunahmen
eygen nam	eygene nammen	namen	Namm	eigene Nennwörter	Nahmen

(† Mentrup 1979)

aktion hervorgerufen, deren Ablauf eher mechanischen Trägheitsgesetzen gehorcht. Man könnte auch von dem Stein sprechen, der – ins Wasser geworfen – seine sich immer weiter ausdehnenden Kreise zieht.

2 Die allmähliche Verfestigung des Gebrauchs großer Buchstaben beim Schreiben zu Normen

Daß bereits in den beiden ältesten Werken, nämlich im Schryfftspiegel und im Enchiridon, der Leser ausdrücklich auf den Gebrauch der Großbuchstaben in den Büchern, Briefen und Gedichten hingewiesen wird, zeigt deutlich, daß die Großbuchstaben bereits vor allen Regelwerken der Grammatiker und Rechtschreiblehrer und unabhängig von ihnen verbreitet waren. Die sprachpflegerische Mahnung des Kolroß, Großbuchstaben innerhalb eines Wortes zu meiden, sowie die scharfe Kritik des Fabritius an dem unnötigen Gebrauch der Großbuchstaben bei etlichen Zeitgenossen sind ein Zeugnis dafür, daß die vorgefundene allgemeine Verwendung der Großbuchstaben weit über die in den Regeln eingefangenen Fälle hinausging.

Diese Ungeregeltheit kann nur den Gebrauch der Großbuchstaben im Satzinnern betreffen, da alle zitierten Grammatiker übereinstimmend die Großbuchstaben am Anfang eines Satzes u. ä. fordern.

Wie hat sich im Deutschen die Großschreibung am Anfang eines Satzes und im Textinnern entwickelt, bevor im 16. Jh. die ersten Regeln darüber abgefaßt wurden?

Seit ältester Zeit dienen die Großbuchstaben „zur Kennzeichnung eines neuen Sprecheinsatzes"; sie finden sich – und dies schon in althochdeutscher Zeit – am Anfang eines neuen Abschnitts, am Satz-, Strophen- oder Versanfang und sind „ursprünglich wie die Interpunktionszeichen Lese- bzw. Sprechzeichen" (V. Moser, zitiert nach Malige-Klappenbach 1955).

So hat – um eines der ältesten Zeugnisse zu nennen – der vermutlich 813 im Kloster Wessobrunn geschriebene Text des Wessobrunner Gebetes vier Großbuchstaben, und zwar am Anfang des Gedichtes und zu Beginn dreier Abschnitte, wobei der Anfang zweier dieser Abschnitte im Zeileninnern liegt und nur durch den Großbuchstaben gekennzeichnet ist.

Nach Virgil Moser und † Malige-Klappenbach 1955 wird der große Anfangsbuchstabe am Beginn eines Absatzes bzw. einer Strophe im 14. und 15. Jh. fest, als Anfangsbuchstabe eines Satzes jedoch erst etwa im 2. Viertel des 16. Jh.s.

Damit erweist sich, daß die oben konstatierte einheitliche Forderung der Grammatiker nach einem Großbuchstaben am Anfang eines neuen Gedankens, eines neuen Satzes, den Endpunkt einer Entwicklung im deutschen Schriftgebrauch beschreibt, die bereits im Althochdeutschen einsetzt und im 2. Viertel des 16. Jh.s als feste Norm ihren Abschluß findet. Insofern ist die Berufung auf den Gebrauch der Großbuchstaben in den Schriften, wie wir sie in der 1. Regel des Kolroß gefunden haben, berechtigt. Und auch die 5. Regel des Kolroß, den Anfang eines Buches,

Kapitels u. ä. durch einen besonders großen Versalbuchstaben auszuzeichnen, sowie seinem Hinweis, daß man dies in Briefen und Büchern finden kann, liegt eine richtige Beobachtung zugrunde, denn gerade auf die künstlerische Ausgestaltung der „houptbůchstaben" ist außerordentlich viel Sorgfalt verwendet worden.

Nach den Ausführungen der einschlägigen Literatur finden sich bis zum 13. Jh. Großbuchstaben nur am Anfang von Absätzen. „Selbst die Eigennamen empfiengen nicht die Auszeichnung, wie Saul einen Kopf über alles Volk zu ragen" (↑ Weinhold 1852) – ein Bild, das sich ähnlich mehr als 300 Jahre früher bei Kolroß findet, wenn er in der 5. Regel den „houptbůchstaben" fordert, „an welchem alle andere buchstaben … als glider an einem houpt stond". Erst in Handschriften des 13. Jh.s beginnt die Majuskel in das Innere einzudringen. Im 14. Jh. breitet sich der Gebrauch weiter aus; so findet sich etwa in einer Handschrift von Predigten mehrfach der Großbuchstabe in Eigennamen – wohl nach dem Vorbild des Lateinischen – und am Anfang von Nebensätzen, daneben aber auch bei anderen Wörtern. „Es herrscht … nicht der leiseste Grundsatz in dem Gebrauch der Majuskel" (↑ Weinhold 1852). In Handschriften des 15. Jh.s stehen groß geschriebene Präpositionen und Adjektiva neben klein geschriebenen Substantiven und Eigennamen.

In einer Handschrift aus dem Jahre 1507 werden Eigennamen unterschiedlich geschrieben, betonte und fremde Wörter erhalten dagegen in der Regel den großen Anfangsbuchstaben. Stehen zwei gleichbedeutende Wörter nebeneinander, so ist das erste groß, das zweite aber klein geschrieben (*den Nauwen oder das schifflein, Frevel und muttwillens*; ↑ Weinhold 1852). – In Luthers Jesus Sirach (1533 Nürnberg) findet Weinhold nur das, was sich auf Gott und biblische Dinge bezieht, groß geschrieben. Die weiteren Beobachtungen bei Weinhold bestätigen den Schluß Virgil Mosers und ↑ Malige-Klappenbachs 1955, daß der große Anfangsbuchstabe bei Eigennamen im zweiten Viertel des 16. Jh.s fest wird. Im weiteren Verlauf des 16. Jh.s breitet sich der Großbuchstabe immer weiter aus. Bis ins 17. Jh. hinein findet man auch Zahlwörter, gewöhnliche Adjektive und sogar Verben groß geschrieben; ob dies aus Gründen der Hervorhebung oder einfach regellos geschieht, ist oft schwer zu entscheiden. Ein Textbeispiel mag dies demonstrieren:

> Am Dritten tag Da sahe jch jnn die Gross vnnd Klein Turckey …,
> Vor mir sahe jch Constantinopel/vnnd jm Persischñ vnnd Constantinopolitanischen Möer viel Schiffen vnnd kriegshöer …/Da es dann an einem Orth Regnet/am andern Donnert/hie schlueg der Hagell/ Am Andern Orth ward es schön sahe auch endtlichen alle ding/wie dieselben gemeinclich jnn der Welt sich zuetruegen (um 1587; ↑ Faustbuch 1963).

Im Anfang des 17. Jh.s finden sich in vielen Druckwerken nicht nur alle Substantiva groß gedruckt, sondern auch die substantivisch gebrauchten Adjektiva. Fest ist dieser Gebrauch jedoch nicht. Das bezeugt auch eine Anmerkung von Gueintz in der „Deutschen Rechtschreibung" 1645 zu seinen Regeln, alle Eigennamen und Substantive mit besonderem Nachdruck sowie die Satzanfänge groß zu schreiben:

> Man findet zwar in der deutschen Bibel/das alle Nahmen und selbständige Nenwörter mit einem grossen buchstaben gedruckt worden/ zum unterscheide der Zeit- und anderer wörter: Aber die ietzigen Bücher/so am tag kommen/zeigen es fast anders/und das nur in diesem/wie oberwehnet/grosse Buchstaben sollen gemacht werden.

Im letzten Drittel des 17. Jh.s ist der Großbuchstabe für Substantive allgemein verbreitet. Ausnahmen erhalten sich jedoch bis ins 18. und 19. Jh. Führt man sich die verschiedenen Regeln und Prinzipien der Grammatiker vor Augen, so ergibt sich, daß die schon vom Schryfftspiegel, von Kolroß und von Fabritius geforderte Großschreibung bestimmter Gruppen der Eigennamen nur eine Seite der vorgefundenen Schriftwirklichkeit erfaßt, denn auch das Ehrerbietungs- bzw. Hervorhebungsprinzip kann sich auf den Gebrauch in der Praxis stützen (↑ auch Kaempfert 1980 mit weiteren Textuntersuchungen); und auch das grammatische Prinzip von Girbert hat, nach dem Zeugnis von Gueintz, in der Schriftwirklichkeit seine vorgegebene Entsprechung.

Die vorgefundene Schriftwirklichkeit des 16. und 17. Jh.s erweist sich somit im Satzinneren als so vielschichtig und so vielgestaltig, daß dem Grammatiker und Sprachlehrer praktisch nur zwei Wege offenblieben: Entweder verzweifelte er an der Regellosigkeit dieser Vielfalt und schwieg resignierend, weil jede bindende Regel nur einen Teil der Wirklichkeit einfangen konnte (so etwa Franck 1531, Jordan 1533, Grüssbeutel 1534, Ölinger 1573, Albertus 1573, Clajus 1578); oder aber er machte das nach seiner Meinung dominierende Prinzip zur Grundlage seiner Regeln und versuchte, durch sprachpflegerische Verbotsschilder und durch offene Kritik jeden über die Grenzpfähle dieser nun gesetzten Norm hinausgehenden Gebrauch als unnötigen Auswuchs zu brandmarken, um so normierenden Einfluß auf die Entwicklung der Zukunft zu gewinnen.

Wenn ich im vorstehenden Abschnitt über den Gebrauch der Großbuchstaben im Schrifttum gesprochen habe, so muß noch ein Punkt besonders betont werden: der Einfluß der Schreiber, der Setzer und Drucker auf die Gestaltung der Texte und damit auch auf die Verbreitung der großen Buchstaben. Schon bei Kolroß findet sich darauf ein Hinweis.

Über das Verhältnis des mittelalterlichen Autors, der oft gar nicht lesen und schreiben konnte, zu der Handschrift seines Werkes schreibt ↑ Hagemann 1880: „So war also der autor in den meisten Fällen dem schreiber ohne controle preisgegeben, und es lag ganz in des letzteren Hand, wie er mit dem texte auch des dictates umgehen wollte". Ähnliches gilt auch von den Druckereien in späterer Zeit. So berichtet Sattler in seiner „Teutschen Orthography Vnd Phraseologey" 1607:

> In dem getruckten werden bey nahem in einer jeden Lineen drey oder mehr Versalen gefunden. Als ich etlich alte erfahrne vnd geübte Schrifftsetzer/warumben solches geschehe/befragt/sagten sie mir/es seye der teutschen Sprach ein zierd/vnd könne es der einfältige desto besser verstehen/als da sie forcht/personen/gericht/u. s. w. und dergleichen wörter mit Versalbuchstaben setzen/seye es der schrifft ein zierd/vnd vermercke der einfältige Leser/daß forcht/personen/ge-

richt u. s. w. etwas mehrers als aber sonsten ein gemein wort auff sich habe. Dahero seye es auch also zuhalten bey den Truckereien auffkommen.

Schottel bemerkt in seiner „Teutschen Sprachkunst" von 1651:

> Es befindt sich zwar, daß die Trükkere fast alle selbständige Nennwörter ... pflegen mit einem grossen Buchstabe am Anfange zu sezzen, es ist aber solches eine freye veränderliche Gewonheit bishero gewesen ...

Dadurch wird deutlich, daß der im Schrifttum beobachtete Gebrauch der Großbuchstaben, der in den Grammatikregeln des 16. und der ersten Hälfte des 17. Jh.s reflektiert und kodifiziert wird, von der sehr unterschiedlichen Praxis der Setzer und Drucker stark mit beeinflußt ist, denn „die Setzer sind sich nicht im mindesten gleich" (↑ Weinhold 1852) und demnach auch nicht die oft sehr unterschiedlich ausfallenden Versuche der Grammatiker und Schreiblehrer, mit Bezug auf die Schriftwirklichkeit ein System für die Großschreibung aufzustellen.

3 Die weitere Entwicklung der Regel von der Substantivgroßschreibung (1653 bis ins 19. Jh.)

Der im ersten Teil zusammengestellten Übersicht über die ersten Regelsysteme der Großschreibung schloß sich im zweiten Teil eine Skizze über die Entwicklung der großen Anfangsbuchstaben an.

Im folgenden möchte ich nur noch die Weiterentwicklung der Girbertschen Regel von der Großschreibung der Substantive als der problematischsten und umstrittensten behandeln. Zu den anderen Bereichen ↑ Mentrup 1979, 1979 a und 1980.

Die Forderung Girberts und seiner Vorgänger nach Großschreibung aller Substantive bildet eine deutliche Zäsur; sie bildet zunächst eine Art Abschluß, denn mit dem zugrundeliegenden grammatischen Prinzip, das als das formalistischste und offenbar praktikabelste der oben genannten Prinzipien erscheint, wird „ein Schema ... auf die verwildernde deutsche Rechtschreibung angewendet" (↑ Malige-Klappenbach 1955), das die subjektiv bedingte Ungeregeltheit ausschließt, die vor allem dem Hervorhebungsprinzip und dem ästhetischen Prinzip anhaftet. Die Forderung Girberts ist zugleich der deutliche Beginn einer neuen Entwicklung.

Wie die bereits oben erwähnten Grammatiker Gueintz und Schottel sprechen sich – nach der Veröffentlichung des Girbertschen Buches – Bellin in seiner „Hochdeudschen Rechtschreibung", Lübeck 1657, und Stieler, „Der Teutschen Sprache Stammbaum", Nürnberg 1691, ausdrücklich gegen die Großschreibung aller Substantive und damit gegen das grammatische Prinzip aus. Sie lassen – abgesehen von einigen Sonderregeln – den großen Anfangsbuchstaben wie Gueintz und Schottel nur für die Eigennamen und für Substantive zu, die einen besonderen Nachdruck haben.

Als Begründung führt Bellin an, daß die Girbertsche Regel weder dem allgemeinen Schreibgebrauch der gelehrten und sprachkundigen Leute noch dem Gebrauch in den Schriftwerken der Vergangenheit entspricht und daß „keine der anderen Haubtsprachen" eine ähnliche Regel kennt.

Demgegenüber bezeichnet Bödiker, „Grund-Sätze der deutschen Sprachen", Köln 1690, die Großschreibung als eine Eigenheit der deutschen Sprache, die „keine Unzierde giebet". Er formuliert als Regel:

> Alle Substantiva, und was an deren statt gebrauchet wird/müssen mit einem großen Buchstaben geschrieben werden.

Im weiteren erläutert er:

> es wird auch ein Neutrum, wenns wie ein Substantivum gebrauchet/ und ein jeder Infinitivus, wenn er mit dem articulo für ein Substantivum stehet/mit solchen grösseren Buchstaben bezeichnet. Als: das Gute/das gemeine Beste/das Beständige. Das Lehren/das Schreiben/das Richten.

Das in der Girbertschen Regel liegende grammatische Prinzip wird somit in der Regel Bödikers seinerseits ausgeweitet und in den Erläuterungen in Richtung bestimmter Substantivierungen und ihrer Großschreibung weitergeführt.

Einen Schritt weiter geht Freyer in seiner „Anweisung zur Teutschen Orthographie" 1722, ein Buch, das „in seiner Art geradezu epochemachend" war und „von vielen Seiten geradezu als Richtschnur in orthographischen Dingen anerkannt" wurde (↑ Tesch 1890). Freyer konstatiert zwar, daß einige nach lateinischem Gebrauch die Substantive klein schreiben, er räumt auch ein, daß dies „im schreiben und drucken seinen Vortheil hat", doch spricht er sich dennoch eindeutig für die Großschreibung der Substantive aus, und zwar unter Berufung auf den allgemeinen Gebrauch, den „gemeinen usu". Damit bezieht er eine Gegenposition zu der von Gueintz, Schottel, Bellin und Stieler.

Wie Bödiker und einige bei Tesch erwähnte Rechtschreibungen des beginnenden 18. Jh.s bezieht auch Freyer die Substantivierungen der Adjektive und Verben (substantiue gebrauchet) mit in der Regel von der Großschreibung aller Substantive ein. Darüber hinaus aber verzeichnet er – meines Wissens als erster – auch die gegenläufige Entwicklung, daß nämlich auch ursprüngliche Hauptwörter an Stelle von Adverbien stehen können und dann klein zu schreiben sind:

> Doch werden manche substantiua vermittelst einer Praeposition oder durch eine andere Construction gleichsam zu aduerbiis, und daher auch wohl mit einem kleinen Buchstaben angefangen: ... Zum Exempel, man schreibet nach dem usu ganz recht: an statt, ... in acht nehmen, ... achtung geben, ... und so ferner. Ja man ziehet auch wol einige von dergleichen constructionibus gar in ein Wort zusammen; als allezeit, ... allermaßen, ... welchergestalt, ... allerseits, ... achtgeben ... Hingegen stehet es besser oder es ist wenigstens gebräuchlicher, wenn geschrieben wird: zu Ehren kommen, ... zum guten Ende bringen, guten Rath geben, und so ferner.

Und die Entfaltung geht weiter. So verzeichnet Pohl, „Neu verbeßerte Teutsche Orthographie", Leipzig 1735, neben den bereits von Bödiker u. a. genannten Adjektiven und Infinitiven, die an Stelle von Substantiven gebraucht werden können und groß zu schreiben sind, auch Pronomen *(das Ihrige)* und das „Adverbium affirmandi Ja, ... wenn es statt eines Substantivi stehet. z. E. wenn es heist: sprich du das Ja darzu. Und so verhält es sich auch mit Nein und etwann noch einigen andern Worten".

Noch umfassender fordert Wippel, „Johann Bödikers Grundsätze der Teutschen Sprache", Berlin 1746, die Großschreibung für

alle Substantiva, und folglich auch alle Neutra, Infinitivos, Nomina propria, ia auch Partikeln, Adjectiva und alle Worte, wenn sie Substantiva werden, ... als das Schöne in den Wissenschaften, die Stillen im Lande, das schlechte Wissen der Narren, das erschreckliche Ewig, ein geheimes Etwas, ein vergängliches Heute, der andere Ich.

In der gegenläufig-komplementären Regel geht Fuchs 1744 über Freyer hinaus und fordert die Kleinschreibung für Substantive, die „verbaliter" *(gefahrlaufen)* gebraucht werden. Weber 1759 bezieht den adjektivischen Gebrauch der Nomina mit ein *(ernst/feind seyn).*

Die folgende Abbildung macht die Ausweitung der Girbertschen Regel durch seine Nachfolger deutlich:

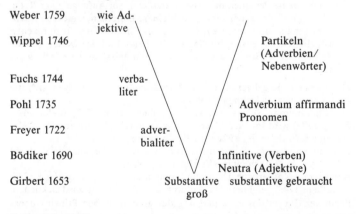

Weber 1759 — wie Adjektive

Wippel 1746 — Partikeln (Adverbien/Nebenwörter)

Fuchs 1744 — verbaliter

Pohl 1735 — Adverbium affirmandi / Pronomen

Freyer 1722 — adverbialiter

Bödiker 1690 — Infinitive (Verben) / Neutra (Adjektive)

Girbert 1653 — Substantive groß / substantive gebraucht

(↑ Mentrup 1979)

Ähnlich wie oben bei der Ausweitung des Namenbereichs möchte ich bei der Ausweitung der Regel „Substantive groß" von einer mechanischen Kettenreaktion sprechen.

Mit dem Aufweis der beiden gegenläufigen Wechsel zwischen den Wortarten und der dadurch bedingten Änderung der Schreibung ist das von Girbert und seinen Vorgängern eingeführte grammatische Prinzip in Konsequenz entfaltet. Der spätere Ausbau betrifft nicht die Substanz, sondern nur weitere Anwendungsbereiche. In dieser Entfaltung wird die ganze Problematik deutlich, die dieses Prinzip in sich birgt und die darin besteht, daß dem grammatischen Begriffssystem der Wortarten in der Sprachwirklichkeit keine klar abgegrenzten Bereiche entsprechen, denn – so ↑ Wilmanns 1887 in Anlehnung an Adelung:

> Die grammatischen Kategorien sind nicht durch Wall und Graben geschieden, sie gehen ineinander über; die Substantiva berühren sich mit Adverbien, die Verba mit dem Nomen, die Adjectiva und Participia mit dem Substantivum; Verba und Adjectiva treten oft in die Funktion von Substantiven, aber die behalten immer etwas von ihrer alten Art, das sie von den anderen Substantiven trennt.

Es bleibt die Feststellung zu treffen, daß die aufgestellte Lehre von der Großschreibung der Substantive mit den gezogenen Konsequenzen im Grundsätzlichen bereits das enthält, was noch heute gilt.

Und auch die Gegenargumentation Frischs aus dem Jahre 1723 in seiner Bearbeitung des Buches von Bödiker könnte von heute stammen:

> Wann von allen Schreiber-Lasten, die man nach und nach den Einfältigen aufgebürdet hat, eine beschwerlich ist, so ist es diese: daß man alle Substantiva mit großen Buchstaben schreiben müsse ...
>
> Warum soll eine sonst geschickte Weibspersohn gezwungen werden erstlich zu wissen, was Substantivum, darnach was Neutrum, Adjectivum und Infinitivus sey, weil sie an statt des Substantivi können gebraucht werden? ...
>
> Wann solche Personen nur wissen, daß man am Anfange einer Rede, oder eines Stückes derselben, nach einem Punct einen grossen Buchstaben machen müsse; Item wo man aus Ehrerbietung einen machen will. Ingleichen etwan die Namen der Leute und der Oerter, welche die lateinische Grammatik nomina propria heisst; so ist es schon genug.

Die weiteren Regelwerke und Reformdiskussionen bewegen sich im Raum zwischen diesen beiden Polen.

Der Standpunkt „Substantive klein" (↑ oben Bellin 1657, Stieler 1691, Frisch 1723) wird im 19. Jh. vertreten etwa durch ↑ Schubert 1817, ↑ Hagemann 1880, ↑ Tesch 1890 sowie durch Jacob Grimm.

Für den Standpunkt „Substantive groß" mit seinen beiden Entfaltungen möchte ich kurz noch einige Vertreter vorstellen.

Antesperg, „Kayserliche Deutsche Grammatik", Wien, 1. Auflage 1747, 2. Auflage 1749, zeichnet sich dadurch aus, daß er mit ausdrücklichem Bezug auf Freyer dessen Entfaltung des grammatischen Prinzips übernimmt und neben der Großschreibung der „substantive" gebrauchten Adjektive, Pronomen und Infinitive auch die Kleinschreibung der zu Adverbien gemachten Substantive (Quando adverbiascunt) fordert. Er geht über Freyers Beurteilung der Großbuchstaben hinaus, wenn er – in Verkehrung der historischen Entwicklung – die Großschreibung als etwas Besonderes, als „uralte Gewohnheit" preist, die „den Wörtern ihre natürliche Gestalt, Schönheit und Verstand" gebe (zitiert nach der 2. Auflage).

Zieht man die „Grundlegung einer Deutschen Sprachkunst", Leipzig, 2. Auflage 1749, 4. Auflage 1757, von Gottsched hinzu, so fällt auf, daß die von ihm aufgestellten eigentlichen Regeln zur Großschreibung der

Substantive, gemessen an dem System seiner Vorgänger, recht spärlich sind. In der XVIII. Regel heißt es nur (↑ Gottsched 1757):

> Man schreibe nicht nur alle eigene Namen, sondern auch alle selbstständige Nennwörter mit großen Anfangsbuchstaben.

Über den Austausch zwischen den Wortarten und der dadurch bedingten Groß- oder Kleinschreibung ist bei ihm nichts zu finden. So muß man ↑ Jellinek (I, 231 f.) beipflichten, wenn er schreibt:

> Der schwerste Vorwurf, der Gottsched trifft, ist, daß er nicht alle Errungenschaften der Vorgänger sich aneignet ... Wohl nimmt Gottsched die vier orthographischen Regeln [darunter auch die oben genannte, W. M.] herüber, aber ... von der strengen Systematik Freyers ist er weit entfernt.

Und so scheint, zumindest in bezug auf die Großschreibung, die bei Adelung angeführte Bezeichnung „Gottschedische Orthographie" fragwürdig, weil zu hoch gegriffen zu sein, und man möchte mit Gottsched selbst sagen:

> Ich weis nicht, was jemand meiner Sprachlehre für ein Lob beygelegt.

Dafür kritisiert er in seinen historisch ausgerichteten Erläuterungen um so stolzer und hochfahrender und ohne das bei Freyer so deutliche Verständnis den Gebrauch der kleinen Anfangsbuchstaben, den er bei einigen Sprachlehrern und in Texten findet, als „böse Gewohnheit" und als Zeichen für den Geiz einiger Buchhändler, „die durch Ersparung aller großen Buchstaben die Zahl der Bogen eines Buches, und folglich das Papier und die Druckerkosten zu vermindern gesucht haben", ein Argument, das sich schon 1718 bei Töllner und Eisler findet.

Das oben bereits angeführte, von Frisch gegen die allgemeine Großschreibung der Substantive vorgebrachte Argument, „daß unstudirte Leute nicht wissen können, was ein Hauptwort oder selbstständiges Nennwort sey", tut er als Vorwand ab und rühmt, ähnlich wie Antesperg, die Großbuchstaben als „wohl hergebrachte Gewohnheit ..., wodurch unsere Sprache einen so merklichen Vorzug der Grundrichtigkeit vor andern erhält". Die Bedeutung der Gottschedischen Äußerungen zur Großschreibung für deren Entwicklung liegt also weder in seinem System der Regeln begründet noch darin, daß er die systematischen Versuche seiner Vorgänger überliefert, sondern allenfalls in seiner gelegentlich agitatorischen Propaganda für die überkommene Grundregel.

Adelung beschäftigt sich am ausführlichsten mit der Großschreibung in seiner „Vollständigen Anweisung zur Deutschen Orthographie", Leipzig, 1. Auflage 1788, 2. Auflage 1790. Sein Regelwerk auch nur auszugsweise zu referieren, ist an dieser Stelle nicht möglich. Die zentrale Regel über die Großschreibung der Substantive sowie der Substantivierungen lautet:

> Man schreibt ... im Deutschen nicht allein jedes ursprüngliche Substantiv mit einem großen Anfangsbuchstaben: Der Tisch, das Band, mein Herr; sondern auch jeden andern Redetheil, wenn er ausdrück-

lich als ein Substantiv gebraucht wird: der Weise, der Geliebte, das Rund der Erde, dein theures Ich, das Mein und das Dein, das Gehen, das Essen, das böse Aber, dein Ja wird die Sache entscheiden.

Schon die Fassung dieser Regel und die Auswahl der Beispiele, mehr aber noch die ausführlichen und systematischen, die verschiedensten Zweifelsfälle diskutierenden Erläuterungen zum substantivischen Gebrauch des Adjektivs und des Infinitivs sowie zu den Fällen, in denen „das Substantiv seinen großen Buchstab" verliert, zeigen, daß Adelung im Unterschied zu Gottsched nicht nur die Erkenntnisse seiner Vorgänger in vollem Umfang berücksichtigt, sondern daß er darüber hinaus weitere Bereiche in der Anwendung der Grundregel Girberts, Bödikers, Freyers usw. erschließt, absteckt und festigt.

Und wenn Adelung sich im voraus verbittet,

> unsere allgemein übliche Orthographie, wie ich sie vortragen werde, in der Folge nach meinem Namen zu benennen, indem ich im Grunde nichts Neues lehren, sondern mich nur bemühen werde, das Alte gründlicher, ausführlicher und fruchtbarer vorzutragen, als vor mir geschehen ist.

so scheint es doch angemessen zu sein, von einer Adelungschen Rechtschreibung zu sprechen und zwar deshalb, weil er sein im zweiten Teil des Zitats gegebenes Versprechen in vollem Maße eingelöst hat. Und wenn in manchen Abhandlungen die Gottsched-Adelungsche Orthographie als Grundlage für die Rechtschreibung auch noch der heutigen Zeit bezeichnet wird, so mag das im Hinblick auf den Gesamtbereich der Rechtschreibung stimmen, im Hinblick auf die Lehre von der Großschreibung der Substantive müßte man eher von dem Freyer-Adelungschen System sprechen, das im 19. Jh. etwa von Heinsius, Heyse und Becker vertreten wird.

4 Die Vereinheitlichung und Normierung der Regeln (ca. 1840 bis heute)

Das Ergebnis der skizzierten, mehr mechanisch ablaufenden Ausweitung zunächst einfacher Regeln sind umfangreiche Regelwerke nicht nur im Bereich der Groß- und Kleinschreibung. Die Uneinheitlichkeit und das Fehlen allgemein verbindlicher Regeln und Normen für die Rechtschreibung führen zu starken Unsicherheiten vor allem auch in den Schulen. Dies wird etwa in dem preußischen Schulerlaß von 1862 deutlich, der vorschreibt, wenigstens an derselben Schule die gleiche Rechtschreibung anzuwenden. Aus dieser Situation heraus entsteht in der 2. Hälfte des 19. Jahrhunderts (↑Schlaefer 1980) eine Vielzahl von Regelbüchern für einzelne Schulen, für regionale und überregionale Schulbereiche sowie für Regierungsbereiche. Dabei werden „auf freie Weise" (↑Tesch 1890) inhaltliche Übereinstimmungen erzielt. Dieser ‚stillen Angleichung', dieser ‚schleichenden Normierung' folgt 1902 durch den Bundesrat die ‚amtliche Normierung'. Durch sie werden die 1901 auf der „Orthographischen Konferenz" in Berlin verabschiedeten Regeln für das gesamte damalige

Reichsgebiet verbindlich. Diese amtliche Normierung der Schreibweisen und Regeln von 1901 wird 1955 von den Kultusministern der Länder für die Gegenwart bekräftigt, unter Hinweis auf die in Zweifelsfällen bestehende Verbindlichkeit des Dudens in diesem Bereich.

Oberstes Prinzip der amtlichen Normierung ist die Einheitlichkeit der Schreibung im ganzen deutschen Sprachgebiet gewesen. Um zunächst einmal die Einheitsschreibung zu erreichen, verzichtete man darauf, in die historisch gewachsene Rechtschreibung mit all ihren Unstimmigkeiten und Widersprüchen einzugreifen. Schon 1902 schreibt Konrad Duden: „Daß die so entstandene ‚deutsche Rechtschreibung‘ weit davon entfernt ist, ein Meisterwerk zu sein, das weiß niemand besser, als wer darin mitzuarbeiten berufen war.“ Dem erreichten „Zwischenziel“ sollte die Reform folgen (↑ ausführlich Mentrup 1980, 279 ff.).

Als einen der Reformschritte sieht Konrad Duden die „Beseitigung der großen Anfangsbuchstaben“ an, „die für Lehrer und Schüler ein wahres Kreuz sind“ (Konrad Duden 1908).

Als Abhilfe werden – auch heute wieder – zwei Reformvorstellungen diskutiert.

Auf der einen Seite steht der Vorschlag, unter Beibehaltung der Substantivgroßschreibung punktuell oder in kleineren Bereichen zu ändern: bereinigte Großschreibung. Allerdings wird dadurch die Grundproblematik des geltenden grammatischen Prinzips nicht aufgehoben. Das zeigt sich auch darin, daß die bisher vorgelegten zwei Reform-Regelwerke dieser Richtung nach einer intensiven Diskussion von den Autoren offiziell zurückgezogen worden sind.

Auf der anderen Seite steht als Möglichkeit einer Reform die sogenannte „gemäßigte Kleinschreibung“, die in den „Empfehlungen des Arbeitskreises für Rechtschreibung“ 1958 befürwortet wird:

> Die jetzige Großschreibung der „Hauptwörter“ [...] soll durch die *gemäßigte Kleinschreibung* ersetzt werden. Danach werden künftig nur noch groß geschrieben: die Satzanfänge, die Eigennamen, einschließlich der Namen Gottes, die Anredefürwörter und gewisse fachsprachliche Abkürzungen (z. B. H_2O).

Zu dieser Reformvorstellung sind in den letzten Jahren von verschiedenen Arbeitsgruppen in den deutschsprachigen Ländern Reformregelwerke erarbeitet und bis zur fast völligen Übereinstimmung miteinander abgestimmt worden.

So ist dem Vorwort der 15. Auflage der Duden-Rechtschreibung zuzustimmen, wenn es heißt:

> Bei der Frage nach der Groß- oder Kleinschreibung stehen wir künftig nur noch vor der Alternative, bei der jetzigen Großschreibung zu verharren oder zur gemäßigten Kleinschreibung überzugehen.

Es bleibt zu hoffen, daß die staatlichen Stellen im deutschsprachigen Raum sich bald den Reformbemühungen (sowohl im Bereich ’groß–klein‘ als auch in anderen Bereichen) gegenüber zugänglicher zeigen als in der Vergangenheit.

Literatur

Empfehlungen des Arbeitskreises für Rechtschreibregelung. Duden-Beiträge Nr. 2. Mannheim 1959.

Fabritius, Hans: Das Büchlein gleichstimmender Wörter, aber ungleichs Verstandes. Ältere deutsche Grammatiken in Neudrucken I. Hrsg. von John Meier. Straßburg 1895.

Das Faustbuch nach der Wolfenbüttler Handschrift. Hrsg. von H. G. Haile. Philologische Studien und Quellen Heft 14. Berlin 1963.

Gottsched, Johann Christoph: Vollständigere und Neuerläuterte Deutsche Sprachkunst. 4. Auflage. Leipzig 1757.

Hagemann, August: I. Ist es ratsam, die sog. deutsche schrift und die groszen anfangsbuchstaben der nomina appelativa aus unseren schulen allmaehlich zu entfernen? II. Die majuskeltheorie der grammatiker des neuhochdeutschen von Johann Kolrosz bis auf Karl Ferdinand Becker. Berlin 1880. Abgedruckt in Mentrup (Hrsg.) 1980, 87–162.

Jellinek, Max Hermann: Geschichte der neuhochdeutschen Grammatik. 2 Bände. Heidelberg 1913/1914.

Kaempfert, Manfred: Motive der Substantiv-Groß-Schreibung. In: Zeitschrift für Deutsche Philologie 99, 1980, 72–98.

Malige-Klappenbach, Helene: Die Entwicklung der Großschreibung im Deutschen. In: Wissenschaftliche Annalen 4, 1955, 102–118.

Mentrup, Wolfgang: Die Groß- und Kleinschreibung im Deutschen und ihre Regeln. Forschungsberichte des Instituts für deutsche Sprache Band 47. Mannheim 1979.

Mentrup, Wolfgang: Großschreibung aus Ehrerbietung. In: Standard und Dialekt. Festschrift für H. Rupp zum 60. Geburtstag. Bern/München 1979, 13–53 (Zitiert: Mentrup 1979a).

Mentrup, Wolfgang (Hrsg.): Materialien zur historischen entwicklung der gross- und kleinschreibungsregeln. Reihe Germanistische Linguistik. Band 23. Tübingen 1980.

Müller, Johannes: Quellenschriften und Geschichte des deutschsprachlichen Unterrichts bis zur Mitte des 16. Jahrhunderts. Gotha 1882.

Schlaefer, Michael: Grundzüge der deutschen Orthographiegeschichte vom Jahr 1800 bis zum Jahre 1870. In: Sprachwissenschaft 5, 1980, 276–319.

Schubert, Friedrich: Ueber den gebrauch der großen buchstaben vor den hauptwörtern der deutschen sprache. Neustadt/Ziegenrück 1817. Abgedruckt in Mentrup (Hrsg.) 1980, 1–86.

Tesch, P.: Die Lehre vom Gebrauch der großen Anfangsbuchstaben in den Anweisungen für die neuhochdeutsche Rechtschreibung. Eine Quellenstudie. Neuwied/Leipzig 1890. Abgedruckt in Mentrup (Hrsg.) 1980, 163–277.

Weinhold, Karl: Ueber deutsche Rechtschreibung. Zeitschrift für die österreichischen Gymnasien. Wien 1852.

Wilmanns, Wilhelm: Die Orthographie in den Schulen Deutschlands. Zweite, umgearbeitete Ausgabe des Kommentars zur preußischen Schulorthographie. Berlin 1887.

DUDEN-Taschenbücher
Praxisnahe Helfer zu vielen Themen

Band 1:
Komma, Punkt und alle anderen Satzzeichen
Mit umfangreicher Beispielsammlung
Von Dieter Berger. 165 Seiten.
Sie finden in diesem Taschenbuch
Antwort auf alle Fragen, die im
Bereich der deutschen Zeichensetzung
auftreten können.

Band 2:
Wie sagt man noch?
Sinn- und sachverwandte Wörter und Wendungen
Von Wolfgang Müller. 219 Seiten.
Hier ist der schnelle Ratgeber,
wenn Ihnen gerade das passende Wort
nicht einfällt oder wenn Sie sich
im Ausdruck nicht wiederholen wollen.

Band 3:
Die Regeln der deutschen Rechtschreibung
An zahlreichen Beispielen erläutert
Von Wolfgang Mentrup. 188 Seiten.
Dieses Buch stellt die Regeln zum
richtigen Schreiben der Wörter und
Namen sowie die Regeln zum rich-
tigen Gebrauch der Satzzeichen dar.

Band 4:
Lexikon der Vornamen
Herkunft, Bedeutung und Gebrauch von mehreren tausend Vornamen
Von Günther Drosdowski.
239 Seiten mit 74 Abbildungen.
Sie erfahren, aus welcher Sprache ein
Name stammt, was er bedeutet und
welche Persönlichkeiten ihn getragen
haben.

Band 5:
Satz- und Korrektur- anweisungen
Richtlinien für Texterfassung.
Mit ausführlicher Beispielsammlung
Herausgegeben von der DUDEN-
Redaktion und der DUDEN-Setzerei.
282 Seiten. Dieses Taschenbuch
enthält nicht nur die Vorschriften für
den Schriftsatz und die üblichen
Korrekturvorschriften, sondern auch
Regeln für Spezialbereiche.

Band 6:
Wann schreibt man groß, wann schreibt man klein?
Regeln und ausführliches Wörterverzeichnis
Von Wolfgang Mentrup. 252 Seiten.
In diesem Taschenbuch finden Sie
in rund 8200 Artikeln Antwort auf
die Frage »groß oder klein«.

Band 7:
Wie schreibt man gutes Deutsch?
Eine Stilfibel
Von Wilfried Seibicke. 163 Seiten.
Dieses Buch enthält alle sprachlichen
Erscheinungen, die für einen
schlechten Stil charakteristisch sind
und die man vermeiden kann,
wenn man sich nur darum bemüht.

DUDENVERLAG
Mannheim/Wien/Zürich

DUDEN-TASCHENBÜCHER
PRAXISNAHE HELFER ZU VIELEN THEMEN

Band 8:
Wie sagt man in Österreich?
Wörterbuch der österreichischen Besonderheiten
Von Jakob Ebner. 252 Seiten.
Das Buch bringt eine Fülle an
Information über alle sprachlichen
Eigenheiten, durch die sich die
deutsche Sprache in Österreich von
dem in Deutschland üblichen
Sprachgebrauch unterscheidet.

Band 9:
Wie gebraucht man Fremdwörter richtig?
Ein Wörterbuch mit mehr als 30 000 Anwendungsbeispielen
Von Karl-Heinz Ahlheim. 368 Seiten.
Mit 4 000 Stichwörtern und mehr als
30 000 Anwendungsbeispielen ist
dieses Taschenbuch eine praktische
Stilfibel des Fremdwortes für den
Alltagsgebrauch. Das Buch enthält die
wichtigsten Fremdwörter des
alltäglichen Sprachgebrauchs sowie
häufig vorkommende Fachwörter
aus den verschiedensten Bereichen.

Band 10:
Wie sagt der Arzt?
Kleines Synonymwörterbuch der Medizin?
Von Karl-Heinz Ahlheim.
Medizinische Beratung
Dr. med. Albert Braun. 176 Seiten.
Etwa 9 000 medizinische Fachwörter
sind in diesem Buch in etwa
750 Wortgruppen von sinn- oder
sachverwandten Wörtern zusammen-
gestellt.

Durch die Einbeziehung der gängigen
volkstümlichen Bezeichnungen
und Verdeutschungen wird es auch dem
Laien wertvolle Dienste leisten.

Band 11:
Wörterbuch der Abkürzungen
Rund 38 000 Abkürzungen und was sie bedeuten
Von Josef Werlin. 288 Seiten.
Berücksichtigt werden Abkürzungen,
Kurzformen und Zeichen sowohl
aus dem allgemeinen Bereich als auch
aus allen Fachgebieten.

Band 13:
mahlen oder malen?
Gleichklingende, aber verschieden geschriebene Wörter. In Gruppen dargestellt und ausführlich erläutert
Von Wolfgang Mentrup. 191 Seiten.
Dieser Band behandelt ein schwieriges
Rechtschreibproblem: Wörter, die
gleich ausgesprochen, aber verschieden
geschrieben werden.

Band 14:
Fehlerfreies Deutsch
Grammatische Schwierigkeiten verständlich erklärt
Von Dieter Berger. 204 Seiten.
Viele Fragen zur Grammatik erübrigen
sich, wenn Sie dieses Taschenbuch besitzen: Es macht grammatische Regeln
verständlich und führt den Benutzer
zum richtigen Sprachgebrauch.

DUDENVERLAG
Mannheim/Wien/Zürich

DUDEN-Taschenbücher
Praxisnahe Helfer zu vielen Themen

Band 15:
Wie sagt man anderswo?
Landschaftliche Unterschiede im deutschen Sprachgebrauch
Von Wilfried Seibicke. 190 Seiten.
Dieses Buch erläutert die verschiedenen mundartlichen Ausdrücke, zeigt, aus welchem Sprachraum sie stammen, und gibt die entsprechenden Wörter aus der Hochsprache an.

Band 17:
Leicht verwechselbare Wörter
In Gruppen dargestellt und ausführlich erläutert
Von Wolfgang Müller. 334 Seiten.
Etwa 1200 Gruppen von Wörtern, die aufgrund ihrer lautlichen Ähnlichkeit leicht verwechselt werden, sind in diesem Band erläutert.

Band 18:
Wie schreibt man im Büro?
Ratschläge und Tips. Mit Informationen über die moderne Textverarbeitung
Von Charlotte Kinker. 179 Seiten.
Ein praktisches Nachschlagewerk mit zahlreichen nützlichen Informationen, Empfehlungen, Hinweisen und Tips für die moderne Büroarbeit.

Band 19:
Wie diktiert man im Büro?
Verfahren, Regeln und Technik des Diktierens
Von Wolfgang Manekeller. 225 Seiten.
»Wie diktiert man im Büro« gibt Sicherheit in allen organisatorischen und technischen Fragen des Diktierens, im kleinen Betrieb, im großen Büro, in Ämtern und Behörden.

Band 20:
Wie formuliert man im Büro?
Gedanke und Ausdruck – Aufwand und Wirkung
Von Wolfgang Manekeller. 282 Seiten.
Dieser Band bietet Regeln, Empfehlungen und Übungstexte aus der Praxis.

Band 21:
Wie verfaßt man wissenschaftliche Arbeiten?
Ein Leitfaden vom ersten Semester bis zur Promotion
Von Klaus Poenicke. 216 Seiten.
Mit vielen praktischen Beispielen erläutert dieses Buch ausführlich die formalen und organisatorischen Probleme des wissenschaftlichen Arbeitens.

Band 22:
Wie sagt man in der Schweiz?
Wörterbuch der schweizerischen Besonderheiten
Von Dr. Kurt Meyer. 380 Seiten.
In rund 4000 Artikeln gibt dieser Band Auskunft über die Besonderheiten der deutschen Sprache in der Schweiz.

DUDENVERLAG
Mannheim/Wien/Zürich

JEDES WORT HAT SEINE ZEIT

AWACS? Burli, Ribisel, Placebo und m. W.: Die Sprache hat viele Gesichter und jede Situation ihre eigene Sprache, ihre eigenen Begriffe und Regeln. Vom Medizinerdeutsch über landschaftliche Varianten bis hin zu Anleitungen, wie man im Büro richtig formuliert. Wörter aber müssen sitzen, damit wir auch wirklich das sagen, was wir meinen, und andere verstehen, was wir sagen wollen. In Zusammenarbeit mit verschiedenen Ausschüssen, Arbeitsstellen und Instituten, die sich gleichfalls mit der deutschen Gegenwartssprache beschäftigen – z. B. das »Deutsche Institut für Normung« (DIN) oder der Ausschuß »Sprache und Technik« des »Vereins Deutscher Ingenieure« (VDI) – erforscht und dokumentiert die DUDEN-Redaktion alle Bereiche der deutschen Sprache.

DUDEN – das heißt nicht nur langjährige Erfahrung in der Konzeption und Redaktion lexikographischer Nachschlagewerke. Das heißt auch höchste Sorgfalt bei der Herausgabe buchstäblich von der ersten bis zur letzten Zeile – und Aktualität. Die DUDEN-Redakteure erarbeiten und überarbeiten deshalb Ausgabe für Ausgabe die einzelnen Stichwortartikel und bringen so alle Informationen auf den neuesten Stand.

Für jede Situation garantiert die breite Palette der Nachschlagewerke von DUDEN, daß Sie immer »schnell und sicher die gewünschte Belehrung« finden. Eine Maxime, die seit Konrad Duden die Arbeit der DUDEN-Redaktion prägt.

Dr. Konrad Duden.
Vater der deutschen
Einheitsschreibung

Prof. Dr. Günther Drosdowski.
Leiter der
DUDEN-Redaktion

DUDENVERLAG
Mannheim/Wien/Zürich